摩擦纳米发电机

王中林　林　龙　陈　俊　牛思淼　訾云龙　著

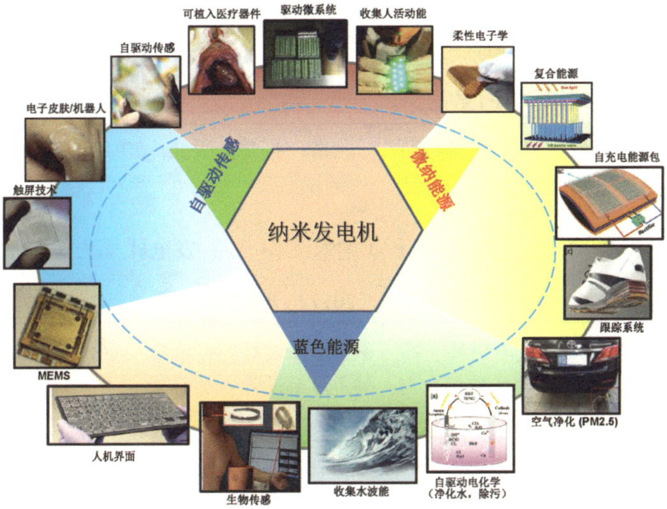

科学出版社
北　京

内 容 简 介

摩擦纳米发电机是一项颠覆性技术并具有史无前例的输出性能和优点。与经典电磁发电机相比，摩擦纳米发电机在低频下的高效能是同类技术无法比拟的。同时它也可以作为自驱动的传感器来感知由机械触发所产生的静态和动态过程的信息。本书是首部系统全面地介绍摩擦纳米发电机的四种工作模式，以及相应的理论模型和计算、器件设计及它们在回收人体活动、振动、风能、海洋能、水流等动能中的广泛应用的专著。同时也系统介绍了摩擦纳米发电机在移动/穿戴/柔式电子产品、生物医学器件、传感网络、物联网、环境保护和传感、基础设施检查和蓝色能源等方面的应用实例。重要的是，王中林最近发现麦克斯韦位移电流第二分量是纳米发电机的理论根基。纳米发电机将是麦克斯韦位移电流继电磁波理论和技术后在能源与传感方面的另一重大应用，有可能引领技术革新并深刻改变人类社会。

本书适合各大高校和科研院所能源领域相关专业研究人员、教师、研究生以上学生学习参考，也可直接作为研究生教材；对高新技术企业研发人员、专业技术人员和管理人员也是很好的参考用书。

图书在版编目（CIP）数据

摩擦纳米发电机/王中林等著. —北京：科学出版社，2017.3

ISBN　978-7-03-051749-4

Ⅰ. ①摩…　Ⅱ. ①王…　Ⅲ. ①纳米技术–应用–发电机　Ⅳ. ①TM31

中国版本图书馆 CIP 数据核字（2017）第 027081 号

责任编辑：李明楠　高　微 / 责任校对：彭珍珍　贾伟娟
责任印制：赵　博 / 封面设计：铭轩堂

科学出版社 出版
北京东黄城根北街 16 号
邮政编码：100717
http://www.sciencep.com
涿州市般润文化传播有限公司印刷
科学出版社发行　各地新华书店经销
*
2017 年 3 月第　一　版　开本：720×1000　1/16
2025 年 2 月第九次印刷　印张：29 1/4
字数：589 000

定价：198.00 元

（如有印装质量问题，我社负责调换）

作 者 简 介

王中林，中国科学院外籍院士和欧洲科学院院士。佐治亚理工学院终身校董事讲席教授，Hightower终身讲席教授，化学系兼职教授和电机系兼职教授。首位中组部“千人计划”顶尖人才与团队入选者；教育部长江学者讲座教授。中国科学院北京纳米能源与系统研究所首席科学家和首任所长。

国际公认的纳米科技领域领军人物，在一维氧化物纳米结构制备、表征及其在能源技术、电子技术、光电子技术及生物技术等应用方面均作出了原创性重大贡献。发明了压电纳米发电机、摩擦纳米发电机，并首先提出了自驱动系统的概念，为微纳电子系统的发展开辟了新途径。开创了纳米结构压电电子学和压电光电子学研究的先河，对纳米机器人、人-机界面、纳米传感器、医学诊断及光伏技术的发展具有里程碑意义。

荣获 1999 年美国显微学会巴顿奖章，2009 年美国陶瓷学会普帝（Purdy）奖，2011 年美国材料学会奖章（MRS Medal），2012 年美国陶瓷学会爱德华・奥顿纪念奖（Edward Orton Memorial），美国化学学会纳米讲座奖，2013 年中华人民共和国国际科学技术合作奖，2014 年美国物理学会詹姆斯・马克顾瓦迪（James C. McGroddy）新材料奖，2014 年佐治亚理工学院杰出教授终身成就奖，2014 年欧洲 NANOSMAT 奖，2014 年材料领域世界技术奖，2015 年汤森路透引文桂冠奖，2016 年美国东南地区大学联盟（麻省理工学院，杜克大学，得克萨斯大学奥斯汀分校等 70 余所大学）杰出科学家奖，2016 年欧洲先进材料奖（Advanced Materials Laureate）。

曾获美国自然科学基金委员会CAREER基金。中国国家自然科学基金委员会首批海外优秀青年科学家基金，中国科学院海外杰出学者基金，美国物理学会fellow，美国科学发展协会（AAAS）fellow，美国材料学会fellow，美国显微学会fellow，美国陶瓷学会fellow。

在国际一流刊物发表期刊论文 1200 余篇（其中 12 篇发表在 *Science*，4 篇发表在 *Nature*；16 篇发表在 *Nature* 子刊，4 篇发表在 *Science* 子刊），获授权专利 200 项，出版专著 7 部，编辑书籍和会议文集 20 余部。受邀做过 900 余次学术讲演和大会特邀报告。学术论文他引十万次以上，*h* 因子（*h*-index）160，是世界上材料和纳米技术论文引用次数最多的前五位作者之一，在当今世界最杰出科学家排名榜位列第 25 位（http://superstarsofscience.com/scientists）。*Nano Energy*（http://www.nanoenergyjournal.com）的发刊主编和现任主编。

作者简介

前　言

我们小组于 2012 年首次发明了基于有机材料的摩擦纳米发电机（TENG），它的工作原理基于摩擦起电效应和静电感应效应的耦合。当两种不同材料在外力驱动下互相接触时，两种材料的表面会带上符号相反的静电荷；在外力作用下两个接触表面发生分离时，两种静电荷的分离而产生的电势差会驱动电子在分别附着于两种材料的上下表面电极之间流动，从而产生电流输出。几年来，我们在摩擦纳米发电机的基础研究和技术应用方面都取得了飞速的进展。在本书中，我们详细阐述了摩擦纳米发电机的四种基本工作模式、理论模型以及其用来收集不同形式的机械能的应用。这些能量形式包括人体运动、振动、机械触发、轮胎转动、风能、水能等。同时，摩擦纳米发电机还可以用作自驱动传感器，即用其本身输出的电压和电流信号来表征机械触发的动态过程。这种机械传感器在触屏和电子皮肤等技术中具有潜在应用。我们还讨论了摩擦纳米发电机用来收集海洋能量的应用，即“蓝色能源”。我们撰写本书的目的是系统地介绍摩擦纳米发电机，它不但可以作为一本教科书也可以作为参考书来推广这项发明的基础研究和实际应用。

本书的撰写主要参考了我们自 2012 年以来大量发表的科技论文，而书中的大多数插图都取自我们在公开领域发表的文章。在这里，要感谢我们课题组的所有成员，以及我们的研究合作者，他们为摩擦纳米发电机的发展作出了巨大的贡献（名单不分顺序）：范凤茹、朱光、王思泓、杨亚、林宗宏、林龙、陈俊、周瑜升、牛思淼、杨进、杨维清、温肖楠、曹霞、周军、秦勇、范兴、程纲、郑莉、訾云龙、张弛、韩昌报、唐伟、于爱芳、张虎林、谢燕楠、白鹏、井庆深、李胜明、苏元捷、田中群、叶旻鑫、衣芳、李召岭、郭恒宇、文震、潘曹峰、蒋涛、Sangmin Lee、刘莹、吴昌盛、王杰、胡陈果、奚伊、侯德谦、陈翔宇、何志浩、丁勇、杨伯康、Ken Pradel、李修函、王晓峰、李玉芳、吴英、周桃、陈梦晓、张丽敏、杜伟明、骆健俊等。我们同样要感谢研究中的其他合作者：张跃、田中群、Christian Falconi、Sang-Woo Kim、Jeong-Min Baik、张青、张海霞以及 Magnus Willander 等多位教授。另外，考虑到本书和其已出版英文版专著在图表表达上的一致性以及受众读者的阅读习惯，本书绝大部分图和表沿用英文表达。

最后，我要感谢我的所有家人多年来对我的工作的理解和支持。没有他们的帮助，我不可能取得今天的成就。

2017 年 1 月

王中林
中国科学院北京纳米能源与系统研究所
美国佐治亚理工学院
个人主页：http: //nanoscience.gatech.edu/
课题组：http: //124.16.153.201：8001/
SCI 发表记录：http: //www.binn.cas.cn/ktz/wzlyjz/
谷歌学术引用 : http: //scholar.google.com/citations?user=HeHFFW8 AAAAJ&hl=enss

目　录

第1章　摩擦起电和摩擦发电

摘　要

摩擦起电是一种众所周知的现象。本章首先介绍摩擦起电现象，进而介绍它是如何被用来把机械能转换为电能的，即摩擦发电。然后，介绍摩擦纳米发电机（TENG）作为一种全新的能源技术的发明和发展历史，以及其作为一种能源或自驱动传感器在各个领域的应用，包括可穿戴电子器件、物联网、环境、基础设施、医疗、安全等。最后，从麦克斯韦方程组出发，我们揭示了纳米发电机的根本原理是来自于麦克斯韦的位移电流，而纳米发电机则是位移电流在平行于电磁波应用之外，在能源和传感方面的另一重大产业应用。

电子设备的快速发展呈现小型化、可移动和多功能的趋势。计算机的发展就是器件小型化的一个典型例子。早期的计算机是基于真空管的大型设备，而后被基于固态金属-氧化物-半导体的场效应晶体管所取代，而当今的笔记本电脑具有更高的集成度和更小的尺寸。另一个例子是手机的数量激增，这是电子器件可移动化的一个代表型应用。在未来的几十年里，人们会在现有技术的基础上，致力于发展电子器件的多功能化。这个过程会不可避免地用到一系列的传感器，其功能包括但不限于导航、运动检测、化学传感、生物传感和气体传感等。在不久的将来，我们身边的电子设备会远远小于手机的尺寸，这样每个人都会拥有几十个、甚至上百个这样的电子产品。这种小型的电子产品能量消耗很小，使得利用环境中收集的能量为其供电成为可能[1]。另外，这些传感器数量巨大且分布广泛，只用电池来驱动整个传感器网络是不现实的，而且电池的使用也会带来难以追踪和回收的问题，以及可能的环境污染和健康危害。因此，我们急需能够独立地为这种小型电子器件持续供电的新型电源，这种电源可以广泛应用在超敏感化学-生物传感器、纳米机器人、微机电系统、遥感及可移动环境传感器、国土安全甚至可移动-可穿戴的电子设备等各个领域。

纳米能源，作为一个全新的研究领域，是指利用新技术和微纳米材料高效收集和储存环境中的能量，来实现微纳系统的可持续运转。在过去的十年里，我们研发了纳米发电机，并用其构建自驱动系统和主动式传感器[2]。我们主要利用了两种物理效应来收集小型机械能：压电效应和摩擦起电效应。我们在最近出版的一本书中[2]和几篇综述文章中[3, 4]详细介绍了压电纳米发电机。而本书的目的是对摩擦纳米发电机进行系统的描述，从其理论到实验、从基本操作模式到技术应用、从单个器件到系统集成、从一种新能源技术到自驱动传感器。

1.1 纳米能源和大能源

从一般意义上讲，能源是指诸如为工厂、城市乃至国家供电的大型能源，其功率大小是以兆瓦或千兆瓦的量级来衡量的。这种大型能源的主要性能指标包括总功率、稳定性、转换效率和成本。在很多情况下，成本是最重要的指标，如太阳能电池（图 1.1）。

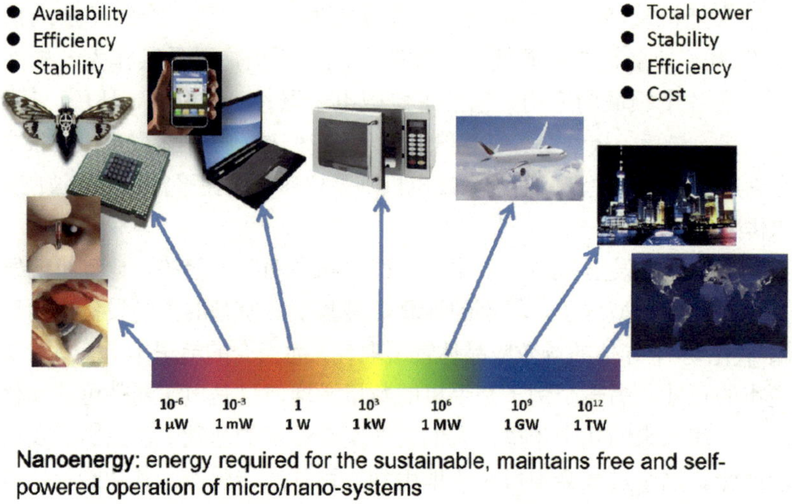

图 1.1 不同尺度的能源及其应用。大尺度的能源是用来为城市甚至整个国家供电的，而纳米尺度的能源可以为小型电子器件供电。这两种不同的应用也是通过不同的测量方式表征的（本图已获得 Wiley 许可）[5]

另外，随着可移动电子设备的数量激增，关于能源存储的研发显得更加重要，而目前的技术大多由电池实现。虽然每个电子器件本身消耗的能量很小，但是器件的整体数目非常巨大。世界上有超过 30 亿人拥有移动电话。如果全球都安装了传感器网络，数目巨大的传感器会遍布世界各个角落；而用电池来驱动这种数目惊人的、数以万亿计的传感器是不大可能的，因为人们需要不时地寻找电池的位置、更换电池以及检测电池是否正常工作。在这种情况下，一个可能的替代方案就是收集传感器所在环境中的能量。这是一个新的领域，纳米能源，即为微纳系统提供持久的、不需维护的、自驱动的能源[5]。纳米能源的基本性能指标包括可用性、转换效率和稳定性（图 1.1）。当器件处在光照环境下，使用太阳能电池是一个自然的选择。而当器件靠近一个发动机却处在黑暗中，收集机械振动的能量是最佳的选择。对于生物应用，收集肌肉拉伸中的形变能也是一个不错的方式。

虽然太阳能电池具有很高的效率，但当环境条件中的光照有限时，高效的太阳能电池可能就不是对这种器件的最佳选择了。因此，用来收集的能量类型取决于器件所处的具体工作环境。这就是我们强调的在具体应用中的能量来源的可用性。能量来源的稳定性也很重要，因为它保证了器件的长期运转。以太阳能电池为例，它的性能受到昼夜、天气甚至季节等诸多因素影响。这就是我们选择研发转换机械能为电能，并作为自驱动传感器的能量来源的原因。

1.2　摩擦起电效应

摩擦起电效应是一种由接触引发的带电效应，即在一种材料与另一种材料发生摩擦的过程中，它会带上电荷。摩擦起电效应是我们生活中各种静电荷的基本来源。一种材料所带电荷的符号取决于它与和它接触的材料之间的相对极性。

摩擦起电效应很可能是为数不多的人们已经知道了几千年的效应。虽然这种效应是我们每天不可避免都会经历的现象，但它背后的物理机制一直存在争论[6, 7]。人们通常认为，当两种材料发生接触时，二者的表面之间会形成化学键（或称黏结），然后电荷会从一种材料中移动到另一种材料中，来平衡二者的电化学势差。这种转移的电荷有可能是电子，也可能是离子或分子。当两种材料分离时，有的成键原子倾向于保留多余的电子，有的倾向于失去电子，这样就有可能在材料表面产生摩擦电荷。

具有较强接触起电现象的材料一般都是导电性较差的或是绝缘体。因此，这些材料会捕获转移电荷，并保持相当长的一段时间，持续积累静电荷。这种现象在我们的生活和生产中通常被当作一种不良效应。例如，飞机在飞行过程中会由于骨架与空气的摩擦而产生静电荷，它会干扰射频信号的发射。由于静电荷会导致爆炸或引燃可燃性气体，它也会产生安全隐患。运输可燃性气体和液体以及易爆化学品的汽车为了防止火灾，需要妥善处理静电荷的消除问题。某些电子器件，最著名的是互补金属氧化物半导体（CMOS）集成电路和金属氧化物半导体场效应晶体管（MOSFET），它们会被手套上的静电荷放电产生的高电压破坏。因此，摩擦起电在我们的生活中大多被当作负面效应，这也是为什么这种现象已存在几千年，却没有实际的正面的应用的原因。直到最近，摩擦起电效应才被广泛应用到机械能采集和自驱动机械传感器中。

1.3　摩擦起电的定量化

虽然摩擦起电效应已存在数千年，我们对它的物理机制的了解仍然有限。人们曾用多种方法来表征摩擦起电的过程，如用滚动球工具来收集在介电圆盘上方的滚动球产生的感应电荷[8, 9]，以及用原子力显微镜（AFM）来测量表面与微型图像材料接触过程中产生的表面静电力和静电势[10-12]。但是，这些方法要么没有精确控制起电过程，要么没有直接揭示摩擦界面，或者两者兼而有之，因此用这些方法很难得到对摩擦起电过程的原位理解。

我们研发了用接触模式的 AFM 和扫描开尔文探针显微镜(SKPM)结合的办法，用来对纳米尺度的摩擦起电过程进行原位定量表征[13]。因为 AFM 具有可控电荷转移和原位测量的功能，我们可以用它来研究表面的摩擦电荷转移。在一个模型系统中，二氧化硅薄膜在同一个区域以相同大小的接触力被摩擦数次。图 1.2（a）显示了每次摩擦之后相应的 SKPM 图像，图 1.2（b）表示从中提取出的电势变化。在 8 个摩擦周期之内，电势大小从 0.1V 缓慢增加到 0.7V。如图 1.2（c）所示，电荷的聚集和饱和有一个明显增长的趋势。通过对实验数据进行定量拟合，可以发现摩擦之前的表面电荷密度是 $\sigma_0=(-12\pm3)\mu C/m^2$，而经过无数次摩擦周期之后的饱和电荷密度是 $\sigma_\infty=(-150\pm8)\mu C/m^2$。接近表面区域的电场强度是大约 $1.7\times10^7 V/m$，这可以很容易产生很高的电压。这种接触引发的电荷转移是我们的摩擦纳米发电机的实验基础。

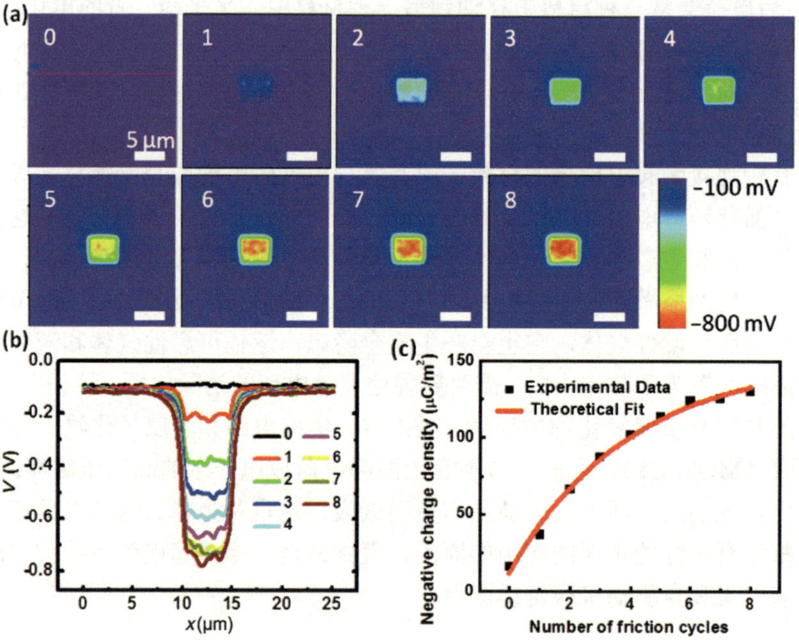

图 1.2 随着在同一区域不断摩擦次数的增加，二氧化硅表面的摩擦电荷积累不断增加。(a) 在 1～8 个摩擦周期之后，同一块区域的表面电势分布图的变化；(b) 与之相应的电势分布曲线；(c) 通过电势数据推算出的表面电荷密度随摩擦周期的变化关系，其中的拟合曲线是基于电荷积累理论获得的（本图已获得美国化学学会许可）[13]

我们可以通过在针尖上施加一个偏压来操纵转移到材料表面的电荷。在这个工作中，我们研究了外加电场对金属和介电材料之间的接触起电效应的影响[14]。图 1.3（a）是金属和介电层之间电荷转移的示意图。当上电极接触到介电层时，根据电子转移机制[15, 16]，电子会由于功函数不同，而从一种材料上转移到另外一种材料上。然后由于静电感应的作用，转移之后的静电荷会在两个电极上感应出符号相反的电荷。虽然介电材料的等效禁带宽度很大（通常超过 8V），通常会存在位于带宽之间的能级来承载电子[14]。这里，我们用能带图来诠释更容易带负电的介电摩擦材料（相对于金属而言）的情况。相应地，如图 1.3（b）所示，介电材料的最高满电子能级比金属的费米能级低。当两种材料接触时，金属中的电子就会从上电极流向介电层的表面，来填充介电材料的表面态，最终使其与金属的费米能级达到同样高度［图 1.3（c）］。当两种材料互相分离时，如图 1.3（d）所示，在介电层表面的转移电荷和金属表面的镜像电荷之间会形成一个电场。这个电场强度与金属表面的感应电荷密度 σ_1 成正比。由于局域电势的作用，介电表面的一部分电荷会流回金属中。而电势差取决于两个表面的分离距离和电场强度。同时，分离的过程又形成了一个能垒来阻止电子回流。为了简化起见，我们指定了一个临界隧穿距离 z，并假设当两个表面之间的距离小于 z 时，电子可以在两个表面直接自由移动，以维持恒定的费米能级；而当距离大于 z 时，能垒足够高，所以任何电子隧穿都不会发生。对于平行板模型，在距离等于 z 时，介电材料的表面电荷密度为 σ，在上金属电极感应的电荷密度为 σ_1，在下金属电极感应的电荷密度为 σ_2，它们之间应该满足如下关系：

$$\sigma + \sigma_1 + \sigma_2 = 0 \tag{1.1}$$

由于内生电场 σ_1/ε_0 的作用，金属和介电层表面之间的真空能级会产生大小为 ΔE_{vcc} 的变化：

$$\Delta E_{vcc} = \sigma_1 z e/\varepsilon_0 \tag{1.2}$$

式中，e 为单位电荷量。

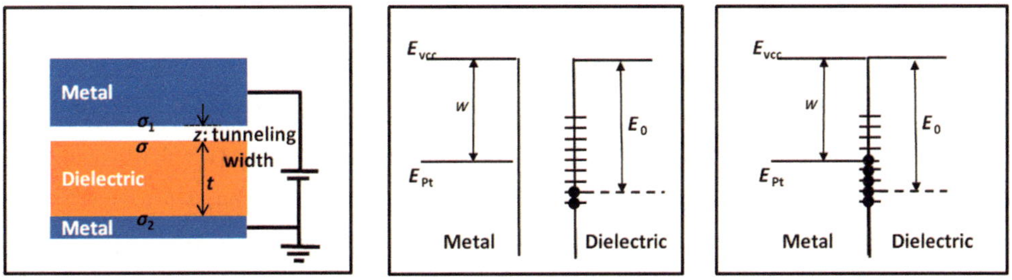

(a)　(b) Before contact　(c) In contact

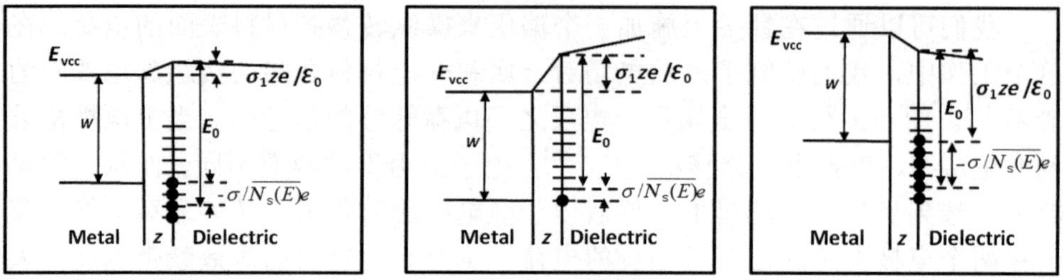

(d) Contact electrification V_{bias}=0　(e) Reversed contact electrification $V_{bias}>V_{null}>0$　(f) Enhanced contact electrification $V_{bias}<0$

图 1.3 （a）接触起电过程的示意图，其中 z 代表临界隧穿距离，σ 代表转移到介电层表面的电荷密度，σ_1 和 σ_2 分别代表两个电极上的感应电荷密度。（b～f）在接触起电的不同情况下的能带图：（b）接触之前；（c）接触，但没有加载偏压；（d）分离后达到平衡，但没有偏压；（e）分离后达到平衡，有正偏压；（f）分离后达到平衡，有负偏压（本图已获得美国化学学会许可）[14]

当系统处于平衡态时，介电层的表面态会被填充至不超过金属的费米能级。假设表面态密度是 $N_s(E)$，填充的能级范围是ΔE_s，我们可得到：

$$\sigma = -e\int_{E_0}^{E_0+\Delta E_s} N_s(E)\mathrm{d}E \tag{1.3}$$

这里，我们定义了如下的平均表面态密度：

$$\overline{N_s(E)} = \frac{\int_{E_0}^{E_0+\Delta E_s} N_s(E)\mathrm{d}E}{\Delta E_s} \tag{1.4}$$

因此，填充的能级范围ΔE_s可以描述为

$$\Delta E_s = -\sigma \Big/ \overline{N_s(E)}\, e \tag{1.5}$$

结合式（1.2）和式（1.5），可得

$$E_0 - W = \Delta E_{vcc} + \Delta E_s = \sigma_1 ze/\varepsilon_0 - \sigma \Big/ \overline{N_s(E)}\, e \tag{1.6}$$

在上下电极之间加载的电压会使相对能带高度发生改变，可以用来调控相应的电荷转移过程。在上电极上加载正偏压会降低其费米能级，进而降低从金属转移到介电层的电荷量。当偏压达到一定程度，费米能级会降低到与介电层的最高满电子表面态相同的高度。在这种情况下，金属和介电层之间不会有电荷转移，其电荷在接触起电过程已中和。当正偏压比中和偏压更大时，如图 1.3（e）所示，电子会从相反的方向，即从介电层转移到金属上，使得介电层表面带正电。相反地，在金属上加载负的偏压可以提高它的费米能级，使得更多的电子可以从金属

流向介电层来填充介电层的表面态到更高的能级，从而介电层表面的负的电荷量更多［图 1.3（f）］。基于平板模型的假设，两电极之间的偏压 V 可以通过泊松方程表示如下

$$V=\frac{\sigma_1}{\varepsilon_0}z-\frac{\sigma_2}{\varepsilon\varepsilon_0}t \tag{1.7}$$

结合式（1.1）、式（1.6）和式（1.7），介电层的表面电荷密度表示如下[14]

$$\sigma=\frac{V+\dfrac{(W-E_0)}{e}(1+t/\varepsilon z)}{t/\varepsilon\varepsilon_0+\dfrac{1}{N_s(E)e^2}(1+t/\varepsilon z)} \tag{1.8}$$

式（1.8）可以帮助我们更好地理解外加电场如何定量地调制接触起电过程。

根据式（1.8），表面电荷密度 σ 应该随外加偏压 V 的变化而变化。为了定量研究电场的影响，我们使用 SKPM 来测量 2μm 厚度的聚对二甲苯（parylene）在−10～10V 之间的不同偏压下对应的摩擦产生的表面电荷密度。图 1.4（a）表示−2～5V 的不同偏压下，同一个区域经过摩擦之后的表面电势分布；其中，2V 的正偏压基本可以中和接触起电的电荷转移；超过 2V 的正偏压会使摩擦过的表面带正电。图 1.4（b）表示每次实验中某个截面的表面电势分布曲线。摩擦区域的表面电势随偏压的增加而单调递增，即正偏压可以使得正的表面电势更大，而负偏压则呈现相反的效应。如图 1.4（b）的插图所示，我们可以从表面电势分布的

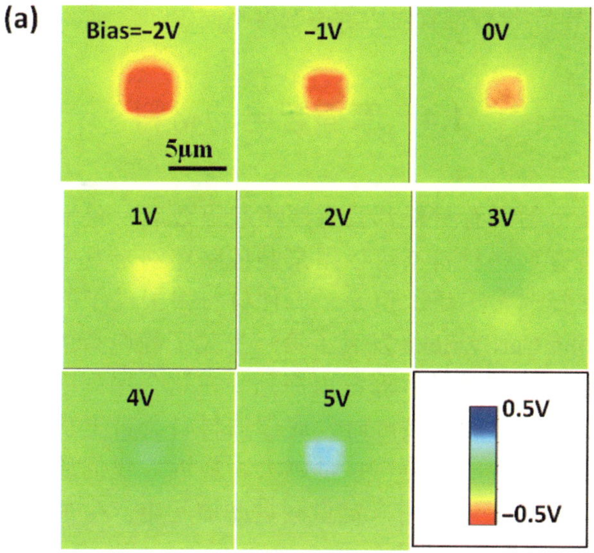

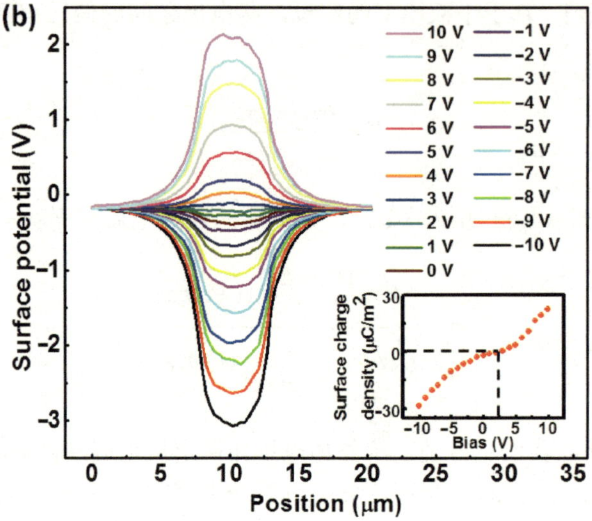

图 1.4　（a）当原子力显微镜针尖加载–2～5V 的不同偏压时，相应的聚对二甲苯在被针尖摩擦的同一区域的表面电势分布图；（b）当偏压在–10～10V 之间变化时，某个截面的电势随距离的变化曲线，其中插图是由此计算得到的表面电荷密度随偏压的变化图。当偏压为 2.5V 时，表面电荷密度为零，也就意味着接触起电效应完全被加载的偏压抵消（本图已获得美国化学学会许可）[14]

曲线中计算出每次摩擦过程中产生的相应的电荷密度，并将其绘成偏压的函数。可以发现，表面电荷密度随着偏压的增加呈现非线性增加的特性，这是由于能带中间位置和靠近导带/价带位置对应的态密度不同。

1.4　摩擦起电的材料

几乎我们知道的所有材料都具有摩擦起电效应，包括金属、高分子、丝绸、木材等。所有这些材料都可以用来制备摩擦纳米发电机，所以摩擦纳米发电机的材料选择非常广泛。但是，一种材料得失电子的能力取决于它的极性。1957 年，John Carl Wilcke 发表了第一个关于静电荷的摩擦电序列[16, 17]。表 1.1 给出了常见材料的这种摩擦电序列。在这个序列中，接近表格底部的材料和接近顶部的材料相互接触时，底部的材料会带上负电荷。两种材料在序列中离得越远，相应的电荷转移量越大。最近，我们通过固体和液态金属（如汞）的接触，创建了一种用来定量测量摩擦起电产生的表面电荷密度的方法（具体见第 7.4 节）。

表 1.1　常见材料的摩擦电序列[7]

	聚甲醛 1.3-1.4	（接左栏）	
	乙基纤维素	聚酯（Dacron）	
	聚酰胺（尼龙）-11	聚异丁烯	
	聚酰胺（尼龙）-66	聚氨酯，柔性海绵	
正	三聚氰胺	聚对苯二甲酸乙二醇酯（PET）	
	编织的羊毛	聚乙烯醇缩丁醛	
	编织的蚕丝	氯丁橡胶	
	铝	自然橡胶	
	纸张	聚丙烯腈	
	纺织的棉花	腈氯纶	
	钢	聚碳酸双酚	
	木材	聚 3, 3-双（氯甲基）丁氧环	
	硬橡胶	聚偏二氯乙烯（Saran）	
	镍，铜	聚苯乙烯	
	硫	聚乙烯	
	黄铜，银	聚丙烯	负
	醋酸纤维，人造纤维	聚酰亚胺（Kapton）	
	聚甲基丙烯酸甲酯（Lucite）	聚氯乙烯（PVC）	
	聚乙烯醇	聚二甲基硅氧烷（PDMS）	
	（转右栏）	聚四氟乙烯（Teflon）	

注：趋向“正”方向的材料更容易失去电子，趋向“负”方向的材料更容易得到电子

除了摩擦电序列中的材料选择之外，我们还可以通过微加工的方法修饰材料的表面形貌，来制备诸如金字塔形、方形和半球形的微纳米结构。这些微纳米结构可以有效地提高接触面积和摩擦起电效应。我们还可以通过化学方法，用各种分子、纳米管、纳米线和纳米颗粒来修饰材料的表面，同样可以达到提高摩擦起电效应的目的。表面功能化可以很大程度地改变表面电势。在表面引入纳米结构可以改变局部的接触特性。接触材料也可以选为复合材料，如在高分子基体中嵌入纳米颗粒。这不仅可以改变材料表面的起电性能，还会改变材料的介电性能，进而影响静电感应过程。

1.5　范德格拉夫起电机

传统的摩擦发电机是一种通过接触起电在高压下产生静电或电流的机械装

置。其中，最著名的是在 1880 年左右发明的 Wimshurst 机器和在 1929 年发明的范德格拉夫起电机。这两种机器都是利用摩擦起电产生并积累静电荷。如图 1.5 所示，一个简单的范德格拉夫起电机是由两个不同材料的滚筒，以及在这两个滚筒之间滚动一条橡胶传送带（或者类似的柔性介电材料）组成，其中一个滚筒外面被一个空心金属球包围[17]。两组梳子形状的、有一排尖锐金属点的电极（2）和（7），分别放置在底部滚筒和顶部滚筒附近（在金属球内部）。电极（2）连接在金属球上，而电极（7）连接到地上。在滚动过程中，橡胶传送带会带负电，上部的有机玻璃滚筒会带正电。然后，传送带通过内表面将负电荷转移走，同时上部滚筒持续聚集正电荷。上部滚筒的正电荷会在梳子形状的电极（2）附近产生很强的电场。在电极尖端的点上，电场强到一定程度即可使空气分子电离，产生的电子会被吸引到传送带的外表面，正离子会留在电极上。在电极（2）上，正离子会被电子中和，使得电极和与它相连的外层壳（1）上的总电子数目较少。多余的正电荷会聚集到外层壳（1）的外表面，使金属壳的内部没有电场。随着这种方法产生的静电感应持续进行，在金属外壳上会聚集大量的电荷。

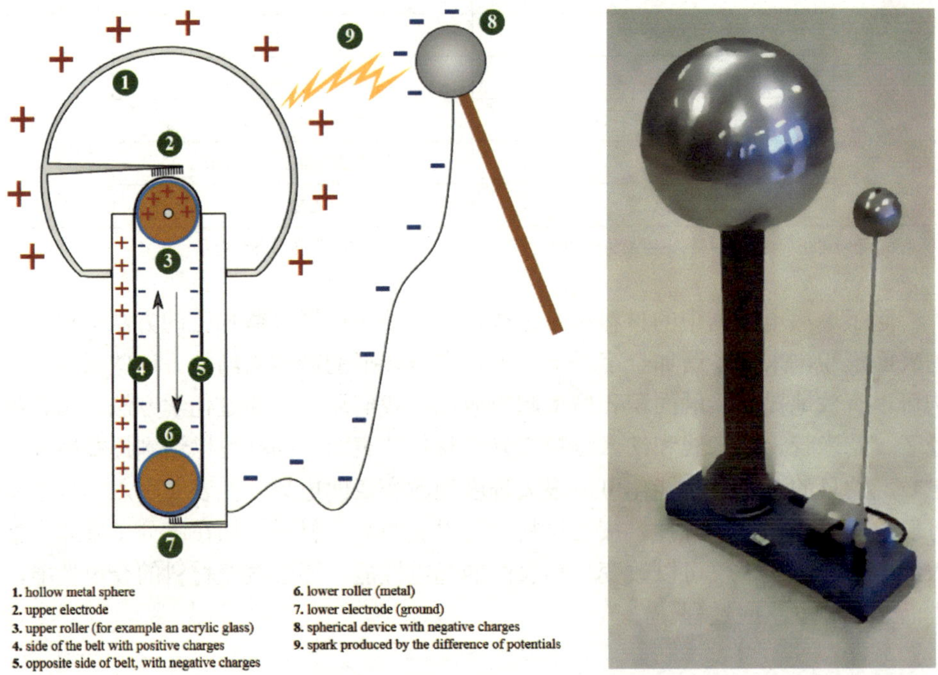

图 1.5　范德格拉夫起电机的结构和原理示意图[17]

在此例中，下方滚筒式金属可以把传送带内表面的负电荷取走。下方电极

（7）在它的尖端产生一个很强的电场，强到足以使空气分子电离。这样电子被吸引到电极上，而空气中的正离子会中和传送带外表面上的负电荷，或者被吸引到传送带上。随着传送带持续运动，会形成一个恒定的“充电电流”，而金属球上会不断聚集正电荷，直到电荷（通过漏电或者尖端放电）流失的速率与充电电流相同为止。金属球（8）和下方电极（7）均与大地相连；带正电的金属球会把电子从大地吸引到下方电极和金属球上，而当两个金属球之间的电场足够大时，会以火花放电（9）的形式发生空气击穿。由于传送带和滚筒的材料可以自由选择，空心金属球上的聚集电荷可以是正电荷（电子缺失）或者负电荷（电子富余）。

范德格拉夫起电机是很高的电压源，且除了放电过程不会有电流产生。对于一个直径 30cm 的抛光球形电极，能够产生的最高电压可达 450kV。

1.6　摩擦纳米发电机

现今的电子设备大多与人类活动相关，主要是为了健康、安全和通信等。而与人类相关的最富余的能量形式就是人体运动产生的机械能。最近，我们发现：当两种不同材料相接触时，它们的表面由于接触起电作用会产生正负静电荷；而当两种材料由于机械力的作用分离时，接触起电产生的正负电荷也发生分离，这种电荷分离会相应地在材料的上下电极上产生感应电势差；如果在两个电极之间接入负载或者处于短路状态，这个感应电势差会驱动电子通过外电路在两个电极之间流动——这就是王中林课题组于2012年首次发明的摩擦纳米发电机（TENG），主要目标是收集小尺度的机械能[18-21]。TENG 具有如下四种基本工作模式。

1.6.1　垂直接触-分离模式

我们以 TENG 的最简单的设计为例［图 1.6（a）］[22, 23]，在这个结构中，两种不同材料的介电薄膜面对面堆叠，它们各自的背表面镀有金属电极。这两层介电薄膜相互接触，会在两个接触表面形成符号相反的表面电荷。当这两个表面由于外力作用而发生分离时，中间会形成一个小的空气间隙，并在两个电极之间形成感应电势差。如果两个电极通过负载连接在一起，电子会通过负载从一个电极流向另一个电极，形成一个反向的电势差来平衡静电场。当两个摩擦层中间的空气间隙闭合时，由摩擦电荷形成的电势差消失，电子会发生回流。

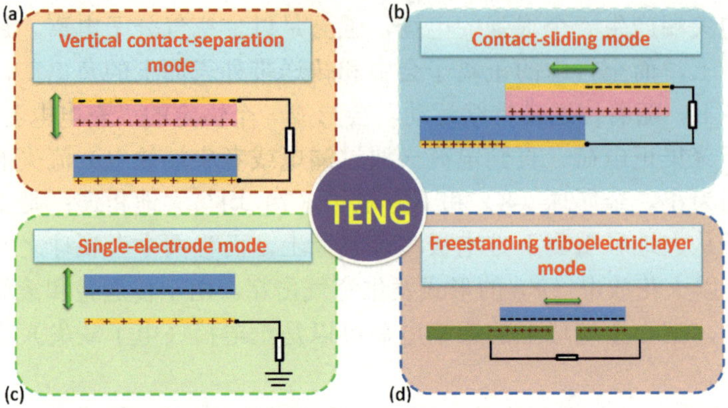

图 1.6 摩擦纳米发电机的四种基本工作模式。(a) 垂直接触-分离模式；(b) 水平滑动模式；(c) 单电极模式；(d) 独立层模式（本图已获得英国皇家化学学会许可）[32]

1.6.2 水平滑动模式

这种模式初始的结构和垂直接触-分离模式的相同。当两种介电薄膜接触时，两个材料之间会发生沿着与表面平行的水平方向的相对滑移，这样也可以在两个表面上产生摩擦电荷［图 1.6（b）］[24, 25]。这样，在水平方向就会形成极化，可以驱动电子在上下两个电极之间流动，以平衡摩擦电荷产生的静电场。通过周期性的滑动分离和闭合可以产生一个交流输出。这就是滑动式 TENG 的基本原理。这种滑动可以以多种形成存在，包括平面滑动、圆柱滑动和圆盘滑动等。我们对这些结构进行了相关研究，从而更全面地理解滑动模式以及其中更复杂的栅格结构。

1.6.3 单电极模式

在前面介绍的两种工作模式都有通过负载连接的两个电极。在某些情况下，TENG 的某些部分是运动部件（如人在地板上走路的情况），所以并不方便通过导线和电极进行电学连接。为了在这种情况下更方便地收集机械能，我们引入了一种单电极模式的 TENG，即只有底部有电极，且接地［图 1.6（c）］。如果 TENG 的尺寸有限，上部的带电物体接近或者离开下部物体，都会改变局部的电场分布，这样下电极和大地之间会发生电子交换，以平衡电极上的电势变化。这种基本工作模式可以用在接触-分离结构[26]和滑动结构中[27, 28]。

1.6.4 独立层模式

在自然界中，运动物体由于和空气或其他物体的接触，通常都会带电，就像我们的鞋子在地板上走路也会带电。因为材料表面的电荷密度会达到饱和，而且这种静电荷会在表面保留至少几小时，所以在这段时间并不需要持续的接触和摩擦。如果我们在介电层的背面分别镀两个不相连的对称电极，电极的大小及其间距与移动物体的尺寸在同一量级，那么这个带电物体在两个电极之间的往复运动会使两个电极之间产生电势差的变化，进而驱动电子通过外电路负载在两个电极之间来回流动，以平衡电势差的变化［图 1.6（d）］[29]。电子在这对电极之间的往复运动可以形成功率输出。这个运动的带电物体不一定需要直接和介电层的上表面接触，例如在转动模式下，其中一个圆盘可以自由转动，不需要和另一部分有直接的机械接触，就可以在很大程度上降低材料表面的磨损，这对于提高 TENG 的耐久性非常有利。

基于以上描述的四种基本工作模式，我们对于具体的应用制备了多种不同结构的 TENG。图 1.7 是我们制备的用来收集不同形式机械能的 TENG 的图片。这些结构都是为小型电子设备提供微纳能源的基本部件，通过将多个这样的基本部件集成到一起，可以实现用这个基本原理来进行大尺度发电。

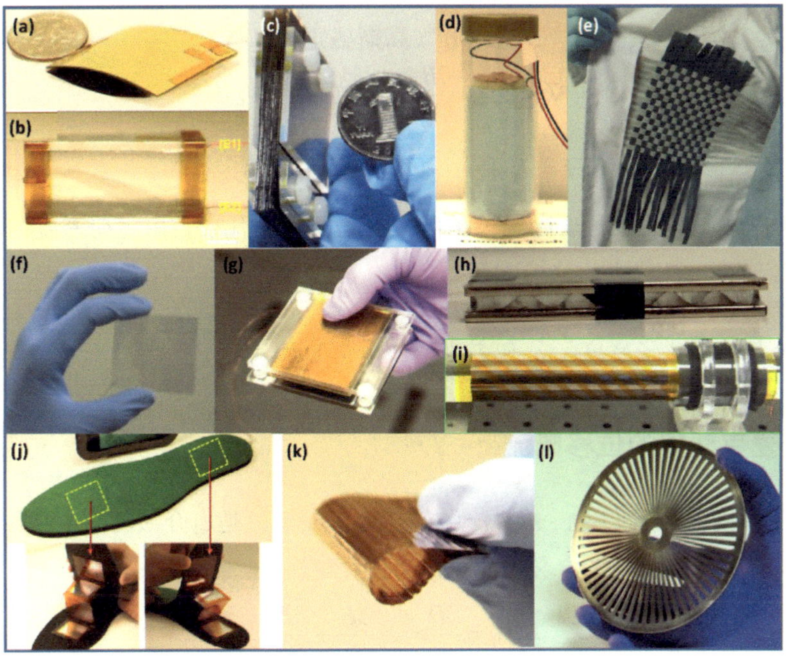

图 1.7　收集各种不同形式机械能的 TENG 的实物照片。这些 TENG 和对应的机械能形式包括：（a）手指敲击的能量；（b）空气流动和风能；（c）平面内滑动能量；（d）封闭腔体的 TENG 用来收集水能和机械振动能；（e）可以用纺织物收集的人体运动的动能；（f）用透明的 TENG 来收集触屏操作的能量；（g）脚踏和手拍的能量；（h）水的冲击能量；（i）用圆柱形 TENG 来收集转动能量；（j）置于鞋内的 TENG 用来收集走路的能量；（k）柔性的栅格结构用来收集滑动的能量；（l）圆盘式 TENG 用来收集转动能量（本图已获得英国皇家化学学会许可）[32]

1.7　纳米发电机的理论源头：麦克斯韦位移电流

1861 年，当麦克斯韦根据当时掌握的实验证据推导这些方程式时，如高斯定理、法拉第电磁感应定律、安培定律等，他发现电荷的连续性方程没有得到满足，于是他就大胆地在方程组中引进了位移电流的概念。根据这个完全是理论构想出来的“电流”，麦克斯韦预言了电磁波的存在。而在 1886 年相关实验证明了其理论的正确性，随后英国人提出广播“radio”的概念，并于 1901 年首次利用无线电波实现了穿越大西洋的通信。如果要追根溯源，现代人类社会快速发展所需的通信和微电子技术其实都来自麦克斯韦方程组。现在人们普遍所知的电磁波谱，其波段包括 X 射线、紫外线、可见光、红外线、微波，太赫兹波以及无线电波，这一切都归功于麦克斯韦方程组给出的理论支撑，我们才会有现代的收音机、电视、雷达和无线通信等技术。麦克斯韦方程组的具体表达式如下

$$\nabla \cdot \boldsymbol{D} = \rho_{\mathrm{f}} \quad \text{（高斯定律）} \tag{1.9a}$$

$$\nabla \cdot \boldsymbol{B} = 0 \quad \text{（高斯磁定律）} \tag{1.9b}$$

$$\nabla \times \boldsymbol{E} = -\frac{\partial \boldsymbol{B}}{\partial t} \quad \text{（法拉第定律）} \tag{1.9c}$$

$$\nabla \times \boldsymbol{H} = \boldsymbol{J}_{\mathrm{f}} + \frac{\partial \boldsymbol{D}}{\partial t} \quad \text{（麦克斯韦-安培定律）} \tag{1.9d}$$

式中，$\boldsymbol{E}$ 代表电场；$\boldsymbol{B}$ 代表磁场；$\boldsymbol{H}$ 代表磁化场；ρ_{f} 代表自由电荷密度；$\boldsymbol{J}_{\mathrm{f}}$ 代表自由电流密度；$\boldsymbol{D}$ 代表位移场

$$\boldsymbol{D} = \varepsilon_0 \boldsymbol{E} + \boldsymbol{P} \tag{1.10}$$

式中，$\boldsymbol{P}$ 代表极化场密度；ε_0 代表真空介电常数。

1.7.1　麦克斯韦的位移电流

对各向同性介质来说，$\boldsymbol{P} = (\varepsilon - \varepsilon_0)\boldsymbol{E}, \boldsymbol{D} = \varepsilon \boldsymbol{E}$，$\varepsilon$ 是电介质的介电常数。在方程（1.9d）中，第二项被定义为麦克斯韦位移电流：

$$\boldsymbol{J}_D = \frac{\partial \boldsymbol{D}}{\partial t} = \varepsilon_0 \frac{\partial \boldsymbol{E}}{\partial t} + \frac{\partial \boldsymbol{P}}{\partial t} \tag{1.11}$$

位移电流不同于我们常规观察到的自由电子传导的电流，而是由于时间变化的电场（真空或介质）再加上随时间变化的原子束缚电荷的微小运动和材料中的电介质极化。麦克斯韦的电磁学理论为信息时代奠定了基石。位移电流的第一项不但统一了电场和磁场，同时预言了电磁波的存在，奠定了无线通信的物理基础。

在一般各向同性的介质中，第二项和第一项合并起来，位移电流就变为

$J_D=\varepsilon\partial E/\partial t$，由此推导出电磁波的基本理论。正因为这个两项的合并，人们“忘记”了位移电流和能源的直接关系。然而在具有表面极化电荷存在的介质中，如压电材料和摩擦起电材料中，位移电流中就有由表面静电荷引起的极化密度的贡献 $\boldsymbol{P}_s$，如下式

$$\boldsymbol{J}_D=\frac{\partial \boldsymbol{D}}{\partial t}=\varepsilon\frac{\partial \boldsymbol{E}}{\partial t}+\frac{\partial \boldsymbol{P}_s}{\partial t} \tag{1.12}$$

其中第一项是变化的电场所产生的感应电流，是电磁波存在的理论基础；第二项是由表面所带的静电荷产生的极化场而引起的电流，它是纳米发电机的根本理论基础和来源，由此可引导出位移电流在能源和传感方面的重大应用。

1.7.2　压电纳米发电机的理论

压电纳米发电机（PENG）是王中林于 2006 年发明的。压电纳米发电机是利用压电极化电荷和所产生的随时间变化的电场来驱动电子在外电路中的流动。压电纳米发电机的理论源头来自麦克斯韦的位移电流式（1.12）中的第二项[36]。图 1.8（a-Ⅰ）阐述了压电纳米发电机的工作原理。一个绝缘的压电材料在顶部和底部表面上覆盖两个电极，垂直机械形变导致在材料的两端产生压电极化电荷［图 1.8（a-Ⅱ）］，外部施加力的增加导致更高的极化电荷密度［图 1.8（a-Ⅲ）］，由极化电荷产生的静电势通过外部负载从一个电极到另一个电极的电子流动来平衡。这是将机械能转换成电力的过程。如果表面上的压电极化电荷的密度为 $\sigma_p(z)$，并且电极中自由电子的相应电荷密度为 $\sigma(t)$，这是压电材料厚度 z 与外加力导致的应力变化的函数。对于各向异性的压电材料，在小的均匀机械应变下的压电方程和组成方程由下式给出：

$$P_i=(\boldsymbol{e})_{ijk}(\boldsymbol{s})_{jk} \tag{1.13a}$$

$$\begin{cases}\boldsymbol{T}=\boldsymbol{c}_E\boldsymbol{s}-\boldsymbol{e}^T\boldsymbol{E}\\ \boldsymbol{D}=\boldsymbol{e}\boldsymbol{s}+\boldsymbol{k}\boldsymbol{E}\end{cases} \tag{1.13b}$$

式中，$\boldsymbol{s}$ 为机械应变；$(\boldsymbol{e})_{ijk}$ 为三阶压电张量；$\boldsymbol{T}$ 和 $\boldsymbol{c}_E$ 分别为应力张量和弹性张量；$\boldsymbol{k}$ 为介电张量。介质极化所产生的位移电流为

$$J_{Di}=\frac{\partial P_s}{\partial t}=(\boldsymbol{e})_{ijk}\left(\frac{\partial s}{\partial t}\right)_{jk} \tag{1.14}$$

式（1.14）表示施加的应变的变化率与压电纳米发电机的输出电流密度成正比。

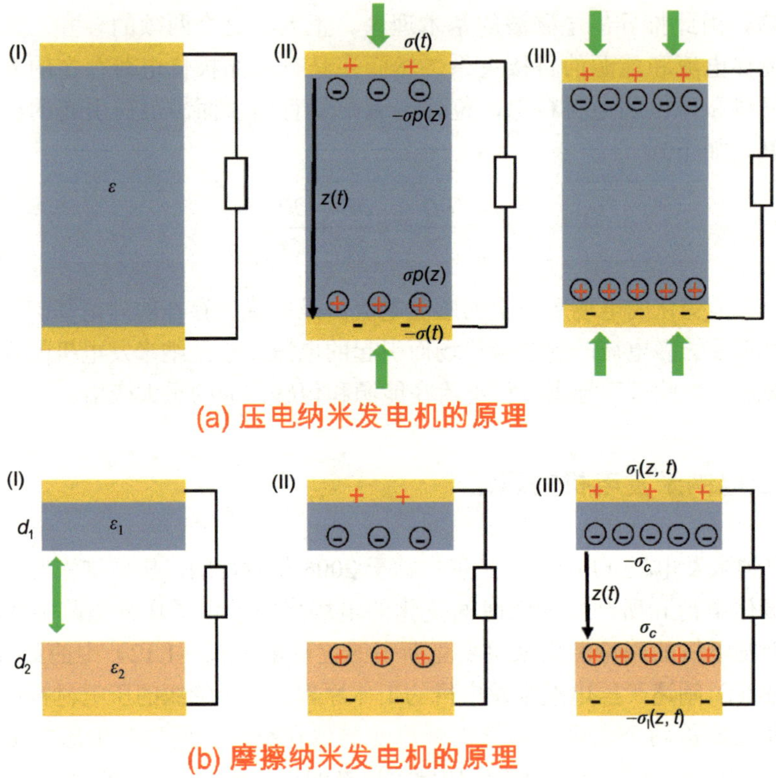

图 1.8　纳米发电机的工作原理：（a）压电纳米发电机随着外加应力的增加，输出电流增加；（b）摩擦起电纳米发电机随着接触周期的增加，输出电流也随之增加

位移电流是在材料内部（纳米发电机内部）所产生的电流。对于没有施加外部电场的情况，如图 1.8（a）所示，极化沿着 z 轴，位移场是介质中的极化场密度 $D_z = P_z = \sigma_p(z)$，位移电流为

$$J_{Dz} = \frac{\partial P_z}{\partial t} = \frac{\partial \sigma_p(z)}{\partial t} \tag{1.15}$$

方程（1.15）表示的表面极化电荷变化率是观测到的压电纳米发电机的输出电流。

位移电流理论是从材料内部的位移电流来导出纳米发电机的输出特性。对于外电路，压电纳米发电机的作用就类似于一个电容，其上下表面的压电极化电荷所产生的电压驱动电子在外电路的流动。因此，位移电流是压电纳米发电机产生电流的内在物理核心，而外电路的电容模型是位移电流对外的输出表现形式。

现在考虑由压电电场引起的外电路中电流的输运过程。压电纳米发电机的开路电压为 $V_{\mathrm{OC}} = z\sigma_p(z)/\varepsilon$。考虑到外部负载电阻 R 的存在，如图 1.8（a-Ⅱ），压电纳米发电机的电流输出方程为

$$RA\frac{\mathrm{d}\sigma}{\mathrm{d}t}=z[\sigma_p(z)-\sigma(t)]/\varepsilon \tag{1.16}$$

式中，A 为电极面积。在施加的应变相对缓慢的情况下，z 是时间 t 的函数。压电纳米发电机的输出特性可以从式（1.16）推导出。

1.7.3　摩擦纳米发电机的理论

摩擦纳米发电机是利用两种不同材料接触所产生的表面静电荷，随时间变化的电场来驱动电子在外电路中的流动。我们从摩擦纳米发电机的基础模型开始说明它的原始理论[36]。从接触分离模式中的四层摩擦纳米发电机开始，使用介电常数 ε_1 和 ε_2 以及厚度分别为 d_1 和 d_2 的两种电介质［图 1.8（b-Ⅰ）］。一旦两个电介质物理接触，由于接触带电效应（摩擦电荷），静电电荷被转移到两者的表面。表面被部分充电，电荷是非移动静电荷［图 1.8（b-Ⅱ）］，表面电荷密度 $\sigma_c(t)$ 随着两个介电质之间的接触次数增加而增加，并最终达到饱和。由摩擦电荷建立的静电场驱动电子流过外部负载，导致电极中自由电子的累积 $\sigma_\mathrm{I}(z,t)$，这是两个电介质间距 $z(t)$的函数。这是将机械能转化为电能的过程。如图 1.8（b-Ⅲ）所示，电介质 1 和 2 中的电场分别为 $E_z=\sigma_\mathrm{I}(z,t)/\varepsilon_1$ 和 $E_z=\sigma_\mathrm{I}(z,t)/\varepsilon_2$，在间隙中，$E_z=(\sigma_\mathrm{I}(z,t)-\sigma_c)/\varepsilon_0$。两个电极之间的相对电压差是

$$V=\sigma_\mathrm{I}(z,t)[d_1/\varepsilon_1+d_2/\varepsilon_2]+z[\sigma_\mathrm{I}(z,t)-\sigma_c]/\varepsilon_0 \tag{1.17}$$

在短路条件下，V=0，

$$\sigma_\mathrm{I}(z,t)=\frac{z\sigma_c}{d_1\varepsilon_0/\varepsilon_1+d_2\varepsilon_0/\varepsilon_2+z} \tag{1.18}$$

从方程（1.18）中，在材料内部的位移电流密度是

$$J_D=\frac{\partial D_z}{\partial t}=\frac{\partial\sigma_\mathrm{I}(z,t)}{\partial t}=\sigma_c\frac{\mathrm{d}z}{\mathrm{d}t}\frac{d_1\varepsilon_0/\varepsilon_1+d_2\varepsilon_0/\varepsilon_2}{[d_1\varepsilon_0/\varepsilon_1+d_2\varepsilon_0/\varepsilon_2+z]^2}+\frac{\mathrm{d}\sigma_c}{\mathrm{d}t}\frac{z}{d_1\varepsilon_0/\varepsilon_1+d_2\varepsilon_0/\varepsilon_2+z} \tag{1.19}$$

方程（1.19）的第一项表示位移电流密度与电介质表面上的电荷密度和两个电介质被分离或接触的速度成比例，第二项表示位移电流密度和表面电荷密度变化的速率的关系。一般当两种材料接触 10 次以上，σ_c 达到饱和，第二项的贡献就变为零。

现在考虑由摩擦电电场引起的外电路中电流的输运过程。考虑到外部负载电阻 R 的存在，如图 1.8（a-Ⅱ）所示，根据欧姆定律，摩擦纳米发电机的电流输出方程为

$$RA\frac{\mathrm{d}\sigma_\mathrm{I}(z,t)}{\mathrm{d}t}=z\sigma_c/\varepsilon_0-\sigma_\mathrm{I}(z,t)[d_1/\varepsilon_1+d_2/\varepsilon_2+z/\varepsilon_0] \tag{1.20}$$

其中，z 是取决于施加力动态过程的时间 t 的函数。从式（1.20）开始，摩擦纳米发电机四种模式的输出特性都可以推到而得（详见第 2 章到第 6 章），并为第 6

章所展现的电容模型奠定了理论基础。

1.7.4 纳米发电机的电容模型

在已经发表的文献中，纳米发电机的发电原理一般是从电容模型推导而得，即在电容两极板之间加一电压 V，电容随时间的变化导致极板上带电荷量 Q 的变化，从而导致外电路电流的流动：

$$I = \frac{\mathrm{d}Q}{\mathrm{d}t} = C\frac{\mathrm{d}V}{\mathrm{d}t} + V\frac{\mathrm{d}C}{\mathrm{d}t} \tag{1.21}$$

对于压电纳米发电机，由应力引起的极板间距的变化极其微小，因此整个系统的电容变化也很微小，外电路观察到的电流为

$$I \approx C\frac{\mathrm{d}V}{\mathrm{d}t} = \left(\varepsilon\frac{A}{z}\right)\frac{\mathrm{d}}{\mathrm{d}t}\left(\frac{\sigma z}{\varepsilon}\right) \approx A\frac{\mathrm{d}\sigma}{\mathrm{d}t} \tag{1.22}$$

在短路情况下，根据图 1.8，$\sigma = \sigma_p(z)$，式（1.21）的结果正是位移电流理论所推导出的结果式（1.15）：

$$I = A\frac{\mathrm{d}\sigma_p}{\mathrm{d}t} = A\frac{\mathrm{d}\sigma_p}{\mathrm{d}z}\frac{\mathrm{d}z}{\mathrm{d}t} \tag{1.23}$$

对于摩擦纳米发电机，因为极板间距变化大，式（1.21）中的两项都相对重要，都不可忽略，因此外电路的电流为

$$I = \frac{\mathrm{d}Q}{\mathrm{d}t} = A\frac{\mathrm{d}\sigma_{\mathrm{I}}}{\mathrm{d}t} \tag{1.24}$$

最后的结果和式（1.19）是一致的。因此，电容模式的根本理论是位移电流，两者的结果式完全一致的。这是我们将在第 2 章到第 6 章中展现的摩擦纳米发电机理论的基础。在外电路的输运和开路电压的关系为

$$RA\frac{\mathrm{d}\sigma_{\mathrm{I}}(z,t)}{\mathrm{d}t} = V_{\mathrm{OC}} - A\sigma_{\mathrm{I}}(z,t)/C \tag{1.25}$$

其中，V_{OC} 为摩擦纳米发电机的开路输出电压。

1.7 节的讨论可以总结为：位移电流理论是从内电流（材料的内部）来导出纳米发电机的输出特性，而我们习惯用的电容式模型是从外电路根据欧姆定律推导而得出在有负载的情况下电路的动态输运过程。对于外电路，电子在两个电极板之间来回流动时，纳米发电机的作用就类似于一个电容，其输出的电压驱动电子在外电路的流动，由此我们可以推导出相应的输出特性（见第 6 章）。主宰内电路的是位移电流，而外电路观察到的是传导电流。当内电路和外电路在两个电极相遇时，其整个输运过程结果就内外结合了（图 1.8）。因此，位移

电流是纳米发电机产生电流的内在物理核心，而外电路的电容模型是位移电流对外的输出表现形式。

1.8　展　　望

1.8.1　纳米发电机的三大应用方向

摩擦纳米发电机的发明是机械能发电和自驱动系统领域的一个里程碑式的发现。这为有效收集机械能（无论是用有机材料还是无机材料）提供了一个全新的模式。迄今，TENG 的面功率密度可达 500W/m^2，而瞬时的能源转化效率高达 70%左右（图 1.9）[30]。对于低频的机械触发，如果剩余振动的机械能都可以被收集到，那么我们通过实验验证，可以得到高达 85%的完全能源转换效率[31]。我们还建立了测量 TENG 输出性能的标准。TENG 可以用来收集我们生活中原本浪费掉的各种形式的机械能，包括人体活动、走路、振动、机械触发、轮胎转动、风能、水能等诸多形式的能量[19-21]。这些是 TENG 作为微纳能源的第一个主要应用。

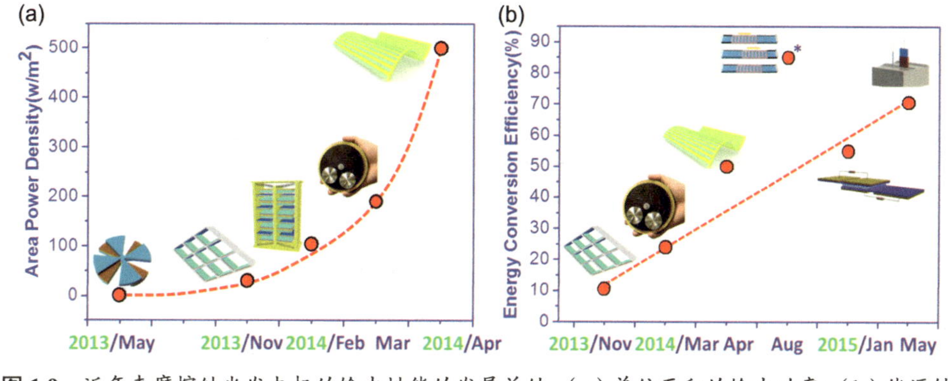

图 1.9　近年来摩擦纳米发电机的输出性能的发展总结。(a) 单位面积的输出功率；(b) 能源转换效率。在 2015 年 5 月，我们采用液态金属作为接触材料，取得了最高的约为 70%的瞬时能源转换效率。对于低频的机械输入，在 2014 年，我们通过收集所有剩余振动的能量，取得了高达 85%的完全转换效率。带*数据是指完全转换效率，其余数据指的都是瞬时转换效率（本图已获得英国皇家化学学会许可）[20]

除此之外，TENG 同时还可以用作自驱动传感器来检测机械信号。其中，可以用开路电压信号来进行静态测量，用短路电流信号来进行动态测量。这种机械传感器在触屏和电子皮肤等领域具有潜在应用（图 1.10）[32]。这种传感器也不需要外部电源来驱动，因为它是靠机械触发所产生的电学输出作为检测的信号。

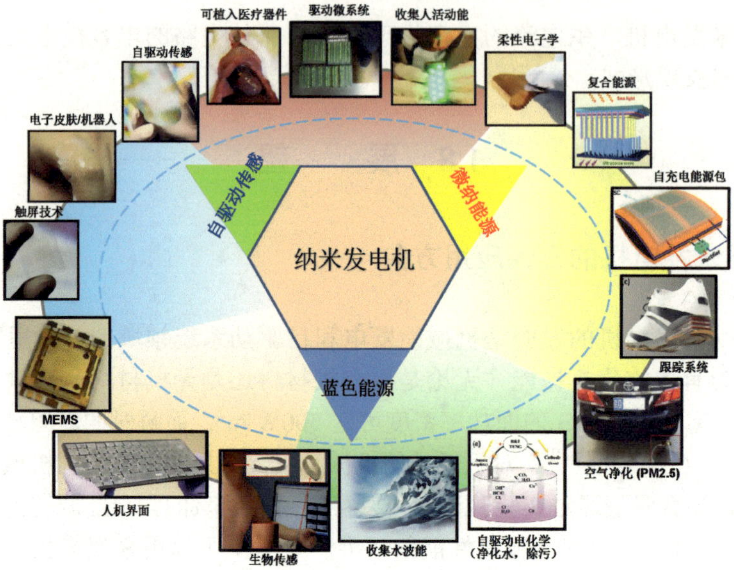

图 1.10 关于摩擦纳米发电机的三个主要应用领域的总结，即微纳能源、自驱动传感、蓝色能源。图中的具体例子都是从王中林课题组的相关工作中提取出来的，包括可移动/可穿戴电子设备、物联网、环境科学、医学、人机交互、基础设施监测和安全监测等

另外，如果把多个 TENG 单元集成到网络结构中，它可以用来收集海洋中的水能，可以为大尺度的“蓝色能源”提供一种全新的技术方案（图 1.10）[33-35]。相比于传统的电磁感应发电机，同体积的 TENG 在低频机械能的收集上具有超高的效率，所以它在海洋能源即“蓝色能源”的收集上具有极大的优势和独特的应用，这有可能为整个世界的能源可持续发展作出重大贡献。

总结起来，纳米发电机有三大应用方向（图 1.10）：微纳能源，自驱动传感，蓝色能源。具体阐述为作为可持续的纳微功率电源用于微小型设备（如电子皮肤、可植入医疗器件、可穿戴柔性电子器件等）的自供电；作为自驱动传感器用于健康监测，生物传感，人机交互，环境监测，基础设施安全等；并作为基础网络单元，在低频下收集海水运动能量直至实现蓝色无污染能源的伟大梦想。从微观尺度的能源收集到宏观高能量密度的发电，从微小的机械振动到浩瀚的海洋，纳米发电机能源系统为实现集成纳米器件和大规模能源供应打下了坚实的理论和技术基础，并将应用于物联网、卫生保健、医药科学、环境保护、国防安全乃至人工智能等诸多领域，有可能影响人类社会生活的方方面面。

图 1.11 展示了纳米发电机及其商业化应用的未来发展的技术路线图。值得一提的是，TENG 作为自驱动传感器，其应用包括检测机械振动、压强、肌肉拉伸等，有可能成为比能量收集器件更早实现商业化应用的领域。

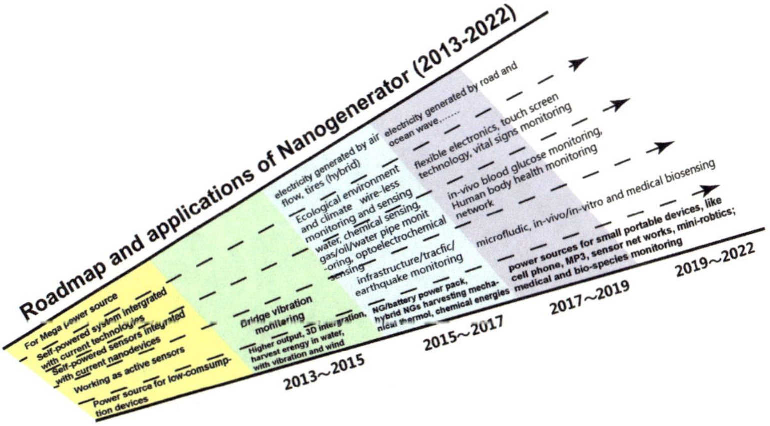

图 1.11　王中林于 2012 年提出的纳米发电机的未来技术路线图（本图已获得英国皇家化学学会许可）[32]

1.8.2　麦克斯韦位移电流的未来新兴产业：能源与传感

在过去的 20 世纪里，现代社会通过广播和通信卫星建立起来的经济、文化和政治上的广泛联系都直接产生于麦克斯韦方程组的位移电流一项。物理学历史上认为牛顿的经典力学打开了机械时代的大门，而麦克斯韦电磁学理论则为信息时代奠定了基石。1931 年，爱因斯坦评价麦克斯韦的建树“是牛顿以来，物理学最深刻和最富有成果的工作。”麦克斯韦方程组以完美、对称和准确震撼了世世代代的科学家，它在电磁学中的地位，如同牛顿运动定律在力学中的地位一样。这个著名且天才的方程组就像根基稳固的大树，孕育出枝繁叶茂、硕果累累的现代人类社会的众多发现与发明。

从 1886 年到 20 世纪 30 年代，由位移电流第一项推导出电磁波理论，电磁感应现象催生出天线广播、电视电报、雷达微波、无线通信和空间技术。在 20 世纪 60 年代，电磁统一产生光的理论，又给激光的发明和光子学的发展提供了重要的物理理论基础。此外，飞机、船舶和宇宙飞船的控制与导航，电力和微电子工业的技术进步都离不开麦克斯韦。

而从 2006 年至今，位移电流第二分量基于媒介极化的特点催生出压电纳米发电机和摩擦纳米发电机的兴起，将极大地推动新能源技术和自供电传感器技术的发展，使纳米发电机能源系统在物联网、传感器网络、蓝色能源甚至大数据等影响未来人类发展的重大方面得到广泛的应用。经过 150 余年的时空印记，追本溯源，纳米发电机是麦克斯韦位移电流继电磁波理论和技术后在能源与传感方面的另一重大应用。在可以预见的未来，这棵汲取物理学第一大方程组营养的大树，将愈发茁壮成长，有可能引领技术革新，深刻改变人类社会（图 1.12）。

图 1.12　从麦克斯韦位移电流的两个分量导出的主要基础科学、技术和工业影响。由式（1.12）可以得出，左侧是衍生的电磁波理论影响了 20 世纪通信技术的发展；右侧是位移电流衍生的新技术用于能源和传感器，极大可能会影响未来世界的发展

1.8.3　信息领域的“四化”

根据基于纳米发电机的自驱动化技术，最近王中林首次提出了信息科学和物联网领域的“四化”：即微小集成化、无线移动化、功能智能化和全自驱动化[36]。信息技术的发展经历了一个漫长的时期，可以概括为计算机通信技术、微电子技术和网络技术的历程。1836 年，美国的摩尔斯发明了电报，成为通信技术的开山鼻祖。1946 年，宾夕法尼亚大学成功研制出第一台计算机设备，“埃尼阿克”标志着计算机通信技术的问世。然后，人类于 1948 年发明了第一个晶体管，又于 1958 年研制出第一块集成电路，短短十年时间，便引发了一场波及全球的微电子技术革命。微电子技术能够将日益复杂的电子信息系统集成在一个小小的硅片上，使电子设备向着微型集成化发展，同时促进了集成电路从中、小规模逐步发展为大规模和超大规模集成电路。紧接着 1969 年，美国成功组建了世界上首个采用分组交换技术的计算机网络，到了 1986，美国国家科学基金网 NSFNET 建成并于

1991 年促成因特网进入商业应用领域，从而使互联网得到飞跃性的发展，给整个信息技术产业以及人类社会的进步带来了重大影响。

21 世纪以来，基于移动互联技术的快速发展，物联网“Internet of things”（IoT）成为新一代信息技术的重要组成部分和发展阶段。物联网通过智能感知、识别技术与普适计算等通信感知技术，广泛应用于网络的融合中，也因此被称为继计算机、互联网之后世界信息产业发展的第三次浪潮。物联网是将互联网和世界各地的任何东西（如航运对象、货物运输商和人等）链接起来的技术驱动力，它需要广泛分布的传感器如射频识别、红外感应器、全球定位系统、激光扫描器、气体感应器等信息传感设备，用于健康监测、平安家居、智能交通、物流供应、环境保护、基础设施监测和安全等领域。而驱动这些数以亿计传感器的能源供应是亟待解决的问题。考虑到传统电池技术有限的寿命，高维护成本和环境问题，这不是物联网供能的最佳解决方案。通过从工作环境收集能量（如风、摩擦、声波、超声波、生物活动、流体）使设备自供电，并可持续地操作和运转，这是王中林在 2006 年和 2012 年分别发明基于压电纳米发电机和摩擦纳米发电机首次提出的自驱动系统（self-powered system）的原始动机。基于位移电流时变电场和压电/静电感应原理的纳米发电机有以下优点：低频下的高能量转化效率、小体积低成本、多种工作模式、材料的多样性、多领域应用等，纳米发电机在微纳能源收集、小型化传感器和未来物联网等方面得到广泛的应用。

通过对现阶段移动互联发展趋势的深刻认识和总结，回顾历史总结未来，王中林首次提出了信息科学和物联网领域的“四化”（图 1.13）[36]：即微小集成化（1958—）、无线移动化（1973—）、功能智能化（约 2000—）、全自驱动化（2006—），其中第四化支撑前三化。首先，在过去的半个世纪中，电子产品的小型化一直遵循摩尔定律，即芯片上的器件数量每 18 个月就翻倍。固态电子器件使得在单个芯片上集成许多组件成为可能。集成电路为提高可靠性，减小尺寸，提高计算速度，降低功耗等提供了基础。其次，下一个革命性的进步是无线/移动通信技术的发展。通过基于光纤的信息传输和计算机科学相结合，互联网的发展已经改变了世界的每一个角落。从 1973 年摩托罗拉公司推出的第一部手提电话到目前覆盖、全球人手一部的手机和 GPS 定位系统的普及，我们的生活中无处没有移动通信。再次，在过去几十年中，通过向移动设备中添加与个人医疗保健密切相关的功能，如随时检查心跳、测量血糖和血液、及时报道雾霾和紫外线等，人们可以充分利用现代传感器技术获得更加安全和健康的生活。近年来的人工智能和大数据的出现，更使我们进入了功能和智能的时代。最后，有一点可以确信，那就是没有能源供给，所有的电子设备都无法工作。因此，如果我们能够使移动电子设备自供电，使得系统可以连续地、无中断地操作，这既是物联网的迫切需要，又是现代信息科学的一个巨大的驱动力。早在 2006 年，王中林就首次提出了“自驱动”的概念[1]，紧接着在 2008 年，他又进一步阐述了“全自驱动化”的理论基础、实验模型和应用展望[37]。全自驱动化摆脱了电子器件外部供能的桎梏，是未来物联网发展微小集成化、无线移动化、功能智能化的重要技术支撑和理论基础，预示着自驱动纳米科技在传感、机器人、微系统、复合能源等方面广泛的应用前景。

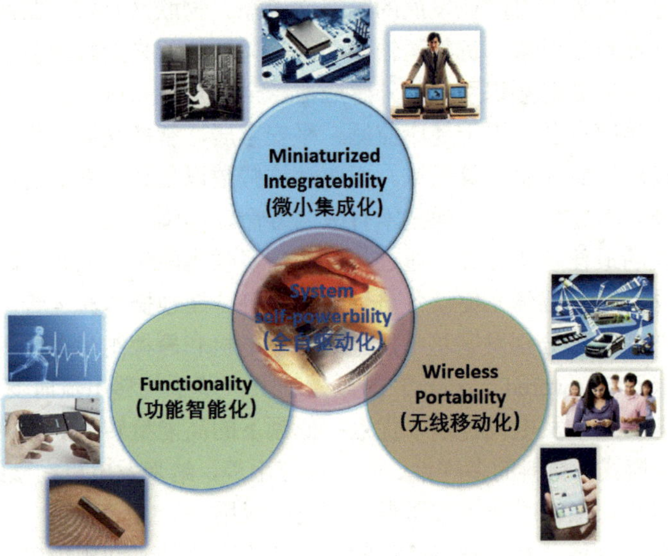

图 1.13　信息科技的主要发展阶段的总结，计算机通信技术、网络技术及新兴领域

参 考 文 献

[1] Wang Z L, Song J. Piezoelectric nanogenerators based on zinc oxide nanowire arrays. Science, 2006, 312（5771）: 242-246.

[2] Wang Z L. Nanogenerators for self-powered devices and systems. 2011. Published by Georgia Institute of Technology（first book for free online down load）http: //smartech.gatech.edu/handle/1853/39262.

[3] Wang Z L. ZnO nanowire and nanobelt platform for nanotechnology. Materials Science and Engineering R Reports，2009，64（3）：33-71.

[4] Wang Z L，Yang R，Zhou J，et al. Lateral nanowire/nanobelt based nanogenerators，piezotronics and piezo-phototronics. Materials Science and Engineering R Reports，2010，70（3），320-329.

[5] Wang Z L，Wu W. Nanotechnology-enabled energy harvesting for self-powered micro-/nanosystems. Angewandte Chemie International Edition，2012，51（47）：11700-11721.

[6] Henniker J. Triboelectricity in polymers. Nature，1962，196：474.

[7] Davies D. Charge generation on dielectric surfaces. Journal of Physics D：Applied Physics，1969，2（11）：1533.

[8] Elsdon R，Mitchell F. Contact electrification of polymers. Journal of Physics D：Applied Physics，1976，9（10）：1445.

[9] McCarty L S，Whitesides G M. Electrostatic charging due to separation of ions at interfaces：contact electrification of ionic electrets. Angew Chem Int Ed，2008，47（12）：2188-2207.

[10] Cole J J，Barry C R，Knuesel R J，Wang X，Jacobs H O. Nanocontact electrification：patterned surface charges affecting adhesion，transfer，and printing. Langmuir，2011，27（11）：7321-7329.

[11] Baytekin H T，Baytekin B，Soh S，Grzybowski B A. Is water necessary for contact electrification? Angewandte Chemie International Edition，2011，50（30）：6766-6770.

[12] Baytekin H，Patashinski A，Branicki M，Baytekin B，Soh S，Grzybowski B A. The mosaic of surface charge in contact electrification. Science，2011，333（6040）：308-312.

[13] Zhou Y S，Liu Y，Zhu G，Lin Z H，Pan C，Jing Q，Wang Z L. *In situ* quantitative study of nanoscale triboelectrification and patterning. Nano Lett，2013，13（6）：2771-2776.

[14] Zhou Y S，Wang S，Yang Y，Zhu G，Niu S，Lin Z H，Liu Y，Wang Z L. Manipulating nanoscale contact electrification by an applied electric field. Nano Lett，2014，14（3）：1567-1572.

[15] Lowell J，Rose-Innes A. Contact electrification. Adv Phys，1980，29（6）：947-1023.

[16] http: //owlsmag.wordpress.com/2010/01/20/a-natural-history-devin-corbin/.

[17] https: //en.wikipedia.org/wiki/Van_de_Graaff_generator.

[18] Fan F R，Tian Z Q，Wang Z L. Flexible triboelectric generator. Nano Energy，2012，1（2）：328-334.

[19] Wang Z L. Triboelectric nanogenerators as new energy technology for self-powered systems and as active mechanical and chemical sensors. ACS Nano，2013，7（11）：9533-9557.

[20] Wang Z L，Chen J，Lin L. Progress in triboelectric nanogenerators as a new energy technology and self-powered sensors. Energy Environ Sci，2015，8（8）：2250-2282.

[21] Chen J，Huang Y，Zhang N，Zou H，Liu R，Tao C，Fan X，Wang Z L. Micro-cable structured textile for simultaneously harvesting solar and mechanical energy. Nat Energy，2016，1，16138.

[22] Zhu G，Pan C，Guo W，Chen C Y，Zhou Y，Yu R，Wang Z L. Triboelectric-generator-driven pulse electrodeposition for micropatterning. Nano Lett，2012，12（9）：4960-4965.

[23] Wang S，Lin L，Wang Z L. Nanoscale triboelectric-effect-enabled energy conversion for sustainably powering portable electronics. Nano Lett，2012，12（12）：6339-6346.

[24] Wang S，Lin L，Xie Y，Jing Q，Niu S，Wang Z L. Sliding-triboelectric nanogenerators based on in-plane charge-separation mechanism. Nano Lett，2013，13（5）：2226-2233.

[25] Zhu G，Chen J，Liu Y，Bai P，Zhou Y S，Jing Q，Pan C，Wang Z L. Linear-grating triboelectric generator based on sliding electrification. Nano Lett，2013，13（5）：2282-2289.

[26] Yang Y，Zhou Y S，Zhang H，Liu Y，Lee S，Wang Z L. A single-electrode based triboelectric nanogenerator as self-powered tracking system. Adv Mater，2013，25（45）：6594-6601.

[27] Yang Y，Zhang H，Chen J，Jing Q，Zhou Y S，Wen X，Wang Z L. Single-electrode-based sliding triboelectric nanogenerator for self-powered displacement vector sensor system. ACS Nano，2013，7（8）：7342-7351.

[28] Niu S，Liu Y，Wang S，Lin L，Zhou Y S，Hu Y，Wang Z L. Theoretical investigation and structural optimization of single-electrode triboelectric nanogenerators. Adv Funct，Mater，2014，24（22）：3332-3340.

[29] Wang S，Xie Y，Niu S，Lin L，Wang Z L. Freestanding triboelectric-layer-based nanogenerators for harvesting energy from a moving object or human motion in contact and noncontact modes. Adv Mater，2015，26（18）：2818-2824.

[30] Tang W，Jiang T，Fan F R，Yu A F，Zhang C，Cao X，Wang Z L. Liquid-metal electrode for high-performance triboelectric nanogenerator at an instantaneous energy conversion efficiency of 70. 6%. Adv Funct Mater，2015，

25（24）：3718-3725.

[31] Xie Y，Wang S，Niu S，Lin L，Jing Q，Yang J，Wu Z，Wang Z L. Grating-structured freestanding triboelectric-layer nanogenerator for harvesting mechanical energy at 85% total conversion efficiency. Adv Mater，2014，26（38）：6599-6607.

[32] Wang S，Lin L，Wang Z L. Triboelectric nanogenerators as self-powered active sensors. Nano Energy，2015，11：436-462.

[33] Wang Z L. Triboelectric nanogenerators as new energy technology and self-powered sensors-principles，problems and perspectives. Faraday Discuss，2014，176：447-458.

[34] Chen J，Yang J，Li Z，Fan X，Zi Y，Jing Q，Guo H，Wen Z，Pradel K C，Niu S. Networks of triboelectric nanogenerators for harvesting water wave energy：A potential approach toward blue energy. ACS Nano，2015，9（3）：3324-3331.

[35] Wang X，Niu S，Yin Y，Yi F，You Z，Wang Z L. Triboelectric nanogenerator based on fully enclosed rolling spherical structure for harvesting low-frequency water wave energy. Adv Energy Mater，2015，5（24）：1501467.

[36] Wang Z L. On Maxwell's displacement current for energy and sesors：the origin of nanogenerators. Materials Today，2017，DOI：10.1016/j.mattod.2016.12.001.

[37] Wang Z L. Self-powering nanotech. Scientific American，2008，298：82-87.

第 2 章　垂直接触-分离模式摩擦纳米发电机

摘　要

在本章中，介绍摩擦纳米发电机（TENG）的最基本、最常用的一种工作模式：垂直接触-分离模式，简述这种模式的基本工作原理、理论分析和几种典型的代表结构。这种工作模式具有制备和设计简洁、高瞬时输出功率、容易实现多层集成等优点。这种模式的 TENG 通常由一个外加的机械冲击力来驱动，而影响其输出电压的主要因素是两个摩擦层之间的分离距离，影响输出电流的主要因素是两个摩擦层之间接触或分离的速度。在本章中，介绍 TENG 很多独特的结构以及各自不同的用途，包括驱动可移动电子器件或自驱动传感器等。

TENG 有四种基本工作模式：垂直接触-分离模式[1-3]、水平滑动模式[4]、单电极模式[5]和独立层模式[6]。在第 2～5 章着重讨论这几种工作模式的 TENG 的工作机制、器件加工以及性能表征。对于基本的垂直接触-分离模式，其结构是两个不同的介电薄膜面对面堆叠，而它们的背面各自镀了金属电极。两个介电层之间的物理接触会使两个内表面带上符号相反的电荷。当两个表面由于机械力的作用而分离时，两个表面之间会形成一个空气间隙。在这个过程中，外力克服静电引力和材料自身的弹性能做功，提供了发电机的输入能，进而产生一个电势差。如果两个电极之间通过负载相连，为了平衡摩擦电荷引起的电势差，自由移动的电子会从一个电极流向另一个电极。当这个空气间隙闭合时，由摩擦电荷形成的电势差消失，电子会流回原来的电极。而这个使两个摩擦表面分离的空气间隙可以由多种方式引入，根据引入方式的不同，我们研发了几种不同的 TENG 的结构，包括间隔物结构[1]、拱形结构[2]、弹簧支持的分离结构[3]，以及很多其他的进阶结构[7, 8]。我们将在本章具体介绍这些不同的发电机的结构。

2.1　基 本 原 理

垂直接触-分离模式的 TENG 的操作原理可以归结为接触起电和静电感应的耦合作用[1]。图 2.1（a）和（b）分别描绘了 TENG 的开路电压和短路电流的形成原理。在开始状态下，没有电荷产生，两电极之间也没有电势差［图 2.1（a-Ⅰ）］。当有外加位移时，两个高分子表面相互接触。由于摩擦起电效应，两种材料的接触部分会发生电荷转移[9-11]。摩擦电序列是指一个根据材料的得失电荷能力进行的排列。根据这个序列，聚甲基丙烯酸甲酯（PMMA）表面的电子会转移到聚酰亚胺（Kapton）的表面，这样就使得 Kapton 表面带负电，而 PMMA 表面带正电。值得注意的是，高分子的绝缘性能很好，所以材料表面的电荷可以保持很长时间，长达几小时甚至几天[13]。由于这些电荷只是局限在表面，而两种等量的相反电荷处在同一平面，这样两个电极之间依然没有电势差存在［图 2.1（a-Ⅱ）］。

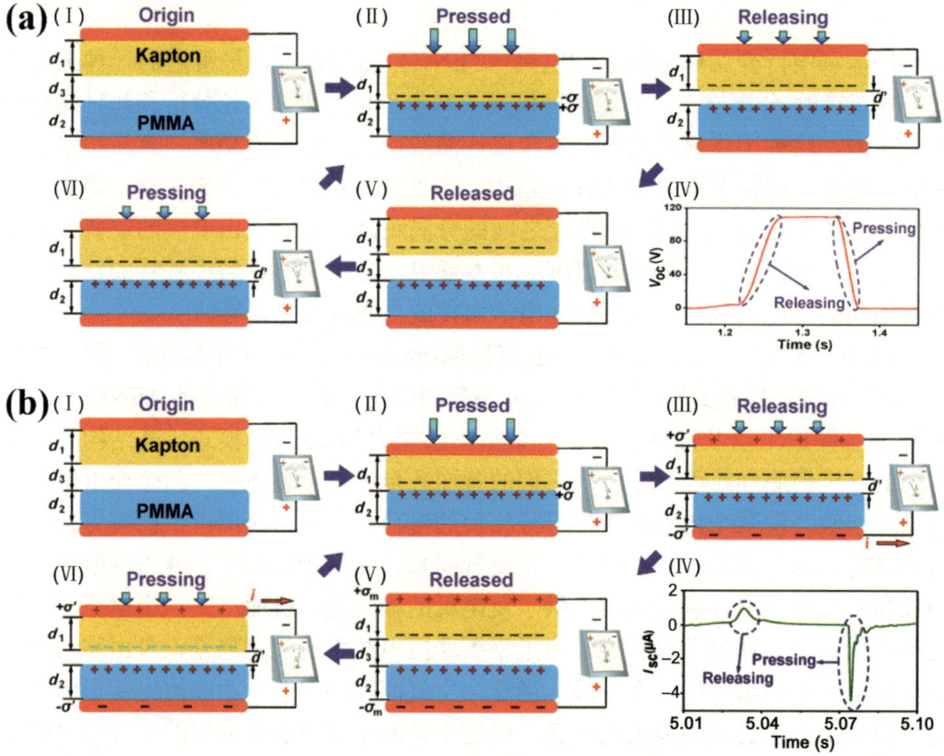

图 2.1　垂直接触-分离模式的摩擦纳米发电机的操作原理：（a）开路状态；（b）短路状态[1]

当加载在发电机上的力被卸载时，由于材料自身的弹性，Kapton 倾向于回到它的原始位置。这样，由于两个带电表面发生分离，在开路情况下，两个电极之间会形成电势差［图 2.1（a-Ⅲ）］。在发电机上加载的力逐渐卸载的过程中，发电机的开路电压持续升高，直到当 Kapton 薄膜完全回到原始位置时，电压达到最大的饱和值［图 2.1（a-Ⅳ）和（a-Ⅴ）］。只要测量的电表内阻为无穷大，这个测得的电压信号会在最大值位置保持恒定。如果立即重新加载压力，使得两个高分子层之间距离接近，两个电极之间的电势开始逐渐消失。这样，开路电压会从最大值开始降低，当两个高分子层完全接触时，电压值将为零［图 2.1（a-Ⅴ）和（a-Ⅵ）］。

如果把两个电极短接，两个高分子分离时的两个电极之间的电势差会驱动电子从上电极流向下电极［图 2.1（b-Ⅲ）］，在外力撤销时产生一个正向的瞬时电流［图 2.1（b-Ⅳ）］。当在发电机上重新施加压力时，两层之间的距离减小，使得上电极比下电极电势高。这样导致电子从下电极又流回上电极，使电极上的感应电荷量减少［图 2.1（b-Ⅵ）］。这个过程对应着一个负方向的瞬时电流［图 2.1（b-Ⅴ）］。当两个高分子层重新接触时，所有的感应电荷都被中和。

2.2　基础理论

根据 1.7 节的讨论，摩擦纳米发电机的根本原理来自于麦克斯韦位移电流。垂直接触-分离模式的 TENG 的基本结构见图 2.2[14]。从静电感应的角度看，这种结构属于附着电极的范畴，所以我们把这种结构也可以命名为垂直接触-分离模式的附着电极 TENG[15]。基于摩擦电对选择的材料不同，这种结构又可以分为两种类别：介电-介电材料和导电-介电材料。图 2.2（a）表示介电-介电材料的 TENG 的基本模型。在这个模型中，两个介电材料构成的平板面对面堆叠，作为有效的摩擦层，其厚度分别为 d_1 和 d_2，其相对介电常数分别为 ε_{r1} 和 ε_{r2}。两种介电材料的外表面分别镀有金属电极。两个摩擦表面之间的距离（x）可随外力触发的情况变化。当两个材料接触后，其内表面会带上符号相反的静电荷，其电荷量密度相同，均为 σ。对于绝缘体，可以假设摩擦电荷在两个表面上均匀分布，并且其电荷密度几乎不会在短时间降低。当两个摩擦面相互分离，其距离增加 x，两个电极之间会产生感应电势差（V）。这个电势差会驱动两个电极之间的电子在外电路转移，我们定义这个电荷转移量为 Q。在计算中，我们选择使用最小可达到电荷参考状态（MACRS，在第 6 章具体讲述这个参考状态），这样两个电极上的瞬时电荷量分别为 Q 和 $-Q$。

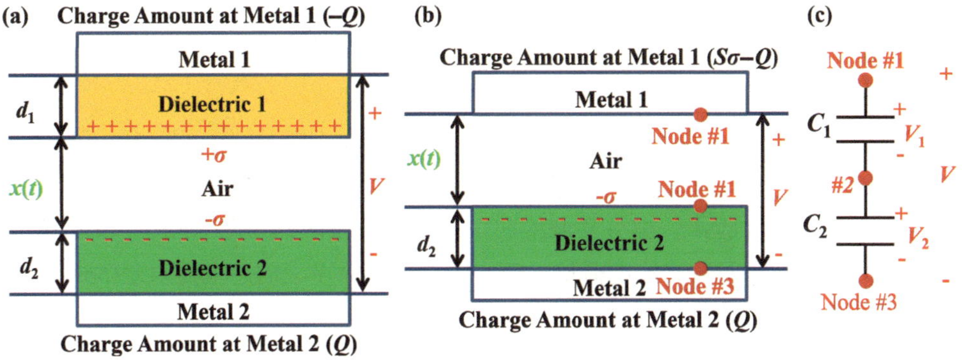

图 2.2　（a）两个摩擦层均为介电材料的附着电极结构的垂直接触-分离模式 TENG 的理论模型；（b）两个摩擦层分别为介电材料和导电材料的附着电极结构的垂直接触-分离模式 TENG 的理论模型；（c）两个摩擦层分别为介电材料和导电材料的附着电极结构的垂直接触-分离模式 TENG 的等效电路图[14]

由于在实验中，金属的尺寸（面积 S）比两个材料的分离距离（d_1+d_2+x）要大几个数量级，所以可以假设两个电极是无穷大的面积。用来表达 TENG 实时发电性能最重要的公式是三个参数之间的关系：两个电极之间的电压（V），电极之间的转移电荷量（Q），以及两个摩擦带电层之间的距离（x）。我们把这三者之间的关系命名为 V-Q-x 关系。根据前面描述的物理模型，这个接触模式 TENG 的 V-Q-x 关系可以通过电动力学理论来推导得出。根据无限大平板假设，金属电极上的电子也是均匀分布在两个金属的内表面。在两个绝缘体和空气间隙内部，电场线只有垂直于平面的分量，并且正方向指向金属 2。根据高斯定理，每个区域对应的电场强度可以表示如下[14]：

在介电材料 1 内部：

$$E_1 = -\frac{Q}{S\varepsilon_0\varepsilon_{r1}} \tag{2.1}$$

在空气间隙内部：

$$E_{air} = \frac{-\frac{Q}{S}+\sigma(t)}{\varepsilon_0} \tag{2.2}$$

在介电材料 2 内部：

$$E_2 = -\frac{Q}{S\varepsilon_0\varepsilon_{r2}} \tag{2.3}$$

两个电极之间的电势差可以表示为

$$V = E_1 d_1 + E_2 d_2 + E_{air} x \tag{2.4}$$

我们可以得到介电-介电模型的垂直接触-分离模式的 TENG 的 V-Q-x 关系：

$$V = -\frac{Q}{S\varepsilon_0}\left(\frac{d_1}{\varepsilon_{r1}}+\frac{d_2}{\varepsilon_{r2}}+x(t)\right)+\frac{\sigma x(t)}{\varepsilon_0} \tag{2.5}$$

类似地，图 2.2（b）表示导电-介电材料的物理模型。在这种结构中，没有介电材料 1，金属 1 同时起到上电极和摩擦材料的双重作用。因此，金属 1 表面的净电荷由两部分构成：一部分是摩擦起电产生的电量($S\sigma$)，另一部分是静电感应过程中两个电极之间转移的电荷量($-Q$)。所以，金属 1 上的总电荷量是($S\sigma-Q$)。

根据类似的推导，可以得出这种模型的 V-Q-x 关系：

$$V = E_2 d_2 + E_{air} x = -\frac{Q}{S\varepsilon_0}\left(\frac{d_2}{\varepsilon_{r2}}+x(t)\right)+\frac{\sigma x(t)}{\varepsilon_0} \tag{2.6}$$

当 $d_1=0$ 时，式（2.6）与式（2.5）完全一致。我们把两个电极之间所有介电材料的厚度与其相对介电常数的比值之和定义为有效厚度常数 d_0：

$$d_0 = \sum_{i=1}^{n} \frac{d_i}{\varepsilon_{ri}} \tag{2.7}$$

根据这个定义，两种类别的 TENG 的 V-Q-x 关系可以统一表示为

$$V = -\frac{Q}{S\varepsilon_0}(d_0 + x(t)) + \frac{\sigma x(t)}{\varepsilon_0} \tag{2.8}$$

这种基础模式的 TENG 的本征输出性能（V_{OC}、Q_{SC}和 C）可以通过电动力学推导出来，如下所示

$$V_{OC} = \frac{\sigma x(t)}{\varepsilon_0} \tag{2.9}$$

$$Q_{SC} = \frac{S\sigma x(t)}{d_0 + x(t)} \tag{2.10}$$

$$C = \frac{\varepsilon_0 S}{d_0 + x(t)} \tag{2.11}$$

除了用高斯定理推导，还可以通过静电感应的具体机制来推导 V-Q-x 关系，而通过这个过程可以加深对摩擦纳米发电机的本质物理过程的理解[15]。

首先需要定义这个静电系统中的节点，也就是整个系统中具有相同电势的面或体。由于面积相对于厚度假设为无穷大，所以整个介电材料 2 的表面具有相同电势，可以被当作一个节点（节点 2）。由于金属都是等电势的，因此电极 1 和电极 2 分别是两个节点（节点 1 和节点 3），见图 2.2（b）。由于每两个节点都通过电场线相连，它们之间会形成一个等效电容。但由于介电材料 2 的表面假设为无穷大，节点 1 和节点 3 之间的电场线会被节点 2 屏蔽。因此，如图 2.2（c）所示，整个静电系统中只存在两个电容。当考虑短路情况时，节点 1 和节点 3 有相同的电势。在这种情况下，节点 1 与节点 3 的总电量是 σS，而节点 2 的电量是$-\sigma S$。基于电荷守恒和基尔霍夫定律，可以轻易得到节点 3 上的电荷量：

$$Q_{\text{node3}} = \frac{\sigma S}{1 + \dfrac{C_1(x)}{C_2(x)}} \tag{2.12}$$

所以当从 0 开始增加时，从节点 3 到节点 1 的短路转移电荷量（Q_{SC}）可以表达为

$$Q_{SC} = \frac{\sigma S}{1 + \dfrac{C_1(x)}{C_2(x)}} - \frac{\sigma S}{1 + \dfrac{C_1(x=0)}{C_2(x=0)}} \tag{2.13}$$

利用平行板电容模型，式（2.13）可以写成与式（2.10）相同的形式。通过以上推导，可以清楚地发现 TENG 的核心原理，即利用带电平面的位置变化引起两

个电容比例 C_1/C_2 的变化，进而在短路状态下引发两个电极之间的电荷转移。

当 x 足够大时，我们定义的电荷转移效率 η_{CT}，即转移电荷量与总的摩擦电荷总量的比值，可以表示为

$$\eta_{CT} = \frac{Q_{SC,final}}{\sigma S} = \frac{1}{1+\dfrac{C_1(x=x_{max})}{C_2(x=x_{max})}} - \frac{1}{1+\dfrac{C_1(x=0)}{C_2(x=0)}} \tag{2.14}$$

对于前面描述的附着电极垂直接触-分离模式的 TENG，当 x=0 时，$C_1(\varepsilon_0 S/x)$ 接近无穷大，而 C_2 是一个有限数值（$\varepsilon_0 S/d_0$），保证此时节点 3 上的电荷量是 0。当 x 趋于无穷大时（超过 $10d_0$），$C_1(\varepsilon_0 S/x)$接近于 0，而 C_2 仍然是 $\varepsilon_0 S/d_0$，所以此时节点 3 上的电荷量是 σS。因此附着电极垂直接触-分离模式的 TENG 理论上的最大电荷转移率可以达到 100%。

根据以上的推导，我们可以得到关于附着电极垂直接触-分离模式的 TENG 的一些基本特征：①它的开路电压与分离距离 x 线性相关，而内电容与分离距离 x 成反比。②短路转移电荷量有一个饱和的趋势。当 x 从 0 增加到 $10d_0$ 时，短路转移电荷量 Q_{SC} 会迅速提高到饱和值 σS 的 90%。③由于介电层的厚度通常较小，最小分离距离一定要减小到 0 才能得到较高的电荷转移效率。当最小分离距离与 $10d_0$ 相当时，在 x 变化的范围内，$C_1(x)(\varepsilon_0 S/x)$总比 $C_2(x)(\varepsilon_0 S/d_0)$小很多。在这种情况下，电容比值 $C_1(x)/C_2(x)$总是会接近于 0，而且基本不随 x 的继续增加而改变，这样在两个电极之间几乎不会有电荷转移。另外，如果分离距离 x 与器件的尺寸相当，整个模型的无限大平板电容的假设就不再成立，边界效应就会成为影响性能的主要因素。在这种条件下，开路电压也会偏离线性关系。

2.3 基本器件结构

2.3.1 间隔物结构

图 2.3 表示了垂直接触-分离模式 TENG 的第一种设计的结构示意图[1]。为了两个摩擦层之间的有效分离，我们在两层之间人为地引入了一个间隔物，形成空腔结构。在器件的制备中，首先在一个方形的玻璃板上采用电子束蒸镀的方法镀一层铝电极。其次用旋涂法制备一层 PMMA 薄膜，并在其边上加一层间隔物，使中间形成一个方形空隙。另外，我们在 Kapton 薄膜上镀铝作为上电极，而在 Kapton 的内表面通过干法刻蚀加工一层高分子纳米线（PNWs）阵列[16]。最后将 Kapton 和 PMMA 薄膜通过间隔物黏合在一起，使二者之间有一定的距离。

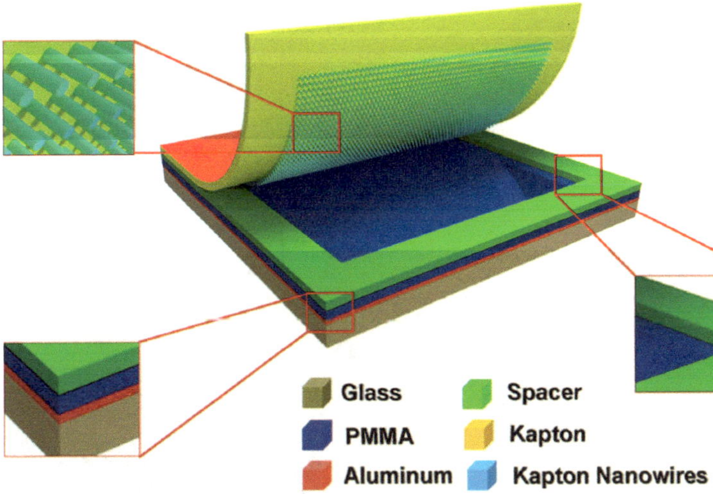

图 2.3　间隔物结构的摩擦纳米发电机的结构示意图和材料选择。其中高分子纳米线与其基底是同一种材料，但为了区分，采用不同的颜色[1]

在规律外加振动的触发下，可以测得发电机的开路电压［图 2.4（a)］和短路电流［图 2.4（b)]，其输出特性与理论分析一致。如果在测量时将表笔的极性反接，可以测到符号相反的输出信号。开路电压和短路电流的峰值分别是 110V 和 6μA。如果把这个电压值代入式（2.9）中，可以得到摩擦电荷密度是 97.39μC/m^2，而短路的转移电荷密度是 73.72μC/m^2。因此，通过接触起电和静电感应的作用，电子在两个电极之间来回流动。接触和分离过程的电流对时间的积分值相同，说明两个过程中电荷在相反方向转移，但电荷转移量是相同的。因此，加载压力时电流的峰值更大，但卸载压力时电流的持续时间更长［图 2.4（b）插图］。这是因为，加载压力的过程是由振动源触发，而卸载压力的过程是由 Kapton 自身的弹性回复，因此很可能在卸载压力的过程，发电机的变形更慢，所以电流的峰值更小但峰宽更大。

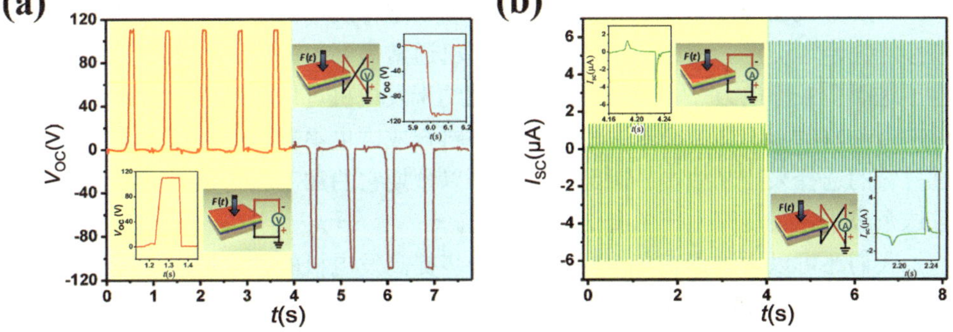

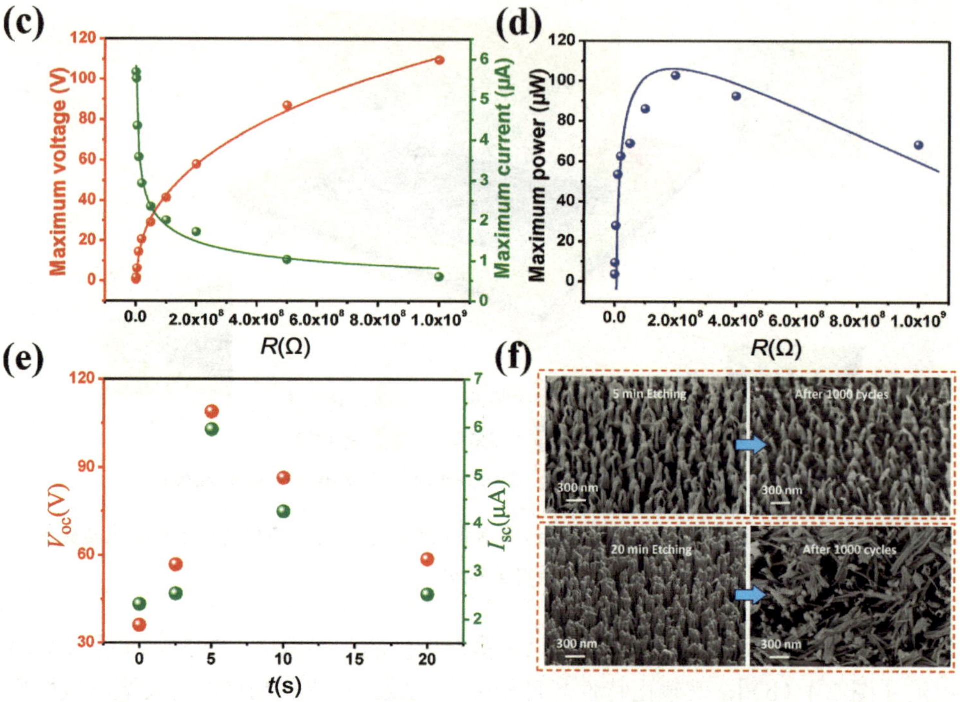

图 2.4　间隔物结构摩擦纳米发电机的输出性能测试。(a) 开路电压的测量结果，左边是正向连接，右边是反向连接。(b) 短路电流的测量结果，左边是正向连接，右边是反向连接。(c) 电压和电流随负载电阻的变化。其中点代表实验结果，而线代表拟合结果。(d) 瞬时输出功率随负载电阻的变化。其中点代表实验结果，而线代表拟合结果。(e) 高分子纳米线的刻蚀时间对发电机的开路电压和短路电流的影响。(f) 高分子纳米线在发电机工作前（左边）和工作 1000 个周期后（右边）的扫描电镜照片，这个对比解释了为什么合适长度的纳米线（上边）相比于过长的纳米线（下边）对于发电机输出的提高更好[1]

我们还研究了外加负载的大小对输出信号的影响。当负载增加时，由于欧姆损耗，峰值电流降低，而负载上的峰值电压反而升高［图 2.4（c）］，对应的最大功率为 110μW［图 2.4（d）］，相当于 31.2mW/m^3 的功率密度。测量结果表明，摩擦纳米发电机在负载为兆欧量级时效率最高。这种发电机具备加工简单、成本低和性能优越等优点。前面介绍的静电发电机通常需要很高的外加功率源进行预充电，进而引入静电力[17]。与此相反，摩擦纳米发电机可以通过接触自发引入静电荷，而且器件加工非常简单，既不需要材料合成，也不需要微加工技术，可以通过材料的选择来控制成本。因此，我们可以预期它的加工和材料成本都很低，而且这个成本在大规模生产中会进一步降低。

我们还可以通过调整各个参数来进一步提高发电机的输出性能。首先是材料的选择。Kapton 和 PMMA 这两种材料在摩擦电序列中具有很大的极性差别，这样它们相互接触之后的电荷转移量很大。另外，间隔物结构也起到了很重要的作用。间隔物的高度同时影响电压和电流。如果没有间隔物，发电机的输出信号会变得很小。对于材料表面形貌的修饰是另外一个重要因素。在这方面，我们通过干法刻蚀在 Kapton 薄膜的表面加工垂直生长高分子纳米线阵列，并发现刻蚀时间越长，纳米线的长径比越大。由纳米线引起的表面粗糙度的增加有助于在两种材料相互接触时提供额外的摩擦。这种摩擦式的运动可以产生更多的摩擦电荷，进而提高发电机的输出功率。但是，我们在实验中发现太长的刻蚀时间会导致输出性能明显下降［图 2.4（c）］。对于尺寸合适的纳米线（长度为几百纳米），材料的弹性可以保证纳米线在多次接触后仍具有良好的取向和表面形貌。如果纳米线太长，其根部的应变会超过高分子材料的弹性极限，从而导致永久变形［图 2.4（e）］。发生永久变形后的纳米线不能再提供有效的摩擦，所以其输出性能下降。

2.3.2　拱形结构

拱形结构的 TENG 的工作是基于微加工的聚二甲基硅氧烷（PDMS）和铝膜的接触起电［图 2.5（a）］[2]。根据摩擦电序列[12]，我们有目的地选取铝和 PDMS 作为两种摩擦材料，因为它们几乎处在摩擦电序列的两端，所以在接触时有很强的电荷转移的能力。在这种器件中，我们将上部分自然弯曲加工出一种独特的拱形结构，可以通过材料自身的弹性能来实现两个摩擦层之间的有效分离。这种结构的加工流程如图 2.5（b）和（c）所示：顶部由一张平面式的 Kapton 薄膜为基底［图 2.5（b-Ⅰ）］，通过等离子增强化学气相沉积（PECVD）的方法在背面镀一层 500nm 厚的二氧化硅薄膜，生长温度为 250℃［图 2.5（b-Ⅱ）］。当薄膜冷却到室温时，由于 Kapton 的热膨胀系数比二氧化硅高很多，它会有更大程度的收缩，这样由于界面处的残余热应力的存在，薄膜会自发向二氧化硅的一侧弯曲。然后，将有表面微加工图案的 PDMS 薄膜粘贴在弯曲 Kapton 薄膜的内侧［图 2.5（b-Ⅲ）］。最后，在整个薄膜的背面镀上电极［图 2.5（b-Ⅳ）］。对于器件的下部，选取一张平整的铝膜［图 2.5（c-Ⅰ）］，用光刻工艺在表面加工微图案：首先在光刻胶上开出方形窗口［图 2.5（c-Ⅱ）］，在方形窗口中镀一层铝［图 2.5（c-Ⅲ）］，最终用丙酮把光刻胶清洗掉，在薄膜上留下铝的方形图案［图 2.5（c-Ⅳ）］。最后，把两个加工好的部分在两端面对面黏合在一起。由于铝膜柔软，它可以被另一部分的拉力变形为弯曲形状，然后两者之间会自然有一个空气间隙。图 2.5（d）和（e）是用来提高摩擦电性能的 PDMS 薄膜和铝箔上的微加工图案的扫描电镜照片。两种图案都具有在大面积下的平整性。通过在垂直于平面的方向加载周期性的压缩应力，可以使拱形的发电机压缩为平面状结构，从而实现其发电过程。而当这个压缩应力撤销后，材料内部储存的弹性能可以使两个平面分离，并还原成原来的拱形结构。因此，通过 PECVD 工艺在 Kapton 背面镀的二氧化硅薄膜对整个纳米发电机的工作起到了至关重要的作用。

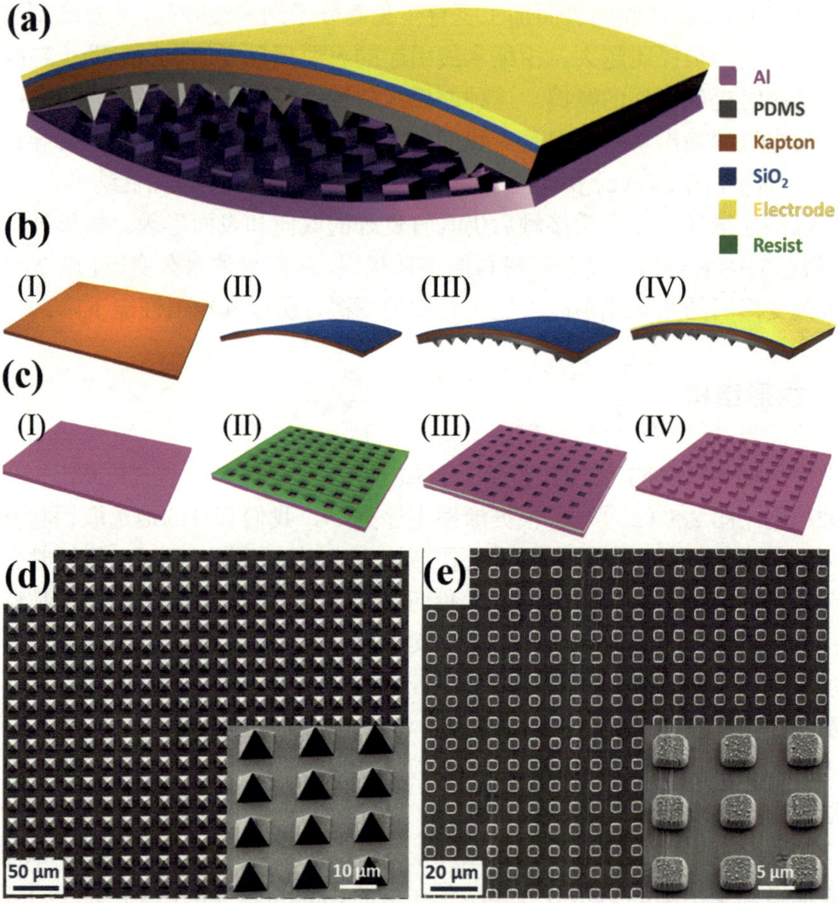

图 2.5　拱形结构 TENG 的结构和加工流程。(a) 拱形 TENG 的结构设计示意图；(b) TENG 上部的加工流程图；(c) TENG 下部的加工流程图；(d) 金字塔结构的 PDMS 表面的扫描电镜照片（顶视图）；(e) 具有方块微结构的铝表面的扫描电镜照片（顶视图）[2]

在以上描述的变形过程中，采用一个 3cm×2.8cm 的器件进行电学输出测量，然后用一个机械振动源提供频率为 6Hz 的周期性压力。由于摩擦电荷的产生有一个逐渐积累的过程，因此我们发现在前几个输出周期中，其信号强度逐渐增加，直到饱和。我们通过有无限大内阻的测量仪表测得饱和时的开路电压为 230V [图 2.6 (a)]。根据插图，底部的铝电极与电压表的正表笔连接，然后在压力撤销，两个摩擦层立即相互分离时形成正电压。在这种开路状态下，电子无法通过外电路流动，所以开路电压会保持在一个固定的平台值，直到下半个变形周期开始。如图2.6（b）所示，在变形速率较大的那半个周期，短路电流的峰值为94μA。

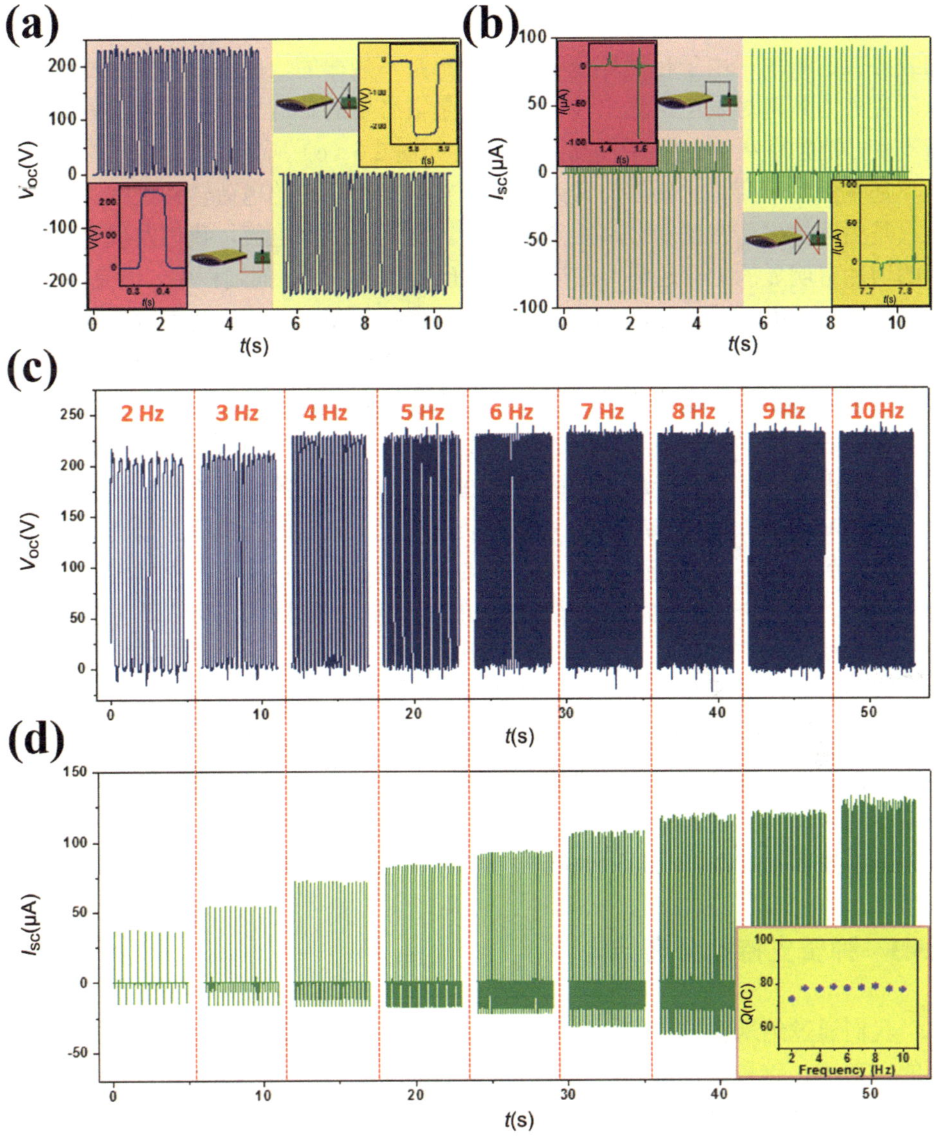

图2.6 拱形TENG的输出性能测试。(a) 开路电压测量结果。(b) 短路电流测量结果。其中测量频率为6Hz，图左边是正向连接（铝和电表的正极相连），右边是反向连接。插图是一个周期内的放大的输出信号以及连接极性的示意图。(c) 测量频率对开路电压的影响。(d) 测量频率对短路电流的影响。其中（d）的插图是对每个频率下一个电流信号的积分计算，结果等同于每半个周期的电荷转移量，这个结果表示总的电荷转移量与测量频率基本无关[2]

另外，当与电表的连接极性相反时，相应的开路电压和短路电流的信号也与原来的测量正好相反。我们还发现，如果没有镀二氧化硅薄膜，器件的输出性能比原来的要小很多，也说明了两个摩擦层之间的空气间隙对发电机输出的重要作用。

除了表面电荷密度和有效分离距离，另一个影响发电机输出的重要因素就是加载外力的频率。由于自然环境中的外力都是不规律的，频率都会发生变化，所以研究外力频率对发电机输出性能的影响是很必要的。这里，我们保持外力的幅度不变，把频率从 2Hz 不断提高到 10Hz。如图 2.6（c）所示，开路电压在不同频率下基本保持不变，主要因为开路状态下并不存在动态的电荷转移过程。所以电压只是由摩擦电荷密度和分离距离决定的。但对于短路电流，我们发现它随着频率的增加有明显的上升趋势，在频率从 2Hz 提高到 10Hz 的过程中，电流从 35μA 逐渐提高到 130μA［图 2.6（d）］。这是由于器件的变形速率会随着频率的提高而增大，相应的电流也会提高，但外电路的总转移电荷量是不变的。通过把每个电流信号积分获得转移电荷总量，我们确认了这一点［图 2.6（d）插图］。因此，发电机的瞬时功率输出也会随频率的增加而提高，这样有利于为更大功率消耗的电子器件供电。根据以上结果，在频率为 10Hz 时，TENG 的瞬时输出功率密度可达到 $3.56mW/cm^2$ 和 $128mW/cm^3$。当外加负载约为 3MΩ 时，负载上的瞬时输出功率可以达到 9mW。我们还估计了发电机的能源转换效率。薄膜的厚度对发电机的输出几乎没有影响，却对输入到发电机的能量影响很大，所以可以通过在保证 TENG 的机械强度的基础上，尽可能减小各层薄膜的厚度，来提高其能源转换效率。基于试验中能够获得的设计和制备工艺，这种结构在相同的分离距离的情况下的效率可达 10%～39%。在这种高输出功率和效率下，拱形 TENG 的输出可以用来直接驱动小型可移动电子器件，包括发光二极管等；也可以通过和电池的集成来驱动手机和无线传感器网络。这些独特的、首次实现的应用实例证明了这种能源转换技术具有很好的输出性能。

2.3.3　弹簧支持的分离结构

我们通过纳米颗粒（NPs）的表面修饰研发了一种新型的弹簧支持的分离结构的 TENG，这种结构很简单，但有非常高的功率输出[3]。如图 2.7（a）所示，这种 TENG 是多层结构，由两个基底组成。基底材料是 PMMA，具有高强度、轻质、容易加工、成本低等优点。在底部的 PMMA 基底上镀一层金电极，并在电极表面修饰金纳米颗粒。这层金电极同时起到底电极和摩擦层的作用。金纳米颗粒也可以用非贵金属颗粒取代。图 2.7（c）显示纳米颗粒在表面的均匀分布，这种颗粒同时通过物理和化学方式修饰表面。在顶部的基底上同样镀了一层金电极，并在电极上方旋涂一层 PDMS。我们把这层电极称为背电极。两层基底通过四个弹簧连接在一起，使接触电极和 PDMS 之间有一层空气间隙。图 2.7（b）展示了加工好的 TENG 的结构。如图 2.7（d）所示，整个加工过程没有复杂的流程和仪器。在这种结构中，弹簧的作用是使 TENG 的两个摩擦层在外力撤销时很容易分离。

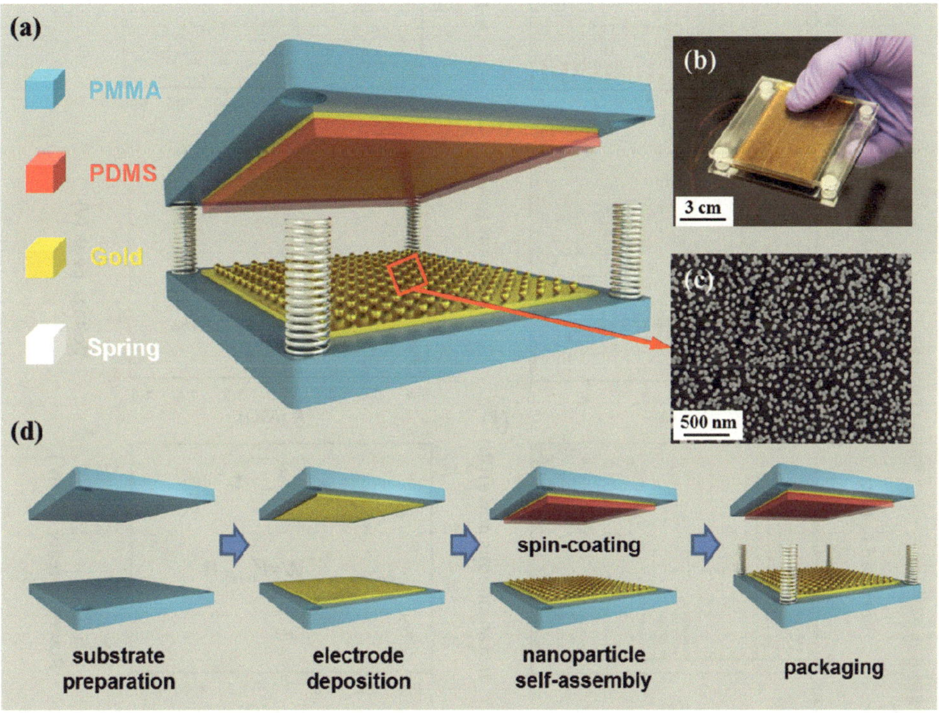

图 2.7　（a）弹簧支持的分离结构的 TENG 的结构示意图；（b）弹簧支持的分离结构的 TENG 的实物照片；（c）金电极表面的金纳米颗粒的扫描电镜照片；（d）TENG 的加工流程图[3]

在输出测量时，用如前所述的一个机械振动源来提供器件上的外加压力。在这里，我们把金和 PDMS 之间的压力定义为接触压力，并用压力传感器来检测。我们通过测量开路电压和短路电流来表征 TENG 的输出性能。图 2.8（a）和（b）分别表示在接触压力为 10N 时的开路电压和短路电流。其中，开路电压在接触位置为零，在原来的分离位置为最高的平台值。而短路电流呈现交流特性，在每个周期中等量电荷在两个电极之间来回流动。我们还观察到在分离过程中的电流信号比接触过程中的峰值小，但持续时间更长［图 2.8（b）插图］。这说明分离过程的变形速率比较慢是因为这个过程完全是由弹簧的回复力驱动的。当 TENG 与测量电表的两端反接时，相应的输出信号的极性也会相反。另外，通过一个全桥整流电路，可以将电流的交流信号转化成脉冲式的直流信号［图 2.8（c）］。

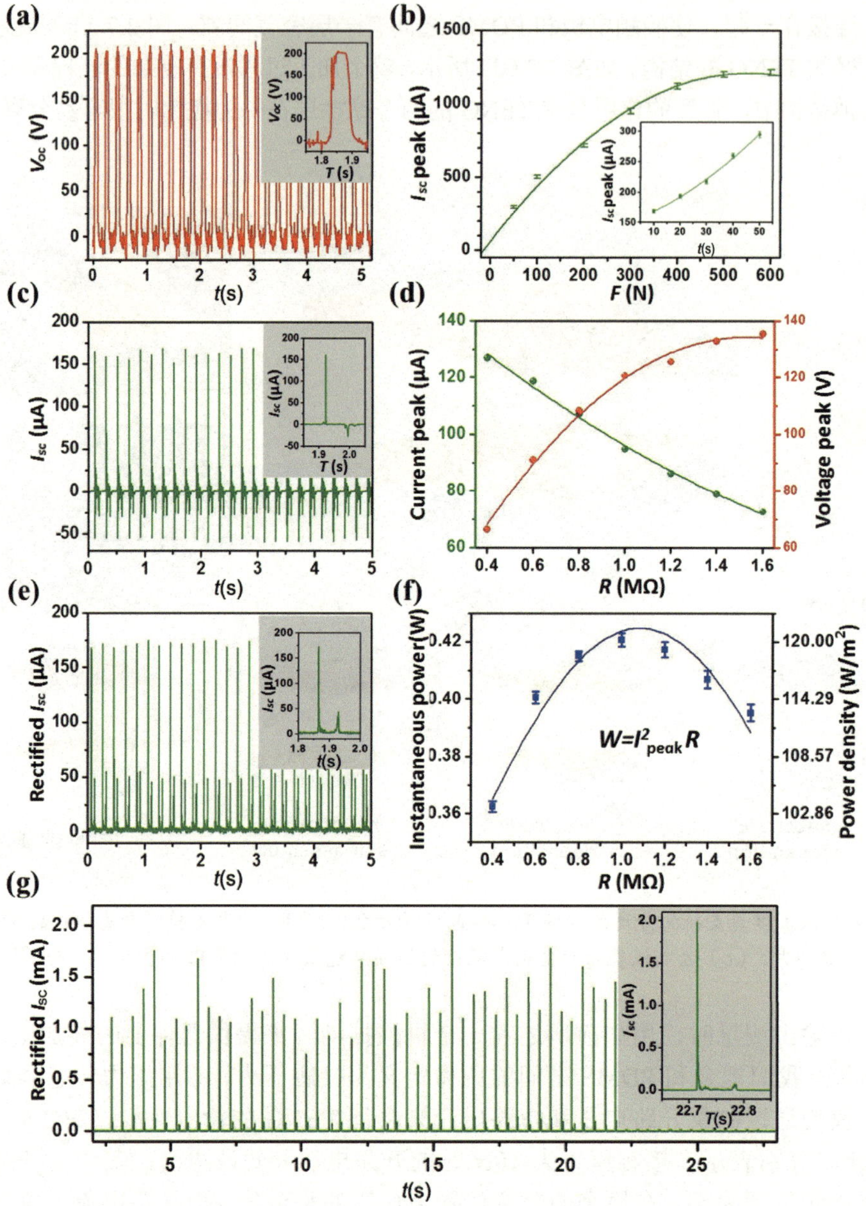

图 2.8　(a) 在接触力为 10N 条件下的开路电压。插图：一个周期的信号的放大图。(b) 在接触力为 10N 条件下的短路电流。插图：一个周期的信号的放大图。(c) 在接触力为 10N 条件下经过整流后的短路电流。插图：一个周期的信号的放大图。(d) 短路电流与接触力的关系。电流随着接触力的增大而提高，直到饱和。插图：接触力小于 50N 时的电流变化。(e) 在接触力为 10N 时电流随负载电阻的变化。(f) 在接触力为 500N 时的输出功率随负载电阻的变化，其中的曲线为拟合结果。(g) 通过接触力为 500～600N 的脚踏引起的短路电流的测量结果。插图：峰值最高的输出电路的放大信号[3]

这种 TENG 的电学输出同样与接触压力有关，一般是随着压力的增加而提高。当压力为 10N 时，输出的短路电流为 160～175μA［图 2.8（d）］。而当压力提高到 500N 时，短路电流达到饱和的 1.2mA，这是由于接触面积随着压力的提高而增大。两个接触表面既不是完全平整，也不是完全粗糙的。表面的粗糙度是由于基底的自然弯曲、纳米颗粒表面修饰和加工缺陷（如空气中的颗粒物）形成的。在压力较小的情况下，这种表面粗糙度会使两个摩擦层之间的接触不完全；而当压力较大时，由于材料自身的弹性，PDMS 可以通过自身变形来填充更多的空间，导致更大的接触面积，这样相应的 TENG 的输出也会更大。

我们同样通过连接外加电阻来表征 TENG 的有效输出功率。如图 2.8（e）所示，随着电阻增加，电流降低而电压升高。在电阻为 1MΩ 时，输出功率达到最大，即在 500N 的外力下可以达到 0.42W［图 2.8（f）］，相应的输出功率密度为 109W/m^2，远大于之前的工作。如果我们用脚踏的力度代替机械振动源，同样大小为 500～600N 的力可以使短路电流高达 2mA［图 2.8（g）］。在电阻为 1MΩ 时对应的有效电流为 1.1mA，相应的输出功率为 1.2W，功率密度为 313W/m^2。如果在此基础上继续在垂直方向叠加多层结构，可以使输出功率进一步提高。通过将短路电流信号对时间进行积分运算［图 2.8（g）插图］，得到外电路的转移电荷总量为 2.3μC，相应的最高摩擦电荷密度为 594μC/m^2。虽然由于脚踏时缺乏对位置和力度的精确控制，图 2.8（g）中的电流信号值大小不一，但是它们的平均值（1.2mA）与用机械振动源取得的输出信号相差无几。作为另外一个重要性能指标，我们还测量了 TENG 的能源转换效率，在器件层面是 9.8%，在能量转换层面是 14.9%。

2.3.4　多层叠加结构

前面讨论的 TENG 都是只有一层结构，通过单纯的提高单位面积的功率密度来提高输出性能还是有挑战性的。因此，要进一步提高 TENG 的输出性能就不可避免地涉及提高它的有效面积。在这个工作中[7]，我们研究了一种原创设计，利用单一柔性基底制备了多层叠加的 TENG。这个结构提供了一种新颖而简便的堆叠多个 TENG 的方法，但无须增大器件整体的面积，也不用很复杂的加工工艺。我们可以通过这种结构实现在同等器件面积上 TENG 输出功率的多重叠加。这种多层 TENG 的结构如图 2.9（a）所示，用厚度为 125μm 的柔性 Kapton 薄膜为基底，并将其加工为锯齿形状［图 2.9（b）］，通过这种设计我们可以把 Kapton 薄膜的正反两面都利用到。如图 2.9（a）所示，整个 TENG 有五层结构，其中三层在前视图中，两层在后视图中，每层结构中有已镀铝电极的聚四氟乙烯（PTFE）薄膜和具有孔洞修饰结构的铝电极。图 2.9（c）展示了铝箔表面修饰的孔洞结构的分布，这种结构对提高其输出功率具有重要作用。如图 2.9（d）所示，整个 TENG 是通过将基底的变形边固定在一起来封装的。如图 2.9（e）所示，TENG 具有很高的柔性，这样不仅可以通过压力收集能量，也可以通过其他形式的变形收集能量。

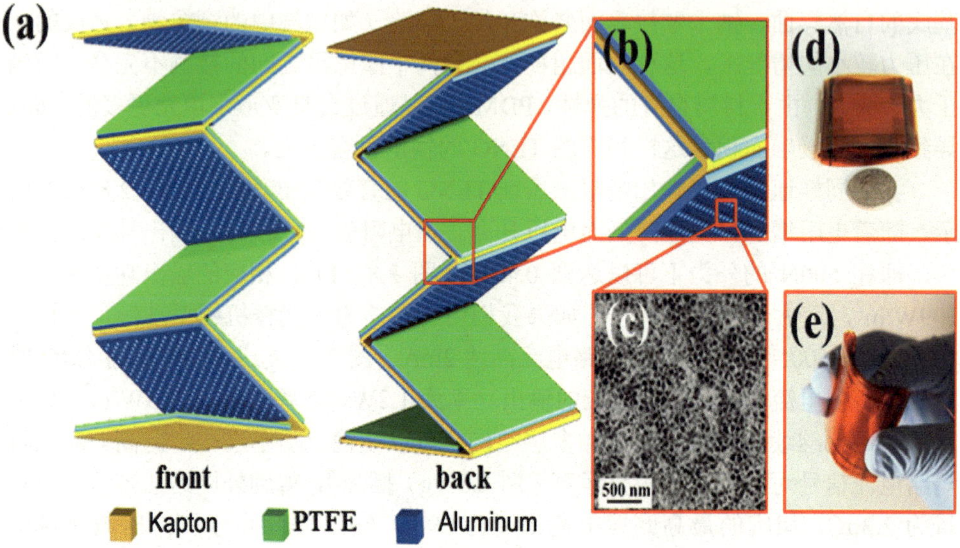

图 2.9　柔性的具有五个单元的多层 TENG 的结构示意图和实物照片。（a）锯齿形结构的多层 TENG 的结构示意图；（b）图（a）的放大图；（c）铝箔上的纳米孔洞结构的扫描电镜照片；（d）柔性多层 TENG 的实物照片；（e）柔性多层 TENG 被手指弯曲的照片[7]

对于每层结构，相应的 TENG 单元都可以通过电学连接与其他层并联在一起，来提高输出电流。我们通过加载手掌拍击的压力（约 400N）来表征这种多层 TENG 的输出功率。我们分别测量了每个单层 TENG 的整流后的短路电流。图 2.10（a）分别展示了从上到下每层的输出信号，结果显示最上层的输出电流最高，这种现象可能是由 TENG 结构中的阻尼运动产生的。当加载的外力从顶部传递到底部时，可能会由于阻尼运动而递减。如图 2.10（a_6）所示，把所有的 TENG 单元并联后的短路电流可以达到 0.66mA，相应的电流密度是 45.19μA/cm^2。类似地，我们还测量了每一层的 TENG［图 2.10（b_1）～（b_5）］和并联后的 TENG 的开路电压［图 2.10（b_6）］。整体的开路电压并不是所有单元的总和，反而与每个单元开路电压的量级相当。当 TENG 与测量仪表的连接线反接时，输出信号的极性相反。根据测量结果，我们可以保持 TENG 的投影面积固定，通过在垂直方向堆叠更多的层数来提高它的输出。另外，我们还测得在外阻为 1MΩ 的条件下，相应的输出功率为 4.2mW，对应的功率密度为 2.9W/m^2。接触压力对 TENG 的输出也有很大的影响。

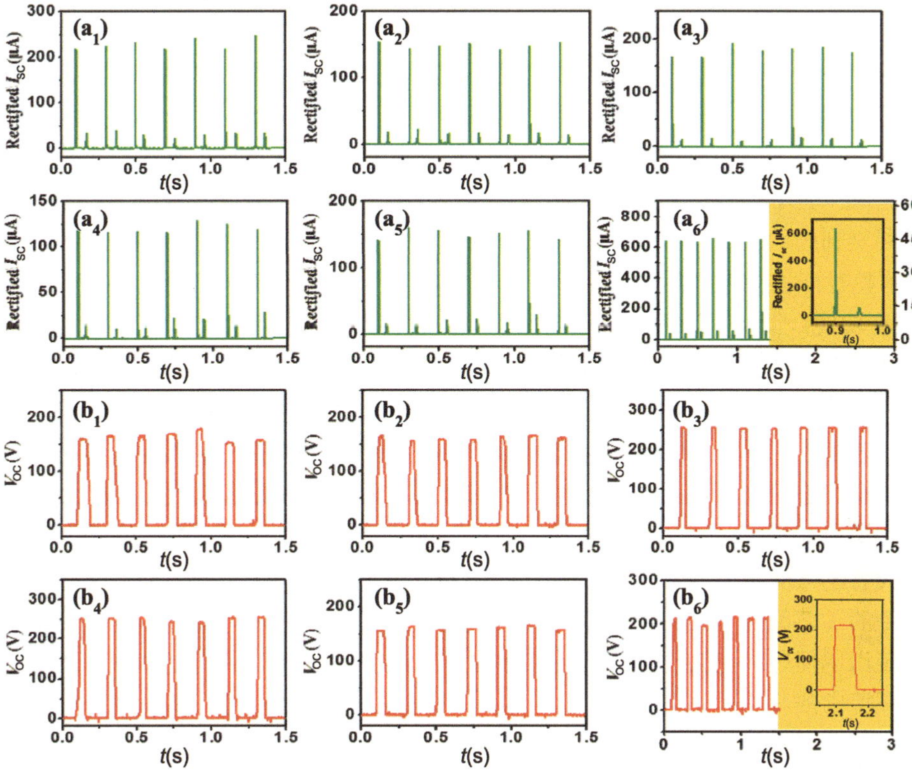

图 2.10 具有五层单元的 TENG 的短路电流和开路电压的测量结果。(a) 通过 400N 的手掌压力测得的整流后的短路电流测量结果。其中 (a_1) ～ (a_5) 为每个单元的测量信号，(a_6) 为所有单元并联后的测量信号，(a_6) 的插图是一个周期的电流信号的放大图。(b) 通过 400N 的手掌压力测得的开路电压的测量结果。其中 (b_1) ～ (b_5) 为每个单元的测量信号，(b_6) 为所有单元并联后的测量信号，(b_6) 的插图是一个周期的电流信号的放大图[7]

2.3.5 微孔洞-纳米颗粒复合结构

在这个工作中，我们研发了一种垂直接触-分离模式的 TENG，并通过一种简单易行的合成方法，用内部充满金纳米颗粒的微孔洞薄膜来有效提高 TENG 的输出性能[8]。图 2.11（a）表示这种 TENG 的加工流程和基本结构。图 2.11（b）表示去除水分的 PDMS 薄膜的海绵状微孔结构和孔内的金纳米颗粒。PDMS 本身是疏水性的，所以 PDMS 溶液内部的水分倾向于形成球形的孔洞结构。因为孔洞的形成过程是随机的，所以孔径大小的分布也是非常随机和广泛的。但这是一种简易的制备海绵状微孔结构的 TENG 的方法，并可以用来集成实用的自驱动系统。如图 2.11（c）所示，当 PDMS 溶液中的含水量提高到 50%时，相应的孔隙率提高到 59%。我们通过图 2.11（c）插图里的扫描电镜照片来计算这种多孔薄膜的孔隙率，首先将其转化为二进制图像，并用 MATLAB 软件的图像处理工具来计算整个薄膜中的孔的总体积，然后用孔的体积除以膜的总体积即可得到孔隙率。我们用这种方法加工了大尺寸的多孔 PDMS 薄膜（30cm×30cm），证明了用这种方法实现大规模生产的可能性［图 2.11（d）］。插图中的照片表示了多孔薄膜的手动力学测试，其中加载应力可以使薄膜的体积收缩 50%，而当压力撤销之后，薄膜可以回复到原始形状和体积。如图 2.11（e）所示，我们还测试了孔隙率在 0～59% 时，薄膜对外加应力的阻力（变形阻力），并展示了在不同孔隙率情况下相应的应力-应变曲线。很明显，所有样品的加载和卸载应力的曲线都很容易区别。这说明多孔薄膜在加载和卸载应力时没有发生塑性坍缩。随着气孔率提高，可以很明显地发现弹性模量降低，所以薄膜的柔性增加。通过在薄膜的正反两面粘附金属电极（在这里是铝箔），我们加工了这种 TENG。大部分 TENG 在金属电极和高分子层之间有一层空气间隙，这不仅有助于保证有效的接触和分离过程，同样会影响电势差和电荷密度。空气间隙通常为 1～3mm，会对器件的输出性能影响很大。如果没有空气间隙，TENG 的输出性能很弱。但是，加工空气间隙的过程可能需要复杂的工艺流程，也可能会限制大规模生产。最重要的是，空气间隙会使器件的封装出现问题，也会对外界环境的湿度非常敏感。这些因素都会限制 TENG 在液体环境中的应用。

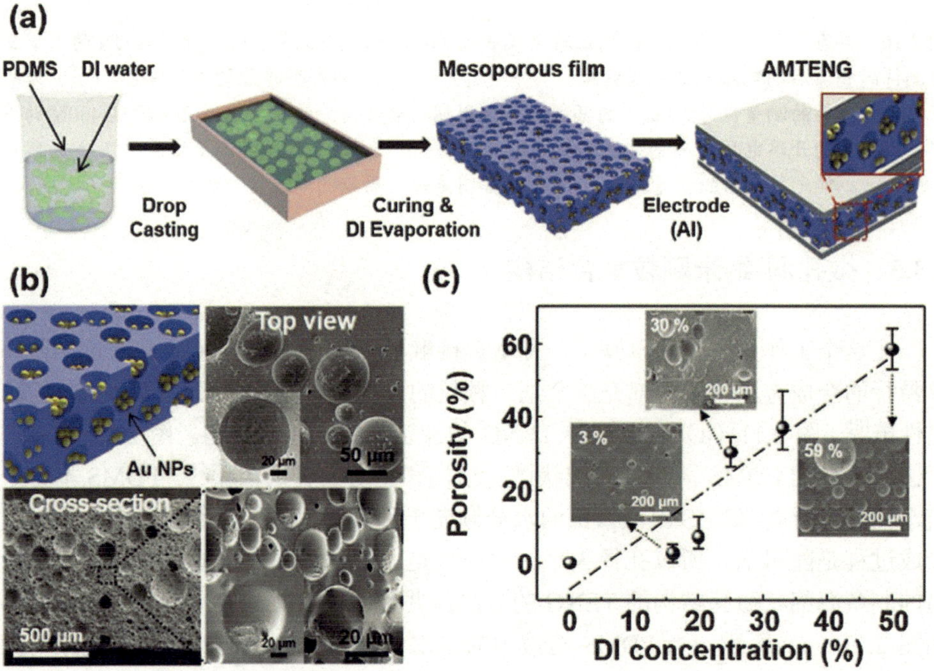

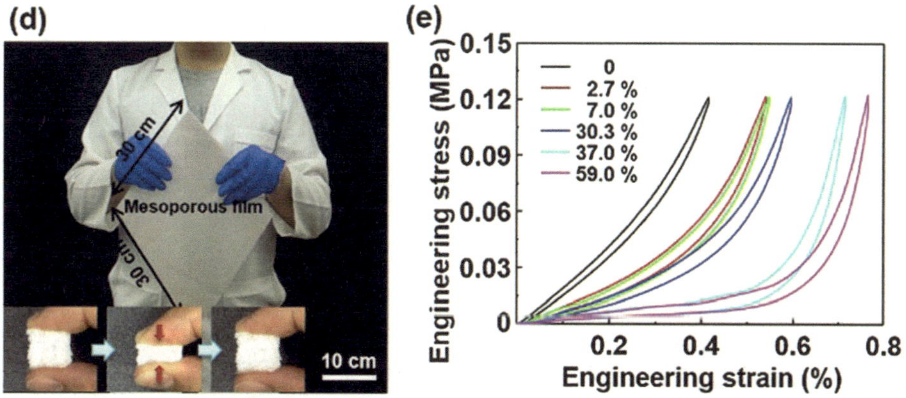

图 2.11　(a) 复合结构的 TENG 的加工流程示意图；(b) 内部含有金纳米颗粒的微孔 PDMS 薄膜的顶视和截面的扫描电镜照片；(c) 当蒸馏水的含量在 0～50%范围内变化时的孔隙率变化，插图是不同蒸馏水含量对应的微孔薄膜的扫描电镜照片；(d) 大尺寸的微孔 PDMS 薄膜的实物照片 (30cm×30cm)，插图是手动将薄膜体积压缩 50%的照片；(e) 在不同孔隙率情况下加载和卸载压力时的应力-应变曲线，其中孔隙率变化范围为 0～59%[8]

在这个设计中，可以用多孔结构中的金纳米颗粒和 PDMS 基底来实现接触和分离的过程，而不再需要这样的空气间隙。在开路状态，TENG 在周期性压力的驱动下，可以通过接触起电和静电感应来发电。在金纳米颗粒和 PDMS 接触之前，没有产生电荷和电势差。在外力作用下，两种材料接触，电子从金纳米颗粒转移到 PDMS 的内表面，使两层分别带正负电荷。随着外力卸载，接触表面分离。根据以上机理，输出信号通常是直流信号。然而我们测到的输出信号是交流信号，这可能是因为测量系统内阻较低，在测量过程中孔内发生了电荷扩散。在短路状态下，PDMS 表面的负电荷在顶电极上感应正电荷，而金纳米颗粒上的正电荷在底电极上感应负电荷，所以电子会从顶电极流向底电极来维持静电平衡，形成一个负的输出电流信号。当顶电极完全回到初始位置时，没有外电路的电流流动。当外力再次加载时，金纳米颗粒和 PDMS 再次接触，电极上的电荷消失。这样，电子又会从底电极流回顶电极，使感应电荷的总量减少，这个过程对应着一个正方向的电流信号，如图 2.12 (a) 所示。TENG 的输出性能与有效尺寸呈线性正比关系。另外，其输出性能在 360s 的测试时间内没有明显变化，说明了这种器件结构适合于大面积的制造 [图 2.12 (b) 和 (c)]。我们同样用外接电阻的方法来测量 TENG 的输出功率，所接的电阻大小为 10Ω～1000MΩ，而当电阻为 10MΩ 时，所测得的输出功率最大，达到 6mW，相当于 78mW/cm^2 的功率密度 [图 2.12 (d) 和 (e)]。多孔薄膜中的孔洞结构对 TENG 的输出性能起到了至关重要的作用。具体地，对于金纳米颗粒含量固定的 TENG，当气孔率增加到 59%时，其输出电压和电流密度都有很大程度的提高。而且当压力从 0 提高到 70mN 时，相比于平面状的 PDMS 薄膜，微孔薄膜的电容显著增加。同样，我们还可以很明显地观察到电容速率随着气孔率的增加而增大。另外，多孔的 PDMS 薄膜的表面-体积比的提高可能也是输出信号显著提高的一个重要原因。当气孔率提高到 59%时，这个表面-体积比提高到原来的几百倍。因此，孔隙率的提高使接触面积增大，摩擦层的表面电荷量提高，并最终提高 TENG 的输出性能。

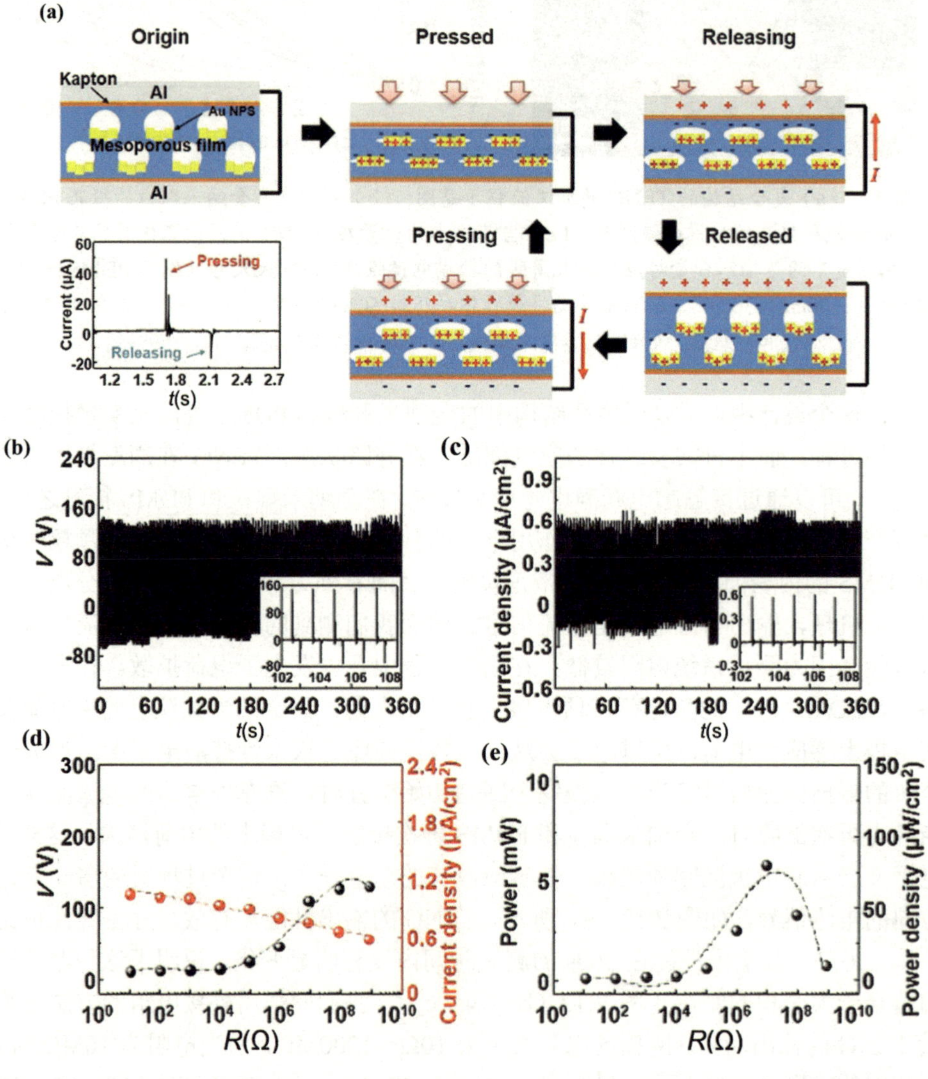

图 2.12 （a）复合结构在外力作用下和短路状态的工作原理示意图；（b）在 360s 内的输出电压的测量结果；（c）在 360s 内的输出电流密度的测量结果；（d）输出电压和电流密度随负载电阻的变化；（e）输出功率和输出功率密度随负载电阻的变化。其中负载电阻的变化范围是 10～$10^9\Omega$[8]

2.4 总　结

在本章中，我们讨论了垂直接触-分离模式的 TENG 的基本工作原理、理论分析和几种典型的器件结构。这种工作模式具有制备方便、设计简单、高瞬时输出功率、容易多层集成等优点。这种模式的 TENG 通常都是由一个外界的机械冲击触发，而决定其开路电压的重要因素是两个摩擦层（或接触平面）之间的分离距离，短路电流主要是由两个表面接触和分离的速率决定的。因此，这种模式的大多数设计都是为了设法实现两个平面之间的有效分离，可以用间隔物的方法，也可以通过材料自身的弹性能来实现。

这种模式的开路电压可高达 1200V，短路电流可达 2mA，相应的瞬时功率密度为 313W/m^2，能源转换效率为 39%。这些数据都是目前 TENG 最好的性能指标之一。除了本章中提到的几种器件结构，我们还根据不同的应用场合设计了很多其他独特的器件结构，可以用来驱动可移动电子设备和自驱动传感器。我们会在后面的章节具体介绍这些应用。

参 考 文 献

[1] Zhu G，Pan C F，Guo W X，Chen C Y，Zhou Y S，Yu R M，Wang Z L. Triboelectric-generator-driven pulse electrodeposition for micropatterning. Nano Lett，2012，12（9）：4960-4965.

[2] Wang S H，Lin L，Wang Z L. Nanoscale triboelectric-effect-enabled energy conversion for sustainably powering portable electronics. Nano Lett，2012，12（12）：6339-6346.

[3] Zhu G，Lin Z H，Jing Q S，Bai P，Pan C F，Yang Y，Zhou Y S，Wang Z L. Toward large-scale energy harvesting by a nanoparticle-enhanced triboelectric nanogenerator. Nano Lett，2013，13（2）：847-853.

[4] Wang S H，Lin L，Xie Y N，Jing Q S，Niu S M，Wang Z L. Sliding-triboelectric nanogenerators based on in-plane charge-separation mechanism. Nano Lett，2013，13（5）：2226-2233.

[5] Yang Y，Zhou Y S，Zhang H L，Liu Y，Lee S M，Wang Z L. A single-electrode based triboelectric nanogenerator as self-powered tracking system. Adv Mater，2013，25（45）：6594-6601.

[6] Wang S H，Xie Y N，Niu S M，Lin L，Wang Z L. Freestanding triboelectric-layer-based nanogenerators for harvesting energy from a moving object or human motion in contact and non-contact modes. Adv Mater，2014，26（18）：2818-2824.

[7] Bai P，Zhu G，Lin Z H，Jing Q S，Chen J，Zhang G，Ma J，Wang Z L. Integrated multilayered triboelectric nanogenerator for harvesting biomechanical energy from human motions. ACS Nano，2013，7（4）：3713-3719.

[8] Chen J，Huang Y，Zhang N，Zou H，Liu R，Tao C，Fan X，Wang Z L. Micro-cable structured textile for simultaneously harvesting solar and mechanical energy. Nat Energy，2016，1：16138.

[9] Henniker J. Triboelectricity in Polymers. Nature，1962，196（4853）：474.

[10] McCarty L S，Whitesides G M. Electrostatic charging due to separation of ions at interfaces：Contact electrification of ionic electrets. Angew Chem Int Ed，2008，47（12）：2188-2207.

[11] Lacks D J，Sankaran R M. Contact electrification of insulating materials. J Phys D：Appl Phys，2011，44（45）：

453001.

[12] Diaz A F，Felix-Navarro R M. A semi-quantitative tribo-electric series for polymeric materials：The influence of chemical structure and properties. J Electrostat，2004，62（4）：277-290.

[13] Tada Y. Experimental characteristics of electret generator，using polymer film electrets. Jpn J Appl Phys，1992，31（3）：846-851.

[14] Niu S M，Wang S H，Lin L，Liu Y，Zhou Y S，Hu Y F，Wang Z L. Theoretical study of contact-mode triboelectric nanogenerators as an effective power source. Energy Environ Sci，2013，6（12）：3576-3583.

[15] Niu S M，Wang Z L. Theoretical systems of triboelectric nanogenerators. Nano Energy，2015，14：161-192.

[16] Fang H，Wu W Z，Song J H，Wang Z L. Controlled growth of aligned polymer nanowires. J Phys Chem C，2009，113（38）：16571-16574.

[17] Crossland A，Wyllie P，Ran L. Mechanical to electrical energy conversion in a hybrid liquid-solid dielectric electrostatic generator. J Appl Phys，2009，106（4）：044108.

第3章 水平滑动式摩擦纳米发电机

摘 要

本章介绍摩擦纳米发电机的第二种基本工作模式——水平滑动式。这种工作模式是基于在与薄膜水平方向平行的外力驱动下，滑动摩擦起电和平面电荷分离过程的耦合。在外力作用下，两接触面间的摩擦力使其发生相对滑动，产生密集的摩擦电荷。两表面间接触区域的接触面积周期性变化导致电荷中心的横向分离，从而产生电势差。在电势差的驱使下，电子流过外部负载以抵消摩擦电荷的电势差。由于在电荷分离过程中不再需要空气间隙，水平滑动式摩擦纳米发电机更有利于封装。此外，为了优化其输出性能并扩大其应用领域，还开发了一些新型的结构、如栅状电极结构、旋转圆盘结构、旋转柱型结构和封装管式结构。最后，将介绍基于液态金属的摩擦纳米发电机，它可以实现迄今最高的瞬时能量转换效率。本章主要介绍水平滑动式摩擦纳米发电机的基本原理、基础理论、结构设计与性能表征。

3.1 基本原理

水平滑动式摩擦纳米发电机的原理示意图如图 3.1 所示[1]。以尼龙和聚四氟乙烯这两种高分子材料为例来说明普遍性的工作原理，该原理可以应用在其他任何一种材料中。如图 3.1（a）所示，在初始位置，两种聚合物表面完全重叠，相互紧密接触。由于材料的得电子能力不同，摩擦起电会导致尼龙表面带有正的净电荷，而聚四氟乙烯表面带有与其电荷密度相等的负的净电荷。由于摩擦电荷仅分布在聚合物的表面层而且聚合物绝缘性能非常好，因此在一个周期内电荷不会发生泄漏。在初始的重叠位置，带正电荷表面和带负电荷表面间的距离可忽略不计，因此两电极间几乎没有电势差。如图 3.1（b）所示，一旦带正电荷的上平板开始向外滑移，两板间的接触面积将会减小，导致平面内电荷的分离。分离的电荷会导致上平板具有更高的电势。在电势差的驱使下，电子将从上电极流向下电极，以抵消摩擦电荷产生的电势差。在理想情况下，与电荷的横向分离距离相比，电极层和摩擦电荷表面间的垂直距离可以忽略不计。所以，在电极上的转移电荷数量约等于在任一滑动位置处分离电荷的数量。因此，随着滑动过程的进行，电荷将不断流动，使分离电荷不断增加，直到上平板完全滑离下平板，摩擦电荷表面完全分离，如图 3.1（c）所示。电流的测量值应由两平板的滑移速度确定。

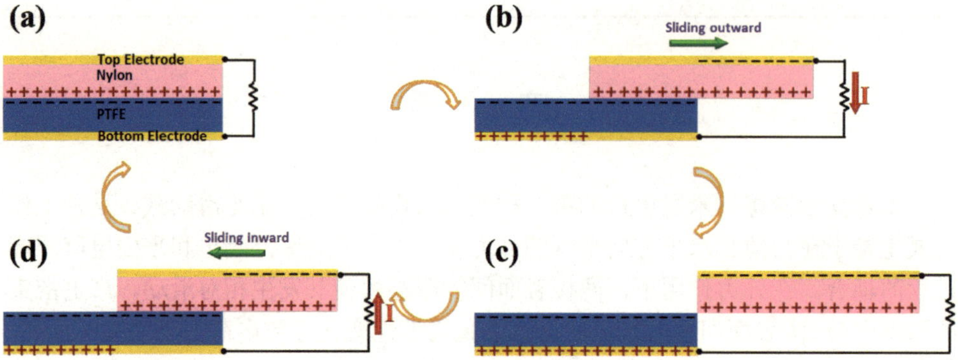

图 3.1　基于平面电荷分离的 TENG 的工作原理。(a～d) TENG 在准短路条件下经过一个完整周期的滑动运动过程[1]

随后，如图 3.1（d）所示，当上平板重新滑回时，由于高分子材料的绝缘体性质，分离的电荷又相互接触却并不湮没。随着接触面积的增加，电极上多余的转移电荷会促使电荷通过外部负载从下电极流回上电极，以保持静电平衡，该过程为滑动过程的下半个循环。当两平板重新回到重叠位置时，带电表面又达到完全相互接触的状态。此时在电极上没有剩余的转移电荷，该设备又回到如图 3.1（a）所示的状态。在整个循环过程中，向外和向内滑动过程是对称的，因此将得到一对对称的交流电流峰。

3.2　基础理论

3.2.1　一个单元的水平滑动式摩擦纳米发电机

水平滑动式 TENG 的基本结构如图 3.2 所示[3]。该结构与第 2 章中垂直接触-分离式 TENG 的结构非常相似，唯一的差别在于水平滑动式 TENG 中摩擦电荷的分离方向为平行于摩擦电荷表面，因此其静电感应过程也与垂直接触-分离式的相似，故两者均可被称为附着电极模式。所以水平滑动式也可被称为附着电极滑动式[4]。在理想情况下，电介质的长度和宽度都比其厚度大得多，因此边缘效应可忽略不计。根据摩擦层材料的不同，附着电极滑动式 TENG 分为两种类型：电介质-电介质型与导体-电介质型。首先以电介质-电介质型为例，如图 3.2（a）所示，该类型的模型尺寸接近于真实设备的尺寸。由于整个结构的宽度 w 与其厚度相比大得多，因此可以利用二维模型来简化计算。设两电介质在长度方向的几何尺寸为 l，在厚度方向为 $d_i(i=1, 2)$。将两金属电极分别与两电介质层相结合，使其底层固定，而顶层可沿长度方向滑动。将横向分离距离设为 x。当两电介质左右分离时，由于摩擦起电效应，电介质 1 的下表面和电介质 2 的上表面在其未重叠区域将出现符号不同的电荷。与附着电极接触-分离式 TENG 相同，可以合理假设摩擦电荷在两表面上是均匀分布的，这是绝缘体材料的一种很好的近似方法。同时，在绝缘体聚合物中，摩擦电荷随时间的衰减可忽略不计。将摩擦电荷在电介质 1 表面的电荷密度设为 σ，而在电介质 2 表面的电荷密度设为$-\sigma$。在重叠表面上，由于正负电荷中心的距离为原子尺度，因此可将摩擦电荷的整体密度视为 0。在开路条件下（最小可达到电荷参考态），每个金属电极上的总电荷为 0。如果将转移电荷量设为 Q，那么在金属板 1 和金属板 2 上的总电荷量分别为$-Q$ 和 Q。如图 3.2（b）所示，对于导体-电介质附着电极滑动式 TENG，在几何结构上唯一区别是不再有电介质 1。因此在这种情况下，金属板 1 不但是顶部摩擦层，而且其本身也是顶部电极。当金属板 1 与电介质 2 分离时，由于摩擦起电效应，在电介质 2 分离区域的上表面均匀分布着电荷密度为$-\sigma$ 的摩擦电荷，而在金属板 1 表面上分布着等量反号的摩擦电荷。因此，在开路条件下（最小可达到电荷参考态），底部电极的总电荷量为 0。为了便于理解，可将电介质表面重叠区域中的摩擦电荷视为除去了顶部金属层上电荷密度为 σ、总量为 $\sigma w(l-x)$的反号摩擦电荷的部分。

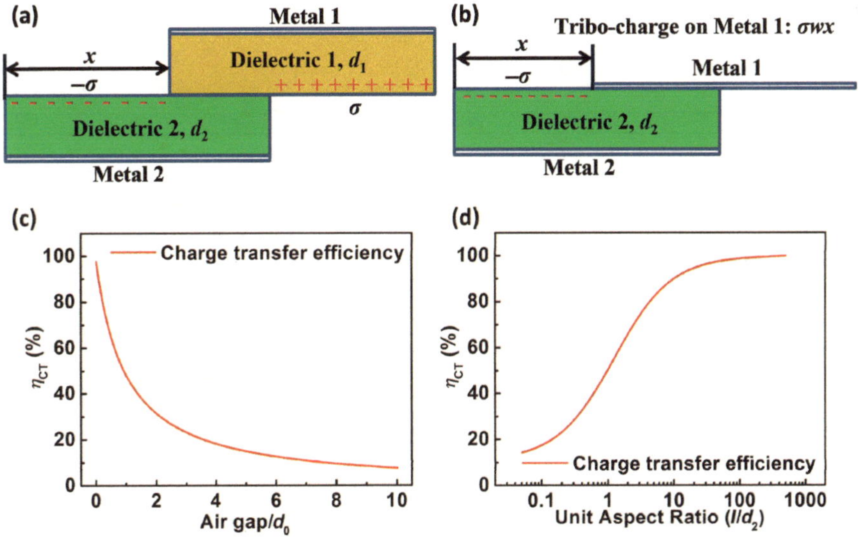

图 3.2 （a，b）电介质-电介质型附着电极水平滑动式 TENG、导体-电介质型附着电极水平滑动式 TENG 的理论模型；（c，d）当两平板达到完全分离时，空气间隙尺寸、电介质的长厚比对导体-电介质型滑动式 TENG 电荷转移效率的影响，其中计算时介电常数为 2[3]

一般情况下，无法推导出附着电极滑动式 TENG 的解析方程，只能基于数值计算法进行严谨的理论分析。在实际应用中，考虑到 l 总是比 d_1 和 d_2 大很多，且由于完全将两种电介质分离后很难再次精确地对准两种电介质的表面，所以实际应用中会保持横向分离距离 x 总是小于 $0.9l$。因此在上述条件下，边缘效应可以忽略，故而可以推导出 V-Q-x 间的近似关系。

首先推导本征电容 C。由于电介质的厚度与其长度相比小很多，因此只要两电介质未达到完全分离状态，总电容就由重叠区域间的电容决定。因此，利用平行板电容器模型，可以通过下列等式估算总电容 C：

$$C = \frac{\varepsilon_0 w(l-x)}{d_0} \tag{3.1}$$

式中，d_0 为有效厚度常数。

然后通过电荷分布来估算 V_{OC} 的值。由于电介质的长度与其厚度相比大很多，因此可以假定在每一区域内，金属电极为无穷大的平板。在这种近似下，每个区域的电荷都是均匀分布的，且电介质内部的电场沿 Y 轴方向均匀分布。这一结论也可以通过有限元计算结果验证[3]。因此，在理想情况下，未重叠区域表面电荷密度的绝对值为 σ。而重叠区域的电荷密度仍是均匀分布的，所以，重叠区域的电荷密度可以通过在开路条件下每个电极上的总电荷为 0 来计算。在开路条件下（最小可达到电荷参考态）的理想电荷分布可以通过下列等式近似计算。

对于底部电极的未重叠区域：

$$\rho = \sigma \tag{3.2a}$$

对于底部电极的重叠区域：

$$\rho = -\frac{\sigma x}{l-x} \tag{3.2b}$$

对于顶部电极的未重叠区域：

$$\rho = -\sigma \tag{3.2c}$$

对于顶部电极的重叠区域：

$$\rho = \frac{\sigma x}{l-x} \tag{3.2d}$$

利用上面的电荷分布规律与高斯定理，可以推算出开路电压 V_{OC} 的解析表达式

$$V_{OC} = \frac{\sigma x d_0}{\varepsilon_0 (l-x)} \tag{3.3}$$

所以当边缘效应可以忽略不计时，附着电极滑动式 TENG 的 V-Q-x 关系为

$$V = -\frac{1}{C}Q + V_{OC} = -\frac{d_0}{w\varepsilon_0 (l-x)}Q + \frac{\sigma d_0 x}{\varepsilon_0 (l-x)} \tag{3.4}$$

导体-电介质型 TENG 可以通过类似的分析也得到同样的结果。

附着电极滑动式 TENG 的静电感应过程可以通过类似于附着电极接触-分离式 TENG 的节点讨论来理解。为了简便起见，以导体-电介质型附着电极滑动式 TENG 为例来分析，由于它只有一个摩擦带电表面，因此只需分析两端（x=0 和 x=x_{max}>l）的电容分布。当 x=0 时，摩擦带电的电介质表面与顶部电极间的电容值为无穷大，而摩擦带电的电介质表面与底部电极间的电容值为一个有限的较大值，故两者的电容值之比为无穷大。当达到完全分离状态时，摩擦带电的电介质表面与顶部电极间的电容值接近于 0，而摩擦带电的电介质表面与底部电极间的电容值仍保持不变，故两电容值之比变为 0。这种由于摩擦带电表面相对位置的变化而引起的电容比值变化将会引起在开路条件下电子在电极之间的转移。通过上述讨论可以得知，附着电极滑动式 TENG 与附着电极垂直接触-分离式 TENG 的具体工作原理几乎相同（因此它们统称附着电极式 TENG），且此类型 TENG 的最大电荷转移效率可达到 100%。

通过上面推导，附着电极滑动式 TENG 的内在输出特性具有以下特点：其短路转移电荷与分离距离 x 呈线性正比关系，且其固有电容与重叠区域的长度（l–x）呈线性正比关系；当 x 接近于 1 时，由于电容值快速下降，开路电压将显著增加。

对于附着电极滑动式 TENG，需要考虑的一个重要设计因素为其输出对两摩擦层表面间的间隔十分敏感。例如，假设间隔的厚度与 d_0 相等，那么当 x=0 时，摩擦带电的电介质表面与顶部电极间的电容值就与其他电容值相等。这样，当 x 从 0 变化至 x_{max} 时，相应的电容比值就只能从 1 变化至 0。因此，如图 3.2（c）所示，电荷转移效率将降至仅有 50%。由于介电层厚度 d_0 通常为一个较小的数值，因此对附着电极滑动式 TENG 空气间隔的允许范围非常有限，不过这种情况可以通过后面章节中的独立层滑动式 TENG 来改善。

此外，对于附着电极滑动式 TENG，另一个需要考虑的重要因素为边缘效应[3]。当电介质的厚度与其长度可比时，TENG 的输出将会受边缘效应的强烈影响，这时电荷转移效率将会大幅下降。图 3.2（d）显示了介电常数为 2 的导体-电介质型附着电极滑动式 TENG 的有限元模拟仿真结果，当介质的长度和厚度之比从 500 降至 0.05 时，电荷转移效率也相应地从约 100%降至约 14%。对于实际应用中只有一个单元的附着电极滑动式 TENG，使用的电介质材料很薄，因此边缘效应通常可忽略不计。然而在附着栅状电极结构 TENG 中，当栅状结构足够细时，边缘效应将占主导地位，这些将在 3.2.2 节中具体讨论。

3.2.2　栅状结构式摩擦纳米发电机

栅状结构是在上述滑动式 TENG 的基础上发展起来的新型结构[5-7]。通过栅状结构，平面内的电荷分离的次数可以倍增。然而，由于边缘效应不再可以忽略，栅状结构的输出性能将变得非常复杂。当栅状结构很细时，一个栅状单元的长度通常与电介质厚度可比。本节将详细深入地讨论栅状 TENG 的两种理论模型：一种为平板长度相等，另一种为平板长度不等[8]。通过理论分析与计算的方法，得到并分析其输出特性。通过对基本输出性能的理解，概述栅状结构中更细节距的影响，并优化相关结构以使功率输出达到最大值。

3.2.2.1　平板长度相等的栅状结构

1）电极结构的影响

首先考虑两块等长平板的栅状结构。在栅状结构式 TENG 中，为了达到电荷分离的多重循环，摩擦层必须要做成栅状结构。另外，对于附着电极来说，栅状结构不是必要的。如图 3.3（a）所示，有两种电极可供选择：连续的平板电极与栅状电极，其中电介质层为同样栅状制作成的电极。在这种情况下，通过外电路或电极棒实现导电连接。这两种电极配置将导致不同的输出性能。

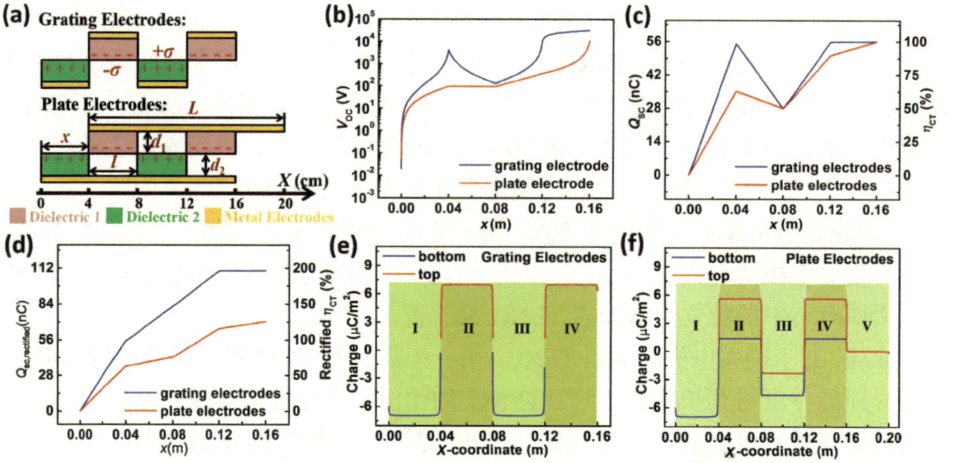

图 3.3　电极结构的比较。(a) 具有栅状电极与平板电极的栅状结构式 TENG 的有限元结构模型；(b) 开路电压；(c) 短路条件下的转移电荷；(d) 具有栅状电极与平板电极的栅状结构式 TENG 在短路条件下的整流转移电荷；（e，f）在 $x=l$ 的情况下，金属电极上的电荷分布：（e）栅状电极，（f）平板电极[8]

为了比较两种不同电极配置的栅状结构的输出性能，构建了有限元法（FEM）模型并利用 COMSOL 进行计算。由于栅状结构式 TENG 的宽度通常比其厚度大得多，因此利用二维模型来简化计算。将两个工作周期为 50%的栅状电极作为摩擦电对（即一对材料进行接触摩擦起电），令其半节距为 l，其顶部平板上的栅状单元数为 n，顶部平板的总长为 L，这样就有 $L=2nl$。我们以具有两个栅状单元($n=2$)的情况为例来说明其区别。由于接触摩擦起电效应，在电介质 1 的下表面和电介质 2 的上表面分布着反号的静电荷（称为摩擦电荷）。假设表面电荷密度为 σ 的摩擦电荷均匀地分布在表面上。为了模拟在操作过程中的相对滑动运动，将底部电介质固定，使顶部电介质在水平方向滑动，并将其横向分离距离设为 x。

如图 3.3（b）～（d）所示，两种不同电极结构 TENG（在最小可达到电荷输出参考态条件下）产生的 V_{OC} 和 Q_{SC} 的曲线形状完全不同。两种结构的 V_{OC}、Q_{SC} 与电荷转移效率 η_{CT} 均显示出振荡的趋势，然而平板电极的相关数值总是小于栅状电极的数值。如果将交流输出整流为直流信号存储，栅状电极式 TENG 将会产生更多的累积电荷量。当进行了一个完整的周期后，栅状电极结构的 $\eta_{CT,\,rectified}$ 可达到 200%，而相同情况下平板电极结构的 $\eta_{CT,\,rectified}$ 仅能达到 126%。两种结构的 $\eta_{CT,\,rectified}$ 之所以均能大于 100%，是因为结构中存在多个周期的电荷分离过程，而这也是栅状结构关键的优势所在。一个完整周期后，栅状电极结构的开路电压 V_{OC} 可达到约 31kV，而相同情况下的平板电极结构的 V_{OC} 仅能达到约 10kV。通过上述比较可以明显地看出，在发电方面，栅状电极比平板电极效率更高。

两种电极结构中，金属电极上电荷分布的不同是导致输出特性差异的主要原因。在短路条件下，以 $x=l$ 为例，如图 3.3（e）和（f）所示，每个子区域对短路电荷量 Q_{SC} 的贡献等于中顶部电极与底部电极上电荷总量之差的一半［如图 3.3（e）和（f）中的标记所示］。通过以区域Ⅱ的电荷分布和其对 Q_{SC} 的贡献为例来阐明两电极结构的差异。

对于栅状电极，在此区域中只存在顶部电极。因此，顶部电极的感应电荷密度为 σ，其对 Q_{SC} 的贡献为 $\sigma wl/2$。对于平板电极，在此区域中顶部电极与底部电极均存在。顶部电极的感应电荷密度为 σ_T，而底部电极的感应电荷密度为 σ_B，其对 Q_{SC} 的贡献为 $(\sigma_T-\sigma_B)wl/2$。由于金属电极内部的电场为 0，因此存在以下关系：

$$\sigma_T + \sigma_B = \sigma \tag{3.5}$$

此外，由于在 SC 条件下顶部与底部电极间的电压为 0，因此有

$$\frac{\sigma_T}{\varepsilon_0}\frac{d_1}{\varepsilon_{r1}} = \frac{\sigma_B}{\varepsilon_0}d_2 \tag{3.6}$$

该等式表明 σ_T 与 σ_B 具有相同的符号。由式（3.5）看出，$(\sigma_T-\sigma_B)$将明显小于 σ。因此，区域Ⅱ中平板电极对 Q_{SC} 的贡献小于栅状结构的贡献。同理，区域Ⅲ和Ⅳ中平板电极对 Q_{SC} 的贡献也小于栅状结构的贡献。

因此，平板电极产生的 Q_{SC} 总量将比栅状电极的小。所以，通过平板与栅状电极结构的比较可以得出，栅状电极结构更有利于高功率输出。因此，下述内容将主要针对栅状电极式 TENG 展开讨论。

2）栅状单元数的影响

栅状单元数（n）对总输出特性有着直接的影响。当 n 从 1 开始增加时，由于 l 仍远远大于电介质的厚度，因此仍然可以满足近似理想的电荷分布。然而，当 n

增至相当大的数值，使 l 与 d_1 或 d_2 可比时，非理想的边缘效应就成为重要的影响因素，因而不能再被忽略。

首先讨论理想条件下，n 值相对较小的区域。此时，Q_{SC} 和短路电流（I_{SC}）与 n 存在下列关系：

$$Q_{SC}=\frac{\sigma wL}{2}\left[\frac{k}{n}+\frac{2(n-k)}{L}(x-2kl)\right],2kl\leqslant x\leqslant(2k+1)l \quad (k\in N) \tag{3.7a}$$

$$Q_{SC}=\frac{\sigma wL}{2}\left[1-\frac{2(n-k-1)}{L}(x-2kl-l)\right],(2k+1)l\leqslant x\leqslant(2k+2)l \quad (k\in N) \tag{3.7b}$$

$$I_{SC}=\frac{\mathrm{d}Q_{SC}}{\mathrm{d}x}\frac{\mathrm{d}x}{\mathrm{d}t}=\sigma w(n-k)\frac{\mathrm{d}x}{\mathrm{d}t},2kl\leqslant x\leqslant(2k+1)l \quad (k\in N) \tag{3.8a}$$

$$I_{SC}=\frac{\mathrm{d}Q_{SC}}{\mathrm{d}x}\frac{\mathrm{d}x}{\mathrm{d}t}=-\sigma w(n-k-1)\frac{\mathrm{d}x}{\mathrm{d}t},(2k+1)l\leqslant x\leqslant(2k+2)l \quad (k\in N) \tag{3.8b}$$

所以，下列等式给出了当完成一个完整的周期后，在短路条件下整流后的累计电荷（$Q_{SC,\ rectified}$）与电荷转移效率（$\eta_{CT,\ rectified}$）：

$$Q_{SC,rectified}(x=L)=\frac{\sigma wL}{2}n \tag{3.9}$$

$$\eta_{CT,rectified}=\frac{Q_{SC,rectified}(x=L)}{Q_{tribo\text{-}total}}=n \tag{3.10}$$

通过上述推导，在理想情况下，栅状结构中 I_{SC} 和 $Q_{SC,\ rectified}$ 的峰值可以通过 n 次细分过程提高，而这也是制备更细节距结构的最重要优势。

为了验证这些结果，在理想条件下（L/d=727.3，具体计算参数与表 3.1 中的相同），对栅状式 TENG 进行了数值计算，结果如图 3.4（a）～（d）所示。可以看出数值计算结果与理论分析是一致的。当 n 增加时，转移电荷量也相应增加，从而大大地提高了整流后的累积电荷量。此外，Q_{SC}-t 曲线的斜率也随着 n 的增加而增加，使 I_{SC} 也相应增加，如图 3.4（b）所示。但是对于电压来说，由一般性的 V_{OC}、Q_{SC} 和 C 的等式可以确定，当顶部电介质与底部电介质完全分离时，更细的节距会导致摩擦纳米发电机电容显著地增长，因此在更大 n 值处的 V_{OC} 峰值将显著下降，而 Q_{SC} 峰值几乎保持不变。

表 3.1　栅状电极式电极与平板式电极对比中有限元计算的参数

结构构件	相关参数
电介质 1	ε_{r1}=4，d_1=220μm
电介质 2	ε_{r2}=2，d_2=220μm
电介质的宽度（w）	0.1m
顶部平板的总长（L）	0.16m
表面电荷密度（σ）	7μC/m^2
平均分离速度（v）	1m/s

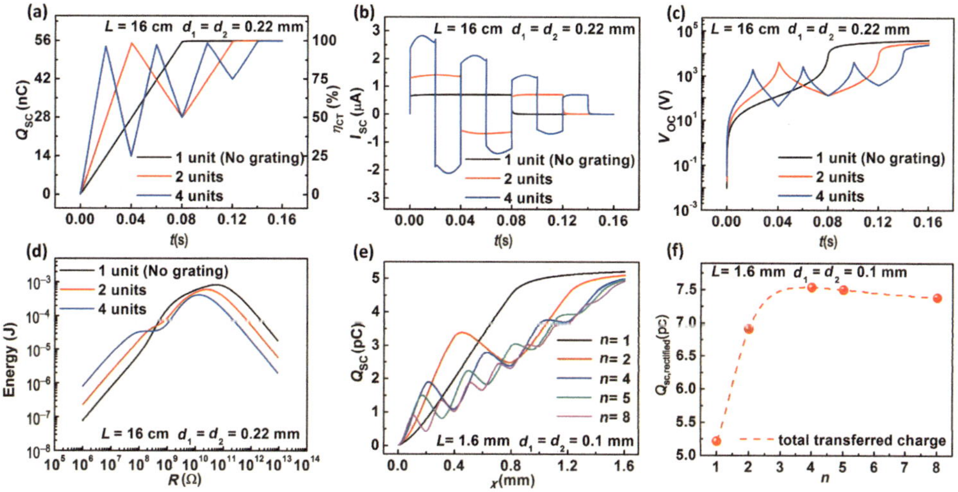

图 3.4　等长的栅状式 TENG 中栅状数的影响。(a～d) 理想条件下 n 值的影响：(a) 短路条件下不同 n 值的转移电荷与时间之间的关系，(b) 短路条件下不同 n 值的电流与时间之间的关系，(c) 不同 n 值的开路电压与时间之间的关系，(d) 不同 n 值的发电量与负载电阻之间的关系。(e，f) 非理想条件下 n 值的影响：(e) 短路条件下不同 n 值的转移电荷与移动距离之间的关系，(f) 转移电荷总量与 n 值之间的关系[8]

V_{OC} 的这种变化如图 3.4 (c) 所示。然而，总能量的产生是非常复杂的，因为它由电流和电压共同确定。图 3.4 (d) 显示了在一个完整的往复循环中，不同负载电阻下，具有不同 n 值的 3 种 TENG 结构产生的能量。通过对比图 3.4 (d) 中的曲线，可以得出以下结论：更细的节距能在低电阻范围内产生更多能量，此时能量主要由 I_{SC} 决定。然而，更宽的节距则会在高电阻范围内产生更多能量，此时能量主要由 V_{OC} 决定。由于 TENG 的固有电容随 n 值的增加而增加，因此最优电阻值（即总能量达到最大值时的电阻值）随 n 值的增加而减小。考虑到图 3.4 (d) 中收集能量的峰值，由于等平板栅状式 TENG 中 V_{OC} 值的降低远大于 I_{SC} 值的增加，因此更细的节距并不能显著地提高输出性能。

当 n 继续增至非常大的值时，每个单元的长厚比将会进一步降低，此时非理想的边缘效应不再被忽略。为了研究非理想状态效应的影响，如图 3.4 (e) 和 (f) 所示，对具有较小 L/d 值为 16 的栅状式 TENG 进行了数值计算（具体计算参数见表 3.2）。在此长厚比下，尽管电荷转移的次数随 n 值的增加而增加，然而每一阶段中 Q_{SC} 的峰值远比 Q_{tribo} 小，尤其是当 n 大于 5 时，在前几个循环之后，电荷的转移是单向的，所以 $Q_{SC,\ rectified}$ 在这些循环中没有倍增效应。因此当 n 值增加时，$Q_{SC,\ rectified}$ 开始下降。由于 n 值在两个不同区域具有相反的影响，所以 n 值存在一个使 $Q_{SC,\ rectified}$ 达到最大值的最优值。如图 3.4 (f) 所示，对于总的几何长厚比，n 的最优值为 4，此时每单元的几何长厚比为 2。该计算表明，当此类 TENG 被用来电池充电或作为电容器时，取得最优 n 值以产生最大的电荷量是至关重要的。

表 3.2　等长的栅状电极式 TENG 中阐述非理想效应的有限元计算的参数

结构构件	相关参数
电介质 1	ε_{r1}=4，d_1=100μm
电介质 2	ε_{r2}=2，d_2=100μm
电介质的宽度 w	1mm
顶部平板的总长 L	1.6mm
表面电荷密度 σ	7μC/m^2
平均分离速度 v	1m/s

3.2.2.2　平板长度不等的栅状结构

3.2.2.1 节主要讨论了两块平板长度相等的栅状式 TENG。该结构中，由于横向位移，顶部单元将逐渐从底部栅状滑出。由于侧电容很小，这一特性有利于开路电压的提高，但会导致非周期性的信号。为了避免这种情况，如图 3.5（a）所示，操作过程中可将固定的底部平板长度增至完全覆盖顶部平板的滑动区域，从而形成另一种平板长度不等的栅状式 TENG 结构。例如，设顶部长度为 L，底部长度为 $2L$，因此滑动位移将保持为 L。该结构中，由于在接触摩擦起电过程中电荷守恒，电介质 1 中的摩擦电荷密度高达电介质 2 中的两倍。由于电介质 1 总是在电介质 2 的范围内滑动，因此 Q_{SC}、V_{OC} 和 C 均为周期性的。此外，可以通过下列数学等式看出，Q_{SC}、V_{OC} 和 C 的曲线在每一周期都具有镜面对称性：

$$V_{OC}(x+2kl)=V_{OC}(x) \tag{3.11a}$$

$$V_{OC}(2kl-x)=V_{OC}(x) \tag{3.11b}$$

$$C(x+2kl)=C(x) \tag{3.11c}$$

$$C(2kl-x)=C(x) \tag{3.11d}$$

$$Q_{SC}(x+2kl)=Q_{SC}(x) \tag{3.11e}$$

$$Q_{SC}(2kl-x)=Q_{SC}(x) \tag{3.11f}$$

由于其周期性和镜面对称性，只需模拟 TENG 的前半周期。该情况下，通过与上面类似的讨论与推导可以得知，栅状电极仍比平板电极具有更优良的性能。因此，下述内容将主要针对不等长的栅状式 TENG 展开讨论。

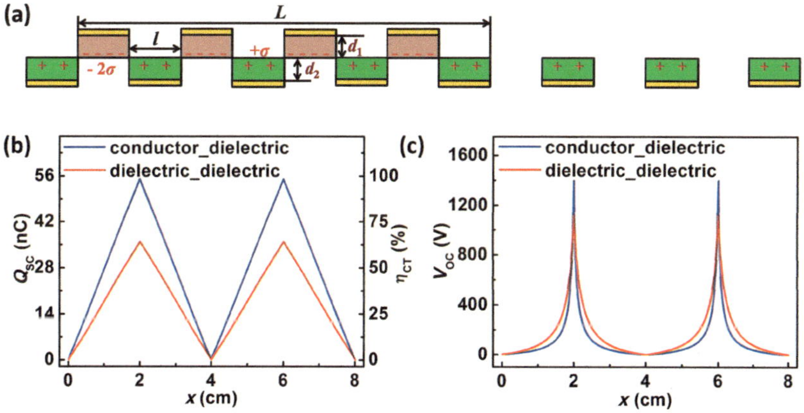

图 3.5　不等长的栅状式 TENG 中电介质厚度的影响。(a) 不等长的栅状式 TENG 的有限元模型；(b，c) 导体-电介质与电介质-电介质型不等长的栅状式 TENG 的对比，(b) 短路转移电荷，(c) 开路电压[8]

1）电介质厚度的影响

与等长的栅状式 TENG 不同，电介质的厚度对 Q_{SC} 的影响很大。在理想条件下（l/d 足够大时），此栅状式 TENG 的 Q_{SC} 和 η_{CT} 由下列等式给出：

$$Q_{SC}=\left(2-\frac{1}{1+\dfrac{d_1\varepsilon_{r2}}{d_2\varepsilon_{r1}}}\right)n\sigma w(x-2kl),2kl\leqslant x\leqslant(2k+1)l\quad(k\in N)\tag{3.12a}$$

$$Q_{SC}=\left(2-\frac{1}{1+\dfrac{d_1\varepsilon_{r2}}{d_2\varepsilon_{r1}}}\right)n\sigma w(2kl+2l-x),(2k+1)l\leqslant x\leqslant(2k+2)l\quad(k\in N)\tag{3.12b}$$

$$\eta_{CT}=\left(1-\frac{1}{2}\frac{1}{1+\dfrac{d_1\varepsilon_{r2}}{d_2\varepsilon_{r1}}}\right)\frac{x-2kl}{l},2kl\leqslant x\leqslant(2k+1)l\quad(k\in N)\tag{3.13a}$$

$$\eta_{CT}=\left(1-\frac{1}{2}\frac{1}{1+\dfrac{d_1\varepsilon_{r2}}{d_2\varepsilon_{r1}}}\right)\frac{2kl+2l-x}{l},(2k+1)l\leqslant x\leqslant(2k+2)l\quad(k\in N)\tag{3.13b}$$

其中 n 为顶部电介质的单元数。由上述等式可以看出，若 d_2/d_1 比值增加，Q_{SC} 和 η_{CT} 将大幅度下降。这是因为当 x=0 时，未被完全覆盖表面上，Q_0 为非零值。由式（3.12a）和式（3.12b）看出，可以通过减小 d_2/d_1 比值来减小这种效应。可以通过使用具有导电性的金属来代替底板上的电介质层，这种情况下金属既可作为电极又可作为摩擦层，此时 d_2 可被视为 0。图 3.5（b）和（c）通过比较当 n=4 时的导体-电介质型 TENG（d_2=0）与电介质-电介质型 TENG（d_2=d_1）验证了上述观点。具体的计算参数详见表 3.3。导体-电介质型 TENG 的 Q_{SC}、η_{CT} 和 V_{OC} 的峰值均比电介质-电介质型 TENG 的大。因此，从设备结构的方面来看，导体-电介质型 TENG 更有利于电荷的有效转移。所以，下述内容将主要针对这种结构展开讨论。

表 3.3　不等长的栅状电极式 TENG 中有限元计算的参数

结构构件	电介质-电介质型不等长栅状电极式 TENG 参数	导体-电介质型不等长栅状电极式 TENG 参数
电介质 1	ε_{r1}=4，d_1=220μm	ε_{r1}=4，d_1=220μm
电介质 2	ε_{r2}=2，d_2=220μm	金属，d_2=0
电介质的宽度 w	0.1m	0.1m
顶部平板的总长 L	0.16m	0.16m
底部电介质表面的摩擦电荷密度 σ	3.5μC/m^2	3.5μC/m^2
平均分离速度 v	1m/s	1m/s

2）栅状单元数的影响

通过上述对不等长的栅状式 TENG 输出特性的基本认识，可以更深入地讨论设计参数中最重要的影响因素——栅状单元数。具有不同 n 值的 TENG 输出性能的计算值如图 3.6 所示。当 n 值小范围地增加时，由于每一栅状单元的 l/d_1 比值仍很大，因此如图 3.6（a）所示，在半个周期内转移电荷总量几乎与 Q_{tribo} 相等。所以，由于半个周期内累积电荷总量等于转移电荷总量的 2n 倍，因此如图 3.6（b）所示，累积电荷总量与平均电流大小随 n 值在其小范围内的增加而呈准线性增加。然而，如图 3.6（a）所示，当 n 值继续增加时，每一单元中长厚比减小，非理想的边缘效应起着越来越重要的作用，导致每半个周期中转移电荷数的减小。尽管转移电荷的循环次数仍在增加，但累积电荷总量的斜率则大幅降低。如图 3.6（c）所示，当 n 值足够大时，累积电荷总量的斜率接近于 0，平均电流斜率的增长将快速下降。此外，更细的节距也会导致顶部与底部电极之间侧电容的显著增加。因此，由 TENG 的基本关系，如图 3.6（d）所示，V_{OC} 将随 n 值的增加而显著下降。与等长的栅状式 TENG 中的情况不同，即使当 n 值足够大，每半个周期中的 V_{OC} 和 Q_{SC} 曲线总是单调的，且 V_{OC} 和 Q_{SC} 曲线的峰值总是在每一周期的中间位置。这些特性使得不等长的栅状式 TENG 可以作为自驱动传感器，应用于高精确度、高分辨率地测量位移与速度等方面。

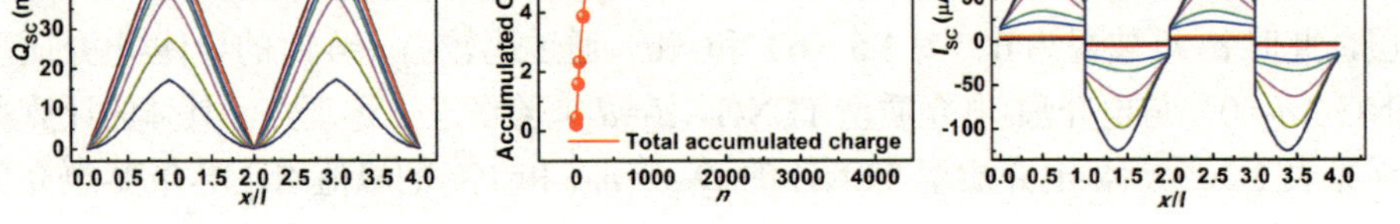

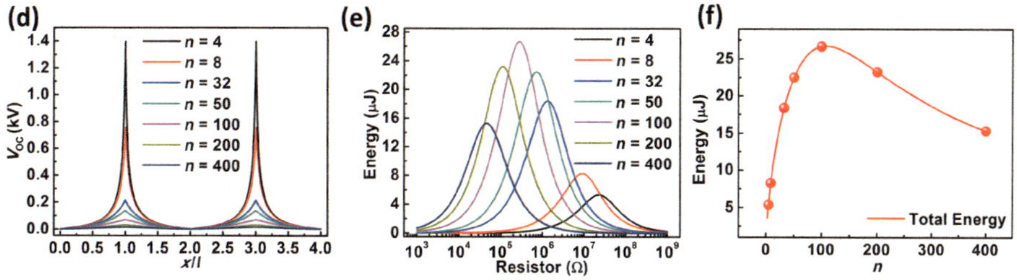

图 3.6　不等长的栅状式 TENG 中栅状数的影响。（a）一个周期内短路条件下不同 n 值的转移电荷与 x/l 之间的关系；（b）当 x–L 时，累积电荷总量与 n 值之间的关系；（c）一个周期内短路条件下不同 n 值的电流与 x/l 之间的关系；（d）一个周期内开路条件下不同 n 值的电压与 x/l 之间的关系；（e）不同 n 值的总发电量与负载电阻之间的关系；（f）n 值对总发电量的影响[8]

根据上述基本输出特性，通过 TENG 负载性能的计算，不同负载电阻下收集的总能量如图 3.6（e）和（f）所示。由于更细的节距将产生更大的固有电容，因此匹配电阻值将明显地向更低值转移。此外，与等长的栅状式 TENG 不同，不等长的栅状式 TENG 中存在 n 的最优值（通过插值法约为 108），因此存在收集总能量的最大值。在最优 n 值下，每个栅状单元的长厚比为 3.37。n 最优值的存在是 V_{OC} 和 I_{SC} 的复杂行为变化所致。当 n 值刚开始增加时，I_{SC} 平均值的增加比 V_{OC} 的降低更快，故收集的能量也将增加。然而，当 n 值继续增加时，由于非理想的边缘效应，I_{SC} 的增长率大大减小。因此，当 V_{OC} 的下降成为主导因素时，收集到的能量开始下降。单个电介质单元的产生最大总能量的临界长厚比主要取决于移动过程与电介质 1 的相关电介质常数。以恒定速度下平板不等长的栅状式 TENG 为例，可以在数学上证明该临界长厚比仅与电介质 1 的相关电介质常数有关（而与 d_1、L 或 v 无关）。

3.3　基本器件结构

3.3.1　平面滑动结构

如图 3.7（a）所示，滑动摩擦纳米发电机在结构上由两块 71mm×50mm 的平板组成，并用玻璃片作为支撑基板，保证表面的平整度[1]。为了使发电机在滑动过程中能够更有效地摩擦起电，选用聚酰胺-66（尼龙）与聚四氟乙烯（PTFE）薄膜这两种在摩擦电系数两端的高分子聚合物材料作为摩擦层黏附在玻璃片表面[9]。在每一聚合物薄膜上，在玻璃片的一侧沉积了一层金属电极（尼龙上的金属电极称为顶部电极，而聚四氟乙烯上的称为底部电极）。两平板相互平行放置，且两聚合物表面紧密结合。在机械运动或振动的驱动下，两平板沿其长边相互滑动，使接触区域产生周期性变化。如图 3.7（b）所示，为了提高表面的摩擦电荷密度[10, 11]，通过等离子体刻蚀对聚四氟乙烯薄膜进行干法刻蚀，得到了均一的纳米线结构[12]，从而增加了表面粗糙度和有效表面积。如图 3.7（c）中的扫描电子显微镜图像所示，聚四氟乙烯表面被平均长度约为 1.5μm 的纳米线结构均匀覆盖。如图 3.7（d）所示，在实时测量中，被聚四氟乙烯覆盖的平板与一个固定的部分结合在一起，而尼龙的一侧固定在一个平行的平面端导轨上，且该导轨与产生平面滑动的线性电动机连接在一起。

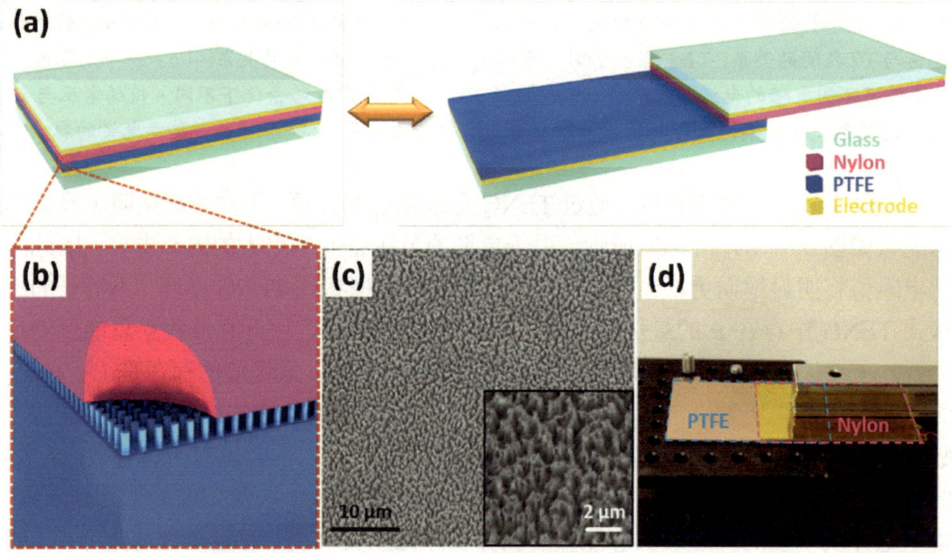

图 3.7 滑动式 TENG 的器件结构。（a）TENG 两种滑动状态的结构设计示意图，其中左边为重叠状态，右边为分离状态；（b）两聚合物薄膜表面间的放大示意图，由图中可以看到聚四氟乙烯表面上组装的纳米线阵列；（c）倾斜 30°时，表面刻蚀纳米线结构的聚四氟乙烯的扫描电子显微镜图像，右下角插图为高倍率的扫描电子显微镜图像；（d）在测量阶段典型的滑动式 TENG 的照片[1]

通过线性电动机使滑动式 TENG 的一个平板平行于其长边滑动，测量了其电力输出值。由于滑动位移与平板的长度相等，为 71mm，因此滑动覆盖了发电的整个有效区域（如上面所述）。其滑动运动为对称的加速-减速模式，其中加速度为$\pm 20\text{m/s}^2$［瞬时滑动速度如图 3.8（d）中玫红色曲线所示］。通过一个输入电阻很大的静电计来测量开路电压（V_{OC}）。尼龙薄膜背面的电极与带正电的探针连接。如图 3.8（a）所示，当 TENG 中的平板从接触位置滑至分离位置时，V_{OC}从 0 跳至约 1300V，该值反映了两电极间通过面内电荷分离的感应电势差。在分离位置处，由于静电计缓慢的电荷泄漏，V_{OC}有少量衰减。当 TENG 滑回接触位置时，V_{OC}又跳回到 0。同时，也测量了短路条件下的转移电荷密度（$\Delta\sigma$）。如图 3.8（b）所示，密度约为 $105\mu\text{C/m}^2$ 的电荷在两电极间来回转移，而平板则来回滑动。由于平板在每一周期都完全分离，因此转移电荷密度应约等于聚合物表面上的摩擦电荷密度。如图 3.8（c）所示，外电路中两电极间电荷的转移产生了交流电输出，在最大滑动速度 1.2m/s 处，短路电流密度（J_{SC}）峰值为 4.1mA/m^2。每一电流密度峰值下的区域为在每一滑动运动中转移的电荷密度总量。每个周期放大的 J_{SC} 曲线与相应的滑动速度曲线如图 3.8（d）所示，可以看出电流输出曲线形状对称且与滑动速度的同步性很好。如图 3.8（e）所示，仅通过滑动运动而转化为输出功率的单个 TENG 设备，数百盏商用的发光二极管（LED）就可以被瞬间点亮。

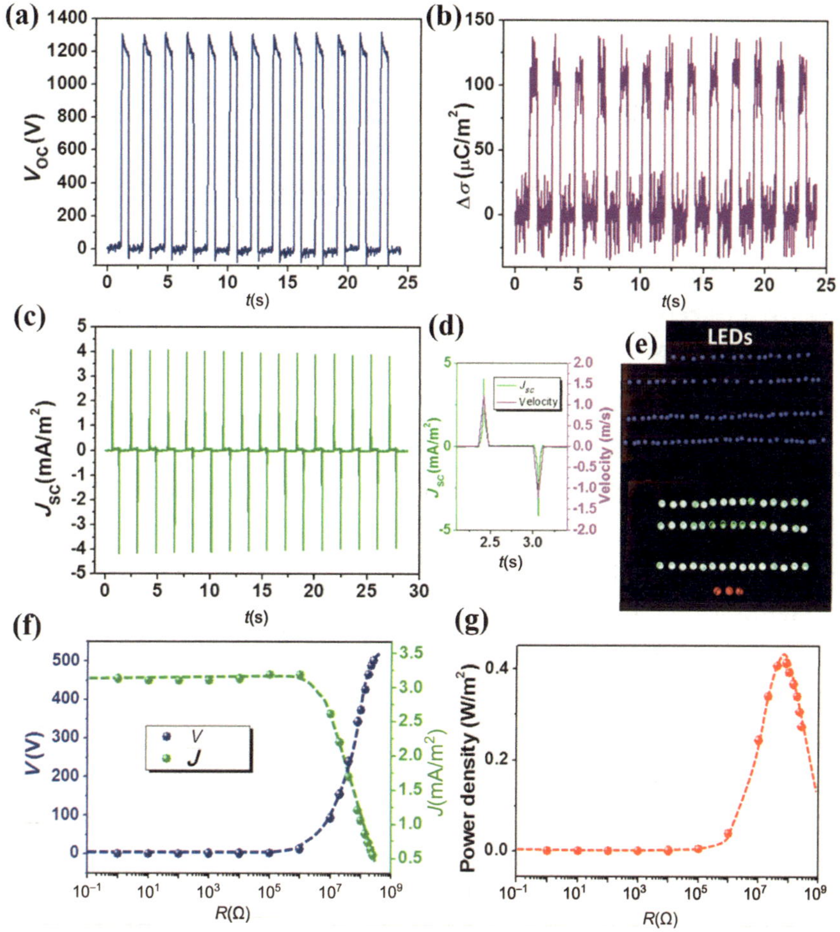

图 3.8　通过周期性滑动运动驱动的 TENG 的性能。（a）开路电压（V_{OC}）；（b）转移电荷密度（$\Delta\sigma$）；（c）在面内滑动位移为 71mm、加速度为 20m/s^2 时的短路电流密度（J_{SC}）；（d）绿色曲线为 J_{SC} 在一周期内放大的图形，而玫红色曲线为相应的瞬时滑动速度；（e）在 TENG 的直接滑动驱动下，约 160 盏串联的商用 LED 的快照；（f，g）相关因素与外部负载电阻间的关系，其中图（f）中蓝色曲线为输出电压，绿色曲线为电流密度，图（g）为功率密度[1]

在实际应用中，TENG 对负载的有效输出功率取决于其与负载电阻的匹配程度。如图 3.8（f）所示，当电阻小于约 1MΩ 时，输出电流的密度和电压与短路条件下相比变化很小，即电流密度仍为 J_{SC}，而电压为接近于 0，这是因为 TENG 有无穷大的内电阻。当电阻超过 1MΩ 时，电流密度将随阻值的增大而减小，而负载两端的电压将随阻值的增大而增大。因此，如图 3.8（g）所示，负载的瞬时功率密度在电阻小于约 1MΩ 时接近于 0，而当电阻为 50MΩ 左右时达到最大值 0.42W/m^2，这也是该设备的最大输出功率密度。

该基础结构可以集成为三维多层结构来提高其输出性能，尤其是提高其输出电流值[13]。

3.3.2 栅状电极结构

通过在滑动表面引入线性栅状电极结构可以使能量的收集更加有效[14]，且其在输出总电荷量、电流频率和效率等方面远远优于先前所述的结构。在两滑动表面上制备了具有均匀周期的线性栅状电极。栅状电极每个单元的长度和两个单元之间的间隔相同，且所有行之间分别通过两端的两路总线进行电连接。两滑动表面上的栅状电极形式完全相同，因此当它们相互对齐时可以进行很好的匹配。尽管该栅状电极设计使总接触面积减小了近一半，从而似乎减少了一半的摩擦电荷，但是，这种结构最显著的优点是，我们仅需要横向移动一个栅状单元长度的位移，就可以实现上下摩擦层的完全分离。而传统的水平滑动式需要移动整个的平板长度。因此感应电荷效率大大增加。通过栅状电极结构，感应自由电子可以在电极之间多次来回移动，与非栅状电极式 TENG 相比，能提供多倍的输出电荷。每一行栅状电极单元都可看作简化的 TENG，且通过总线与其他行平行连接。非栅状电极式 TENG 需要整个平板长度的位移以使感应电荷完成一次运动，而栅状电极式 TENG 仅需一段单元长度的位移即可完全运输感应电荷，极大地提高了能量转移效率，下一单元长度的位移又可以实现感应电荷的回流。因此，对于在 TENG 整个长度上的单向滑动过程，电荷一共可以被感应（$2N-1$）次，其中 N 为栅状电极单元数。如果考虑在两表面滑离的过程中接触面积的减小，下列等式为栅状电极式 TENG 沿着其整个长度的单个滑动过程中产生的感应电荷总量 Q：

$$
\begin{aligned}
Q &= Nq' + \left|-q' \times (N-1)\right| + q' \times (N-1) + \cdots + \left|-q'\right| + q' \\
&= Nq' + 2q' \times \sum_{i=1}^{N-1} id \\
&= (2q'N)N/2
\end{aligned}
\tag{3.14}
$$

式中，q'为单个栅状电极单元在单元长度的位移下产生的感应电荷。

同样长度的非栅状电极式 TENG 产生的感应电荷总量的最大值为 $2q'N$。因此，式（3.14）表明了短路感应电荷总量随栅状电极密度的增加而线性增加。具有更多单元的栅状电极式 TENG 的实验数据进一步证实了上述理论分析的正确性。对于单向滑动过程，具有 6 个、8 个和 10 个单元的栅状电极式 TENG 产生的 I_{SC} 如图 3.9（a）～（c）所示，每单元长度分别对应于 0.5cm、0.4cm 和 0.3cm，使得 TENG 全长恒定为 6.4cm。交流电峰值的总数与式（3.14）一致。栅状电极结构电荷输出的增强情况如图 3.9（d）所示。具有 10 个栅状电极单元的 TENG 在滑动速度为 10m/s 时，可以在 6.4ms 内产生总量为 2.8μC 的感应电荷，相当于一个 0.44mA 的连续直流源。理想情况下，由式（3.14）得出，感应电荷总量与栅状电极单元密度成正比。若将栅状电极尺寸按比例缩小至 30μm，并理想地看作放大 100 倍，此时 TENG 将能与各种类型的太阳能电池在电流输出与电流密度方面具有可比性。当 N=10 时，估计输出转化效率为 8%～31%。

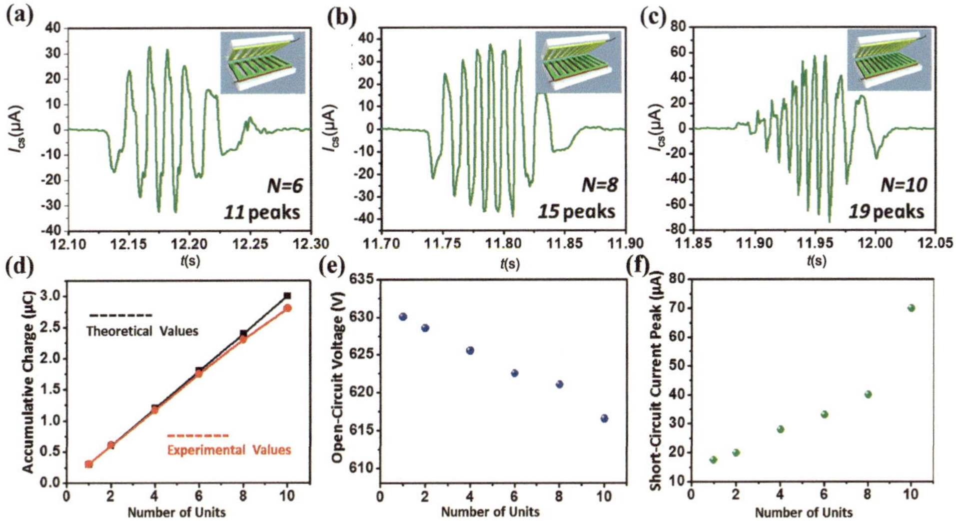

图 3.9　具有固定总长度的多元栅状电极式 TENG 的电气测量结果。（a）沿 TENG 全长单向滑动中，具有 6 个栅状电极单元的栅状电极式 TENG 产生的短路电流，插图为其 TENG 结构的示意图；（b）沿 TENG 全长单向滑动中，具有 8 个栅状电极单元的栅状电极式 TENG 产生的短路电流，插图为其 TENG 结构的示意图；（c）沿 TENG 全长单向滑动中，具有 10 个栅状电极单元的栅状电极式 TENG 产生的短路电流，插图为其 TENG 结构的示意图；（d）沿 TENG 全长单向滑动中，产生的累积感应电荷与栅状电极单元数的关系；（e）开路电压与栅状电极单元数的关系；（f）短路电流最大值与栅状电极单元数的关系[14]

在 $N\leqslant4$ 时，实验数据与理论值匹配得很好；N 值进一步增大时，将开始出现轻微的偏差，如图 3.9（d）所示。该偏差可能由以下两个原因导致：一是，非理想的方向错配。两滑动表面可能会通过实验操作引入角度的偏移，当栅状电极单元的长度缩小时，角度的偏移将在两表面间的有效接触区域产生更大的影响，从而导致越来越多输出电荷的减少。不过该效应可以通过实验操作中更精确的对准在很大程度上得以消除。二是，对于很细的栅状电极单元，由于每个单元的边缘效应，理论分析中的假设也许是不严谨的。当栅状电极边缘成为影响电场分布的主导因素时，无穷大的带电平板的假设就不再成立，从而导致感应电荷量的减少。目前仍需通过进一步的实验与模拟进行系统化研究，以定量地理解该非理想效应。由图 3.9（e）可以观察到 V_{OC} 值略减少，因此 V_{OC} 仅与栅状电极单元数呈弱相关。该减少也可归因于偏移角度所带来的越来越强的效应。此外，式（3.14）表明，更细的栅状电极单元理论上会产生更小的 V_{OC}，而只有当栅状电极单元的长度接近于聚四氟乙烯厚度时，该效应才起主导作用。栅状电极结构的优势在于其不但增大了运输电荷总量，而且提高了输出电流值。如图 3.9（f）所示，当滑动速度不变时，更细的栅状电极将缩短两电极间感应电荷的单次运输时间，从而使输出电流增大。然而，I_{SC} 的峰值并不随单元数而线性增加，这可能导致滑动过程中出现速度不均匀的现象。

为了改善线性栅状电极式 TENG 的输出性能，栅状电极的特征尺寸被进一步缩小至毫米甚至微米尺度[7]，可以制作以下的基于薄膜材料的超高功率微米级栅状电极式摩擦纳米发电机（MG-TENG）。通过聚合物薄膜上互补的两组以纳米颗粒进行表面改性的微米尺度的栅状电极电极，MG-TENG 具有相当大的输出功率。在平面滑动速度为 10m/s 的条件下操作，一个接触面积为 $20cm^2$ 的 MG-TENG 可以产生振幅为 9.8mA、频率为 5kHz 的正弦型交流电。在匹配的负载下，平均有效功率可以达到 3W，对应的功率体积密度为 $15W/cm^3$。MG-TENG 成功地驱动了多种类型的灯泡，且效率达到近 50%，证明了其有能力为常规电子产品提供电力输出。MG-TENG 具有基于薄膜材料的形状自适应性设计，使其甚至可以应用在曲面上，这就为利用相对滑动运动提供了一种独特而直接的方式，而且是其他目前技术无法实现的。由于 MG-TENG 具有性价比高、简单易行、伸缩性强等优点，因此它适合于收集各种各样的机械能，不仅局限于上面所述的自驱动电子产品，也有可能在大规模发电中得到应用。

如图 3.10（a）所示，MG-TENG 由两侧为金属栅状电极的聚四氟乙烯薄膜组成，栅状电极由一系列等间隔的金属条组成，所有金属条通过一端的总线形成电连接。如图 3.10（a）中的放大视图所示，成对的栅状电极是完全相同但互补的，其相对位移为节距的一半。图 3.10（b）展示了具有双面金属栅状电极的聚四氟乙烯薄膜的照片。如图 3.10（c）所示，在顶部表面施加了一层聚四氟乙烯纳米颗粒作为表面改性，制备了两种不同长度的薄膜，其总面积为 $60cm^2$、总体积为 $0.2cm^3$、总质量为 0.6g，分别施加在滑动体和导轨这两种相对滑动物体的表面。其滑动方向垂直于金属条。由于中间的两金属栅状电极一直保持接触，因此它们形成一个称为基电极的公共电极。

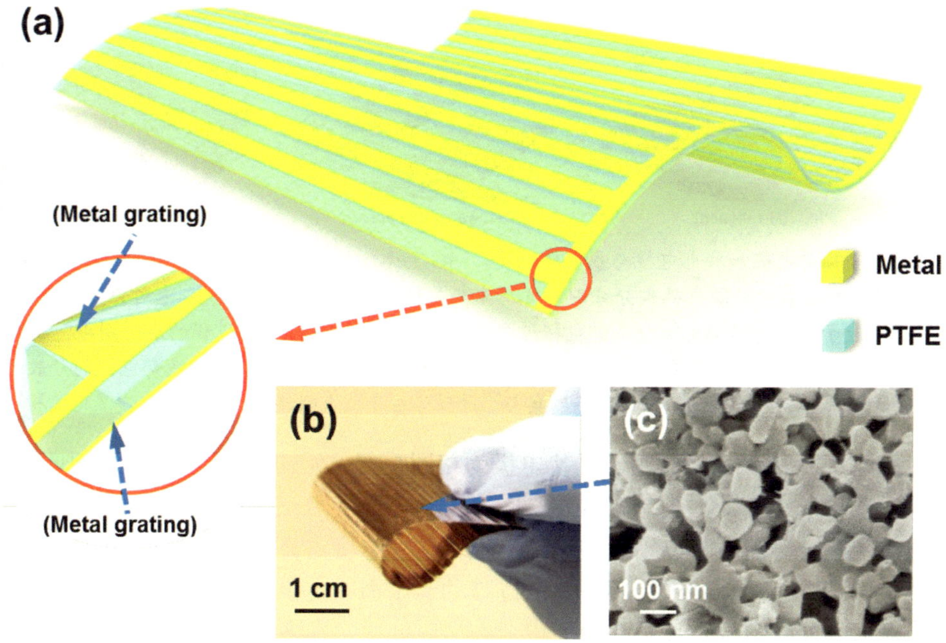

图 3.10　MG-TENG 的装置设计。(a) 由 MG-TENG 组成的薄膜的示意图，左下角的放大图显示了该薄膜由一层聚四氟乙烯和一对互补的金属栅状电极组成；(b) 柔性聚四氟乙烯薄膜的照片，其中薄膜两侧为一对互补的金属栅状电极，使薄膜的中心部位呈不透明状；(c) 施加在发生摩擦的薄膜表面上聚四氟乙烯纳米颗粒的扫描电子显微镜图像，它在增强 MG-TENG 的能量转化效率和机械强度方面起关键的作用[7]

MG-TENG 通过摩擦起电与静电感应之间的耦合这种独特的原理来运转。如图 3.11 所示，标注黄色和绿色的部分分别为滑动体与导轨。整个 MG-TENG 相当于两套装置平行相连。第一组装置由顶部电极、顶部薄膜、底部薄膜和部分滑动体上的基电极组成。第二组装置由底部电极、底部薄膜和部分滑动体上的基电极组成。如图 3.11（a-Ⅰ）所示，当滑动体从初始的对齐位置滑离时，自由电子在聚四氟乙烯薄膜上未补偿摩擦电荷的驱动下从顶部电极和底部电极向基电极流动。由于两股电子是同步的，因此它们在基电极处汇合。电子将持续流动，直至基电极与底部电极和顶部电极完全偏离，如图 3.11（a-Ⅲ）所示。

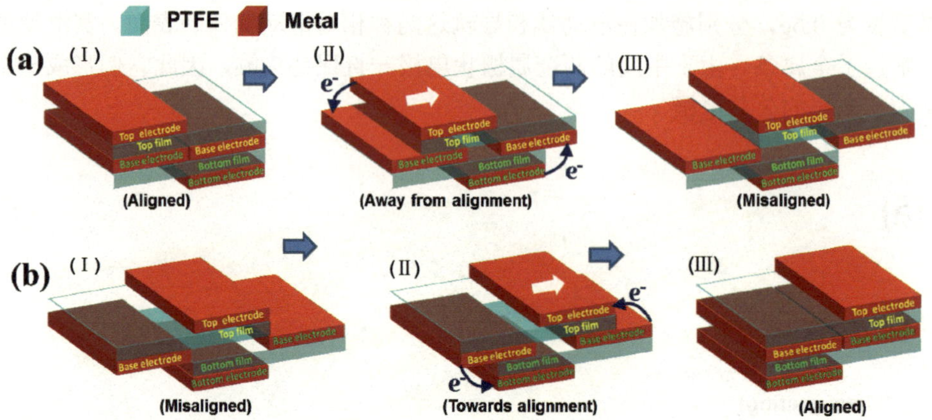

图 3.11 当顶部电极和底部电极与基电极相连，MG-TENG 的整个发电过程。(a) 发电过程的前半周期。标注黄色和绿色的部分分别为滑动体与导轨。从对齐状态（Ⅰ）到未对齐状态（Ⅱ）的滑动对应于电子从顶部电极与底部电极流向基电极的过程。(b) 发电过程的后半周期。从未对齐状态（Ⅰ）到对齐状态（Ⅱ）的转变伴随着电子流从基电极向顶部电极与底部电极的分散过程。由于栅状电极为重复的周期性图样的集合，滑动体在导轨上的连续运动将产生交流电输出[7]

如图 3.11（b）所示，由于栅状电极为相同重复单元的集合，所以同方向进一步的运动将基电极带回至对齐位置。因此，基电极上累积的自由电子重新分布，形成的两股分离的电子分别流向顶部电极和底部电极，直至滑动体又重新达到对齐位置。因此，一个发电循环可以通过移动一个栅状电极节距的距离来实现。所以，微米级栅状电极设计使得交变电荷在短时间内实现多次传输成为可能，在输出电流方面实现了突破。MG-TENG 的输出电荷可由下列等式定量给出：

$$Q = (L/l)\sigma_{\text{induced}}A \tag{3.15}$$

式中，Q 为输出电荷，它定义为无论电流方向如何，在电极间传输的感应电荷的总量；L 为滑动体的滑动距离；l 为半节距长的栅状电极宽度；σ_{induced} 为电极上感应电荷密度的最大值；A 为接触面积。

为了定量描述 MG-TENG 的输出功率，使线性电动机与滑动体相连为其提供机械力，而导轨保持静止。通过线性电动机的驱动控制滑动体的滑动速度，其沿垂直于金属条的方向做往复直线运动。如图 3.12（a）所示，在滑动速度为 2m/s 时，短路电流（I_{SC}）具有连续的交流输出，且其平均振幅为 2mA，频率常数为 1kHz。如图 3.12（b）所示，开路电压（V_{OC}）与 I_{SC} 具有相同的频率，其值在 0 与最大值 500V 之间振荡。如图 3.12（c）所示，通过桥式整流器的整流作用，在没有外部负载时输出电荷在 10ms 内达 13.2μC，相应的短路条件下的有效电流($I_{\text{effective}}=\Delta Q/\Delta t$)为 1.32mA。工作原理表明，MG-TENG 中的两套装置可以独立运行，互不干扰。它们产生的同步电流可以叠加。图 3.12（c）中的插图清晰地显示了两套装置的独立输出电荷情况，每组大约分别占输出电荷总量的一半。

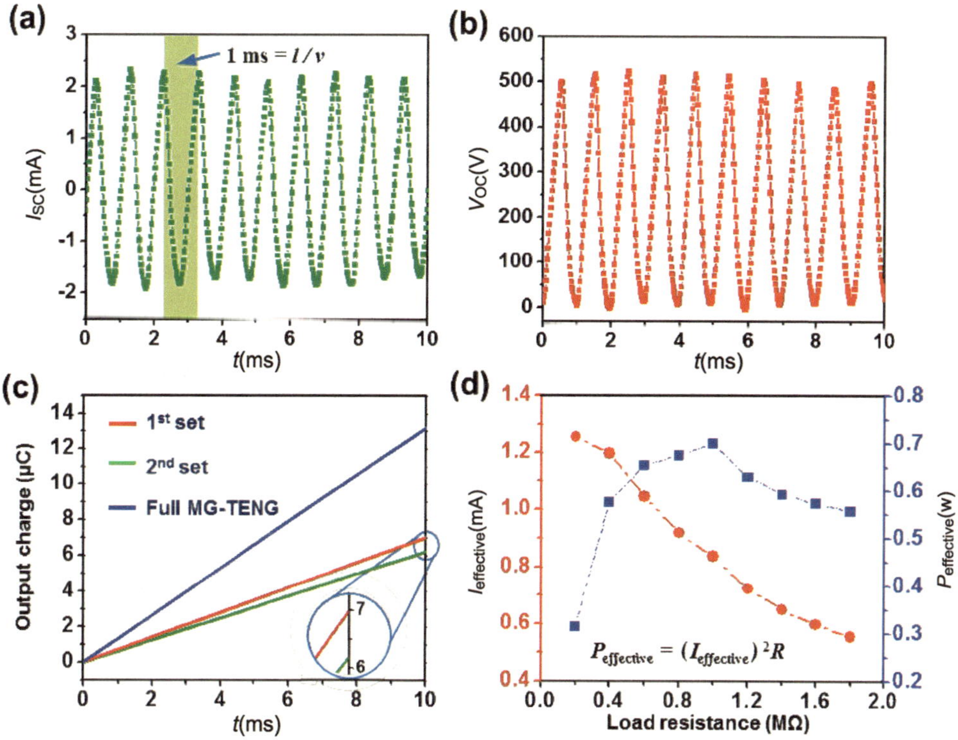

图 3.12　总面积为 60cm²、有效接触面积为 20cm² 的 MG-TENG 的电气测量结果。(a) 滑动速度为 2m/s 时的短路电流；(b) 滑动速度为 2m/s 时的开路电压；(c) 滑动速度为 2m/s 时的输出电荷，输出电荷总量（蓝色曲线）由两套单独装置独立产生的输出电荷（红色曲线与绿色曲线）组成；(d) 滑动速度为 2m/s 时的负载匹配测试，在匹配负载为 1MΩ 处取得最大有效功率[7]

由图 3.12（a）可以看出，电流周期的时间间隔由栅状电极宽度与滑动速度的比值决定。一旦施加了外部负载，其带来的电阻将使固定时间内电极间传输电子的总量减少，图 3.12（d）显示了 $I_{effective}$ 随负载电阻的增加而减小，从而说明了该效应。在滑动速度为 2m/s 的条件下，当匹配电阻为 1MΩ 时，有效功率[$P_{effective} = (I_{effective})^2 R$，其中 R 为负载电阻] 达到最优值 0.7W。

在 MG-TENG 的电力输出方面，滑动速度是主要的决定因素。如图 3.13（a）所示，I_{SC} 的振幅与滑动速度之间呈近似线性关系，而 V_{OC} 的振幅与滑动速度无关，仍保持为一定值。滑动速度对 $I_{effective}$（匹配负载下的有效电流）的最优值和相应的匹配负载也有影响。基于一系列的负载匹配测试结果，图 3.13（b）显示了 $I_{effective}$ 的最优值与滑动速度之间的类线性关系。然而，如图 3.13（b）所示，相应的匹配负载与滑动速度大致成反比。因此，如图 3.13（c）所示，合成的 $P_{effective}$ 的最优值与滑动速度大致呈线性相关关系，其与线性行为间较小的偏差可能是由于 MG-TENG 中微米级金属栅状电极有限的内阻所致。如图 3.13（c）所示，当滑动速度为 10m/s 时，$P_{effective}$ 达到最优值 3W，相应的功率密度达到 50mW/cm^2（基于总面积）和 15W/cm^3。

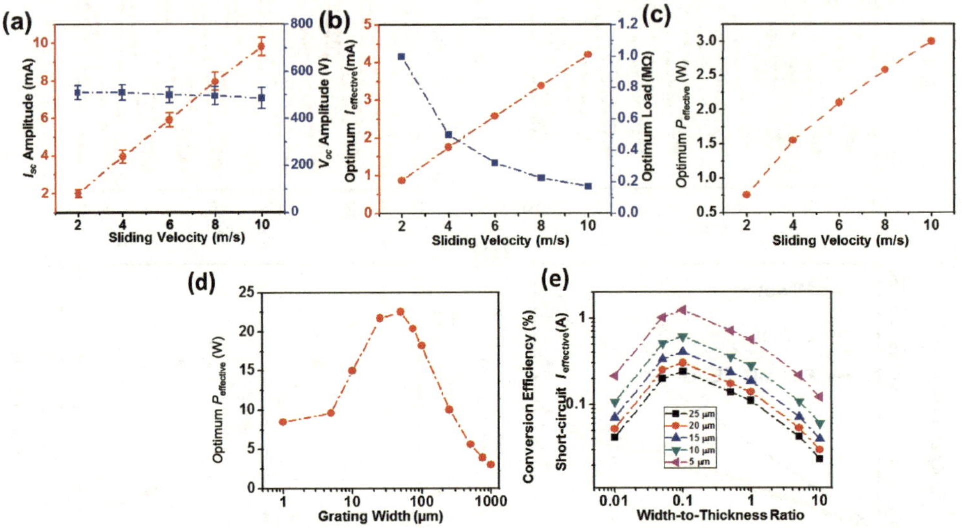

图 3.13　滑动速度对 MG-TENG 电力输出的影响。(a)为不同滑动速度下 I_{SC} 和 V_{OC} 的振幅；(b)不同滑动速度下的有效电流和相应负载的最优值；(c)不同滑动速度下 MG-TENG 有效功率的最优值；(d)滑动速度为 10m/s 时，不同栅状电极宽度下有效功率的最优值，其中聚四氟乙烯厚度保持为 25μm，x 轴为其对数值；(e)短路条件下有效电流和栅状电极宽度与聚四氟乙烯厚度比值之间的函数关系，坐标轴均为其对数值[7]

在 MG-TENG 的电力输出方面，另一个主要的影响因素为栅状电极的尺寸，尤其是栅状电极的宽度和电介质薄膜的厚度。栅状电极宽度进一步的缩小将导致输出电流频率的增加。然而，当栅状电极宽度接近于聚四氟乙烯薄膜的厚度时，由于平面内极化作用的减弱，单个电流周期内传输电子的总量将大大减少。基于栅状电极宽度为 1mm 时最优 $P_{effective}$ 的测量值与通过有限元分析的相关数值计算结果，可以推导出不同栅状电极宽度下 $P_{effective}$ 的最优值，如图 3.13（d）所示。需要指出的是，栅状电极宽度将与匹配负载呈线性相关，因为其与电流周期的时间间隔成反比。因此，如果栅状电极宽度减小至 50μm，那么在滑动速度为 10m/s 时，$P_{effective}$ 的最优值将有望达到最大值 22.5W。此外，减小聚四氟乙烯的厚度也将极大地增加电荷输出量。当聚四氟乙烯的厚度减小至 5μm 时，短路条件下的 $I_{effective}$ 将有望达到最大值 1.2A，如图 3.13（e）所示。然而，聚四氟乙烯的厚度也受制备过程中一系列实际因素的影响，如可操作性和薄膜的机械强度。目前采用的制备工艺有尺寸伸缩性强、模型制备不需要复杂工具等特点，在目前的条件下，可以制备的商业化聚四氟乙烯薄膜最小厚度为 25μm。

3.3.3　旋转圆盘结构

除了滑动摩擦起电，也可以采用分段式圆盘结构的旋转摩擦纳米发电机来发电，此类 TENG 用于收集旋转运动产生的能量[15]。该设计旨在降低输出电压而提高输出电流，因此不会牺牲总输出功率。圆盘式 TENG 的基本结构如图 3.14（a）所示，它由两圆盘状的部件组成，每个圆盘中有四个扇形。TENG 的制备过程主要如下，首先通过激光切割加工两个亚克力板，形成需要的四扇形结构模板，作为 TENG 有效接触部分的模板。然后，将背面沉积有金电极的 50μm 厚的聚酰亚胺薄膜通过手工制成该精确的形状，牢固地贴在其中一块模板上，裁剪成同样形状的铝箔贴在另一块模板上。将铝片和聚酰亚胺片面对面地放置并使其紧密接触，且铝片在聚酰亚胺表面围绕着其共同的轴线旋转。为了促进摩擦起电效应并增大层间有效接触面积，通过等离子体刻蚀方法[12]在聚酰亚胺表面形成了聚酰亚胺纳米棒阵列，如图 3.14（a）中的插图所示。聚酰亚胺纳米棒的扫描电子显微镜图像如图 3.14（b）所示。经过 2min 电感耦合等离子体刻蚀后，纳米棒均匀地分布在聚酰亚胺表面，其平均直径和长度分别为 150nm 和 600nm。图 3.14（c）为直径为 4 英寸圆盘状 TENG 的两个部件的照片。该 TENG 设备的有效总面积为 $40.54cm^2$。圆盘式 TENG 的工作原理是基于旋转起电效应以及铝片与聚酰亚胺片之间相对旋转运动引起的平面内周期性的电荷分离。

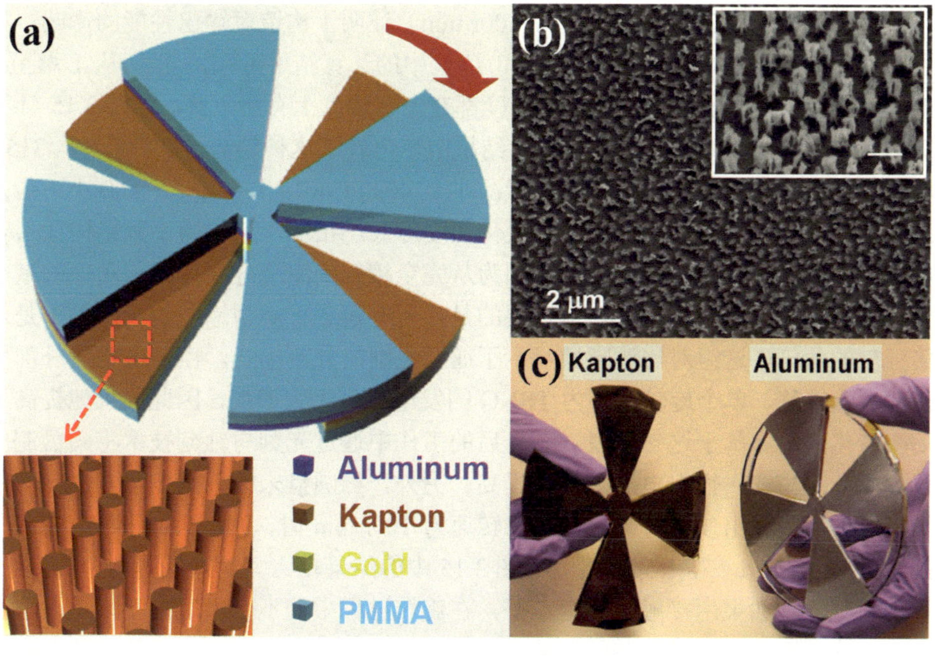

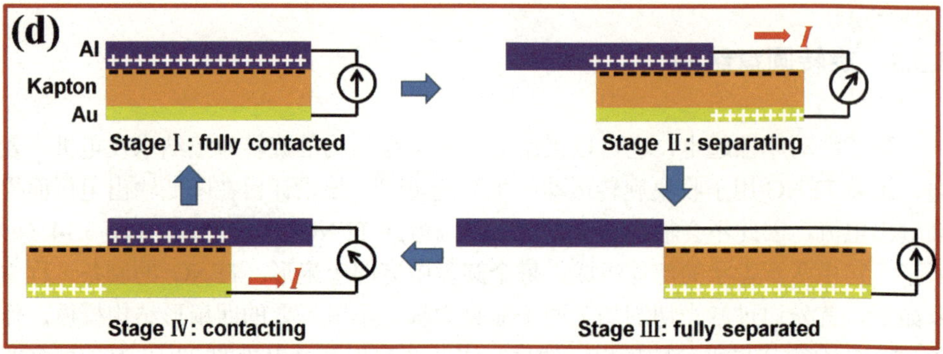

图 3.14 圆盘式 TENG 的基本结构与工作原理。(a) 圆盘式 TENG 的结构示意图，左下角的插图为表面上形成的聚酰亚胺纳米棒阵列的放大图像；(b) 聚酰亚胺纳米棒在很大范围内均匀分布的俯视图的扫描电子显微镜图像，插图为聚酰亚胺纳米棒在 30°倾斜视角下的高倍率扫描电子显微镜图像；(c) 圆盘式 TENG 中两个圆盘的实物图照片；(d) 圆盘式 TENG 的一个发电周期内，四个连续阶段中电子流动的工作原理示意图。为了使图解更加清晰，这里只展示了一对扇形（如图 a 中的十字部分所示）的表面电荷部分。为了简化描述，未绘制出铝箔和聚酰亚胺薄膜界面区域的表面电荷部分[15]

圆盘式 TENG 的发电过程与摩擦电荷分离程度的大小和分离速率有关。因此，该设备的构造，即整个圆盘被分成的扇形数目（N）对 TENG 的输出性能起重要的作用。为此，我们研究了三种类型的 TENG 设备，其圆盘分为 1 个（结构 1，半圆形）、2 个（结构 2）和 4 个（结构 3，与图 3.14 中的结构相同）扇形的情况。通过理论计算与实验测量（转速为 100r/min）证明了构造对输出性能的影响，如图 3.15 所示。由图 3.15（a）、（c）和（e）中的计算结果可知，当 N 从 1 增至 4 时，计算得到的电势差和转移电荷密度都在一定程度上有所下降。如图 3.15（b）、（d）和（f）所示，在 V_{OC} 和 $\Delta\sigma$ 的测量结果中也出现了这种趋势，其中 V_{OC} 从 315V 降至 230V，而 $\Delta\sigma$ 从 43.6μC/m^2 略微减小至 40.8μC/m^2。V_{OC} 和 $\Delta\sigma$ 的减小可能是由于更细分割的分离距离缩小导致极化程度降低。相反，从结构 1 到结构 3，J_{SC} 显示出显著的上升趋势，这主要是因为从完全接触到完全分离，旋转角度的减小导致电荷转移速率明显增加。最重要的是，所有这三种类型输出信号的频率是双倍分割的两倍。这组对比清晰地显示了通过更细的分割模式，由于电荷在外部负载间多次转移，单个旋转周期内 TENG 的发电量将大大增加，因此极大地提高了功率转化效率。基于这一发现，在今后的工作中通过光刻与蚀刻技术将圆盘制成更细的分割模式，输出电流大大地提高。另外，当圆盘未被分割，呈两个完整的圆形时，相应输出参数将会降低：在转速为 100r/min 时，V_{OC}、$\Delta\sigma$ 和 J_{SC} 的值分别为 8V、1.2μC/m^2 和 1.5μA/m^2，与图 3.15 中的结果相比大约降低了两个数量级。理想情况下，如果两接触面完全水平，在旋转过程中就不会出现摆动，上述情况下就不会有电力输出。而观察到的电力输出可能是由于两圆盘粗糙的表面导致在接触部分的垂直方向上出现了波动。

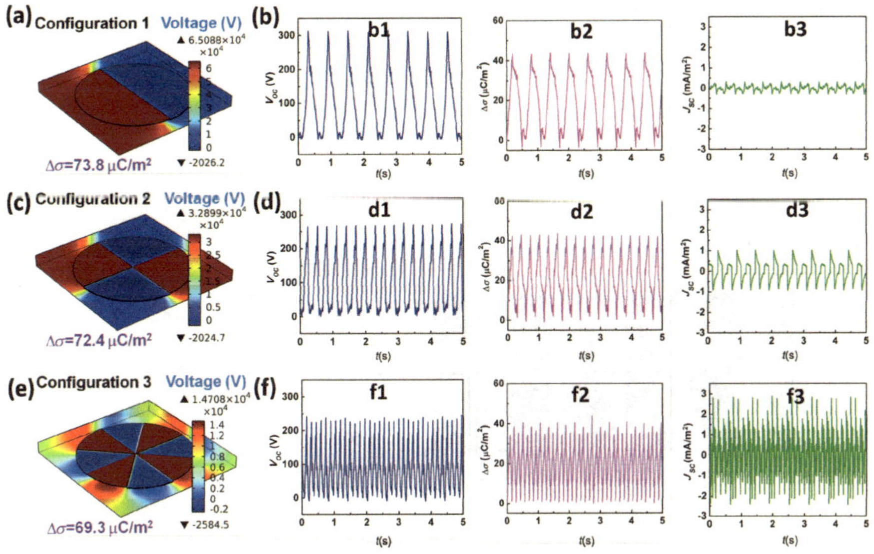

图 3.15　圆盘式 TENG 的结构与输出性能之间的关系。(a) 圆盘式 TENG 结构 1 的开路电压与转移电荷密度的计算值，其中整个圆盘被分为 1 个扇形（呈半圆形）。(b) 在转速为 100r/min 时，结构 1 的相应测量值。其中图（b1）为开路电压，图（b2）为转移电荷密度，图（b3）为短路电流密度。(c) 圆盘式 TENG 结构 2 的开路电压与转移电荷密度的计算值，其中整个圆盘被分为 2 个扇形。(d) 在转速为 100r/min 时，结构 2 的相应测量值。其中图（d1）为开路电压，图（d2）为转移电荷密度，图（d3）为短路电流密度。(e) 圆盘式 TENG 结构 3 的开路电压与转移电荷密度的计算值，其中整个圆盘被分为 4 个扇形 [与图（a）和图（b）中讨论的结构相同]。(f) 在转速为 100r/min 时，圆盘式 TENG 结构 3 的相应测量值。其中图（f1）为开路电压，图（f2）为转移电荷密度，图（f3）为短路电流密度[15]

此外，垂直方向的紧密接触也很重要。为了说明这一问题，在转速为 100r/min 的条件下进行了另一组实验，变量为结构 3 中两同心圆盘间的垂直距离。可以看出，当两圆盘间的垂直位移从 0mm 增至 2mm 时，输出性能很快降至 0。实验结果指明了使圆盘式 TENG 获得高输出的两个必要因素，并为上面提出的基于平面内电荷分离的 TENG 的工作原理提供了很好的验证。基于理论分析，只要设备的结构和初始表面电荷密度不变，J_{SC} 将随转速的增加而线性增加，而 V_{OC} 和 $\Delta\sigma$ 则不受速度的影响。如图 3.16 所示，为了验证这些关系，在不同转速下对结构 3 的 TENG 进行了相关电力测量。图 3.16（a）和（c）为在不同转速下，开路电压和转移电荷密度的测量值。当转速由 50r/min 增至 500r/min 时，V_{OC} 和 $\Delta\sigma$ 都几乎保持不变，如图 3.16（b）和（d）所示，V_{OC} 约为 230V，而 $\Delta\sigma$ 约为 40μC/m^2，尽管其在高速下发生了轻微的衰减，这可能是由于电压表或电荷计的采样率相对较低所致，然而这种衰减可忽略不计。此外，如图 3.16（b）所示，由于电荷分离速率的增加，V_{OC} 曲线的平均斜率随着转速的增加而增加。如图 3.16（e）所示，与 V_{OC} 和 $\Delta\sigma$ 不同，J_{SC} 随着转速的增加而大大增加，且图 3.16（f）中良好的线性拟合与理论分析所得结果一致。J_{SC} 和转速之间的线性关系表明，圆盘式 TENG 输出电流的大小可以用来有效测量旋转圆盘结构的角速度大小，使其在汽车制动系统和变送器方面具有潜在的应用。

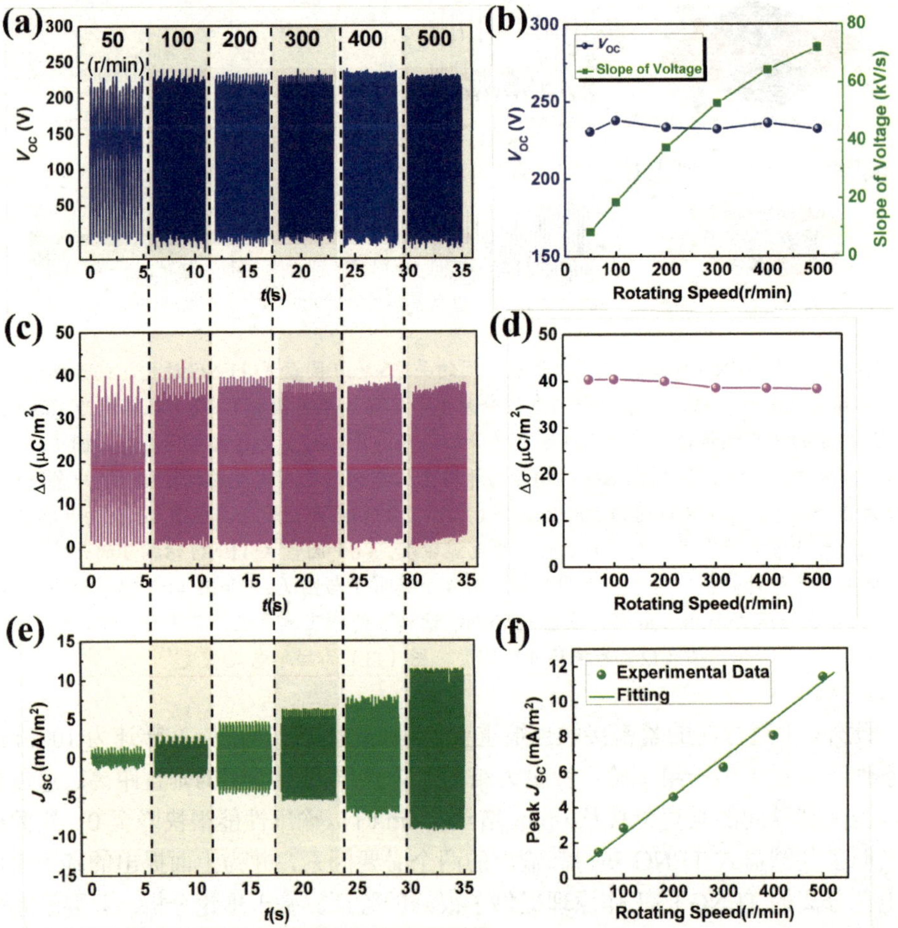

图 3.16　旋转速度对圆盘式 TENG 输出性能的影响。(a)不同旋转速度下(从 50r/min 到 500r/min)，开路电压的测量值；(b) 开路电压与电压的斜率和转速之间的关系；(c) 不同旋转速度下（从 50r/min 到 500r/min），转移电荷密度的测量值；(d) 转移电荷密度和转速之间的关系；(e) 不同旋转速度下（从 50r/min 到 500r/min），短路电流密度的测量值；(f) 短路电流密度峰值和转速之间的关系[15]

3.3.4　旋转圆柱体结构

本工作开发了一种同轴圆柱体结构旋转式 TENG，用来收集类似基于电磁感应发电机的转动机械能[16]。图 3.17（a）为具有 6 条单元的旋转式 TENG 的示意图。此类 TENG 具有核壳结构，由一个与旋转发电机相连的圆柱体和另一个固定在台架上的空心管组成。由于亚克力具有质轻、加工性好且强度适宜等优点，因此选择其作为结构支撑材料。在固定圆柱管的内表面，均匀分布着等间距的中心角均为 30°的铜制金属条。金属条一端由总线相连，起着滑动表面与公共电极的双重作用。在旋转圆柱的表面黏附着相互分隔的中心角均为 30°的泡棉胶带条作为缓冲层。在离轴旋转时，缓冲层对于确保鲁棒性和耐受性是至关重要的。依次将铜层和聚四氟乙烯薄膜层贴在泡棉胶带的上部。其中铜层作为 TENG 的背电极。通过在聚四氟乙烯薄膜的外表面分布一层聚四氟乙烯纳米颗粒改性来提高能量转化效率。如图 3.17（b）所示，平均直径为 100nm 的聚四氟乙烯纳米颗粒均匀地分布在聚四氟乙烯薄膜表面。如图 3.17（a）所示，将圆柱体上的聚四氟乙烯薄膜和圆管上的金属条制成在旋转过程中能够完全相互接触的形状，并将两组件与电 0 动机同轴配置，以减小旋转过程中的摆动。

旋转式 TENG 的工作原理为接触摩擦起电和静电感应的耦合。旋转圆柱体 TENG 的设计是基于格栅表面的相对滑动运动。如图 3.17（c）～（f）所示，选取了一对滑动部件来说明发电的过程。为了简化和清晰起见，聚四氟乙烯薄膜上的泡棉胶带和纳米颗粒未在图中表示。在对齐的位置，由于滑动副的两部分具有相同的圆心角，因此它们完全匹配。一旦聚四氟乙烯薄膜与金属条之间开始接触，电荷就开始发生转移。由于摩擦电极性不同，电子从金属中注入聚四氟乙烯表面。如图 3.17（c）所示，当两滑动表面完全对齐时，具有相反极性的摩擦电荷处于相互平衡的状态，此时外电路中没有电子流动。一旦两圆柱体发生了旋转从而产生了相对滑动，失配区域的摩擦电荷就不能相互抵消。如图 3.17（d）所示，由于静电感应效应，聚四氟乙烯上的负电荷将会驱使背电极上的自由电子通过外电路流向滑动电极，中和滑动电极上的摩擦正电荷，并将感应正电荷留在背电极上。诱导电子将持续流动，直到两滑动表面达到完全错配，如图 3.17（e）所示，此时摩擦正电荷完全被诱导电子所屏蔽。随着两圆柱体继续相对转动，如图 3.17（f）所示，聚四氟乙烯薄膜将与邻近的金属条接触。诱导电子将沿相反的方向流回，直至又恢复到两圆柱体完全对齐的状态，如图 3.17（c）所示。因此，在一个循环的发电过程中，产生了交流电输出。由于所有的滑动部件都是并联的，因此不同部件产生的输出电流是同步的，有利于相互叠加。

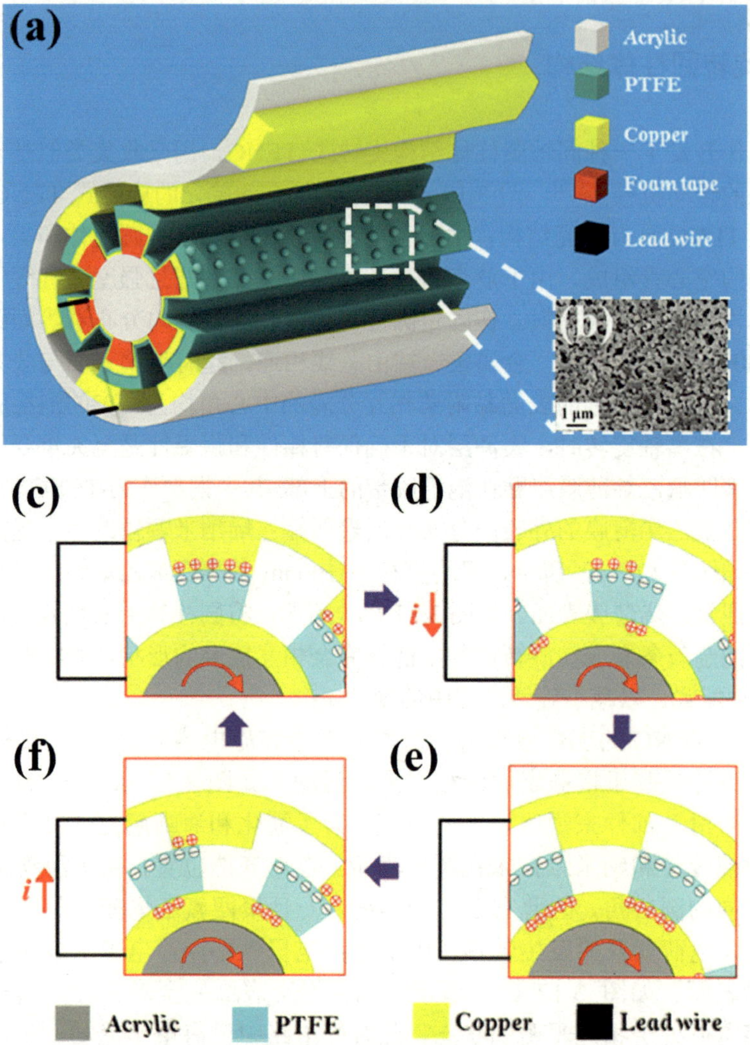

图 3.17　(a) 有 6 条单元的旋转式 TENG 的示意图；(b) 聚四氟乙烯薄膜表面上聚四氟乙烯纳米颗粒的扫描电子显微镜图像；(c～f) 旋转式 TENG 的工作原理及电荷的分布情况；(c) 初始状态下，两表面处于完全对齐的位置；(d) 两表面开始相互滑开；(e) 两表面处于完全错开的位置；(f) 两表面又重新滑回相接触[16]

为了表征其输出性能，在转速为 1000r/min 的条件下（等价于旋转线速度为 1.33m/s），测量了有 6 条单元的旋转式 TENG 的 I_{SC} 和 V_{OC} 值。如图 3.18（a）所示，I_{SC} 达到了 60μA，插图为频率为 100Hz 的连续交流输出电流，该频率与上述工作原理中推导出的结果一致。如图 3.18（b）所示，V_{OC} 最大值可达 373V，插图为在与输出电流频率相同的条件下，电压值在 0 与峰值之间的振荡行为。通过图 3.18（c）插图中的二极管电桥，不同方向的输出电流可以相互叠加，导致感应电荷的积累。如图

3.18（c）所示，累积的感应电荷可以在 0.63s 内达到 24.5μC，相应的有效直流电流达 38.9μA。为了研究转速对旋转式 TENG 输出性能的影响，测量了不同转速下 I_{SC} 和 V_{OC} 的值。在转速为 100r/min 时（旋转线速度为 0.13m/s），有 6 条单元的旋转式 TENG 的交流电流振幅为 9.0μA。当转速增至 1000r/min 时（旋转线速度为 1.33m/s），交流电振幅达 68.8μA。如图 3.18（d）所示，旋转线速度与电流振幅之间近似满足线性关系。速度与输出电流间的线性关系可以通过频率的增长来解释。由于在位移不变时，旋转线速度对转移电荷密度没有影响，而旋转线速度增大将导致电极传输速率更快。

$$I=\frac{\mathrm{d}Q}{\mathrm{d}t}=\frac{\mathrm{d}Q}{\mathrm{d}l}\cdot v \tag{3.16}$$

其中，Q 为在一个滑动表面上的摩擦电荷数量；t 为电荷转移所需要的时间，即为实现错配位移所需要的时间；l 为两滑动表面间的错配位移；v 为旋转线速度。因此，I_{SC} 是增加的。而由于电压仅是错配比率的函数，因此 V_{OC} 在不同旋转速度下保持为一定值，如图 3.18（e）所示。对于输出电荷而言，在相同的时间内，电流频率的升高将使积累电荷总量增大，从而使等价直流电流增大。如图 3.18（f）所示，当旋转线速度从 0.13m/s 增至 1.33m/s 时，等价直流电流从 3.7μA 增至 38.9μA。

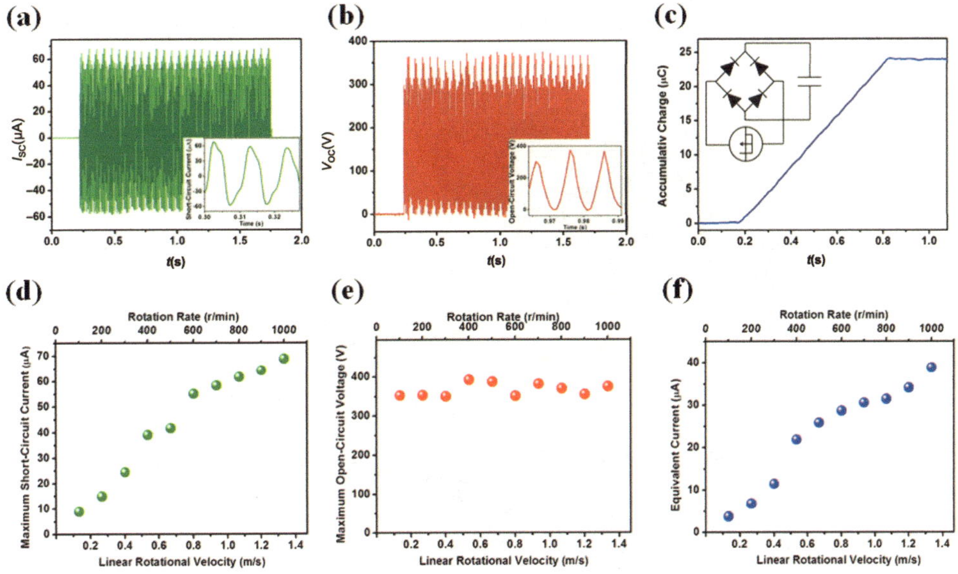

图 3.18　有 6 条单元的旋转式 TENG 的电力输出。（a）在旋转线速度为 1.33m/s 时（旋转速度为 1000r/min）旋转式 TENG 的 I_{SC} 图像，插图为电流峰值的放大图；（b）在旋转线速度为 1.33m/s 时（旋转速度为 1000r/min）旋转式 TENG 的 V_{OC} 图像，插图为电压峰值的放大图；（c）旋转式 TENG 产生的累积电荷，插图为其电路图；（d）I_{SC} 的最大值与旋转速度之间的关系；（e）V_{OC} 的最大值与旋转速度之间的关系；（f）等效直流电流与旋转线速度之间的关系[16]

3.3.5　管状封装结构

本节将介绍一种紧凑的封装结构式 TENG，它是通过直接力或惯性力产生的往复运动来产生能量[17]。此类 TENG 依靠圆柱体滑动表面上具有细栅状电极结构的电极对产生交流电。其结构如图 3.19 所示，两同轴圆柱体可以相互滑动。此类 TENG 的基本原理是依靠界面处的滑动产生摩擦起电。外层圆柱体上紧紧包围着的盒体使两圆柱体仅能沿其公共轴的一维方向运动。聚酰亚胺薄膜具有易于带电、抗拉强度好等优点，使其具有优异的发电和耐久性能，因此选用聚酰亚胺薄膜作为产生摩擦电荷的材料与支撑基底。在聚酰亚胺薄膜的两侧，沉积上宽度为 2mm、线节距为 4mm 的铜条。如图 3.19（b）和（c）所示，不同侧的电极图案相差半个节距，因此它们是互补的。如图 3.19（b）所示，两个具有相同电极图案的聚酰亚胺薄膜形成了一对接触表面。如图 3.19（c）所示，两接触表面的所有金属条通过总线电极连接，形成了共用的内电极（IE），而聚酰亚胺薄膜后表面的金属条形成了外电极（OE）。将球形聚四氟乙烯纳米颗粒作为润滑剂分布在接触表面上，以减小摩擦并提高能量转化效率。如图 3.19（d）所示，将制备好的带电极的聚酰亚胺薄膜分别施加在亚克力管的外表面和泡棉管的内表面。组装好的 TENG 如图 3.19（e）所示。

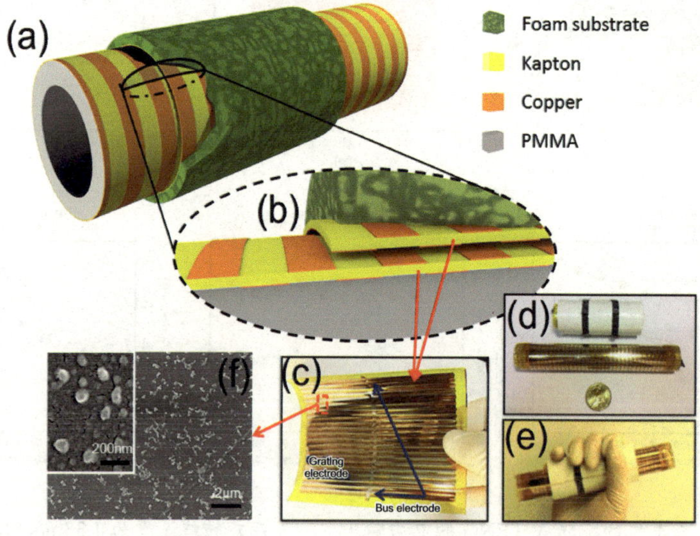

图 3.19　封装式摩擦纳米发电机（cTENG）。（a）cTENG 的三维模型；（b）其横截面图；（c）在两侧沉积有栅状电极铜电极的聚酰亚胺薄膜；（d，e）组装前、组装后的 cTENG，以 1 美元硬币作为参考；（f）不同倍率下，聚四氟乙烯颗粒在聚酰亚胺表面上的分布情况的扫描电子显微镜图像[17]

为了表征该 TENG 的输出性能，在不同滑动速度下测量了相应的 I_{SC} 和 V_{OC} 值。通过速度可控的程序化线性电动机来引入往复运动，电动机冲程为 35mm。通过程序设置速度从 0.3m/s 增至 1.0m/s，增量为 0.1m/s。设置较高的加速度值，以确保在大部分冲程中滑动速度是均匀的。如图 3.20（a）所示，I_{SC} 的振幅随滑动速度的增加而增加。图 3.20（b）显示了电流振幅与滑动速度之间的线性关系，在滑动速度为 1.0m/s 时，电流振幅达到最大值 668μA。这种线性关系与理论分析相符，因为考虑到电极间可转移的感应电荷量是一定的，速度的增加缩短了单向电荷运输过程的时间（时间=l/v，其中 l 为滑动距离，v 为速度）。同时，输出电流的频率也呈线性增长。如图 3.20（c）和（d）所示，V_{OC} 与滑动速度之间不存在明显的关系。如图 3.20（c）所示，V_{OC} 密集地变化于 0 与最大值之间，对应于完全对齐与完全错开的位置。最大值在 110～130V 之间有较小的波动，其误差不超过±8.3%。这是由于模拟测试结果表明，V_{OC} 与位移或位置有关，而与滑动速度无关。

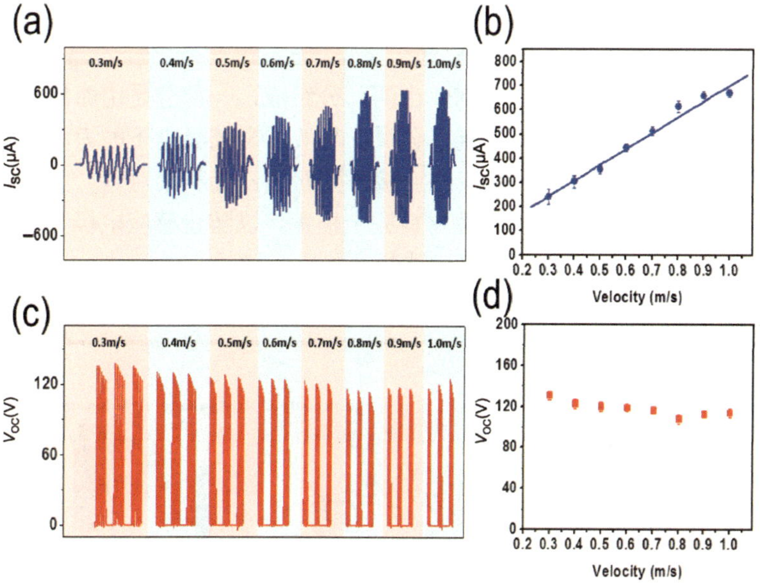

图 3.20　电流和电压的输出特性。（a）不同滑动速度下的短路电流；（b）电流峰值与滑动速度的线性关系；（c）不同滑动速度下的开路电压；（d）开路电压并不随滑动速度的变化而有较大变化[17]

3.3.6　液态金属结构

当今报道的大多数 TENG 通常都是基于固体材料，所以尤其是在纳米尺度上，接触的有效性在很大程度上将受到两表面的粗糙度和两者之间匹配程度的影响。根据文献报道，现阶段 TENG 的电荷密度大约为 100μC/m^2。同时，固体之间的摩擦将导致热量的生成与耗散。而这两点因素极大地限制了 TENG 效率的提高。

目前的电极材料主要采用的是低成本的铝和铜。液态金属作为一种金属材料，由于具有电导率高、灵活性好等优异的物理性能而被广泛研究，在芯片冷却、电子印刷和能源科学（包括锂电池和热电电池等）等领域应用前景广阔。摩擦起电是一种表面充电效应，相对于固-固接触，液-固接触将会增大接触面积，使接触更紧密，并降低摩擦系数。因此，液态金属是 TENG 电极的理想接触材料。

在本节中介绍一种新型的液态金属基摩擦纳米发电机（LM-TENG）[18]。在分离速度为 0.25m/s 下操作，接触面积为 $15cm^2$ 的 LM-TENG 可以产生 679V 的电压和 9μA 的电流。更重要的是，其输出电荷密度达 $430μC/m^2$，超过了固-固接触型 TENG 的 4 倍，且其功率密度达 $6.7W/m^2$ 和 $133kW/m^3$。由于形状适应性的优势，具有 20 层构造的 LM-TENG 的输出电流高达 130μA。此外，液态金属基 TENG 的能量转化效率达 70.6%，且 LM-TENG 适用于振动能量的收集。振幅为 1.2mm、频率为 10Hz 的 LM-TENG 的输出电压为 145V，输出电流为 5.8μA，且在 65s 内将一个 100μF 的电容器充电至 1V。本工作提出了一种提高 TENG 输出效率的新方法，且进一步扩大了其应用。

如图 3.21（a）所示，LM-TENG 由两部分组成，一部分是由摩擦材料和其感应电极组成的薄片，另一部分是液态金属。与液态金属吸电子能力不同的任何绝缘金属都可以作为摩擦材料，如聚酰亚胺、聚四氟乙烯和聚对苯二甲酸乙二醇酯（PET）等。感应电极的一端被摩擦材料完全覆盖，以防止感应电极与液态金属之间短路。液态金属也有多种材料可供选择，如汞、镓等。

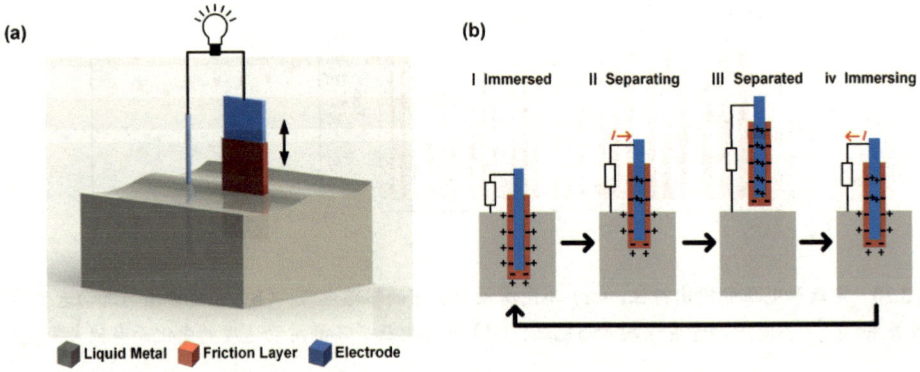

图 3.21　液态金属基摩擦纳米发电机的工作原理。(a)LM-TENG 的结构示意图;(b)LM-TENG 每一步的工作原理示意图[18]

图 3.21（b）描述了 LM-TENG 每一步的工作原理。其工作原理可理解为摩擦起电与静电感应的结果。当薄片部分浸入液态金属中时，摩擦材料开始与液态金

属接触。据文献[19-21]可知，如图 3.21（b-I）所示，由于其吸电子能力不同，电子将从液态金属注入摩擦层的表面，使摩擦层的表面带净负电荷，而液态金属的界面产生净正电荷。当薄片从液态金属中移出时，界面区域的摩擦电荷产生分离，将使液态金属的电势高于感应电极；这样感应电极中的电子将通过外部负载流向液态金属［从而形成一个反向电流，如图 3.21（b-II）所示］。在此过程中，电子持续流动直到薄片被完全移出，如图 3.21（b-III）所示。此时，感应电极与液态金属间的感应电势差和转移电荷量都达到最大值。当薄片又移回液态金属时，电势差将随着薄片润湿区域的增加而下降。所以，电子将沿相反的方向从液态金属流回感应电极，如图 3.21（b-IV）所示。因此，整个过程将产生交流脉冲输出。

在薄片移动速度为 0.25m/s 下测量了 LM-TENG 的电特性，分别使用 50μm 厚的聚酰亚胺、铜和汞作为摩擦材料、感应电极和液态金属。开路电压（V_{OC}）、短路电流（I_{SC}）和转移电荷量（Q）的测量结果如图 3.22（a）和（c）所示。由 V_{OC}=679V，I_{SC}=9μA，Q=0.645μC 可以看出，LM-TENG 能实现高性能输出。考虑到接触面积为 15cm^2，其输出电荷密度达 430μC/m^2，比先前的固-固接触型产生的 100μC/m^2 高得多。当电阻小于 100MΩ 时，电流值保持稳定，之后随着电阻的增加而减小。如图 3.22（d）所示，在电阻为 1GΩ 时，输出功率达到最优值 10mW（6.7W/m^2 和 133kW/m^3）。

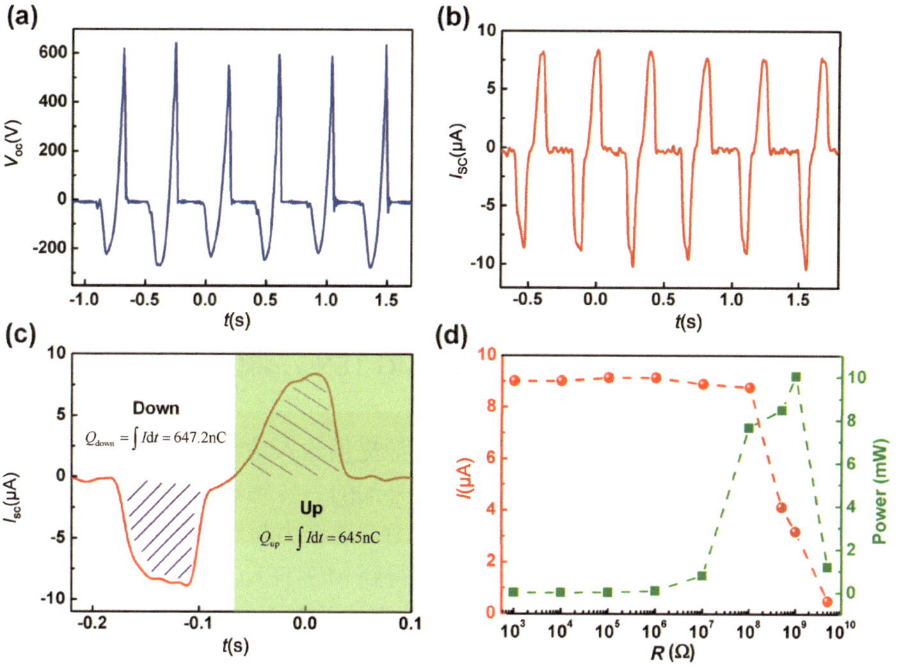

图 3.22　使用 50μm 厚的聚酰亚胺作为摩擦材料时汞基 TENG 的电特性。（a～c）TENG 的开路电压、短路电流和转移电荷的测量结果；（d）不同负载电阻下的输出电流和功率[18]

为了进一步论述液态金属基 TENG 的概念，系统研究了液态金属、摩擦材料、电极材料和表面粗糙度的影响。如上面所述，通过改变 LM-TENG 的接触面积来检验其在二维尺度上输出的可伸缩性。通过之前的报道，采用在垂直方向上的多层集成来实现多倍增强是非常有效的。由于液态金属可以连续变形，因此在该实验中，可以方便地将薄片堆叠在一起。当层数由 1 增至 20 时，输出电流由 9μA 显著地增加至 131μA。由于液态金属的不均匀性，其无法与所有薄片保持水平，因此增加倍数未达到 20 倍。输出电压则大幅增加，并在 1400V 附近达到饱和，这是由于实验中的电压表类似于负载电阻所致。因此，随着电流的增加，电压值在一定程度上也有所增加。

本节介绍一种液态金属基的摩擦纳米发电机用来实现能量转化效率的提高。由于液态金属接触具有优异的性能，如高的有效接触面积、形状的适应性和与固体间低的摩擦系数，使得 LM-TENG 的输出电荷密度高达 430μC/m^2，是相同条件下固体薄膜电极 TENG 的 4～5 倍。通过 20 层的集成，LM-TENG 的输出电流高达约 130μA。此外，在最优匹配负载下，液态金属基 TENG 的能量转化效率高达 70.6%（具体将在 3.4.2 节中讨论），并且液态金属易流动的性质使其非常适合收集振动的能量。鉴于其高输出性能和在体积、可伸缩性等方面的显著优势，LM-TENG 在收集机械能用于自驱动电子产品方面前景广阔。

3.4　能量转化效率

3.4.1　固体-固体型

基于固体-固体摩擦起电的高效滑动式 TENG 典型的例子是线性栅状电极式 TENG，如 3.3.2 节所述。水平滑动式 TENG 的能量转化效率约为 23%[1]。具有 10 个栅状电极单元的栅状电极式 TENG 能量转化效率为 8%～31%[14]。而具有精细栅状电极结构的微米级栅状电极式 TENG（MG-TENG）将能量转化效率进一步优化，如文献[7]中所述。

MG-TENG 的效率定义为机械运动与电源提供输入功率和负载的功率之比。为了量化输入的机械能，将滑动体通过一个外加的力传感器与线性电动机相连，可以测量在滑动方向施加在滑动体上的横向力。这个力与滑动过程中两表面间的剪切力等价。采用上述方法，可以通过实验得到 MG-TENG 总的输入机械能。当与匹配电阻相连时，效率可达到近 50%。如此高的效率不仅与高的输出功率有关，还与纳米颗粒表面改性导致的低损耗有关。如图 3.10（c）所示的纳米颗粒并不影响电力输出，却显著地减少了有效滑动摩擦系数，主要原因如下：①球状的纳米颗粒可能将部分滑动摩擦转变为滚动摩擦；②纳米颗粒起界面层的作用，它在聚四氟乙烯和金属间引入了纳米级的空隙，而该间隙大大地降低了摩擦电荷间的静电引力。摩擦的大幅降低将有利于 MG-TENG 的耐久性。

3.4.2　固体-液体型

LM-TENG 的效率定义为输入的机械能与生成的供给负载的电能之比[18]。当薄片被推至液态金属的底部，浮力和表面张力将促使其上升。在浮力、表面张力和薄片自重的作用下，薄片被加速至一定速度，同时产生电能。因此，其效率通过下列等式确定：

$$\eta = \frac{E_{\text{ele}}}{W_{\text{total}}} = \frac{\int I^2 R\text{d}t}{W_{\text{B}} + W_{\text{S}} - W_{\text{G}}} \tag{3.17}$$

式中，E_{ele} 为电能；W_{total} 为环境做的总功；W_{B}、W_{S}、W_{G} 分别为浮力、表面张力和重力做的功。如图 3.23（a）和（b）所示，在不同负载电阻下测量了 E_{ele} 的值，当负载为 1GΩ 时，能量输出达最优值 0.149mJ。然而，由计算得 W_{total} 为 0.211mJ。因此，如图 3.23（c）所示，在最优匹配电阻下效率高达 70.6%。

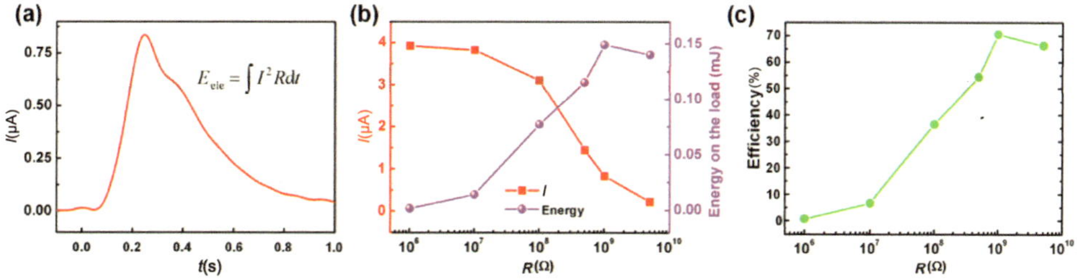

图 3.23　LM-TENG 能量效率的测量。（a）LM-TENG 在负载电阻为 1GΩ 时，自由上升阶段的输出电流；（b）输出电流和能量与负载电阻之间的关系；（c）LM-TENG 的能量效率与负载电阻之间的关系[18]

如此高的效率与极低的摩擦系数和较大的液-固有效接触面积有关。此外，值得注意的是，薄片被加速至一定速度，产生了一定的动能。而这部分能量并不是在发电过程中耗散的，应该从输入总功中排除掉。然而在计算中忽略了这部分动能，意味着效率应高于计算值。能量损失可能是由于在表面张力的工作过程中液体需要进行内在运动，因此消耗掉了一部分能量。

3.5　总　　结

本章介绍了 TENG 的一种基本工作模式——水平滑动式。该工作模式优于垂直接触-分离式之处在于，其不再需要空气间隔将两摩擦表面分开，因而有利于后续的包装工序，且可以在平面或旋转滑动的模式下操作。平面滑动式 TENG 的开路电压高达 1200V。此外，可以通过改进基本装置结构来扩展其功能并提高其输出性能。例如，可以通过摩擦表面上的栅状电极结构来增加能量转换的循环次数并提高瞬时电流。设计了分段式圆盘结构和旋转圆柱体结构来实现旋转机械能的收集。还设计了封装结构用来收集管状通道中往复运动产生的能量。最后，研究了液态金属基 TENG，其能量转化效率高达约 70.6%。

参 考 文 献

[1] Wang S H，Lin L，Xie Y N，Jing Q S，Niu S M，Wang Z L. Sliding-triboelectric nanogenerators based on in-plane charge-separation mechanism. Nano Lett，2013，13（5）：2226-2233.

[2] Saurenbach F，Wollmann D，Terris B，Diaz A. Force microscopy of ion-containing polymer surfaces：Morphology and charge structure. Langmuir，1992，8（4）：1199-1203.

[3] Niu S M，Liu Y，Wang S H，Lin L，Zhou Y S，Hu Y F，Wang Z L. Theory of Sliding-Mode Triboelectric Nanogenerators. Adv Mater，2013，25（43）：6184-6193.

[4] Niu S M，Wang Z L. Theoretical systems of triboelectric nanogenerators. Nano Energy，2015，14：161-192.

[5] Zhu G，Chen J，Liu Y，Bai P，Zhou Y S，Jing Q S，Pan C F，Wang Z L. Linear-grating triboelectric generator based on sliding electrification. Nano Lett，2013，13（5）：2282-2289.

[6] Zhou Y S，Zhu G，Niu S M，Liu Y，Bai P，Jing Q S，Wang Z L. Nanometer resolution self-powered static and dynamic motion sensor based on micro-grated triboelectrification. Adv Mater，2014，26（11）：1719-1724.

[7] Zhu G，Zhou Y S，Bai P，Meng X S，Jing Q S，Chen J，Wang Z L. A shape-adaptive thin-film-based approach for 50% high-efficiency energy generation through micro-grating sliding electrification. Adv Mater，2014，26(23)：3788-3796.

[8] Niu S M，Wang S H，Liu Y，Zhou Y S，Lin L，Hu Y F，Pradel K C，Wang Z L. A Theoretical study of grating structured triboelectric nanogenerators. Energy Environ Sci，2014，7（7）：2339-2349.

[9] Diaz A F，Felix-Navarro R M. A semi-quantitative tribo-electric series for polymeric materials：the influence of chemical structure and properties. J Electrostat，2004，62（4）：277-290.

[10] Fan F R，Lin L，Zhu G，Wu W Z，Zhang R，Wang Z L. Transparent triboelectric nanogenerators and self-powered pressure sensors based on micropatterned plastic films. Nano Lett，2012，12（6）：3109-3114.

[11] Chen J，Huang Y，Zhang N，Zou H，Liu R，Tao C，Fan X，Wang Z L. Micro-cable structured textile for simultaneously harvesting solar and mechanical energy. Nat Energy，2016，1：16138.

[12] Fang H，Wu W Z，Song J H，Wang Z L. Controlled growth of aligned polymer nanowires. J Phys Chem C，2009，113（38）：16571-16574.

[13] Du W M，Han X，Lin L，Chen M X，Li X Y，Pan C F，Wang Z L. A three dimensional multi-layered sliding triboelectric nanogenerator. Adv Energy Mater，2014，4（11）：7963-7975.

[14] Zhu G，Chen J，Liu Y，Bai P，Zhou Y S，Jing Q，Pan C，Wang Z L. Linear-grating triboelectric generator based on sliding electrification. Nano Lett，2013，13（5）：2282-2289.

[15] Lin L，Wang S H，Xie Y N，Jing Q S，Niu S M，Hu Y F，Wang Z L. Segmentally structured disk triboelectric nanogenerator for harvesting rotational mechanical energy. Nano Lett，2013，13（6）：2916-2923.

[16] Bai P, Zhu G, Liu Y, Chen J, Jing Q S, Yang W Q, Ma J S, Zhang G, Wang Z L. Cylindrical rotating triboelectric nanogenerator. ACS Nano，2013，7（7）：6361-6366.

[17] Jing Q S，Zhu G，Bai P，Xie Y N，Chen J，Han R P S，Wang Z L. Case-encapsulated triboelectric nanogenerator for harvesting energy from reciprocating sliding motion. ACS Nano，2014，8（4）：3836-3842.

[18] Tang W，Jiang T，Fan F R，Yu A F，Zhang C，Cao X，Wang Z L. Liquid-metal electrode for high-performance triboelectric nanogenerator at an instantaneous energy conversion efficiency of 70. 6%. Adv Funct Mater，2015，25（24）：3718-3725.

[19] Fan F R，Tian Z Q，Wang Z L. Flexible triboelectric generator. Nano Energy，2012，1（2）：328-334.

[20] Wang Z L. Triboelectric nanogenerators as new energy technology for self-powered systems and as active mechanical and chemical sensors. ACS Nano，2013，7（11）：9533-9557.

[21] Wang Z L，Chen J，Lin L. Progress in triboelectric nanogenerators as a new energy technology and self-powered sensors. Energy Environ Sci，2015，8（8）：2250-2282.

第 4 章　单电极模式摩擦纳米发电机

摘　要

在第 2 章和第 3 章中提到的两种摩擦纳米发电机工作模式需要将电极连接到运动的物体上。但是在实际生活中，如果发电机中的一个接触面是可以自由移动的，如汽车或行走的人，那么为了采集这些机械能，就很难将导通电流的导线连接在移动的物体上。为了解决这个问题，提出两种全新的摩擦纳米发电机的工作模式，一种是单电极模式的摩擦纳米发电机[1]，另外一种是独立层摩擦纳米发电机。本章将主要展开探讨单电极摩擦纳米发电机。此种工作模式的摩擦纳米发电机，与前面两章中的工作模式有相同的接触起电过程。但是，此种模式的摩擦纳米发电机，只需要一个电极连接在摩擦纳米发电机的一个起电面上，而另外一个电极只是作为电势的参考电极，所以可以任意放置，甚至可以直接接地。因此，摩擦纳米发电机的另外一个起电面无需电极限制，可以自由移动，即单电极。但是，这种工作模式的摩擦纳米发电机也有一个缺点，即发电机的总体电学输出只有相应的双电极工作模式的一半，这点主要是由于主电极的静电屏蔽效应导致的。总之，在这一章中，我们将详细系统地探讨单电极模式摩擦纳米发电机的工作原理及其潜在的应用。

4.1　基本工作原理概述

单电极模式摩擦纳米发电机的工作原理总体上来说是一种摩擦起电和静电感应两方面的综合效应，如图 4.1 所示。在初始位置，金属铝和高分子材料全氟乙烯丙烯共聚物（FEP）在外界机械力的作用下接触在一起，由于摩擦起电效应，表面电荷将在两材料之间转移。由于 FEP 有很强的得电子能力，而金属铝有很强的失电子能力，因此接触后，FEP 将在接触的表面带负电，而金属铝由于失去电子而带正电。值得注意的是，由于高分子材料的绝缘性能，这些负电荷将在 FEP 表面持续停留几小时，甚至几天。在初始状态下，由于摩擦电荷在一个平面上，所以两个电极之间没有电势差［图 4.1（a）］。

一旦外界的机械运动使两个摩擦表面产生一定的间隙，两个电极之间就会产生一定的电势差。在没有接负载时，如果将两个电极之间的电势差定义为开路电压（V_{OC}），那么它将随着两个接触面分开距离的增加而增加，直到两者达到最大的间隙。如果将两个电极连接起来，建立的电极电势差将使电子从参考电极（此处是铜）转

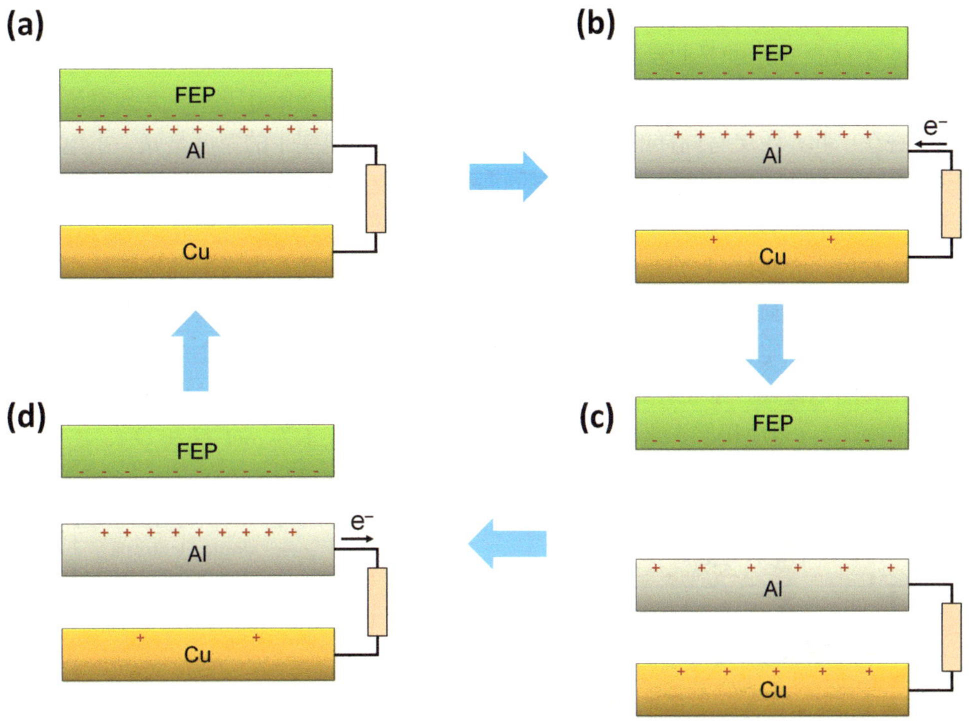

图 4.1　垂直接触-分离式单电极摩擦纳米发电机的工作原理。示意图表示的是在一个准短路情况下，一个周期中的电流产生过程。这里要求器件的尺寸较小，从而使铝电极的静电屏蔽效应比较小，否则，器件的电学输出非常小

移到主电极（铝电极），在外电路中形成一个电流，如图 4.1（b）所示。当 FEP 移动到一个足够远处，基本上一半的负电荷将从参考电极转移到主电极［图 4.1（c）］。一旦 FEP 层受外力作用再次与铝接触，间隙的减少将使主电极比参考电极有一个更低的电势。因此，电子将从主电极定向漂移到参考电极［图 4.1（d）］。这个过程也将会产生一个电流。当两个摩擦层再次接触时，所有的正电荷将会流回到铝中［图 4.1（a）］。

4.2　基 本 理 论

4.2.1　基本工作原理和静电屏蔽效应

根据 1.7 节的讨论，摩擦纳米发电机的基本原理来自于麦克斯韦位移电流。单电极模式的摩擦纳米发电机一般按照接触的模式，可以分为垂直接触-分离型和平面滑动型。但是这两种模型的基本原理是相同的，所以这里就以垂直接触-分离

式单电极摩擦纳米发电机为例来描述基本工作原理。

图 4.2（a）表示的是此种摩擦纳米发电机的二维有限元分析模型。采用此种方法，可以在不失去物理意义的前提下，减少数据计算量。一个介电层和一个金属层面对面堆叠在一起，两层有同样的长度 l 和宽度 w。其中介电层 1 的厚度是 d_1，主电极的厚度是 d_m。而参考电极与主电极之间的间隙为 g。在外界机械力的作用下，介电层 1 可以在垂直方向上自由移动，将两个摩擦面的间隙设为 x。由于接触起电，在两层摩擦面接触后，介电层 1 将带负电，电荷密度为$-\sigma$。考虑到介电材料的绝缘性，可以假设这些摩擦电荷均匀分布在介电层 1 的表面。同时，由于接触起电的性质，将会有等量异号的正电荷（σwl）累积在主电极中。如果将 Q 定义为从主电极到参考电极之间转移的电荷量，那么在最小可获得电荷参考态（MACRS）下（此态将在第 6 章中详细描述），主电极和参考电极的总电荷量可以分别表示为 $\sigma wl-Q$ 和 Q[2]。

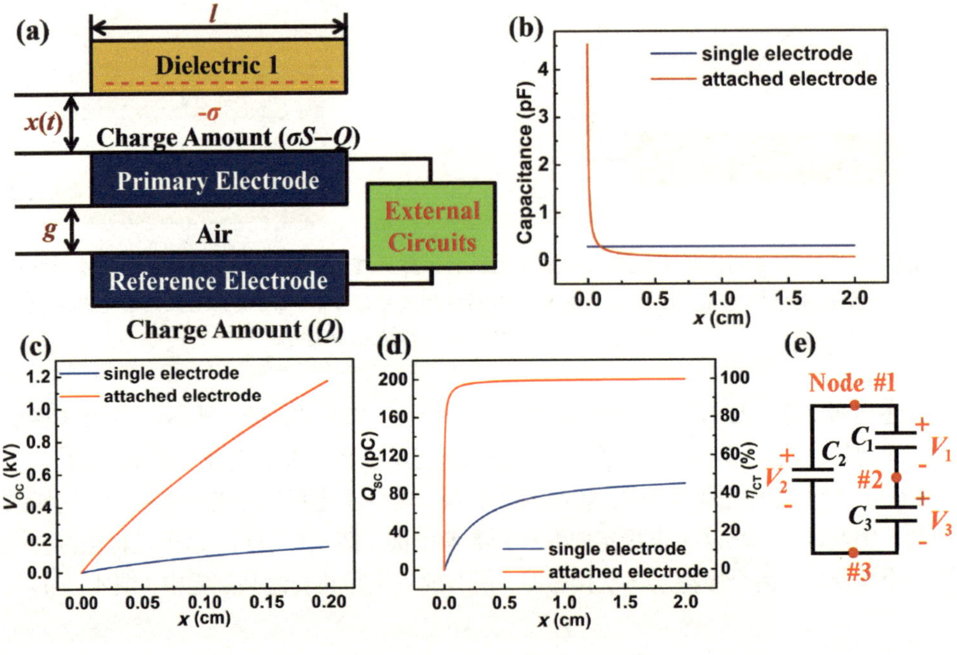

图 4.2　垂直接触-分离式单电极摩擦纳米发电机的电学输出特征。（a）有限元分析模型的结构；（b）计算的两节点之间的电容值；（c）开路电压；（d）在短路情况下，不同的 x 值时，转移的电荷量，以及与附着电极情况的比较；（e）等效电路模型，包括在开路条件下的三个电容值（本图已获得 Wiley 许可）[2]

通过有限元的模拟计算，垂直接触-分离式单电极摩擦纳米发电机的 C、V_{OC} 和 Q_{SC} 的计算结果分别展示在图 4.2（b）～（d）中。更详细的模拟参数列在表 4.1 中。对比第 2 章和第 3 章中介绍的摩擦纳米发电机，它们有完全不一样的特征。首先，由于单电极摩擦纳米发电机（SETENG）的电极是不能移动的，所以随着 x 的增加，C 是一个固定值（C_0）；而前面两种工作模式，C 将会随着两个电极之间距离的增加而快速减小。其次，对于单电极摩擦纳米发电机，V_{OC} 趋于饱和的阈值，比前两种摩擦纳米发电机的阈值要低很多。这主要是因为介电层 1 与电极的距离较大，因此介电层 1 对电极附近的电场的影响较小，从而导致进一步减小 x 也不会使 V_{OC} 的增加。最后，在单电极摩擦纳米发电机中，Q_{SC} 将会很慢达到它的饱和值，这个值也仅是前两种摩擦纳米发电机模式的一半。当介电层 1 远离电极时，产生的摩擦电荷将会均匀地分布在两个电极的两侧，从而使它们保持相同的电势。最大的能量转换效率 η_{CT} 仅能达到 50%，但是对于附着电极式摩擦纳米发电机，在 x 非常小时，理论能量转换效率可以达到近乎 100%。

表 4.1　在理论计算单电极摩擦纳米发电机电学输出时所选用的模拟参数

参数	数据
Dielectric 1	ε_{r1}=2, d_1=100μm
Thickness of electrodes d_m	1μm
Width of the structure w	5mm
Length of Dielectrics l	5mm
Gap distance between electrodes g	1mm
Tribo-charge surface density σ	8μC/m^2
Maximum separation distance x_{max}	0.01m
Average Velocity v	1m/s

相对于附着电极式，单电极式摩擦纳米发电机的性能的衰减主要是由于主电极的静电屏蔽效果，这些可以从等效电路图中看出[2]。我们使用电路图中的节点的概念对这个静电系统中进行分析。在开路的条件下，介电层 1 底层的电势将会基本保持恒定。因此，它的整个表面可以视作节点 1。类似地，主电极和参考电极也可以视作两个节点，即节点 2 和节点 3。由于任何两个节点之间都有电场线连接，于是两两之间的等效电容就形成了，如图 4.2（e）所示。这些等效电路中的电容 C_1、C_2 和 C_3 仅可以代表两个节点之间的电容特性，而不考虑第三者的静电屏蔽效果。因此，这些电容值可以直接测量，但是并不能直接反映两个节点之间的电场线连接。

作为一个定量研究这两类电容之间关系的研究，真正的电容是这三种电容之间的综合。例如，物理意义上的真正的节点 1 和节点 3 之间的电容 C_b 包括两个部分：C_2 和 C_1 与 C_3 之间的串联可以计算如下：

$$C_b = C_2 + \frac{C_1 C_3}{C_1 + C_3} \tag{4.1}$$

类似地，节点 1 和节点 2 之间的实际电容（C_a），以及节点 2 和节点 3 之间的

实际电容（C_0）也可以表达为

$$C_{\mathrm{a}} = C_1 + \frac{C_2 C_3}{C_2 + C_3} \tag{4.2}$$

$$C_0 = C_3 + \frac{C_1 C_2}{C_1 + C_2} \tag{4.3}$$

在开路的条件下（MACRS），节点 1、节点 2 和节点 3 的总电荷量分别为$-\sigma wl$、σwl 和 0。因此，从每个节点的电容和电荷守恒，Q_{SC}、η_{CT} 和 V_{OC} 可以算得[$C_1(x=0)$ 无穷大][2]：

$$Q_{\mathrm{SC}} = \frac{\sigma wl}{1+\dfrac{C_1(x)}{C_2(x)}} - \frac{\sigma wl}{1+\dfrac{C_1(x=0)}{C_2(x=0)}} = \frac{\sigma wl}{1+\dfrac{C_1(x)}{C_2(x)}} \tag{4.4}$$

$$\eta_{\mathrm{CT}} = \frac{Q_{\mathrm{SC}}}{\sigma wl} = \frac{1}{1+\dfrac{C_1(x)}{C_2(x)}} - \frac{1}{1+\dfrac{C_1(x=0)}{C_2(x=0)}} = \frac{1}{1+\dfrac{C_1(x)}{C_2(x)}} \tag{4.5}$$

$$V_{\mathrm{OC}} = \frac{\sigma wl C_2}{C_1 C_2 + C_2 C_3 + C_3 C_1} \tag{4.6}$$

式（4.4）和式（4.5）与第 2 章和第 3 章中讨论的附着电极摩擦纳米发电机的工作模式在本质上是相同的。但是，单电极摩擦纳米发电机电容的变化规律与前两种工作模式不同。当 x=0 时，C_{a}趋于无穷大，C_{b}和 C_0 相等。因此，从式（4.1）～式（4.3）看出，C_1 趋于无穷大，而 C_2 和 C_3 等于 $C_0/2$。因此，C_1/C_2 的比例是无穷大的。当 x 趋于无穷大时，C_{a} 和 C_{b} 将会以同样的速率趋于 0，C_1 和 C_2 将会趋于 0，而 C_1/C_2 将会趋于 1。因此，在此种条件下，转移的电荷量将只是总的摩擦电荷的一半，并且理论的最大能量的转移效率也是 50%。

从式（4.4）～式（4.6）可以观察到，C_2 代表了从节点 1 到节点 3 而没有被节点 2 静电屏蔽的电场线，它将极大地影响 V_{OC} 和 Q_{SC}。如果从参考电极到介电层 1 的所有电场线必须要穿过主电极，C_2 将为零，这将导致单电极摩擦纳米发电机的电学输出为零。因此，对于单电极摩擦纳米发电机来说，当尺寸无穷大时，由于静电屏蔽效应，电学输出将为零。

相对于前两章介绍的摩擦纳米发电机模式，单电极摩擦纳米发电机与它们在电学特征和结构上都会有所不同。在这些所有的区别中，电极的面积大小和两电极之间间距的大小对器件的电学输出影响最大，所以需要系统的研究。

4.2.2　电极间距的影响

不同于前两种模式的摩擦纳米发电机，单电极摩擦纳米发电机的两个电极之间有一个固定的间距 g，g 是不受介电层 1 的移动而影响的。这也会导致一个大致的

固定的内部电容 C_0，它将极大地影响整个器件的性能输出。为了具体了解 g 对器件输出的影响，在不同的间距值下的 V_{OC} 和 Q_{SC} 分别被计算出来，如图 4.3（a）和（b）所示。所应用的参数都列在表 4.1 中。在移动距离 x 相同时，V_{OC} 随着 g 的增加而单调增加，但是 Q_{SC} 有一个相反的变化趋势。当 g 足够大时，V_{OC} 的增加速度会减慢，并且达到它的饱和值。同样地，当 g 趋于 0 时，Q_{SC} 也会达到它的饱和值。

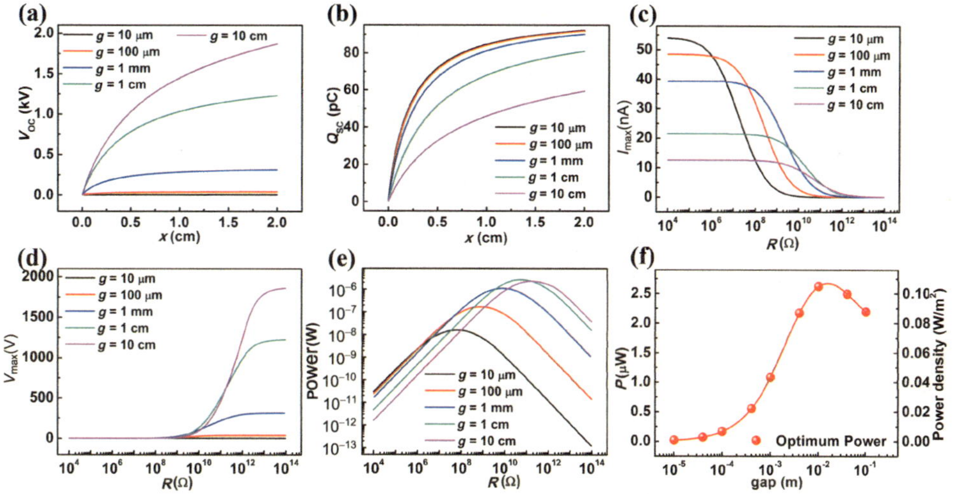

图 4.3　间隔（g）对单电极模式摩擦纳米发电机的输出影响。（a）在不同的间隔值下，开路电压与接触面分开距离的关系；（b）在不同的间隔值的情况下，短路转移电荷与接触面分开距离的关系；（c~e）在不同的负载下，不同的间隔值时的最大的输出电流（c）、电压（d）和功率（e）；（f）最优输出功率和间隔值之间的关系（本图已获得 Wiley 许可）[2]

间距 g 对器件性能的影响可以通过等效电路来分析。当 g 增加时，C_b 和 C_0 会明显降低，而 C_a 几乎不受影响。因此，C_2 和 C_3 将会明显降低，而 C_1 几乎不变。此外 C_3 的降低速率将会比 C_2 快。因此从式（4.4）～式（4.6）看出，V_{OC} 将会随着 g 的增加而单调减小，而 Q_{SC} 将会单调减少至 0。

除了 V_{OC} 和 Q_{SC} 的基本变化趋势之外，它们的饱和现象也可以从理论上进行理解。首先，在 g 很大时的 V_{OC} 饱和情况已经讨论过。当 g 足够大时，C_b 和 C_0 将会以同样的速率趋于 0，而 C_a 几乎不变。此时，V_{OC} 将会趋于它的饱和值 $\sigma wl/(2C_a)$。Q_{SC} 的饱和情况也同样可以被解释。当 g 趋于 0 时，C_0 将会无穷大，而 C_a 和 C_b 相等，C_1 和 C_2 将无限趋于 $C_a/2$。因此 Q_{SC} 将会无限趋于它的饱和值 $\sigma wl/2$。

除了基本的特性以外，间距 g 对负载特性的影响也做了详细的研究。输出电流、电压和输出功率在不同的间距 g 下的大小如图 4.3（c）～（e）所示。间距值越大，TENG 的内电容越大，从而会造成最优匹配阻值的降低。图 4.3（f）展示的是最大的输出功率和间距 g 之间的关系，可以看出，最大的功率输出是在最优的间距为 1.54cm 的情况下获得的。

4.2.3　面积尺寸大小的影响

除了电极之间的间距，另外一个重要的设计参数是单电极摩擦纳米发电机的面积。在二维模型中，面积是用长度 l 来表示的。为了系统地研究面积这个参数的影响，V_{OC}、Q_{SC} 和 η_{CT} 在不同的长度 l 下的数值依然可以用 COMSOL 软件来计算，结果如图 4.4（a）～（c）所示。所有的模拟参数都在表 4.1 中，只有 x_{max} 的值和表 4.1 列举的值不同，为 2cm。从计算结果可以看出，对任何给定的 x，都会有一个最优化的长度 l 来获得最大的 V_{OC}。此外，当 x 增加时，这个最优化的 l 值也会随之增加。Q_{SC} 在 l 足够小时，与 l 值成正比。当 l 的值足够大时，Q_{SC}-l 曲线将会剧烈地下移，这将会使得 η_{CT} 在 l 较大时明显降低。

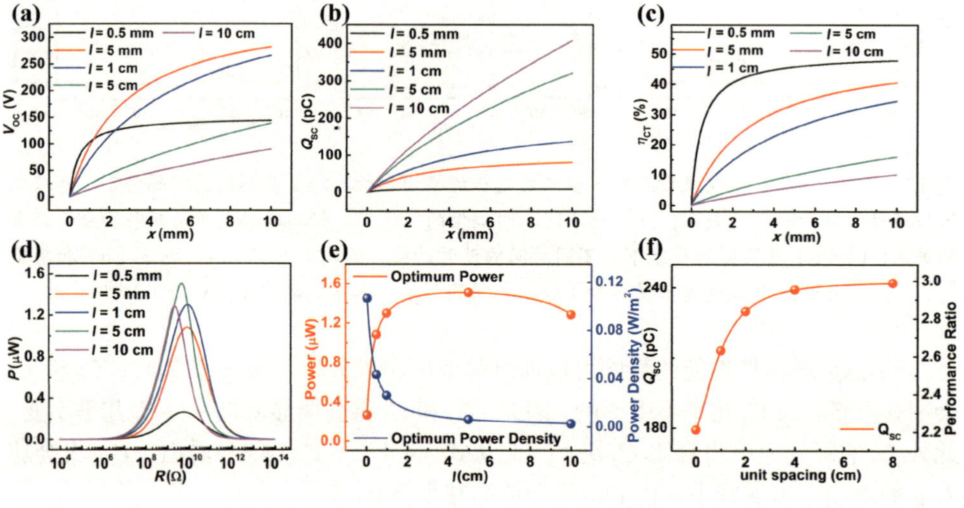

图 4.4　摩擦层尺寸对器件电学输出的影响。（a）～（c）在不同的摩擦层尺寸下，开路电压、短路电流和短路转移电荷效率在不同的分离距离下的大小；（d）在不同尺寸下的最大输出功率与负载阻抗的关系；（e）最优输出功率和功率密度与尺寸的关系；（f）在三个单电极摩擦纳米发电机组成的系统中，单元间距对短路转移电荷的影响（本图已获得 Wiley 许可）[2]

长度 l 对单电极摩擦纳米发电机的输出有着极其复杂的影响，这种影响依然可以通过等效电路来研究。首先，对所有的二维平行电极的电容 C_a、C_b 和 C_0 进行了计算。对于一个非理想的二维平行电极电容，考虑到边缘效应，它的电容值可以通过以下公式计算[3]：

$$C=\frac{\varepsilon_0 wl}{d}\left\{1+\frac{d}{\pi l}\left\{1+\ln\left[1+\frac{2\pi l}{d}+\ln\left(1+\frac{2\pi l}{d}\right)\right]\right\}\right\}=\frac{\varepsilon_0 wl}{d}\left[1+\alpha\left(\frac{d}{l}\right)\right] \tag{4.7}$$

其中，l 为长度；w 为宽度；d 为两平行电极之间的间距。在式（4.7）中，边缘效应体现在因子 $\alpha(y)$中：

$$\alpha(y)=\frac{y}{\pi}\left\{1+\ln\left[1+\frac{2\pi}{y}+\ln\left(1+\frac{2\pi}{y}\right)\right]\right\} \tag{4.8}$$

通过上面的公式，C_a、C_b 和 C_0 可以被计算出来，C_1、C_2 和 C_3 也可以通过式（4.1）～式（4.3）计算得出。因此通过式（4.4）～式（4.6），可以算得 C_1、C_2 和 C_3，V_{OC}、Q_{SC} 及 η_{CT}。在不同的 l 值下，可以计算得到：

当 l 趋于 0 时（x/l 和 g/l 很大）

$$V_{OC}=\frac{\sigma}{2\varepsilon_0}\pi l \tag{4.9a}$$

$$Q_{SC}=\frac{\sigma wl}{2} \tag{4.9b}$$

$$\eta_{CT}=\frac{1}{2} \tag{4.9c}$$

当 l 趋于无穷大时（x/l 和 g/l 趋于 0）

$$V_{OC}=\frac{\sigma gx\ln l}{\pi\varepsilon_0 l} \tag{4.10a}$$

$$Q_{SC}=\frac{\sigma wx}{\pi}\ln l \tag{4.10b}$$

$$\eta_{CT}=\frac{x}{\pi l}\ln l \tag{4.10c}$$

从式（4.9a）和式（4.10a）可以看出，V_{OC} 的变化趋势就很好理解了。当 l 很小时，V_{OC} 随着 l 的增加而线性增加。但是当 l 足够大时，V_{OC} 满足式 4.10（a），然后开始减小。因此，这里将有一个最优的 l 使 V_{OC} 达到最大。当 x 或 g 增加时，较大的 l 可以满足式（4.9），因此 l 造成的 V_{OC} 最大值将增大。对于 Q_{SC}，当 l 很小时［式（4.9b）］，Q_{SC} 随着 l 的增加而线性增加。当 l 足够大时，满足式（4.10b），Q_{SC} 正比于 $\ln l$，从而形成的 Q_{SC}-l 有一个很小的斜率。从 Q_{SC} 的变化趋势可以看出，在 l 很小并且衰减到 0 时，η_{CT} 可以趋于 50%。这个分析可以清楚地解释图 4.4 中的有限元分析结果。

除了这些基本的特征之外，我们对接触-分离式的单电极模式摩擦纳米发电机的电阻负载特性也做了系统的研究。因为在 l 无穷大时，如图 4.4（d）和（e）所示，在最优的 l 值 4.7cm 时，输出功率最大。此外，最优的匹配阻值先是随着 l 的增加而增加，然后随着 l 的进一步增加而减小，这是因为在 l 初始增加时，V_{OC}

的增加速率要快于 I_{SC}，单电极模式摩擦纳米发电机的区域Ⅱ将会转移到高的阻值范围，并且最优匹配阻值也会增加[2]；当 l 进一步增加时，V_{OC} 开始减小，而 I_{SC} 继续增加，因此，最优的匹配阻值也开始减小[2]。此外，当 l 增加时，峰值能量密度单调降低，这是因为较大的 l 使 η_{CT} 降低。因此，不同于第 2 章和第 3 章中的两种摩擦纳米发电机模式，在理论上，单电极模式的摩擦纳米发电机的输出不会直接随着器件尺寸的增加而增加。

4.2.4　单元间隙对规模放大的影响

我们也探讨了当单电极模式的摩擦纳米发电机并联时的情形。对一个三个单电极摩擦纳米发电机并联所组成的系统，为了了解摩擦纳米发电机之间的间距对总体系统电学输出的影响，我们使用有限元分析对这个系统在开路的状态下进行了研究。图 4.4（f）所展示的是整个系统的总的 Q_{SC}。当这个单元间隙很小时，每个单电极摩擦纳米发电机单元之间的静电场会相互影响，从而造成每个单元的 η_{CT} 降低。这种情况类似于增加 l 所带来的影响。仅当这个单元间隙足够大时，单元之间的影响才可被最小化，从而使总体的 η_{CT} 的影响降到最低。从图 4.4（f）中可以看到，为了使总体的转移电荷量可以达到总体的至少 270%，一个最低的单元间隙为 1.24cm，这个值大概是单个摩擦纳米发电机的长度的 2.5 倍。因此，通过并联来扩大单电极摩擦纳米发电机的规模时，一个足够大的单元之间的间隙是很关键的。

4.3　基本的器件结构

4.3.1　接触-分离式

图 4.5 所展示的是接触-分离式的单电极摩擦纳米发电机的第一个结构设计。图 4.5（a）展示了它的结构示意图[1]。由于 Acrylic 具有良好的机械强度和轻便的优点，这里它被选作基底材料。在 Arylic 的上面铺上一层铝，在摩擦纳米发电机中，它既是一个摩擦表面，也是一个金属电极。对于另外一个摩擦层，一层 PA 或 PTFE 被铺放在 Kapton 薄膜上，然后它们一起被弯曲成一个拱形物，然后两个拱形用 Kapton 胶带对接。这个器件形状可以促进两个摩擦面的接触和分离。图 4.5（b）展示的是一个刚做好的摩擦纳米发电机的光学照片，其中，只有一个电极作为电学的输出端，另外一端接地。图 4.5（c）展示的是摩擦层 PA 和 PTFE 的表面的 AFM 形貌。从图片中可以看到，这些纳米线结构的平均高

度为 100nm，它们可以有效增加两个摩擦层的接触面积，从而提高整体的电学输出。此种摩擦纳米发电机，作为一种典型的单电极摩擦纳米发电机，它的工作原理已经在 4.1 节和 4.2 节中详细介绍。研究发现，所测量的电压信号的宽度要远大于电流的信号宽度，这主要是由于在测量电压时所用的电阻比测量电流时所用的电阻更大。

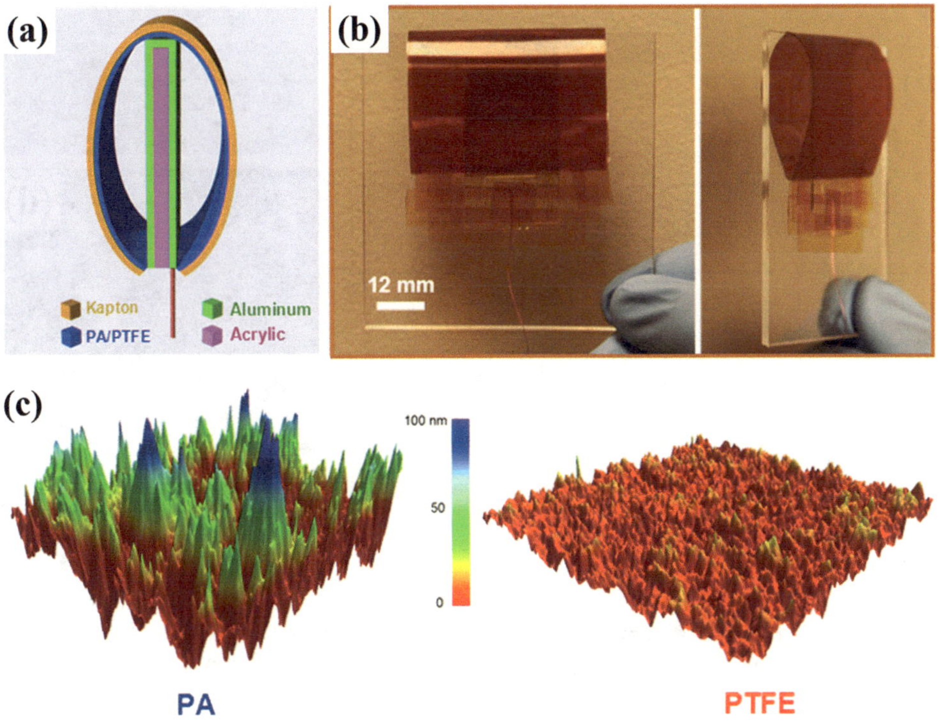

图 4.5　（a）一个典型的接触-分离式摩擦纳米发电机的结构示意图；（b）所制作的器件照片；（c）PA 和 PTFE 的表面 AFM 图像（本图已获得 Wiley 许可）[1]

对于单电极摩擦纳米发电机，在基本的电路连接中，它的电压和电流输出应该满足线性叠加原则。图 4.6（a）为两个并联的摩擦纳米发电机照片。测试结果如图 4.6（b）所示，两者并联后的电压和电流均有所增加，其结果大致是两个单元的输出的总和。这个实验结果不仅可以确定这个电学信号不是外界噪声，并且证明可以通过器件单元的并联来提高总体的电能输出。此外，为了展示此种单电极摩擦纳米发电机作为一个能量源，几十个分组连接的绿色的 LED 被选作负载。当摩擦纳米发电机被手指挤压时，所产生的电能可以同时点亮一组绿色 LED，如图 4.6（c）所示。当手指释放时，所产生的电能可以点亮另外一组 LED。这些现象与器件输出的交流信号是一致的。

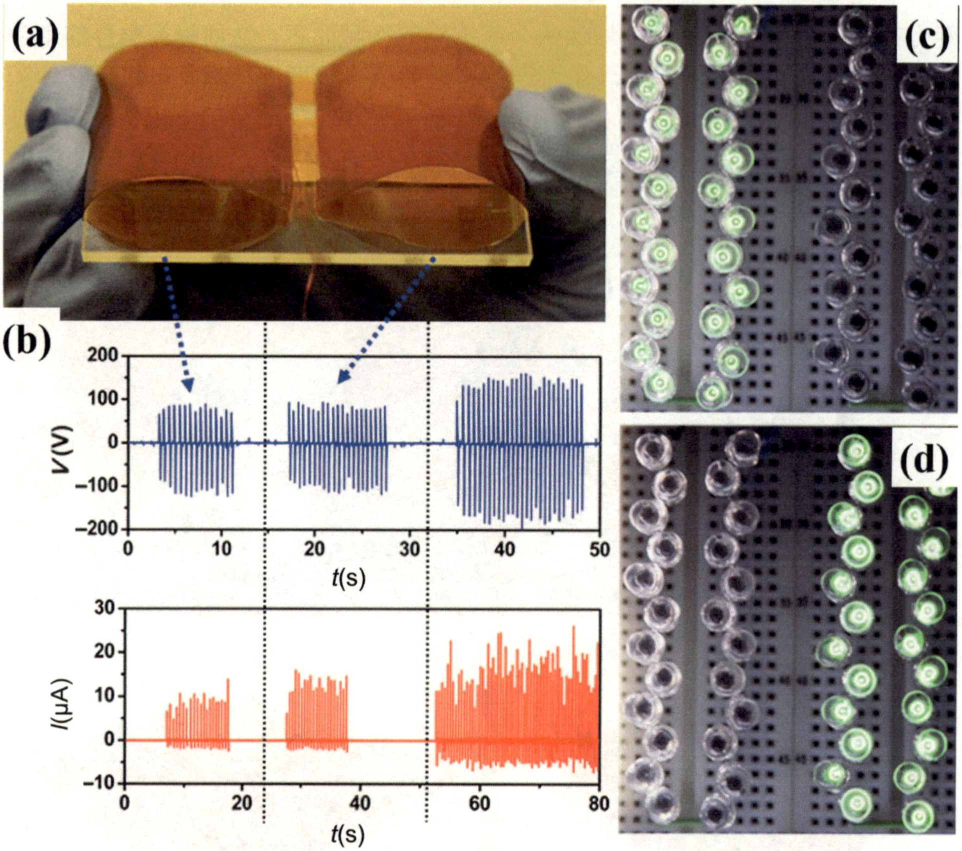

图 4.6　（a）所制作的摩擦纳米发电机的照片，其中两个摩擦纳米发电机并联连接；（b）器件的电压和电流输出；（c，d）被摩擦纳米发电机点亮的绿色 LED 的照片（本图已获得 Wiley 许可）[1]

此外，另外一种单摩擦面的摩擦纳米发电机也是一种典型的接触-分离式的单电极摩擦纳米发电机[4]。此器件只有一个单层的表面做了微结构的 PDMS 或者平面的 PET 摩擦面。图 4.7（a）展示的是这种摩擦纳米发电机的结构示意图。此器件是基于一个 125μm 厚的 PET 基底。作为一个摩擦面，PDMS 的表面做了微尺寸的棱锥体。在 PET 基底的背面镀上一层透明的氧化铟锡（ITO）导电电极。一个 100μm 厚的铜膜被当作参考电极，并且接地。根据不同的应用需求，参考电极可以放在主电极的旁边［图 4.7（a-I）］或下面［图 4.7（a-II）］。为了作为对比，我们制作另外一个结构简化的摩擦纳米发电机，此器件仅用 PET 基底作为单一的摩擦层。当一个手指或者其他的物件与 PDMS 或者 PET 表面接触时，手指或其他物体作为另外一个摩擦层。对于摩擦纳米发电机，有效的摩擦面积是 1.5cm×2.5cm，这个面积大小与人体手指的大小一致。图 4.7（b）展示的是带有微结构的 PDMS

表面的 SEM 照片。微棱锥体的底面边长为 10μm，平均间距为 20μm。图 4.7（c）展示的是一个制作好的摩擦纳米发电机器件，该器件有良好的柔性和透明度。

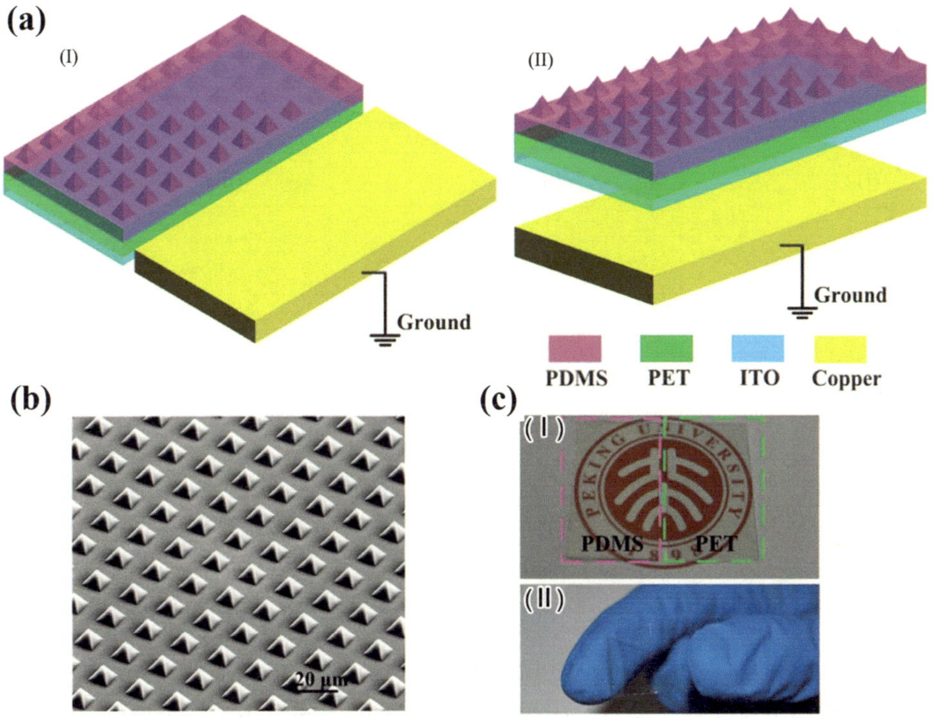

图 4.7　（a）单摩擦层摩擦纳米发电机的结构示意图，被接地的参考电极放在主电极的旁（I）边或之下（II）；（b）PDMS 表面微结构的 SEM 图片；（c）所制造的摩擦纳米发电机具有很高的柔性和透明度（本图已获得英国皇家化学学会许可）[4]

图 4.8（a）展示的是带有微结构的 PDMS 作为摩擦面的摩擦纳米发电机，在一个手指轻拍的条件下，所获得的开路电压、短路电流及半个周期内转移的电荷总量。图 4.8（b）展示的是在带有一个聚乙烯（PE）手套的手轻拍下的摩擦纳米发电机的输出。在两个摩擦面相互接触时，PDMS 将会吸引电子，而 PET 趋向于失去电子。所以，对于 PDMS 的摩擦面，不仅是纯手指，还是带着 PE 手套的手，在半个周期中转移的电子量为 4～5nC。尽管 PDMS 本身与 PE 的吸引电子的能力差不多，但是 PDMS 表面的微结构可以有效地增强接触起电的效果。当用纯手指轻拍带有微结构的 PDMS 表面时，所获得开路电压可以达到 130V，短路电流密度为 1μA/cm^2。这种摩擦纳米发电机可以制作在透明的柔性基底上，由于工艺简单，所以造价会很低。由于此种摩擦纳米发电机是柔性的，并且是完全透明的，所以可以作为一个柔性电源，给带有显示屏的小电子供电，如智能手机、平板电脑等。

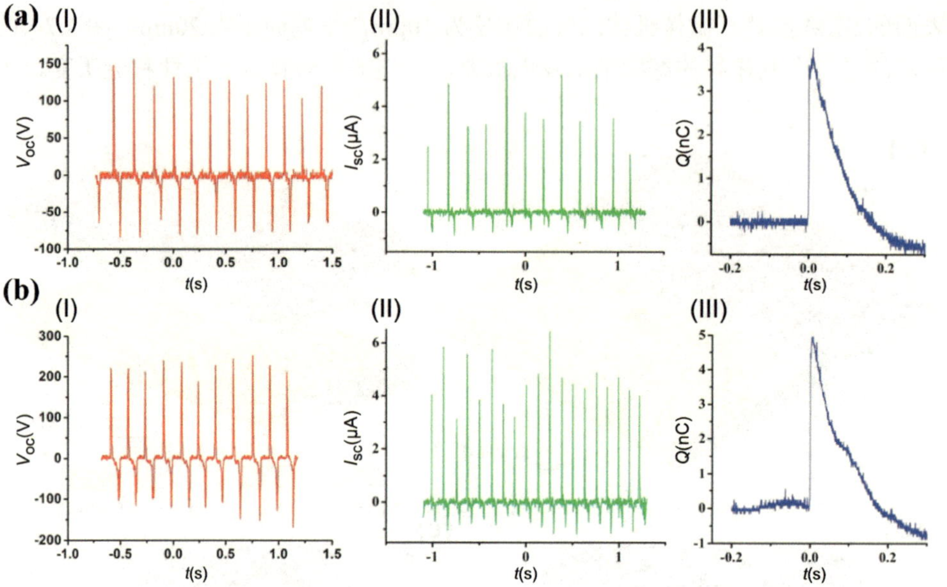

图 4.8　摩擦纳米发电机的电学输出表征。在人手指（a）、带上 PE 手套的手指（b）的轻拍下，器件开路电压、短路电路和短路转移电荷在半个周期内的大小变化（本图已获得英国皇家化学学会许可）[4]

4.3.2　平面滑动结构

图 4.9（a）展示的示意图是一个平面滑动型的单电极摩擦纳米发电机，它是由 PTFE 和铝组成的一对摩擦层而构建的[5]。此处的铝同时还是一个电极。当 PTFE 和铝在平面相互滑动时，为了增加平面之间的相互接触面积，通过 ICP 在 PTFE 表面刻蚀形成一定的纳米结构。这些纳米颗粒平均直径为 200nm。图 4.9（b）展示的是 PTFE 表面的 SEM 照片，采用 AFM 对 PTFE 的表面纳米结构进行了表征，如图 4.9（c）所示。图 4.10（a）展示的是此种单电极摩擦纳米发电机的电学输出，这里的开路电压 V_{OC} 可以高达 1100V，峰值电流密度可以多达 6mA/m^2。这些高的电学输出可以直接同时点亮上百颗 LED，如图 4.10（b）所示。

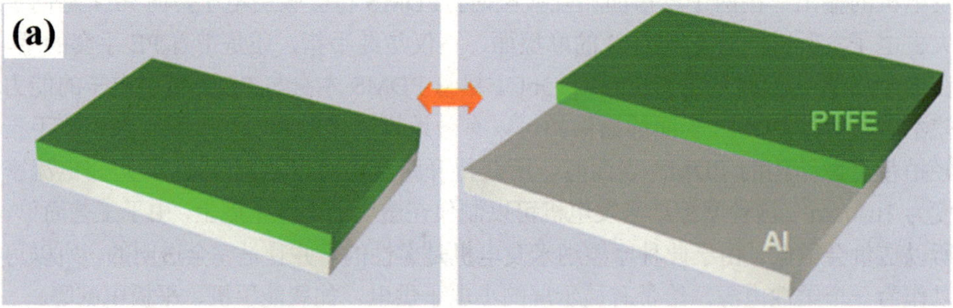

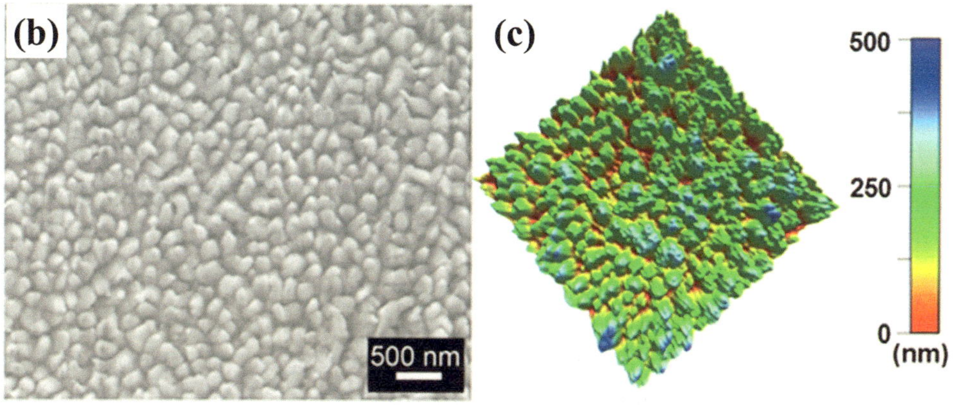

图 4.9　(a)平面滑动单电极摩擦纳米发电机的结构示意图;(b, c)PTFE 表面纳米颗粒的 SEM 和 AFM 照片(本图已获得美国化学学会许可)[5]

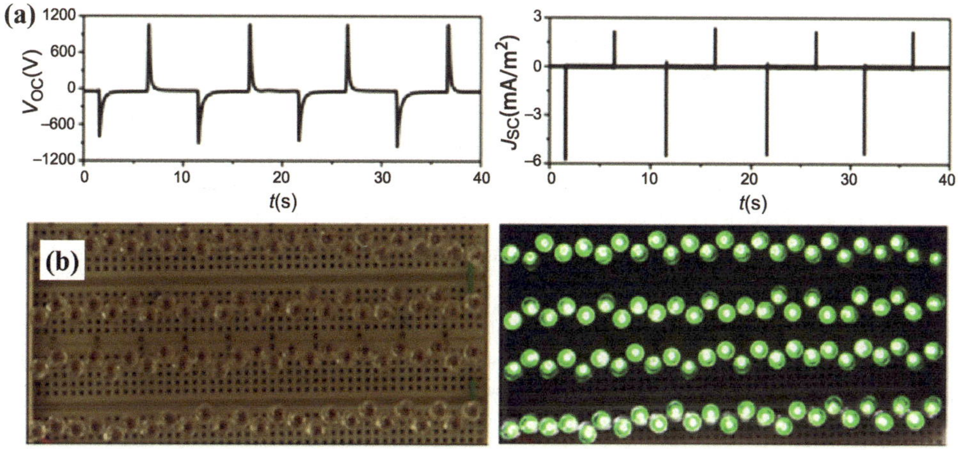

图 4.10　平面滑动单电极摩擦纳米发电机的电学输出表征。(a)开路电压(V_{OC})和短路电流密度(J_{SC});(b)100 多颗商用绿色 LED 被摩擦纳米发电机同时点亮(本图已获得美国化学学会许可)[5]

4.4　总　　结

本章主要系统介绍了单电极模式的摩擦纳米发电机的基本工作原理、理论分析及几个代表性工作。这个工作模式的独特之处在于，在机械能的采集过程中，一个摩擦面不需要导线的连接而可以自由移动。尽管由于静电屏蔽效应，此种工作模式的电子转移效率不是很高，但是由于其中一个摩擦面可以自由移动，所以该种模式下的摩擦纳米发电机有非常广泛的应用。它可以从风流[6]、旋转的轮胎[7]、雨滴[8]、翻动的书页[9]中采集能量；同时也在自供电的传感器中有很广泛的应用，如位移矢量传感器[5]、可视化的触摸传感器[4]、触觉传感器[10, 11]、速度传感器[12, 13]、角度测量传感器[14]、加速度传感器[15]、生物探测传感器[16]、水/酒精辨别传感器[17]、压力传感器[18]、健康监测传感器[19]、人体运动传感器[20, 21]、自供电识别系统[22]、危难求救信号发射器[23]。对于这些应用，我们将在本书的后续章节中进行详细介绍。

参 考 文 献

[1] Yang Y，Zhou Y S，Zhang H，Liu Y，Lee S，Wang Z L. A single-electrode based triboelectric nanogenerator as self-powered tracking system. Adv Mater，2013，25（45）：6594-6601.

[2] Niu S M，Liu Y，Wang S H，Lin L，Zhou Y S，Hu Y F，Wang Z L. Theoretical investigation and structural optimization of single-electrode triboelectric nanogenerators. Adv Funct Mater，2014，24（22）：3332-3340.

[3] Li Y，Li Y H，Li Q X，Zi Y Y. Computation of electrostatic forces with edge effects for non-parallel comb-actuators. J Tsinghua Univ（Sci & Tech），2003，43（8）：1024-1026.

[4] Meng B，Tang W，Too Z H，Zhang X，Han M，Liu W，Zhang H. A transparent single-friction-surface triboelectric generator and self-powered touch sensor. Energy Environ Sci，2013，6：3235-3240.

[5] Yang Y，Zhang H，Chen J，Jing Q，Zhou Y S，Wen X，Wang Z L. Single-electrode-based sliding triboelectric nanogenerator for self-powered displacement vector sensor system. ACS Nano，2013，7（8）：7342-7351.

[6] Chen J，Huang Y，Zhang N，Zou H，Liu R，Tao C，Fan X，Wang Z L. Micro-cable structured textile for simultaneously harvesting solar and mechanical energy. Nat Energy，2016，1：16138.

[7] Zhang H，Yang Y，Zhong X，Su Y，Zhou Y，Hu C，Wang Z L. Single-electrode-based rotating triboelectric nanogenerator for harvesting energy from tires. ACS Nano，2014，8（1）：680-689.

[8] Liang Q，Yan X，Gu Y，Zhang K，Liang M，Lu S，Zheng X，Zhang Y. Highly transparent triboelectric nanogenerator for harvesting water-related energy reinforced by antireflection coating. Sci Rep，2015，5：9080.

[9] Zhong Q，Zhong J，Hu B，Hu Q，Zhou J，Wang Z L. A paper-based nanogenerator as a power source and active sensor. Energy Environ Sci，2013，6：1779-1784.

[10] Yang Y，Zhang H，Lin Z H，Zhou Y S，Jing Q，Su Y，Yang J，Chen J，Hu C，Wang Z L. Human skin based triboelectric nanogenerators for harvesting biomechanical energy and as self-powered active tactile sensor system. ACS Nano，2013，7（10）：9213-9222.

[11] Zhu G，Yang W，Zhang T，Jing Q，Chen J，Zhou Y S，Bai P，Wang Z L. Self-powered，ultrasensitive，flexible tactile sensors based on contact electrification. Nano Lett，2014，14（6）：3208-3213.

[12] Yi F，Lin L，Niu S，Yang J，Wu W，Wang S，Liao Q，Zhang Y，Wang Z L. Self-powered trajectory，velocity，and acceleration tracking of a moving object/body using a triboelectric sensor. Adv Funct Mater，2014，24（47）：7488-7494.

[13] Su Y，Zhu G，Yang W，Yang J，Chen J，Jing Q，Wu Z，Jiang Y，Wang Z L. Triboelectric sensor for self-powered tracking of object motion inside tubing. ACS Nano，2014，8（4）：3843-3850.

[14] Wu Y，Jing Q，Chen J，Bai P，Bai J，Zhu G，Su Y，Wang Z L. A self-powered angle measurement sensor based on triboelectric nanogenerator. Adv Funct Mater，2015，25（14）：2166-2174.

[15] Zhang H，Yang Y，Su Y，Chen J，Adams K，Lee S，Hu C，Wang Z L. Triboelectric nanogenerator for harvesting

vibration energy in full space and as self-powered acceleration sensor. Adv Funct Mater，2014，24(10)：1401-1407.

[16] Zhang H，Yang Y，Hou T C，Su Y，Hu C，Wang Z L. Triboelectric nanogenerator built inside clothes for self-powered glucose biosensors. Nano Energy，2013，2（5）：1019-1024.

[17] Zhang H，Yang Y，Su Y，Chen J，Hu C，Wu Z，Liu Y，Wong C P，Bando Y，Wang Z L. Triboelectric nanogenerator as self-powered active sensors for detecting liquid/gaseous water/ethanol. Nano Energy，2013，2（5）：693-701.

[18] Yang P K，Lin Z H，Pradel K C，Lin L，Li X，Wen X，He J H，Wang Z L. Paper-based origami triboelectric nanogenerators and self-powered pressure sensors. ACS Nano，2015，9（1）：901-907.

[19] Bai P，Zhu G，Jing Q，Yang J，Chen J，Su Y，Ma J，Zhang G，Wang Z L. Membrane based self-powered triboelectric sensors for pressure change detection and its uses in security surveillance and healthcare monitoring. Adv Funct Mater，2014，24（37）：5807-5813.

[20] Yi F，Lin L，Niu S，Yang P K，Wang Z，Chen J，Zhou Y，Zi Y，Wang J，Liao Q，Zhang Y，Wang Z L. Stretchable rubber based triboelectric nanogenerator and its application as self-powered body motion sensors. Adv Funct Mater，2015，25（24）：3688-3696.

[21] Yang W，Chen J，Wen X，Jing Q，Yang J，Su Y，Zhu G，Wu W，Wang Z L. Triboelectrification based motion sensor for human-machine interfacing. ACS Appl Mater Interfaces，2014，6（10）：7479-7484.

[22] Bai P，Zhu G，Jing Q，Wu Y，Yang J，Chen J，Ma J，Zhang G，Wang Z L. Transparent and flexible barcode based on sliding electrification for self-powered identification systems. Nano Energy，2015，12：278-286.

[23] Su Y，Wen X，Zhu G，Yang J，Chen J，Bai P，Wu Z，Jiang Y，Wang Z L. Hybrid triboelectric nanogenerator for harvesting water wave energy and as a self-powered distress signal emitter. Nano Energy，2014，9：186-195.

第5章　独立层模式摩擦纳米发电机

摘　要

本章主要介绍独立层模式摩擦纳米发电机（F-TENG 或 FT-TENG）。在此模式中，一个移动物体在空气中由于与其他物体接触而带电荷，所带电荷可以在物体表面存留一段较长时间，由于电荷密度已经达到饱和[1]，因此这段时间内周期性接触或摩擦并不是所必需的。随后将一对对称电极置于介电层之下，两电极之间的独立层移动会在产生不均匀电荷分布，导致电子会在两电极之间移动使局部电势分布平衡。此工作模式可以应用于不同结构的器件，如滑动结构[1]、接触结构[2]、栅状结构[3]、旋转轮盘结构[4, 5]等。利用此工作模式所制备的线性滑动结构[3]和旋转结构[6]已经得到了很高的瞬时和总能量转换效率，分别为 55%和 85%。这种设计适用于用无接线或无物理接触的移动物体收集能量，如行走在地板上和移动的汽车等。

5.1　滑动式独立层模式摩擦纳米发电机

5.1.1　基本原理

第一种类型的独立层模式摩擦纳米发电机称为滑动式独立层摩擦纳米发电机（SF-TENG）如图 5.1（a）所示，基于在两个独立层电介质之间所产生的摩擦起电效应，电介质两边的金属薄膜不仅作为摩擦起电的摩擦材料，同时还用作电极。为了使两层之间的摩擦起电效应最大化，我们选择摩擦极性相差较大的铝和全氟乙烯丙烯共聚物（FEP）作为摩擦层，铝薄膜作为导电层，FEP 作为独立层[7]。将 FEP 薄膜裁剪成 7cm×5cm 的矩形，然后粘贴在相同尺寸的支撑基底（丙烯酸树脂材质）上。为了进一步提高摩擦电荷密度，FEP 薄膜的下表面通过电感耦合等离子（ICP）刻蚀产生纳米棒装结构[8]。在另一块支撑基底上垂直于滑动摩擦方向分别蒸镀两块与 FEP 薄膜尺寸相同的铝电极，沿着滑动方向的电极长度（L）为 5cm，两电极间的距离（d）是器件结构的重要参数之一［图 5.1（b-Ⅰ）］。在切向力的驱动下，FEP 可以在两电极间往复滑动（图 5.1），这样在两级间的负载上就会有交流电通过。

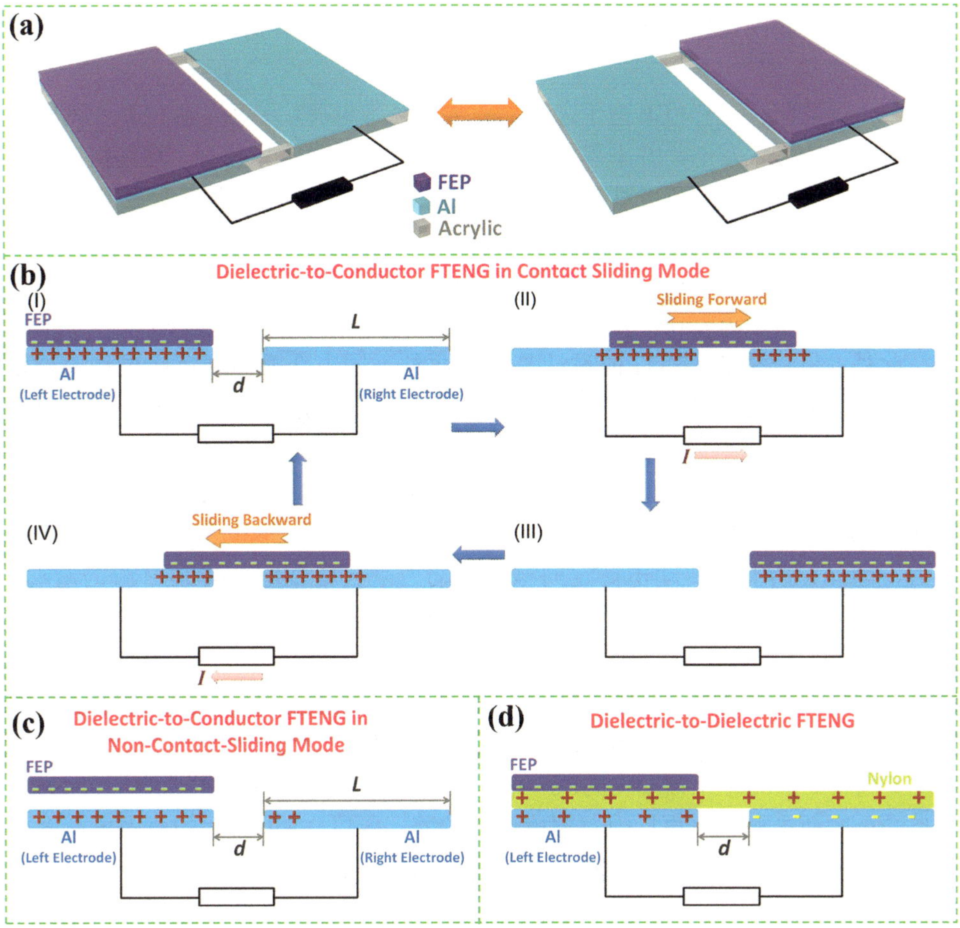

图 5.1　基于独立层摩擦纳米发电机（F-TENG）的器件结构和基本工作原理。(a) 导体-电介质 F-TENG 的典型器件结构；(b) 接触滑动模式下，导体-电介质 F-TENG 的工作原理图；(c) 非接触滑动模式下，导体-电介质 F-TENG 的工作原理图；(d) 导体-导体 F-TENG 的原理图（本图已获得 Wiley 许可）[1]

当 FEP 背向铝电极方向移动时，摩擦起电效应会在 FEP 表面补偿出负电荷，铝电极表面补偿正电荷。这里有以下两种情况。

第一种情况：如果电介质 FEP 和电极一开始没有电荷，所有静电荷都由物理接触后摩擦产生，FEP 表面的负电荷与电极表面的正电荷相等，当 FEP 与第一个电极完全重合时［图 5.1（b-I）中左侧电极］，所有回路中的正电荷将被吸引到第一个电极的上表面，然后当 FEP 层向右边滑动时，回路中的正电荷将通过负载从左边的电极向右边的电极流动。当 FEP 与右边电极重合时，所有的正电荷将流入右电极。随后，FEP 反方向从右边的电极向左边的电极移动，此时移动方向与正电荷移动方向相同。在负载上形成一个方向电流图［5.1（b-IV）］，这是发电过程的后半个周期。

第二种情况：如果 FEP 由于之前的摩擦已经带电荷，可以通过 FEP 在两个电极之间摆动的方式发电，并不需要与电极直接接触［图 5.1（c）］。这种情况是可能存在的，因为摩擦电荷可以在绝缘体表面保存数小时甚至几天。只要 FEP 与两电极的垂直距离远小于两电极的间距距离（厘米量级或更大），FEP 表面不可移动的摩擦电荷的滑动依然可以引起一部分的电荷流动，与现有的 TENG 不同，这种新的 F-TENG 模型可以在不接触的情况下工作。

此外，另一种 F-TENG 的设计是基于两种不同电介质的摩擦起电作用，如 FEP 膜作为独立层，聚酰胺（尼龙）作为中间隔离层完全覆盖住两个固定的电极［图 5.1（d）］，当 FEP 膜滑动至尼龙薄膜表面时，负电荷将会从尼龙表面进入 FEP 表面。对于在尼龙表面的正电荷，由于其一直处于静止状态，其在两电极间所感应出的电势恒定不变，其不能为电荷在外接负载上的流动提供任何驱动力，因此，所有的驱动电荷定向移动的动力来自带负电荷的 FEP 膜的滑动，与电介质-导体 F-TENG 结构相同，因此电介质-电介质结构产生电的机理与其是很相似的。

我们测量了 5 个器件不同电极距离 d（0.1cm、0.3cm、1cm、3cm 和 6cm）的输出特性，如图 5.2（a）所示，5 组 $\Delta\sigma_{SC}$ 全部保持在 65μC/m^2 附近，d 并没有影响电荷转移，这与理论预期相同。d 增大时仅有很小的减小趋势，可能是因为当距离减小时两电极距离更近引起摩擦更加频繁，所以 FEP 表面的摩擦电荷密度（σ_{Tribo}）有所增加。然而，所测得的 V_{OC} 与模拟的结果有很大的不同［图 5.2（b）］。V_{OC} 的量级没有随 d 的增加而出现显著的增大，5 个器件的数量级均在 15kV 左右，只有些许增加。事实上测得的 V_{OC} 要比模拟结果小一个数量级。造成这种差异的原因可能是电表内阻并不是无限大的，由于内部电压泄漏，V_{OC} 实际值不能被准确地记录下来，因此测量的结果并不能反映 d 的影响。此外测量电表引入的寄生电容也会大大降低测量到的开路电压。对于这 5 个 F-TENG 所提供的短路电荷密度（J_{SC}），转移电荷密度的量在一次滑动范围内相同，J_{SC} 主要取决于一次滑动的时间跨度。因此，d 的增加会导致更长的滑动时间，不利于 J_{SC} 的增加。这与 J_{SC} 的测量结果相符［图 5.2（c）］：器件最小的 d 为 0.1cm，产生的 J_{SC} 最大，约为 3.5mA/m^2。因此，对于 d 的影响，更小的电极距离更有利于设计高输出的器件。

为了更全面地表征 F-TENG 的输出特性，我们量取了当 d=0.02L 不同负载下的电压值和电流密度。如图 5.2（d）所示，在小于 10MΩ 范围内，电压和电流密度与短路情况相比变化并不明显。进一步增加负载阻值超过 10MΩ，将会使电压增加，电流密度下降。当负载在 1GΩ 左右时，F-TENG 提供了 6.7W/m^2 的最大输出［图 5.2（e）］。

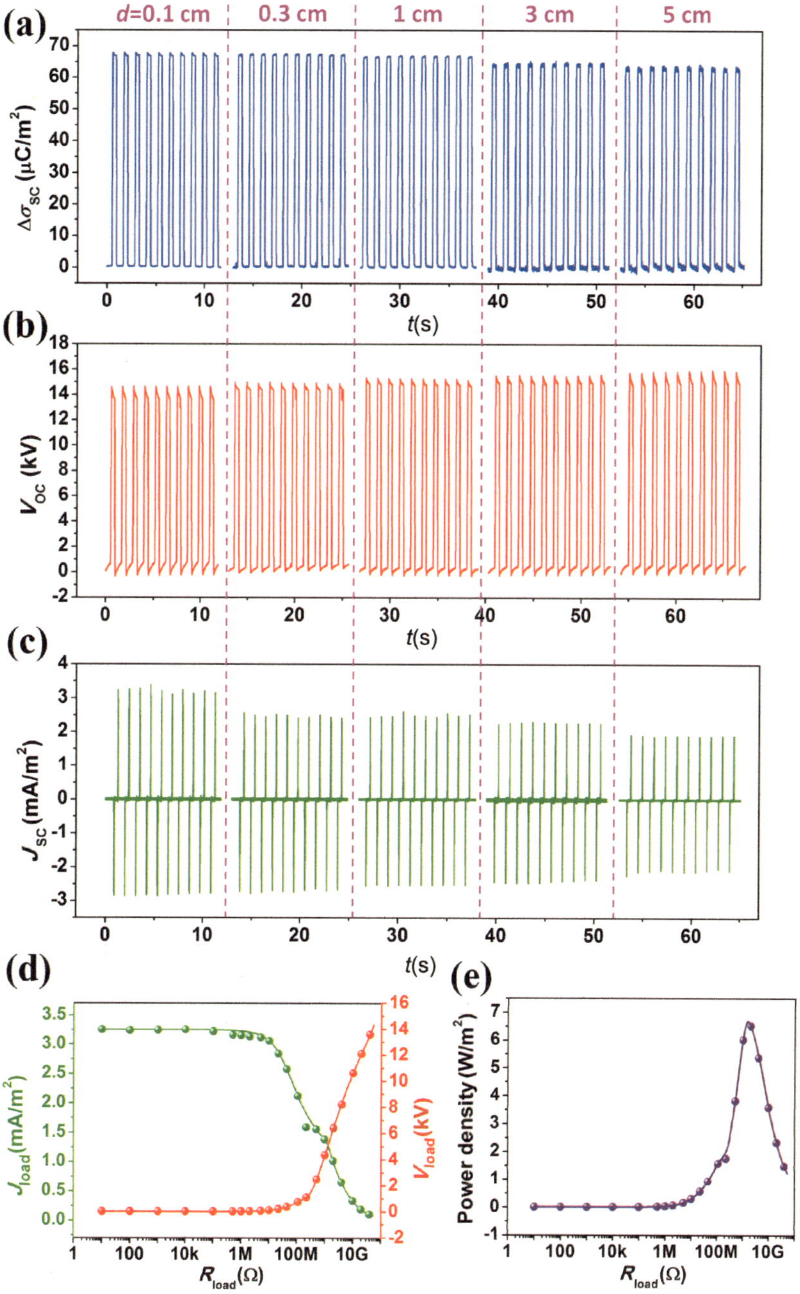

图 5.2　F-TENG 的电输出测量结果。(a) 不同电极间距 (0.1cm，0.3cm，1cm，3cm，5cm) 的 5 种 F-TENG 的转移电荷密度；(b) 上述 5 种 F-TENG 的开路电压 (V_{OC})；(c) 上述 5 种 F-TENG 的短路电流密度 (J_{SC})；(d，e) 电极间距 0.1cm 时，F-TENG 电输出对负载电阻的依赖关系：(d) 电压和电流密度，(e) 功率密度 (本图已获得 Wiley 许可) [1]

为了设计效率更高的 TENG，在独立层、摩擦层和电极层之间保持一个良好的接触是很重要的。然而，基于滑动摩擦的 TENG，由于可能存在不规律的输入力，在实际应用中很难保持一个良好的面内接触，因此两电介质层垂直分离时有良好的容忍度对未来 TENG 应用的发展是很关键的。正如在图 5.1（c）中所讨论的那样，F-TENG 可以在不接触的状况下进行发电，我们系统地研究了两界面垂直分离距离（H）的影响。如图 5.3（a）所示，当 H 从 0 增加至 10mm，计算得到一次滑动的转移电荷密度（$\Delta\sigma_{SC}$）与最大值（$\Delta\sigma_0$）相比依然比较接近于最大值：d=0.1cm 和 d=5cm 时分别为 61%和 77%。这组计算结果预测垂直分离距离将不会对能量收集有很大的影响。为了验证仿真结果，我们对其进行了实验验证。当 H 在 0～10mm 范围内时，测得了不同的转移电荷密度。从图 5.3（b）的数据中可以看到，尽管实际测试得到的数据比模拟数据的衰减速率要快，H=10mm 时的 $\Delta\sigma_{SC}$ 依然超过最大值的 20%（d=0.1cm 时为 24%，d=5cm 时为 29%）。高的衰减率可能是由亚克力基底（6.3mm）的反向静电感应所造成的，摩擦电极性使其带一些静态正电荷。非接触摩擦滑动模式对滑动高度的模式容忍度比传统的一个电极附着在摩擦滑动层的 TENG 的容忍度要高，如

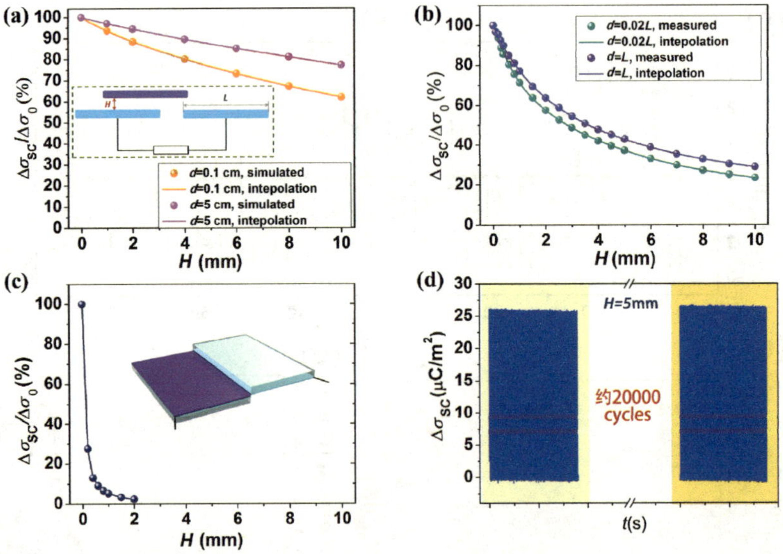

图 5.3　F-TENG 对滑动摩擦层和电极表面直接垂直间距的容忍度。(a)针对 d 等于 0.1cm 和 5cm 的两种 F-TENG，垂直间距（H）对 $\Delta\sigma_{SC}$ 影响的有限元仿真。图中的点是特定 H 下 $\Delta\sigma_{SC}$ 的仿真结果，点之间的连线是插值结果。二维图插图展示了有垂直间隙的 F-TENG。(b)上述两种 F-TENG 垂直间距（H）对 $\Delta\sigma_{SC}$ 影响的实际测量结果。图中的点是实测结果，点之间的连线是插值结果。(c)垂直间距对传统滑动型 TENG 的影响，其中一个电极附加在滑动摩擦层上。插图展示了相同尺寸和材料用于测试的滑动 TENG 结构。图（a～c）中，$\Delta\sigma_0$ 是每个 F-TENG 在接触模式下的最大转移电荷密度。(d)F-TENG 在非接触滑动模式下的输出稳定性，超过 20000 次连续循环（本图已获得 Wiley 许可）[1]

图 5.3（c）所示，当 H 增大到接近 2mm 时传统的滑动 TENG 的 $\Delta\sigma_{SC}$ 减小至几乎为 0。因此对垂直分离距离的良好容忍特性是 F-TENG 的一个独特优势。

由于具有非接触滑动发电的能力，如果电介质表面的电荷可以保存足够长的时间，F-TENG 将可以连续在非接触的情况下工作，同时因为没有任何摩擦产生，所以在理论上能量转化效率可以达到 100%。这里 F-TENG 独立层的 FEP 是一种驻极体（可以永久保持静电荷的一类材料）[9-11]，因此，一旦 FEP 表面经过接触滑动几个周期内产生摩擦电荷后，电荷即可保留在 FEP 表面，在非接触条件下驱动产生电流。为了测试 F-TENG 在非接触模式下的稳定性，我们在垂直分离距离为 5mm 的条件下连续测试了 20000 次循环，如图 5.3（d）所示，所产生的短路电荷密度大约为 25μ/Cm^2，并没有明显的衰减。这种工作模式为机械能手机提供了很多有利的条件：因为不需要克服接触滑动的摩擦力，所以具有极高的能量转化效率（理论上可以达到 100%），同时减少了材料表面的磨损，拓展了可应用机械能的范围。

5.1.2　基本理论

基于摩擦层选用的材料，SF-TENG 有两个子分类，电介质 SF-TENG 和金属 SF-TENG[12]。这两种模式的基本模型如图 5.4(a)和(b)所示，对于 SF-TENG，金属 1 和金属 2 之间的距离为 g，放置在同一平面内形成两个电极，另一个与金属 1 尺寸相同的独立层放置于金属电极之上，独立层下表面和金属 1 之间的距离被定义为独立层的高度 h，这个结构的宽度为 w。对于图 5.4（a）所示的电介质型 SF-TENG，独立层仅包含一层电介质；对于金属型 SF-TENG，独立层的背面沉积了一层薄薄的金属。这两种结构看起来很相似，但与 CF-TENG（接触独立层模式摩擦纳米发电机，5.2.2 节详述）不同，独立层的材料对 SF-TENG 的输出特性影响很大。

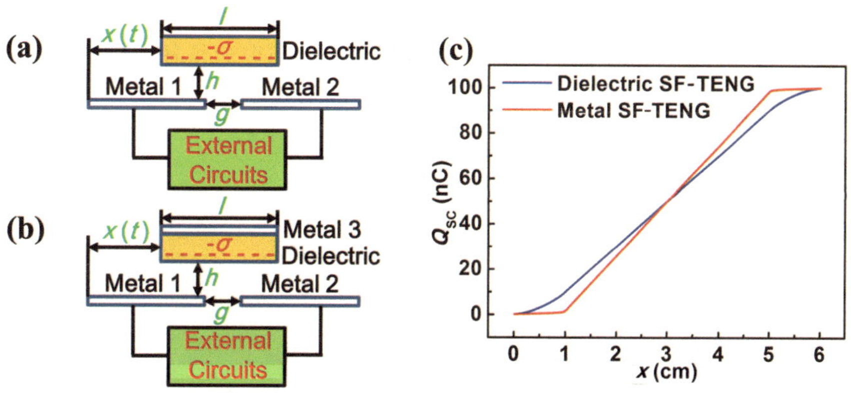

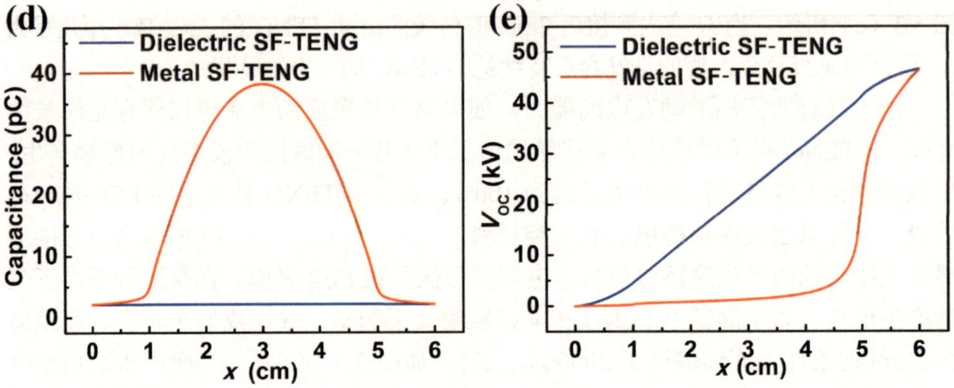

图 5.4 滑动式独立层模式摩擦纳米发电机（SF-TENG）的模型和基本输出特性。（a）典型电介质型 SF-TENG 的有限与模型；（b）典型金属型 SF-TENG 的有限与模型；（c～e）独立层金属对基本输出特性的影响：（c）最大可达到电荷参考状态（MACRS）下的短路转移电荷，（d）两电极间的总电容，（e）MACRS 下的开路电压（本图已获得 Elsevier 许可）[12]

我们依然可以利用节点法来分析它们的工作原理，我们首先分析电介质型 SF-TENG。对比 CF-TENG，由于电介质底面的电势并不是常数，所以这个界面并不能被看作一个节点。这里应用电势叠加原理来解决这个问题，首先假设在底面的电介质表面只有一小部分 dk 包含摩擦电荷，电荷密度为$-\sigma$，在金属 1 和金属 2 上的总电荷为 σwdk。金属 1 和金属 2 在短路情况下的电荷 2（dQ_1 和 dQ_2）可以用以下方程表示，$C_i(k)$代表小界面和金属 i 之间的电容。

$$\mathrm{d}Q_1 = \frac{\sigma w \mathrm{d}k}{1+\dfrac{C_2(k)}{C_1(k)}} \tag{5.1a}$$

$$\mathrm{d}Q_2 = \frac{\sigma w \mathrm{d}k}{1+\dfrac{C_1(k)}{C_2(k)}} \tag{5.1b}$$

根据静电场的叠加原理，考虑到电介质表面的全部电荷是各小静电区域的叠加，金属 1 和金属 2 上的总电荷可以表示成下面的形式：

$$Q_1 = \sigma w \int_0^l \frac{\mathrm{d}k}{1+\dfrac{C_2(k)}{C_1(k)}} \tag{5.2a}$$

$$Q_2 = \sigma w \int_0^l \frac{\mathrm{d}k}{1+\dfrac{C_1(k)}{C_2(k)}} \tag{5.2b}$$

因此，$Q_{\mathrm{SC,\,final}}$ 可以表示为

$$Q_{\mathrm{SC,final}} = \int_0^l \frac{\sigma w \mathrm{d}k}{1+\left(\dfrac{C_2(k)}{C_1(k)}\right)_{x=g+l}} - \int_0^l \frac{\sigma w \mathrm{d}k}{1+\left(\dfrac{C_2(k)}{C_1(k)}\right)_{x=0}} \tag{5.3}$$

当 x=0 时，带电荷的电介质表面与金属 1 的距离要远远大于与金属 2 的距离，所以对于任何 k 值，$C_2(k)/C_1(k)$的比值都接近于 0。因此根据方程（5.2），Q_1 近似于 σwl，Q_2 近似于 0。相反，当 x=g+l 时，k 无论取任何值，$C_2(k)/C_1(k)$的比值趋于无穷大，所以 Q_1 近似于 0，Q_2 近似于 σwl。因此，$Q_{\mathrm{SC,\,final}}$ 可以达到 σwl，并且转移电荷效率（η_{CT}）可以达到 100%。与 CF-TENG 相同，这两个电容比值和 x 的改变为电子在两电极间的流动提供动力。

对于金属型 SF-TENG 而言，基本的静电感应原则与电介质型 SF-TENG 相同。因此，在最小可达到电荷参考态下，Q_{SC} 特性的理论计算趋势与电介质型 SF-TENG 十分相似［图 5.4（c），详细计算见表 5.1］。然而，与 CF-TENG 不同，它们的电容和 V_{OC} 特性完全不同，如图 5.4（d）和（e）所示，当独立层的位置改变时，电介质型 SF-TENG 的电容几乎保持不变。然而，对于金属型 SF-TENG 而言，当独立层在中间时电容比其在两边时大几个量级。电容的不同导致其在 V_{OC} 的特性上也不尽相同，由于金属型 SF-TENG 在中间区域时电容远远大于电介质型 SF-TENG，所以根据式（6.3），这一区域电介质型 SF-TENG 的开路电压要远远小于金属型 SF-TENG 的。当 x 接近于 g+l 时，由于金属型 SF-TENG 的电容迅速下降到接近电介质型 SF-TENG，开路电压同时增加到接近电介质型 SF-TENG。虽然最终两种 SF-TENG 的开路电压值几乎相同，但金属型 SF-TENG 的曲线比电介质型 SF-TENG 的曲线更加非线性，且其最大斜率也比电介质型 SF-TENG 的曲线更大。

表 5.1　用于计算电介质 SF-TENG 和金属 SF-TENG 输出特性的参数

结构参数	参数取值
电介质	d=500μm，ε_r=2
结构宽度 w	0.1m
电极长度 l	0.05m
金属电极和独立层厚度	d_m=10μm
表面摩擦电荷密度 σ	20μC/m^2
电极间距 g	1cm
独立层高度 h	0mm
运动平均速度 v	1m/s

电容和 V_{OC} 的不同主要是由金属独立层内部的电荷再分布引起的。在电介质

型 SF-TENG 中，电荷不能自由地移动。由于常用电介质的相对介电常数与空气相比并没有大很多（通常为 2～4），独立层位置的改变对电容的影响很小，然而，在金属独立层表面的电荷可以重新分布来保持表面电势不变，这将会对静电场分布造成很大的干扰。因此，金属型 SF-TENG 的电容分为两部分，第一部分是两电极间的寄生电容，这部分电容可以近似于电介质型 SF-TENG 的电容。第二部分是金属 1 和金属 3（C_{f1}），金属 3 和金属 2（C_{f2}）之间电容的串联，这部分电容是金属型 SF-TENG 所独有的。当电介质厚度和独立层高度不太大时，这一系列串联电容对总电容的影响很大。在 x=0 或 $g+l$ 时，由于金属独立层仅与一个电极重合，C_{f1} 与 C_{f2} 中总会有一个接近于 0，因此它们串联后的总电容为 0，所以金属型 SF-TENG 的总电容接近于电介质型 SF-TENG。当 $x=(g+l)/2$ 时，C_{f1} 和 C_{f2} 相等，它们串联后的电容达到最大值，同时总电容也达到最大值，金属独立层的金属内表面出现很强的电荷再分布特性。

SF-TENG 结构最明显的优势是其对独立层高度 h 良好的容忍性[12]，这就降低了对滑动物体的要求，同时减少了由摩擦造成的能量损失。首先研究独立层高度对电介质型 SF-TENG 输出的影响，除了图中所列出的参数外，其他所有参数的值与表 5.1 相同。图 5.5（a）仿真显示，当 h 增加时 $Q_{\text{SC, final}}$ 减小，主要是因为 $(C_2(k)/C_1(k))_{x=0}$ 和 $(C_2(k)/C_1(k))_{x=g+l}$ 的区别减小。特别是，当 h=0 时，在 x=0 位置，$C_2(k)/C_1(k)$ 等于 0，在 $x=g+l$ 位置为无穷大，所以 $Q_{\text{SC, final}}$ 可以达到 σwl。当 h 足够大时，摩擦电荷表面与两电极的平均距离几乎相等，因此 $(C_2(k)/C_1(k))_{x=0}$ 和 $(C_2(k)/C_1(k))_{x=g+l}$ 约等于 1，使 $Q_{\text{SC, final}}$ 为 0，但是高度下降的斜率比接触电极式的独立层摩擦纳米发电机的更加平滑。我们定义对分离高度的容忍值为其 $Q_{\text{SC, final}}$ 降低到 h=0 时一半的高度，对于附着电极滑动式的 TENG，可以容忍的分离高度仅为 250μm，而对于同样参数的 SF-TENG 结构，其为 2cm，比附着电极滑动式的 TENG 明显提高。图 5.5（b）是不同 h 下的电容特性，由于电介质型 SF-TENG 的电容主要为金属 1 和金属 2 之间的电容，所以当 h 增加时电

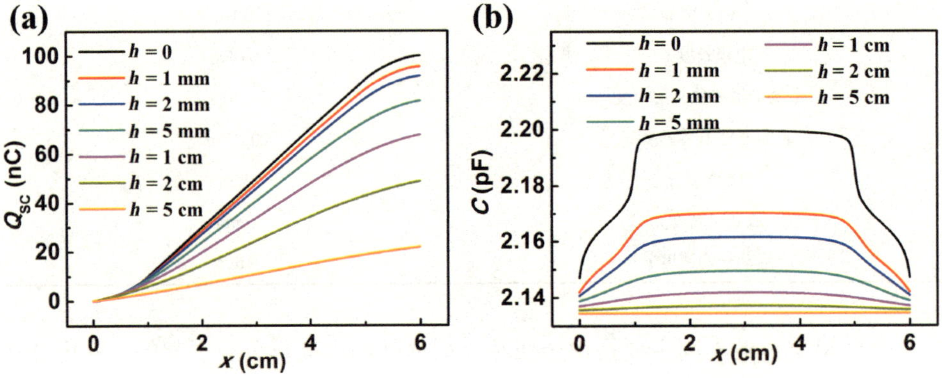

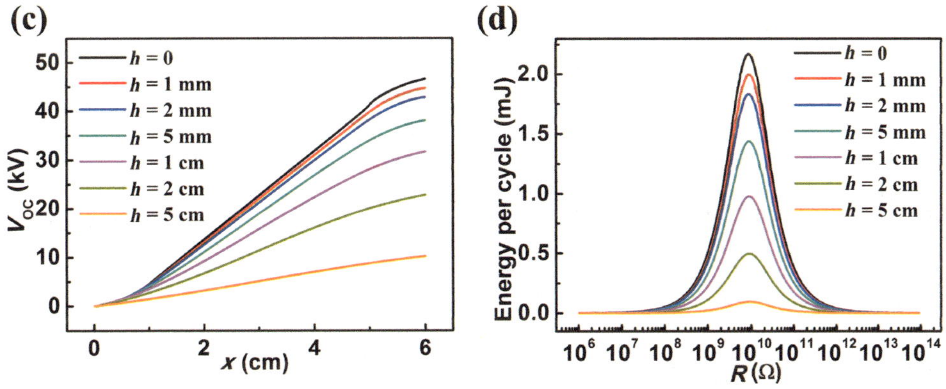

图 5.5　（a～c）独立层高度 h 的影响：（a）对 MACRS 下 Q_{SC} 曲线的影响，（b）对总电容曲线的影响，（c）对 MACRS 下电介质型 SF-TENG 的 V_{OC} 曲线的影响；（d）不同负载电阻和不同 h 下，一个循环内电介质型 SF-TENG 收集的能量（本图已获得 Elsevier 许可）[12]

容仅有些许下降，几乎与 h 无关。因此，其 V_{OC} 特性［图 5.5（c）］与 Q_{SC} 几乎相同。对于总的能量-阻值曲线来讲，Q_{SC} 和 V_{OC} 的降低将会导致 h 增加时最大收集能量下降，因为不同 h 的 TENG 内部电容几乎相同，所以其最优的匹配负载也几乎相同，不受 h 变化的影响。

金属型 SF-TENG 高度特性与电介质型 SF-TENG 有一些相似之处，同时也有一些不同。因为两种 SF-TENG 的基本静电感应机理十分相似，Q_{SC} 随高度变化的特性也十分相似［图 5.6（a)］。但是其电容特性随 h 增加变化明显，可以发现当 h 增加时，静电系统中的金属层对总电容的影响被明显削弱，C_{f1} 和 C_{f2} 出现明显的下降，如图 5.6（b）所示。因此，当 h 从 0 开始增加时，在中间位置的总电容受到极大的影响。当 h 足够大时，总电容几乎与 x 无关，两电极间的寄生电容是总电容的主要贡献部分。这时，金属型 SF-TENG 与电介质型 SF-TENG 几乎相同，对于图 5.6（c）所示的开路电压，金属型 SF-TENG 同样显示出比较复杂的特性，因为 Q_{SC} 和 C 与独立层高度密切相关。当 $x=x_{final}$ 时，$Q_{SC\text{-}final}$ 会随 h 增加而减小，而 C 在这个区域随 h 增加变化不大，因此 $V_{OC\text{-}final}$ 在这个区域将会下降。然而在中间区域，可以观察到当 h 增加时 V_{OC} 会先增加，待 h 增加到足够大时 V_{OC} 再减小，这是因为串联电容 C_{f1} 和 C_{f2} 的减小速率要高于这一区域 Q_{SC} 的减小速率。当 h 很小、x 在中间范围时，串联电容在总电容中起主导作用，V_{OC} 出现不寻常的增长。对于收集到的总能量，其衰减趋势同样与电介质型 SF-TENG 相同［图 5.6（d)］。然而平均总电容随着 h 的增加而下降，最优负载值随 h 增加先向右转移，然后停留在与电介质型 SF-TENG 几乎相同的大小。

除了独立层高度 h，另外一个重要的设计参数是电极间的距离 g。电极间的电容强烈依赖于 g，因此其将对总输出特性产生很重要的影响。

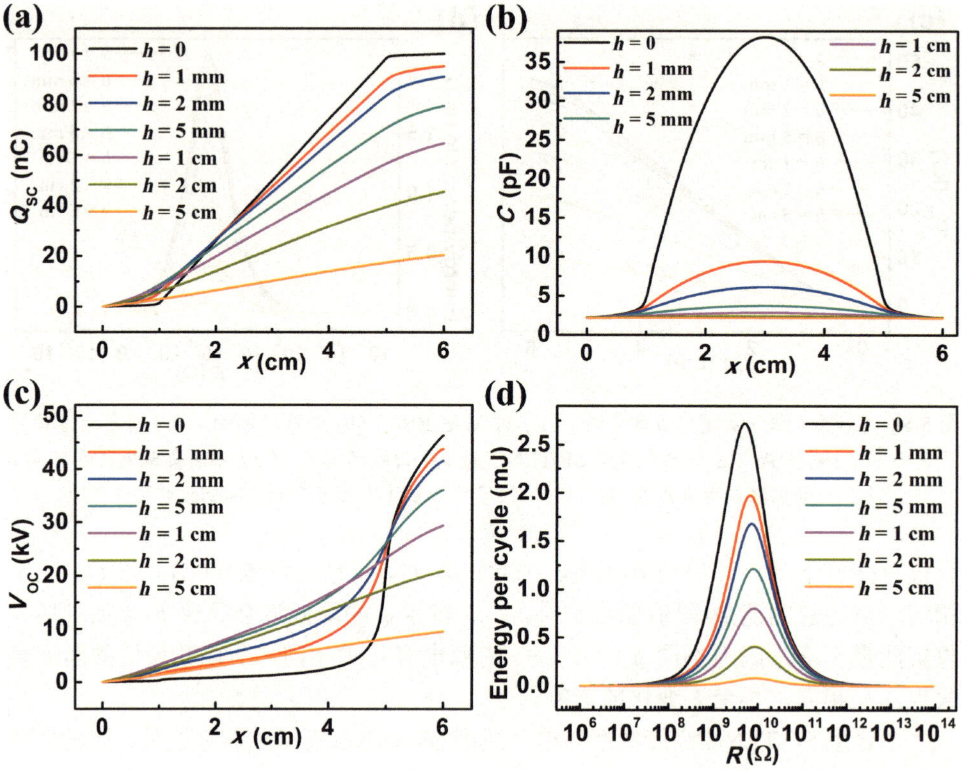

图 5.6　（a～c）g=1cm 条件下独立层高度 h 的影响：（a）对 MACRS 下的 Q_{SC} 曲线的影响；（b）对总电容曲线的影响；（c）对 MACRS 下金属型 SF-TENG 的 V_{OC} 曲线的影响；（d）不同负载电阻和不同 h 下，一个循环内金属型 SF-TENG 收集的能量（本图已获得 Elsevier 许可）[12]

首先研究 g 对电介质型 SF-TENG 在 h=0 时总输出特性的影响。如图 5.7 所示，除了图中所列参数，其他的变量与表 5.1 中相同。若 h 等于 0，当 x=0 时，$C_2(k)/C_1(k)$ 为 0；而当 x=g+l 时，$C_2(k)/C_1(k)$为无限大。因此对所有的 g 值，电荷转移效率 η_{CT} 都可以达到 100%，同时 $Q_{SC,\,final}$ 并未随 g 的改变而发生变化［图 5.7（a）］。然而当 g 增加时，两电极间的电容减小［图 5.7（b）］，根据 V_{OC}、Q_{SC} 和 C 基本关系，V_{OC} 将随 g 增加而增大［图 5.7（c）］。所以一周期内收集到的总能量将会增加，同时电介质型 SF-TENG 的 g 增加时，最优负载值也会增加。但是当平均速度保持不变时，其运动周期也会延长。因此平均功率［式（5.4a）］会与收集到总能量的趋势不一致［图 5.7（d）］。

$$P_{avg} = \frac{R\int_0^T I^2 \mathrm{d}t}{T} \tag{5.4a}$$

$$T = \frac{2(l+g)}{v} \tag{5.4b}$$

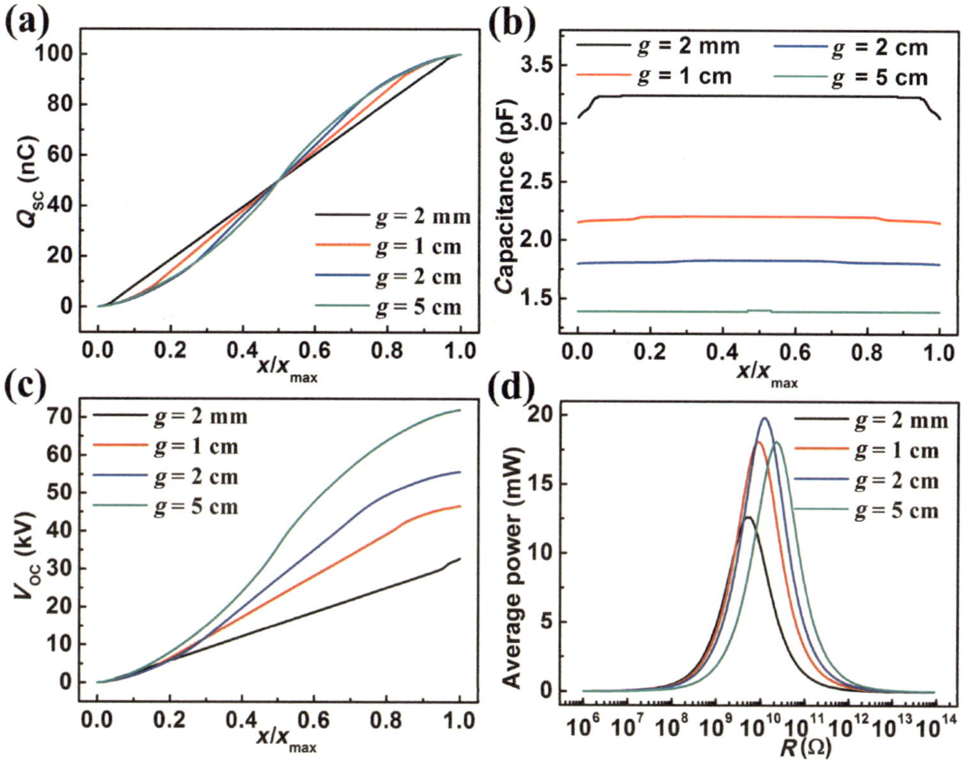

图 5.7　(a～c) h=0 条件下电极间距 g 的影响：(a) 对 MACRS 下 Q_{SC} 曲线的影响，(b) 对总电容曲线的影响，(c) 对 MACRS 下电介质型 SF-TENG 的 V_{OC} 曲线的影响。(d) 不同负载电阻和不同 g 下，一个循环内电介质型 SF-TENG 的平均功率（本图已获得 Elsevier 许可）[12]

当 g 从 0 开始增加时，l 依然决定着总循环周期，所以运动周期的增加得很少。这时 $V_{OC,\text{final}}$ 的增加对总平均功率起着主导作用，此时总平均功率随 g 增加而增大。但当 g 已经很大时，总电容的下降斜率相对较平缓。因此，$V_{OC,\text{final}}$ 增加的速度小于运动周期的增加速度，这时平均功率开始下降，由此存在一个可以达到最大平均功率时的最优电极间距 g。

当 h=0 时，金属型 SF-TENG 受 g 的影响与电介质型 SF-TENG 的结果相似。电荷转移效率 η_{CT} 对于所有 g 值依然可以达到 100%，同时 $Q_{SC,\text{final}}$ 并不随 g 的改变而发生变化。金属型 SF-TENG 的总电容随 g 的增加而减小，这主要涉及两方面原因，首先与电介质型 SF-TENG 相同的一点，g 的增加会使两电极之间的寄生电容减小。另外当 g 增加，独立层和两电极同时重叠的区域会减小，这会导致串联电容 C_{f1} 和 C_{f2} 的减小。当 g 大于 l，独立层将不会与两电极同时存在重叠区域，这时串联电容 C_{f1} 和 C_{f2} 可以忽略。金属型 SF-TENG 中 g 对 V_{OC} 的影响与电介质 SF-TENG 的结果也是相似的，仍然 g 增大会引起 V_{OC} 增加。同时 g 增加，最优负载将会相应变大，同电介质型 SF-TENG 相似，仍然存在一个最优的 g 使平均功率达到最大。

除了上面讨论的 h=0 的情况，如果独立层的高度不等于 0，两电极距离 g 的影响将会复杂得多。若 h 不等于 0，则当 x=0 时 $C_2(k)/C_1(k)$电容比不再为 0；同样当 $x=g+l$ 时，电容比不再为无限大。如果电极间距减小到 x=0 和 $x=g+l$ 两个位置，$C_2(k)/C_1(k)$的差值同样会减小，导致 $Q_{SC,\ final}$ 减小。图 5.8（a）所示为电介质型 SF-TENG 不同 h 和 g 的 $Q_{SC,\ final}$ 三维曲线，其与理论分析相符合。当 g 增加，$Q_{SC,\ final}$-h 曲线的斜率下降，电介质型 SF-TENG 对 h 有更好的容忍度。另外，当 h 为非零常数时，$Q_{SC,\ final}$ 将会随 g 的增加而增大，$Q_{SC,\ final}$-g 曲线的斜率随 h 增加而增大。对于图 5.8（b）所示的平均功率，当 h 增加时存在一个最优电极间距，在该处可以得到一个最大平均功率。对于 SF-TENG 可以得到相似的结论。

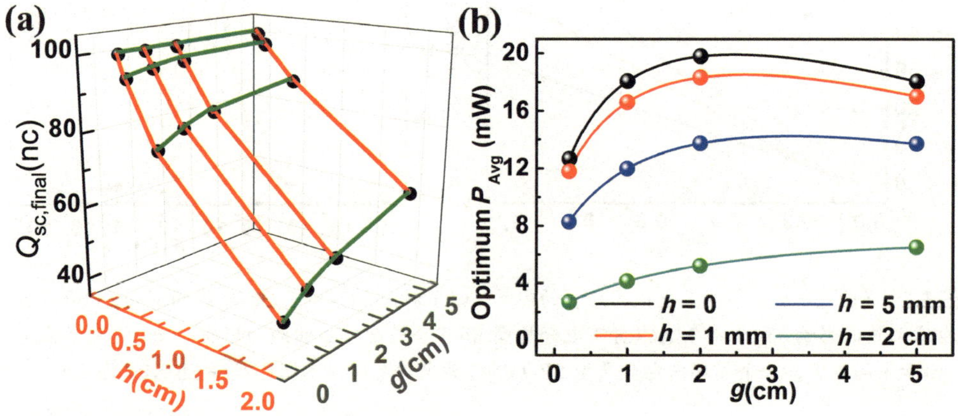

图 5.8　（a）当完全分离时，短路转移电荷由独立层高度和电极间距决定；（b）独立层高度对达到最大平均功率的最优间距的影响（本图已获得 Elsevier 许可）[12]

5.2　接触式独立层模式摩擦纳米发电机

除了 SF-TENG 之外，另一个 F-TENG 的重要分支是接触式独立层模式摩擦纳米发电机（CF-TENG），其基于垂直电荷分离，独立层在两电极间周期性振动使电极间的电势发生变化，从而在外接负载上产生电流[2]。在这样的结构中，当电极的水平维度要比垂直分离距离大得多时，产生的开路电压、短路转移电荷量与独立层的移动距离存在线性关系。基于这种独特的线性关系，从理论上和实验中研究了 CF-TENG 作为自驱动振动传感器，其可以定量测量振动的幅度和频率。此外，CF-TENG 由于具有非接触工作能力，可以高效地收集振动能量。

5.2.1　基本原理

CF-TENG 的基本结构如图 5.9（a）所示，其主体结构由亚克力板经过激光切割加工得到。两片镀铝的亚克力板作为 CF-TENG 的电极距离 2cm 面对面放置，横向长度为 10cm。在两边电极之间放置约 1.6mm 厚的另外一片亚克力板作为共振器，4 个角由 8 根弹簧（劲度系数 33.3N/m）固定，两片 50μm 厚的全氟乙烯丙烯（FEP）膜贴在中间的亚克力板上下表面作为独立层，大小与上下电极尺寸相同。外部振动会引起中间振动器的位置发生偏移，当振动幅度足够大时，FEP 和铝表面将产生摩擦电荷。由于 FEP 是一种驻极体材料，即使 FEP 和铝在后面的几个周期内没有发生接触，摩擦电荷可以在其表面保存很长一段时间。为了进一步增加摩擦电荷密度，在 FEP 表面进行了电感耦合等离子体刻蚀处理来构造纳米结构［图 5.9（b）］，同时也可以增加有效接触面积。如图 5.9（c）所示，这些垂直对齐的纳米线直径在 100nm 左右，长度在 1μm 左右。

基于摩擦起电原理，理想条件下 FEP 表面负电荷的总量应该与铝板电极中正电荷的总量相等。当带负电荷的振动器在两电极间发生位置偏移时，电极环路中的正电荷将会通过负载反复运动，如图 5.9（d）所示。发电过程的详细过程为：当共振器与上面的铝盘接触时［图 5.9（d-Ⅰ）］，所有正电荷将被吸引到上电极（假设两电极间的距离要远远大于共振器的厚度）；随后当带负电荷的共振器向下面的铝电极运动，驱动电子从下电极经过外接负载向上电极移动，产生一个瞬时电流［图 5.9（d-Ⅱ）］；当共振器接触到下面的铝板时，所有的正电荷将出现在底部电极上［图 5.9（d-Ⅲ）］；紧接着共振器的反向运动将会驱动电子反向运动通过负载后产生第二个峰值［图 5.9（d-Ⅳ）］，直到振动器回到初始位置，一个完整的周期结束。

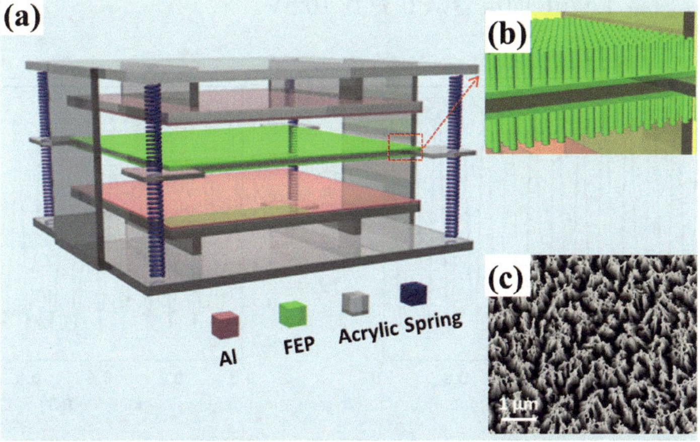

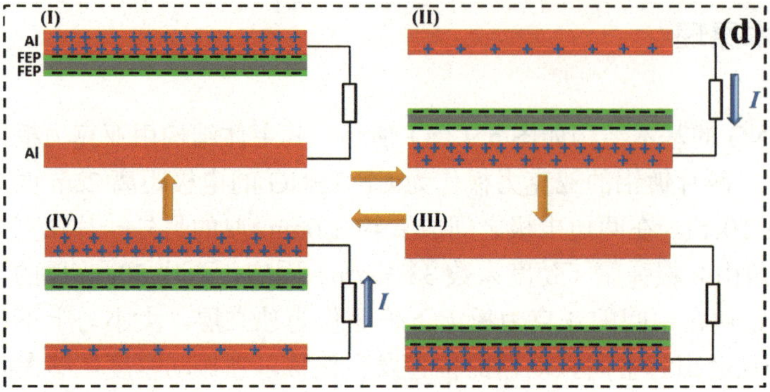

图 5.9　接触式独立层模式摩擦纳米发电机（CF-TENG）的器件结构和工作原理。（a）典型 CF-TENG 器件结构的原理图；（b）器件结构的放大图展示了谐振盘上 FEP 薄膜表面的纳米线结构；（c）FEP 薄膜表面的纳米线结构的扫描电镜图；（d）CF-TENG 的基本工作原理图（本图已获得美国化学学会许可）[2]

CF-TENG 可以用作环境振动收集装置，利用其产生的电来驱动其他电子器件或系统。当振动源的振幅为 1.5cm，频率为 15Hz 时，就会产生一个连续的交流电输出。V_{OC} 的范围为 165V［图 5.10（a）］，短路电流密度（J_{SC}）为 0.35mA/m^2［图 5.10（b）］。一旦 CF-TENG 与外界负载相连，电流密度随负载增大而减小，电压呈上升趋势［图 5.10（c）］，能量密度在负载为 20MΩ 时达到最大值 17mW/m^2。所产生的电能可以直接同时驱动 60 个商用发光二极管［图 5.10（e）］。与滑动式 F-TENG 类似，并不需要共振器与电极有非常紧密的物理接触就可以有很高的转换效率。同样，CF-TENG 的非接触工作模式同样具有很高的能量转化效率和稳定性。除了直接驱动电子器件，CF-TENG 所产生的电同样可以被储存在电荷或电容这样的能量存储单元中。如图 5.10（f）所示，在上述的振动条件下，CF-TENG 可以在 13.5s 内将 1.47μF 的电容从 0 充到 10.5V。

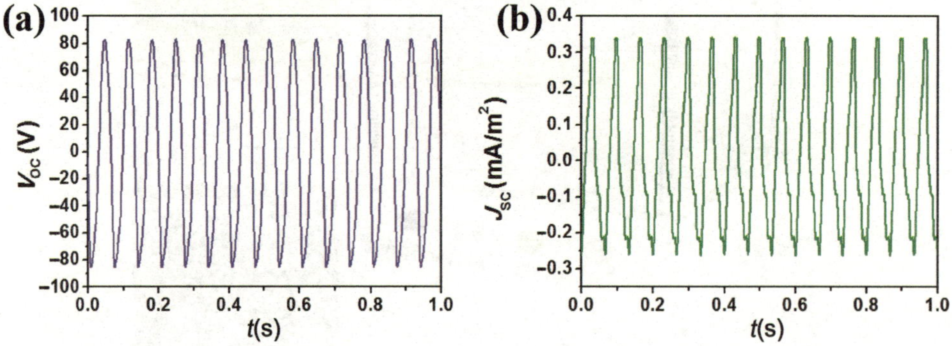

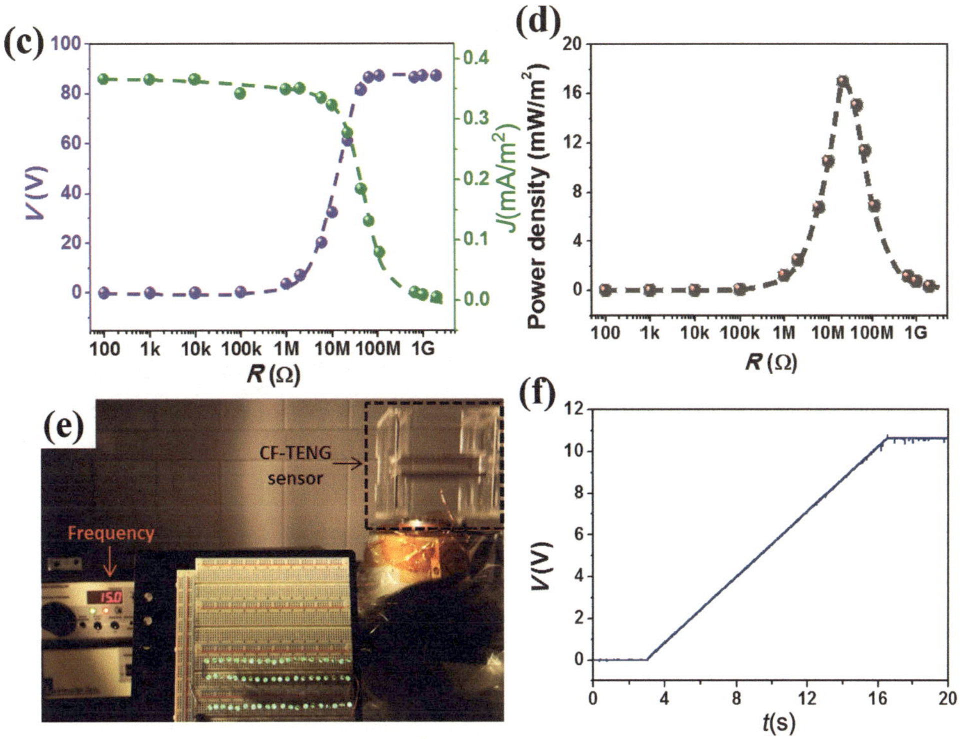

图 5.10　1.5cm 振动幅度和 15Hz 振动频率下，CF-TENG 作为振动能量收集装置的性能。（a）输出电压 V_{OC}；（b）CF-TENG 输出的短路电流密度（J_{SC}）；（c）不同电阻负载下获得的电压和电流密度；（d）不同电阻负载下获得的功率密度；（e）CF-TENG 瞬间点亮 60 个 LED；（f）CF-TENG 产生的电能储存在 14.7μF 电容中（本图已获得美国化学学会许可）[2]

5.2.2　基本理论

CF-TENG 的两种基本结构如图 5.11[12]所示，图 5.11(a)为电介质型 CF-TENG

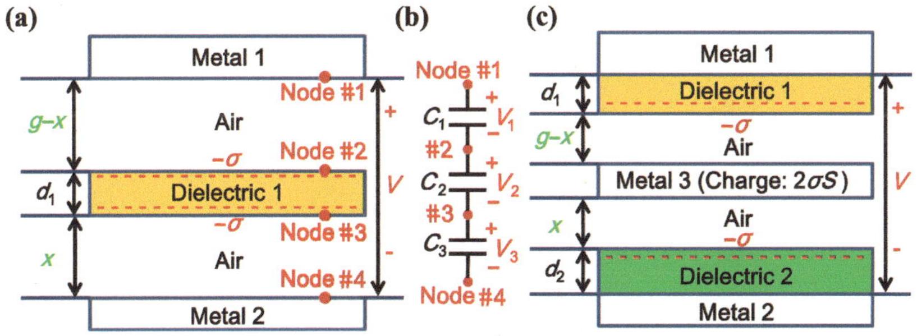

图 5.11　CF-TENG 的理论模型。（a）典型电介质型 CF-TENG 的模型；（b）电介质型 CF-TENG 静电系统的等效电路模型；（c）典型金属型 CF-TENG 的模型（本图已获得 Elsevier 许可）[12]

的基本结构。一个电介质层（厚度 d_1，相对介电常数 ε_{r1}）和两块金属板面对面叠起来。两块金属板同样用作两个电极，两电极间的间隔定义为 g。当电介质板受力与两个金属板接触后，电介质板的上下表面将会由于接触而带电。为了简化，假设两个面的摩擦电荷密度相同（$-\sigma$），同时由于电荷守恒，两个金属板带正电荷的总量相等。

上述系统可以通过高斯定律解释，但是为了全面研究其内在物理原理和工作特性，我们应用节点法的概念来分析静电系统。在实际应用中，金属电极的尺寸要比空气间隙大得多，因此 CF-TENG 的面积（S）可以看作无限大，边界效应可以忽略。因此，金属 1、金属 2，电介质 1 的上下表面的电势均为常数。所以这 4 个表面可以被看作静电系统中的 4 个节点，任意 2 个节点间都会形成一个等效电容器。由于假设面积（S）是无穷大的，任意 2 个不相邻节点的电场线连接（如节点 1 和节点 3）都会被中间的节点（节点 2）完全屏蔽。因此在静电系统的等效电路模型中只有 3 个电容器存在。两电极间（节点 1 和节点 4）的总电容是 C_1、C_2 和 C_3 电容的串联，可以用以下公式表示。

$$C = \frac{1}{\frac{1}{C_1} + \frac{1}{C_2} + \frac{1}{C_3}} = \frac{\varepsilon_0 S}{d_0 + g} \tag{5.5}$$

在式（5.5）中，有效电介质厚度 d_0 的定义与之前的定义相同。

首先分析短路情况下（即节点 1 和节点 4 电势相同）的电荷分布情况，对于节点 2 和节点 3，每个节点的电荷量为 $-\sigma S$。根据电荷守恒，可以得到节点 1 和节点 4 的总电荷为 $2\sigma S$，但是目前我们不知道在节点 1 和节点 4 上具体的电荷分布情况。设在金属 1（节点 1）上的总电荷量为 Q_1，金属 2（节点 4）上的电荷量为 $Q_2(Q_2=2\sigma S-Q_1)$。根据基本的电动力学和电荷守恒原则，可以推导得到在金属 1 和金属 2 上的总电荷

$$Q_1 = \sigma S \frac{\frac{1}{C_2} + \frac{2}{C_3}}{\frac{1}{C_1} + \frac{1}{C_2} + \frac{1}{C_3}} \tag{5.6a}$$

$$Q_2 = \sigma S \frac{\frac{2}{C_1} + \frac{1}{C_2}}{\frac{1}{C_1} + \frac{1}{C_2} + \frac{1}{C_3}} \tag{5.6b}$$

在实际应用中，电介质的有效电介质厚度 d_1/ε_{r1} 与空气间隙相比往往是可以忽略的，C_2 可以被认为是无限大。因此，式（5.6a）和式（5.6b）可以被进一步简化为

$$Q_1 \approx \sigma S \frac{\dfrac{2}{C_3}}{\dfrac{1}{C_1}+\dfrac{1}{C_3}} = \frac{2\sigma S}{1+\dfrac{C_3}{C_1}} \tag{5.7a}$$

$$Q_2 \approx \frac{2\sigma S}{1+\dfrac{C_1}{C_3}} \tag{5.7b}$$

根据式（5.7a）和式（5.7b），可以得到 CF-TENG 的基本工作原理。当 x=0 时，C_3 无限大，因此 Q_1 接近于 0，Q_2 大约等于 $2\sigma S$。在此状况下，所有的正摩擦电荷都会被电介质表面的负电荷吸引到下电极上。同样，当 x=g 时，C_1 无限大，所有的正电荷都被吸引到金属 1 上。因此如果电介质 1 在空气间隙中振动，由于 C_1/C_3 的改变，电荷将会在金属 1 和金属 2 之间反复流动，形成短路交流电流。与之前的 TENG 相同，电介质 1 位置的改变可以引起电容比的变化，在短路情况下驱动电子在两电极间流动。

在最小可达到电荷参考态情况下，短路转移电荷（Q_{SC}）和开路电压可表示为

$$Q_{SC} = Q_1(x) - Q_1(x=0) = \frac{2\sigma Sx}{d_0+g} \tag{5.8}$$

$$V_{OC} = \frac{2\sigma x}{\varepsilon_0} \tag{5.9}$$

因此，CF-TENG 的基本方程可以表示为[12]

$$V = -\frac{1}{C}Q + V_{OC} = -\frac{d_0+g}{\varepsilon_0 S}Q + \frac{2\sigma x}{\varepsilon_0} \tag{5.10}$$

除了电介质型 CF-TENG 之外，另外一种重要的是金属型 CF-TENG，如图 5.11（c）所示。金属型 CF-TENG 的工作原理与电介质型 CF-TENG 非常相似。同之前讨论的附着电极接触式 TENG 很相似，金属可以被等效成厚度为 0 的电介质来计算 d_0，方程的其他导出式对金属型 CF-TENG 都适用。

基于以上信息，可以对 CF-TENG 和附着电极接触模式 TENG 的本质输出特性进行对比。其开路电压特性彼此相似，均与 x 呈线性关系。然而它们固有电容和短路转移电荷特性完全不同，首先 CF-TENG 的固有电容为常数，不随 x 变化而变化。然而附着电极接触式 TENG 的固有电容随 x 增加而下降。此外，CF-TENG 呈线性关系而附着电极式 TENG 的 Q_{SC} 与 x 有饱和趋势。

CF-TENG 结构最大的优势是其具有良好的线性度[12]。V_{OC} 和 Q_{SC} 都与 x 有良好的线性关系，这使其可以作为一种很理想的器件将机械振动信号转化为电信号。除此之外，其固有电容为常数的特性也使其作为一种非常好的时不变器件，器件

的信号输出与所有现有的信号处理技术都兼容，可以简单地处理获取的信号。因此此结构可以广泛应用于自驱动振动检测领域。

除了自驱动传感器的应用，良好的线性度同样有利于其应用在振动能收集领域。为了更加全面地发掘其优势，我们设计了一个结构可以利用独立层模式和传统附着电极模式对振动能进行收集，如图 5.12（a）所示。当金属 1 和金属 2 直接用作两个电极时，金属 3 和金属 4 不与任何输出端相连，此时器件工作在独立层模式下（图中右侧实线所示）。如果金属 1 和金属 4 相连形成节点 A，金属 2 和金属 3 相连形成节点 B，将节点 A 和节点 B 用作输出端连接外接负载电路，则器件工作在传统的附着电极模式，其等效于两个并联的附着电极 TENG。连接金属 1 和金属 4，不连接金属 1 和金属 2 是为了保证两个 TENG 的输出节点极性一致。

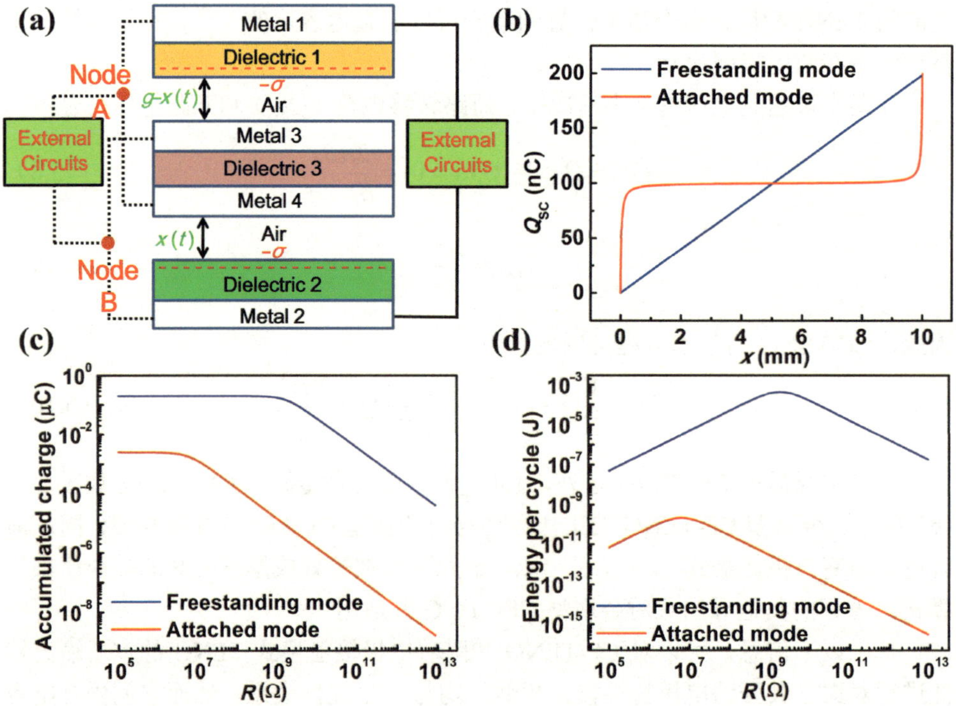

图 5.12　（a）在独立层模式和传统附加电极模式下都可以工作的 TENG 结构设计；（b）两种模式下短路转移电荷特性的比较；（c，d）当振动幅度仅为空气间隙的 1/4 时，两种模式转移电荷数的比较（c），不同电阻负载下，一个周期内所收集振动能量的比较（d）（本图已获得 Elsevier 许可）[12]

如图 5.12（b）所示首先对两种工作模式下的 Q_{SC} 用相同的参数进行了计算。

虽然这两种模式的 $Q_{SC,\,final}$（完全分离情况下所得到的短路转移电荷量）均可以达到 $2\sigma S$，但 Q_{sc} 的曲线完全不同。对于独立层模式，Q_{SC} 的变化与 x 呈线性关系，在整个 x 范围内的斜率相对稳定。然而对于传统附着电极模式，Q_{SC} 仅在两端有一个较大的斜率。当 x 在 0.05～0.95g 时，Q_{SC} 几乎为常量。因此，当应用传统的附着电极模式来收集振动能量时，若不能保证独立层与两电极完全接触（实际应用中经常出现），则其总短路电流将会被严重地限制。当器件被用来收集简谐振动（振幅 $g/4$，中心位置 $x=g/2$）时，用 TENG 模拟器模拟计算两种模式在稳态下的输出特性。如图 5.12（c）所示，在整个阻值范围内独立层模式的转移电荷量是附着电极模式的 70 倍。另外，对于收集到的最优能量值，前者也比后者大几个数量级。从上述的对比中可以得出，当两极间物体的振动幅度不能保证其与两侧电极形成良好接触时，采用独立层模式收集振动能量是很有优势的，同时独立层模式也可以减少振动时振动物体与电极非弹性碰撞造成的能量损失，从而提高振动能收集的能量转化效率。

以上完成了所有 TENG 基本模式的讨论，TENG 的基本工作原理结合了接触起电和静电感应两种过程。通过接触带电过程，可以产生静电荷并保存在电介质表面。在带电电介质表面和两金属电极之间会形成两个等效电容。电介质位置的变化将会改变两电容的比值，从而驱动电荷在短路情况下在电极间流动。不同 TENG 工作模式会引起不同的电容变化特性，TENG 所有模式的电容的改变趋势列在表 5.2 中。

表 5.2　TENG 不同基本模式核心工作机理的比较

不同基本模式	附着电极 TENG（包括垂直分离和横向滑动的 TENG）	单电极 TENG	独立层 TENG
核心工作机理	$\eta_{CT}=\dfrac{1}{1+\dfrac{C_1(x=x_{max})}{C_2(x=x_{max})}}-\dfrac{1}{1+\dfrac{C_1(x=0)}{C_2(x=0)}}$		
$C_1(x=0)$	无穷大	无穷大	无穷大
$C_2(x=0)$	有限非零值	有限非零值	有限非零值
$C_1(x=x_{max})$	无穷小	无穷小	有限非零值
$C_2(x=x_{max})$	有限非零值	无穷小	无穷大
$C_1(x=0)/C_2(x=0)$	无穷大	无穷大	无穷大
$C_1(x=x_{max})/C_2(x=x_{max})$	0	1	0
η_{CT}	100%	50%	100%

5.3　高级器件结构

5.3.1　栅状电极结构

正如我们之前所讨论的，F-TENG 器件需要相对大的滑动位移（一个电极的长度）来保证有效的发电，这一点在实际能量挖掘应用中不容易被保证。周围环境中的机械振动往往是不规律的，振幅和频率均不同。这里我们介绍一种栅状电极独立层摩擦纳米发电机（GF-TENG），可以应用在大功率输出、高效率、宽范围等应用领域[3]。这种新的设计由分段栅状摩擦层和两对交叉电极组成。理论分析和实验数据均表明通过引入栅状电极结构收集到的电荷和电流密度都有了明显的提高。通过直线电机以 $30m/s^2$ 的加速度运行，16 格 GF-TENG 可以提供约 135V 的开路电压（V_{OC}）和约 $9mA/m^2$ 的短路电荷密度（J_{SC}），相应的最大能量密度约为 $1.2W/m^2$。此外，还展示了器件在非接触模式下良好的稳定性，同时在较低的工作频率下实现了高达 80%的能量转化效率。根据这些独特的功能，GF-TENG 可以利用环境中一系列的机械运动来发电，如人类手臂的运动、行走的振动、汽车的加减速过程等，这在未来的实际应用中有巨大的潜力。

GF-TENG 的结构如图 5.13（a）所示，器件主要由两部分组成，带栅状结构的独立层和两个交叉金属电极。全氟乙烯丙烯（FEP）和铝分别作为独立层和金属的电极材料。在一块亚克力板上切出 8 块栅状结构，作为摩擦层的支撑基底。然后将 FEP 薄膜粘在基底上。为了增强接触摩擦起电效果，利用电感耦合等离子（ICP）刻蚀在 FEP 表面刻蚀纳米棒状结构［图 5.13（b）］。另外一块亚克力板同样划分 8 等份，与独立层保持周期性相同。在沉积一层铝薄膜后，获得两组栅状，相邻两个电极距离为 1mm。对于不同格数的 GF-TENG 结构，保持摩擦层的总有效长度相同，每组电极距离为 6.4cm，同时器件的总有效面积也相同（$38.4cm^2$）。分割数量的增加使得每一个单元的长度（l）缩小，其关系为 $l=l_0/N$。

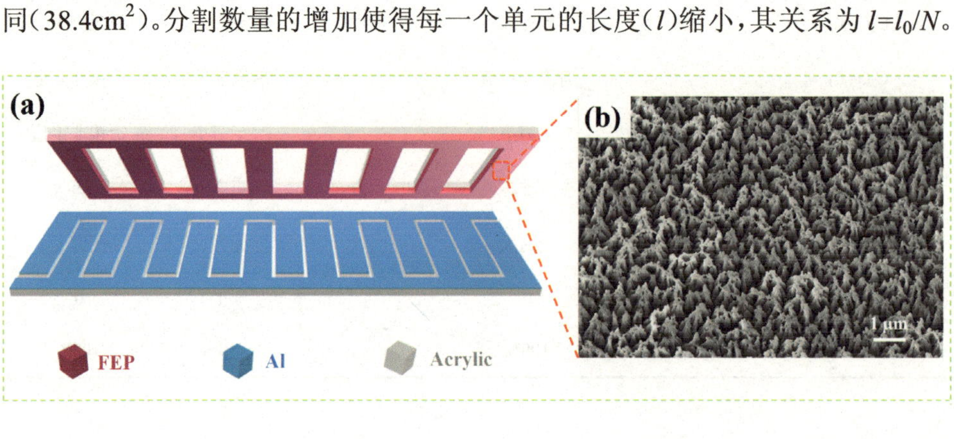

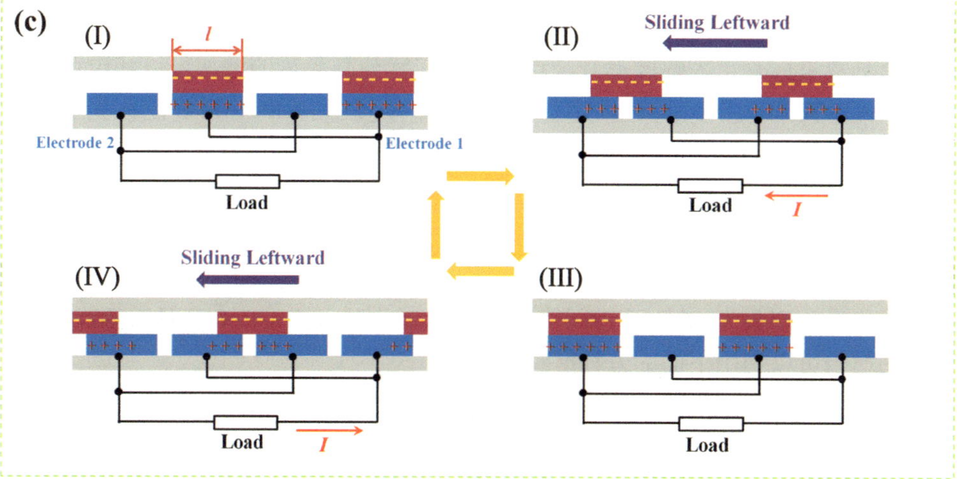

图 5.13　栅状电极独立层摩擦纳米发电机（GF-TENG）的器件结构和工作原理图。(a) GF-TENG 的典型结构设计；(b) FEP 表面纳米棒结构的扫描电镜图；(c) GF-TENG 的工作机理（本图已获得 Wiley 许可）[3]

GF-TENG 的工作原理可以被概括为接触带电荷和面内滑动感应电荷的共同作用，如图 5.13（c）所示。一开始，栅状 FEP 层与交叉电极组 EG1 在完全重合的位置［图 5.13（c-I)］，因为 FEP 的摩擦极性与铝相差很多，当表面发生接触摩擦时，负电荷会在 FEP 表面聚集，而正电荷会在 EG1 表面聚集，正负电荷量相等。此状态下处于静电平衡状态，所以两电极间没有电荷转移。当 FEP 层开始向左边滑动时，栅状层逐渐从 EG1 的重合位置向 EG2 滑动［图 5.13（c-II)］，在这种状态下将产生电势差使正电荷沿滑动方向从 EG1 流入 EG2，从而在外接负载上形成一个瞬时电流。一旦 FEP 层与 EG2 重合［图 5.13（c-III)］，所有的电荷都转移到 EG2 上，实现另外一个静电平衡态。当 FEP 继续向左移动时［图 5.13（c-IV)］，正电荷将会被吸引流回 EG1，在回路中提供一个反向的电流，至此为一个循环的发电过程。如果 FEP 向右滑动，与上面发电原理相同，但方向相反。

为了验证栅状分割数量对输出的影响，制作了 5 个不同分割数量（N=1，2，4，8，16）但有效面积相同的器件，并且测试了它们的电学特性。V_{OC}、$\Delta\sigma_{SC}$ 和 $\Delta\sigma_{SC,\ Rec}$ 的测量结果是通过 Keithley6514 测得的，短路电荷密度（J_{SC}）则是通过 SR570 低噪声电流放大器得到的。图 5.14（a）显示了 GF-TENG 转移电荷密度，插图为各结构一个滑动循环的转移电荷密度曲线。一个完整的滑动循环是由向左滑动和向右回复两部分组成，可以观察到在一次单向滑动过程中，对于分割成 N 部分的器件摩擦电荷转移了（$2N$–1）次，这与模拟得到的结果是相同的，随着 N 的增加，$\Delta\sigma_{SC}$ 仅有微小的下降。这种趋势可能是由于激光加工栅状结构时局部受热不均导致表面不平整，影响了有效接触面积。将 GF-TENG 与整流桥相连后，所有的转移电荷都可以被收集到能量存储器件中。如图 5.14（b）所示，积累的电荷在增加栅状分割数量后有了大幅度提升，这是因为栅状分割数量的增加可以使电荷转移周期大幅度提升。当分割数量达到 16 时，$\Delta\sigma_{SC,Rec}$ 达到 640μC/m^2，这比无栅状分割的结构提高了 10 倍以上，证明提高栅状分割数量可以提高器件的输出性能。对于 V_{OC}，其输出特性如图 5.14（c）所示，随 N 增加时会有明显的衰减趋势，这与理论预期的结果相吻合。图 5.14（d）为在加速度为 10m/s^2 时短路电荷密度的特性，对于只有 1 个分割数的器件，在一个单向滑动周期内电流只有一个低且宽的峰生成，当分割数为 16 时，相同情况下有 31 个约为 4.0mA/m^2 高且窄的峰产生。性能的增强可以利用下面的方程解释：

$$J_{SC}=\frac{d\Delta\sigma_{SC}}{dt} \tag{5.11}$$

式中，t 代表时间，当分割数增加时每个单元的长度和运行时间都会变小，因此摩擦电荷可以传输得更快，所以得到的电流幅度更高，频率也更快。因此，在结构上引入更多的分割数量对提高积累的电荷数量、电流密度和电流频率都有很大的帮助。

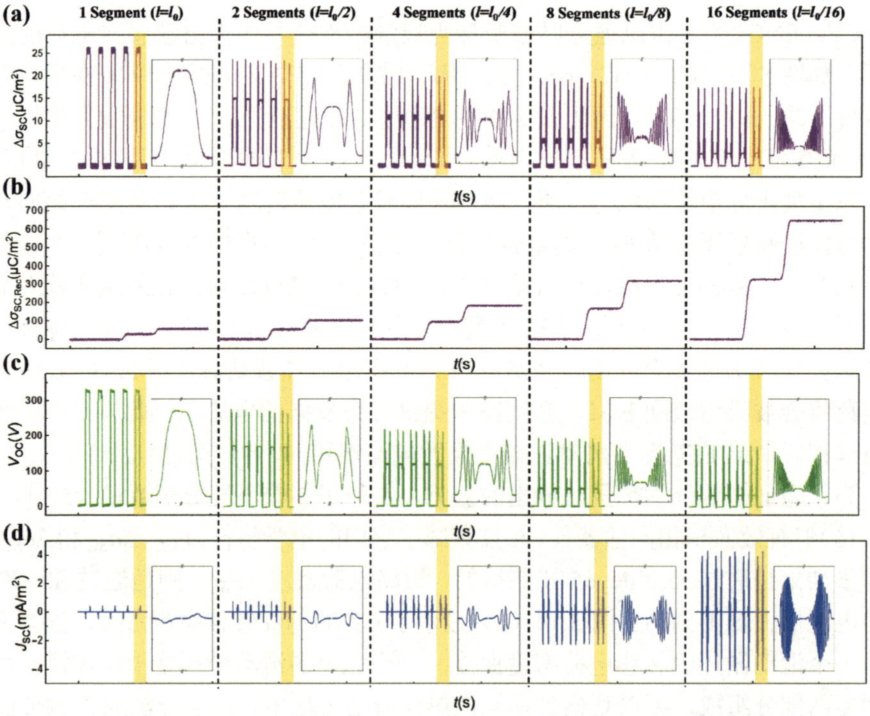

图 5.14　不同分段结构（N=1，2，4，8，16）的 GF-TENG 的电测量结果。（a）实测 $\Delta\sigma_{SC}$；（b）实测 $\Delta\sigma_{SC,Rec}$；（c）仿真 V_{OC}；（d）仿真短路电流密度（J_{SC}）；插图是相应高亮部分的放大图（本图已获得 Wiley 许可）[3]

GF-TENG 由于具有高输出，可以在非接触状态下运行等独特的优势，可以被用于很多环境中收集我们周围的机械能，作为能量源，直接为电子器件供电。如图 5.15（a）所示，将一个独立的 FEP 膜附在人手上，即使在非常低的速度下，当手在电极上移动时就可以产生 60 个商用 LED 工作的电能。未来，GF-TENG 也可以用于收集汽车的引擎振动能量。如图 5.15（b）所示，在遥控玩具汽车上安装了一个 GF-TENG，当汽车进行加减速运动时，GF-TENG 就可以发电驱动车上的电子元件。GF-TENG 也可以用作自驱动传感器来检测移动车辆的加速度，如果将其密封，还可以将其应用于收集海洋中的波浪能和潮汐能。

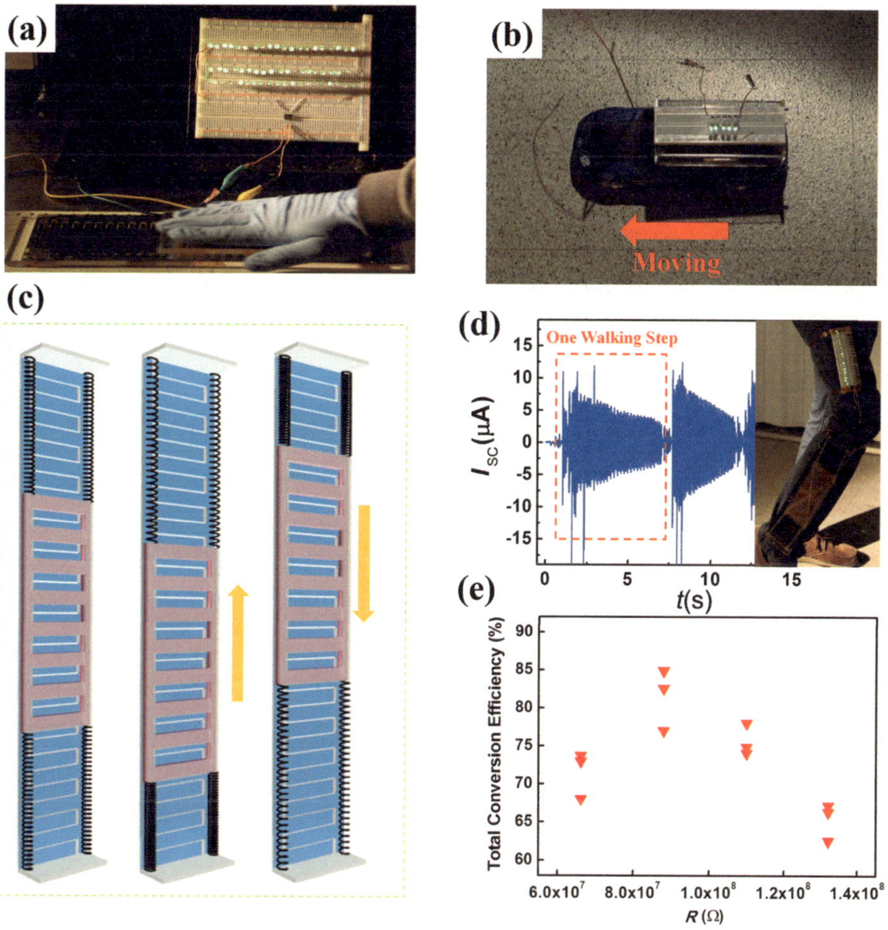

图 5.15 GF-TENG 用于广泛机械能收集的应用。(a) 收集人手滑动的能量；(b) 收集遥控玩具汽车加速减速的能量；(c) 非接触 GF-TENG 器件结构；(d) 非接触 GF-TENG 收集人走路的能量以及短路电流（I_{SC}）的实时测量结果；(e) 不同负载电阻下 GF-TENG 收集微小振动能量的总转换效率（本图已获得 Wiley 许可）[3]

此外，GF-TENG 在非接触模式工作时可以比较高的能量转化效率来收集机械能。如图 5.15（c）所示，用四根完全相同的弹簧将 FEP 膜平行固定在电极表面，相距 1.6mm。当有外部机械运动沿弹簧方向加在器件上时，机械能转化成弹簧的弹性势能，FEP 将在平衡状态附近振荡很长一段时间，再将弹簧的弹性势能转化为电能。如图 5.15（d）所示，这种设计可以收集人类行走时的能量。可以观察到，每次行走将会产生持续不断的输出，与 FEP 的振动幅度和偏移位置相符。

基于弹簧的器件可以利用 GF-TENG 的非接触模式工作。这里，总转化效率被定义为总输出电能与输入机械能的比值。在理想状态，环境中不存在任何摩擦，此时非接触模式的能量转化效率可以达到 100%。然而，在现实情况下，空气阻力和其他不可避免的因素会阻碍器件的正常运转，导致能量损耗的发生。为了减小空气阻力的影响，将 FEP 在相对较低的速度下振动，这时可以得到一个较高的能量转化效率。FEP 首先被放在偏离中心 1mm 的位置，当其被放开时，弹簧的弹性势能将转换为机械能，在平衡位置附近做大约 4min 的阻尼运动，机械能逐渐转化为电能。通过测量外接负载上的输出，收集到的总电能可以通过计算得到。在一定的阻值下，负载上收集到的电能可以达到最大。因此，为了得到最大能量和效率，在一系列负载上测量电流。总发电能量可以通过下面公式计算得到

$$E_{\text{electrical}} = \int I^2 R \mathrm{d}t \tag{5.12}$$

式中，I 为电流表所记录的瞬时电流；R 为负载阻值。输入的机械能由振动的初始位置和最终位置决定，可由下面公式计算得到：

$$E_{\text{mechanical}} = 2kx^2 \tag{5.13}$$

式中，k 为弹簧的劲度系数（k=15.76N/m）；x 为位置偏移量（x=1mm）。图 5.15（e）展示了不同阻值下一系列总能量转化效率的多次测量值，当负载为 88MΩ 时达到最大能量转化效率 85%，证明了 F-TENG 可以非常高效率地收集机械能。

总之，我们展示了一种新型的摩擦纳米发电机，通过多重分割结构可以同时在接触和非接触模式收集机械能产生交流电。根据理论和实验的研究，GF-TENG 的多重栅状结构显著提高了收集到的电荷量、电流密度和输出频率。当器件在非接触模式低频条件下工作时，展示出良好的稳定性和高达 85%的能量转化效率。由于这些自身优势的存在，GF-TENG 可以广泛应用于收集各种周围能量，如人类的行走和手的动作、汽车的加速度等。

5.3.2 旋转轮盘状结构 1

这里介绍一种新型的轮盘状 TENG。静止的轮盘状基底上分别镀上两组电极，在另一个旋转轮盘上做一层独立层[4]。对于这样的结构，不需要在旋转的部位进

行电极沉积或连接导线，可以大大提高设备运转的灵活度。同时归功于这种新的发电原理，非接触独立旋转轮盘状摩擦纳米发电机（FRD-TENG）可以在接触带电后运行。在没有摩擦的条件下，其表面摩擦电荷可以在绝缘体表面保存较长一段时间，这大大提高了器件的耐久性和稳定性，减少了能量的损失。

在非接触模式下，可以产生 220V 的开路电压，13mA/m^2 的短路电荷密度，输出功率为 1.2W/m^2，可以同时驱动串联的 100 个 LED。在连续工作 500000 个循环后，器件依然可以稳定工作，可以在 1.5h 内以 7.5μA 的电流充满一个 1.5V 的锂电池。FRD-TENG 还可以用作自驱动机械传感器，通过读取频率和电流密度的大小，还可以检测两个轮盘的垂直分离距离和旋转速度。这项工作展示了 TENG 在收集旋转能量上的进展，对自驱动传感器的工作，尤其是车辆刹车系统的产业有重大指导意义。

如图 5.16（a）所示，FRD-TENG 的基本结构由两部分组成：摩擦层的独立旋转结构和静止的金属电极。旋转部分是由一片约 50μm 厚的 FEP 薄膜制成，将其分割成 4 段并贴在亚克力基底上。在这种新结构中，不需要在 FEP 薄膜背面镀金属层，所以也就表明在很多转动的物体上（如轮胎）不需要任何额外的复杂工艺就可以用来发电。固定的部分由两个分开的铝箔制成（厚约 50μm，直径 4 英尺），分割成 4 份作为 2 个固定电极，为了增加摩擦电荷密度，在摩擦层内表面进行了纳米工艺处理。一边用电感耦合等离子体（ICP）刻蚀工艺在 FEP 表面进行反应离子刻蚀（RIE）生成纳米棒；另一边用选择性沉积方法在铝箔上制作微尺度立方体结构。两种结构的扫描电镜图如图 5.16（b）和（c）所示。两边的摩擦电极

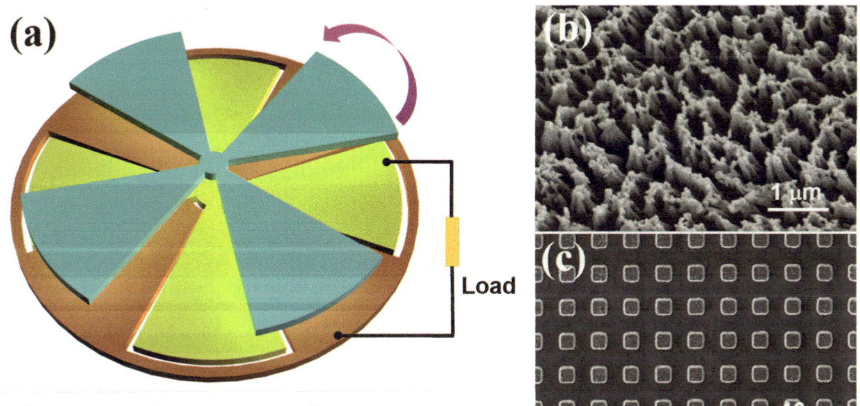

图 5.16　非接触独立旋转轮盘状摩擦纳米发电机（FRD-TENG）的器件结构。(a) 由独立层 FEP 和静止铝层组成的 FRD-TENG 的基本结构图；(b) FEP 薄膜表面纳米棒结构的 30°倾斜视角扫描电镜图；(c) 铝箔的立方体微图案结构的扫描电镜上视图（本图已获得美国化学学会许可）[4]

层（FEP 和铝）首先接触产生摩擦电荷，由于电介质 FEP 膜表面的电荷可以保存若干天，在这期间器件可以在不接触的条件下连续工作。其电荷在 FEP 表面所保留的时间主要取决于材料自身特性和湿度等周围环境因素。两个表面的电荷在长时间非接触工作后可以通过重新接触方式再次产生摩擦静电荷。在这个实验中，旋转部分由一个转速为 r 的可调转机来提供，静止部分被固定在三维台上来控制两平行摩擦层的垂直距离（d）。

FRD-TENG 在转速为 500r/min 的典型输出特性如图 5.17（b）所示，其输出性能与相应接触模式进行了比较［图 5.17（a）］。图 5.17（a_1）～（a_3）分别展示了接触模式下（d=0）开路电压（V_{OC}）、转移电荷密度（σ_{SC}）和短路电流密度（J_{SC}）等参数。在这些参数下，V_{OC}=250V，σ_{SC}=21μC/m^2，J_{SC}=2.0mA/m^2。相应的数据与非接触模式（d=0.5mm）相比，非接触模式的性能只比接触模式有些许下降，相应数据为 V_{OC}=220V，σ_{SC}=20μC/m^2，J_{SC}=1.8mA/m^2［图 5.17（b_1）～（b_3）］。结果说明了 FRD-TENG 对分离高度具有非常好的容忍性，这样能量转化的过程就不再需要将两摩擦层紧紧贴在一起。同时实验中可以观察到 V_{OC} 和 σ_{SC} 为三角波，而 J_{SC} 为方波［图 5.17（b）插图］，反映了转移电荷和电流的时间微分关系。为了更加全面地研究负载上的有效输出能量，我们对不同负载下的输出电压和电流做了比较，如图 5.17（c）所示。总体上，输出电压随负载电阻增加而增大，但电流呈相反趋势。两个曲线在 0.1～100MΩ 范围内存在准线性关系，在这一区域，其值大小随电阻变化有明显变化。不同负载的输出功率可以通过所得到的电压和电流相乘的方式而得到，如图 5.17（d）所示。基于以上的结果，可以发现在负载约为 2MΩ 时，FRD-TENG 最大输出功率密度为 1.22W/m^2。FRD-TENG 的高输出功率可以同时连续驱动 100 个串联的 LED，如图 5.17（e）所示。其可以应用于安全监视器的自照明系统、风力检测和娱乐休闲等领域。

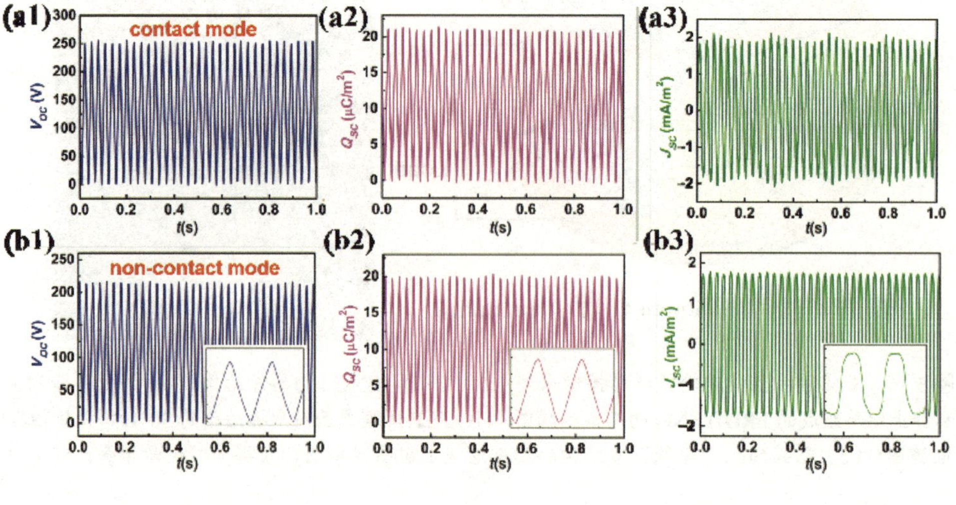

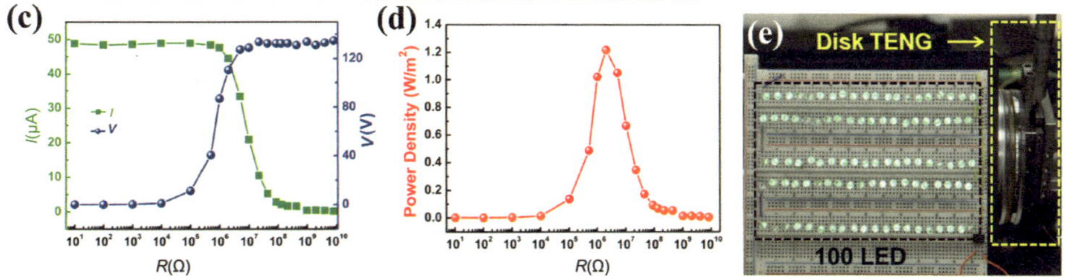

图 5.17　FRD-TENG 的电输出特性。($a_1 \sim a_3$) 接触模式下的实测 V_{OC}、Q_{SC} 和 J_{SC}；($b_1 \sim b_3$) 非触模式下的实测 V_{OC}、Q_{SC} 和 J_{SC}，插图是每个输出曲线细节形状的放大视图；(c) 可变电阻下通过外部电路的实测输出电压和电流；(d) 可变电阻下 FRD-TENG 的有效功率输出计算结果；(e) 视频快照说明 FRD-TENG 能够瞬时和连续驱动 100 个串联的 LED（本图已获得美国化学学会许可）[4]

5.3.3　旋转轮盘状结构 2

除了之前所介绍的轮盘状设计（转动部分只有电介质材料），还有另外一种旋转轮盘状 TENG 的设计有着极高的输出特性[5]。这种器件由精细分割的电极结构与自由旋转的旋转层组成。与 5.3.2 节的转盘结构不同，该自由旋转层中有金属部分。当这种直径为 10cm 的 TENG 工作在 3000r/min 转速时，其可以产生大约 850V 的开路电压和 3mA 的短路电流，输出频率为 3kHz。在负载为 0.8MΩ 时，平均输出功率为 1.5W（面功率密度为 19mW/cm^2），能量转化效率为 24%，与之前的工作相比有了极大的提高。而且由于其输出频率较高，可以使用基于变压器的电源管理电路将所发出的交流电转变为直流电，在恒定的电压下持续驱动各种商用电子设备。鉴于 TENG 一些独特的优势，如体积小、质量轻、成本低和可拓展性良好，该技术不仅可以应用于对自驱动器件的供能，同时也可以应用于大规模发电领域。

这种 TENG 具有多层结构，主要包括两部分：旋转子和静止支架，如图 5.18（a）所示。旋转子由放射状阵列扇区组成，每个扇区的间隔角为 3°，转子共分成 60 份。静止支架分为三个部分，一层 FEP 薄膜作为摩擦层，一层金属电极和一个支撑基底。电极层由两部分网络组成，两部分网络由精细的沟槽分离 [图 5.18（b）和（c）]。电极网络的图案与旋转子相同，每一个电极网络的图案均为放射状阵列扇区状并相互连接，电极层为内嵌式并完全固定。这种设计不仅能简化结构还有很好的机械稳定性，使 TENG 在实际应用中可靠且持久。如图 5.18（d）和（e）所示，旋转子和静止支架均为二维平面结构，所以体积很小，详细的制备流程将在方法部分继续讨论。

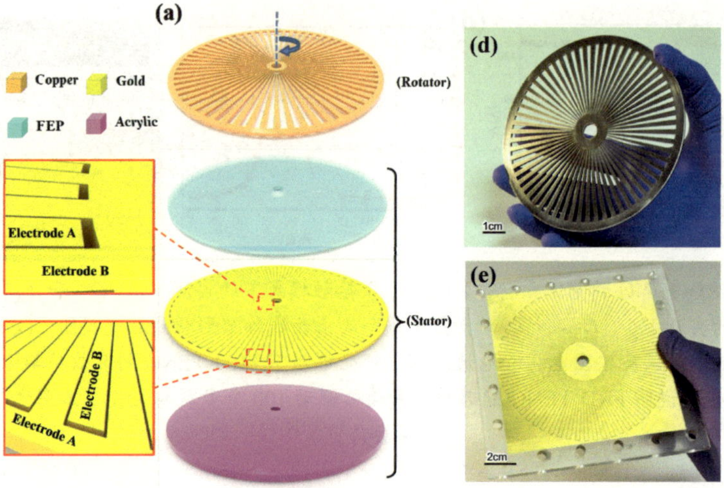

图 5.18　摩擦纳米发电机结构设计。(a) 摩擦纳米发电机示意图，由旋转子和静止支架组成。内端放大图 (b) 和外端放大图 (c) 显示两电极具有互补的特征，并由沟槽隔开。值得注意定子的是这些图没有比例。(d) 旋转子照片。(e) 照片，边上的通孔用于装配（本图已获得自然出版集团许可）[5]

为了能准确地测量并控制旋转速率，应用一个可编程旋转电机来驱动旋转子。在旋转速率为 500r/min 的情况下，短路电流（I_{SC}）有连续的交流信号输出，平均幅度为 0.5mA［图 5.19 (a)］。对于开路电压而言，振荡频率与 I_{SC} 相同，峰值为 870V［图 5.19 (b)］，这与理论值较为接近，细小的偏差可能由于器件表面的粗糙程度导致实际接触面积并未达到理想状态。在短路条件下，一个循环的电荷转移量可以达到 0.32μC［图 5.19 (c)］，相应的有效直流电（$I_{DC}=\Delta Q/\Delta t$）大小为 0.32mA。我们注意到电流峰与峰之间的长度由旋转子各扇区的角度和旋转速率决定［图 5.19 (a)］。一旦与负载相连，电流的振幅将会随负载阻值的增加而下降，如图 5.19 (d) 所示。平均输出功率等效于负载所产生的焦耳热，可以通过 $I^2_{\text{effective}}R$ 得到，$I^2_{\text{effective}}$ 代表有效电流大小，R 代表负载的阻值。在负载为 4.9MΩ，旋转速率为 500r/min 时，平均输出功率达到 0.23W［图 5.19 (d)］。

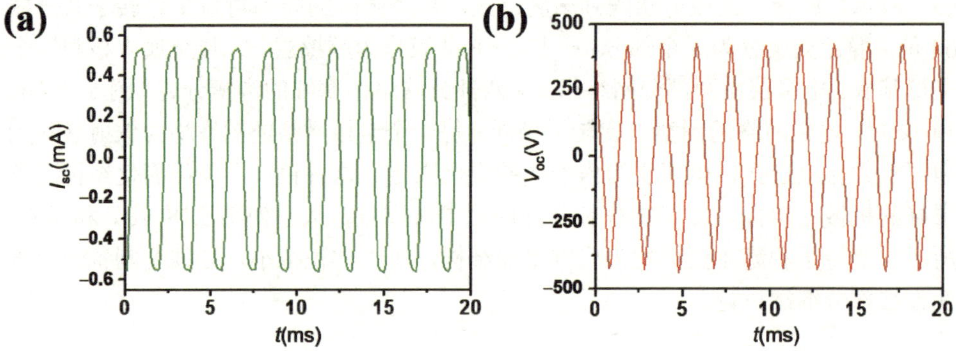

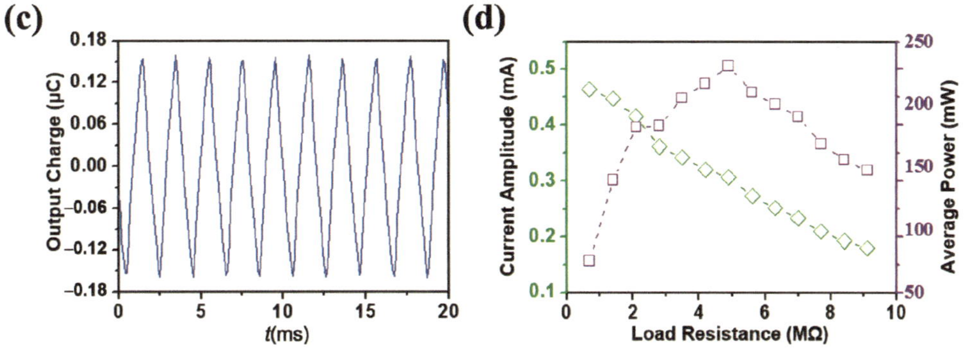

图 5.19　实测电输出结果。(a) 500r/min 转速下的短路电流 (I_{SC}); (b) 500r/min 转速下的开路电压 (V_{OC}); (c) 500r/min 转速下的输出电荷; (d) 500r/min 转速下的负载匹配测试。在 4.9MΩ 负载下获得最大平均输出功率（本图已获得自然出版集团许可）[5]

旋转速率是决定 TENG 输出的重要因素，I_{SC} 和旋转速率可以得到一个线性的关系，如图 5.20（a）所示，高旋转速率可以导致大的短路电流输出。与之相比，V_{OC} 的幅度则与旋转速率无关，只与位置有关，所以一直保持稳定［图 5.20（a）］。同时匹配电阻也是变化的，其与旋转率成反比［图 5.20（b）］。当 TENG 运行在 3000r/min 的旋转率下，匹配电阻约为 0.8MΩ，瞬时最大输出功率约为 1.5W。相应的平均输出功率密度为 19mW/cm^2。

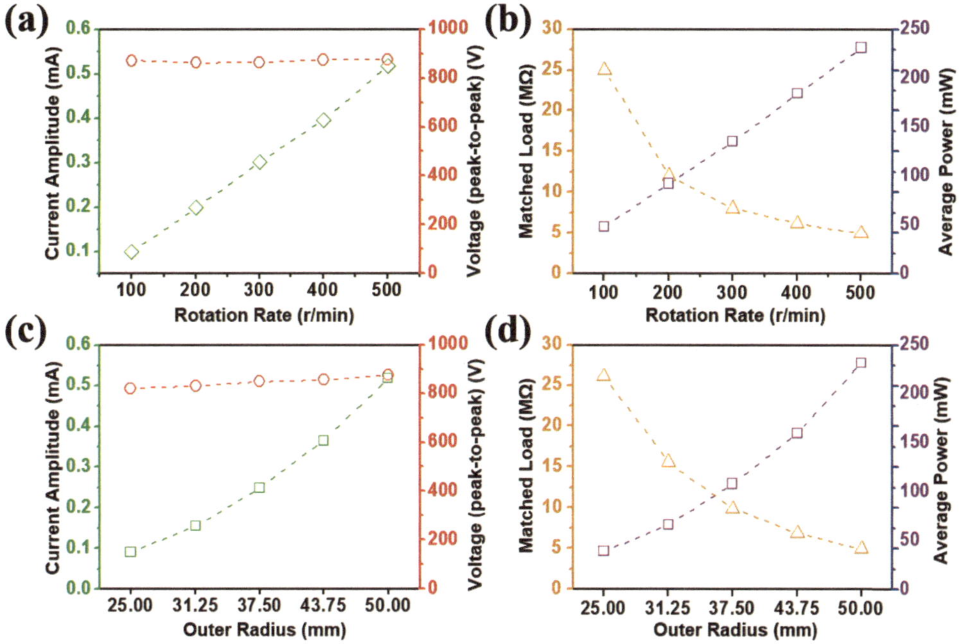

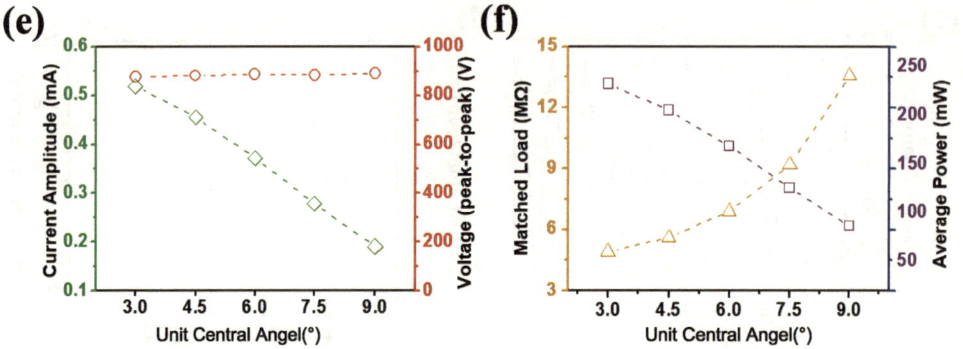

图 5.20　影响摩擦纳米发电机电输出特性的因素。(a) I_{SC} 的幅值和 V_{OC} 峰值随转速增加的变化；(b) 匹配负载电阻和平均输出功率随转速增加的变化；(c) I_{SC} 的幅值和 V_{OC} 峰值随摩擦纳米发电机外径增加的变化（500r/min）；(d) 匹配负载电阻和平均输出功率随摩擦纳米发电机外径增加的变化（500r/min）；(e) I_{SC} 的幅值和 V_{OC} 峰值随扇形单元的圆心角增加的变化（500r/min）；(f) 匹配负载电阻和平均输出功率随扇形单元的圆心角增加的变化（500r/min）（本图已获得自然出版集团许可）[5]

设计参数，尤其是放射状扇区的间隔角会影响 TENG 的输出。图 5.20（c）显示输出 I_{SC} 和 V_{OC} 与间隔角存在一个粗略的二次关系。匹配电阻随半径增加而减小，平均输出功率与半径存在一个粗略的二次关系［图 5.20（d）］。换句话说，因为摩擦起电是一个面内的充电过程，所以与面积息息相关，因此其输出与 TENG 的面积存在线性关系。与器件的尺寸相比，间隔角与输出成反比，如图 5.20（e）所示，随着间隔角的增加，I_{SC} 直线下降，而 V_{OC} 保持稳定，这也与理论模型的计算结果相符。因此，如果间隔角变大，输出会呈线性关系下降。所以精细的网络分割尺寸在实现高输出方面有重要的作用。

TENG 的效率被定义为负载上的电能与电机所提供的机械能之比。当 TENG 以 3000r/min 速度旋转时，效率大约为 20%，相当于 TENG 上获得 0.02N 的扭矩，则可以电极输入的机械能为 6.28W，而电力输出为 1.5W，效率大约为 24%。TENG 的可靠性，特别是对机械磨损的阻力，是评估其性能的重要参数。黏着磨损是两个物体在平面内接触滑动引起的，所以沉积在旋转子上的金属的黏附性将会在很大程度上决定 TENG 的耐磨度。针对 TENG 采取了一些特许的处理方法，包括添加黏附层和沉积金属前在表面用等离子体处理。这样 TENG 就有良好的稳定性和耐久性。在连续产生约千万次交流电流后，输出电流并未出现任何衰减，这证明了 TENG 在未来的实际应用中具有良好的稳定性。

5.4　滚动摩擦工作模式

目前，为了适应实际中各种机械运动，已经提出了 4 种 TENG 的基本工作模式，包括接触模式、滑动模式、单电极模式和独立层模式[13, 14]。然而作为一种收集能量的手段，能量转化效率和器件耐久度依然是 TENG 关键的问题。其中一个影响能量转化效率的因素是两摩擦界面的摩擦阻力。摩擦阻力将可用的机械能转化为废热能，造成能量浪费，同时也会影响器件的耐久性。特别是基于滑动模式的 TENG，摩擦层很容易由于距离的摩擦而脱落。

本节讨论一种基于滚动起电的摩擦纳米发电机（R-TENG），这种 TENG 可以提供很高的能量转化效率，而且不必以牺牲强度和稳定性为代价[6]。这种结构的核心设计思想是通过在两平面之间夹圆柱状钢条的方式，将棒滚动的动能转化为电能。R-TENG 为三明治结构，由两层 FEP 薄膜中间夹钢条构成。钢条在 FEP 薄膜间的滚动会导致上下表面间感应出摩擦电荷。随着钢条滚动位置的改变，FEP 背面的电极间电势也会改变，这会驱动电子在外接负载上流动。作为发电机，每一对输出终端可以独立工作并提供大约 425V 的开路电压、0.145μC 瞬时短路电荷转移量和 $5mA/m^2$ 的短路电流密度。两组输出终端也可以集成在一起，总功率密度可以达到 $1.6W/m^2$。为了优化输出特性，我们研究了不同的结构变化参量，如钢条的旋转速度、相邻电极间的距离和钢条的直径等，因为滚动摩擦有很小的摩擦系数，所以能量转化效率较高，可以达到 55%，同时与滑动摩擦相比有更小的摩擦层磨损。很多其他结构可以转换为基于滚动摩擦的概念，如旋转轮盘结构、栅状结构和滚动球等。这个工作展示了一个可以高效率稳定可靠的 TENG。

R-TENG 的基本结构如图 5.21（a）所示，为两层 FEP 薄膜之间夹着一组钢条的三明治结构。每一层 FEP 薄膜的背面分别沉积两组铜电极。通过电感耦合等离子体刻蚀的方法在 FEP 内表面构造高分子纳米棒。在 R-TENG 工作期间，底部的 FEP 层紧紧贴在三维台上，上面的 FEP 薄膜通过线性电极做往复振荡运动，可以驱动钢条的滚动。当上面的 FEP 层从左边向右边滑动时，中间的钢条也会同时在底部的 FEP 层滑动，直到滑动到尽头再返回。图 5.21（b）～（e）演示了 R-TENG 的工作原理和电荷转移的过程。钢条与 FEP 薄膜的所有区域都接触，因为它们吸引电子的能力不同，所以在 FEP 薄膜的内表面会有净负电荷产生，钢条表面有净正电荷。假设在 FEP 表面的负电荷均匀分布在电极上，那么将不会有电势差存在，所以不会有电能输出，带正电荷的钢条的相对位置决定了电势差的产生。开始时［图 5.21（b）］，带正电的钢条位于顶层 FEP 薄膜右侧电极（RE）的下面，底部 FEP 薄膜左侧电极（LE）的上面。因此对于上层来说，RE 的电势比 LE 高，导致瞬时电子由 LE 向 RE 流动。下层的电势极性正好相反（LE 的电势高于 RE）。当顶层 FEP 薄膜随带正电的钢条开始向右滑动时，上层的 RE 和 LE 之间的电势差将逐渐减小，直到平衡态［图 5.21（c）］。当 FEP 薄膜继续向前移动，LE 的电势将高于 RE，当 FEP 膜在最右边停止时，电势差将达到最大值［图 5.21（d)］。在下半个周期的滚动过程中，FEP 层将向左滑动返回，LE 和 RE 之间的电势下降为 0［图 5.21（e)］，直至回到原始位置将变为负值［图 5.21（b)］。在此过程中，由于带正电的滑动条参考的是底部 FEP 层，所以与顶部的 FEP 层相比，其电子流动趋势方向相反。在短路条件下，前半个周期的运动所产生的电势变化将会使电子在上层从 RE 向 LE 流动，第二个周期又从 LE 流回 RE。

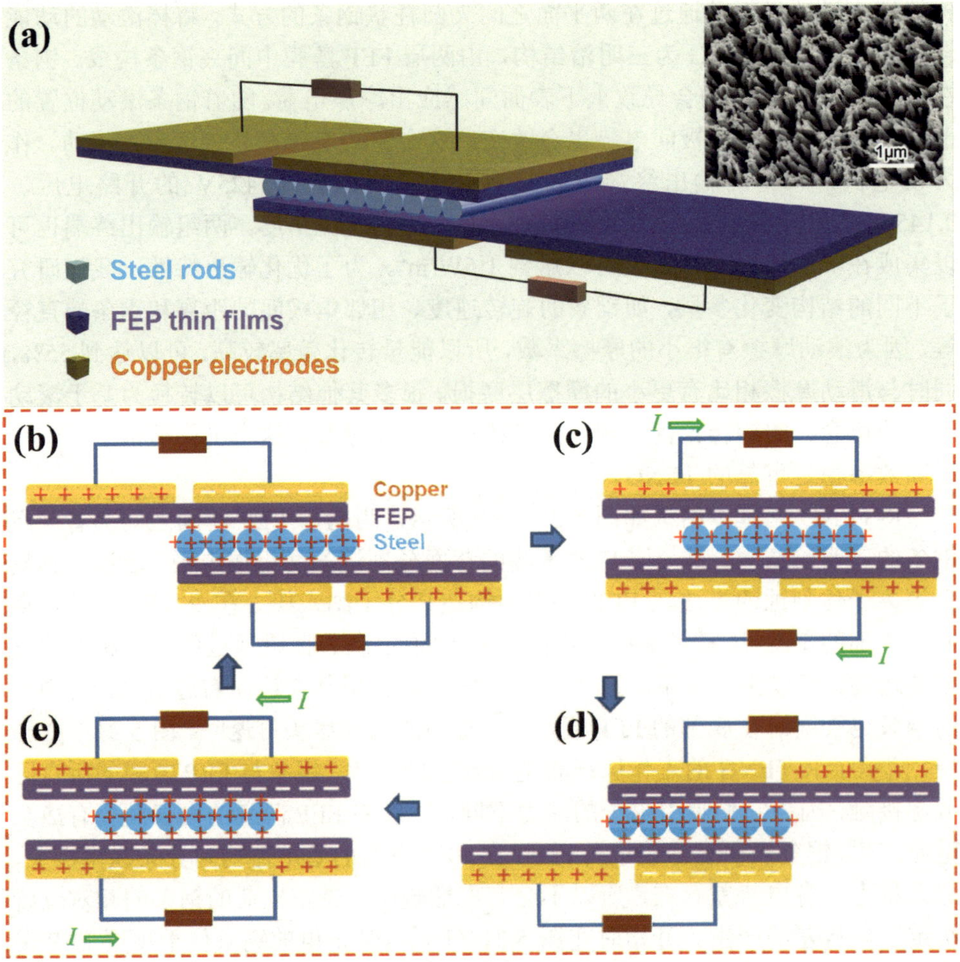

图 5.21　滚动摩擦纳米发电机（R-TENG）的结构和工作原理。(a) R-TENG 器件结构示意图。插图（右上）：FEP 薄膜内表面纳米线结构的扫描电镜图；(b～e) R-TENG 工作原理的步骤说明（本图已获得美国化学学会许可）[6]

为了更加全面地理解和研究 R-TENG 的输出性能，研究了输出性能对不同结构参数的依赖特性，包括滑动速度、电极分离距离和钢条的直径，如图 5.22 所示。为了方便，所有的测量结果均取自下层输出终端。首先，保持其他参数不变，改变滑动速度来研究输出性能［图 5.22（a）和（b）］，结果可以发现 V_{OC} 并不随速度变化而变化，而速度从 0.1m/s 增大到 0.5m/s 时，J_{SC} 同时增加。不同趋势的产生是由于 V_{OC} 是静态信号，只取决于电荷分离的数量和摩擦电荷的大小，而 J_{SC} 是动态信号，正比于电荷转移率。因此，最大输出功率随滑动速度增加而增大。随后研究两电极间水平分离距离的变化，变化范围为 1.6～25.4mm。V_{OC} 有些许增大但 J_{SC} 衰减明显［图 5.22（c）和（d）］。理论上，V_{OC} 应该随分离距离的增加而变大，因为分离距离的增加将会使寄生电容变小，与恒定转移电荷下的 V_{OC} 成反比。然而实际中并未出现明显的增加，这是由于所用电压表的内阻并非理想情况。更大的分离距离同时也导致电荷转移时间变得更长，因此 J_{SC} 会变小。基于这些结果，就可以很容易理解总输出功率随距离增加而减小。如图 5.22（e）和（f）所示，V_{OC} 和 J_{SC} 均会随钢条直径的增加而减小，假设不同直径钢条的电荷密度恒定，随着直径的增加，电荷中心和电极之间的距离也会增加，导致大直径就会比小直径的钢条电势差小。综合以上所有结果可以得出，更小的钢条尺寸和距离可以提高 R-TENG 的总功率。

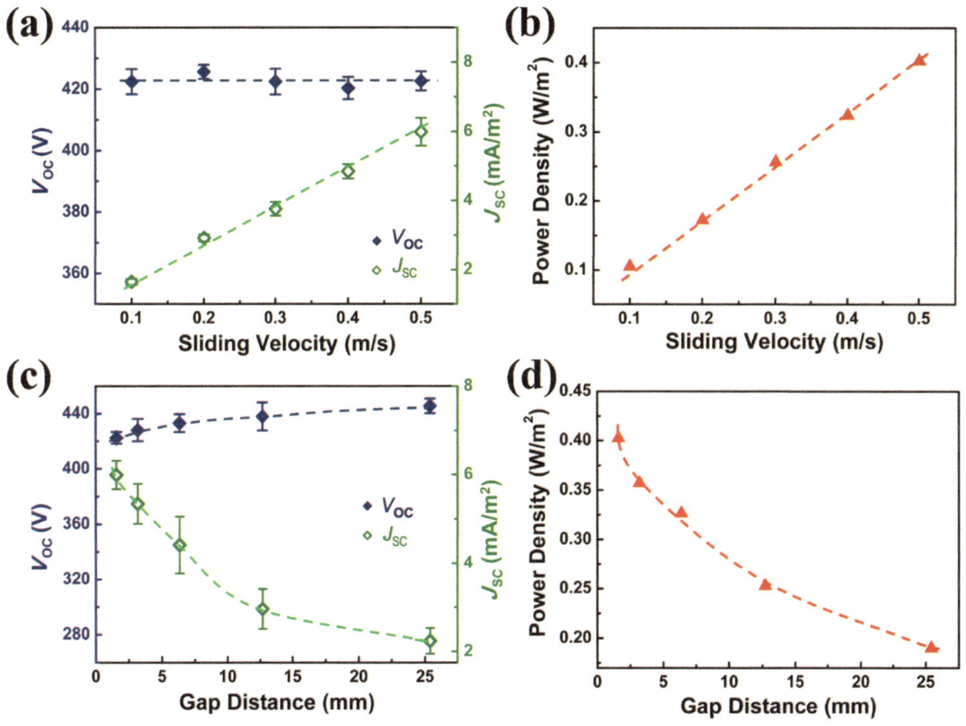

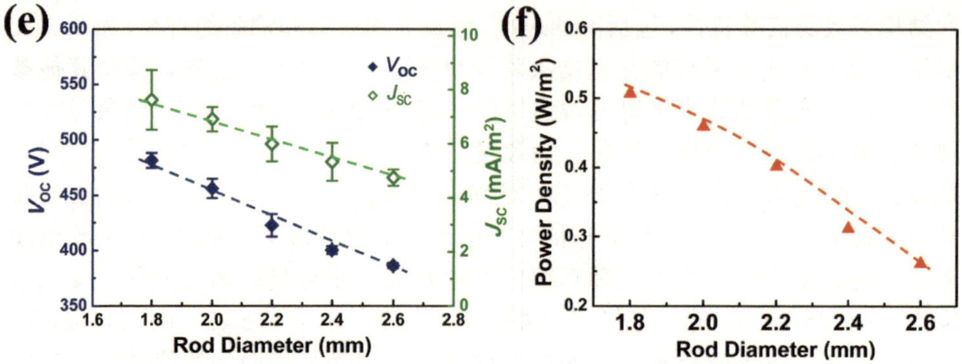

图 5.22　R-TENG 的输出特性依赖于可变的结构参数。(a) 滑动速度对 R-TENG 开路电压和短路电流密度的影响；(b) 滑动速度对 R-TENG 最优输出功率密度的影响；(c) 同一 FEP 薄膜上两电极间隙距离对 R-TENG 开路电压和短路电流密度的影响；(d) 间隙距离对 R-TENG 最优化输出功率密度的影响；(e) 棒的直径对 R-TENG 开路电压和短路电流密度的影响；(f) 棒的直径对 R-TENG 最优输出功率密度的影响（本图已获得美国化学学会许可）[6]

5.5　能量转化效率

滚动结构可以减小摩擦同时不牺牲输出功率，因此其可以提高能量转化效率。就这点而言，开路和连接各种负载的情况下测量其能量转化效率，可以发现当连接负载时阻力会变得更大［图 5.23（a）］，这时因为当电流流过负载时将会遇到更高的静电阻力。因此假设通过发热而造成的摩擦能量损失恒定，能量转化效率可以由下列公式得到：

$$\eta = \frac{E_{\text{output}}}{E_{\text{input}}} = \frac{\int F\mathrm{d}t - \int F_0\mathrm{d}t}{\int F\mathrm{d}t} \tag{5.14}$$

式中，η 为能量转化效率；E_{output} 为电能输出；E_{input} 为机械能输入；F 为相应负载下的阻力；F_0 为开路情况下的阻力。计算结果如图 5.23（b）所示，在外部负载与 R-TENG 内阻符合时，效率最大可以达到 55%。高的能量转化效率是由于 FEP 层和滚动棒之间的摩擦很小，这是这种设计的一种独特的优势。根据对不同接触材料摩擦系数的标准化测量［图 5.23（c）］可以发现，滚动结构的摩擦系数显著低于面摩擦系数。R-TENG 的高转化效率可以用来收集手指轻微动作的能量来驱动便携式电子设备，如发光二极管［图 5.23（d）］。此外，通过对长时间工作后的摩擦介电层表面纳米结构的观察可以发现，如图 5.23（e）所示，在经历了约 1000 次循环后，两种材料的表面截然不同。滚动摩擦表面的纳米结构仅有少量的磨损，而滑动摩擦的表面变形严重。由此证明了 R-TENG 相对于传统的滑动摩擦纳米发电机来说有更好的耐久性。

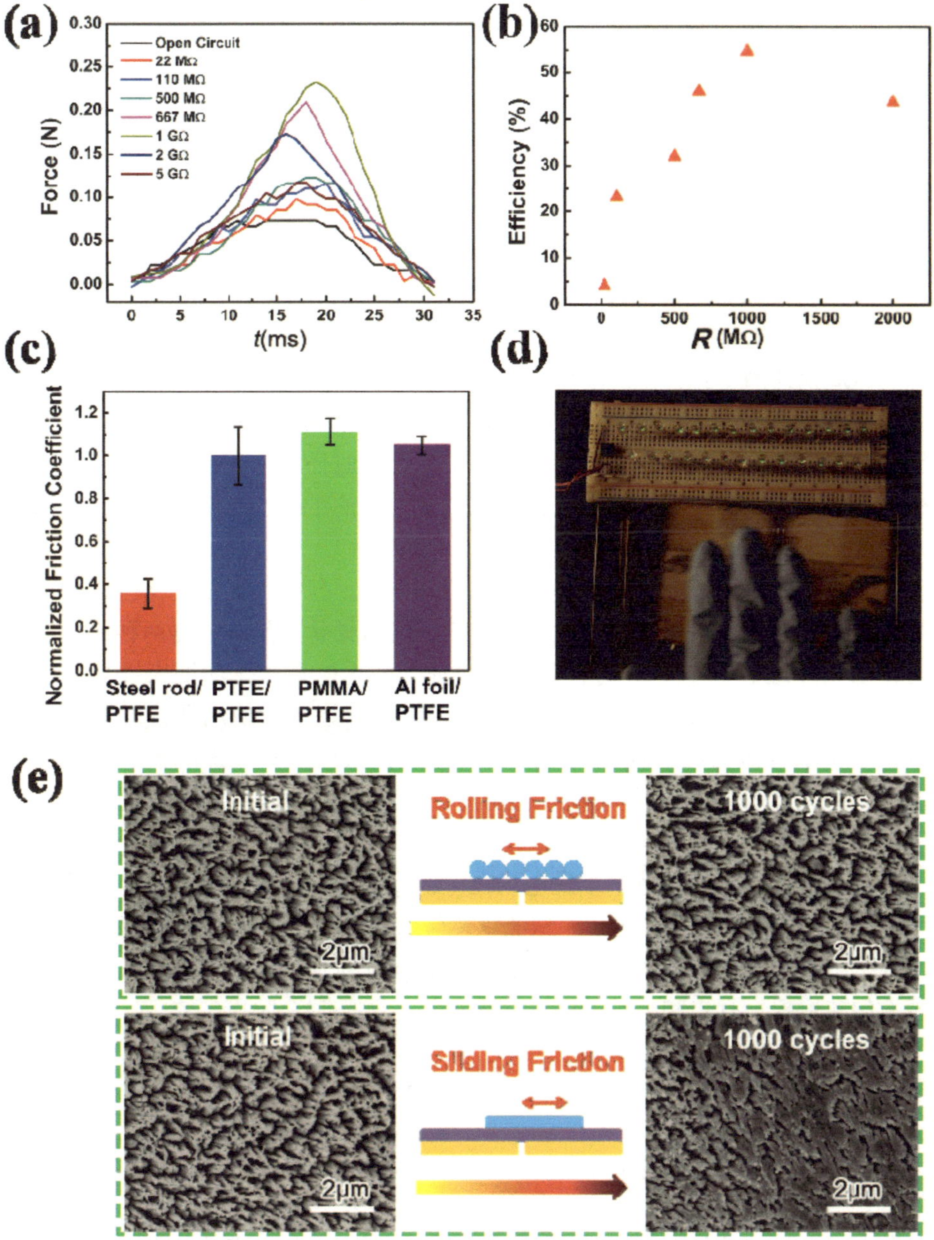

图 5.23　R-TENG 能量转换效率特性。(a) 可变负载电阻下，R-TENG 能量收集过程中阻力的测量结果；(b) 可变负载电阻下，能量转换效率计算结果；(c) 不同材料之间，摩擦纳米发电机的标准化摩擦系数，PTFE 薄膜之间的摩擦系数作为参考值；(d) 现场演示的截图说明 R-TENG 可以瞬时驱动便携式电子设备；(e) 钢棒（上）滚动摩擦和钢箔（下）滑动摩擦的表面形态影响比较，左侧两张 SEM 图展示了摩擦前两样品的表面形态，右侧两张 SEM 图展示了摩擦后两样品的表面形态（本图已获得美国化学学会许可）[6]

除了这个结构，应用非接触模式的线性栅状结构，其总能量转化效率可以达到 85%（图 5.15）。能量转化效率与瞬时能量转化效率不同，其包括器件在振动过程中所产生的所有电能。另外，对于旋转轮盘结构，采用非接触模式，也可以达到 24%的瞬时转换效率。

5.6 总　结

独立层模式通常包含独立层和一对静止的电极。摩擦层在两电极间移动通过感应电荷周期性的变化使电势发生变化，然后电势的变化驱动电子在电极两端流动完成发电的过程。与单电极模式类似，这种工作模式不要求将电极镀在器件移动的部分，这种设计方便了器件的制作和工作；同时还可提供比单电极模式更高的能量转化效率，因其不会受单电极模式屏蔽效应的干扰，所以可以提供更高的输出性能。

在这种工作模式下已经发展了几个独特的结构，包括平面滑动结构、接触分离结构、线性栅状结构和旋转轮盘结构。其中线状栅状和旋转轮盘两种原型器件被设计出来，通过在单个周期的机械运动进行多重能量转化周期来提高输出。此外，非接触能量收集模式可以在这种工作模式下运行。应用非接触设计，器件输出功率的等级与接触模式的几乎相同，但大大减少了摩擦的损耗。同时滚动摩擦代替滑动摩擦可以实现相同的功能，并能提高摩擦纳米发电机的耐久性和能量转化效率。

总之，独立层模式摩擦纳米发电机在电机高速旋转下可以提供很高的输出电流（3MA）、输出功率（1.5W）和总能量转化效率（85%），转化的电能能驱动灯泡、小型电子器件商用移动电话等设备。这种设计对从移动物体上收集能量非常理想，如在地板上行走和移动的汽车和火车等。

参 考 文 献

[1] Wang S H，Xie Y N，Niu S M，Lin L，Wang Z L. Freestanding triboelectric-layer-based nanogenerators for harvesting energy from a moving object or human motion in contact and non-contact modes. Adv Mater，2014，26（18）：2818-2824.

[2] Wang S，Niu S，Yang J，Lin L，Wang Z L. Quantitative measurements of vibration amplitude using a contact-mode freestanding triboelectric nanogenerator. ACS Nano，2014，8（12）：12004-12013.

[3] Xie Y N，Wang S H，Niu S M，Lin L，Jing Q S，Yang J，Wu Z Y，Wang Z L. Grating-structured freestanding triboelectric-layer nanogenerator for harvesting mechanical energy at 85%total conversion efficiency. Adv Mater，2014，26（38）：6599-6607.

[4] Lin L，Wang S H，Niu S M，Liu C，Xie Y N，Wang Z L. Noncontact free-rotating disk triboelectric nanogenerator as a sustainable energy harvester and self-powered mechanical sensor. ACS Appl Mater Interfaces，2014，6（4）：

3031-3038.

[5] Zhu G，Chen J，Zhang T J，Jing Q S，Wang Z L. Radial-arrayed rotary electrification for high performance triboelectric generator. Nat Commun，2014，5：3426.

[6] Lin L，Xie Y N，Niu S M，Wang S H，Yang P K，Wang Z L. Robust triboelectric nanogenerator based on rolling electrification and electrostatic induction at an instantaneous energy conversion efficiency of 55%. ACS Nano，2015，9（1）：922-930.

[7] Diaz A F，Felix-Navarro R M. A semi-quantitative tribo-electric series for polymeric materials：the influence of chemical structure and properties. J Electrostat，2004，62（4）：277-290.

[8] Fang H，Wu W Z，Song J H，Wang Z L. Controlled growth of aligned polymer nanowires. J Phys Chem C，2009，113（38）：16571-16574.

[9] Eguchi M. On the permanent electret. Philos Mag，1925，49（289）：178-192.

[10] Sessler G，Hillenbrand J. Electromechanical response of cellular electret films. Appl Phys Lett，1999，75（21）：3405-3407.

[11] Kong W J，Cheng L，He X D，Xu Z H，Ma X Y，He Y D，Lu L J，Zhang X P，Deng Y Q. Electret-based microfluidic power generator for harvesting vibrational energy by using ionic liquids. Microfluid Nanofluid，2015，18（5-6）：1299-1307.

[12] Niu S M，Liu Y，Chen X Y，Wang S H，Zhou Y S，Lin L，Xie Y N，Wang Z L. Theory of freestanding triboelectric-layer-based nanogenerators. Nano Energy，2015，12：760-774.

[13] Chen J，Huang Y，Zhang N，Zou H，Liu R，Tao C，Fan X，Wang Z L. Micro-cable structured textile for simultaneously harvesting solar and mechanical energy. Nat Energy，2016，1：16138.

[14] Wang Z L，Chen J，Lin L. Progress in triboelectric nanogenerators as a new energy technology and self-powered sensors. Energy Environ Sci，2015，8（8）：2250-2282.

[15] Zhu G，Zhou Y S，Bai P，Meng X S，Jing Q S，Chen J，Wang Z L. A shape-adaptive thin-film-based approach for 50%high-efficiency energy generation through micro-grating sliding electrification. Adv Mater，2014，26（23）：3788-3796.

第 6 章　摩擦纳米发电机的理论模型

摘　要

在第 2～5 章，我们已经仔细讨论了不同模式的摩擦纳米发电机（TENG）的基本工作原理和器件结构设计。本章讨论摩擦纳米发电机的建模和基本输出特性。摩擦纳米发电机主要基于接触起电和静电感应的耦合效应来收集机械能，因此它具有固有的电容特性。本征方程是 *V-Q-x* 关系，因此得到的一阶等效电路模型是电压源和电容的串联。我们发展了摩擦纳米发电机的理论计算模型并研究了它的负载特性。当摩擦纳米发电机与电阻负载连接，由于其内部本征电容和外部电阻的阻抗匹配，它表现出一种三个工作区域的特性。存在一个最优匹配电阻，使摩擦纳米发电机在负载上的输出最大化。当摩擦纳米发电机被用来通过整流电桥为电容充电，它的充电特性非常类似于一阶电阻电容电路的饱和充电特性。仍然存在一个最优匹配电容负载，可以在一定时间内使负载电容中存储的能量最大化。我们的系统分析为摩擦纳米发电机的设计提供了理论指导，以最大化利用其输出能量。

实际应用仍然需要摩擦纳米发电机输出性能的巨大提高，所以即使摩擦纳米发电机的现有性能已经很高，材料和结构的合理设计和优化仍然是必需的。此外，与基于场效应管的集成电路系统的发展类似，摩擦纳米发电机、能源管理电路、信号处理电路、储能元件和负载电路的完全集成的能量收集系统在应用中是必不可少的。在全系统的工作机理理解和输出特性分析中，理论仿真扮演了关键角色。从方法论的角度，由于性能控制实验通常耗费时间且不能经济有效，仿真永远是整个器件设计过程的必要一步。因此，对摩擦纳米发电机彻底的理论理解是整个研究领域非常迫切需要的。这些知识有助于选择合适的摩擦纳米发电机结构和材料，避免一些不合理的设计对输出性能造成的巨大伤害，为集成能量收集系统选择合适的系统级拓扑结构。

本章给出摩擦纳米发电机基础理论研究的概述[1]。首先，讨论控制方程、等效电路模型和仿真方法。其次，具体讨论电阻负载和电容负载特性。本章的理论为理解摩擦纳米发电机和其在自供电系统中的实际应用提供指导。

6.1　固有电容属性和控制方程

根据 1.7 节的讨论，摩擦纳米发电机的根本原理来自于麦克斯韦位移电流。位移电流理论是从内电流（材料的内部）来导出纳米发电机的输出特性，而我们习惯用的电容式模型是从外电路根据欧姆定律推导而得出在有负载的情况下电路的动态输运过程。对于外电路，电子在两个电极板之间来回流动时，纳米发电机的作用就类似于一个电容，其输出的电压驱动电子在外电路的流动，由此我们可以推导出相应的输出特性。当内电路和外电路在两个电极相遇时，其整个输运过程结果就内外结合了。因此，位移电流是纳米发电机产生电流的内在物理核心，而外电路的电容模型是位移电流对外的输出表现形式。根据这个根本的理论，我们来推导摩擦纳米发电机的输运方程。摩擦纳米发电机的基本工作原理是接触起电和静电感应的耦合。接触起电提供了静态极化电荷，而静电感应则是将机械能转换为电能的主要机制。基于静电感应的最基础的电子器件是电容，因此摩擦纳米发电机具有固有电容属性[2]。

我们现在分析一种任意的摩擦纳米发电机，以说明它的固有电容特性（见 1.7.4 节）。任意的摩擦纳米发电机，都有一对朝向相对的材料（称为摩擦对）。摩擦对之间的距离（x）可以在机械力作用下变化。在相互接触以后，由于接触起电，两个摩擦对的接触表面将带有符号相反的静电荷（摩擦电荷）。除了摩擦对层，摩擦纳米发电机系统内还有两个相互绝缘的电极，以保证电荷只能通过外部电路在两电极间转移。如果定义两电极间转移电荷量为 Q，那么一个电极将会有转移电荷$-Q$，另一个电极将会有转移电荷$+Q$。任何摩擦纳米发电机两电极间的电势差主要由两部分构成。一部分是来自极化摩擦电荷，它们对电压的贡献是 $V_{OC}(x)$，是分离距离 x 的函数。此外，已经转移的电荷 Q 也将对两电极间的电势差有贡献。如果假设该结构中没有摩擦电荷，这个结构与一个典型电容没有任何区别，所以已转移电荷对两极板间电势差的贡献是$-Q/C(x)$，其中 C 是两电极间的电容。所以，根据电势叠加原理，两电极间的总电势差由式（6.1）给出[2]：

$$V = -\frac{1}{C(x)}Q + V_{OC}(x) \tag{6.1}$$

方程（6.1）（称为 V-Q-x 关系）是任意摩擦纳米发电机的控制方程，清楚地解释了固有电容属性[2]。极化摩擦电荷的分离将产生两电极间的电势差。如果两电极间存在外部电路，该电势差将会驱动电荷从一极流到另一极。已经转移的电荷将进一步影响两电极间的电势差[3]。在短路条件下，这些转移电荷（Q_{SC}）将完全消除极化摩擦电荷产生的电势差。所以，对于短路条件下的摩擦纳米发电机，容易得出下面的方程[4]：

$$0 = -\frac{1}{C(x)}Q_{SC}(x) + V_{OC}(x) \tag{6.2}$$

因此，Q_{SC}、C 和 V_{OC} 之间的基本关系可以由下式给出[4]：

$$Q_{SC}(x) = C(x)V_{OC}(x) \tag{6.3}$$

6.2　一阶集总参数等效电路模型

根据摩擦纳米发电机的本征方程（*V-Q-x* 关系），可以容易地推导出它的集总参数等效电路模型[5]。根据方程（6.1），右边的两项分别可以由等效电路模型中的两个电路元件表示。首先摩擦纳米发电机两个电极之间的固有电容可以由电容（*C*）来表示，理想电压源（V_{OC}）用来表征摩擦纳米发电机的开路电压，它源于激化摩擦电荷的分离。通过这两项的组合，整个集总参数等效电路模型可以由如图 6.1[5]所示的一个理想电压源和一个电容的串联来表示。

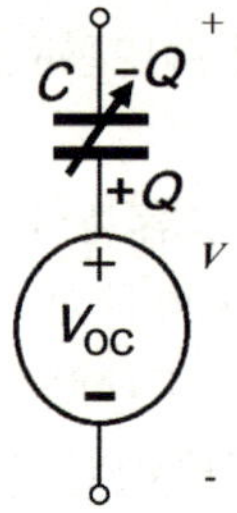

图 6.1　摩擦发电机的一阶等效电路模型[5]

另外，值得注意的是，摩擦纳米发电机的内部阻抗主要是由它的固有电容所贡献的。对于一个设计合理的摩擦纳米发电机，由于两个电极间的良好绝缘性，它的内部等效电阻可以被认为接近于无穷大。所以，在该一阶等效电路模型中，并未包含一个等效电阻项。

最后，我们简要讨论摩擦纳米发电机和传统的电磁感应发电机之间的差异。它们的工作原理有本质不同：首先，摩擦纳米发电机依赖于接触起电和静电感应的耦合效应，而电磁感应发电机依赖于法拉第电磁感应原理。其次，摩擦纳米发电机本征是电容性的，设计合理的摩擦纳米发电机的内部电阻接近无穷大。在一般的运动频率下，摩擦纳米发电机一般表现为具有非常高的内部阻抗，这主要源于其较小的固有本征电容。与之非常不同的是，电磁感应发电机本征是电阻性的，而且其内阻（通常不会超过 100Ω）远小于摩擦纳米发电机的内部阻抗。再次，摩擦纳米发电机的等效电路模型是理想电压源和电容的串联，而电磁感应发电机的等效电路模型是理想电压源和电阻的串联。总之，摩擦纳米发电机是高阻抗电荷源，而电磁感应发电机是低内阻电压源。

根据上面提出的等效电路模型，我们可以总结提炼出摩擦纳米发电机的仿真方法。基于摩擦纳米发电机的能量收集系统的仿真主要包括两个部分：第一部分是静电场仿真，第二部分是负载电路仿真，如图 6.2[5]所示。

静电场仿真的主要目的是获得 *V-Q-x* 关系中的 $V_{OC}(x)$和 $C(x)$函数，主要可以通过两种方法来实现。一般来说，通过物理学进行解析推导是更为推荐的方法，但是它只适用于特定的几何结构，如适当近似下的平行板附着电极的接触模式和滑动模式的摩擦纳米发电机。更普适的方法是基于有限元分析法（FEM）的数值计算方法。有限元计算可以利用 COMSOL 和 ANSYS 等通用有限元仿真软件很容易实现。在这一数值方法中，先获得特定 x 值下的 V_{OC} 和 C，然后通过连分式插值[6]可以得到完整 x 范围内的 $V_{OC}(x)$和 $C(x)$的数值关系。

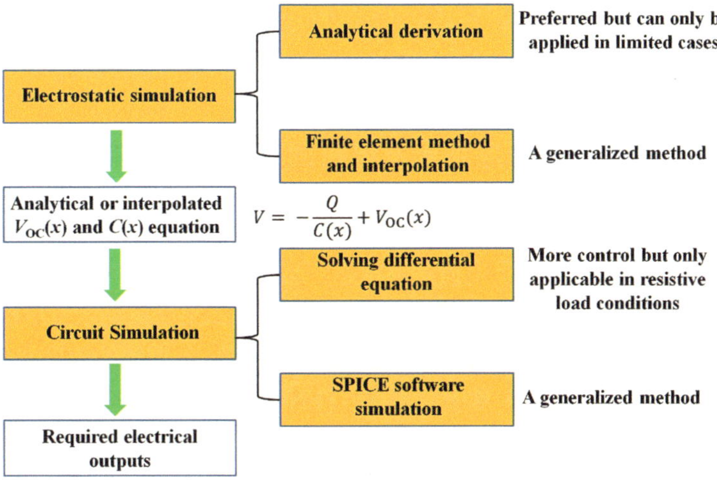

图 6.2　摩擦发电机的典型仿真计算步骤

获得了 $V_{OC}(x)$和 $C(x)$的数值关系，就可以通过负载电路仿真来求解其输出特性。对于非常简单的负载情况，整个系统的控制微分方程可以由基尔霍夫定律容易推导得到。例如，当负载为纯电阻时，摩擦纳米发电机和电阻负载的控制微分方程可以由下式给出［见式（1.25）］[5]：

$$R\frac{\mathrm{d}Q}{\mathrm{d}t} = V = -\frac{1}{C}Q + V_{OC} \tag{6.4}$$

这样的微分方程可以通过数值积分求解，对于一些特殊的摩擦纳米发电机系统和运动条件，甚至可以获得解析结果。但是，只有有限的非常简单的负载电路能够获得这类微分方程。当负载电路较复杂时，求解微分方程组是几乎不可能的。

最普适的方法是利用集成电路仿真程序（SPICE）软件[5]。根据上述的摩擦纳米发电机等效电路模型，摩擦纳米发电机可以作为一个基本元件嵌入 SPICE 软件中，然后将所有的其他电路元件，包括电阻、电容、电感、二极管和晶体管等，放入软件中，从而构成整个摩擦纳米发电机系统。指定运动过程和初始状态后，强大的 SPICE 软件很容易被用来仿真任意摩擦纳米发电机系统的实时输出。

6.3　电荷参考状态

首先我们说明为什么需要定义摩擦纳米发电机电荷参考状态。对于短路条件下的任意摩擦纳米发电机，其两个电极上的电荷分布都是唯一的。但是，在开路条件下的情况则与短路情况完全不同。我们只知道两个电极上的总电荷量的值，还知道因为两个电极间是绝缘的，所以每个电极上的电荷量都是不变的。但是，我们并不知道具体某一个电极上的电荷量，因此事实上两个电极之间的电压可以是任意的。所以，为了方便理论计算，需要指定一个电荷参考状态，即需要人为假设某一电极上有特定的电荷量（Q_0），在此条件下，才可以计算摩擦纳米发电机的基本输出特性[7]。

6.3.1　电荷参考状态对摩擦纳米发电机固有特性的影响

对于任意的摩擦纳米发电机，它们的固有输出特性就是 V_{OC}-x、Q_{SC}-x 和 C-x 曲线。首先，C-x 曲线完全独立于电荷参考状态。此外，电荷参考状态的选取不会影响 Q_{SC}-x 曲线的幅度和形状，仅使它们上下平移。但是，如果摩擦纳米发电机的固有电容不是 x 的常函数，电荷参考状态的选择将强烈影响 V_{OC}-x 曲线的幅度和形状[7]。

例如，我们可以分析第 5 章中金属 SF-TENG 静电系统［图 6.3（a)］。对于开路条件下的系统，我们只知道金属 1 和金属 2 上的总电荷量是 σwl，金属 3 上的总电荷是 0。在短路条件下，两个电极上的电荷分布是唯一的（满足静电场的唯一性定理)，所以如果独立层的位置给定，短路条件下金属 1 和金属 2 上的电荷量（Q_1 和 Q_2）是一个特定的数值。

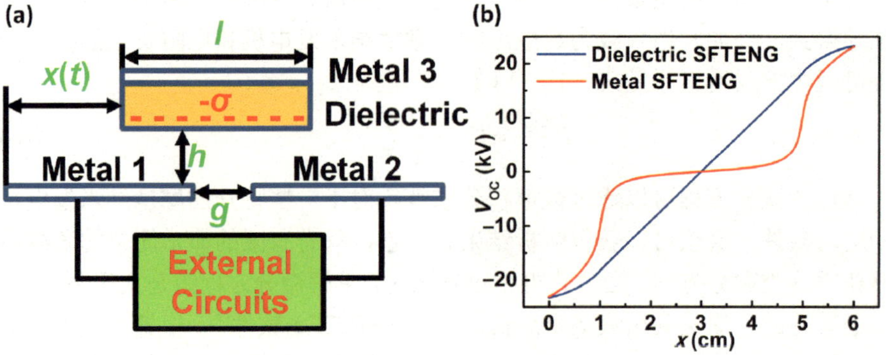

图 6.3　(a) 介电质型滑动式独立层模式摩擦纳米发电机的结构；(b) 介电质型滑动式独立层模式摩擦纳米发电机和金属型滑动式独立层模式摩擦纳米发电机在对称电荷参考态下的开路电压示意图[7]

但是金属 1 和金属 2 之间的开路电压则依赖于电荷参考状态。在第一种情况下，指定电荷参考状态 A，即人为假定金属 2 上的电荷量是 Q_{0A}（与此同时，金属 1 上的电荷量是 $\sigma wl-Q_{0A}$），可以通过有限元方法计算金属 1 和金属 2 之间的开路电压（V_{OCA})。另外，在电荷参考状态 A 下的短路转移电荷(Q_{SCA})也可以被计算为 Q_2-Q_{0A}。

如果选择一个新的电荷参考状态 B，即选择金属 2 上的电荷量为 Q_{0B} 作为电荷参考状态，可以分析它对于计算 V_{OC} 和 Q_{SC} 的影响。在这个条件下，整个两个电极间的电压可以认为是由以下两个部分的电荷一起贡献的。首先，第一部分是与电荷参考状态 A 相同的电荷，这部分电荷在两个电极间产生的电压和之前相同，是 V_{OCA}。

此外，与电荷参考状态 A 不同的是，此时金属 1 上有额外的 $Q_{0A}-Q_{0B}$ 电荷量，金属 2 上则有额外的 $Q_{0B}-Q_{0A}$ 电荷量，这些额外电荷产生的电压是$-(Q_{0B}-Q_{0A})/C$，其中 C 是金属 1 和金属 2 之间的总电容。所以，根据电势叠加原理，在电荷参考状态 B 下，金属 1 和金属 2 之间的开路电压（V_{OCB}）可以由下式给出：

$$V_{OCB}=V_{OCA}-\frac{Q_{0B}-Q_{0A}}{C} \tag{6.5}$$

另外，电荷参考状态 B 对应的短路转移电荷量（Q_{SCB}）可以由下式给出：

$$Q_{SCB}=Q_2-Q_{0B}=Q_2-Q_{0A}-(Q_{0B}-Q_{0A})=Q_{SCA}-(Q_{0B}-Q_{0A}) \tag{6.6}$$

所以，根据方程（6.5）和方程（6.6），可以推导出电荷参考状态对 Q_{SC}-x 和 V_{OC}-x 曲线的影响。根据方程（6.6），知道电荷参考状态 B 对应的 Q_{SC}-x 曲线只是电荷参考状态 A 下曲线的简单平移。但是，V_{OC}-x 曲线的变化要复杂得多，因为摩擦纳米发电机的本征电容 C 也可能是 x 的函数。所以，如果选取了不同的电荷参考状态，V_{OC}-x 曲线的幅度和形状都可能改变。但是，如果电容是一个常数，电荷参考状态 B 对应的 V_{OC}-x 曲线也将只是电荷参考状态 A 下曲线的简单平移。

6.3.2　电荷参考状态选取对摩擦纳米发电机输出特性的影响

只要选取了求解微分方程的正确边界条件，摩擦纳米发电机的输出电压和电流的计算结果将不受电荷参考状态选取的影响。

在计算输出特性时，需要指定运动条件 $x=x(t)$和边界条件，即 $t=0$ 时刻金属 2 上的电荷量（$Q_{initial}$）。

如果选择电荷参考状态 A，整个系统的控制微分方程为

$$R\frac{dQ_A}{dt}=-\frac{1}{C}Q_A+V_{OCA} \tag{6.7}$$

电荷参考状态 A 下相应的边界条件，即 $t=0$ 时刻金属 2 上的电荷量是 $Q_{initial}$，可以在数学上如下给出：

$$Q_A(t=0)=Q_{initial}-Q_{0A} \tag{6.8}$$

对于电荷参考状态 B，微分方程和相应的边界条件可以如下给出：

$$R\frac{dQ_B}{dt}=-\frac{1}{C}Q_B+V_{OCB} \tag{6.9}$$

$$Q_B(t=0)=Q_{initial}-Q_{0B}=Q_A(t=0)-(Q_{0B}-Q_{0A}) \tag{6.10}$$

利用方程（6.5），方程（6.9）可以简化为

$$R\frac{d(Q_B+(Q_{0B}-Q_{0A}))}{dt}=R\frac{dQ_B}{dt}=-\frac{1}{C}Q_B+V_{OCA}-\frac{Q_{0B}-Q_{0A}}{C} \tag{6.11}$$

从而

$$R\frac{\mathrm{d}(Q_{\mathrm{B}}+(Q_{0\mathrm{B}}-Q_{0\mathrm{A}}))}{\mathrm{d}t}=-\frac{1}{C}(Q_{\mathrm{B}}+(Q_{0\mathrm{B}}-Q_{0\mathrm{A}}))+V_{\mathrm{OCA}} \tag{6.12}$$

对比方程（6.12）、方程（6.7）和方程（6.10）、方程（6.8），容易得

$$Q_{\mathrm{B}}=Q_{\mathrm{A}}-Q_{0\mathrm{B}}+Q_{0\mathrm{A}} \tag{6.13}$$

由于负载电阻上的电流和电压输出是 Q_A 和 Q_B 对时间 t 的微分，因此计算得到的输出电流和电压输出将独立于电荷参考状态的选取。类似地，如果周期性边界条件被用于求解方程，计算的输出电流和输出电压也将独立于电荷参考状态的选取。

6.3.3 经典电荷参考状态

最常用的电荷参考状态被称为最小可达到电荷参考状态（minimum achievable charge reference state，MACRS），其利用 x=0 时短路条件下金属 2 上的电荷量为 Q_0（也是短路条件下金属 2 上可达到的最小电荷量）[7]。采用最小可达到电荷参考状态的主要优势在于，将 Q_{SC}（x=0）和 V_{OC}（x=0）都设置为 0，并且这时的 Q_{SC} 代表了短路条件下从一个电极转移到另一电极的全部电荷量。

其他电荷参考条件下的有限元计算结果可以容易地转换为 MACRS 下的计算结果。根据上面的推导，可以得到下列在不同电荷参考状态下的转换方程。

$$V_{\mathrm{OC,MACRS}}(x)=V_{\mathrm{OC,other}}(x)-\frac{V_{\mathrm{OC,other}}(0)C(0)}{C(x)} \tag{6.14}$$

虽然 MACRS 是摩擦纳米发电机最常用的电荷参考状态，对于独立层模式摩擦纳米发电机使用这一电荷参考状态会导致一个我们不太想要的结果，即所计算得到的 V_{OC} 是不对称的，但是对于独立层模式摩擦纳米发电机，可以很容易地观察到它们的内在对称性。使用 MACRS 时，所计算 V_{OC} 的非对称性主要是由于金属 1 和金属 2 上的电荷分配是不同的。为了保持对称性，可以在选取电荷参考状态时，指定金属 1 和金属 2 上有相同的电荷量 $\sigma wl/2$。在这种对称电荷参考状态下，所计算的 V_{OC} 也是完全对称的。图 6.3（b）展示了对称电荷参考状态下电介质型 SF-TENG 和金属型 SF-TENG 的 V_{OC} 有限元计算结果。相比于第 5 章中的结果，电介质型 SF-TENG 的曲线形状是相似的，由于它的电容是几乎恒定的。金属型 SF-TENG 的曲线形状则改变了很多，具有奇对称性。

6.4 阻性负载特征

6.4.1 阻性负载特性概述和“三个工作区域”

对于摩擦纳米发电机来说，阻性负载是最简单的负载。当摩擦纳米发电机连接一个电阻性负载 R 时，整个系统的等效电路如 6.4（a）所示。利用基尔霍夫定

律，整个系统的控制方程可以给出：

$$R\frac{\mathrm{d}Q}{\mathrm{d}t}=-\frac{1}{C}Q+V_{\mathrm{OC}} \tag{6.15}$$

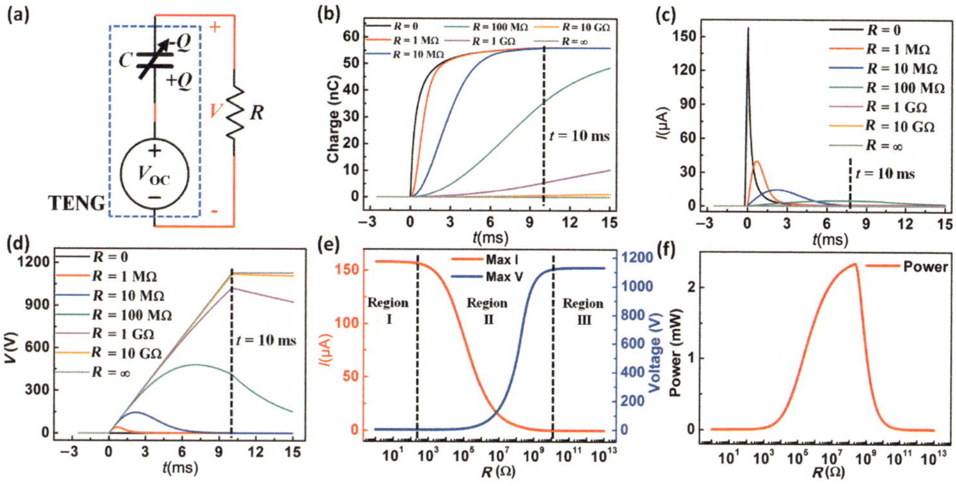

图 6.4　摩擦纳米发电机的阻性负载特性理论计算结果。上极板开始以匀速运动进行分离，当在 10ms 时，上极板达到最大运动距离，停止分离。(a) 摩擦纳米发电机与电阻耦合系统的等效电路图；(b) 不同阻性负载下的转移电荷随时间的变化曲线；(c) 不同阻性负载下的负载电流随时间的变化曲线；(d) 不同阻性负载下的负载电压随时间的变化曲线；(e) 阻性负载对瞬时最大输出电压电流的影响，三个工作区域被标出；(f) 阻性负载对瞬时负载输出功率的影响[3]

上述方程是一个一阶微分方程，在指定初始边界条件的情况下能被轻易地解出。一般常利用两种边界条件。第一种情况，考虑一种非常典型的情形——器件在平衡位置已经停留了很长一段时间并且在开始运动之前已经达到静电平衡状态。如果开路电压 V_{OC} 选取 MACRS，则边界条件可写为 $Q(t=0)=0$。第二种情况，如果摩擦发电机受到一个周期性的运动激励，对于任意的初始边界条件，摩擦纳米发电机的输出在几个周期后都会逐渐变成一个周期性的输出，这是周期运动激励性的稳态输出。为了解出这个稳态解，应利用周期性边界条件 $Q(t=0)=Q(t=T)$ 求解，其中 T 为运动过程的周期。为了讨论的简单，在本节中，主要利用 $Q(t=0)=0$ 这一初始边界条件，需要说明的是边界条件的选取不会影响下面得出的主要结论。在 $Q(t=0)=0$ 这个边界条件下，式（6.15）可以解得

$$Q(t)=\frac{1}{R}\exp\left[-\frac{1}{R}\int_0^t\frac{1}{C(x(t))}\mathrm{d}t\right]\int_0^t V_{\mathrm{OC}}(x(t))\exp\left[\frac{1}{R}\int_0^t\frac{1}{C(x(t))}\mathrm{d}t\right]\mathrm{d}t \tag{6.16a}$$

$$I(t)=\frac{V_{\mathrm{OC}}}{R}-\frac{1}{R^2C}\exp\left[-\frac{1}{R}\int_0^t\frac{1}{C(x(t))}\mathrm{d}t\right]\int_0^t V_{\mathrm{OC}}(x(t))\exp\left[\frac{1}{R}\int_0^t\frac{1}{C(x(t))}\mathrm{d}t\right]\mathrm{d}t \tag{6.16b}$$

$$V(t)=V_{\mathrm{OC}}-\frac{1}{RC}\exp\left[-\frac{1}{R}\int_0^t\frac{1}{C(x(t))}\mathrm{d}t\right]\int_0^t V_{\mathrm{OC}}(x(t))\exp\left[\frac{1}{R}\int_0^t\frac{1}{C(x(t))}\mathrm{d}t\right]\mathrm{d}t \tag{6.16c}$$

上述公式有一点复杂。作为一种典型情况，我们考虑一种特殊情形，对于摩擦纳米发电机，考虑的是接触-分离模式的附着电极摩擦纳米发电机（第 2 章理论中已经推导过它的本征输出特性）。对于这种情形，上述公式可简化为

$$Q(t)=\sigma S-\sigma S\exp\left[-\frac{1}{RS\varepsilon_0}\left(d_0t+\int_0^t x(t)\mathrm{d}t\right)\right]-\frac{\sigma d_0}{R\varepsilon_0}\exp\left[-\frac{1}{RS\varepsilon_0}\left(d_0t+\int_0^t x(t)\mathrm{d}t\right)\right]\times\int_0^t\exp\left[\frac{1}{RS\varepsilon_0}\left(d_0z+\int_0^z x(z)\mathrm{d}z\right)\right]\mathrm{d}z \tag{6.17a}$$

$$I(t)=-\frac{\sigma d_0}{R\varepsilon_0}+\frac{\sigma(d_0+x(t))}{R\varepsilon_0}\exp\left[-\frac{1}{RS\varepsilon_0}\left(d_0t+\int_0^t x(t)\mathrm{d}t\right)\right]+\frac{\sigma d_0}{R\varepsilon_0}\times\frac{d_0+x(t)}{RS\varepsilon_0}\exp\left[-\frac{1}{RS\varepsilon_0}\left(d_0t+\int_0^t x(t)\mathrm{d}t\right)\right]\times\int_0^t\exp\left[\frac{1}{RS\varepsilon_0}\left(d_0z+\int_0^t x(z)\mathrm{d}z\right)\right]\mathrm{d}z \tag{6.17b}$$

$$V(t)=-\frac{\sigma d_0}{\varepsilon_0}+\frac{\sigma(d_0+x(t))}{\varepsilon_0}\exp\left[-\frac{1}{RS\varepsilon_0}\left(d_0t+\int_0^t x(t)\mathrm{d}t\right)\right]+\frac{\sigma d_0}{\varepsilon_0}\times\frac{d_0+x(t)}{RS\varepsilon_0}\exp\left[-\frac{1}{RS\varepsilon_0}\left(d_0t+\int_0^t x(t)\mathrm{d}t\right)\right]\times\int_0^t\exp\left[\frac{1}{RS\varepsilon_0}\left(d_0z+\int_0^z x(z)\mathrm{d}z\right)\right]\mathrm{d}z \tag{6.17c}$$

对于一种特殊情况，我们考虑其运动电极以均匀速度 v 与静止电极进行分离，如式（6.18）所示的匀速运动的情况下，上述公式能被进一步简化：

$$x=vt\left(t<\frac{x_{\max}}{v}\right) \tag{6.18a}$$

$$x=x_{\max}\left(t\geqslant\frac{x_{\max}}{v}\right) \tag{6.18b}$$

$$Q(t)=\sigma S\left[1-\exp(-At-Bt^2)+\sqrt{2}F\exp(-At-Bt^2)\times\mathrm{Dawson}\left(\frac{F}{\sqrt{2}}\right)-\sqrt{2}F\times\mathrm{Dawson}\left(\frac{F}{\sqrt{2}}+\sqrt{B}t\right)\right] \tag{6.19a}$$

$$I(t)=\sigma S\left[\exp(-At-Bt^2)(A+2Bt)-\sqrt{2}F\exp(-At-Bt^2)(A+2Bt)\times\text{Dawson}\left(\frac{F}{\sqrt{2}}\right)\right.$$
$$\left.-A+2A\left(\frac{F}{\sqrt{2}}+\sqrt{B}t\right)\times\text{Dawson}\left(\frac{F}{\sqrt{2}}+\sqrt{B}t\right)\right] \tag{6.19b}$$

$$V(t)=\sigma SR\left[\exp(-At-Bt^2)(A+2Bt)-\sqrt{2}F\exp(-At-Bt^2)(A+2Bt)\times\text{Dawson}\left(\frac{F}{\sqrt{2}}\right)\right.$$
$$\left.-A+2A\left(\frac{F}{\sqrt{2}}+\sqrt{B}t\right)\times\text{Dawson}\left(\frac{F}{\sqrt{2}}+\sqrt{B}t\right)\right] \tag{6.19c}$$

在以上公式中，常数 A、B 和 F 定义如下：

$$A=\frac{d_0}{RS\varepsilon_0} \tag{6.20a}$$

$$B=\frac{v}{2RS\varepsilon_0} \tag{6.20b}$$

$$F=\frac{A}{\sqrt{2B}}=\frac{d_0}{\sqrt{RS\varepsilon_0 v}} \tag{6.20c}$$

其中用到的 Dawson 积分表达式定义如下

$$\text{Dawson}(x)=\exp(-x^2)\int_0^x\exp(y^2)\mathrm{d}y \tag{6.21}$$

图 6.4（b）～（f）中给出了具体数值计算的结果（利用了表 6.1 中的参数）。在不同负载情况下的电荷、电流、电压关系在图 6.4（b）～（d）中给出。首先，在短路的情况下，电荷在两个电极间转移的速度是最快的；在外部负载电阻 R 很小时，转移电荷 Q 仍然接近于它的饱和值；然而，在 R 大于 100MΩ 的情况下，电阻对两个电极间的电荷转移的限制作用已经比较明显，在 t=10ms（运动停止的时间）时，转移电荷量 Q 并不能达到短路时的转移电荷量，在 t=10ms 之后，在金属 1 和金属 2 之间还会有电荷转移。从而，当 R 是一个比较小的值时，电流是一个尖峰形；当 R 较大时，在平板电极运动过程中电流持续增大。电压与电流也有类似的特征，但是在量级上不一致。电压、电流、电能的这个运动过程中的峰值在图 6.4（e）和（f）中显示。我们可以轻易地观察出摩擦纳米发电机的工作可分为三个工作区域。第一个工作区域是当 R 非常小时（0.1～1000Ω），峰值电流

与短路情况相比几乎没有变化，此时电荷的转移过程与短路时的情形十分接近，而输出电压近似与外电路电阻成正比。第二个工作区域是当电阻处于中等大小时，这时最大电流剧烈地下降但是最大电压快速增加。当 R 处于 100MΩ 左右时，摩擦纳米发电机对外输出功率达到峰值。第三个工作区域是当 R 大于 1GΩ 时，输出的特性与完全开路的情况非常接近，最大电压向 V_{OC} 逼近。

表 6.1　阻性负载理论计算使用的参数

结构组件	计算使用的参数值
介电层 1	金属，d_1=0μm
介电层 2	d_2=125μm，ε_{r2}=3.4
发电机面积 S	58.0644cm^2（9inch^2）
表面电荷密度 σ	10μC/m^2
最大分离距离 x_{max}	0.001m
平均分离速度 v	0.1m/s

这种摩擦纳米发电机独特的输出性能从物理上和数学上同时解释。在物理上，可以从以下两个方面解释这种独特的特性。首先，可以从电荷转移速率的观点来解释三个工作区域。摩擦纳米发电机的工作原理是摩擦起电效应与静电感应效应的耦合。当摩擦产生的电荷相互分离时，两个电极间就会产生电势差，这个电势差会驱使电子从电极 2 流向电极 1，从而趋向于达到静电平衡状态。在短路情况下，两个电极间电荷转移的速率达到最大值，这个最大电荷转移速率是由外界的机械运动决定的。然而，如果存在一个阻性的外界负载，电阻会限制两个电极间的电荷转移速率，使其比短路情况要低。当电阻值非常小时，这种限制并不是特别明显，电荷的转移速率仍可达到由外界运动所决定的最大值，使得转移电荷与短路情况的转移电荷十分接近。当阻性负载增大到已经显著限制电荷转移速率时，摩擦纳米发电机进入第二个工作区域，电荷转移曲线开始显著偏离短路时的电荷转移曲线。当负载电阻足够大后，电荷从金属 1 向金属 2 转移的速率将会相当慢，因此，电流就会变得几乎接近 0。由于这时两个电极间的电势差无法被转移的电荷进行静电屏蔽，该产生的电势差会持续很长一段时间，大小与开路电压 V_{OC} 接近，这就是摩擦纳米发电机的第三个工作区域。

除了从电荷转移速率的角度解释，摩擦纳米发电机的这种三个工作区域的特性也可以从它的固有电容和阻性负载的阻抗匹配的观点来理解。由于摩擦纳米发电机的电容不是一个常数，并且其 V_{OC} 也不是一个正弦波，因此，对于它的固有电容的阻抗，很难给出严格的定义。但是这并不妨碍我们使用阻抗匹配的观点理解它的输出特性。当负载电阻比较小时，它的阻抗远比摩擦纳米发电机的内部电容阻抗小。因此，总的阻抗主要由摩擦纳米发电机的固有电容阻抗决定，即使负载电阻逐渐增大，输出电流也几乎无变化。当负载电阻足够大时，它的阻抗远比摩擦纳米发电机的固有电容阻抗大，因此，几乎所有的电压都分布在负载电阻上，摩擦纳米发电机的工作状态可称为“准开路状态”。当负载电阻处于中等大小（与摩擦纳米发电机的阻抗匹配时），摩擦纳米发电机能达到最大的输运功率。

从数学上来看，该输出特性可以从两个极限情况的逼近来解释。当 R 趋于 0 时，式（6.16a）能被简化为 CV_{OC}，这与 Q_{SC} 的表达式一样，这时摩擦纳米发电机工作在准短路状态（第一个工作区域）。当 R 趋近于无穷大时，式（6.16c）能简化为 V_{OC}，与开路电压相同，这时摩擦纳米发电机工作在准开路情况下，也就是第三个工作区域。当 R 既不是太大也不是太小时，摩擦纳米发电机工作在第二个工作区域内，达到其输出的最大功率。

6.4.2　最佳电阻负载

针对摩擦纳米发电机三个工作区域的特性，我们发现只有当外接负载与摩擦发电机相匹配时，在负载上输出的功率才最大，于是该最佳电阻是摩擦纳米发电机实际使用中一个非常重要的参数。于是，我们需要系统性地研究最佳电阻与摩擦纳米发电机的结构参数和运动状况的关系，使摩擦纳米发电机可以根据不同负载应用需求进行合理设计。

从上面讨论的阻抗匹配的过程可以看出，摩擦纳米发电机的结构参数和运动情况对最佳电阻有着显著的影响。对于摩擦纳米发电机来说，它的平均阻抗可以近似为 $1/(\omega C_{avg})$，其中 ω 是信号源 V_{OC} 的角频率，C_{avg} 是它的平均固有电容。任何能提高 C_{avg} 的几何参数都能降低摩擦纳米发电机的阻抗，并且降低最佳电阻；增加运动速度相当于增加 ω，也会降低最佳电阻。

一个典型的例子，我们可以分析一个接触-分离模式的附着电极平行板摩擦纳米发电机。对于这个模型的任意运动，都能从数学上推导出最佳电阻的解析表达式。对于一个以平均速度 v 的任意运动，可以对其做多项式展开，如下式所示：

$$x=\sum_{n=1}^{\infty}\alpha_n\frac{v^n}{x_{max}^{n-1}}t^n\left(t<\frac{x_{max}}{v}\right) \tag{6.22a}$$

$$x=x_{max}\left(t\geqslant\frac{x_{max}}{v}\right) \tag{6.22b}$$

α_n 是第 n 阶运动模态的系数，满足以下方程：

$$\sum_{n=1}^{\infty}\alpha_n=1 \tag{6.22c}$$

如果将式（6.22c）代入式（6.17b）的电流方程中，则任意运动下的电流值可由下式给出：

$$I(t)=-\frac{\sigma d_0}{R\varepsilon_0}+\frac{\sigma d_0}{R\varepsilon_0}\left(1+\sum_{n=1}^{\infty}\frac{\alpha_n v^n}{d_0 x_{\max}^{n-1}}t^n\right)\exp\left[-\frac{1}{RS\varepsilon_0}\left(d_0 t+\sum_{n=1}^{\infty}\frac{\alpha_n v^n}{(n+1)x_{\max}^{n-1}}t^{n+1}\right)\right]+\frac{\sigma d_0}{R\varepsilon_0}$$
$$\times\frac{d_0}{RS\varepsilon_0}\left(1+\sum_{n=1}^{\infty}\frac{\alpha_n v^n}{d_0 x_{\max}^{n-1}}t^n\right)\exp\left[-\frac{1}{RS\varepsilon_0}\left(d_0 t+\sum_{n=1}^{\infty}\frac{\alpha_n v^n}{(n+1)x_{\max}^{n-1}}t^{n+1}\right)\right]$$
$$\times\int_0^t \exp\left[\frac{1}{RS\varepsilon_0}\left(d_0 z+\sum_{n=1}^{\infty}\frac{\alpha_n v^n}{(n+1)x_{\max}^{n-1}}z^{n+1}\right)\right]dz\left(t\leqslant\frac{x_{\max}}{v}\right)$$

（6.23）

由于在 $t>x_{\max}/v$（外界运动停止）后，电流开始以指数衰减，电流的峰值只能存在于时间间隔$[0, x_{\max}/v]$中。为了找到产生最大瞬时电流的时间 $t_{\max}$，对 $I(t)$ 进行微分，其中参数 t_0 满足下式：

$$\left(\frac{\mathrm{d}I}{\mathrm{d}t}\right)_{t=t_0}=0 \tag{6.24}$$

当 R 比较小时（图 6.4 中 $R<100\mathrm{M\Omega}$），电流峰值出现在 $t=0$ 和 $t=x_{\max}/v$ 之间，因此 $t_{\max}$ 与 t_0 相等。当 R 足够大后（图 6.4 中 $R>1\mathrm{G\Omega}$），实际中的 t_0 要比 $x_{\max}/v$ 大，所以电流会在 $t=0$ 和 $t=x_{\max}/v$ 之间一直增长。从而，$t_{\max}=x_{\max}/v$。因此，在 R 值变化的过程中，$t_{\max}$ 是 t_0 和 $x_{\max}/v$ 的较小值，可由下式表示：

$$t_{\max}=\min\left(t_0,\frac{x_{\max}}{v}\right) \tag{6.25}$$

在式（6.26）中定义一个与介电材料厚度有关的因子 y，通过数学推导可以证明 t_0 只是一个关于 F 和 y 的函数，如式（6.27）所示：

$$y=\frac{x_{\max}}{d_0} \tag{6.26}$$

$$t_0=\frac{x_{\max}}{v}f(F,y) \tag{6.27}$$

于是得

$$t_{\max}=\min\left(t_0,\frac{x_{\max}}{v}\right)=\frac{x_{\max}}{v}\min(f(F,y),1)=\frac{x_{\max}}{v}M(F,y) \tag{6.28}$$

式中，M 为另一个函数，将式（6.28）代入式（6.23）中，电流的峰值可以表示为

$$I_{\max}=\frac{\sigma d_0}{R\varepsilon_0}G(F,y) \tag{6.29}$$

式中，G 为另一个新函数，从而摩擦纳米发电机在负载上瞬时峰值输出功率为

$$P_{\max}=I_{\max}^2 R=\frac{(\sigma d_0)^2}{\varepsilon_0^2}\times\frac{1}{R}G^2(F,y)=\frac{\sigma^2 S v}{\varepsilon_0}F^2 G^2(F,y) \tag{6.30}$$

最佳负载电阻 R_{opt} 满足下式：

$$\frac{\partial P_{max}}{\partial R}=0 \tag{6.31}$$

将式（6.30）和式（6.31）结合起来，则最佳电阻满足下式：

$$G(F_{opt},y)+F_{opt}\left(\frac{\partial G}{\partial F}\right)_{F=F_{opt}}=0 \tag{6.32}$$

从式（6.32）可以看出 F 的最佳值仅与 y 有关，于是

$$F_{opt}=H(y)=\frac{d_0}{\sqrt{R_{opt}S\varepsilon_0 v}} \tag{6.33}$$

函数 H 仅依赖于运动模式。

因此，最优负载电阻 R_{opt} 的表达式为

$$R_{opt}=\frac{{d_0}^2}{F_{opt}^2 Sv\varepsilon_0}=\frac{{d_0}^2}{[H(y)]^2 Sv\varepsilon_0}=\frac{{d_0}^2}{\left[H\left(\frac{x_{max}}{d_0}\right)\right]^2 Sv\varepsilon_0} \tag{6.34}$$

这个表达式可以从阻抗匹配过程的基础上清楚理解。摩擦纳米发电机表面尺寸的增加会增加其电容，从而降低其阻抗，最佳电阻也会减小。相似地，平均速度的增加相当于增加 V_{OC} 的高频分量，也会减小摩擦纳米发电机的阻抗，因此最佳电阻也会减小。如果介电材料的有效厚度增加，摩擦纳米发电机的固有电容也会减小，阻抗增加，因此最佳电阻会增加。此外，增加极板间的间距也会减小平均电容，增大阻抗，因此最佳电阻负载也会增加。从一些类似的分析可以看出，摩擦纳米发电机的阻抗与摩擦电荷密度无关，因此最佳电阻负载也不会随摩擦电荷密度的改变而变化。

这些结论与数值计算或者实验结果也是吻合的。首先我们可以进行数值计算来验证以上的结论。如图 6.5（a）所示，计算得到的 R_{opt} 与 S 和 v 均成反比。介电材料的有效厚度和空气间隔的大小也对 R_{opt} 有影响，如图 6.5（b）所示。如果在理论计算中保持 d_0 和 x_{max} 的厚度比 y 为常数（27.2），计算结果显示 R_{opt} 与 d_0^2 成正比。此外，这些理论结果与真实实验结果也是吻合的。在第一组实验中，我们研究不同的平均速度对最优匹配阻抗的影响，如图 6.5（c）所示，当平均速度为 0.02m/s、0.04m/s 和 0.08m/s 时，通过实验数据的插值可得最佳电阻分别为 14.2MΩ、6.66MΩ 和 4.08MΩ，这与理论模拟的趋势相同。在另一组实验中，我们研究了电介质厚度和极板间隔对最佳电阻的影响，我们加工制作了两个器件，在器件 1 中使用 25μm 厚度（d_k）的 Kapton 薄膜，相应在器件 2 中的该 Kapton 厚度为 125μm，为了保持电极间距与 Kapton 薄膜的比例相同，两个器件的电极间距（x_{max}）分别为 2mm 和

10mm。通过电阻负载特性的一系列测量，我们发现器件 1 的最佳电阻值为 7.69MΩ，而器件 2 的最佳电阻值为 162.3MΩ。实验上测得的最佳电阻值的比为 21.1，与理论预测值（25）非常接近，这进一步验证了我们的理论推导是正确的。

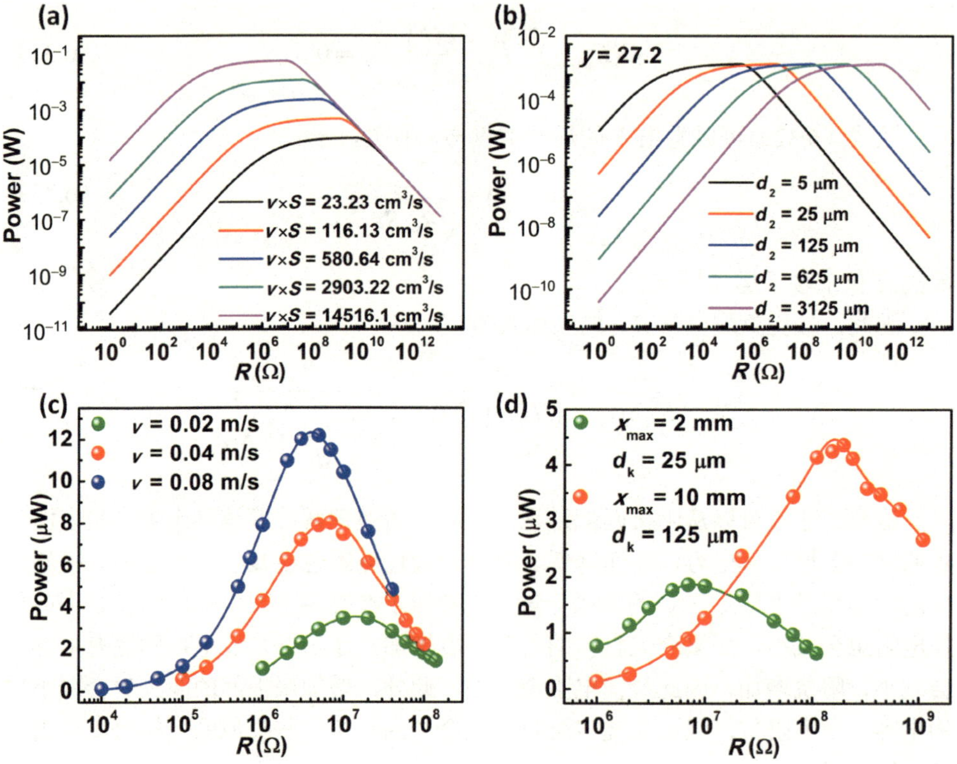

图 6.5　（a，b）匀速运动下最优匹配电阻与摩擦纳米发电机结构参数的理论计算结果：（a）在不同平均速度或者器件面积下，瞬时最大功率在不同负载电阻下的曲线；（b）在不同介电层和空气间隙厚度下（保持比值一定为 27.2），瞬时最大功率在不同负载电阻下的曲线。（c，d）最优匹配负载与摩擦纳米发电机结构参数的实验验证，其中数据点是实验测得结果，曲线是由实验测得结果插值而成：（c）不同平均速率的影响；（d）不同介电层和最大分离距离的影响（保持二者比值一定）[3]

6.5　容性负载和充电特性

本节讨论摩擦纳米发电机的阻性负载特性。我们将讨论另一种非常重要的负载情形——容性负载。先从最简单的单向运动的充电特性开始，之后讨论更加复杂的多循环运动的充电特性，从而分析出摩擦纳米发电机独特的充电特性，以及找到最大储能的最佳电容值。为了获得这类系统的最佳设计方案，最佳电容值与充电循环次数和摩擦纳米发电机的结构参数的关系将会在下面进行详细的研究。

6.5.1　摩擦纳米发电机在单向运动下的充电特性

首先从最简单的情形开始讨论，利用一个接触-分离模式的单电极摩擦纳米发电机在单向运动下给一个负载电容 C_L 进行充电。在这个过程中并不需要外界的整流器，因为当外界运动是单向运动时，摩擦纳米发电机的充电电流也是单向的。此外，单电极摩擦纳米发电机的固有电容 C_T 可以近似为一个常数，这也会简化我们的讨论。接触-分离模式的单电极摩擦纳米发电机的模型与在第 4 章中讨论的一样，整个系统的等效电路模型如图 6.6（a）所示。在后面的讨论中，Q 定义为从初始电极转移到参考电极的电荷，Q^C 定义为负载电容上极板所带的电荷。

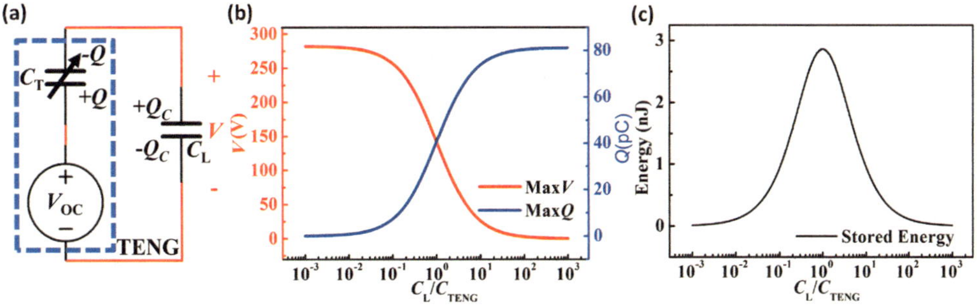

图 6.6　（a）摩擦纳米发电机电容负载在单方向外部运动充电系统的等效电路示意图；（b）负载电容值对最终在电容上的电压和充入电荷量的影响；（c）负载电容值对最终存储能量的影响[8]

为了求解上述的电路模型，初始条件一定要指定。我们考虑一个典型的例子，即 t=0 时顶部介电材料在 x=0 的位置停留了很长一段时间，并正准备开始移动。此外，负载电容上的初始电压也为 0，所以电容 C_T 和 C_L 的初始电荷都为 0。因此，下面的等式能从基尔霍夫定律和节点的电荷守恒定律得出。其中 V 是负载电容 C_L 上的电压，V_{OC} 是摩擦纳米发电机的开路电压。

$$V = -\frac{1}{C_T}Q + V_{OC} = \frac{1}{C_L}Q_C \tag{6.35}$$

$$Q_C - Q = Q_C(t=0) - Q(t=0) = 0 \tag{6.36}$$

在实际的应用中，介电层的运动通常有一个最大的分离距离，我们定义为 x_{max}。这时，电容上最终的电压和电荷也可以通过解上述两个方程得到。$V_{OC,max}$ 和 $Q_{SC,max}$ 分别代表 x=x_{max} 时的开路电压和短路转移电荷。

$$V(x = x_{max}) = \frac{C_T V_{OC,max}}{C_L + C_T} = \frac{Q_{SC,max}}{C_L + C_T} \tag{6.37}$$

$$Q_{\mathrm{C}}(x=x_{\max})=\frac{C_{\mathrm{L}}Q_{\mathrm{SC,max}}}{C_{\mathrm{L}}+C_{\mathrm{T}}} \tag{6.38}$$

负载电容中存储的能量（E_{C}）可由下式给出：

$$E_{\mathrm{C}}=\frac{1}{2}C_{\mathrm{L}}[V(x=x_{\max})]^2=\frac{C_{\mathrm{L}}[Q_{\mathrm{SC}}(x=x_{\max})]^2}{2(C_{\mathrm{L}}+C_{\mathrm{T}})^2} \tag{6.39}$$

为了获得对上面这些方程的直观感受，我们对单电极摩擦纳米发电机（SETENG）在匀速运动中的情形进行了数值分析，发现输出特性是一个随时间和负载电容变化的函数，如图 6.6 所示（详细的计算参数列在表 6.2 中），当 C_{L} 比较小时，它的阻抗要远远大于 C_{T}，因此几乎所有的 V_{OC} 都加载在 C_{L} 上，摩擦纳米发电机工作在一个准开路的情形下。所以，对于小的 C_{L} 来说，充电电压的曲线与 V_{OC} 曲线十分接近。然而，由于 C_{L} 较小，储存在 C_{L} 的电荷仍然近似为零，因此实际存储在 C_{L} 中的能量很少。当 C_{L} 非常大时，它的阻抗要远远小于 C_{T}，所以加载在 C_{L} 上的电压近似为零。在这种情况下，摩擦纳米发电机工作在一个准短路的情形下，这时，C_{L} 储存电荷的曲线与 Q_{SC} 曲线十分接近。然而，由于 C_{L} 上的电压接近于 0，实际存储在 C_{L} 中的能量仍然非常少。从前面的分析可以看出，只有在中间的过渡区域，在 C_{L} 中储存的能量才能达到其最大值。从数学上来看，可以很容易从式（6.39）推出储能最大时的最优负载电容（$C_{\mathrm{L,\,opt}}$）等于摩擦纳米发电机的内部本征 C_{T}，如图 6.6（c）所示。从物理上来看，此时摩擦纳米发电机和电容负载的阻抗是匹配的。

表 6.2　单电极发电机单方向运动充电理论计算所使用的参数

结构组件	计算使用的参数
介电层相对介电常数 ε_{r}	2
介电层厚度 d_{r}	100μm
整个结构第三维宽度 w	5mm
介电层长度 l	5mm
电极之间的间隔 g	1mm
表面电荷密度 σ	8μC/m^2
最大分离距离 $x_{\max}$	0.02m
平均分离速度 v	1m/s

6.5.2　摩擦纳米发电机在周期性机械运动中的充电特性

前面分析了单电极摩擦纳米发电机连接电容后在单向运动中的充电特性。然而，在实际的应用中，能产生直流充电电流的单向运动几乎不存在，任何驱动摩擦纳米发电机的运动几乎都是周期的。于是，需要一个全桥整流二极管来避免电荷从 C_L 向摩擦纳米发电机反向泄漏。此外，对于一般的摩擦纳米发电机，其固有电容也是随时间的变化量。实例中远比上述考虑的情形复杂。作为一个典型的例子，在本节中将分析一个连接电极型接触式摩擦纳米发电机在周期简谐运动过程中的情形［其运动模式如式（6.40）所示］。

$$x = x_{max}\left[\frac{1}{2}-\frac{1}{2}\cos\left(\frac{\pi v}{x_{max}}t\right)\right] \tag{6.40}$$

这种摩擦纳米发电机的结构如图 6.7（a）所示，它的工作原理在第 2 章中已经详细讨论过。利用表 6.3 中的参数能获得如图 6.7（b）所示的时间非线性系统的数值计算结构，仿真的结果如图 6.8 所示。在图 6.8（a）中，对于所有的负载电容，都存在着一个饱和的充电曲线，其在形状上与典型的 *RC* 充电曲线非常相似。在 t=0 时，负载电容以最快的速度充电，然后充电速率逐渐减慢，最后，对于所有不同的负载电容，它们都达到了一个相同的饱和电压，大约在 104.8V。对于较小的 C_L 来说，达到饱和电压所需的充电时间较少。然而，对于储存的电荷来说有不同的趋势。在开始时，对所有负载电容而言，充电曲线均是以每周期 $2Q_{SC,\max}$ 的直线。但当时间增加时，对于小的 C_L 充电曲线首先开始下降达到饱和。在此刻只有非常少的电荷能被充到 C_L 电容上。负载电容经过 1000 次充电循环的电压和电荷曲线如图 6.8（c）所示，这与前面单向运动的情形十分类似。当 C_L 足够小时，最终负载电容上的电压十分接近充电的最大饱和电压，但此时存入 C_L 的电荷与 C_L 成正比，几乎为零。当 C_L 足够大时，存储的电荷达到最大值，近似为 $2kQ_{SC,\max}$，但 C_L 上的电压与 C_L 成反比，也几乎为零。两种极端情况下 C_L 内均没有存入很多的能量。与前面的单向运动的情况类似，我们能在过渡区域中找到相应的最佳 C_L，使其中存储的能量达到最大值。

表 6.3　摩擦纳米发电机周期运动充电理论计算所使用的计算参数

结构组件	计算使用的参数
介电层相对介电常数 ε_r	2.1
介电层厚度 d_r	50μm
介电层面积 S	0.005m^2
摩擦电荷密度 σ	40μC/m^2
最大分离距离 x_{max}	0.002m
平均分离速度 v	0.1m/s

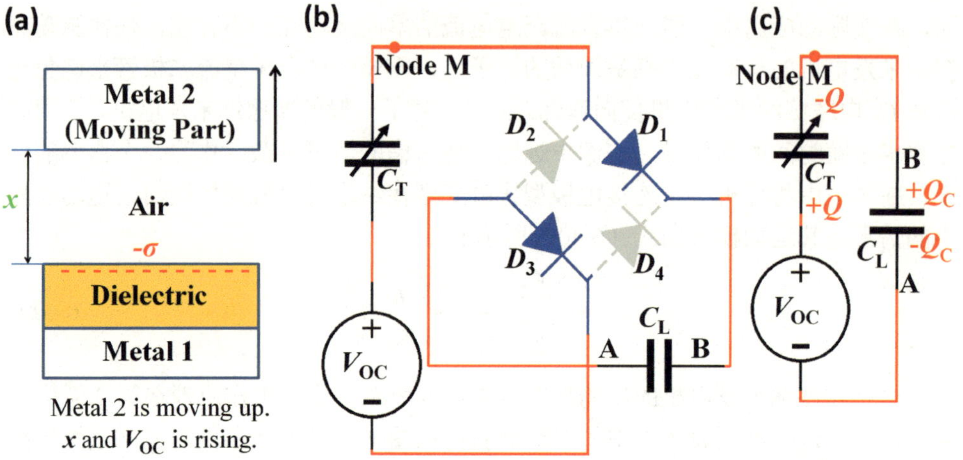

图 6.7　摩擦纳米发电机电容负载在周期外部运动下充电系统的等效电路示意图。(a) 附着电极接触模式摩擦纳米发电机的结构示意图；(b) 在前半周期，全波整流桥的导通情况示意图；(c) 前半周期简化后的电路图[8]

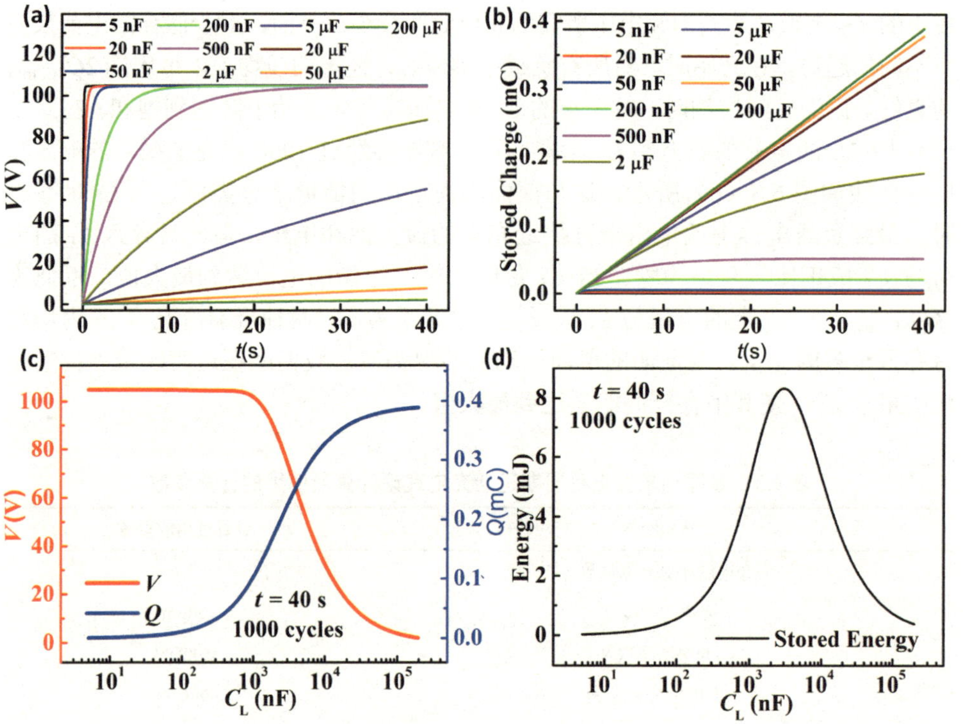

图 6.8　摩擦纳米发电机在周期外部运动下的充电特性。(a) 负载电容上的电压随时间的仿真结果；(b) 负载电容上的存储电荷随时间的仿真结果；(c) 负载电容值对最终电压和存储电荷的影响；(d) 负载电容值对最终存储能量的影响[8]

除了前面提到的数值计算方法之外，解析的方法可以更好地帮助理解其充电规律，对于该复杂的非线性系统，我们只能提出一些近似的方法。由于直接处理非线性系统很困难，需要首先对全桥整流二极管进行线性化。如图 6.7（a）和（b）所示，在每一个外部运动的前半周期中，上平板会向上运动，V_{OC} 也会增大。如果忽略二极管的反向泄漏电流，可以假定只有二极管 1 和二极管 3 是导通的，与此同时二极管 2 和二极管 4 是完全开路的。由于二极管的压降远远小于摩擦纳米发电机的开路电压，其在二极管 1 和二极管 3 上的压降可以忽略。有了上述的这些假设，图 6.7（b）所示的复杂电路可以被简化为简单的线性电路，如图 6.7（c）所示，该简化后的线性电路与前一小节单向运动情况中的电路是类似的。相类似地，对于每个运动的后半周期，当 V_{OC} 下降时，电路同样能被简化，但由于全桥整流电路的作用，摩擦纳米发电机相当于从 C_L 的反向对 C_L 进行充电。

我们利用的初始条件与单向运动充电时的一样——C_T 和 C_L 上的初始电荷为零。所以在第一个循环开始时，在节点 M 上的电荷［图 6.7（b）和（c）］为零，用数学表达式表示为 $Q_1^{\mathrm{M}}=0$，Q_k^{M} 表示在第 k 个循环开始时节点 M 上的总电荷。

现在我们考虑第 k 个充电循环，在它的前半周期内，它是一个单向的充电过程。与前面的推导类似，在前半周期结束时，$x=x_{\max}$，在 C_T 和 C_L 上存储的电荷（Q 和 Q_C）可由下式给出：

$$Q_{k,\mathrm{1end}}=\frac{C_{\mathrm{L}}Q_{\mathrm{SC,max}}-C_{\min}Q_k^{\mathrm{M}}}{C_{\mathrm{L}}+C_{\min}} \tag{6.41}$$

$$Q_{k,\mathrm{1end}}^{C}=C_{\mathrm{L}}\frac{Q_{\mathrm{SC,max}}+Q_k^{\mathrm{M}}}{C_{\mathrm{L}}+C_{\min}} \tag{6.42}$$

$Q_{k,\mathrm{1end}}$ 表示在第 k 个充电循环中前半个周期结束时的值；$C_{\min}$ 表示 $x=x_{\max}$ 时的 C_T 值。

从第一个循环的半周期到第二个半周期的开始，由于全桥整流电路的缘故，C_L 的极性会变得相反。第 k 个循环的第二个半周期开始时节点 M 上储存的电荷（$Q_{k,\mathrm{mid}}^{\mathrm{M}}$）可由下式给出：

$$Q_{k,\mathrm{mid}}^{\mathrm{M}}=-Q_{k,\mathrm{2begin}}+Q_{k,\mathrm{2begin}}^{\mathrm{C}}=-Q_{k,\mathrm{1end}}-Q_{k,\mathrm{1end}}^{\mathrm{C}} \tag{6.43}$$

第二个半周期也同样是一个单向的充电过程（x 从 $x_{\max}$ 变回 0）。与前面的推导相似，在第二个半周期的结尾（$x=0$），C_T 和 C_L 上存储的电荷（Q 和 Q^{C}）可由下式给出

$$Q_{k,\mathrm{2end}}=-\frac{C_{\max}Q_{k,\mathrm{mid}}^{\mathrm{M}}}{C_{\mathrm{L}}+C_{\max}} \tag{6.44}$$

$$Q_{k,\mathrm{2end}}^{\mathrm{C}}=\frac{C_{\mathrm{L}}Q_{k,\mathrm{mid}}^{\mathrm{M}}}{C_{\mathrm{L}}+C_{\max}} \tag{6.45}$$

式中，$C_{\max}$ 为 x=0 时的 C_{T} 值。

在第二个半周期结束时，C_{L} 相对于摩擦纳米发电机的充电极性再次变为相反。因此，第 k+1 个循环时在节点 M 上的电荷（Q_{k+1}^{M}）可由下式给出：

$$Q_{k+1}^{\mathrm{M}} = -Q_{k+1,1\mathrm{begin}} + Q_{k+1,1\mathrm{begin}}^{\mathrm{C}} = -Q_{k,2\mathrm{end}} - Q_{k,2\mathrm{end}}^{\mathrm{C}} \tag{6.46}$$

通过上面的式子，Q_k^{M} 的递归式可以表示为

$$Q_{k+1}^{M} = \frac{C_{\mathrm{L}} - C_{\max}}{C_{\mathrm{L}} + C_{\max}} \frac{C_{\mathrm{L}} - C_{\min}}{C_{\mathrm{L}} + C_{\min}} Q_k^M + 2\frac{C_{\mathrm{L}} - C_{\max}}{C_{\mathrm{L}} + C_{\max}} \frac{C_{\mathrm{L}}}{C_{\mathrm{L}} + C_{\min}} Q_{\mathrm{SC,max}} \tag{6.47}$$

再加上边界条件 $Q_1^M = 0$，上面的递归式可以解得

$$Q_k^{\mathrm{M}} = \frac{C_{\mathrm{L}} - C_{\max}}{C_{\min} + C_{\max}} Q_{\mathrm{SC,max}} - \frac{C_{\mathrm{L}} - C_{\max}}{C_{\min} + C_{\max}} Q_{\mathrm{SC,max}} \left[\frac{(C_{\mathrm{L}} - C_{\max})(C_{\mathrm{L}} - C_{\min})}{(C_{\mathrm{L}} + C_{\max})(C_{\mathrm{L}} + C_{\min})} \right]^{k-1} \tag{6.48}$$

于是，第 k 个充电循环后 C_{L} 上的电压 $|V_{k,2\mathrm{end}}^{\mathrm{C}}|$ 可以表达为

$$|V_{k,2\mathrm{end}}^{\mathrm{C}}| = \frac{Q_{SC,\max}}{C_{\min} + C_{\max}} \left\{ 1 - \left[1 - \frac{2(C_{\min} + C_{\max})C_{\mathrm{L}}}{(C_{\mathrm{L}} + C_{\max})(C_{\mathrm{L}} + C_{\min})} \right]^k \right\} \tag{6.49}$$

值得注意的是上面的推导同样适用于其他种类的摩擦纳米发电机，因为在前面的推导中我们并没有用到任何摩擦纳米发电机种类的信息。在实际的应用中，C_{L} 一般比 $C_{\max}$ 和 $C_{\min}$ 要大得多。利用这个条件，式（6.49）可以进一步简化为

$$\begin{aligned} \left|V_{k,2\mathrm{end}}^{\mathrm{C}}\right| &= \frac{Q_{\mathrm{SC,max}}}{C_{\min} + C_{\max}} \left\{ 1 - \exp\left[-\frac{2(C_{\min} + C_{\max})k}{C_L} \right] \right\} \\ &= \frac{Q_{\mathrm{SC,max}}}{C_{\min} + C_{\max}} \left\{ 1 - \exp\left[-\frac{2(C_{\min} + C_{\max})ft}{C_{\mathrm{L}}} \right] \right\} \end{aligned} \tag{6.50}$$

式中，f 为周期运动的频率。

式（6.50）清晰地表明摩擦纳米发电机加上全桥整流器在外界周期性运动下的情形可以等效为一个带内阻的直流电源给同样的电容的充电，它们都遵循同样的指数型饱和趋势。直流电源的电压值就是图 6.8（a）所示的饱和电压值（V_{sat}），如下式给出：

$$V_{\mathrm{sat}} = \lim_{k \to \infty} \left|V_{k,2\mathrm{end}}^{\mathrm{C}}\right| = \frac{Q_{\mathrm{SC,max}}}{C_{\min} + C_{\max}} \tag{6.51}$$

与一阶的 RC 充电电路一样，V_{sat} 只是一个关于摩擦纳米发电机各参数的函数，而不依赖于 C_{L}，这与之前在图 6.8（a）中的数值计算结论是一致的。利用在表 6.3 中的参数，可以计算出前面的摩擦纳米发电机的饱和电压是 105.06V，与仿真结果 104.8V 非常接近。

除了饱和电压之外，充电速度也是另一个重要的充电参数。类似于一阶 RC 充电曲线，利用时间常数（τ）去描述充电速度：

$$\tau = \frac{C_{\mathrm{L}}}{2(C_{\min} + C_{\max})f} \tag{6.52}$$

时间常数直接与 C_{L} 成正比。于是，易知在一阶 RC 充电曲线中的等效电阻值为 $1/[2f(C_{\max}+C_{\min})]$，这表明具有更大的固有电容的摩擦纳米发电机能以更快的速度给 C_{L} 充电。

此外，当 C_{L} 足够大时，我们可以观察到线性的充电现象，此时摩擦纳米发电机工作在准短路的情形下。当 C_{L} 接近无穷大时，在第 k 个充电循环结束后最终存储的电荷为

$$\lim_{C_{\mathrm{L}}\to\infty}\left|V_{k,2\mathrm{end}}^{\mathrm{C}}\right| = \lim_{C_{\mathrm{L}}\to\infty}\frac{2kQ_{\mathrm{SC,max}}}{C_{\mathrm{L}}} = 0 \tag{6.53}$$

$$\lim_{C_{\mathrm{L}}\to\infty}\left|Q_{k,2\mathrm{end}}^{\mathrm{C}}\right| = C_{\mathrm{L}}\lim_{C_{\mathrm{L}}\to\infty}\left|V_{k,2\mathrm{end}}^{\mathrm{C}}\right| = 2kQ_{\mathrm{SC,max}} \tag{6.54}$$

由于每半个循环中摩擦纳米发电机产生的最大电荷是 $Q_{\mathrm{SC,\,max}}$，上面的结果表明所有摩擦纳米发电机产生的电荷都存储在 C_{L} 上。同时，摩擦纳米发电机上的电压差是 0，这与图 6.8（b）中的数值计算结果完全一致。

最终和最重要的是，存在一个最佳的负载电容（$C_{\mathrm{L,\,opt}}$）使存储的能量达到最大值。对于能量收集系统的优化设计来说，最佳负载电容非常重要，我们进行深入的理论分析来求解其与摩擦纳米发电机的结构参数和外部运动周期数的关系。

从式（6.50）可以看出，在第 k 个充电循环后负载电容中存储的能量 $E_{k,\mathrm{end}}^{\mathrm{C}}$ 可以表示为

$$E_{k,\mathrm{end}}^{\mathrm{C}} = \frac{C_{\mathrm{L}}V_{k,2\mathrm{end}}^{\mathrm{C}2}}{2} = \frac{C_{\mathrm{L}}Q_{\mathrm{SC,max}}^{2}}{2(C_{\min}+C_{\max})^{2}}\left\{1-\exp\left[-\frac{2(C_{\min}+C_{\max})k}{C_{\mathrm{L}}}\right]\right\}^{2} \tag{6.55}$$

当电容为最佳负载电容值时，$E_{k,\mathrm{end}}^{\mathrm{C}}$ 达到最大值，于是

$$\left(\frac{\mathrm{d}E_{k,\mathrm{end}}^{\mathrm{C}}}{\mathrm{d}C_{\mathrm{L}}}\right)_{C_{\mathrm{L}}=C_{\mathrm{L,opt}}} = 0 \tag{6.56}$$

从而，$C_{\mathrm{L,\,opt}}$ 的理论解为

$$C_{\mathrm{L,opt}} = 1.592k(C_{\min}+C_{\max}) = 1.592ft(C_{\min}+C_{\max}) \tag{6.57}$$

需要说明的是，只有当 k 大于 10 时，式（6.57）才是一个关于 $C_{\mathrm{L,\,opt}}$ 的非常好的近似，因为这个近似需要满足 C_{L} 远大于 $C_{\max}$ 和 $C_{\min}$ 的假设条件。然而，在任何情形下充电循环的次数一般都比 10 大，所以式（6.57）在实际的应用中的精度都很好。

从式（6.57）看出，最佳的负载电容与充电时间线性相关，这个结论在实际应用中不是特别容易去运用。然而，如果将式（6.57）代入式（6.50），可以发现在充电效率最大的情形下，所有的负载电容都会被充电至相同的电压，即 $0.72V_{\mathrm{sat}}$，这只与摩擦纳米发电机的本征特性有关。这个结论能帮助我们设计最佳充电效率的充电循环。

为了证实上面的理论预期，对不同参数和不同充电时间的附着电极的接触式摩擦纳米发电机进行了数值计算，如图 6.9 所示。除了在图中有特别的注释，采用的参数值与表 6.3 中相同。首先，我们研究了充电循环次数对 $C_{L,opt}$ 的影响，结果如图 6.9（a）和（b）所示。当充电循环次数增加时，$C_{L,opt}$ 和最大存储的能量都在增加，$C_{L,opt}$ 和充电循环次数有明显的线性关系。此外，我们对若干摩擦纳米发电机的结构参数对 $C_{L,opt}$ 的影响也进行了研究。对实际的具有可观的电荷产生率的接触式摩擦纳米发电机（x_{max} 应远大于 d_0）如图 6.7（a）所示，利用平行板电容器的模型，式（6.57）可以进一步简化为

$$C_{L,opt} = 1.592k\left(\frac{\varepsilon_0 S}{d_0 + x_{max}} + \frac{\varepsilon_0 S}{d_0}\right) \approx \frac{1.592k\varepsilon_0 S}{d_0} \tag{6.58}$$

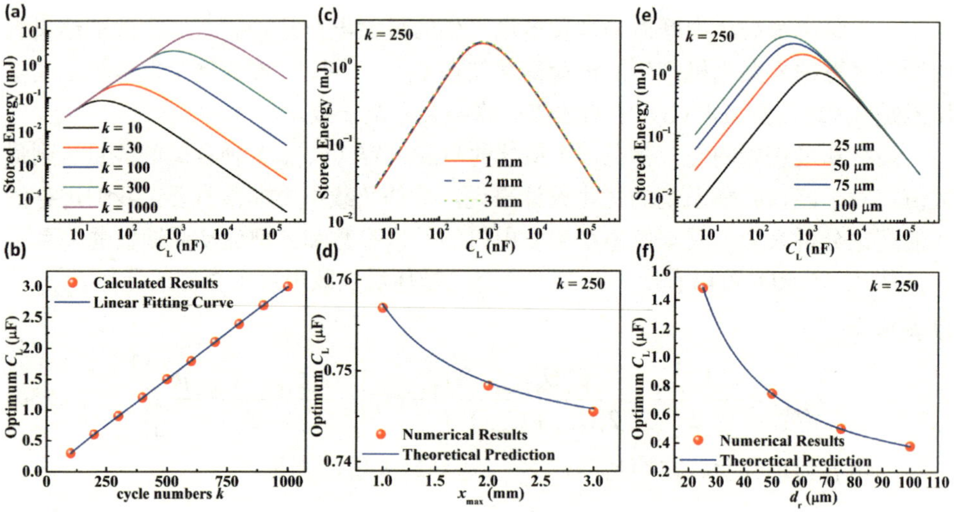

图 6.9 最优匹配负载电容的理论分析。(a) 不同周期下存储能量和负载电容的关系；(b) 提取的最优匹配负载电容与周期的关系；(c) 不同 x_{max} 下存储能量和负载电容的关系；(d) 提取的最优匹配负载电容与 x_{max} 的关系；(e) 不同 d_r 下存储能量和负载电容的关系；(f) 提取的最优匹配负载电容与 d_r 的关系[8]

首先，我们研究了 x_{max} 对其的影响。直觉上增大最大移动距离会增大摩擦纳米发电机的开路电压，这可能对 V_{sat} 和 $C_{L,opt}$ 有显著的影响。然而，从式（6.57）看出，V_{sat} 和 $C_{L,opt}$ 主要受 C_{min} 和 C_{max} 的总和影响。在这种情况下，在附着电极的接触式摩擦纳米发电机中，C_{min} 与 C_{max} 相比基本可以忽略。由于 x_{max} 只能影响 C_{min}，总的充电特性和 $C_{L,opt}$ 几乎与 x_{max} 无关。如图 6.9（c）所示，总存储能量与 C_L 的函数在不同的 x_{max} 条件下基本重合。当 x_{max} 从 1mm 增加到 3mm 时，$C_{L,opt}$ 仅从 756.9nF 降低至 745.5nF，这与式（6.58）中的理论估算完全一致。与 x_{max} 相比，由于介电材料厚

度 d_r 对 C_{max} 有显著的影响，总的充电特性和 $C_{L,opt}$ 很明显与 d_r 有关，如图 6.9（e）和(f)所示，当 d_r 从 25μm 增加到 100μm 时，最大的存储能量从 1.04mJ 增加到 4.05mJ，同时 $C_{L,opt}$ 从 1486nF 降低至 379nF，这与理论的反比关系完全一致。

为了进一步验证前面的理论表达式，我们进行了相关实验，并与理论计算结果进行了对比。在实验中我们用到了一个如图 6.7（a）所示的附着电极的接触式摩擦纳米发电机。摩擦对的材料分别为 Al 和 FEP。Al 作为一个在 FEP 层背面的电极，沉积的一层铜作为另一电极。总的结构由两层亚克力板支撑。下层板固定在测量桌上，上层板在 2Hz 的谐振转子的驱动下运动。通过整流电桥，不同容量的电容由这种摩擦纳米发电机进行充电，在不同电容下测量的充电曲线如图 6.10（a）和（b）所示，它们与图 6.8 中的理论预测有着相同的形状和趋势。存储的能量和负载电容的关系同样被画出，最佳负载电容也如理论预测一样被观察到。如果插值的最佳电容被提取出并与循环次数进行绘制，我们能发现两者具有良好的线性关系，这与理论预测也是完全一致的。上述所有的实验结果进一步证明了我们理论分析得到的结论。以上结果清楚地表明了我们的理论对未来实验设计的指导作用。

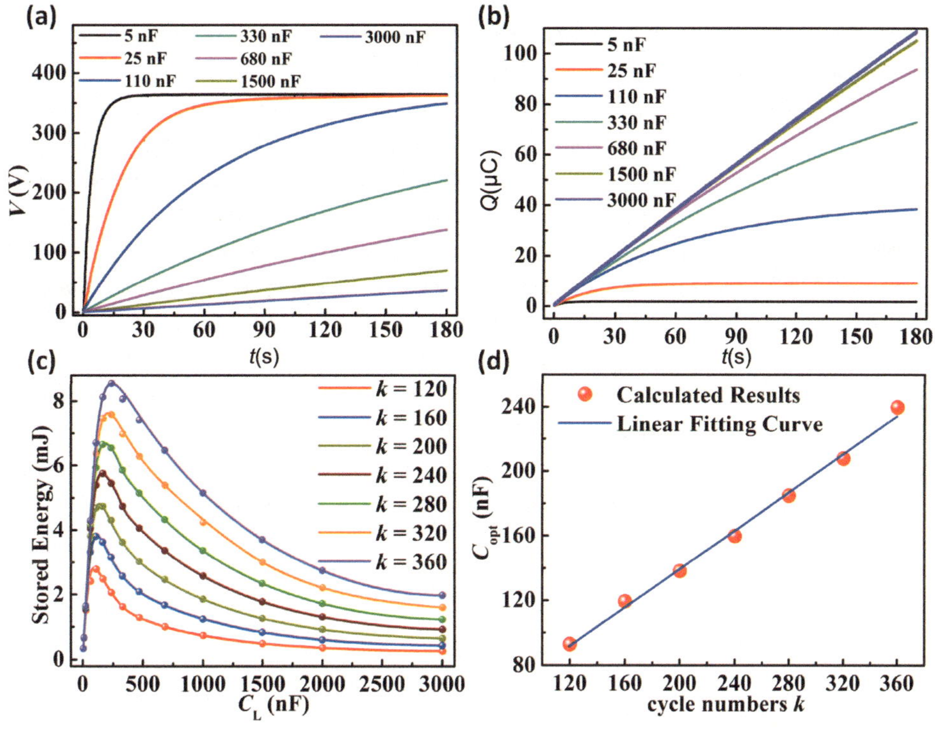

图 6.10　实验测得的摩擦纳米发电机电容充电曲线。（a）实验测得的不同负载电容下的电压曲线；（b）实验测得的不同负载电容下的电荷曲线；（c）实验测得的不同负载电容下的存储能量曲线；（d）最优匹配电容与循环次数的关系[8]

6.6 总　结

在这一章中，我们仔细研究了摩擦纳米发电机的理论基础和物理学基础。摩擦纳米发电机本征上具有电容特性，因为它是基于摩擦起电和静电感应的耦合。它的控制方程是 *V-Q-x* 关系式，它的一阶等效模型是一系列电压源和电容。我们已经研究了摩擦纳米发电机的相关理论计算方法，还研究了其负载特性。当摩擦纳米发电机与负载电阻相连时，由于阻抗匹配效应，存在三个工作区域的特性，存在一个最佳匹配电阻值使它的输出功率最大。当摩擦纳米发电机被用来通过一个整流电桥电路给电容充电时，它有饱和充电效应，与一阶 *RC* 充电曲线等效。为了使存储的能量达到最大值，一个最佳电容值也同样存在。我们系统性的分析为摩擦纳米发电机的最大外界能量利用提供了有效的指导。

参 考 文 献

[1] Niu S M，Wang Z L. Theoretical systems of triboelectric nanogenerators. Nano Energy，2015， 14：161.

[2] Niu S M，Liu Y，Wang S H，Lin L，Zhou Y S，Hu Y F，Wang Z L. Theory of sliding-mode triboelectric nanogenerators. Adv Mater，2013，25（43）：6184-6193.

[3] Niu S M，Wang S H，Lin L，Liu Y，Zhou Y S，Hu Y F，Wang Z L. Theoretical study of contact-mode triboelectric nanogenerators as an effective power source. Energy Environ Sci，2013，6（12）：3576-3583.

[4] Niu S M，Liu Y，Wang S H，Lin L，Zhou Y S，Hu Y F，Wang Z L. Theoretical Investigation and Structural Optimization of Single-Electrode Triboelectric Nanogenerators. Adv Funct Mater，2014，24（22）：3332-3340.

[5] Niu S M，Zhou Y S，Wang S H，Liu Y，Lin L，Bando Y，Wang Z L. Simulation method for optimizing the performance of an integrated triboelectric nanogenerator energy harvesting system. Nano Energy，2014，8：150-156.

[6] Stoer J，Bulirsch R. Introduction to Numerical Analysis. 3rd ed. New York：Springer，2002：744.

[7] Niu S M，Liu Y，Chen X Y，Wang S H，Zhou Y S，Lin L，Xie Y N，Wang Z L. Theory of freestanding triboelectric-layer-based nanogenerators. Nano Energy，2015，12：760-774.

[8] Niu S M，Liu Y，Zhou Y S，Wang S H，Lin L，Wang Z L. Optimization of triboelectric nanogenerator charging systems for efficient energy harvesting and storage. IEEE Tran Electron Dev，2015，62（2）：641-647.

第 7 章　定量表征摩擦纳米发电机的品质因数

摘　　要

近年来，摩擦纳米发电已经成为一个高效廉价、能够把环境中机械能转化为电能、瞬时转化效率高达 55%的能量收集技术。这种发电机的四种工作模式已经被证实，每种模式有不同的结构设计和材料选择，以适应相应的机械触发条件。因此，为了定量表征和比较不同模式发电机的输出和性能，我们还需要一个共同的标准。本章从发电机的电压-转移电荷量曲线出发，提出了一个能够定义发电机性能的品质因数。这个品质因数由结构品质因数和材料品质因数组成。结构品质因数与发电机的结构设计有关；而材料品质因数是材料表面电荷密度的平方。为了比较不同结构发电机的性能，对它们的结构品质因数进行推导和模拟。一种标准的方法被引入来表征一个平面的材料品质因数。本章将为摩擦纳米发电机的实用化和工业化建立标准。

为了提高摩擦纳米发电机的性能，人们已经在提高表面电荷密度[1, 2]和研发新结构[3-7]上做了许多工作。目前，我们已经有四种摩擦纳米发电机的基本模式，包括垂直接触-分离模式、水平滑动模式、单电极模式和独立层模式；每种模式都有它们自己结构、材料和机械触发条件。但是，由于没有一个共同的标准，如何评价这些发电机成为一个难题。相对应地，其他发电机已经有了它们各自的标准，如热机[8, 9]和热释电纳米发电机[10, 11]的卡诺效率、热电材料的品质因数（ZT）[12, 13]以及太阳能电池的能量转化效率[14, 15]等。为了定量评价和比较不同摩擦纳米发电机的性能，我们需要一个广泛适用的标准。

在这里我们提出了一个能够定量的既从结构又从材料两个角度评价摩擦纳米发电机的标准方法[16]。我们从发电机的电压-转移电荷量曲线出发，首次提出了摩擦纳米发电机的最大能量输出循环。基于此循环，我们提出了摩擦纳米发电机的性能品质因数，其中包括与设计相关的结构品质因数和等于表面电荷密度平方的材料品质因数。为了表征和比较不同结构的摩擦纳米发电机，我们推导和计算了它们的结构品质因数。我们还发明了一种标准方法来表征材料品质因数。这里提出的标准为摩擦纳米发电机的进一步应用和工业化奠定了基础。

7.1　摩擦纳米发电机的工作循环

7.1.1　*V-Q* 曲线及其特征

摩擦纳米发电机（TENG）的基本原理是摩擦起电和静电感应的耦合。一个基本的 TENG 具有至少一对相应的摩擦层通过物理接触产生相反的摩擦电荷，其内部一般还有两个相互绝缘的电极使自由电子只能从外电路流过（对于单电极模式，另一个电极为地面[17]）。在外部机械作用力的驱动下，摩擦层之间周期性的相对运动使静电荷的原有平衡被打破；然后，自由电子会通过外电路来建立新的平衡。因此，描述 TENG 状态的公式主要由以下三个量之间的关系决定：电极间转移的电荷量 Q、电极间的电压 V 以及摩擦层之间的相对位移量 x。以一个水平

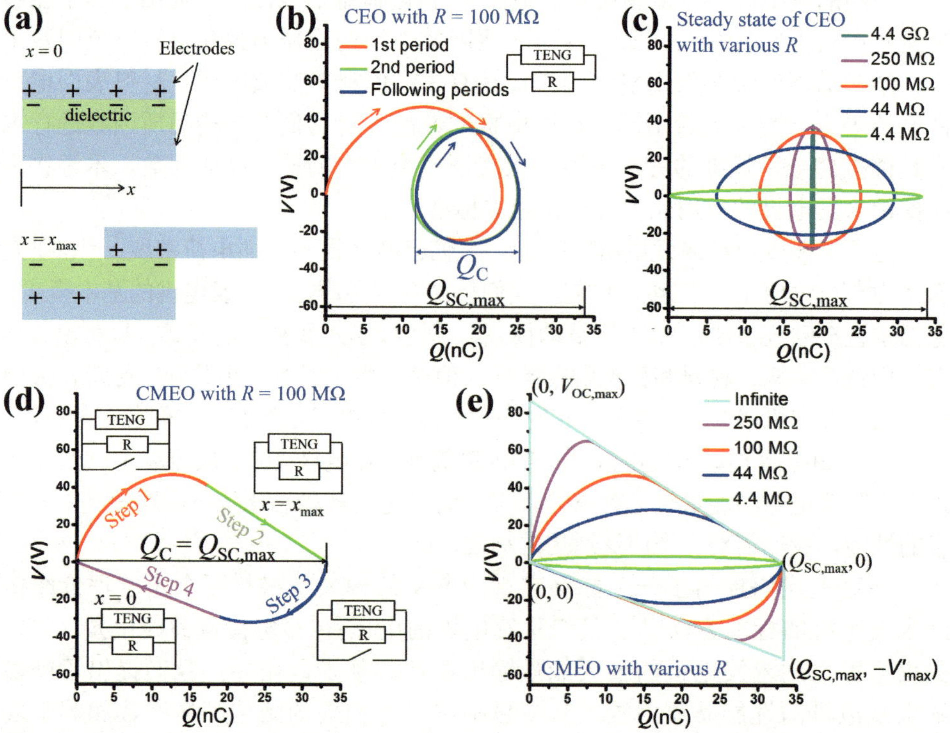

图 7.1　摩擦纳米发电机的工作循环。(a) 具有位移量 $x=0$ 和 $x=x_{max}$ 的水平滑动模式发电机的示意图；(b) 外接电阻 R=100MΩ 的能量输出循环（CEO），图中标出了总循环电荷 Q_C，插图为对应电路；(c) 不同外接电阻的能量输出循环；(d) 外接电阻 R=100MΩ 的最大化能量输出循环（CMEO），总循环电荷 $Q_C=Q_{SC,max}$，插图为在不同步骤中的对应电路；(e) 不同外接电阻的最大化能量输出循环，其中标出了无穷大外接电阻条件下的曲线顶点（本图已获得自然出版集团许可）[16]

滑动模式 TENG 为例，对 x 的定义如图 7.1（a）表示。其他所有不同模式 TENG 的 x 定义见图 7.3。我们定义 x=0 时绝对短路电荷转移量 Q_{SC}（x）和绝对开路电压 V_{OC}（x）均为 0，即所谓的“最小可达到电荷参考状态”（MACRS）[18]。这里我们只考虑 Q_{SC}（x）和 V_{OC}（x）能在相对位移最大值 x_{max} 分别取得最大值 $Q_{SC,max}$ 和 $V_{OC,max}$ 的基本型 TENG，即不包括 Q_{SC}（x）和 V_{OC}（x）能在不同位移上取得多个峰值的发电机，如栅状结构发电机。这里所说的标准适用于包括各种模式/结构、使用各种材料的任何一种基本型 TENG。

对于连续的周期性机械运动，TENG 的电信号输出也会是周期性的。这样，与外接电阻相关的平均输出功率 $\bar{P}$ 一般被用来评价发电机的品质。当周期 T 确定时，每周期输出能量 E 可以推导为

$$E = \bar{P}T = \int_0^T VI\mathrm{d}t = \int_{t=0}^{t=T} V\mathrm{d}Q = \oint V\mathrm{d}Q \tag{7.1}$$

因此，TENG 的静电状态和能量输出可以用电压 V 相对转移电荷量 Q 的曲线来表示。

基于这个 V-Q 曲线，为了定量描述 TENG 的工作状态，不同的工作过程被描述为不同的操作循环。目前被报道的操作循环包括当 TENG 和外接电阻相接的能量输出循环和最大能量输出循环[16]，以及 TENG 给电池、电容器充电时的直接充电循环和设计充电循环[19]。在本章以下的部分，我们主要关注前两种与品质因数关系更为密切的循环[16]。

7.1.2　能量输出循环

首先用有限元分析法模拟了一个外接 100MΩ 电阻的水平滑动模式 TENG，初始状态从（Q，V）=（0，0）开始。这个示例的 TENG 的参数参见表 7.1。从这个 V-Q 曲线出发，我们注意到仅几个周期后 TENG 的运行会达到一个稳定状态［图 7.1（b）］，因此我们可以直接关注这个稳态的输出，因为 TENG 的稳态输出信号相对应于机械运动，相应的 V-Q 曲线应该是一个闭合的环路。由式（7.1）可知，这个闭合环路所围住的面积就是 TENG 每周期所输出的能量。我们还用有限元分析法模拟了此发电机相对应于不同外接电阻的稳态 V-Q 曲线，如图 7.1（c）所示。由此可见，每周期输出能量 E 可以由一个匹配电阻优化[20]，这种循环称为能量输出循环（cycles for energy output，CEO）。对于每个 CEO，稳态下最大和最小的转移电荷量的差值被称为总循环电荷 Q_C，如图 7.1（b）所示。

表 7.1　用来模拟的示例平行滑动模式 TENG 的参数

结构组件	计算使用的参数
介电层有效厚度 $d_0=\Sigma d_i/\varepsilon_{ri}$	90.8μm
摩擦面积 A（长 l×宽 w）	8.5cm×7.9cm
最大相对位移 x_{max}	3.5cm
表面电荷密度 σ	12μC/m^2

7.1.3　最大能量输出循环

由图 7.1（b）和（c）所示，对于每个 CEO，总循环电荷 Q_C 总是小于最大转移电荷 $Q_{SC,max}$，特别是对于具有大的外接电阻的循环。如果能够在这些循环的运行中最大化总循环电荷 $Q_C=Q_{SC,max}$，每周期的输出能量 E 可以被进一步提高。在短路条件下，$Q_C=Q_{SC,max}$ 可以实现。因此设计了一套不断重复的步骤来达到瞬时的短路条件。这套步骤利用一个和外接电阻并联的开关来实现，如图 7.1（d）所示。其步骤为：①摩擦层在开关为开路时相对运动，从 $x=0$ 到 $x=x_{max}$；②闭合开关，使 $Q=Q_{SC,max}$，然后打开开关；③摩擦层在开关为开路时相对运动，从 $x=x_{max}$ 到 $x=0$；④闭合开关，使 $Q=0$，然后打开开关。这样，在这个开关的控制下，步骤②和④中的瞬时短路条件实现了最大化的总循环电荷 $Q_C=Q_{SC,max}$。我们模拟了对于不同外接电阻下的这种循环，如图 7.1（e）所示。这些循环被称为最大化能量输出循环（cycles for maximized energy output，CMEO）。显然，由于最大化的总循环电荷，对于相同的外接电阻，CMEO 的每周期输出能量总是比 CEO 的每周期输出能量大，如图 7.1（c）和（e）所示。

我们注意到对于 CMEO，外接电阻越高，每周期能量输出越高，如图 7.1（e）所示。因此当 $R=+\infty$，即开路时，可以获得最大的能量输出。通过去除外接电阻并且把剩下部分的电路如前一样操作，我们模拟了其最大的能量输出。对应的 V-Q 曲线如图 7.1（e）所示。此曲线具有一个梯形的形状，其每个顶点由最大短路转移电荷量 $Q_{SC,max}$、最大开路电压 $V_{OC,max}$ 和在 $Q=Q_{SC,max}$ 情况下的最大绝对电压 V'_{max} 决定。我们可以容易地证实对于 TENG 操作的各种不同的 V-Q 曲线都会限定在这个梯形以内。具体证明如下：

首先只考虑 $0\leqslant Q\leqslant Q_{SC,max}$ 的情况，这是因为相对应的位移只处在 $x=0$ 和 $x=x_{max}$ 之间。$0\leqslant Q\leqslant Q_{SC,max}$ 代表了四条边界中的两条。

在任意位移 x，两个电极层之间的电容是 $C(x)$。因此，总的电压可以表示为

$$V=-\frac{Q}{C(x)}+V_{OC}(x) \tag{7.2}$$

这里可以定义变量 $V'(x)$为在 $Q=Q_{SC,\max}$、位移 x 情况下电压的绝对值。因此，在固定的位移 x 下，(Q，V) 曲线也就是式(7.2)，应该包括($Q_{SC}(x)$，0)、(0，$V_{OC}(x)$) 和 ($Q_{SC,\max}$，$-V'(x)$) 三点。把它们代入式（7.2）可得

$$V'(x)=\left|-\frac{Q_{SC,\max}}{C(x)}+V_{OC}(x)\right|=\frac{Q_{SC,\max}}{C(x)}-V_{OC}(x) \tag{7.3a}$$

$$0=-\frac{Q_{SC}(x)}{C(x)}+V_{OC}(x) \tag{7.3b}$$

因此，$Q_{SC}(x)$、$V_{OC}(x)$、$C(x)$和 $V'(x)$的关系可以表示为

$$C(x)=\frac{Q_{SC}(x)}{V_{OC}(x)}=\frac{Q_{SC,\max}-Q_{SC}(x)}{V'(x)} \tag{7.4}$$

如果将式（7.2）中的 $C(x)$替换为式（7.4）可得

$$\begin{cases}\dfrac{V}{V_{OC}(x)}+\dfrac{Q}{Q_{SC}(x)}=1 & (7.5\text{a})\\[2ex] -\dfrac{V}{V'(x)}+\dfrac{Q_{SC,\max}-Q}{Q_{SC,\max}-Q_{SC}(x)}=1 & (7.5\text{b})\end{cases}$$

如前所述，$V_{OC}(x)$和 $Q_{SC}(x)$在 $x=0$ 时，取得最小值 $V_{OC}(0)=0$ 和 $Q_{SC}(0)=0$；在 $x=x_{\max}$ 时，取得最大值 $V_{OC}(x_{\max})=V_{OC,\max}$ 和 $Q_{SC}(x_{\max})=Q_{SC,\max}$。因此，$0\leqslant Q_{SC}(x)\leqslant Q_{SC,\max}$，$0\leqslant V_{OC}(x)\leqslant V_{OC,\max}$。

如果定义一个新的位移 $x'=x_{\max}-x$，并且在这个新的坐标下重新定义 MACRS 为 $x'=0$ 时 $V'_{OC}(x')=0$ 且 $Q'_{SC}(x')=0$。那么由定义出发就会有 $Q'_{SC}(x')=Q_{SC,\max}-Q_{SC}(x)$ 且 $C'(x')=C(x)$。因此

$$V'_{OC}(x')=\frac{Q'_{SC}(x')}{C'(x')}=\frac{Q_{SC,\max}-Q_{SC}(x)}{C(x)}=V'(x) \tag{7.6}$$

所以作为这个新坐标下的电压，$V'_{OC}(x')=V'(x)$ 会在 $x'=0$ 时取得最小值 0，在 $x'=x_{\max}$ 时取得最大值 $V'_{\max}$。因此 $0\leqslant V'(x)\leqslant V'_{\max}$。

任意（Q，V）在位移 x 满足式（7.5）：

当 $V\geqslant 0$，$\dfrac{V}{V'_{\max}}+\dfrac{Q}{Q_{SC,\max}}\geqslant 0$ 总是成立，且

$$\frac{V}{V_{OC,\max}}+\frac{Q}{Q_{SC,\max}}\leqslant\frac{V}{V_{OC}(x)}+\frac{Q}{Q_{SC}(x)}=1;$$

当 $V<0$，$\dfrac{V}{V_{OC,\max}}+\dfrac{Q}{Q_{SC,\max}}<\dfrac{Q}{Q_{SC,\max}}\leqslant 1$ 总是成立，且

$$\frac{V}{V'_{\max}}+\frac{Q}{Q_{SC,\max}}=\frac{V}{V'_{\max}}-\frac{Q_{SC,\max}-Q}{Q_{SC,\max}}+1\geqslant\frac{V}{V'(x)}-\frac{Q_{SC,\max}-Q}{Q_{SC,\max}-Q_{SC}(x)}+1=0$$

因此对于一个任意状态下 TENG 的（Q，V）曲线

$$\begin{cases}\dfrac{V}{V_{\mathrm{OC,max}}}+\dfrac{Q}{Q_{\mathrm{SC,max}}}\leqslant 1\\[2mm]\dfrac{V}{V'_{\mathrm{max}}}+\dfrac{Q}{Q_{\mathrm{SC,max}}}\geqslant 0\end{cases}$$

所以

$$\begin{cases}V\leqslant V_{\mathrm{OC,max}}-V_{\mathrm{OC,max}}\dfrac{Q}{Q_{\mathrm{SC,max}}} & (7.7\mathrm{a})\\[2mm]-V\leqslant V'_{\mathrm{max}}\dfrac{Q}{Q_{\mathrm{SC,max}}} & (7.7\mathrm{b})\end{cases}$$

此公式代表另外两条边界。这样所有的四条边界都固定了。

因此，这个最大可能的能量输出循环的能量可以由如下公式计算：

$$E_{\mathrm{m}}=\frac{1}{2}Q_{\mathrm{SC,max}}(V_{\mathrm{OC,max}}+V'_{\mathrm{max}}) \tag{7.8}$$

下面由公式推导最大可能的每周期输出能量 E_{m}：对于任意操作方式下的 TENG，每周期输出能量为 $E=\oint V\mathrm{d}Q$，这可以分为两部分：

第一部分：当 $V\geqslant 0$，$\mathrm{d}Q/\mathrm{d}t=I=V/R\geqslant 0$，因此 Q 在 $V\geqslant 0$ 时总是增大，假定是从 $Q_{1\min}$ 到 $Q_{1\max}$。

第二部分：当 $V<0$，$\mathrm{d}Q/\mathrm{d}t=I=V/R<0$，因此 Q 在 $V<0$ 时总是减少，假定是从 $Q_{2\max}$ 到 $Q_{1\min}$。

因此

$$\begin{aligned}E&=\oint V\mathrm{d}Q\\&=(\text{第一部分：}V\geqslant 0)\int_{Q_{1\min}}^{Q_{1\max}}V\mathrm{d}Q+(\text{第二部分：}V<0)\int_{Q_{2\max}}^{Q_{2\min}}V\mathrm{d}Q\\&=(\text{第一部分：}V\geqslant 0)\int_{Q_{1\min}}^{Q_{1\max}}V\mathrm{d}Q+(\text{第二部分：}V<0)\int_{Q_{2\min}}^{Q_{2\max}}(-V)\mathrm{d}Q\\&\leqslant(\text{第一部分})\int_{Q_{1\min}}^{Q_{1\max}}\left(V_{\mathrm{OC,max}}-V_{\mathrm{OC,max}}\frac{Q}{Q_{\mathrm{SC,max}}}\right)\mathrm{d}Q\\&\quad+(\text{第二部分})\int_{Q_{2\min}}^{Q_{2\max}}\left(V'_{\mathrm{max}}\frac{Q}{Q_{\mathrm{SC,max}}}\right)\mathrm{d}Q\end{aligned}$$

由于公式（7.7）

$$\leqslant\int_0^{Q_{\mathrm{SC,max}}}\left(V_{\mathrm{OC,max}}-V_{\mathrm{OC,max}}\frac{Q}{Q_{\mathrm{SC,max}}}+V'_{\mathrm{max}}\frac{Q}{Q_{\mathrm{SC,max}}}\right)\mathrm{d}Q$$

由于 $0\leqslant Q\leqslant Q_{\mathrm{SC,max}}$

$$=\frac{1}{2}Q_{\mathrm{SC,max}}(V_{\mathrm{OC,max}}+V'_{\mathrm{max}})=E_{\mathrm{m}}$$

7.1.4　操作循环的实验验证

这里我们还可以证明 CEO 和 CMEO 这两种循环可以很容易在实验上实现。为此我们制作了一种水平滑动模式 TENG，其参数接近表 7.1 中的参数。我们采用一块铝箔作为其中一个电极并作为其移动部分。在全氟乙烯丙烯共聚物（FEP）膜上镀上铜薄膜作为另一个电极。这样铝箔和 FEP 膜形成一对摩擦层。利用这个发电机，首先测量并画出在外接电阻 250MΩ 下 CEO 的 *V-Q* 曲线，如图 7.2（a）所示。CEO 的稳态在工作仅几个周期后就达到了。然后，利用一个并联的开关，还实现了外接电阻 250MΩ 和无穷大两种情况下的 CMEO 的 *V-Q* 曲线，如图 7.2（b）和（c）所示。所有这三个 *V-Q* 曲线的特点都与在图 7.1 中所模拟的结果相同。我们可以从三个曲线所围成的面积看到，外接电阻无穷大情况下的 CMEO 每周期所输出的能量是这三个中的最大值。根据实验的结果，利用式（7.1）计算了每个循环的每周期输出能量，如表 7.2 所示。这些结果证明了 CMEO 可以获得最大的输出能量，并且是实验可以实现的。这种由机械运动操作从而在 CMEO 下瞬间放电的发电机，已经被证实与在 CEO 下操作的传统发电机相比，具有极大增加的瞬间功率[21]。

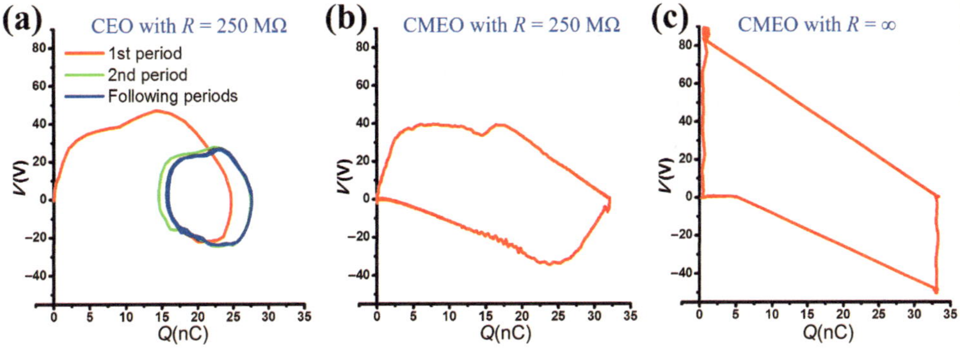

图 7.2　发电机各种循环的实验实现。（a）250MΩ 外接电阻的 CEO 的 *V-Q* 曲线；（b）250MΩ 外接电阻的 CMEO 的 *V-Q* 曲线；（c）无穷大外接电阻的 CMEO 的 *V-Q* 曲线（本图已获得自然出版集团许可）[16]

表 7.2　利用水平滑动模式 TENG 所获得三种循环的每周期输出能量

循环类型	每周期输出能量/μJ
CMEO，$R=+\infty$	1.99
CMEO，$R=250\text{M}\Omega$	1.48
CEO，$R=250\text{M}\Omega$	0.47

7.2　摩擦纳米发电机的品质因数

对于工作在无穷大外接电阻 CMEO 循环的 TENG，周期 T 包括两个部分。一部分来自发电机内部的相对运动，另一部分来自短路情况下的放电过程。由于在短路条件下，第二部分的时间消耗非常小（实验上已验证小于 0.4ms[21]），所以只需要考虑第一部分。因此这时的平均输出功率 $\overline{P}$ 表示为

$$\overline{P}=\frac{E_{\mathrm{m}}}{T}\approx\frac{E_{\mathrm{m}}}{2\dfrac{x_{\max}}{\overline{v}}}=\frac{\overline{v}}{2}\frac{E_{\mathrm{m}}}{x_{\max}} \tag{7.9}$$

式中，$\overline{v}$ 为 TENG 内部相对运动的平均速度，这与外界机械输入有关；$E_{\mathrm{m}}/x_{\max}$ 为唯一与 TENG 有关的项。

这种情况下的发电机的能量转换效率 η 为

$$\eta=\frac{E_{\mathrm{out}}}{E_{\mathrm{in}}}=\frac{E_{\text{output per cycle}}}{E_{\text{output per cycle}}+E_{\text{dissipation per cycle}}}=1\Big/\left[1+1\Big/\left(\frac{E_{\mathrm{m}}}{2\overline{F}x_{\max}}\right)\right] \tag{7.10}$$

式中，$\overline{F}$ 为移动过程中的平均耗散力，它可以是空气阻力、摩擦力等。

因此，由式（7.9）和式（7.10）可以看出，$E_{\mathrm{m}}/x_{\max}$ 项从 TENG 本身特征出发，既决定了平均输出功率，也决定了能量转换效率。在式（7.8）中，E_{m} 包括 $Q_{\mathrm{SC,max}}$，而这是一个和摩擦面面积 A 成正比的量。因此，为了排除发电机尺寸对输出性能的影响，我们认为面积应该放在这个项的分母上。所以综上所述，我们认为 $E_{\mathrm{m}}/Ax_{\max}$ 项能够决定 TENG 的品质。

在式（7.8）中，$Q_{\mathrm{SC,max}}$、$V_{\mathrm{OC,max}}$ 和 $V'_{\max}$ 都与表面电荷密度 σ 成正比。因此，E_{m} 应与 σ 的平方成正比。然后定义 TENG 的一个无量纲的结构品质因数 $\mathrm{FOM_S}$，作为只与结构和最大位移量 $x_{\max}$ 相关的一个量：

$$\mathrm{FOM_S}=\frac{2\varepsilon_0}{\sigma^2}\frac{E_{\mathrm{m}}}{Ax_{\max}} \tag{7.11}$$

式中，ε_0 为真空介电常数。这个结构的品质因数代表了 TENG 从结构设计角度的品质。TENG 总的性能品质因数（$\mathrm{FOM_P}$）可以被定义为

$$\mathrm{FOM_P}=\mathrm{FOM_S}\cdot\sigma^2=2\varepsilon_0\frac{E_{\mathrm{m}}}{Ax_{\max}} \tag{7.12}$$

式中，σ^2 可被称为材料的品质因数（$\mathrm{FOM_M}$），它只与材料的性质有关。由于与最大可能的平均输出功率及能量转换效率都有关，而与 TENG 的模式和尺寸都无关，因此这个性能品质因数可以作为评价不同 TENG 的统一标准。

7.3　结构品质因数的计算和模拟

目前，四种 TENG 的基本模式已经被运用在多种应用中[22, 23]。为了从结构设计的角度比较不同的 TENG，我们用解析式和有限元模拟两种方法计算了不同模式/结构的结构品质因数。这些结构包括垂直接触-分离模式（CS）、水平滑动模式（LS）、接触式单电极模式（SEC）、滑动式独立层模式（SFT）和接触式独立层模式（CFT）。我们设置了相同的初始表面电荷密度 σ 和面积 A。

具体的模拟方法如下：假定每个 TENG 具有相同的表面电荷密度 σ。所有的电极都有尺寸表征，面积（A）=长度（l）×宽度（w）。LS 模式和 SFT 模式中的滑动摩擦方向是沿着长度方向。移动部分的最大位移量为 $x_{\max}$，而介电层的有效厚度定义为 $d_0=\Sigma_i d_i/\varepsilon_{ri}$，其中 d_i 和 ε_{ri} 分别代表每个介电层的厚度和相对介电常数。不同电极和摩擦表面的电容由图 7.3 定义，其中总电容 C_{Total}（x）定义为两电极之间的电容。TENG 的参数定义见图 7.3 和表 7.3。

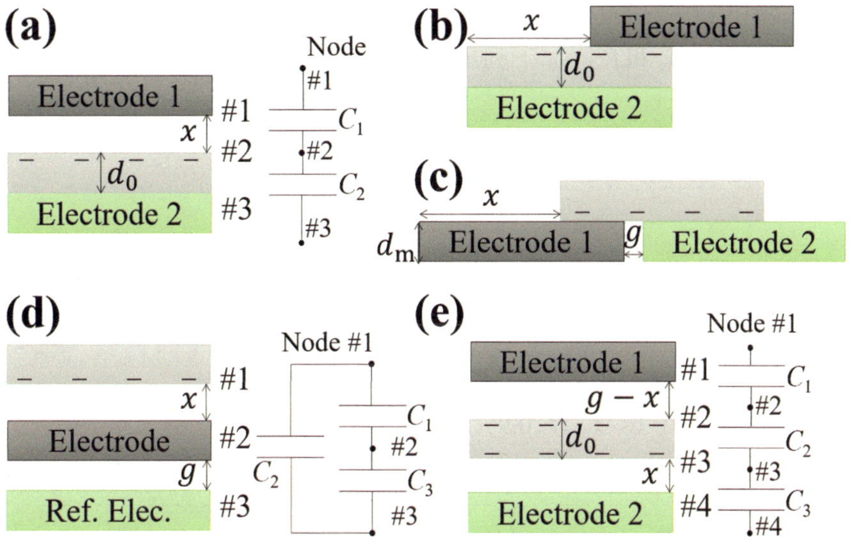

图 7.3　五种发电机结构的参数示意图。(a) CS 结构，其中电容 C_1（x）指电极 1（节点#1）和介电层摩擦面（节点#2）之间的电容，电容 C_2 指节点#2 和电极 2（节点#3）之间的电容；(b) LS 结构的发电机；(c) SFT 结构的发电机；(d) SEC 结构的发电机，其中电容 C_1（x）指介电层摩擦面（节点#1）和电极（节点#2）之间的电容，电容 C_2（x）指节点#2 和参比电极（节点#3）之间的电容，电容 C_3（x）指节点#3 和节点#1 之间的电容，这个结构中的电容都是指虚拟电容；(e) CFT 结构的发电机，其中电容 C_1（x）指电极 1（节点#1）和介电层上表面（节点#2）之间的电容，电容 C_2 指节点#2 和介电层下表面（节点#3）之间的电容，电容 C_3（x）指节点#3 和电极 2（节点#4）之间的电容（本图已获得自然出版集团许可）[16]

表 7.3　模拟所用的不同发电机结构的参数

结构		CS	LS	SEC	SFT	CFT
介电层		有效厚度 $d_0=\Sigma d_i/\varepsilon_{ri}=50\mu m$				
空气		相对介电常数 $\varepsilon_r=1$				
电极	尺寸	$A=l\times w=0.1m\times0.1m=0.01m^2$				
	厚度	$d_m=1\mu m$				
摩擦表面电荷密度		$\sigma=10\mu C/m^2$				
最大位移范围 x_{max}		0～0.2m	0～0.1m	0～1m	0～0.101m	0～0.01m
（参见图 7.3）电极间空隙 g		—	—	1cm	1mm	1cm

CS、LS、SEC 和 CFT 模式 TENG 的 $V_{OC,max}$ 和 $Q_{SC,max}$ 解析式已经在之前的文献中定义[17, 18, 20, 24]。由这些文献中的模型出发，这些模式的 V'_{max} 也可以被推导出来。LS 结构中 $x_{max}>0.95l$ 的情况以及 SFT 结构由于缺乏解析式，所以没有被计算出来。这是因为在这两种情况下，两个完全不重合的电极之间的电容 C_{Total} 并没有一个合适的解析式。同时，由于这两种情况的 $Q_{SC}(x)$ 和边界效应关系很大，它们的解析式也没有被推导。

$V_{OC,max}$、$Q_{SC,max}$ 和 V'_{max} 如下列出（参数含义参见本章中之前部分的定义和图 7.3）。

CS 模式：

$$V_{OC,max}=\frac{\sigma A}{C_1(x_{max})} \tag{7.13}$$

$$Q_{SC,max}=V_{OC,max}C_{Total}=\sigma A\frac{C_2}{C_1(x_{max})+C_2} \tag{7.14}$$

$$V'_{max}=\frac{Q_{SC,max}}{C_2}=\frac{\sigma A}{C_1(x_{max})+C_2} \tag{7.15}$$

LS 模式（仅对于 $0\leqslant x_{max}\leqslant 0.95l$）：

$$V_{OC,max}=\frac{\sigma x_{max}}{\varepsilon_0(l-x_{max})}d_0 \tag{7.16}$$

$$Q_{SC,max}=\sigma w x_{max} \tag{7.17}$$

$$V'_{max}=\frac{\sigma x_{max}}{\varepsilon_0 l}d_0 \tag{7.18}$$

SEC 模式：

$$V_{OC,max}=V'_{max}=\sigma wl\frac{C_2(x_{max})}{C_1(x_{max})C_2(x_{max})+C_2(x_{max})C_3(x_{max})+C_3(x_{max})C_1(x_{max})} \tag{7.19}$$

$$Q_{SC,max}=\sigma wl\frac{C_2(x_{max})}{C_1(x_{max})+C_2(x_{max})} \tag{7.20}$$

CFT 模式：

$$Q_{\mathrm{SC,max}}=\sigma wl\left[\left(\frac{1}{C_2(x_{\max})}+\frac{2}{C_3(x_{\max})}\right)C_{\mathrm{Total}}(x_{\max})-\left(\frac{1}{C_2(0)}+\frac{2}{C_3(0)}\right)C_{\mathrm{Total}}(0)\right] \tag{7.21}$$

$$V_{\mathrm{OC,max}}=\frac{Q_{\mathrm{SC,max}}}{C_{\mathrm{Total}}(x_{\max})} \tag{7.22}$$

$$V'_{\max}=\frac{Q_{\mathrm{SC,max}}}{C_{\mathrm{Total}}(0)} \tag{7.23}$$

上述列出的电容计算参照了考虑一边（1S）和两边（2S）边界效应的非理想平板电容器的计算公式。这些公式如下[25]

$$C_{1\mathrm{S}}=\varepsilon_0\varepsilon_{\mathrm{r}}\left\{\frac{lw}{d}+\frac{l}{\pi}\left[1+\ln\left(1+2\pi\frac{w}{d}+\ln\left(1+2\pi\frac{w}{d}\right)\right)\right]\right\} \tag{7.24}$$

$$C_{2\mathrm{S}}=\varepsilon_0\varepsilon_{\mathrm{r}}\left\{\frac{lw}{d}+\frac{l}{\pi}\left[1+\ln\left(1+2\pi\frac{w}{d}+\ln\left(1+2\pi\frac{w}{d}\right)\right)\right]+\frac{w}{\pi}\left[1+\ln\left(1+2\pi\frac{l}{d}+\ln\left(1+2\pi\frac{l}{d}\right)\right)\right]\right\} \tag{7.25}$$

其中，l、w 和 d 分别为平板电容的长度、宽度和间距。

然后最大可能的能量输出 E_{m} 可以由式（7.8）计算得出，结构品质因数相对于不同 $x_{\max}$ 可以由式（7.11）计算得到。

计算所得的结构品质因数和最大位移量的关系如图 7.4 所示。对于 CS、SEC 和 CFT 三种结构而言，在计算中分别考虑了一边（1S）和两边（2S）边界效应的非理想平行板电容[25]。其中有限元分析法只能考虑一边的边界效应。有限元分析法的结果与解析式计算的结果吻合得很好。我们可以把其中结构品质因数的最大值（$\mathrm{FOM_{S,\,max}}$）提出来作为对结构的表征标准。由图 7.4（f）和表 7.4 所示，对于不同结构最大结构品质因数如下

CFT＞CS＞SFT＞LS＞SEC

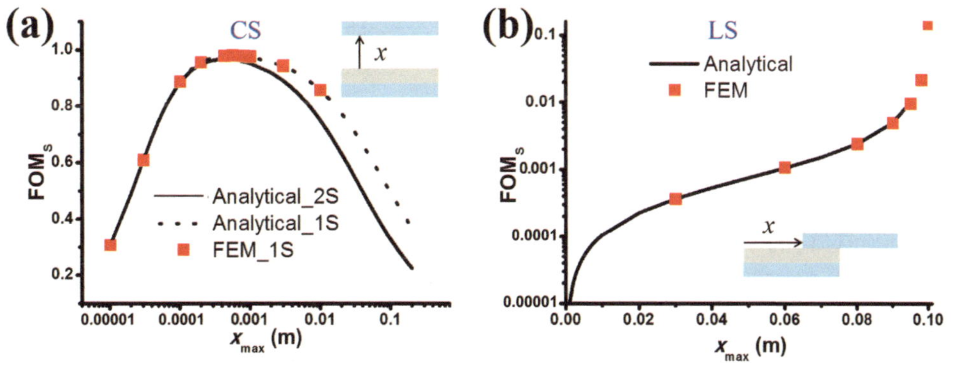

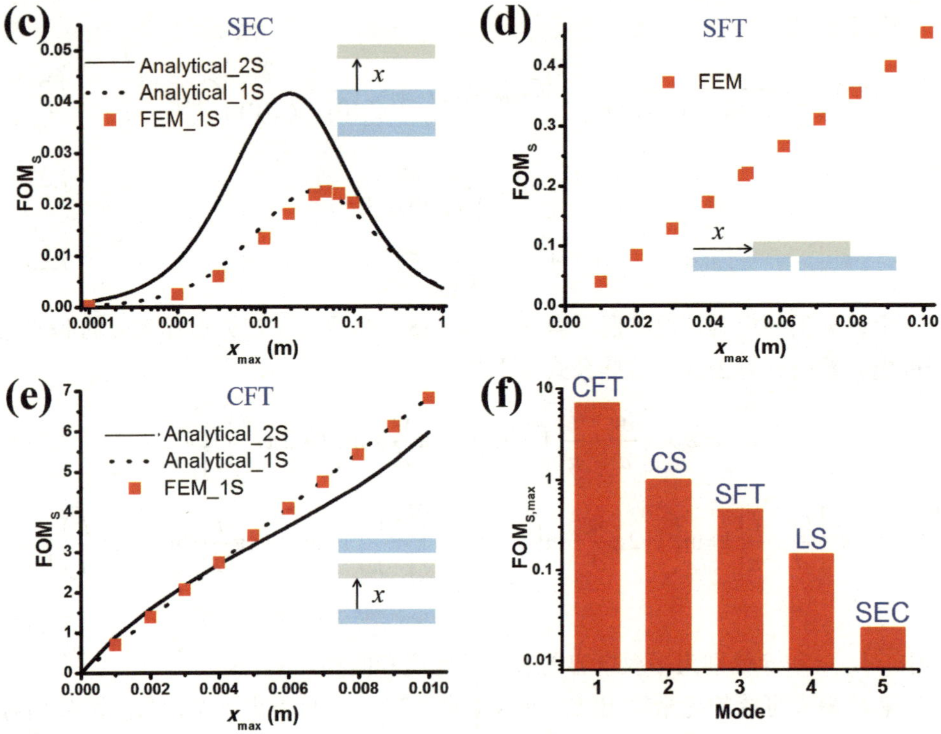

图 7.4 不同发电机结构的相对于最高位移量 x_{max} 的结构品质因数。(a～e) 由解析式计算和有限元分析模拟的垂直接触-分离模式 (CS)、水平滑动模式 (LS)、接触式单电极模式 (SEC)、滑动式独立层模式 (SFT) 和接触式独立层模式 (CFT) 的结构品质因数。插图为相对应的结构示意图。1S 和 2S 分别是指考虑了一边和两边的非理想平行板电容器的情况。(f) 由有限元分析法得到的不同结构的最大结构品质因数 $FOM_{S,max}$ (本图已获得自然出版集团许可)[16]

表 7.4　由有限元分析法得到的不同结构的最大结构品质因数 $FOM_{S,max}$

结构	$FOM_{S,max}$	结构	$FOM_{S,max}$
CFT	6.81	LS	0.15
CS	0.98	SEC	0.022
SFT	0.45		

这里我们可以做出一些结论：首先，具有成对电极的摩擦纳米发电机比相同尺寸相同材料的单电极摩擦纳米发电机性能要好很多，这是由于后者的转移电荷量和电压都比较低[17]。其次，由接触-分离运动驱动的摩擦纳米发电机比滑动驱动的摩擦纳米发电机性能要高，这是因为为了取得同样的最高开路电压 $V_{OC,max}$，后者需要更高的最大位移量 x_{max}。最后，独立层结构设计提高了摩擦纳米发电机的

性能，这是由于电极之间的电容被大大降低。由于中间介电层的双面起电从而获得了更高的转移电荷［图 7.3（e）］，接触式独立层结构的最大结构品质因数 $FOM_{S,\max}$ 被进一步提高。

7.4　材料品质因数的测量

表面电荷密度 σ 是式（7.12）品质因数中唯一与材料相关的参数。它的优化将大大提高摩擦纳米发电机的性能，因为品质因数与它的平方成正比。这个量与相互接触材料的摩擦起电性能有关。由于现存的摩擦起电序列只是一个定性的列表[22]，我们亟需材料摩擦起电性能的定量表征。

目前关于摩擦起电性能的研究被表面间较低的接触紧密度所限。这是由于固体表面总是有纳米到微米尺度的表面粗糙度[26-28]。因此，用固体对固体所测得的表面电荷密度并不能达到它的最大可能值。为了突破这个限制和定量测量材料的摩擦起电性能，我们使用了液态金属，如液态镓、galinstan（一种镓-铟-锡合金）和汞作为一个摩擦起电的材料。由于这些液态金属具有较强的形状适应能力，接触紧密度可以大大提高[29, 30]。

7.4.1　表面电荷密度的测量

Tang 等首先发展了基于液态金属的摩擦纳米发电机（LM-TENG），利用汞进行表面电荷密度的测量[28]。这种发电机基于两个部分，如图 7.5（a）所示。图 7.5（b）展示了每一步的工作原理。具体的结构和工作步骤已经在 3.3.6 节中详细描述。利用这种方法并假设短路电荷转移量就是总的摩擦表面电荷产生量，不同材料相对于汞产生的电荷密度如图 7.6（b）所示。

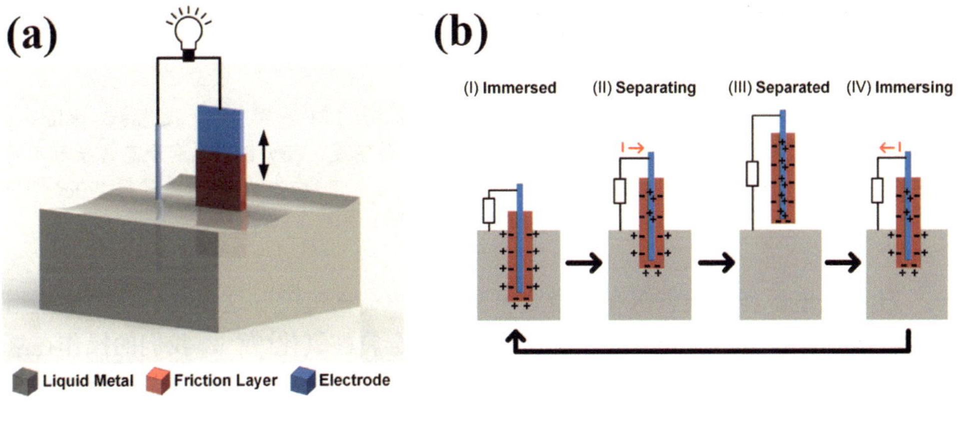

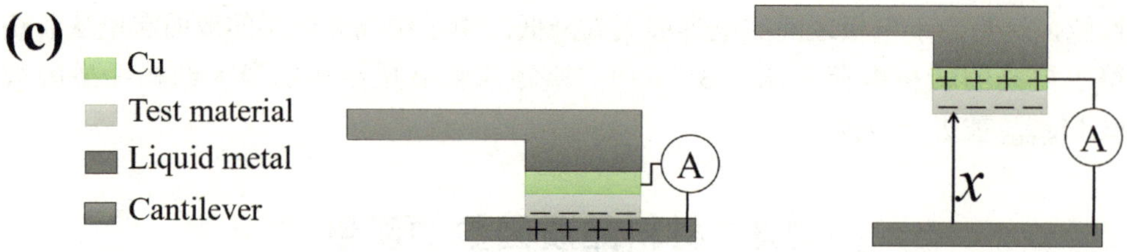

图 7.5　表面电荷密度测量的方法。(a) 第一种测量装置；(b) 第一种测量装置的步骤和工作原理；(c) 第二种测量装置的结构和工作原理（本图已获得 Wiley[28]和自然出版集团许可[16]）

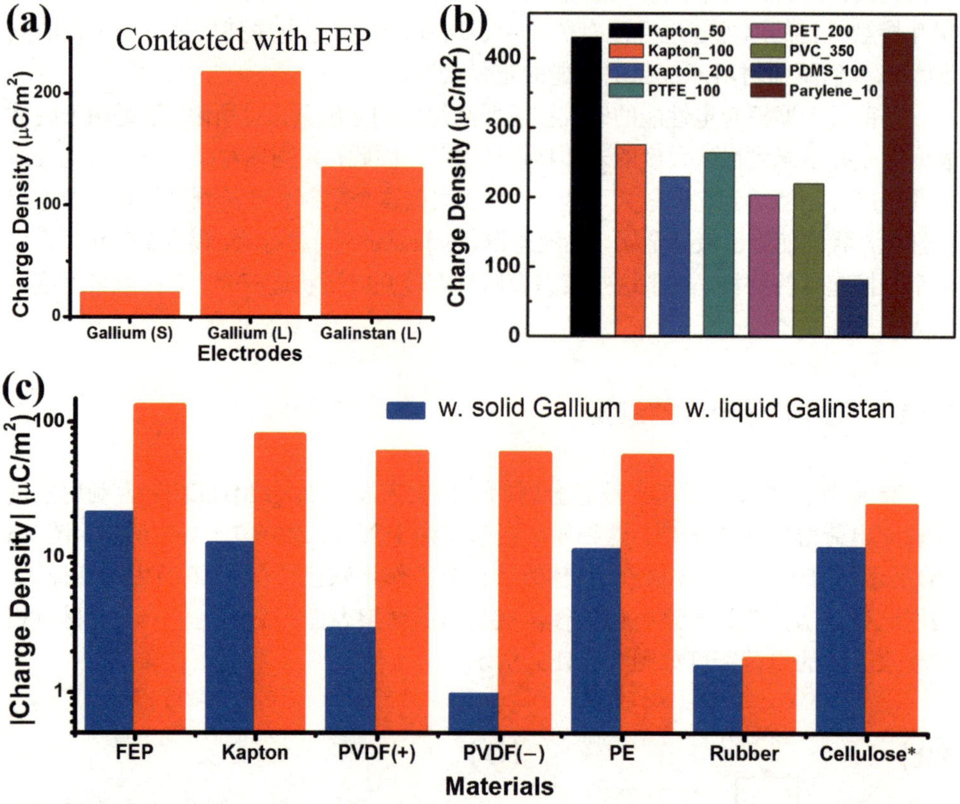

图 7.6　利用液态金属进行标准电荷密度的测量。(a) 通过把 FEP 和固态镓、液态镓和 galinstan 接触测量的电荷密度；(b) 用汞接触不同材料测得的电荷密度；(c) 用固态和液态镓接触不同材料测得的绝对电荷密度。其中纤维素相对 galinstan 更正（用*标识）（本图已获得 Wiley[28]和自然出版集团许可[16]）

Zi 等报道了利用液态镓和镓合金所测量的电荷密度[16]。这里我们实验中采用无毒的液态镓和 galinstan。为了防止这些液态金属被氧化[29-32]，我们的操作在氩气气氛保护下［室温、1atm、0.006%的相对湿度（RH）］的手套箱中进行。

图 7.5（c）显示了测量实验装置。首先要测试的材料被镀上铜薄膜作为一个电极，而液态金属被用作另一个电极，两个电极进行短路连接。当材料表面（没有铜的一面）接触液态金属表面时，由于摩擦起电效应，接触的表面会产生电荷。然后我们把所测材料提出液面，提高到一个高度为材料厚度 100 倍以上的位置后，绝大多数在液态金属表面产生的电荷就会几乎被完全转移到铜电极上。我们可以用电流表测量所转移的电荷量，然后算出电荷密度。为了进行比较，用固态铜替换液态金属做了相同的实验。实验中的电荷转移具有较好的可重复性。我们所测试的材料包括全氟乙烯丙烯共聚物（FEP）、聚酰亚胺（Kapton）、极化后的聚偏二氟乙烯（polarized PVDF）、聚乙烯（PE）、天然橡胶（nature rubber）和纤维素（cellulose）。测量结果由图 7.6（a）和（c）所示。如果发现所测材料比液态金属更倾向带负电，那么所测得电荷密度则标为正值；反之，标为负值（如纤维素）。

7.4.2 基于归一化电荷密度以及无量纲材料品质因数的定量化摩擦序列

在这些结果中，与液态金属接触所测得的不同材料的电荷密度总是比与固态镓接触所测得的值要高。这是因为接触紧密度被大大提高[28]。接触不同液态金属所测得的不同值可能是因为它们吸引电子的能力不同。由实验所得的摩擦起电顺序为（带电倾向最负）FEP-Kapton-PVDF-PE-Nature Rubber-Galinstan-Cellulose（带电倾向最正），这与目前报道的摩擦起电顺序相符[22]。各种材料的摩擦起电性能可以用相对同一个液态金属的摩擦起电表面电荷密度来定量表征。例如，FEP 的摩擦起电性能可以被表征为相对于 galinstan $\sigma_{\text{FEP/galinstan}}$=133.24μC/m^2 或者相对于液态镓 $\sigma_{\text{FEP/Ga（L）}}$=218.64μC/m^2，一般我们认为 FEP（特氟龙）是摩擦起电上带电倾向最负的材料；而液态 galinstan 应该在摩擦起电序列的中间位置，因为它与天然橡胶差不多而且比纤维素还要负。因此，可以将 FEP 接触 galinstan 所得的表面电荷密度作为标准的参照摩擦起电表面电荷密度。然后我们就能够定义归一化的摩擦起电表面电荷密度 σ_N 和无量纲的材料品质因数 FOM_{DM} 如下：

$$\text{FOM}_{\text{DM}} = (\sigma_{\text{N}})^2 = \frac{\sigma^2_{\text{Material/Galinstan}}}{\sigma^2_{\text{FEP/Galinstan}}} \tag{7.26}$$

我们计算了不同材料的这两个量，如表 7.5 所示。对于特定材料，如果 $\sigma_N<0$，那么这种材料就比参照液态金属要正；如果 $0<\sigma_N<1$，那么这种材料就比参照液态金属要负而比 FEP 要正；如果 $\sigma_N>1$，那么这种材料比 FEP 要负。

表 7.5 相对于接触 FEP 和 galinstan 电荷密度的归一化表面电荷密度 σ_N 和无量纲的材料品质因数 FOM_{DM}

材料	归一化表面电荷密度	无量纲材料品质因数	在摩擦起电序列中的位置
FEP	1	1	最负
Kapton	0.60	0.36	
PVDF	0.45	0.20	
PE	0.43	0.18	
天然橡胶	0.0135	0.000183	
galinstan	0	0	大约在中间
纤维素	–0.185	0.0342	正

7.5 总　结

本章阐述了标准化测量摩擦纳米发电机的方法。从 *V-Q* 曲线出发，无穷负载电压情况下的最大能量输出循环被推导为具有最大可能的每周期能量输出，这类似于热机的卡诺循环。基于这个最大化能量输出，考虑到最大的能量转换效率和最大的平均输出功率，我们推导了性能品质因数来评价每一个摩擦纳米发电机，包括结构品质因数和材料品质因数。不同摩擦纳米发电机的结构品质因数被分别计算（解析式）或模拟（有限元分析）出来，显示了不同结构摩擦纳米发电机的最大结构品质因数。我们通过材料和液态金属接触来测量表面电荷密度，实现了材料品质因数的标准化测量，并计算了不同材料的归一化摩擦起电表面电荷密度和无量纲材料品质因数。这些标准和评价方法将为摩擦纳米发电机技术的进一步应用和工业化奠定基础。

参 考 文 献

[1] Zhu G, Pan C, Guo W, Chen C Y, Zhou Y, Yu R, Wang Z L. Triboelectric-generator-driven pulse electrodeposition for micropatterning. Nano Letters，2012，12（9）：4960-4965.

[2] Meng X S, Zhu G, Wang Z L. Robust thin-film generator based on segmented contact-electrification for harvesting wind energy. ACS Applied Materials & Interfaces，2014，6（11）：8011-8016.

[3] Zhu G，Chen J，Liu Y，Bai P，Zhou Y S，Jing Q，Pan C，Wang Z L. Linear-grating triboelectric generator based on sliding electrification. Nano Letters，2013，13（5）：2282-2289.

[4] Wang S，Lin L，Xie Y，Jing Q，Niu S，Wang Z L. Sliding-triboelectric nanogenerators based on in-plane charge-separation mechanism. Nano Letters，2013，13（5）：2226-2233.

[5] Zhu G, Chen J, Zhang T, Jing Q, Wang Z L. Radial-arrayed rotary electrification for high performance triboelectric generator. Nat Commun，2014，5：3426.

[6] Yang Y，Zhang H，Chen J，Jing Q，Zhou Y S，Wen X，Wang Z L. Single-electrode-based sliding triboelectric nanogenerator for self-powered displacement vector sensor system. ACS Nano，2013，7（8）：7342-7351.
[7] Chen J，Huang Y，Zhang N，Zou H，Liu R，Tao C，Fan X，Wang Z L. Micro-cable structured textile for simultaneously harvesting solar and mechanical energy. Nat Energy，2016，1：16138.
[8] Curzon F L，Ahlborn B. Efficiency of a Carnot engine at maximum power output. American Journal of Physics，1995，43（1）：22-24.
[9] Giordano N. College Physics：Reasoning and Relationships. Farmington Hills：Cengage Learning，2009.
[10] Sebald G，Lefeuvre E，Guyomar D. Pyroelectric energy conversion：Optimization principles. Ultrasonics，Ferroelectrics，and Frequency Control，IEEE Transactions on，2008，55（3）：538-551.
[11] Alpay S P，Mantese J，Trolier-McKinstry S，Zhang Q，Whatmore R W. Next-generation electrocaloric and pyroelectric materials for solid-state electrothermal energy interconversion. MRS Bulletin，2014，39（12）：1099-1111.
[12] Tritt T M，Subramanian M A. Thermoelectric materials，phenomena，and applications：A bird's eye view. MRS Bulletin，2006，31（3）：188-198.
[13] Rowe D M. CRC Handbook of Thermoelectrics. Taylor & Francis，2010.
[14] Green M A. Solar Cells：Operating principles，technology，and system applications. Upper Saddle River：Prentice-Hall，1982.
[15] Nelson J. The Physics of Solar Cells. London：Imperial College Press，2003.
[16] Zi Y，Niu S，Wang J，Wen Z，Tang W，Wang Z L. Standards and figure-of-merits for quantifying the performance of triboelectric nanogenerators. Nat Commun，2015，6：8376.
[17] Niu S，Liu Y，Wang S，Lin L，Zhou Y S，Hu Y，Wang Z L. Theoretical investigation and structural optimization of single-electrode triboelectric nanogenerators. Advanced Functional Materials，2014，24（22），3332-3340.
[18] Niu S，Liu Y，Chen X，Wang S，Zhou Y S，Lin L，Xie Y，Wang Z L. Theory of freestanding triboelectric-layer-based nanogenerators. Nano Energy，2015，12：760-774.
[19] Zi Y，Wang J，Wang S，Li S，Wen Z，Guo H，Wang Z L. Effective energy storage from a triboelectric nanogenerator. Nature Communications，2016，7：10987.
[20] Niu S，Liu Y，Wang S，Lin L，Zhou Y S，Hu Y，Wang Z L. Theory of sliding-mode triboelectric nanogenerators. Advanced Materials，2013，25（43）：6184-6193.
[21] Cheng G，Lin Z H，Lin L，Du Z L，Wang Z L. Pulsed nanogenerator with huge instantaneous output power density. ACS Nano，2013，7（8）：7383-7391.
[22] Wang Z L. Triboelectric nanogenerators as new energy technology for self-powered systems and as active mechanical and chemical sensors. ACS Nano，2013，7（11）：9533-9557.
[23] Wang Z L. Triboelectric nanogenerators as new energy technology and self-powered sensors-principles，problems and perspectives. Faraday Discussions，2014，176，447-458.
[24] Niu S，Wang S，Lin L，Liu Y，Zhou Y S，Hu Y，Wang Z L. Theoretical study of contact-mode triboelectric nanogenerators as an effective power source. Energy & Environmental Science，2013，6（12）：3576-3583.
[25] Li Y，Li Y H，Li Q X，Zi Y Y. Computation of electrostatic forces with edge effects for non-parallel comb-actuators. J Tsinghua Univ（Sci & Tech），2003，43（8）：1024-1026，1030.
[26] Baytekin H T，Patashinski A Z，Branicki M，Baytekin B，Soh S，Grzybowski B A. The mosaic of surface charge in contact electrification. Science，2011，333（6040）：308-312.
[27] Burgo T A L，Ducati T R D，Francisco K R，Clinckspoor K J，Galembeck F，Galembeck S E. Triboelectricity：Macroscopic

charge patterns formed by self-arraying ions on polymer surfaces. Langmuir，2012，28（19），7407-7416.

[28] Tang W，Jiang T，Fan F R，Yu A F，Zhang C，Cao X，Wang Z L. Liquid-metal electrode for high-performance triboelectric nanogenerator at an instantaneous energy conversion efficiency of 70.6%. Advanced Functional Materials，2015，25（24）：3718-3725.

[29] Chiechi R C，Weiss E A，Dickey M D，Whitesides G M. Eutectic gallium-indium（EGaIn）：A moldable liquid metal for electrical characterization of self-assembled monolayers. Angewandte Chemie International Edition，2008，47（1）：142-144.

[30] Dickey M D，Chiechi R C，Larsen R J，Weiss E A，Weitz D A，Whitesides G M. Eutectic gallium-indium（EGaIn）：A liquid metal alloy for the formation of stable structures in microchannels at room temperature. Advanced Functional Materials，2008，18（7）：1097-1104.

[31] Xu Q，Oudalov N，Guo Q，Jaeger H M，Brown E. Effect of oxidation on the mechanical properties of liquid gallium and eutectic gallium-indium. Physics of Fluids（1994-present），2012，24（6）：063101.

[32] Tingyi L，Sen P，Kim C J. Characterization of liquid-metal galinstan for droplet applications. In Micro Electro Mechanical Systems（MEMS），2010 IEEE 23rd International Conference on，IEEE：Wanchai，Hong Kong，2010：560-563.

第8章　摩擦纳米发电机收集身体运动能量

摘　要

身体运动的能量被认为是最为丰富的能量来源，特别是可穿戴、可植入的个人设备。本章介绍为收集身体运动能量而设计的各种 TENG。这方面最早的工作是一个可以用作自驱动背包的组装菱形发电机。然后，利用柔性材料如布料和纸张而发展出可穿戴和可携带的发电机。一些特殊结构的发电机也可以用来收集运动能量，如以皮肤为一个摩擦层的单电极模式 TENG 和具有高效率的滑动式独立层模式 TENG。这些发电机为发展可穿戴和可携带的 TENG 为基的自驱动系统开创了新的途径。

在过去的 20 年中，以手机为代表的个人电子设备的使用日渐增长，它们涉及生活中的各个方面，包括健康监测、行为传感和安全。随着小型电子器件能量消耗的快速降低，收集身体运动的能量从而驱动这些电子器件成为可能。然而，身体运动在幅度和频率上往往是无规律的，特别地，身体运动往往在低频下如低于 10Hz 甚至低于 1Hz。因此，自从 TENG 发明以来，从身体运动中收集能量已经获得了很大发展。在这方面，相关发展出的摩擦纳米发电机包括组装型 TENG[1-4]、织物基的 TENG[5-11]、纸张基的 TENG[12, 13]、人皮肤基的 TENG[14]和滑动式独立层模式 TENG[15-17]。这一章系统地阐述了这些方法。

8.1　组装型摩擦纳米发电机

垂直接触-分离模式（CS）TENG 基于接触起电效应，已经被证实为廉价、有效的周边环境能量收集方法。两种具有不同电荷吸引力的材料周期性地接触分离就像一个电荷泵一样，交变的驱动电子通过外接负载在电极之间流动。发电机的一个关键挑战是它相对较低的输出电流。Yang 等[1]展示了一种理性设计的菱形格子状的组装 TENG 来有效地输出能量。基于这种多层结构并联结构单元，这种新设计的 TENG 极大地提高了总电流输出以及振动能到电能的转换效率。随着聚四氟乙烯（PTFE）纳米线整列和铝纳米孔的接触和滑动的复合摩擦，其开路电压（V_{OC}）和短路电流（I_{SC}）分别可达 428V 和 36.6mA/m^2，其最高峰值功率可达 30.7W/m^2。这个结果可以被做成一个自驱动背包，基于人类正常走动（2kg 的负荷），这种结构的一个单元可以点亮 40 个发光二极管（LED）。此工作证实了这种组装菱形 TENG 作为一种持续性移动电源的能力。

这种组装菱形 TENG 的结构如图 8.1（a）所示，TENG 结构单元的数目为

$$N_{total}=2n^2 \tag{8.1}$$

其中 n 是每一边上的结构单元的数目。600μm 厚的聚对苯二甲酸乙二醇酯（PET）片被切成对半相互锁住构成 TENG 的框架。在 PET 基底的一边，一层带有纳米孔的铝膜同时作为电极和接触表面。铝纳米孔的扫描电镜图像如图 8.1（b）所示。一层带有纳米线阵列的 PTFE 膜在背面镀上铜电极，其纳米线阵列扫描电镜图像如图 8.1（c）所示。如图 8.1（d）～（f）所示，具有 2、8 和 18 个结构单元的 TENG（示意图和真实图片）被制作出来。这种组合的菱形格子状结构发电机，各种单元并联起来，具有成倍提高电流输出的功能。另外，铝纳米孔和 PTFE 纳米线的结合可以极大地增加有效接触面积。

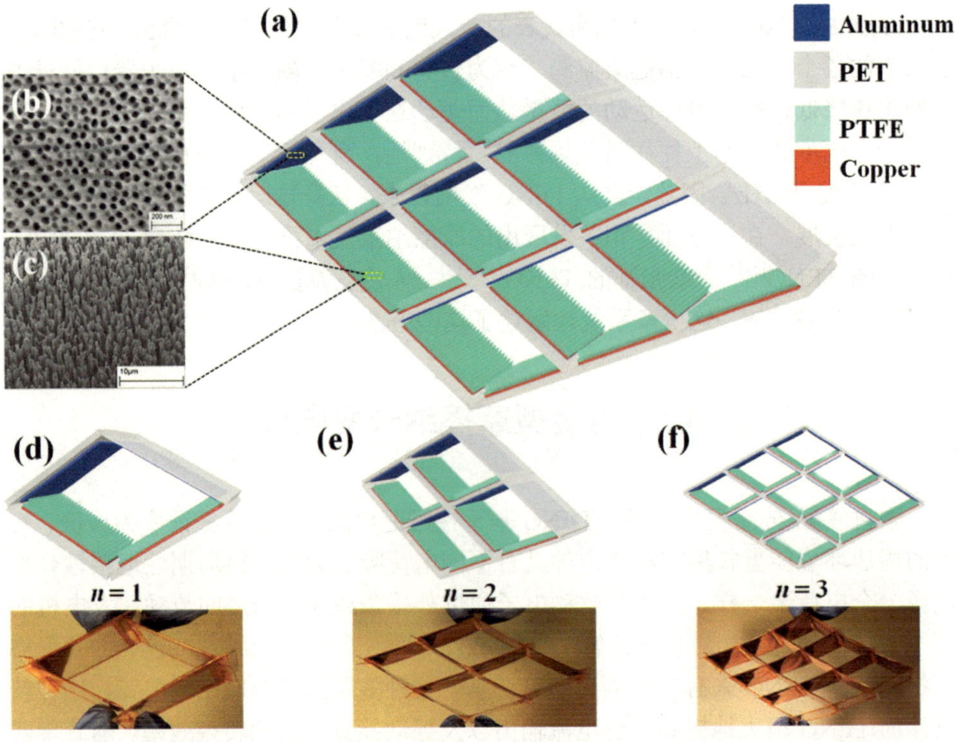

图 8.1　组装菱形格子结构的摩擦纳米发电机。(a) n=3 的发电机的示意图；(b) 铝电极的纳米孔的扫描电镜图像；(c) PTFE 纳米线的扫描电镜图像；(d～f) n=1、2 和 3 的组装菱形格子结构的发电机的示意图和照片（本图已获得美国化学学会许可）[1]

TENG 可以主要分为两种模式：垂直接触-分离模式和水平滑动模式。此发电机主要基于这两种模式的复合。因为摩擦起电和静电感应效应的耦合，具有不同极性的两种材料的周期性接触分离可以驱动电子经由外接电路流动。根据摩擦起电序列，初始位置时，电子会从铝电极注入 PTFE 膜上，使 PTFE 膜带负电而铝电极带正电。当周期性的外力作用在 TENG 上时，两板之间发生角度为 θ 的分离，造成了接触电极和背电极之间的电势差。根据高斯定律，这个电势差可以表示为

$$V_{\mathrm{A}}-V_{\mathrm{B}}=\int_{\mathrm{A}}^{\mathrm{C}}\left(\frac{\sigma-\Delta\sigma}{2\varepsilon_0}+\frac{\sigma}{2\varepsilon_0}-\frac{\Delta\sigma}{2\varepsilon_0}\right)\mathrm{d}l+\int_{\mathrm{C}}^{\mathrm{B}}\left(\frac{\sigma-\Delta\sigma}{2\varepsilon_0\varepsilon_{\mathrm{r}}}-\frac{\sigma}{2\varepsilon_0\varepsilon_{\mathrm{r}}}-\frac{\Delta\sigma}{2\varepsilon_0\varepsilon_{\mathrm{r}}}\right)\mathrm{d}l \quad (8.2)$$

式中，V_{A} 和 V_{B} 分别为接触电极和背电极的电势；σ 为表面电荷密度；$\Delta\sigma$ 为感应电荷密度；ε_0 和 ε_{r} 分别为真空介电常数和 PTFE 的相对介电常数。如果器件在开路下运行，没有感应电荷，于是 $\Delta\sigma=0$。所以，开路电压可计算为

$$V_{\mathrm{OC}}=\frac{2\sigma l\sin\dfrac{\theta}{2}}{\varepsilon_0} \quad (8.3)$$

式中，l 为菱形单元的边长。如果器件处于短路状态，两电极之间的电势差为零，$V_{\mathrm{A}}-V_{\mathrm{B}}=0$。TENG 的感应电荷密度如下表示：

$$\Delta\sigma=\frac{\sigma}{1+\dfrac{d_1}{2\varepsilon_{\mathrm{r}}l\sin(\theta/2)}} \quad (8.4)$$

式中，d_1 为 PTFE 的厚度。所以，短路电流可以表示为

$$I_{\mathrm{SC}}=\frac{\sigma s d_1 v}{\varepsilon_{\mathrm{r}}[2l\sin(\theta/2)+d_1/\varepsilon_{\mathrm{r}}]} \quad (8.5)$$

其中，v 为两块板的相对速度，它们运动的方向决定了感应电荷的流动方向，即短路电流的方向；s 为有效接触面积。这种电势的提高驱动电子从背电极通过外电路流向接触电极，屏蔽了背电极上的正摩擦电荷。当张开角达到最大值 $\theta_{\max}$，正摩擦电荷完全被感应电子屏蔽。当外力再次作用于 TENG 时，电势差的下降驱使电子向相反方向流动。TENG 就像电子泵一样驱动电子在两电极间来回流动，形成了外电路的交变电流。

基于式（8.5），多种因素决定了发电机的短路电流，如表面电荷密度 σ、有效接触面积 s 及两板块的相对速度 v。同时短路电流也和下列因素有关：①接触起电材料的选择。表面电荷密度 σ 在极大程度上取决于两接触材料吸引电荷能力的不同。对于所有的材料，PTFE 目前是电负性最强的一种，其电荷亲和度（charge affinity）为−190nC/J。而铝的电荷亲和度为 10～30nC/J。这种极大的电荷亲和度差异导致了大量的摩擦电荷量及器件的较大输出。②材料的纳米表面修饰，它可

以极大地提高有效接触面积 s。③接触分离的相对速度。

为了提高 TENG 的总输出电流，所有的结构单元的输出都并联在一起。在固定的驱动频率和幅度下，对 n=1，2，3 的 TENG 分别进行了测量。TENG 有效接触面积为 $2n^2$×4.6cm×4.6cm，其开路电压 V_{OC} 分别为 445V（n=1）、439V（n=2）和 428V（n=3）。由于并联，所有测量所得的电压输出几乎一致。铝和 PTFE 分开所造成的瞬间电荷分离导致正向电压峰值。由于开路情况下，电子并不能流回从而屏蔽两电极的电势差，这个电压可以保持一个平台值直到再次接触。同时，短路电流（I_{SC}）的峰值在 n=1 时可达 245μA，n=2 时可达 801μA，n=3 时可达 1.395μA。另外，输出电流具有交变特性且不对称的幅度大小，其中当两个接触面靠近时，峰值较大。根据式（8.5），快速靠近相比慢速分开更可能造成较大电流峰值。

电流提高系数 α 是一个边缘结构单元数的系数，$\alpha=bn^2$，这使系数 b 在 1.66 左右。考虑到一些非理想的实验条件，如湿度、空气中的颗粒污染、器件制造的不完美、器件同步的困难度等，电流提高系数的实验值可能会接近理想值 $2n^2$，从而证实组装菱形结构可以有效地提高总电流输出。积累的电荷随着 n 而增加，当 n=3 时，2.75s 内可达 142.68μC，进一步证实了组装菱形结构可以极大提高 TENG 的输出。值得注意的是，积累的电荷证明了这种发电机的工作就如同一个“电荷泵”。因此，在整个实验时间窗口中，积累的电荷是一个单增的效果。

为了证实组装菱形 TENG 能成为一种可持续电源，一种可从正常人走路中收集能量的背包用于被验证这个能力。如图 8.2（a）所示，四个具有 5cm×7.5cm×20cm 尺寸的亚克力（acrylic）板被组装在一起作为支架，与背包、两个带子用四个弹簧和两个长的螺旋柄连接，其中 n=1 的情况只用了两个亚克力板，如图 8.2（b）所示。40 个串联的 LED 和该背包直接连接［图 8.2（c）］。当一个人带着总质量为 2kg 的背包走路时，人体运动的能量足以同时驱动所有的 40 个 LED［图 8.2（d）］。

(a)

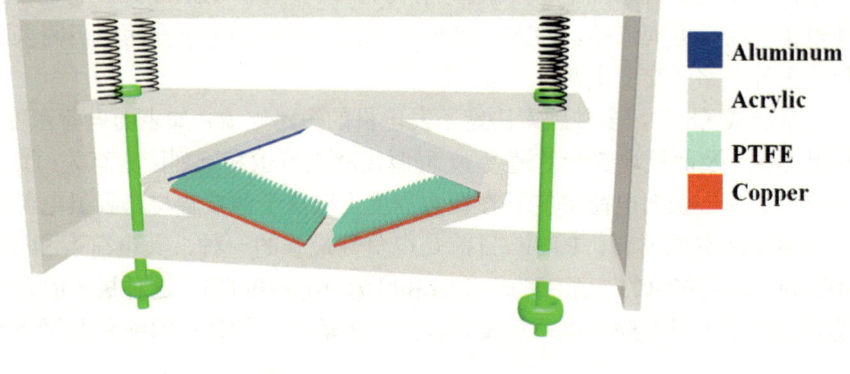

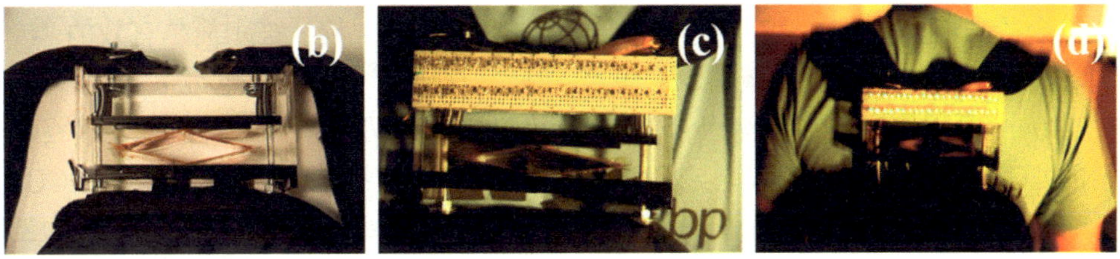

图 8.2　(a，b) 基于组装菱形 TENG 的自驱动背包的示意图和照片；(c) 背在肩上的背包照片；(d) 正常人走动时的背包照片，40 个 LED 被同时点亮（本图已获得美国化学学会许可）[1]

综上所述，一个新型菱形组装结构的摩擦纳米发电机被证实。这种结构可以提供 $2n^2$ 个并联的结构单元，可以极大地提高电流输出和振动到电能的能量转换效率。并且，PTFE 纳米线整列和铝纳米孔的表面处理使复合接触分离和平行滑动的起电模式有效提高输出电流。这种新设计的 n=3 的 TENG 可以得到高达 428V 的开路电压，1.395mA 的短路电流，峰值功率为 30.7W/m^2，电学输出随着 $2n^2$ 而增长。并且，基于 TENG，一种自驱动的背包被提出。当一个背着 2kg 背包的人走路时，输出功率足以点亮 40 个 LED。这种新设计的摩擦纳米发电机可以提供一种创新的方法来有效提高器件输出电流，因此它可以高效收集人走路的振动能，并可以提高电池寿命或取代电池来构成自驱动系统。

8.2　基于纺织物的摩擦纳米发电机

人体运动是机械能的一个丰富来源，而纺织物可以与摩擦纳米发电机直接结合来进行能量收集。同时，电子器件的一个重要发展方向是可穿戴化甚至可植入化。因此，一个颠覆性的想法是制造基于纺织物的摩擦纳米发电机来直接驱动可穿戴和可植入的电子器件。这种组装所得的自驱动系统可以提供包括健康检测、生物医学检查、传感等功能。因此，近年来人们发展了纤维基和衣物基的摩擦纳米发电机[5-11]。

8.2.1　纤维基摩擦纳米发电机

Zhong 等报道了第一个纤维基摩擦纳米发电机[5]。该发电机是由两种改性后的棉线相互缠绕而成：涂有碳纳米管的棉线（CCT）和涂有聚四氟乙烯和碳纳米管的棉线（PCCT）。本工作证实了第一个由纤维基摩擦纳米发电机织成的概念性纺织物在手机、依靠人体机械运动的能量来驱动可穿戴式器件和医学上的应用。

纤维基摩擦纳米发电机的制造过程如图 8.3（a）所示。用酒精火焰（用于去除多余的纤维）和硝酸溶液（用于增加亲水性）处理后，棉线被用简单有效的“浸润-晾干”方法涂上自制的碳纳米管墨水，使它们导电[18]。在扫描电镜下可以看到，约 240μm 的棉线表面被碳纳米管覆盖，如图 8.3（a）左列所示。经测试，最终制得的 CCT 具有高度的柔性，电导率约 0.644kΩ/cm，最大拉伸应力约 180MPa。PCCT 是将 CCT 经过“浸润-晾干”方法再涂一层聚四氟乙烯所制得的，并经过退火工艺来增强其黏性。约 500μm 直径的 PCCT 表面具有微小的裂缝，如图 8.3（a）中列所示。这些裂缝可能是由于拉伸过程，这可以增强 PCCT 的柔性。由 PCCT 表面的放大扫描电镜图像可见直径小于 200nm 的卵形纳米颗粒。作为一种驻极体材料，聚四氟乙烯表面已证实具有保持静电 20 天的能力。最后，一根 CCT 和一根 PCCT 被缠绕在一起呈双螺旋结构并被织成纺织物。

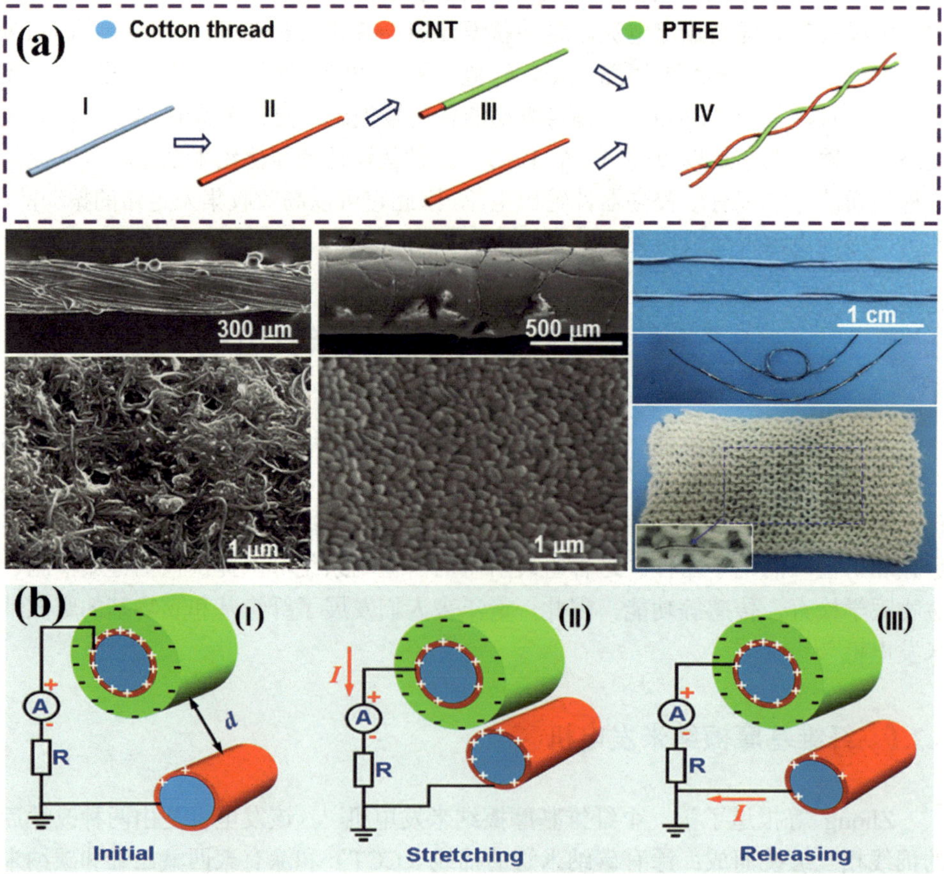

图 8.3　（a）纤维基摩擦纳米发电机的制造过程示意图，碳纳米管涂过的棉线（CCT）的低倍、高倍电镜照片，PTFE 和碳纳米管涂过的棉线（PCCT）的低倍、高倍电镜照片，棉线和织成织物的照片；（b）纤维基摩擦纳米发电机的工作机理（本图已获得美国化学学会许可）[5]

纤维基摩擦纳米发电机的工作原理如图 8.3（b）所示，当这两种棉线连在一起。在 PCCT 和 CCT 的表面接触之后，由于其吸引电子能力不同，PTFE 表面会带有净的负电荷，而正电荷分布于碳纳米管层之间［图 8.3（b-I）］。当拉伸［图 8.3（b-II）］和释放［图 8.3（b-III）］时，两种棉线的接触分离的周期性打破了原有的静电平衡，并使电荷从外电路流过重新达到静电平衡。这个过程类似于垂直接触-分离式摩擦纳米发电机的工作过程。因此，棉线之间会产生交流电。

为了评估所制得器件的性能，一个具有约 9cm 和 8 个螺旋圈的纤维基摩擦纳米发电机在特定频率和应变下被周期性地拉伸和释放。已被证实，在外负载 80MΩ 下电流峰值随着应变增加，从 0.54%下的 3.98nA 增长到 2.15%下的 11.22nA（频率为 5Hz）。当总电荷转移量保持在约 0.16nC（2.15%的应变）时，峰值电流也随着频率增加而增大。

为了证实纤维基摩擦纳米发电机作为电子器件的柔性电源，8 个发电机被织成布料，然后被织到一个实验服上成为一个“发电衣”［图 8.4（c）］。在周期性的振动下，发出的输出电流如图 8.4（a）（黑色）所示。这个输出电流首先通过全波

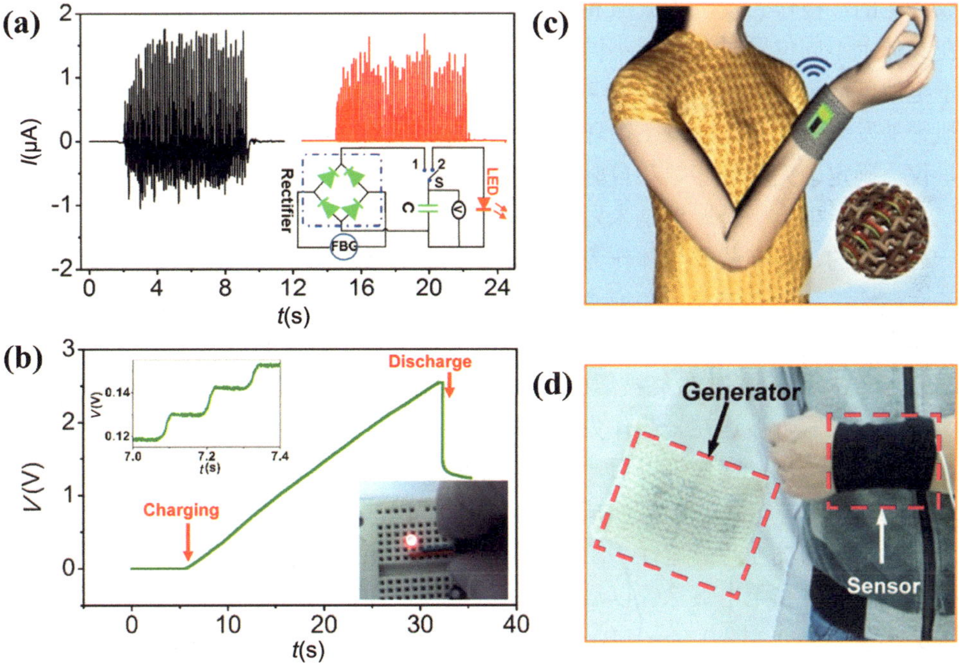

图 8.4　“发电衣”发电来驱动无线身体温度传感系统。(a) 当实验服被晃动时“发电衣”带整流（黑色曲线）和不带整流（红色曲线）的输出电流，插图为用来存储“发电衣”的能量产生并点亮 LED 的等效电路；(b)“发电衣”给 2.2μF 商业电容充电的电压，上插图为充电时的放大电压图，下插图为点亮的 LED；(c，d) 发电衣驱动下无线体温传感系统的示意图和照片（本图已获得美国化学学会许可）[5]

整流桥整流［如图 8.4（a）红色所示］，然后被用于给一个 2.2μF 的商业电容充电。如图 8.4（b）所示，电容可以在 27s 内充电到 2.4V，然后用于点亮一个发光二极管（LED），如图 8.4（b）的插图所示。纤维基摩擦纳米发电机也被用于驱动一个自制无线体温检测系统，如图 8.4（d）所示。

在这一节中，棉线通过“浸润-晾干”过程制成纤维基摩擦纳米发电机，其中 PTFE 为摩擦介电层而碳纳米管为电极。该纤维基摩擦纳米发电机被证实可以输出电流，并随着频率和应变增加。该发电机为首个纤维基摩擦纳米发电机。它被用于给一个电容充电，驱动 LED 和无线体温传感系统，证实了利用自驱动智能衣来驱动可穿戴电子设备和生物医学应用的可能性。

8.2.2　纺织物基摩擦纳米发电机

Pu 等设计了一种由全纺织物基摩擦纳米发电机衣服和柔性锂离子电池（LIB）组成的可穿戴能量器件[6]。普通的柔性但绝缘聚酯织物被非电镀的均匀镍膜改造成导电的，被作为发电机衣服和锂离子电池带的电极。该发电机衣服证实了当穿在身体上不同位置时，能把不同的人体运动的机械能转换为电能的能力。该锂离子电池带展示了被弯成 180°30 次也依然能够工作的能力。更重要的是，锂离子电池带被发电机衣服充电三个循环，驱动了可以通过无线和智能手机联络的心跳测量仪，确定了完全可穿戴和自驱动智能设备的可能性。

由于导电电极是摩擦纳米发电机中的一个关键部件，所以为这种发电机设计一种柔软的、可穿戴的导体作为电极非常关键。常规的柔软聚酯织物被选为初始基底，连续被涂上镍薄膜和绝缘聚对二甲苯，如图 8.5（a）所示。由于处理单根聚酯微米线有困难，带状镍衣服和聚对二甲苯衣服（5mm 宽度）被用作初始基底［图 8.5（a）和（b）］，最终被织成 5cm×5cm 的发电机衣服［图 8.5（a）和（c）］。所有的镍衣服带被连在一起作为发电机的一个电极，而所有的聚对二甲苯带被连起来作为另一极。在涂镍以后，白色的聚酯织物变成银色，同时聚对二甲苯层相对透明［图 8.5（b）］。所编织成的发电机衣服保持了原有聚酯衣服的机械柔性、透气性、可水洗性和舒适性。图 8.5（d）显示了原有聚酯微米线织成的衣服的扫描电镜照片。在无电镀涂镍以后，聚酯衣服的表面被涂上均匀的具有纳米结构的镍层［图 8.5（e）］。0.5cm×10cm 面积的镍衣服的电阻测为几欧姆，与原有金属箔相当，比之前报道的碳纳米线或石墨烯纸更导电[18, 19]。同时，这种涂层方法也是低成本且可大规模制造的。聚酯衣服可以被很容易在短时间内且低温下涂成任意尺寸和形状。相比之下，碳纳米管和石墨烯由化学气相沉积方法在高温下合成并需要在溶液中进行分散，其繁琐的工艺使其大规模制造困难。图 8.5（f）显示了镍膜在化学沉积聚对二甲苯后的相对光滑表面。通过这种涂层方法可以制得能覆盖纺织物弯曲表面的光滑涂层。

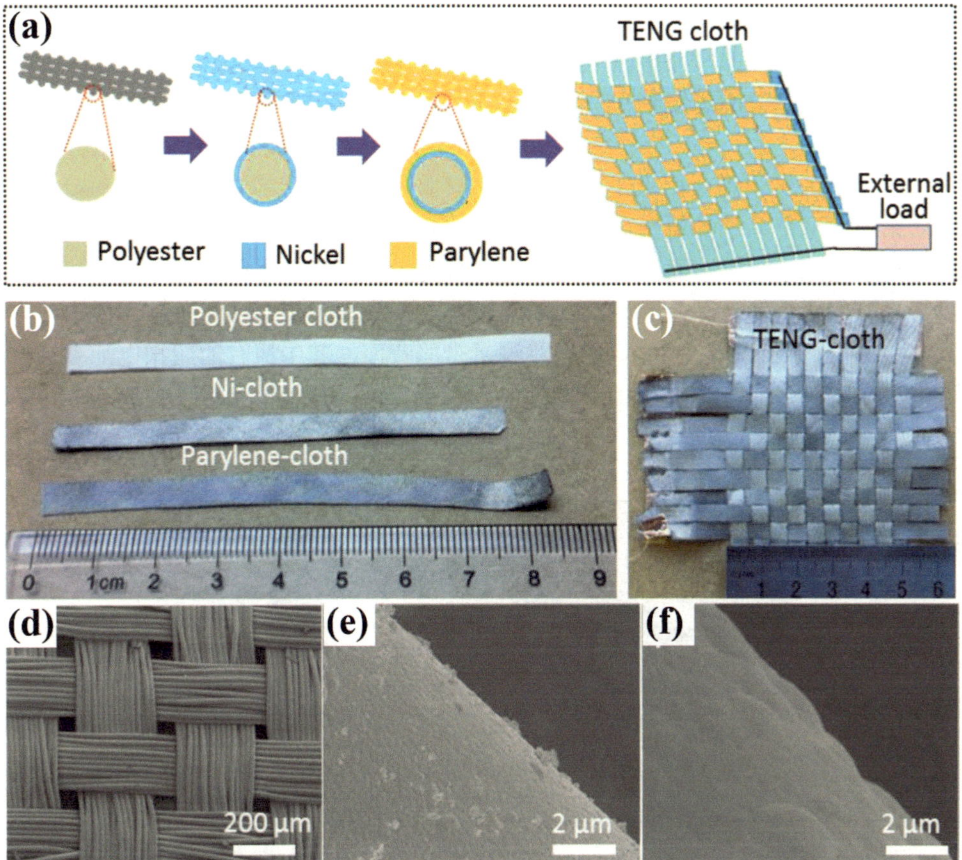

图 8.5　摩擦纳米发电机衣服的制造。(a) 制造流程示意图；(b) 原有聚酯织物、镍织物和聚对二甲苯织物的照片，镍织物是被涂上镍的织物，而聚对二甲苯织物是在镍织物上再涂一层绝缘聚对二甲苯层；(c) 由镍织物和聚对二甲苯织物织成的摩擦纳米发电机衣服；(d~f) 原有聚酯织物、镍织物、聚对二甲苯织物的扫描电镜照片（本图已获得 Wiley 许可）[6]

为了说明工作原理，所制得的这种发电机衣服的输出性能被表征，类似于摩擦纳米发电机的垂直接触-分离模式。衣服两片的压紧和释放可以被简化为聚对二甲苯线和镍线的接触-分离，因为所有的聚对二甲苯线和镍线都是分别连接起来作为两个电极。接触起电，也就是电子从相对容易失去电子的镍膜到倾向于得到电子的聚对二甲苯膜的过程，发生于两种发电机衣服接触时。随后，外力释放，两个表面相互分离，相对的电荷分离会造成两电极之间的电势差：

$$U_{EPD} = -\sigma d / \varepsilon_0 \tag{8.6}$$

式中，σ为表面电荷密度；ε_0为真空介电常数；d为两个电极之间的距离。当发电机被释放以后，开路电压V_{OC}增加；发电机压紧以后，开路电压V_{OC}减小。当发电机被短路以后，这种电势差会驱动电子在两电极之前通过外电路流动，一周期造成两个方向相反的短路电流I_{SC}。最大的V_{OC}和I_{SC}分别是50V和4μA，比之前基于碳纳米管和银的纺织物TENG提高很多[5, 11]。有一个整流桥时，交流可以转为直流。

图8.6证实了整合用来发电的发电机衣服和存储电能的锂离子电池而得的自驱动系统。这个系统的原型如图8.6（a）所示，其中一个穿在胸部的心跳测量带被锂离子电池带驱动，而后者的电能为胳膊处的发电机衣服所补充。这个心跳测量带具有蓝牙功能，因此远程的智能手机可以记录和分析运动和日常生活中的人体心跳信息。图8.6（b）显示了心跳测量带的背面，其中原有的纽扣电池被锂离子电池带取代，其等效电路如图8.6（c）所示。这种能量单元可以被改造成许多其他的可穿戴智能电子器件，如智能手表和智能眼镜。

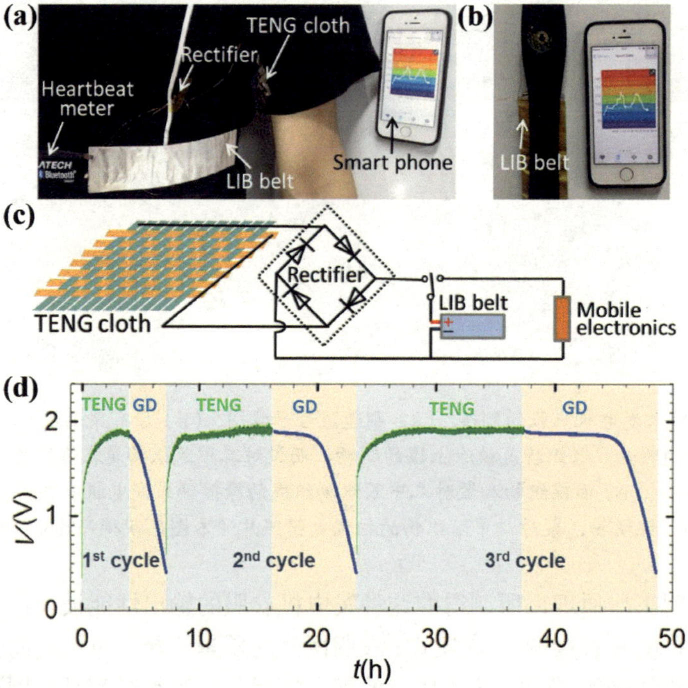

图8.6 自驱动能量单元。(a) 由收集人体运动的机械能的发电机衣服、存储能量的锂离子电池带、被驱动的心跳测量计组装而成的自驱动能量单元的照片。信号可以无线传输到智能手机。(b) 心跳测量计的背面，显示原有纽扣电池被锂离子电池带取代。(c) 自驱动能量系统的等效电路。(d) 发电机充电和放电的电压曲线，电流1μA 三个周期（本图已获得Wiley许可）[6]

为了进一步确认可穿戴发电机衣服给锂离子电池带充电的能力和稳定性，一个锂离子电池带被发电机衣服充电，并在稳定的 1μA 下放电三个循环，如图 8.6（d）所示。一个线性电机在 0.7Hz 的低频下被用于模拟发电机衣服的接触-分离模式充电过程。锂离子电池带在发电机衣服充电下，电压快速增长到操作电压约 1.9V。第一、二、三个充电周期分别需要 4h、9h 和 14h，相对的放电能力分别为 1.3mA/m^2、2.8mA/m^2 和 4.4mA/m^2。运动时，人体运动频率实际比 1Hz 更大，因此可能会产生更大的能量。这种能量足以给很多小型医疗电子器件供电，如心跳计、计步器、脉搏器、体温计等，使自驱动可穿戴能量系统具有取代巨大的家用电池充电设备的可能。

综上所述，通过整合摩擦纳米发电机衣服为能量收集设备和柔性锂离子电池带作为能量存储设备构成了自驱动能量单元。全织物基摩擦纳米发电机衣服可以穿在身体的不同部位，如在脚部、胳膊底下、关节处等，可以不同方式收集不同部位的机械能。锂离子电池带显示出柔性和稳定电化学性能，可以被三次完全折叠 180°，由于镍衣服作为正负极，并由铝封装。由摩擦纳米发电机衣服收集的身体运动机械能可以转为电能给锂离子电池带充电，用于驱动心跳测量器，并通过无线和智能手机联络。能量单元的稳定性可以进一步被摩擦纳米发电机衣服充放电三次来确定。这种可穿戴的自驱动能量单元给未来的可穿戴柔性电子设备的供电提供了可能性。

8.2.3　纤维基复合纳米发电机

Li 等在包含几根碳纤维的衣服上设计了复合的摩擦纳米发电机和压电纳米发电机（PENG）[7]。这种纤维基复合纳米发电机柔性较大，可以被用于制造智能衣服，从而在自环境中收集机械动能。一个新型低成本三维制造方法被证明可以制作这种发电机，其中包括在碳纤维上的氧化锌纳米棒和有双面铜涂层的尼龙膜作为摩擦电和压电的电极。压电纳米发电机在内、摩擦纳米发电机在外的同轴功能性纤维被完全组装在碳纤维衣服上。压电纳米发电机作为摩擦纳米发电机的补充，也可以产生能量，并作为一个在没有摩擦纳米发电机运动模式情况下的应变传感器。三维同轴的结构保证了摩擦纳米发电机和压电纳米发电机具有同样的运动轴，并可以大幅提高有效应用范围。长 10μm 的氧化锌纳米棒用水热法成功地生长在导电碳纤维周围。摩擦纳米发电机和压电纳米发电机的输出电流和电压可以被机械电机模拟，12 个器件阵列的功率密度分别为 42.6mW/m^2 和 10.2mW/m^2。当阵列增加或面积增加，瞬时功率也可以成比例增加。整流后的输出可以被用于给商用电容器充电，并用于驱动 LED，构成自驱动报警系统。另外，这种纤维基复合纳米发电机也可以被用于自驱动传感器来检测人体肘部运动。

纤维基复合纳米发电机的制造过程如图 8.7（a）所示，基本上是一个三维同轴完全组装的器件，包括一个中心的压电纳米发电机（Output 2）和一个壳上的摩擦纳米发电机（Output 1）。在制造前，碳纤维衣服依次被丙酮、乙醇和去离子水清洗。首先，一个 250nm 氧化锌薄膜被溅射到碳纤维上作为种子层（I）。然后，氧化锌纳米棒通过水热法生长于氧化锌种子层上（II）[20]。一般来说，生长溶液包括等容量（50mmol/L）的硝酸锌六水合物和六亚甲基四以及 7mmol/L 的氨水在去离子水中。反应温度被固定在 85℃12h。如扫描电镜所示[图 8.7（b~d)]，氧化锌纳米棒均匀地分布在每根纤维上，长度为 10μm。另外，100nm 钛/铜薄膜被溅射到尼龙膜的两面作为电极（III）。内钛/铜薄膜作为压电纳米发电机的上电极，外钛/铜薄膜作为摩擦纳米发电机的输出电极（Output 1）。钛/铜已电镀的尼龙膜被缠绕在碳纤维外，然后用聚二甲基硅氧烷（PDMS）封装在 3mm 直径的管状模具中（IV）。最后模具被去除来得到纤维基复合纳米发电机。

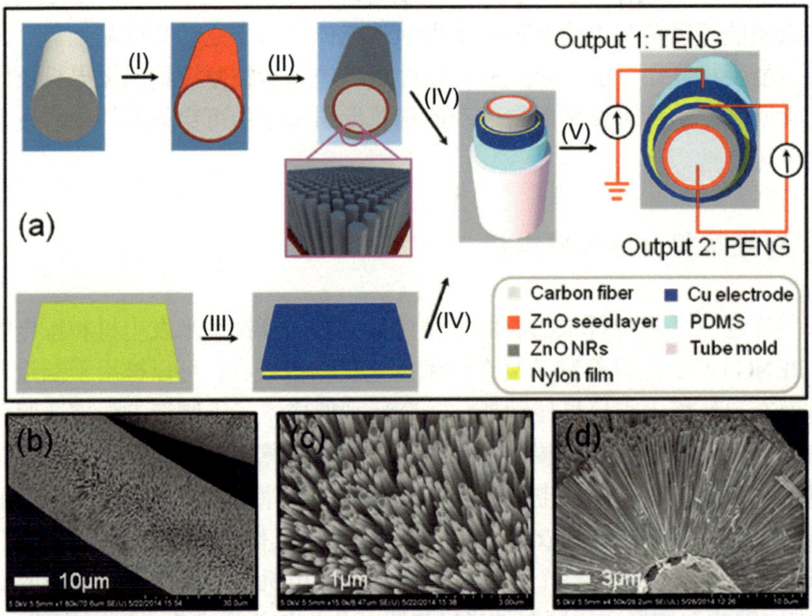

图 8.7　制造纤维基复合纳米发电机的方法。(a) 制造流程。(I) 用物理气相沉积方法沉积的氧化锌种子层；(II) 采用水热法在碳纤维周围生长的氧化锌纳米棒；(III) 在尼龙膜两面镀双面铜；(IV) 把碳纤维和尼龙膜组装在管状模子中，并用 PDMS 封装；(V) 管状模子中获得的纤维基复合纳米发电机。(b~d) 带有氧化锌纳米棒的纤维、氧化锌纳米棒的顶视图和侧视图的电镜照片（本图已获得美国化学学会许可）[7]

纤维基复合纳米发电机的工作原理可以分为摩擦纳米发电机部分和压电纳米

发电机部分。为了优化摩擦纳米发电机，尼龙纤维被选为另一个接触材料来操作纤维基复合纳米发电机。当尼龙纤维接触 PDMS 层，尼龙纤维的电子被转移到 PDMS 层，使 PDMS 层和尼龙层都带电（I）。当尼龙纤维分离时，PDMS 层和地面的电势差被建立起来（II），电子会从外铜电极通过外电路流向地面最终达到平衡（III），得到摩擦纳米发电机的正向瞬时输出电流。当尼龙纤维和 PDMS 层接触时，反向电流会从外电路流出（IV），直至达到另一个平衡（I）。同时，当纤维基复合纳米发电机在尼龙纤维作用下变形时，内部的压电摩擦纳米发电机也开始工作。碳纤维上的氧化锌纳米棒被压缩变形，内铜电极和导电碳纤维之间形成正向电势差（I）。这会使电子从内铜电极通过外电路流向碳纤维，得到压电纳米发电机的正向瞬时输出电流（Output 2），直至达到平衡（II）。当尼龙纤维离开，应变被释放，压电势消失，反向电流形成（III），直至达到新的平衡（IV）。纤维基复合纳米发电机可以在尼龙纤维重复变形和分离作用下连续输出。

为了验证纤维基复合纳米发电机的工作，一个机械电机被用于给纤维施加应力和接触。尼龙纤维被固定在电机上，周期性地和发电机接触、分离。短路电流（I_{SC}）和开路电压（V_{OC}）被用来表征其性能。这种发电机和尼龙纤维的有效接触面积为 $9mm^2$。在 2Hz 的频率下，Output 1 的输出电流为 20nA，而 Output 2 的输出电流为 5.5nA。Output 1 输出的电压达 1.5V，Output 2 可达 0.5V。摩擦纳米发电机（Output 1）的输出略大于压电纳米发电机（Output 2）。

为了验证纤维基复合纳米发电机的潜在应用，它与棉线织成发电衣或发电袋。5 个编织在一起的纤维基复合纳米发电机的 Output 1 输出可达 70nA［图 8.8（a）］，而 Output 2 为 4nA［图 8.8（b）］。其输出可以被连接上一个全波整流桥将交流转换为直流，并给一个 2.2μF 电容充电［图 8.8（c）］。使用一个商业 LED 作为指示，一个自驱动报警系统被设计出来［图 8.8（d）］。当袋子被打开时，拉链的滑动可以打开开关，并点亮 LED 灯，这可以提醒袋子的主人。该纤维基复合纳米发电机也可以被用于监测健康情况。

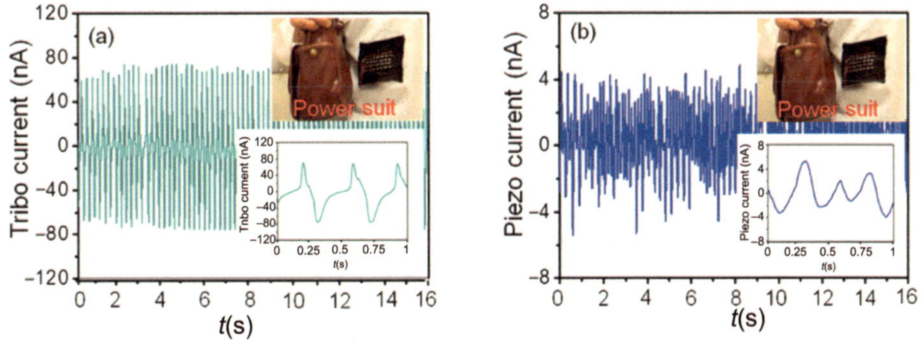

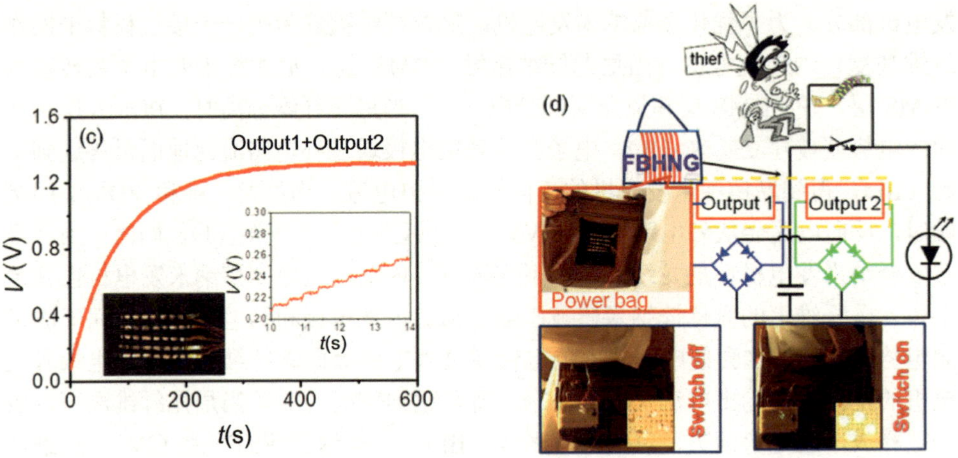

图 8.8　从 Output 1（a）和 Output 2（b）产生的电流，这是由人体运动作用下在纤维基复合纳米发电机织成的发电衣输出的；（c）由复合输出给一个 2.2μF 电容充电的电压曲线；（d）利用发电机构成袋子报警系统的照片和电路图（本图已获得美国化学学会许可）[7]

综上所述，本节介绍了一种新型纤维基复合纳米发电机，它由在碳纤维衣服上同轴的摩擦纳米发电机和压电纳米发电机构成。这种发电机相比单个纳米发电机能更加有效地收集身体能量。压电纳米发电机可以作为摩擦纳米发电机的补充。二者输出功率分别可达 10.2mW/m^2 和 42.6mW/m^2。增加纤维基复合纳米发电机的面积可以提高其电荷转移量、输出电流和瞬时功率，显示了它在制造发电衣物的潜能。它可以与 LED 构成自驱动报警系统，也可以作为医疗监测的自驱动应变感应器。

8.3　纸基摩擦纳米发电机

作为人类文明的重要发明和直到现代社会一直有用的工具，质轻、低成本、环境友好的纸张已经被使用数千年。之前，纸张已经被用于可循环柔性的电子器件[21, 22]。同时摩擦纳米发电机的材料选择较广，因此纸基摩擦纳米发电机成为可能。全纸基的自驱动系统可以实现低成本、可循环、柔性，并具有多种用途[12, 13, 23]。

8.3.1　单张纸基摩擦纳米发电机

纸基摩擦纳米发电机（pNG）首先由 Zhong 等报道[12]，开拓了通过摩擦发电和静电感应发电的新研究领域。pNG 的制造过程如图 8.9（a）所示。首先，纸张被镀上银薄膜作为电极材料，其电镜照片如图 8.9（b）所示，并用能量弥散 X 射线谱（EDX）所验证。然后，在银薄膜上，一张 3cm×2cm 的带电极纸张被旋涂上 PTFE。纸张上 PTFE 层的横截面如图 8.9（c）所示，而图 8.9（d）显示了 PTFE-银-纸张的上表面。最后该制得的纸张和银纸张装在一起，其中 PTFE 面向银一侧，形成了垂直接触-分离模式的发电机。上边纸张的两边被聚酰亚胺（Kapton）胶带固定，形成拱形，其有效摩擦面积为 2.5cm×2cm。

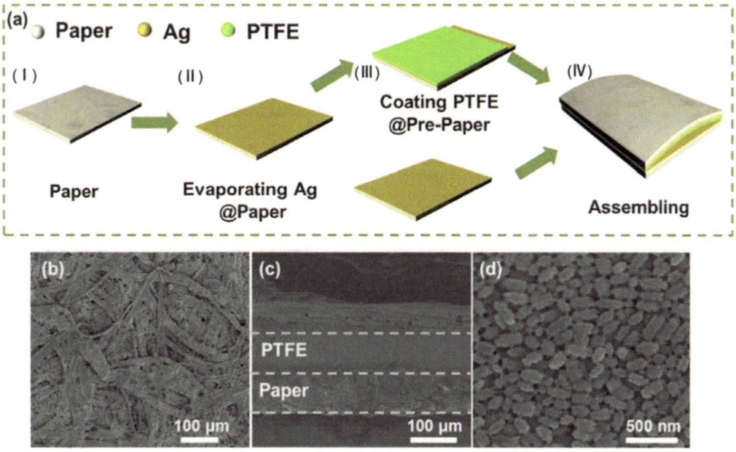

图 8.9　（a）拱形纸基纳米发电机制造的示意图；（b～d）涂银层的纸张、旋涂完 PTFE 后的银纸张的侧面和顶视图的电镜照片（本图已获得英国皇家化学学会许可）[12]

如果 pNG 是一个理想平行板电容器并忽略边界效应，第 2 章的公式可以直接用于该发电机。假设电荷是均匀分布的，表面银电极上的电荷密度如下

$$\sigma_2 = -\frac{\sigma d_1}{d\varepsilon_r + d_1} \tag{8.7}$$

式中，d_1 为 PTFE 的厚度；ε_r 为 PTFE 的相对介电常数，约为 1.93；d 为 PTFE 表面和银纸张上银电极表面的间距。PTFE 上面的净负电荷可以长期保持。因此，在周期性的按压、释放过程中，间距 d 改变了静电平衡。为了达到再次平衡，电子从外电路流过形成交流电。

pNG 的输出性能如图 8.10 所示。电压随着外接负载增加，而电流随着其减少，在 1MΩ 时为约 7V、10μA，在 200MΩ 时为约 230V、1.2μA。在外接负载约 40MΩ 下，最高的功率密度输出约为 90.6μW/cm^2。该发电机可以驱动 LED，其电路如图 8.10（d）所示。发电机被粘在书的一页上，而翻页作为机械能来源。约 4.6μA 的电流和约 2.4V 的电压被同时测量，如图 8.10（a）和（b）所示。同时，液晶显示（LCD）也可以被发电机点亮。

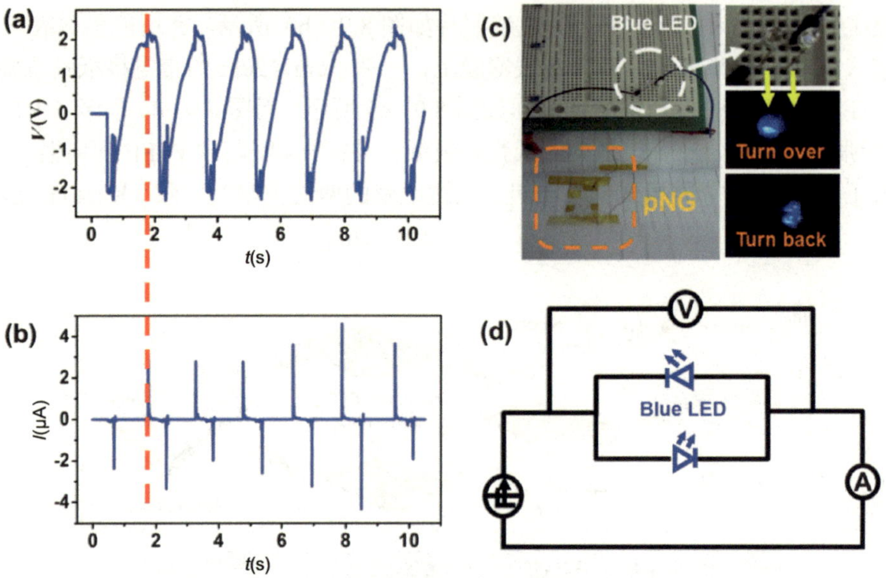

图 8.10　书一页上的纸基摩擦纳米发电机的性能。（a，b）翻书页时所得的通过两个蓝色 LED 的电压和电流输出；（c）能量收集电路和 LED 显示的照片；（d）电路的示意图（本图已获得英国皇家化学学会许可）[12]

综上所述，一个轻质、柔性的摩擦纳米发电机被制造出来，具有最大输出功率密度，约为 90.6μW/m^2。在翻页时，该发电机能够驱动 LED 和 LCD。该发电机可以构成纸基自驱动系统，有望用于能量收集和存储、传感、监测和安全等。

8.3.2　纸基折纸式摩擦纳米发电机

Yang 等设计了一种新型的纸基折纸式摩擦纳米发电机来进行能量收集[13]。该折纸方法提供了一个制造层叠发电机的简易方法，不需要复杂的制造工艺。7 个发电单元被并联起来，构成一个“弹簧式”发电机。该发电机的短路电流（I_{SC}）和开路电压（V_{OC}）分别可达 2μA 和 20V，并在电阻 400MΩ 可达瞬时功率密度 0.14W/m^2，其输出可以直接点亮商用 LED。该发电机具有收集不同身体运动能量的能力，如拉伸、吊起、扭曲。另外，该发电机可以作为自驱动压强传感器来区分不同硬币的质量。另一种“蚁蛉式”发电机被证实可以扩展折纸方法的应用范围。这些发现将为未来能量收集和传感的设计，特别是绿色无污染电子器件的发展奠定基础。

“弹簧式”摩擦纳米发电机的结构如图 8.11（a）所示。它包括三个部分：纸基底、PTFE 薄膜和铝箔。图 8.11（b）显示了 PTFE 薄膜表面的电镜照片。PTFE

表面均匀分布的纳米线状长约 700nm，宽约 70nm。PTFE 表面已经被证实可以保持数年，可以保证器件在测量和应用时的可持续状态。图 8.11（c）和（d）显示了真实器件的照片，包括一个单元和多个单元并联的照片。

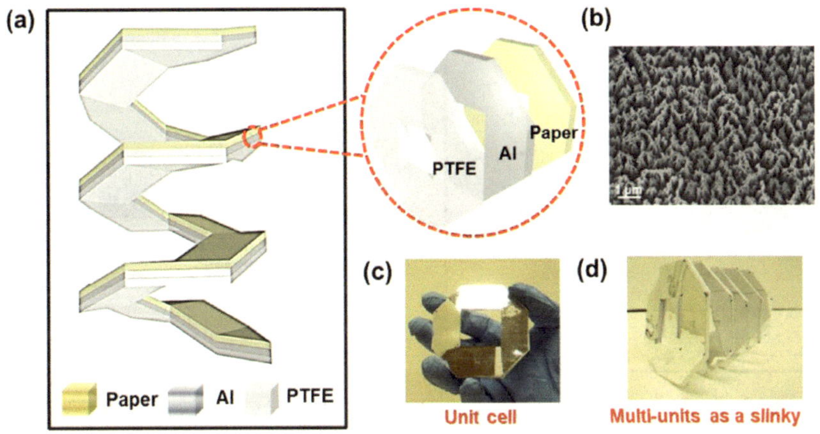

图 8.11　“弹簧式”摩擦纳米发电机的结构和照片。(a) 一个发电机的示意图；(b) 具有纳米线结构的刻蚀后 PTFE 表面的电镜照片；(c) 发电机一个单元的电镜照片；(d) 多个单元结构的照片（本图已获得美国化学学会许可）[13]

这种发电机的工作原理类似于单电极模式。在一开始时没有外力，PTFE 薄膜和纸自然分开，没有输出。在施加外力以后，纸和 PTFE 薄膜接触，使两边接触起电。因为 PTFE 更倾向于带负电，电子会从纸表面转移到 PTFE 表面。两个表面分开以后，纸和 PTFE 表面形成电势差，造成电子从铝箔流向地面达到平衡。这是这种发电机操作的半个周期。当发电机被再次压紧，它会形成另一个电势差，使电子从地面流向铝箔而达到新的平衡。这是另一个半周期。在周期性的外力下，“弹簧式”摩擦纳米发电机可以持续输出。

为了形成这种发电机，每一个八边形单元可以很容易通过纸连接经折叠做成，而不用任何额外的连线过程。铝电极可以被分开并分别连接到各个单元。V_{OC} 和 I_{SC} 分别被测量为 20V 和 0.3μA。整流后的短路电流随着发电单元数目线性增加。7 个单元并联可得 2μA 的整流短路电流和 0.55μC 的转移电荷。相反地，整个发电机的开路电压应该与单个电压一致。该发电机的铝箔电阻分布重复 60000 次循环以后仍然保持稳定，这证实了铝箔在纸基底上的稳定性。

为了理解这种发电机的折纸效果，该发电机与一个真实的弹簧相比较，分别实现不同的运动，如拉伸、吊起、扭曲［图 8.12（a）］。图 8.12（b）和（c）显示了“弹簧式”摩擦纳米发电机在不同运动下的输出，包括短路电流和开路电压。

从拉伸到扭曲，输出依次减小，因为其强烈依赖于机械运动的间距变化。其结果表明，相比于传统的摩擦纳米发电机，这种发电机可以有效收集各种方向上的运动能量。

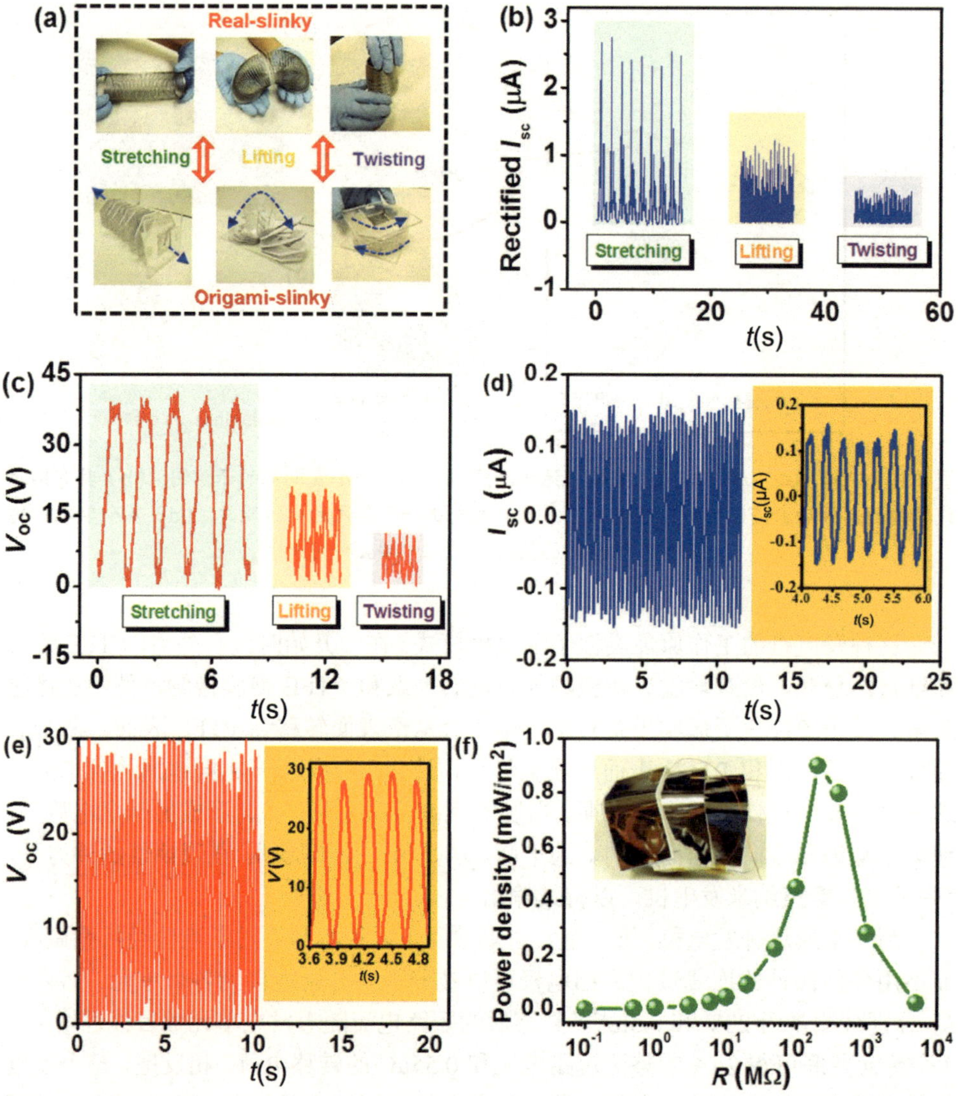

图 8.12　机械能收集器件。(a)“弹簧式”发电机发电的操作，其中箭头表示施加力的方向；(b, c) 从发电机不同运动中获得的整流后的 I_{SC} 和 V_{OC}，输出下面标识相对应的运动；(d, e) 为“蚁蛉式”发电机的 I_{SC} 和 V_{OC}，插图显示输出的 5 个放大周期；(f)“蚁蛉式”的瞬时功率输出随着外接电阻的变化，当外接电阻为 200MΩ 时，最大功率密度可达 0.9μW/m^2，插图为制得发电机的照片（本图已获得美国化学学会许可）[13]

为了进一步展示折纸结构在摩擦纳米发电机中的应用，另一种“蚁蛉式”结构被制造出来。图 8.12（d）和（e）显示了“蚁蛉式”发电机的输出，其短路电流和开路电压分别为 0.15μA 和 30V。图 8.12（f）显示了在 200MΩ 外接电阻下的最大输出功率密度 0.9mW/m^2。一个基于“蚁蛉式”结构的制得器件如图 8.12（f）插图所示。该结果进一步显示了折纸结构在将来摩擦纳米发电机技术中的应用。

本节报道了一个低成本、轻质、环境友好的折纸结构的纸基摩擦纳米发电机，用于收集环境机械能。“弹簧式”原型发电机可以提供开路电压 20V 和短路电流 2μA。相应的峰值功率密度约 0.14W/m^2，可以同时点亮 4 个 LED。另外，该发电机可以收集多种不同的人体运动机械能，显示它相比传统发电机的多功能性。该研究首创把折纸结构应用到摩擦纳米发电机上，并扩展其应用领域特别是纸基可携带电源和传感器的可能性。

8.4　皮肤基单电极摩擦纳米发电机

所有之前报道的生物机械能收集技术都基于附着在身体上的外界器件。如果人体自己可以作为一个发电材料，能量就可以直接在接触时发出来。根据摩擦序列表，人体皮肤可以被用作一种摩擦起电材料得到相应的摩擦发电器件。但是，摩擦纳米发电机需要金属电极来获得有效能量输出，这并不方便制造在皮肤上。发展单电极摩擦纳米发电机可以解决这个问题，使我们可以从皮肤上收集能量并发展新型接触平板技术。

Yang 等基于周期性的皮肤和带有金字塔结构的 PDMS 膜的垂直接触-分离发展了一种皮肤基的发电机[14]。由于摩擦起电和静电感应的耦合，两个表面的周期性距离变化导致氧化铟锡（ITO）电极和地面之间的电荷转移，并驱动电子通过外电路流过。所制得的发电机可以获得开路电压约 1000V 和短路电流密度 8mA/m^2，可以同时驱动数十个 LED 灯。该工作代表了皮肤基生物机械能收集的重要进步。

该发电机结构包括人体皮肤和在 ITO 电极上的 PDMS 薄膜。图 8.13（a）显示了 PDMS 膜的照片，其中微结构表面由硅金字塔模板制造。图 8.13（b）显示了 PDMS 膜表面的电镜照片，该表面由尺寸 5μm 的金字塔结构均匀排布。该结构被侧面电镜视图所确认，如图 8.13（c）所示。相应的柔性 PDMS 膜的厚度约为 400μm。PDMS 膜的金字塔结构可以被用于产生更大的摩擦电荷密度来增强发电机的输出，而且可以改变高分子表面的物理性质。图 8.13（d）显示了带有微结构的 PDMS 表面和水的接触角为 131°，而没有微结构和水的接触角为 113°。这种结构使水滴可以从器件表面滚下并带走脏东西，使其具有自清洁的效果[24]。

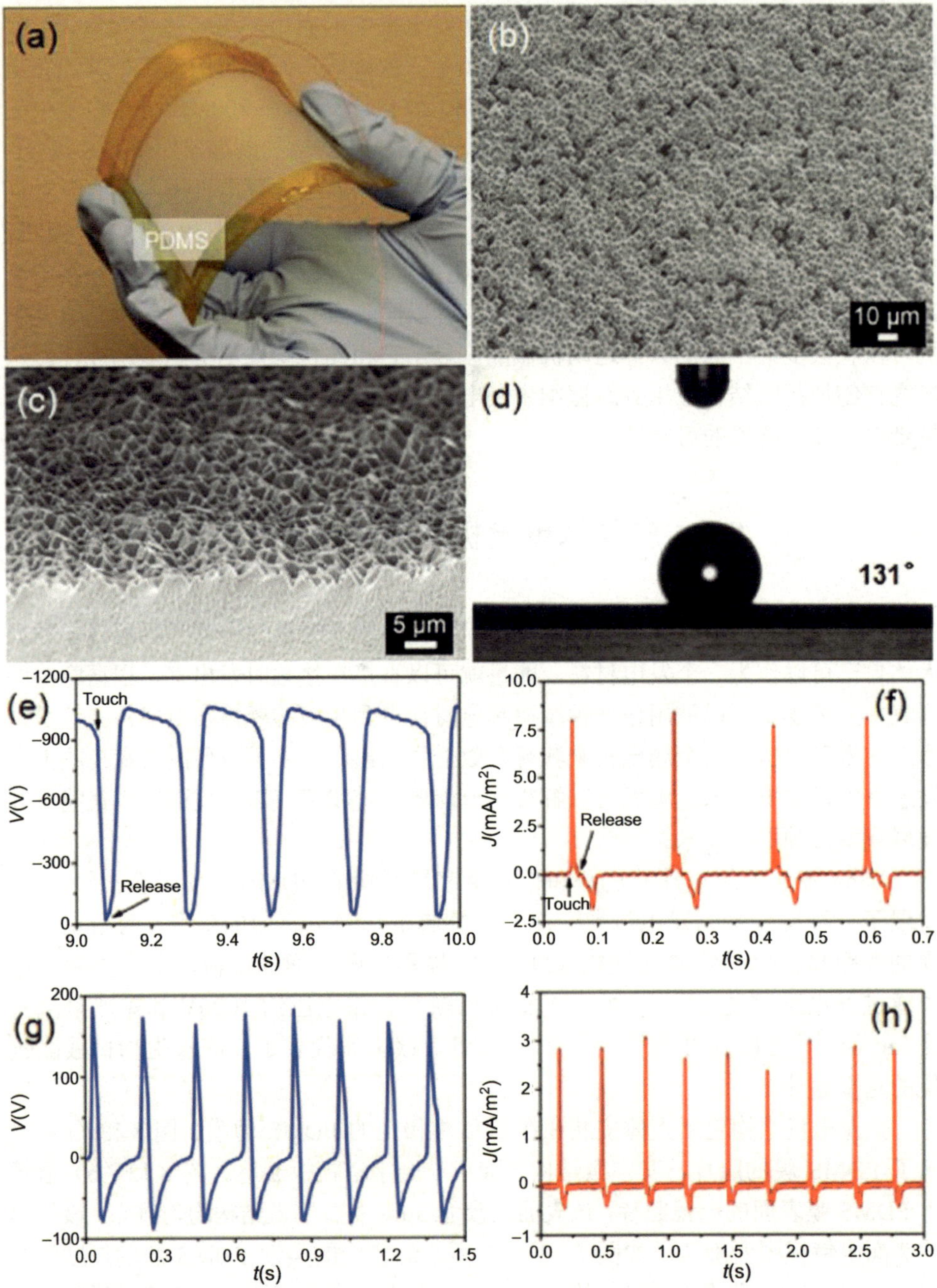

图 8.13　(a) 在 ITO 电极上制造的 PDMS 膜照片; (b) 带有金字塔结构的 PDMS 表面的电镜照片; (c) PDMS 表面斜视的电镜照片; (d) PDMS 和水之间接触角的照片; (e) 高达 1000V 的器件测得电压; (f) 测得发电机的短路电荷密度; (g, h) 在外接电阻 100MΩ 下, 测得发电机的输出电压和电荷密度 (本图已获得美国化学学会许可)[14]

图 8.13（e）显示了制得的发电机在外电路使用非常大的电阻下，测得的开路电压，可达约 1000V。在皮肤和 PDMS 膜的快速接触分离作用下，所获得的负电压和 PDMS 表面的带负电的摩擦电荷有关。相应的短路电流密度达到 8mA/m^2，如图 8.13（f）所示。图 8.13（g）和（h）分别显示了在电阻 100MΩ 下相应的输出电压和电流密度。器件可以得到输出电压峰值 180V 和电流密度峰值 2.8mW/m^2，得到了输出功率密度 500mW/m^2。具有金字塔微结构的表面可以得到比没有微结构的表面更大的输出。为了证实输出能量可以被用于有效能量源，ITO 电极上的 PDMS 膜被附着在人手上，能点亮 10 个绿色 LED 灯。

该发电机的工作原理是接触起电和静电感应的耦合。在初始位置，皮肤和 PDMS 表面完全接触，使它们之间发生电荷转移。根据摩擦电序列，在接触时，电子会从皮肤转移到更负的 PDMS 膜上。这时处于完全静电平衡的状态，没有电能输出。当 PDMS 和皮肤之间有相对运动时，多余的摩擦电荷不能被平衡掉。PDMS 表面负电荷引起的电势差会驱动自由电子从 ITO 电极流向地面，从而获得输出。当 PDMS 的负电荷被 ITO 电极上的感应正电荷完全屏蔽后，不再有信号输出。而且，当皮肤再次接触 PDMS 膜后，ITO 电极上的感应正电荷较少，电子从地面流向 ITO 电极，直到皮肤和 PDMS 膜再次完全接触，得到一个反方向的输出电压/电流。这是该发电机发电的完全循环。

本节报道了一种基于人体皮肤的摩擦纳米发电机，由皮肤、带有金字塔微结构的 PDMS 膜和 ITO 电极组成，电极和地面间通过外电路连接。该发电机原理是基于 ITO 电极和地面之间在接触-分离作用下的电荷转移，通过把机械能转变成电能，发电机可以得到开路电压约 1000V，短路电流密度为 8mA/m^2，在 100MΩ 的功率密度 500mW/m^2，可以点亮数十个绿色 LED。该工作代表了基于人体皮肤的机械能量收集和自驱动触控技术的重要进步。

8.5　滑动式独立层模式摩擦纳米发电机

目前存在的大部分摩擦纳米发电机都需要电极和导线连接在移动的摩擦起电层上，这极大地限制了摩擦纳米发电机的广泛应用，尤其是限制了其在收集不规则、任意移动物体的机械能方面的应用。最近，独立层模式摩擦纳米发电机被研制出来，以解决上述问题[16]。该类型的器件能够实现对独立的和自由移动的物体的机械能收集。在该类型的器件结构中，自由运动的独立层不需要电极附着，且不需要与导线连接。该独立层通过滑动交替的和两个静止的电极发生接触-分离，从而摩擦起电，并通过静电感应在两个固定电极上产生电势差，驱动电子在外电路的流动而形成电流。基于上述工作原理，该类型的器件既能够在接触模式下工作，也能够在非接触模式下工作。非接触模式就是两个摩擦表面不需要直接的接触摩擦。在这样的情况下，摩擦纳米发电机仍然能够对外提供电能。但是所报道的该类型器件，由于缺乏精细的器件结构，其需要在较大的外部机械能触动下，才能使独立层完成一次完整的滑动距离，从而实现有效的电荷转移以及电流的产生。考虑到环境中的机械振动通常是无规则的，且在振幅和振动频率方面有较大的波动，因此该发电机在实际使用中仍具有一定的局限性。因此，研制新结构包括转动式[17, 25]和栅格结构[15]的独立层模式摩擦纳米发电机，使其在较小机械触动下仍然能够稳定地输出电能，这是该类型发电机发展和实用化的关键环节。

Xie 等报道了一种具有栅格结构的独立层模式摩擦纳米发电机，即栅状电极独立层摩擦纳米发电机（GF-TENG）[15]。该发电机由具有栅格结构的独立滑动摩擦层和具有叉指结构的固定电极对组成。通过理论模拟和实验测量研究，展示了该摩擦纳米发电机在电荷收集总量、电流密度及电输出频率等方面的特性。此外，对该器件在非接触条件下的工作情况进行了研究。实际测量该发电机在较低工作频率下的总能量转换效率高达 85%。这些性能展示了这种发电机作为实际收集机械能量的高效器件。

该器件的结构、制造过程和基本输出性能已经在 5.3.1 节描述了。在之前描述的器件结构中，FEP 薄膜的栅格结构与交叉电极结构的单元数相同。因此，当 FEP 薄膜在一次单向滑动过程中，会逐渐滑出电极层，从而使总有效接触面积减小。这就导致开路电压和短路转移电荷量出现逐渐衰减的振荡特性。为了能够保证在整个滑动过程中，FEP 薄膜的所有栅格结构单元与固定交叉电极结构单元始终保持有效接触，从而保证有效接触面积不变，我们设计和制备了具有延长结构的多栅格独立层模式摩擦纳米发电机。如图 8.14（a）所示，在该器件结构中，交叉电极单元数量是之前讨论结构的两倍。图 8.14（b）～（e）给出了这种延长结构的 GF-TENG 在 N=16 的条件下的电学输出特性。从图中可以看出，每一单元步骤都能在两个电极之间转移相同数量的电荷（$\Delta\sigma_{SC}$=16.5μC/m^2）。而这一电荷信号不会随着滑动位移的增大而衰减，因为总有效接触面积并没有随滑动位移的增大而减小。如果这些转移的电荷通过整流器被有效地收集起来，那么在一次完整的单向滑动过程中，收集的总电荷量将会达到 1100μC/m^2，这是我们之前讨论过的非延长结构的两倍。同样地，对于开路电压，其测量结果并没有随滑动位移的增大出现衰减的趋势。但是该器件的峰值电压（V_{OC}=135V）较之前非延长结构会出现略微的衰减。该衰减趋势是因为：电极结构的加倍将会增大整个发电机的结构电容，从而减小开路电压的数值。而对于短路电流，当加速度仍然保持在 10m/s^2，其最大的短路电流峰值将会增大到 5.5mA/m^2。这是因为滑动过程中 $\Delta\sigma_{SC}$ 没有出现衰减。当自由运动的独立层运动的加速度继续增大时，J_{SC} 将会进一步提高。在实际的应用中，作为一个独立电源的发电机通常与外电路电阻相连。因此，我们系统地研究了该发电机实际的电压和电流随外电路电阻的变化特性。将该发电机与不同的电阻相连，对电阻的电压和电流进行测量，结果如图 8.14（f）所示。从图中可以看出，电流密度将会随着外电阻的增大而减小，相反地，电压将会随着外电阻的增大而增大。图 8.14（g）给出了发电机输出的电功率密度随外电路电阻的变化情况。该器件的电功率输出将会首先在低阻区域随着电阻的增大而增大，而在高阻区域将随着电阻的增大而减小。该器件在外电路电阻为 5MΩ 时，对外输出最大的电功率为 $0.72W/m^2$。如 5.3.1 节所描述，使用 4 个弹簧，这种设计可以收集人走路时的机械能，使总能量转换效率可以高达 85%，如图 5.15（c）～（e）所示。

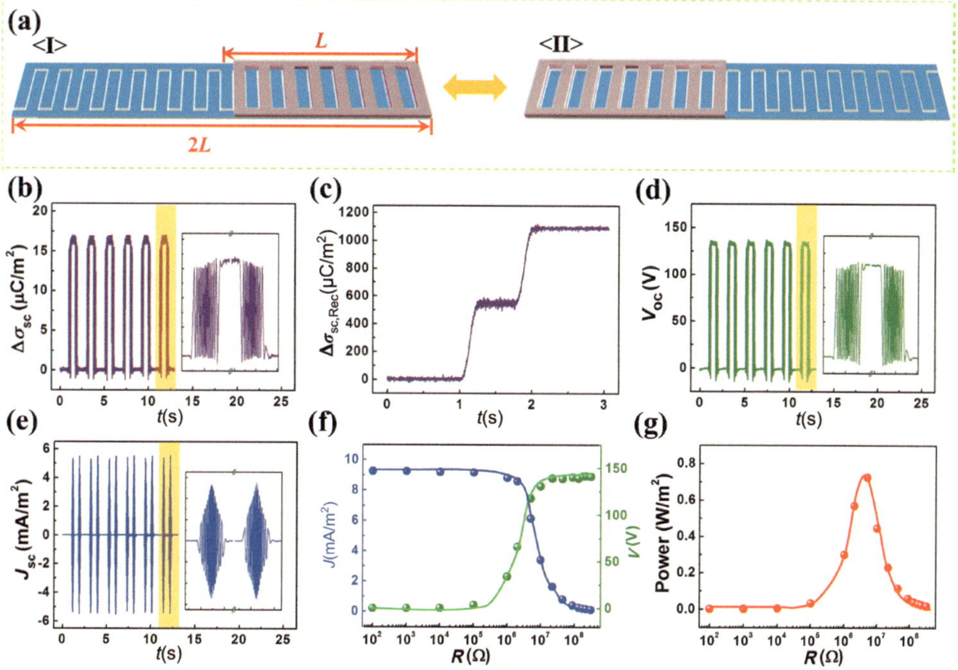

图 8.14　具有延长结构的 N=16 的栅格独立层模式摩擦纳米发电机的电学测量结果。(a) 一次滑动过程的初始状态和终止状态；(b) 测量的 $\Delta\sigma_{SC}$；(c) 测量的 $\Delta\sigma_{SC,Rec}$；(d) 测量的 V_{OC}；(e) 测量的 J_{SC}；(f) 电压和电流密度随外电路电阻的变化情况；(g) 电功率密度随外电路电阻的变化情况（本图已获得 Wiley 许可）[15]

本节证明了一种新型的具有栅格结构的独立层模式摩擦纳米发电机。该器件结构由具有栅格结构的自由运动的独立层和具有交叉结构的固定电极对组成。通过自由运动的独立层在电极之间的来回滑动，使栅格单元和交叉电极发生多次的接触和分离，从而通过摩擦起电效应和静电感应效应在两个电极之间产生多个交流脉冲电信号。上述过程既可以在自由运动的独立层和两个电极发生接触的条件下工作，也可以在两者无接触的条件下工作。理论模拟和实验测量发现，具有栅格结构的独立层模式摩擦纳米发电机，如果具有较精细的栅格单元（N越大），该器件将会提供较好的电能输出特性，转移电荷总量、电流密度、电信号输出频率等都显著地提高。当 GF-TENG 工作在非接触的条件下，该发电机将显示出较优异的稳定性和较高的能量转换效率。在较低的工作振动频率条件下，其总能量转换效率可高达 85%。基于上述优点，该发电机能够用于收集环境中各式各样的机械能，如人体手掌的滑动、汽车加速减速时的振动、人体的走路等。该工作是独立层模式摩擦纳米发电机走向实际应用的关键进步，展示了该类型的发电机作为高效机械能收集技术的巨大应用潜能。

8.6 总　结

身体运动是驱动可穿戴个人电子器件的最为丰富的来源。为了用摩擦纳米发电机有效收集身体运动的能量，许多方法被开发出来：组装发电机、柔性材料制成的织物基和纸张基的发电机、基于人体皮肤的发电机、独立层结构的高效率发电机。本章展示了这些技术的机理、结构设计和性能，以及用来收集低频、不同幅度的机械能。这些方法不仅能够有效收集身体运动能量，也可以提供实现自驱动可穿戴器件和系统中传感的重要方法。

参 考 文 献

[1] Yang W，Chen J，Zhu G，Yang J，Bai P，Su Y，Jing Q，Cao X，Wang Z L. Harvesting energy from the natural vibration of human walking. ACS Nano，2013，7（12）：11317-11324.

[2] Bai P，Zhu G，Lin Z H，Jing Q，Chen J，Zhang G，Ma J，Wang Z L. Integrated multilayered triboelectric nanogenerator for harvesting biomechanical energy from human motions. ACS Nano，2013，7（4）：3713-3719.

[3] Hou T C，Yang Y，Zhang H，Chen J，Chen L J，Wang Z L. Triboelectric nanogenerator built inside shoe insole for harvesting walking energy. Nano Energy，2013，2（5）：856-862.

[4] Zhu G，Bai P，Chen J，Wang Z L. Power-generating shoe insole based on triboelectric nanogenerators for self-powered consumer electronics. Nano Energy，2013，2（5）：688-692.

[5] Wu Y，Zhong X，Wang X，Yang Y，Wang Z. Hybrid energy cell for simultaneously harvesting wind，solar，and chemical energies. Nano Res，2014，7（11）：1631-1639.

[6] Pu X，Li L，Song H，Du C，Zhao Z，Jiang C，Cao G，Hu W，Wang Z L. A self-charging power unit by integration of a textile triboelectric nanogenerator and a flexible lithium-ion battery for wearable electronics. Advanced Materials，2015，27（15）：2472-2478.

[7] Guo H，Chen J，Tian L，Leng Q，Xi Y，Hu C. Airflow-induced triboelectric nanogenerator as a self-powered sensor for detecting humidity and airflow rate. ACS Applied Materials & Interfaces，2014，6（19）：17184-17189.

[8] Kim K N，Chun J，Kim J W，Lee K Y，Park J U，Kim S W，Wang Z L，Baik J M. Highly stretchable 2D fabrics for wearable triboelectric nanogenerator under harsh environments. ACS Nano，2015，9（6）：6394-6400.

[9] Lee S，Ko W，Oh Y，Lee J，Baek G，Lee Y，Sohn J，Cha S，Kim J，Park J. Triboelectric energy harvester based

on wearable textile platforms employing various surface morphologies. Nano Energy，2015，12：410-418.

[10] Seung W，Gupta M K，Lee K Y，Shin K S，Lee J H，Kim T Y，Kim S，Lin J，Kim J H，Kim S W. Nanopatterned textile-based wearable triboelectric nanogenerator. ACS Nano，2015，9（4）：3501-3509.

[11] Chen J，Huang Y，Zhang N，Zou H，Liu R，Tao C，Fan X，Wang Z L. Micro-cable structured textile for simultaneously harvesting solar and mechanical energy. Nat Energy，2016，1：16138.

[12] Zhong Q，Zhong J，Hu B，Hu Q，Zhou J，Wang Z L. A paper-based nanogenerator as a power source and active sensor. Energy & Environmental Science，2013，6（6）：1779-1784.

[13] Yang P K，Lin Z H，Pradel K C，Lin L，Li X，Wen X，He J H，Wang Z L. Paper-based origami triboelectric nanogenerators and self-powered pressure sensors. ACS nano，2015，9（1）：901-907.

[14] Yang Y，Zhang H，Lin Z H，Zhou Y S，Jing Q，Su Y，Yang J，Chen J，Hu C，Wang Z L. Human skin based triboelectric nanogenerators for harvesting biomechanical energy and as self-powered active tactile sensor system. ACS nano，2013，7（10）：9213-9222.

[15] Xie Y，Wang S，Niu S，Lin L，Jing Q，Yang J，Wu Z，Wang Z L. Grating-structured freestanding triboelectric-layer nanogenerator for harvesting mechanical energy at 85% total conversion efficiency. Adv Mater，2014，26（38）：6599-6607.

[16] Wang S，Xie Y，Niu S，Lin L，Wang Z L. Freestanding triboelectric-layer-Based nanogenerators for harvesting energy from a moving object or human motion in contact and non-contact modes. Advanced Materials，2014，26（18）：2818-2824.

[17] Zhu G，Chen J，Zhang T，Jing Q，Wang Z L. Radial-arrayed rotary electrification for high performance triboelectric generator. Nat Commun，2014，5：3426.

[18] Hu L，Pasta M，Mantia F L，Cui L，Jeong S，Deshazer H D，Choi J W，Han S M，Cui Y. Stretchable，porous，and conductive energy textiles. Nano Letters，2010，10（2）. 708-714.

[19] Hu L，Choi J W，Yang Y，Jeong S，La Mantia F，Cui L F，Cui Y. Highly conductive paper for energy-storage devices. Proceedings of the National Academy of Sciences，2009，106（51）：21490-21494.

[20] Liao Q，Mohr M，Zhang X，Zhang Z，Zhang Y，Fecht H J. Carbon fiber-ZnO nanowire hybrid structures for flexible and adaptable strain sensors. Nanoscale，2013，5（24）：12350-12355.

[21] Berggren M，Nilsson D，Robinson N D. Organic materials for printed electronics. Nat Mater，2007，6（1）：3-5.

[22] Martins R，Nathan A，Barros R，Pereira L，Barquinha P，Correia N，Costa R，Ahnood A，Ferreira I，Fortunato E. Complementary metal oxide semiconductor technology with and on paper. Adv Mater，2011，23（39）：4491-4496.

[23] Kim K H，Lee K Y，Seo J S，Kumar B，Kim S W. Paper-based piezoelectric nanogenerators with high thermal stability. Small，2011，7（18）：2577-2580.

[24] Tuteja A，Choi W，Ma M，Mabry J M，Mazzella S A，Rutledge G C，McKinley G H，Cohen R E. Designing superoleophobic surfaces. Science，2007，318（5856）：1618-1622.

[25] Lin L，Wang S，Niu S，Liu C，Xie Y，Wang Z L. Noncontact free-rotating disk triboelectric nanogenerator as a sustainable energy harvester and self-powered mechanical sensor. ACS Applied Materials & Interfaces，2014，6（4）：3031-3038.

第 9 章　摩擦纳米发电机用于振动能采集

摘　　要

振动是一种我们日常生活中最常见的机械运动，它存在于人体运动、汽车，甚至是水的波动中。从环境中的机械振动采集能量来给电子器件供电可以广泛应用于健康监控、基础设施的监测以及环境保护和治安监测等。本章主要介绍基于摩擦纳米发电机的环境振动能的采集，如机器振动、人体的活动和声波等。这里的振动能采集主要采用垂直接触-分离式摩擦纳米发电机。值得关注的是用摩擦纳米发电机进行的声音能的采集，因为目前还缺乏有效的技术对声音能进行采集。目前的振动能采集主要是基于压电效应[1-5]、电磁感应效应[6]、静电效应[7]和磁力控制效应[8]，这些工作模式都需要器件在其共振频率及其很窄的范围内才能有效工作。但是，环境中的振动往往有很宽的频谱分布，甚至很多时候还会随着时间的变化而变化。这些因素都会使以前的工作模式不能很好地对环境中的振动能进行采集。一般来说，一个有效的振动能采集装置需要满足至少以下两个标准。首先，它可以在很宽的频率范围之内工作，而不是在一个单独的点上工作。其次，它可以在低频范围内（低于几百赫兹）有效工作，因为环境中常见的振动频率都是分布在这个范围之内[9]。本章将全面介绍摩擦纳米发电机在很宽的频率范围内的振动能采集。

9.1　基于摩擦纳米发电机的振动能采集的基本工作模式

9.1.1　垂直接触-分离式

基于谐波共振器的摩擦纳米发电机是第一个被提出的利用摩擦纳米发电机来进行振动能量采集的装置。它可以有效地在振动频率 2～200Hz 的范围内对环境中微小的振动进行能量采集，并且在此低频范围内能有 13.4Hz 的工作频带[10]。基于谐波共振器的摩擦纳米发电机是一个典型的接触-分离式的工作模式，如图 9.1（a）所示，它与 2.3.3 节中所提到的基于弹簧的器件结构十分类似。图 9.1（b）展示的是一个实际制作的器件。在上极板上，带有孔状纳米结构的铝膜不仅是一个电极，还是一个摩擦起电面。图 9.1（c）是表面铝孔的 SEM 图片。这里的铝孔的平均直径是(57±5)nm，平均的孔深是(0.8±0.2)μm，分布密度是 212per/μm^2。在下极板上，铺有一层背面镀有金属铜的 PTFE 高分子材料，其中的铜膜是器件的另一个电极。同时，在 PTFE 的薄膜上，采用由上而下的离子刻蚀的方法制造了很多 PTFE 的高分子纳米线，来增加器件的有效接触面积，高分子纳米线如图 9.1（d）所示。其中，这些纳米线的直径是（54±3）nm，平均长度是（1.5±0.5）μm。基于谐波共振器的摩擦纳米发电机的整个器件的制作流程如图 9.1（e）所示。

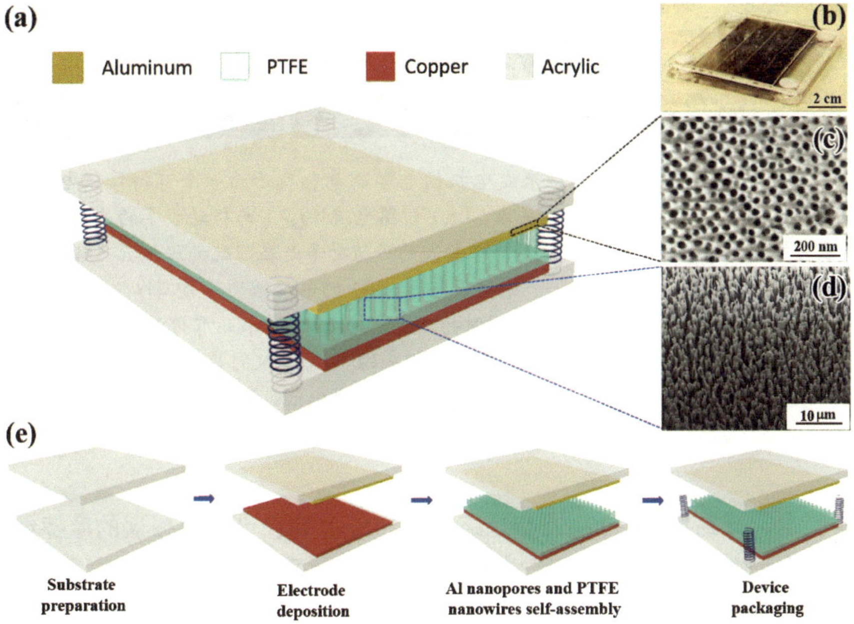

图 9.1　基于谐波共振器的摩擦纳米发电机。(a) 示意图和 (b) 光学照片展示一个典型的基于谐波共振器的摩擦纳米发电机; (c) 纳米孔的 SEM 图片; (d) PTFE 纳米线的 SEM 图片; (e) 实验室制作一个基于谐波共振器的摩擦纳米发电机操作流程 (本图已获得 Wiley 许可) [10]

为了研究基于谐波共振器的摩擦纳米发电机的振动能采集性能，一个可以提供正弦振动波并且可以调节振幅和频率的电动摇动器（Labworks Inc.）来作为实验的振动源。基于谐波共振器的摩擦纳米发电机的下极面被固定在振动源上，而上极面可以自由振动。在一个固定的振幅下，器件的频率响应曲线如图 9.2(a)和(b)所示，这里的电学信号是器件振动频率在 2～200Hz 变化范围内测量所得。与当前研究领域内基于非线性和拓扑变化的振动能采集器相比，谐波共振器的摩擦纳米发电机有一个非常宽的 13.4Hz 的工作频带。

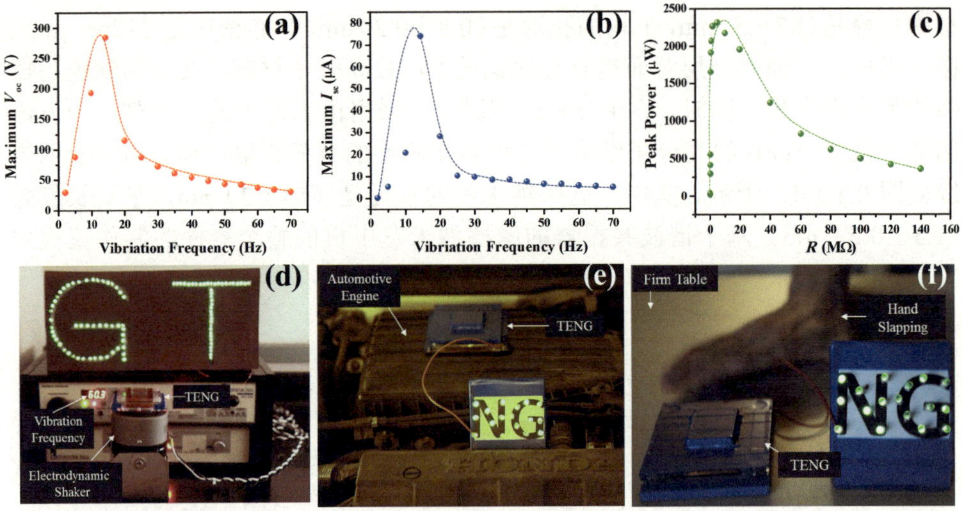

图 9.2　基于谐波共振器的摩擦纳米发电机的电学测量和展示为一个可持续供电的能源。（a）开路电压（V_{OC}）与振动频率的关系。（b）短路电流（I_{SC}）与振动频率的关系。（c）峰值功率输出与外接电阻的关系，结果显示一个最大的峰值功率是在匹配的阻值 R=5MΩ 时获得。（d）照片展示摩擦纳米发电机在一个振动频率为 60Hz 的电动振动器上工作，60Hz 是美国国家电网的工作频率。大概 200 个 LED 被同时持续点亮。（e）照片展示摩擦纳米发电机在一个汽车的发动机上工作，当汽车启动，有 17 个 LED 组成的“NG”被同时点亮。（f）照片展示摩擦纳米发电机可以将人手掌轻拍桌子所引起的振动能转换成电能，大概有 20 个 LED 被同时点亮（本图已获得 Wiley 许可）[10]

实验上，开路电压（V_{OC}）和短路电流（I_{SC}）均在谐波共振器的摩擦纳米发电机的共振频率 14.5Hz 下取得最大值 287.4V 和 76.8μA。理论上，对于一个单自由度的振动系统，它的共振频率可以理论表达为

$$f_0 = \frac{1}{2\pi}\sqrt{\frac{4k}{m_0}} \tag{9.1}$$

式中，f_0 为共振频率；m_0 为上极板的质量；k 为每个弹簧的劲度系数。对于基于谐波共振器的摩擦纳米发电机器件来说，m_0 是 56.8g，弹簧的劲度系数是 112N/m。将这些数值代入式（9.1）中，可以计算得出器件的共振频率在 14.1Hz 左右，与实验测得的 14.5Hz 吻合。

通过测量不同阻抗下的电压值，可以得到该器件的最大瞬时功率密度输出（V_{peak}^2/R），这是在最佳阻值 5MΩ 的情况下获得的，此时获得的最大峰值功率密度是 726.1mW/m^2，如图 9.2（c）所示。

为了展示基于谐波共振器的摩擦纳米发电机作为一个可持续供电的能源，它

被安装在三种不同的情况下进行环境中振动能的采集。如图 9.2（d）～（f）所示，该器件被电动振动器、汽车发动机和手拍桌子分别作为振动源所激发，所产生的电能均能实时点亮数十个商用 LED。这些展示有效证明了基于谐波共振器的摩擦纳米发电机对于环境中的微小振动均很敏感，这样使该器件可以适用于很广泛的自然环境中的振动能采集，如高速、桥梁和隧道等。

9.1.2　接触单电极模式

接触单电极模式的摩擦纳米发电机也可以有效进行环境振动能的采集。一个波浪形的铜-Kapton-铜弹性体被夹在两个平行的粘有 PTFE 薄膜的亚克力板之间。这种结构也可以有效进行振动能的采集。首先一排并行排列的金属棒，直径为 0.25 英寸［图 9.3（a)］，用来制造波浪形的振动核心。PTFE 薄膜也通过电感耦合等离子体（ICP）方式在其表面上刻蚀一层纳米线结构，来有效增加接触起电的有效接触面积。器件的整体结构如图 9.3（c）所示。图 9.3（d）是一个局部的放大图片，图 9.3（e）展示的是一个实际的器件图片。实验中测试的器件的大小是长 10cm，宽 5cm，这种结构的摩擦纳米发电机的尺寸可以很容易被扩大来进行大规模的振动能采集。

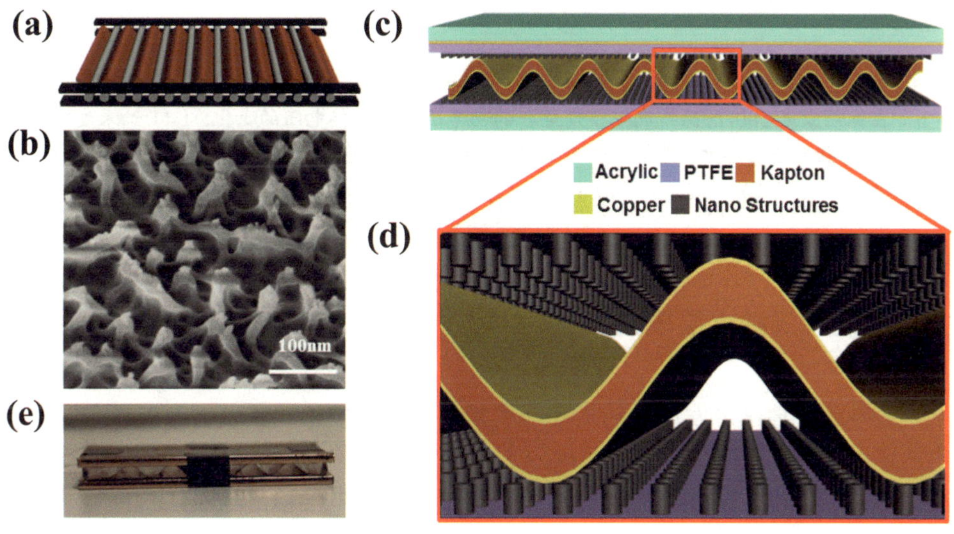

图 9.3　（a）制作的一个波浪形的 Kapton 薄膜示意图；（b）PTFE 表面的纳米修饰的 SEM 照片；（c）器件结构的示意图；（d）器件的局部放大图；（e）一个实际制作的基于波浪形状的摩擦纳米发电光学照片（本图已获得美国化学学会许可）[12]

类似地，对不同的阻值情况下的电压电流也进行了系统的测量，如图 9.4（a）所示。通过此图可以决定器件的有效输出功率。瞬时功率密度如图 9.4（b）所示，它是通过 $P_d=I^2R/S$ 计算所得。其中在匹配的阻值 5MΩ 的情况下，最高的输出功率为 0.4W/m^2。在机械摇动器和人脚踩的情况下，这个所得的输出功率可以有效点亮 104 个串联的 LED。

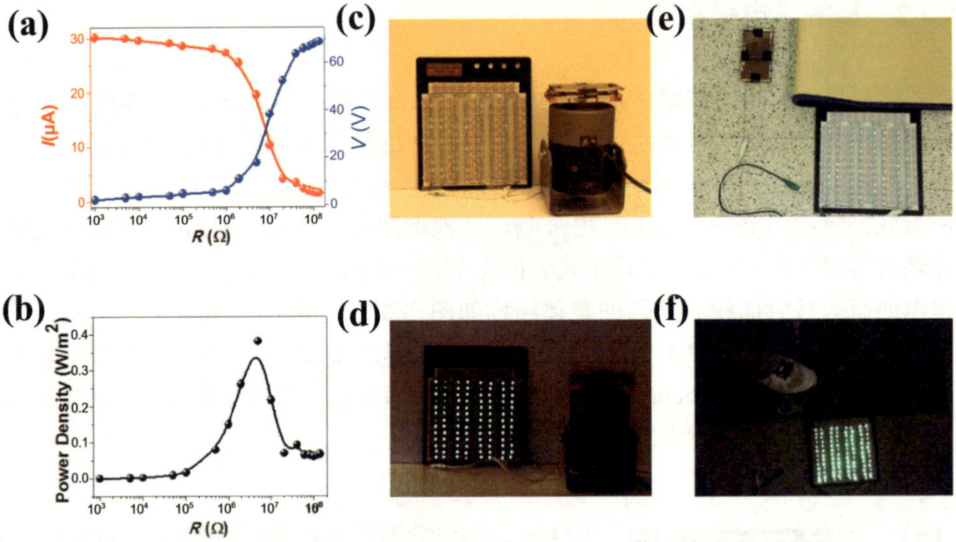

图 9.4　（a）在振动频率 100Hz 的情况下，发电机的电压和电流输出随外接电阻的变化；（b）在振动频率 100Hz 的情况下，发电机的功率输出随外接电阻的变化；（c）纳米发电机被固定在一个电动摇动器上，连接 104 个 LED；（d）104 个 LED 被同时被点亮；（e）器件被压在一个地毯下，连接 104 个 LED；（f）104 个 LED 在人脚轻踩时被同时点亮（本图已获得美国化学学会许可）[12]

9.1.3　接触式独立层模式

在基于摩擦纳米发电机的振动能采集中，一个接触式独立层摩擦纳米发电机也被使用于振动能采集。它在振幅 1.5cm 和输入振动频率 15Hz 情况下的输出情况在 5.2.1 节和图 5.10 中详细介绍过。由于该器件电学输出呈线性，带有摩擦电荷的共振器摩擦面不需要直接的物理接触就可以产生电能。当振动器的振幅渐渐减小时，LED 依然可以被点亮。与滑动式独立层摩擦纳米发电机一样，接触式独立层摩擦纳米发电机不需要摩擦层的直接接触，从而有更高的能量转换效率和更好的输出稳定性。

9.2　振动能采集中的高级结构设计

9.2.1　多方向振动能采集

在周围自然环境中的振动，很多时候都是没有固定的振动方向的。这样使前面介绍的很多振动能采集器不能有效地工作。因此，一个三维结构的摩擦纳米发电机被提出，它既可以工作于垂直接触-分离模式，也可以工作于水平滑动模式。

三维摩擦纳米发电机有一个多层的结构，基于圆形的亚克力板作为支撑面，如图 9.5（a）所示。该三维摩擦纳米发电机的核心功能单元是一个直径为 3cm 的圆柱体，处在圆形亚克力基板的正中心。在功能核心单元的上层，一个圆形的铁块被三个同样的弹簧支撑住，彼此之间的夹角为 120°。由于机械结构的严格对称性，整个系统在任意的平面方向内有一个恒定的共振频率。在圆形铁块的一面上，铺有一层背面镀铜的 PTFE 薄膜作为一个摩擦面。在底面的亚克力基底上铺上一层带有纳米孔的铝膜，它既是一个接触电极，也是一个摩擦接触面。图 9.5（b）展示的是铝孔的 SEM 照片。而图 9.5（c）展示的是实际制作的三维摩擦纳米发电机的照片。

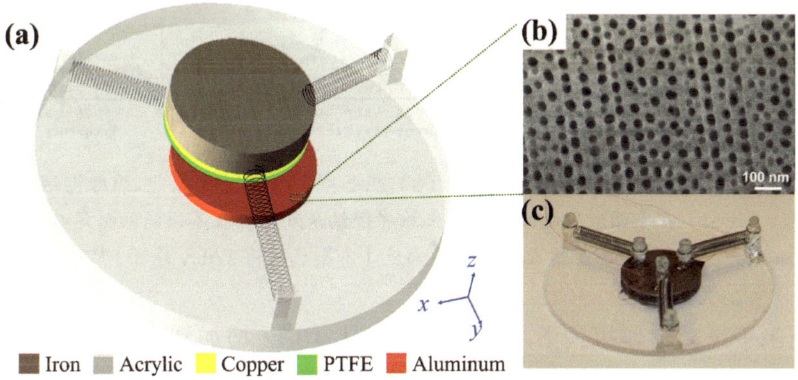

图 9.5　三维摩擦纳米发电机。(a) 一个三维摩擦纳米发电机的示意图；(b) 铝膜上的纳米孔的 SEM 照片；(c) 实际制作的三维摩擦纳米发电机的光学照片（本图已获得 Wiley 许可）[14]

为了研究三维摩擦纳米发电机对周围环境振动能的采集，一个可以调节振动频率、加速度和振幅的振动器被选作一个模拟自然环境中振动的振动源。首先，将作为支撑的亚克力板固定在振动器上，在不同的振动频率下，三维摩擦纳米发电机在垂直接触-分离工作模式下的电学输出如图 9.6(a)所示。在振动频率从 10Hz 增加到 36Hz 的过程中，器件的电压和电流信号均明显提高。在振动频率 36Hz 下，最大的输出电压和电流分别为 123V 和 21μA。然后器件的电压电流又随振动频率从 36Hz 增加到 140Hz 的过程中逐渐减小到最低值。因为 36Hz 是器件在垂直接触-分离模式下的共振频率，在此频率下，上下两个摩擦面有最大的分离距离，在接触的过程中有最大的冲击力，从而形成最大的电学信号输出。此外，由于铝膜上有微小的纳米孔洞，一个更大的接触力能有效增加器件的有效接触面积，从而导致器件电学输出的提高。此外，如果用半电压输出点来计算器件的工作带宽，工作于垂直接触-分离模式下的三维摩擦纳米发电机在低频工作频率内有高达 75Hz 的有效工作带宽。

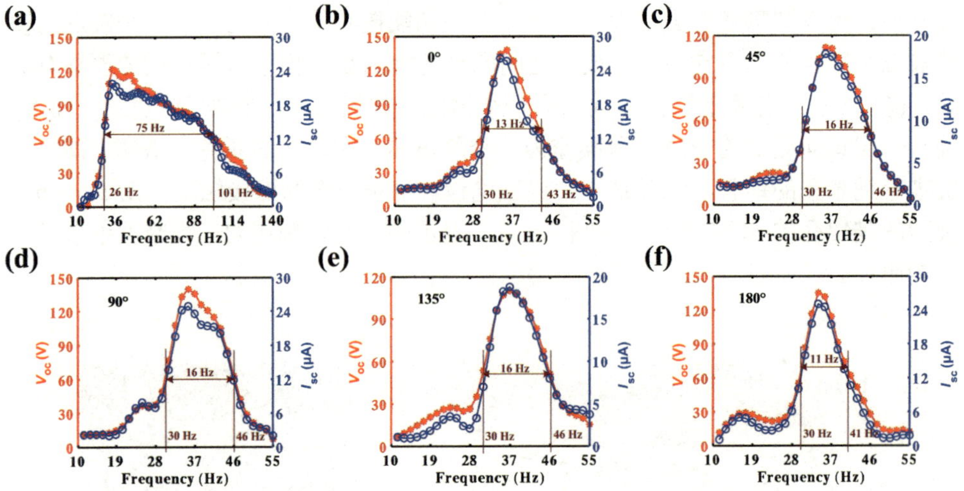

图 9.6 三维摩擦纳米发电机的频率响应。(a) 在垂直方向的激励下，三维摩擦纳米发电机的频率响应；(b～f) 在平面激励的情况下，三维摩擦纳米发电机在不同的倾斜角 0°、45°、90°、135°和 180°等情况下的频率响应（本图已获得 Wiley 许可）[14]

在水平滑动工作模式下，当振动频率从 10Hz 增加到 55Hz 时，在不同的平面倾斜角的（0°、45°、90°、135°、180°）情况下，器件的电学输出由图 9.6（b）～（f）所示。这些结构直接证明了三维摩擦纳米发电机能够有效从多个振动方向进行能量采集。考虑到非理想的实验条件，如所用的弹簧的劲度系数的不同，器件结构由于制作工艺而不是完全对称的，三维摩擦纳米发电机在水平滑动模式下不同的倾斜角几乎可以得到相同的电学输出。此外，所有的电压和电流信号均在振动频率 36Hz 时取得最大值。而且轻微的非线性电学输出行为主要是由于器件弹簧系统中的非线性拓扑结构造成的。此外，在低频的工作范围内，三维摩擦纳米发电机在水平滑动模式中依然可以获得 14.4Hz 的宽工作带宽。这些宽的工作频带将会使三维摩擦纳米发电机在环境振动能的采集中有着广泛的应用。

为了证实三维摩擦纳米发电机可以作为有效的振动能量采集器，这里展示三组实际应用。首先，如图 9.7（a）所示，三维摩擦纳米发电机被安装在一个电缆线上，在风吹或者雨滴的微小扰动下，所采集的振动能可以有效点亮 40 个 LED。另外，如图 9.7（b）所示，在不同的线振幅大小下，器件的输出明显随着振动幅度的增加而明显增加。这主要是因为大的振幅可以导致更大的器件分离，从而导致大的电学输出。

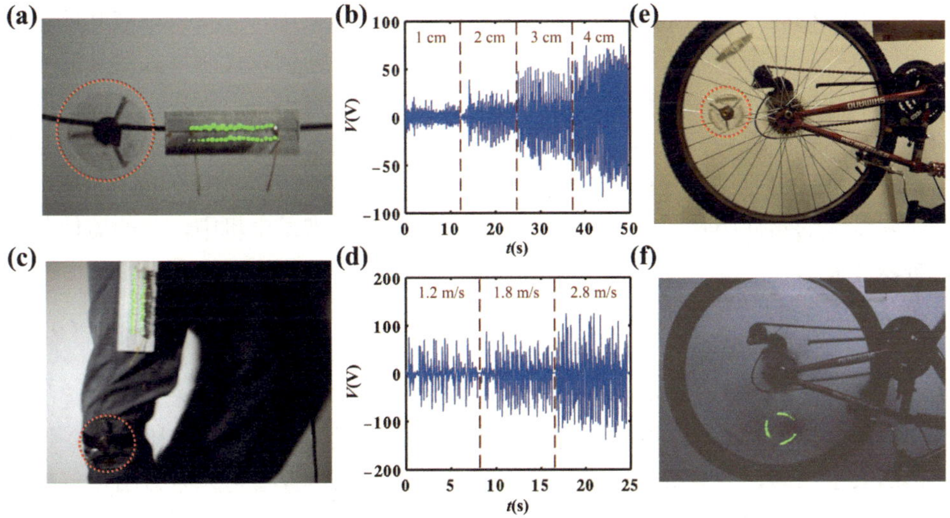

图 9.7　展示三维摩擦纳米发电机作为一个可以持续供电的电源。（a）三维摩擦纳米发电机从一个电线上采集振动能，40 个商用 LED 被同时点亮；（b）在不同电线振动幅度下的，三维摩擦纳米发电机的电压输出；（c）三维摩擦纳米发电机在人体行走的情况下进行振动能的采集，40 个 LED 也可以同时被点亮；（d）在不同的行走速率下的器件输出电压；（e）三维摩擦纳米发电机被固定在一个自行车轮子上；（f）30 个商用 LED 在轮胎转动时被同时点亮（本图已获得 Wiley 许可）[14]

此外，如图 9.7（c）所示，三维摩擦纳米发电机被捆在人腿上，以此来采集在行走过程中人体的振动能。这些人体行走所带来的振动可以有效点亮 40 个商用 LED。图 9.7（d）所展示的是在不同的行走速度下的器件电压输出。结果所示，在快的行走速度下可以有大的电学信号输出。第三个实际应用是将三维摩擦纳米发电机固定在自行车的车轮上，如图 9.7（e）所示。在车轮转动的过程中，30 个串联的商用 LED 可以直接被点亮。这个实际的展示不仅可以用来采集车轮胎的转动能，还可以发展成自供电的传感系统来监测如汽车或者其他基于轮胎的交通工具的胎压等。

总之，三维摩擦纳米发电机能够有效采集环境中的振动能，尤其是在低频工作范围内。它在垂直接触-分离模式下可以取得高达 75Hz 的工作带宽。在水平滑动模式下，在任意的倾斜角度下，都可以获得 14.4Hz 的工作带宽。这些出色的工作能力，可以使三维摩擦纳米发电机在环境振动能的采集中有着极其广泛的应用。

9.2.2 多层的结构设计

单层结构的摩擦纳米发电机对环境中的振动能的采集，会极大地被其低输出电流所束缚。一个比较好的解决方案是通过多层器件结构设计来增大器件的电流输出。而此种设计的关键在于使多层结构的电学信号输出可以同步，从而使器件的总体输出功率得到极大的提高[15]。如图 9.8（a）所示，一个三维多层结构摩擦纳米发电机采用亚克力板作为支撑材料，形成一个多层结构。图 9.8（b）展示的是实际制作的器件照片。在一个三维多层结构摩擦纳米发电机中，总的器件单元数可以计算为

$$N_{\text{total}} = 4n \tag{9.2}$$

式中，n 为器件固定分指的个数。这里采用 8 个同样大小的弹簧来桥接固定的和可移动的分指。所有的分指都是用 3mm 厚度的亚克力板平行放置制作而成。这些分指的大小相同，并且等间距放置。而这些亚克力板的厚度可以有效阻挡分指之间的电荷影响。此外，所有的单元都是并联连接。在固定分指的两侧均镀上一层薄的铝膜，它们既是一个摩擦面，也是一个导通电子的电极。同时，一层背面镀有金属铜的 PTFE 薄膜被铺在可以移动的分指上。这些铜作为另外一个器件电极来导通电子。此外，采用由上而下的离子刻蚀的方法制造了很多 PTFE 的高分子纳米线，来增加器件的有效接触面积，高分子纳米线如图 9.8（c）所示。这些纳米线可以有效增加接触起电过程中的电荷产生，从而提高器件的输出。理论上，三维多层结构摩擦纳米发电机的短路电流可以表示为

$$I_{\text{SC}} = \frac{\sigma s d_0 v}{\varepsilon_{\text{r}}\left(d + \dfrac{d_0}{\varepsilon_{\text{r}}}\right)^2} \tag{9.3}$$

其中，d_0 为 PTFE 薄膜的厚度；ε_{r} 为 PTFE 薄膜的相对介电常数；s 为有效接触面积；v 为分指在接触瞬间的运动速度，速度的方向决定了电子的转移方向。

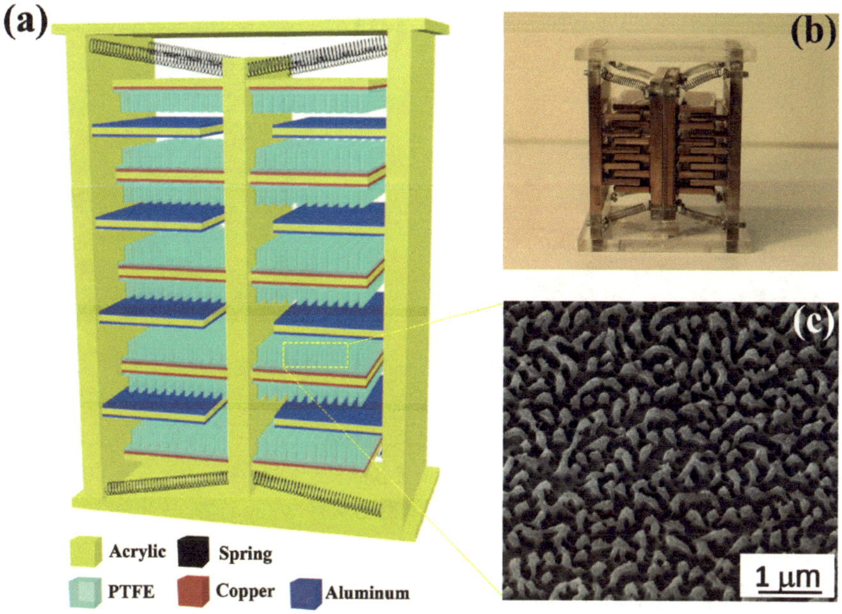

图 9.8　三维多层结构摩擦纳米发电机。(a) 器件的示意图；(b) 铝电极上纳米孔的 SEM 照片；(c) 一个实际制作的三维多层结构摩擦纳米发电机的光学照片（本图已获得 Wiley 许可）[15]

外接电阻同样也被用于估量三维多层结构摩擦纳米发电机在共振频率下的电能输出。如图 9.9（a）所示，由于欧姆损失，电流的幅度随着负载阻值的增加而减少。然而，电压的信号有一个相反的变化规律。因此，瞬时峰值功率（$P=I_{peak}^2R$）在负载阻值 2MΩ 时可以达到最大，其对应一个最大的瞬时功率密度（$P_d=I_{peak}^2R/DS$）为 104.6W/m^2，如图 9.9（b）所示。为了证明三维多层结构摩擦纳米发电机作为一个可以持续的能量源，三个实际的应用被展示。首先，如图 9.9（c）所示，在一个电动振动器在 60Hz 的振动情况下，一个 G16 的大灯泡可以直接被点亮。同时，串联的 20 个投光灯（每个 0.6W）可以同时连续地被点亮，如图 9.9（d）所示。

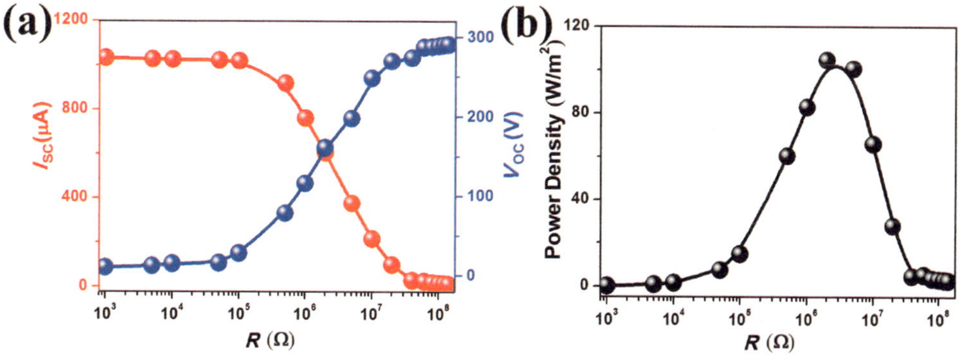

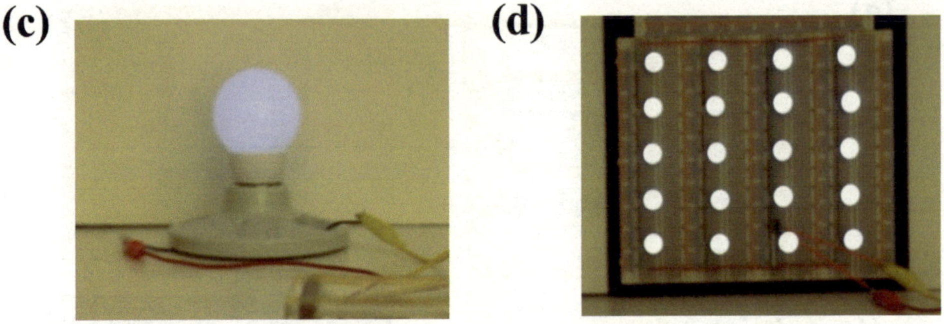

图 9.9　展示三维多层结构摩擦纳米发电机作为一个可以持续供电的电源。(a) 在一个 5 层的三维多层结构摩擦纳米发电机中，输出电压和电流与外接负载的关系；(b) 在一个 5 层的三维多层结构摩擦纳米发电机中，输出功率与外接负载的关系；(c) 一个白的 G16 大灯泡被三维多层结构摩擦纳米发电机在工作频率为 49Hz 时被直接点亮；(d) 在振动频率为 40Hz 时，20 个串联的投光灯被同时点亮（本图已获得 Wiley 许可）[15]

9.2.3　基于液体-金属的结构设计

基于固态材料的摩擦纳米发电机可能会由于接触面的粗糙，有一个很差的接触起电过程，从而导致了器件的电学输出的严重衰减。因此，基于液体-金属的摩擦纳米发电机就可以有效解决这个问题。如 3.3.6 节所示，一个高达 70.6%的瞬时能量转换效率可以获得[16]。

该器件的三维结构如图 9.10（a）所示，亚克力盒子尺寸为 4cm 长，4cm 宽，1.5cm 高，它用来密封装置液体金属。10 片摩擦起电层被固定在盒子的密封盖子上。图 9.10（b）展示的是器件在固定的振幅 1.2mm，不同的振动频率的下电学信号输出。为了展示基于液体-金属的摩擦纳米发电机对环境振动能的高效率采集，在手的微小晃动下，105 个串联的 LED 就可以有效地被点亮。此外，在共振频率 10Hz 时，可以得到最大的电压 145V，电流 5.8μA。在一个桥式整流器下，输出的电荷总量在 65s 时间内达到 100μC，如图 9.10（c）所示。

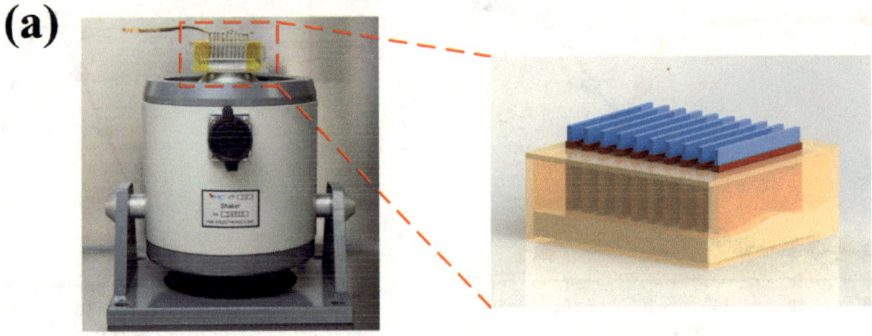

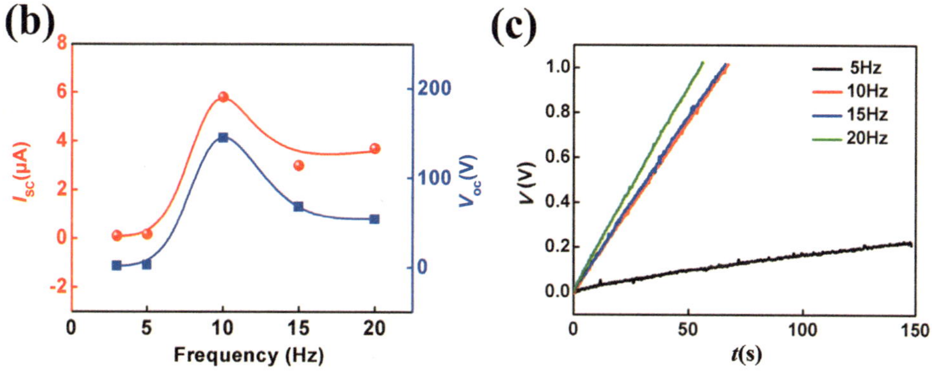

图 9.10　基于液体金属的摩擦纳米发电机对环境振动能的采集。(a) 器件的结构和测试平台的三维示意图；(b) 输出电压和电流与振动频率的关系；(c) 在不同的振动频率下，基于液体金属的摩擦纳米发电机对一个 100μF 商业电容的不同充电曲线（本图已获得 Wiley 许可）[16]

9.3　声波能量的采集

声波是机械振动的一种特殊形式。作为一个干净的、无处不在的、可持续发展的能源形式，声波是在我们生活中一种富足但被浪费的能量源，如各种从人类活动、机场、建筑工地或交通中的各种声音。由于声音能本身是一种能量密度很低的能量源，所以目前还一直缺少有效的技术对环境中的声音能进行采集。这里将详细介绍基于摩擦纳米发电机的声音能采集。

9.3.1　基于有机薄膜的摩擦纳米发电机

基于有机薄膜的摩擦纳米发电机是第一个被展示来进行环境中声音能采集的摩擦纳米发电机[17]。基于一个背面带有尺寸可调节的谐振式的亥姆霍兹腔体，该发电机的核心单元就是一个镶嵌在腔体前面的一个多层圆形薄膜，如图 9.11（a）所示。为了更清楚地描述，核心单元横断面的多层结构如图 9.11（b）所示。带有纳米孔的铝膜既是一个电极也是一个接触面。其中的纳米孔的 SEM 照片如图 9.11（c）所示。这些纳米孔平均直径为（57±5）nm，分布密度为 210per/μm^2。同时，背面镀有铜电极的 PTFE 薄膜作为另外一个摩擦接触面。PTFE 的纳米线结构如图 9.11（d）所示。PTFE 纳米线的平均直径为（54±3）nm，长度为（1.1±0.4）μm。为了表征基于有机薄膜的摩擦纳米发电机对环境中的声音能的采集，一个可以发出正选声波的并且声音频率和幅度可调节的音响作为声源。另外一个精度为 0.1dB 的声强计被用来测量声压的大小。声强计被放置在与能量采集器的距离小于一个声波波长的地方。预压力为 2.8kPa、5.6kPa 和 8.4kPa，恒定的声音压力为 110dB$_{SPL}$，所测得的开路电压和短路电流与声音频率的关系分别如图 9.12（a）和（b）所示。在各自的共振频率下，可以取得最大电压分别为 16.50V、60.50V 和 7.50V，短路电流分别为 5.50μA、15.10μA 和 2.10μA。在适度的预压力 5.6kPa 的情况下，电学输出比预压力为 2.8kPa 时提高了 3.7 倍，比 8.4kPa 时电学输出提高了 8.1 倍。结果表明，一个适度的初始预压力可以优化 PTFE 薄膜和亥姆霍兹腔体中空气的谐振，从而提高器件的电学输出。

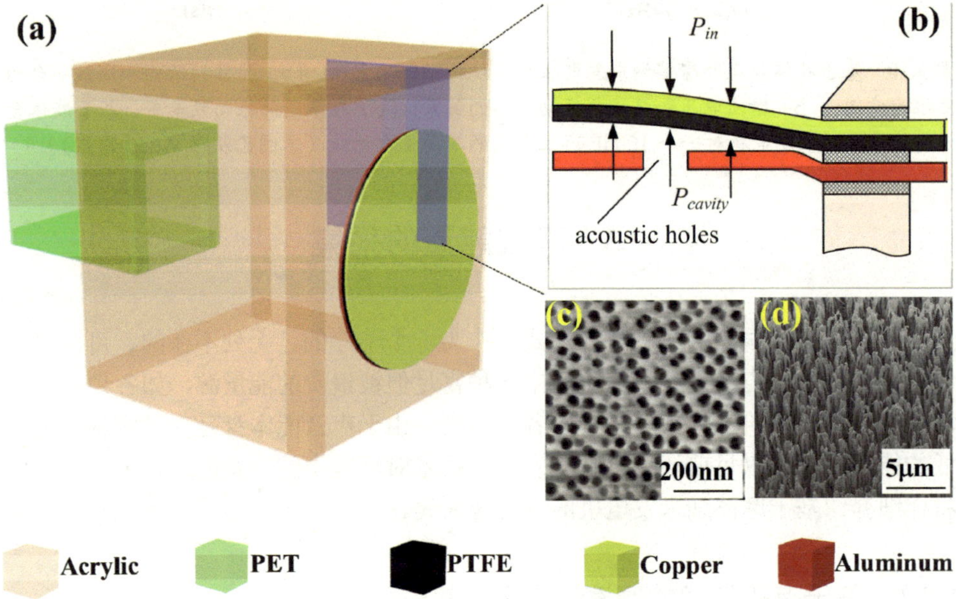

图 9.11　基于有机薄膜的纳米发电机的结构设计。(a) 三维示意图；(b) 器件的横截面示意图；(c) 铝电极上纳米孔的 SEM 照片；(d) PTFE 纳米线的 SEM 照片
（本图已获得美国化学学会许可）[17]

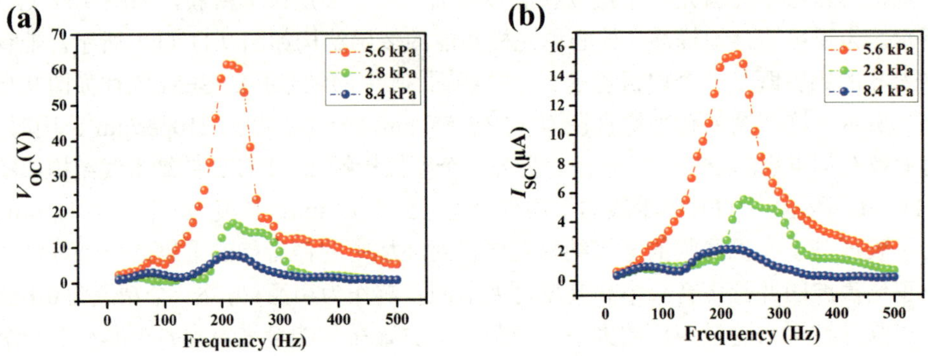

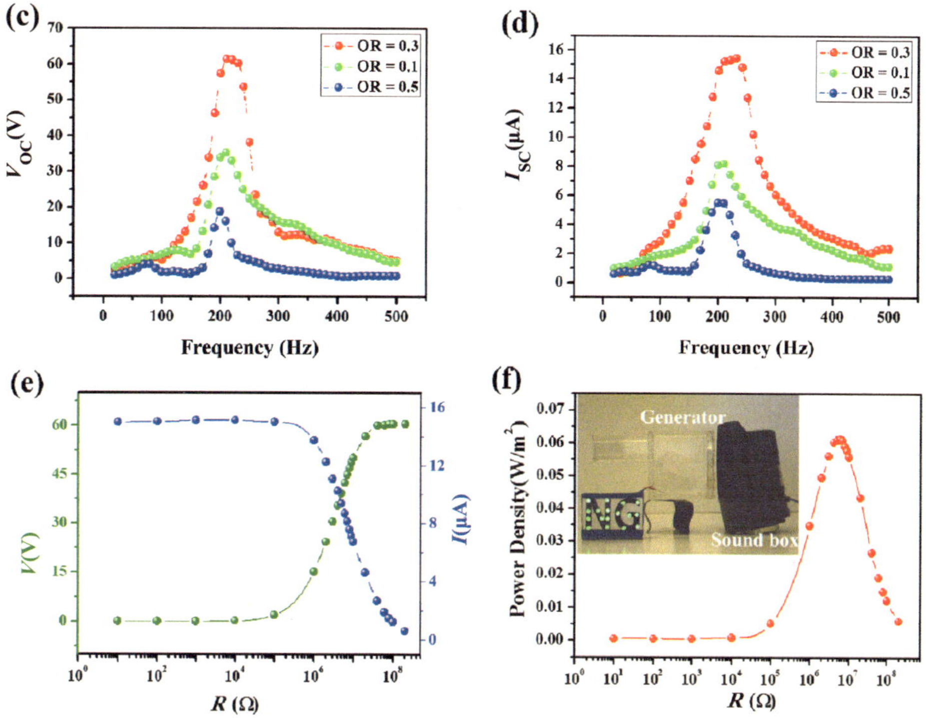

图 9.12　基于有机薄膜的纳米发电机在声音激励下的电学输出。(a) 开路电压 (V_{OC}) 和 (b) 短路电流 (I_{SC}) 在器件预压力 2.8kPa、5.6kPa 和 8.4kPa 等情况下频率响应曲线; (c) 开路电压 (V_{OC}) 和 (d) 短路电流 (I_{SC}) 在器件的开孔率 0.1、0.3 和 0.5 等不同情况下频率响应曲线; (e) 基于有机薄膜的纳米发电机在不同外接阻值的情况下，电流和电压的输出值; (f) 基于有机薄膜的纳米发电机在不同外接阻值的情况下的功率输出，表明最大的功率输出在匹配的阻值 R=6MW 时获得。插图展示在外界声音的激励，17 个串联的 LED 被同时点亮（本图已获得美国化学学会许可）[17]

在预压力 5.6kPa 下，实验上，器件的开路电压 V_{OC} 和短路电流 I_{SC} 均在声音频率为 240Hz 的情况下最大。这表明 240Hz 是器件的共振频率。理论上，如果器件的尺寸小于或近似于入射声波的波长，那么它的动态情况可以被模拟为一个聚合系统，它的共振频率可以表达为

$$f_R = \frac{c}{2\pi}\sqrt{\frac{S}{L'V}} \tag{9.4}$$

式中，S 和 L'分别为横截面的面积和腔体上颈部的有效长度；V 为腔体的体积，c 为声音在空气中的速度（343m/s）。将上述数值代入式（9.4）中，理论上计算得出的共振频率为 238.8Hz，与实验结果一致。除了预压力对器件的电学输出有严重的影响外，铝膜上的开孔也对器件的最终电学输出有很大的影响。这些开孔都是连接亥姆霍兹腔体中空气和两个起电面之间空气的。此处，开孔率定义为所有的开孔的

总面积与整个铝膜的总面积的比值，它可以极大地影响空气的阻尼。大的开孔率将会导致快速的空气流动速度和低的阻尼，从而使 PTFE 薄膜在同样的声压下有更大的形变。在一个固定的声压 $110dB_{SPL}$ 下，V_{OC} 和 I_{SC} 在不同的开孔率 0.1、0.3 和 0.5 下的电学输出如图 9.12（c）和（d）所示。在共振频率下，开孔率为 0.1、0.3 和 0.5 时的电压输出分别为 35.2V、60.5V 和 18.7V，对应的短路电流分别为 8.20μA、15.1μA 和 5.5μA。这些结果表明在开孔率为 0.3 时的输出大约是 0.1 时的 1.7 倍，大约是 0.5 时的电学信号输出的 3.2 倍。这些实验观测主要是由于 PTFE 的形变与有效接触面积之间的折中所造成的。大的开孔率将会造成 PTFE 薄膜大的形变，从而造成高的电学输出。但是大的开孔率会减少摩擦面的有效接触面积，从而造成低的电学输出。因此，一个优化的开孔率可以使器件的电学输出达到最大化。

同样地，外接电阻也用来进一步衡量器件在共振频率下的有效功率输出。如图 9.12（e）所示，电压幅值随着外接阻值的增加而增大，而电流的变化趋势刚好相反。因此，一个最大的瞬时峰值功率在外界阻值 6MΩ 时获得，得到的峰值功率密度为 $60.2mW/m^2$，如图 9.12（f）所示。为了证明基于有机薄膜的摩擦纳米发电机对声音能的有效采集，一个立方体边长为 8cm 的腔体作为器件的亥姆霍兹腔体，在声压为 $110dB_{SPL}$ 和共振频率为 240Hz 的情况下，17 个商用的 LED 可以同时被点亮，如图 9.12（f）所示。

总之，基于有机薄膜的摩擦纳米发电机是第一个基于摩擦纳米发电机的声音能采集器。优化的结构设计加上纳米材料的表面修饰，所制造的发电机最大功率密度为 $60.2mW/m^2$，这些能量可以同时点亮 17 个 LED。这个工作展示了一个造价低廉、基于全新工作原理的声音能采集器，它将在基础设施监测、传感网络、军队监测和环境噪声控制方面有着广泛的应用。

9.3.2　可卷曲的纸基摩擦纳米发电机

基于有机薄膜的摩擦纳米发电机有一个很大的亥姆霍兹腔体，这个结构极大地限制了器件对周围环境中的声音能采集。为此，一种超薄、可以卷曲的纸基摩擦发电机被提出了对环境中声音能采集，它主要创新性地使用了微米尺度的孔的阵列来提高对外界声音的激励[18]。

这种超薄的摩擦纳米发电机有一个由多层薄膜构成的层状结构。首先，一个多孔阵列的纸作为整个发电机的骨架。在纸基上镀有一层铜膜作为起电层与 PTFE 进行摩擦起电，器件结构如图 9.13（a）所示。这里选纸作为基底，主要是由于其柔性、质轻、好的切割性、价廉而且有好的生物可降解性。为了提高器件对声音的频带响应，400μm 的孔状阵列被均匀地分布在纸基上。在图 9.13（a）的左下方展示的是多孔纸基的光学照片。为了提高材料间的接触起电，在 PTFE 的表面上还做了一层高分子纳米线修饰。PTFE纳米线的SEM照片如图9.13（a）的右下方所示。图9.13（b）展示的是实际制作的纸基摩擦纳米发电机的光学照片，可以看到器件的厚度低于125μm。

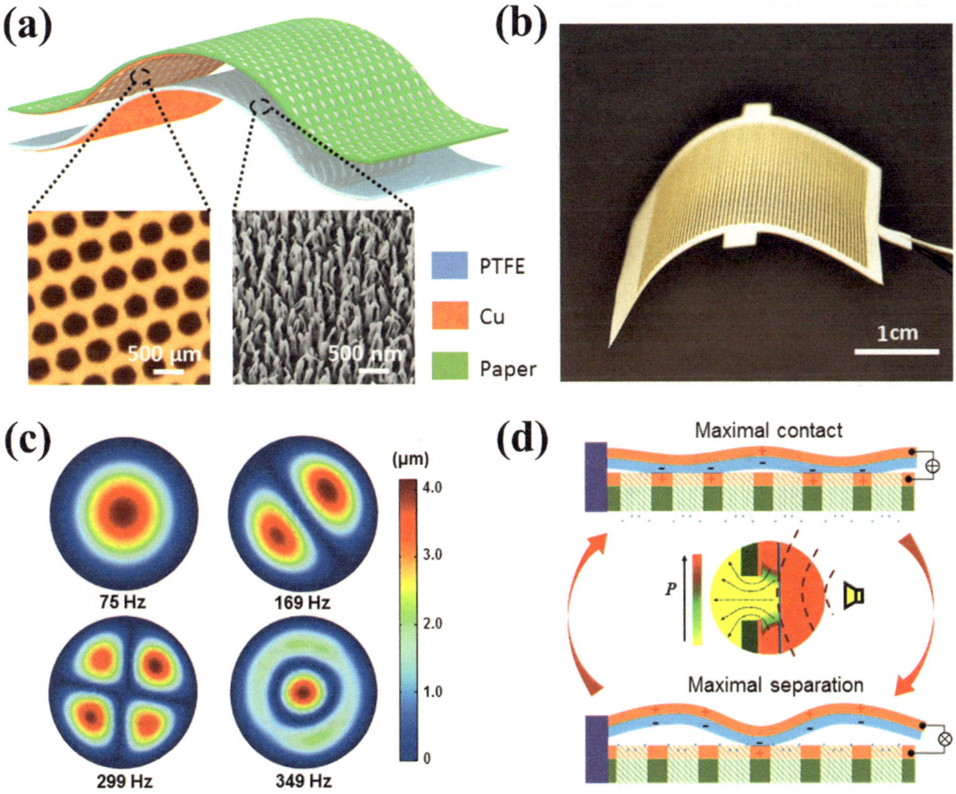

图9.13　纸基超薄摩擦纳米发电机的结构设计。(a) 三维结构示意图。左下：多孔纸基电极的光学照片。右下：PTFE纳米线的SEM照片。(b) 实际制作的器件的光学照片。(c) 外界声波引起的PTFE的薄膜振动。(d) ANSYS软件被用于表征PTFE薄膜在不同的声波频率下的振动（本图已获得美国化学学会许可）[18]

超薄纸基摩擦纳米发电机的工作原理可以从两个方面进行阐述，即声波引发的薄膜机械振动和振动造成的电能产生。一方面，当外界的声波连续地入射到纸基摩擦纳米发电机，PTFE薄膜将会出现机械振动，这些周期性的振动主要是由薄膜两边气压变化引起的。这些薄膜的机械振动与传统上依赖的共振腔的声音能采集方式完全不同，后者的机械振动主要是靠腔体中的空气压缩和膨胀来实现。一个ANSYS软件被用来仿真不同声音频率下的PTFE薄膜振动，如图9.13（c）所示。这里假设，20Pa的声波压力差均匀分布在杨氏模量为440MPa的0.025mm厚的PTFE薄膜上。从所得的仿真结果上可以看到，PTFE薄膜的形变区域与入射声音的频率密切相关，这主要是因为 PTFE 薄膜在不同的振动模式下有不同的共振频率。另外，振动所引起的电能产生主要是由于摩擦起电与静电感应的双重作用。一个周期的电流的产生过程如图 9.13（d）所示，在它的最大接触态，PTFE 与铜之间的物理接触会产生电信号。由于两种材料对电子有不同的吸引力，摩擦起电的后果就是 PTFE 将带负电荷，而铜上面将积累正电荷[10, 19-21]。随后，声压将会使 PTFE 与铜分离，因此将会产生电场驱使自由电子从 PTFE 背后的铜电极一直流向纸基上的铜电极，直到两者达到最大的分离。在从最大分离回归接触状态的过程中，自由电子将会反方向流动，形成一个反向的电流。这就是纸基摩擦纳米发电机在声音的驱动下电能的产生过程。

外接电阻也用来进一步调查结构优化后的纸基摩擦纳米发电机在 250Hz 声压 $114dB_{SPL}$ 时的功率输出。如图 9.14（a）所示，电压的幅值随着电阻值的增加而增加，然而电流的变化趋势完全相反。因此，在负载阻值为 800kΩ 时，最大的瞬时峰值功率密度为 $121mW/m^2$，如图 9.14（b）所示。此外，声压与器件电学输出之间的关系

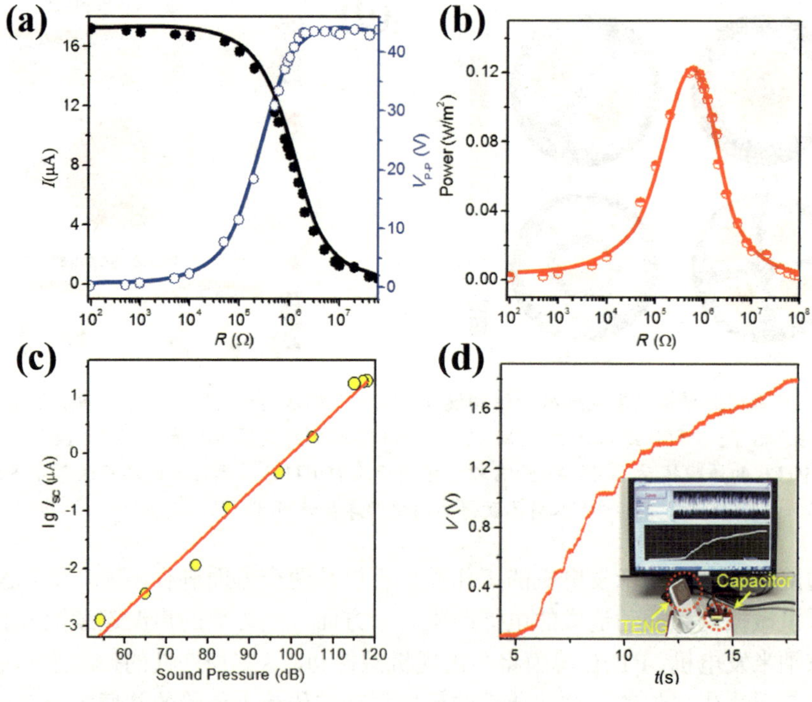

图 9.14　展示纸基超薄摩擦纳米发电机作为一个可持续供电的电源。（a）器件在不同外接电阻情况下的电压和电流输出；（b）器件在不同外接电阻情况下的功率输出，最大的功率输出是在 800kΩ 的情况下获得的；（c）纸基超薄摩擦纳米发电机的频率响应；（d）纸基超薄摩擦纳米发电机被用于回收手机上的声音能，产生的电能可以直接给一个 2μF 的电容进行充电

（本图已获得美国化学学会许可）[18]

如图 9.14（c）所示，两者之间满足直接的正比关系。纸基摩擦纳米发电机在声音能采集领域内有它独一无二的优势，有一系列的优点，如基于常用纸张、可卷曲、工作频段宽、不需要共振腔等。并且，它被应用于回收从手机谈话或者播放音乐所产生的声音能。如图 9.14（d）所示，从手机回收的声音能可以有效地给一个商业电容在 12s 内充电至 1.8V。尤其是，由于其独特的器件厚度，纸基摩擦纳米发电机还可以被安装在建筑物的墙外或玻璃窗户上，以此回收环境中的噪声来发电。

9.4　总　　结

振动能的采集是一个传统的并且一直在增长的研究领域。从 2012 年的第一个摩擦纳米发电机开始，人们就一直被致力于将其应用于环境中的振动能采集，或者自供电的振动传感。本章展示了一系列的基于摩擦纳米发电机的环境振动能的采集器，尤其是对声音能的采集。首先，基于谐波共振器的摩擦纳米发电机是第一个被提出的利用摩擦纳米发电机进行振动能量采集的装置。其次，三维摩擦纳米发电机进一步被提出，它不仅可以在振动的垂直方向，还可以在平面方向进行环境中振动能的采集。为了提高振动能采集的能量转换效率和摩擦纳米发电机的输出电流，一个三维多层结构摩擦纳米发电机通过单元并联连接的并且同步的信号输出，有效达到了电流输出的效果。此外，一个基于液体金属的摩擦纳米发电机也被发明，金属和介电层之间有密切接触，从而使振动能采集的瞬时能量转换效率高达 70.6%。

最后，摩擦纳米发电机也被展示从环境中的声音采集能量。基于有机薄膜的摩擦纳米发电机被用于声音能采集。但是它有一个很大的共振腔体，使其实际应用受到了较大的限制。为此一个纸基超薄的摩擦纳米发电机被发明，并被用来对环境中的声音能进行有效地采集。由于结构超薄、可卷曲，可以从手机中回收人说话的声音能。

参 考 文 献

[1] Wang Z L，Song J.Piezoelectric nanogenerators based on zinc oxide nanowire arrays. Science，2006，312（5771）：242-246.

[2] Qin Y，Wang X，Wang Z L.Microfibre-nanowire hybrid structure for energy scavenging. Nature，2008，451：809-813 .

[3] Wang X，Song J，Liu J，Wang Z L. Direct-current nanogenerator driven by ultrasonic waves. Science，2007，316（5821）：102-105 .

[4] Xu S，Qin Y，Xu C，Wei Y，Yang R，Wang Z L.Self-powered nanowire devices. Nat Nanotechnol，2010，5：366-373 .

[5] Yang R，Qin Y，Dai L，Wang Z L. Power generation with laterally packaged piezoelectric fine wires. Nat

Nanotechnol，2009，4：34-39 .

[6] Bai X，Wen Y，Yang J，Li P，Qiu J，Zhu Y. A magnetoelectric energy harvester with the magnetic coupling to enhance the output performance. J Appl Phys，2012，111：07A938 .

[7] Mitcheson P D，Miao P，Stark B H，Yeatman E M，Holmes A S，Green T C. MEMS electrostatic micropower generator for low frequency operation. Sens Actuator A-Phys，2004，115（2）：523-529 .

[8] W Lei，Yuan F . Vibration energy harvesting by magnetostrictive material. Smart Mater Struct，2008，17：045009 .

[9] Kulah H，Najafi K. Energy scavenging from low-frequency vibrations by using frequency up-conversion for wireless sensor applications. IEEE Sens J，2008，8（3）：261-268 .

[10] Chen J，Zhu G，Yang W，Jing Q，Bai P，Yang Y，Hou T C，Wang Z L. Harmonic-resonator-based triboelectric nanogenerator as a sustainable power source and a self-powered active vibration sensor. Adv Mater，2013，25(42)：6094-6099.

[11] Fang H，Wu W，Song J，Wang Z L. Controlled growth of aligned polymer nanowires. J Phys Chem C，2009，113（38）：16571-16574.

[12] Wen X，Yang W，Jing Q，Wang Z L. Harvesting broadband kinetic impact energy from mechanical triggering/vibration and water waves. ACS Nano，2014，8（7）：7405-7412 .

[13] Wang S，Niu S，Yang J，Lin L，Wang Z L. Quantitative measurements of vibration amplitude using a contact-mode freestanding triboelectric nanogenerator. ACS Nano，2014,8（12）：12004-12013 .

[14] Yang J，Chen J，Yang Y，Zhang H，Yang W，Bai P，Su Y，Wang Z L. Broadband vibrational energy harvesting based on a triboelectric nanogenerator. Adv Energy Mater，2014，4（6）：1301322 .

[15] Yang W，Chen J，Jing Q，Yang J，Wen X，Su Y，Zhu G，Bai P，Wang Z . 3D stack integrated triboelectric nanogenerator for harvesting vibration energy. Adv Funct Mater，2014，24（26）：4090-4096 .

[16] Tang W，Jiang T，Fan F R，Yu A F，Zhang C，Cao X，Wang Z . Liquid metal electrode for high performance triboelectric nanogenerator at an instantaneous energy conversion efficiency of 70.6%. Adv Funct Mater，2015，25（24）：3718-3725.

[17] Yang J，Chen J，Liu Y，Yang W，Su Y，Wang Z L. Triboelectrification-based organic film nanogenerator for acoustic energy harvesting and self-powered active acoustic sensing. ACS Nano，2014，8（3）：2649-2657 .

[18] Fan X，Chen J，Yang J，Bai P，Li Z，Wang Z L. Ultrathin，rollable，paper-based triboelectric nanogenerator for acoustic energy harvesting and self-powered sound recording. ACS Nano，2015，9（4）：4236-4243 .

[19] Chen J，Huang Y，Zhang N，Zou H，Liu R，Tao C，Fan X，Wang L Z. Micro-cable structured textile for simultaneously harvesting solar and mechanical energy. Nat Energy，2016，1：16138 .

[20] Zhu G，Chen J，Zhang T，Jing Q，Wang Z L. Radial-arrayed rotary electrification for high performance triboelectric generator. Nat Commun，2014，5：3426 .

[21] Zhu G，Chen J，Liu Y，Bai P，Zhou Y S，Jing Q，Pan C，Wang Z L. Linear-grating triboelectric generator based on sliding electrification. Nano Lett，2013，13（5）：2282-2289 .

第 10 章　摩擦纳米发电机用于收集风能

摘　　要

风能是自然界中一种非常常见的机械能。收集风能是一种重要的大规模发电的手段。传统上收集风能的方法是用一个涡轮驱动的电磁式发电机。在这一章中，我们展示了一种新的利用摩擦纳米发电机的风能收集方法。两种代表性的转动式摩擦纳米发电机主要是基于滑动摩擦。另一种是基于由空气湍流所驱动的颤振结构摩擦纳米发电机，基于接触-分离的模式。这些研究会将摩擦纳米发电机的应用拓展成为野外环境下的风能自驱动能量系统。

风能作为一种大自然馈赠的重要机械能，在气候变暖和能源危机的全球性危机下，已经被广泛认识到是一种重要的可再生绿色能源[1]。将风能转化为电能的传统方法是基于电磁感应的原理和涡轮机结构。然而，基于该方法的器件有很多的缺点，包括体积和质量较大、安装成本较高、在低风速条件下驱动运转较难（需外力提供）、效率较低等[2]。上述缺点在很大程度上限制了该技术的广泛应用，尤其是在我们日常生活中普遍存在的弱风环境。最近，基于双压电晶片换能器结构的风力技术被研制出来。该技术能够解决传统风力发电的低启动速度的缺点，而且体积较小[3]。但是，该技术结构较复杂而且输出效率低。综上所述，发展风力发电的新概念、新技术，并将风力发电推广到较大的适用范围（尤其是弱风环境下）和人们的日常生活中，具有极大的必要性和现实意义。在本章中，基于转动结构[4-9]和颤振结构[10-18]的摩擦纳米发电机被用来收集风能。

10.1　基于转动结构的风能收集

传统电磁式发电机的风能收集需要使用风涡轮或风杯将风转换为转动机械能。因此，转动式的摩擦纳米发电机被首先用于风能收集[4]。其中，转动式滑动独立层模式摩擦纳米发电机由于它的高输出而被广泛应用[6-9]。同时还有其他模式的摩擦纳米发电机被用于风能发电[4, 5]。

10.1.1　转动式滑动独立层模式的风能摩擦纳米发电机

Li 等提出了一种转动式滑动独立层模式的摩擦纳米发电机，可以利用风力来同时收集风能和控制接触和非接触的状态的自由转换，从而实现极高的稳固性[6]。此结构被用于收集风能。通过状态自由转换，该发电机可以大部分时间在非接触状态下工作来最小化表面磨损，也可以间歇地在接触状态下工作来恢复表面电荷。

在这个发电机的结构设计中［图 10.1（a)]，有两个主要部件：一个和此发电机自由转子连接的转动内亚克力筒（约 1 英寸直径），以及一个连接此发电机定子的静态外筒（约 3 英寸直径）。为了保证相对运动，两个轴承被用来连接两部分。整个框架由一组亚克力板来支撑。此发电机的转子由平均分布的四部分亚克力板构成（约 3 英寸直径），其表面被贴上一层同样形状的全氟乙烯丙烯（FEP）薄膜（约 50μm 厚）。为了进一步提高摩擦起电的表面电荷密度，FEP 膜的接触表面由电感耦合等离子体刻蚀的方法制备出纳米结构。定子由八个均匀分布的亚克力板（约 3 英寸直径，每片形状和面积与转子上每片相同）组成，每片表面都被贴上铝箔（约 50μm 厚度），铝箔被连接到两组电极上。两种状态的自由转换可以由转盘上的两个方向相反的力来控制。把转子拉出定子表面的力来源于通过圆筒固定在转子上的四片风扇片（约 6 英寸×2.5 英寸×0.0625 英寸）。为了同时得到这个轴向力和切向力来驱动转动，每个风扇片都倾斜了 35°角。另外，把转子推向定子的力来源于一个在内筒里的拉伸弹簧，其初始拉伸形变（Δx_0）为 17mm（弹簧劲度常数 k 为 25.375N/m）。弹簧连接内筒的底部和转盘。在转筒周围还设置了一些亚克力挡板，来限制自由转子和定子的最大垂直分离距离（Δx_{max} 为 3mm），如图 10.1（a）的插图所示。这些挡板通过四个“脚”与内筒相连。这些“脚”具有两方面作用：①驱动内筒和转盘一起转，因为弹簧不能被扭曲；②起到对转子和定子在非接触状态下间距的限制作用。图 10.1（a）的插图显示了这部分发电机在接触状态和最大非接触状态的放大照片。

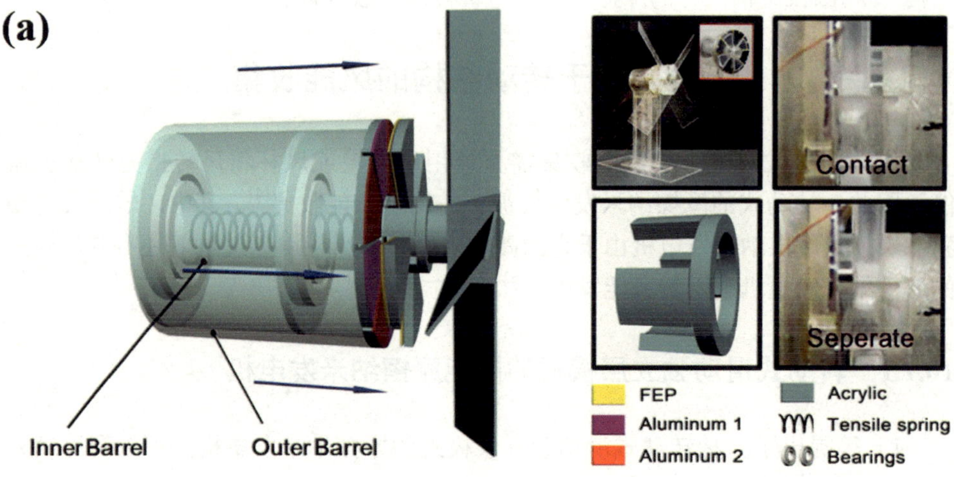

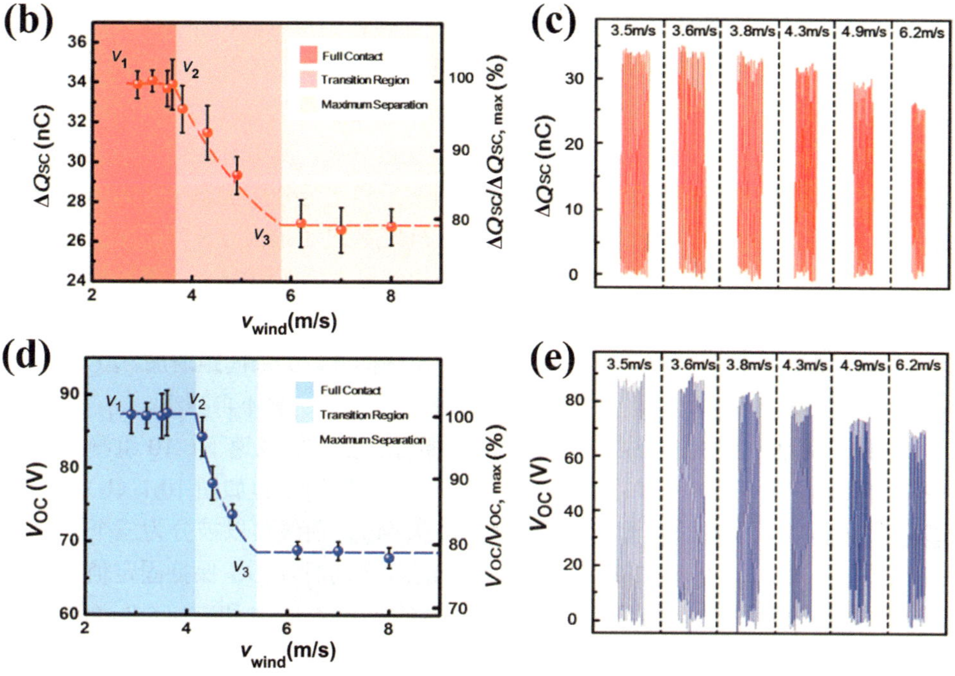

图 10.1　风能摩擦纳米发电机的器件结构和电能输出。(a) 风能发电机的基本结构示意图。插图是整个结构的照片、挡板的结构、接触和非接触状态的放大照片以及图例。(b, d) 发电机在不同风速下的短路转移电荷和开路电压。(c, e) 发电机在过渡区间的短路转移电荷和开路电压（本图已获得美国化学学会许可）[6]

在从筒一侧吹来的均匀风速（v_{wind}）下，在斜置的方形风扇片上的力具有两个垂直的分量：一个沿着切向［$F(X_0)$］，另一个沿着轴向［$F(Y_0)$］。它们可以表示如下：

$$F(X_0)=\frac{1}{2}n\rho_{\text{air}}v_{\text{wind}}{}^2ab(\cos^2\theta\sin\theta-\sin^2\theta\cos\theta)^2 \tag{10.1}$$

$$F(Y_0)=\frac{1}{2}n\rho_{\text{air}}v_{\text{wind}}{}^2ab(\cos^3\theta+\sin^3\theta)^2 \tag{10.2}$$

式中，n、a、b 分别为方形风扇片的数量、长度和宽度；ρ_{air} 为周围空气的密度；θ 为风扇片的弯曲角度，约 35°。FEP 膜和电极之间的分离距离由 $F(Y_0)$和弹簧拉力 $f(v_{\text{wind}})$的平衡位置决定，如以下公式所示：

$$F(Y_0)=f(v_{\text{wind}})=k(\Delta x_0+\Delta x) \tag{10.3}$$

式中，Δx_0 为弹簧在转子、定子接触状态时的最初变形；Δx 为垂直分离引起的额外拉伸形变。对于发电机上两个转盘之间垂直分离的情况，风速可以被分为三个区间，其临界风速可以表示为 v_1、v_2 和 v_3。在第一个区间（区间 I，$v_1<v_{\text{wind}}<v_2$），$F(X_0)$

比弹簧初始拉伸形变的摩擦力大，同时 $F(Y_0)$比弹簧初始形变的拉伸力小。从而两个盘之间没有分离，发电机在完全接触的状态下工作。在第二个区间（区间Ⅱ，$v_2<v_{wind}<v_3$），$F(Y_0)$超过了弹簧初始形变的拉伸力，但还没有达到最大分离间距 x_{max} 所需要的拉伸力，因此，FEP 膜的盘被推出与电极盘分离，其分开距离比最大值要小（$0<\Delta x<\Delta x_{max}$）。这就是介于接触状态（区间Ⅰ）和完全分离状态（区间Ⅲ）的过渡状态。在第三个区间（区间Ⅲ，$v_{wind}>v_3$），$F(Y_0)$超过了最大分离间距 x_{max} 所需要的拉伸力，因此，FEP 膜的盘和电极盘的间距达到最大值（约 3mm，受挡板位置所限），而发电机开始工作在固定间距非接触状态下工作。在区间Ⅰ，电荷转移量ΔQ_{SC}应与表面摩擦电荷密度相同。当风速持续提高至区间Ⅱ，分离间距增加，ΔQ_{SC}逐渐减小。然后，在区间Ⅲ，由于分离距离达到最大值，ΔQ_{SC}就不再减小。

这种风驱动发电机的自由转换被实验所验证。在不同风速下，10 组测得短路转移电荷ΔQ_{SC}和开路电压 V_{OC} 如图 10.1（b）～（e）所示。如图 10.1（b）所示，ΔQ_{SC}和 v_{wind} 类似于理论预测的曲线。测得ΔQ_{SC}-v_{wind} 曲线可以被分为三个区间。第一个区间：当 v_{wind} 在 v_1（2.8m/s）和 v_2（3.6 m/s）之间时，ΔQ_{SC}保持固定值 34nC，而转子和定子相互接触。第二个区间当 v_{wind} 在 v_2（3.6m/s）和 v_2（5.8m/s）之间时，ΔQ_{SC}随着 v_{wind} 从 34nC 下降到 27nC。这种降低是由于两个盘之间逐渐分开处于过渡状态。这个区间测得ΔQ_{SC}如图 10.1（c）所示。此后，当风速达到 v_3（5.8m/s）后，ΔQ_{SC}达到 27nC 的固定值，这是因为分离距离达到最大值，这是第三个区间。从完全接触的状态到最大非接触的状态，ΔQ_{SC}只减小了约 21%，保证了一定的输出。对于开路电压（V_{OC}），它和ΔQ_{SC}有如下关系：

$$V_{OC}=\frac{\Delta Q_{SC}}{C} \tag{10.4}$$

式中，C 为两个电极之间的电容，在工作过程中保持固定值。因此，V_{OC} 对于风速的变化与ΔQ_{SC}类似，如图 10.1（d）所示，从第一个区间的约 88V，逐渐下降到第三个区间的约 69V。其测量结果如图 10.1（e）所示，两者下降的程度一致，并且临界风速大致吻合。

为了证实这种自带状态转换功能的风驱动发电机的非同寻常的稳定性，我们将这种发电机和传统上摩擦面始终接触的摩擦纳米发电机分别做了长时间的测试。对于这种发电机，风速为 10.8m/s 以确保其工作在非接触状态。实际情况中，自然风总是一阵一阵的，因此整个发电机可以不时地回到接触状态来恢复摩擦电荷。为了模拟这种环境，每当发电机转 10000 转后，风速会降下来从而使发电机电荷恢复。在连续 120000 转以后，FEP 膜的扫描电镜结果显示，表面纳米结构仍然在一个很好的状态，因此表面磨损是非常小的，95%的最大电荷转移得以保持。而仅在 24000 转后，传统完全接触式的摩擦纳米发电机表面就已经被完全磨光，其电荷转移量仅相当于初始值的 60%。因此，这种在接触和非接触之间自动转换的设计对发电机的稳定性和使用寿命都有很大的提升。

由于其出色的长时间稳定工作的能力，这种风能发电机的应用可以被极大地拓展（图 10.2）。如图 10.2（a）和（b）所示，在 10.8m/s 风速下，非接触状态的发电机的电荷足以点亮 30 个串联的 LED。移动的物体如汽车可以作为产生不同风速的风的重要来源。例如，汽车的运动可以有三个阶段［图 10.2（c)]：加速、匀速和减速。当车起步或快要停止时，车载发电机可以处于接触状态来恢复电荷。当车高速运动时，发电机可以处于非接触状态无损地工作。这样，两种状态的自由转换可以使得风能发电机长时间运转。如图 10.2（d）所示，当发电机安装在 10m/s 速度的汽车上时，20 个串联的 LED 可以直接被点亮。

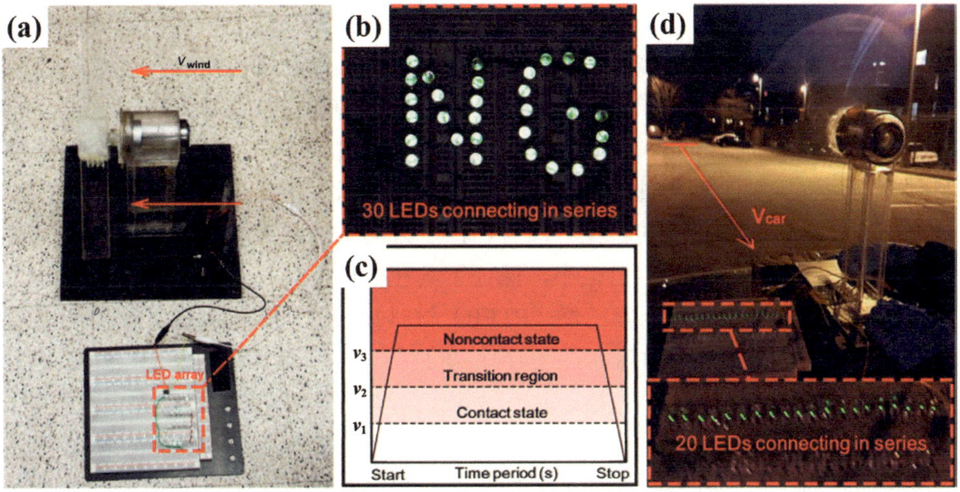

图 10.2　风能摩擦纳米发电机从环境中收集能量的应用。(a，b）风驱动发电机在 10.8m/s 下点亮 30 个串联 LED；(c）简单的汽车 v-t 曲线（从开始到结束）；(d）风驱动发电机在汽车移动时（车速 10m/s）收集风能点亮 20 个串联 LED 的照片（本图已获得美国化学学会许可）[6]

本节展示了一种风驱动的独立层模式摩擦纳米发电机。这种发电机具有在接触状态和非接触状态切换的能力和保证电能稳定的长时间高输出的能力。这种发电机将成为收集风能的理想器件。

10.1.2　用于风能收集的其他转动结构

在本节中，我们研究一种由 Xie 等提出的旋转结构的摩擦纳米发电机，并讨论该发电机在大规模风能收集中的应用[4]。风杯结构在风驱动下转动，基于柔性聚四氟乙烯膜的转子叶片转过铝箔基的定子，从而实现基于两种模式的两个带电荷表面接触-滑动-分离-接触的重复过程。在这种新设计的基础上，开路电压（V_{OC}）可达 250V，短路电流（I_{SC}）可达 0.25mA，最高功率输出为 62.5mW。这种功率可以瞬时驱动几百个电子器件如发光二极管，或者高效地给能量存储单元供电。这个工作首次提出利用摩擦纳米发电机技术有效收集风能，被视为摩擦纳米发电机在实际应用上的重要进步，展示了将来风能发电的巨大前景。

如图 10.3（a）所示，旋转式摩擦纳米发电机的结构主要是基于风杯结构，组件包括外部框架、转轴、柔性转子叶片和定子。其中，外部框架用于支撑整个器件结构，由两组同轴的、相互垂直的且连接在一起的矩形亚克力框组成。金属转轴通过轴承固定在外部框架上并穿过其轴线。由聚对苯二甲酸乙二醇酯（PET）构成的柔性转子叶片固定在上述金属轴上，可随金属轴同时转动。两组由铝片组成的定子固定在外部框架上。在转轴的顶部，能够收集风能的风杯结构固定在其上。该风杯结构能够将环境中的风能转化成转轴和柔性转子的旋转动能，从而驱动转子循环多次地扫过定子。在结构设计中，转子和定子被设计为有一定重合的接触面积（大小为 2.5cm×6.4cm），因此在转子扫过定子时，接触区域会发生接触-滑动-分离-接触的循环过程，这一过程使摩擦纳米发电机满足其有效的工作条件，可实现机械能到电能的转化。而且，由于采用柔性薄膜作为转子材料，该发电机在旋转过程中受到的阻力很小，保证了其在低风速条件下的有效运转。按照摩擦起电顺序系列表，聚四氟乙烯（PTFE）材料被选为与定子铝进行摩擦起电的相对材料，并将 PTFE 膜贴附在转子叶片 PET 上，并保证其位置处于与定子发生重合接触的区域。值得说明的是，定子铝既作为摩擦起电材料，也作为电极材料，而 PTFE 薄膜则需要在背面采用磁控溅射的方法镀上金属导电材料，以用来转移感应电荷。为了增加表面粗糙度从而增强摩擦起电效应，在 PTFE 薄膜的表面采用电感耦合等离子体刻蚀的方法制备出纳米柱结构，如图 10.3（a）所示。扫描电

(a)

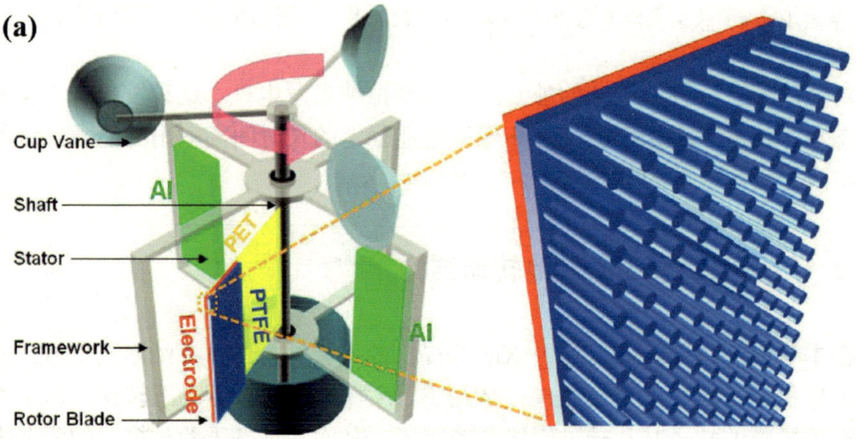

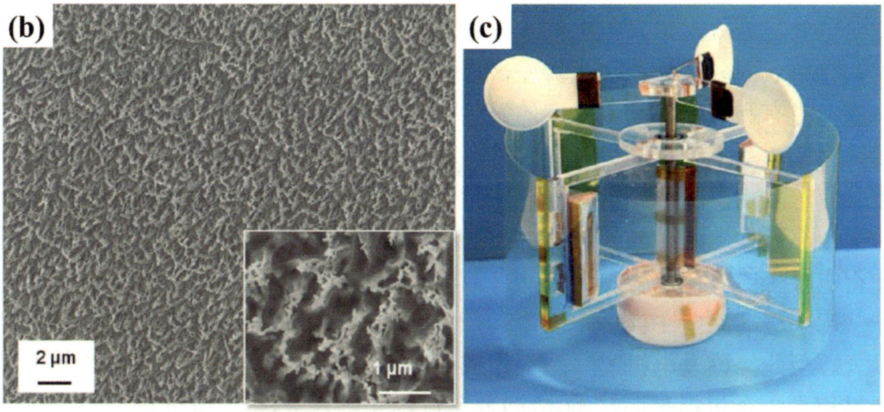

图 10.3　旋转式摩擦纳米发电机的器件结构。(a）旋转式摩擦纳米发电机的结构设计，放大部分显示了 PTFE 薄膜表面具有纳米柱结构;(b)PTFE 薄膜表面纳米柱结构的扫描电子显微镜图，插图为高倍 SEM 侧视图；(c）制备出的旋转式摩擦纳米发电机的实物图（本图已获得美国化学学会许可）[4]

子显微镜图显示刻蚀后的 PTFE 表面，如图 10.3（b）所示。在电感耦合等离子体刻蚀 40s 后，纳米柱结构均匀分布在薄膜表面，纳米柱的平均长度为 700nm，平均直径为 100nm。图 10.3（c）给出了所制备的旋转式摩擦纳米发电机的实物图，该发电机具有质轻、结构紧凑、制作成本低和耐用性强等特点。

该发电机是基于一种接触-滑动-分离-再接触的复合模式。在初始阶段，转子叶片静止，并与定子分离。该阶段没有发生摩擦起电（接触起电），因此没有电输出。当外界风力驱动风杯旋转时，转子叶片会伴随转轴转动，并带动其上的 PTFE 薄膜同定子铝发生完全接触。由于 PTFE 和铝具有不同的得电子和失电子的能力，它们相互接触会发生摩擦起电效应，使接触区域的 PTFE 表面带负电荷，铝表面带正电荷。此时，由于表面所带的正负静电荷数量相等，且都处在接触表面的同一位置，所以两电极之间不会感应静电荷，因此两电极之间没有电势差。当柔性转子叶片继续转动，聚合物（指 PET，带电极的 PTFE 贴在 PET 上面）薄膜发生弯曲并扫过刚性的定子。此时，两接触表面带符号相反的静电荷，它们之间由于强的静电吸引仍然保持接触状态。所以在这一过程中，叶片 PET 薄膜会发生弯曲，使转子滑动并通过定子。在这一过程中，两摩擦表面发生沿定子铝表面的相互滑动。该滑动过程使两接触表面的面积连续减小。该面积的减小打破了原来接触表面的静电平衡状态，使分开的带有符号相反静电荷的表面在其电极上感应出相应的静电荷，从而在铝和 PTFE 的电极上产生电势差（铝电极电势高，PTFE 电极电势低）。当两电极端通过外电路相连，该电势差驱动电子从 PTFE 电极端通过外电路流向铝电极端以平衡错开区域的静电荷。该过程一直持续到 PTFE 表面和铝表面完全分开。这就是该发电机的水平滑动工作模式。值得注意的是，该滑动过程既使两接触表面分开，产生电势差，还使两接触表面相较于接触过程得到更充分的摩擦，更有利于摩擦起电效应的发生。当转子和定子完全分开后，转子叶片在外界风力的驱动下继续朝另一个定子转动。在这一过程中，PTFE 带有负的静电荷，铝上带有等量相反的静电荷。当转子叶片靠近定子铝片时，两表面会快速地在垂直方向上靠近并达到接触状态，因此两接触表面的静电荷会再一次达到静电平衡。这使得电极上的电荷感应出电势差（铝电极电势低，PTFE 电极电势高），并驱动电子从铝电极端流向 PTFE 电极端，形成反向电流。这是该发电机的垂直接触工作模式。至此，该发电机的一个工作周期已完成。综上所述可以看出该发电机的发电过程是一个包括平面接触-滑动分离过程和垂直分离-接触过程的复合过程。这两个过程是摩擦纳米发电机的两个最基本的工作模式。上述两个过程会产生一对交流的电信号：对应平面接触-滑动分离模式的是振幅较小、峰宽较大的电流峰；对应垂直分离-接触模式的是振幅较大、峰宽较窄的反向电流峰。

在风速约为 15m/s 的条件下，对该转动摩擦纳米发电机的电学输出信号进行了测量。如图 10.4（a）所示，在分离-接触-滑动-分离-接触的过程中，开路电压（V_{OC}）从 0 迅速上升到峰值电压约 250V，再逐渐减小到 0。由上述电势差驱动下的转移电荷量（ΔQ）也可以进行测量。如图 10.4（b）所示，最大转移电荷量约为 140nC。该转移电荷量在两摩擦表面接触和分离的过程中，在两电极之间来回往复转移。该电荷的转移在外电路短路的条件下产生交流电输出，对应短路电流（I_{SC}）峰值约 250μA，如图 10.4（c）所示。转移电荷量除了可直接测量获得，还可通过对 I_{SC} 相对时间的积分获得。垂直接触过程（对应尖而窄的电流脉冲信号）转移的电荷量与滑动分离过程（对应平而宽的电流脉冲信号）转移的电荷量相等，即等量的电荷在上述过程中在两电极间来回流动。从图 10.4（a）～（c）显示的开路电压、转移电荷量、短路电流的放大图可以看出，垂直接触过程与滑动分离过程的电信号特性区别显著：在接触过程中，开路电压和转移电荷量急剧增加，对应尖而窄的电流脉冲信号；在分离阶段，开路电压和转移电荷量缓慢减小，对应平而宽的电流脉冲信号。出现这种现象的原因是：接触过程主要由外界风力驱动，时间间隔短；而滑动分离阶段，由于静电吸引，摩擦阻力大，所以时间间隔较长。上述交流脉冲信号可通过连接整流桥转换成直流信号，测量结果如图 10.4（d）所示。可以看出，整流桥只改变电流信号，而电流峰值大小保持不变。除了开路电压、转移电荷量和短路电流，有效的电能输出与外电路电阻的变化关系也是摩擦纳米发电机的一个重要性能指标。因此，我们通过实际测量系统研究了该发电机的实际电压和电流随外电路电阻的变化情况。如图 10.4（e）所示，随着外电路电阻的增大，电流逐渐减小，而电压逐渐增大。相应地，在外电路电阻为 1MΩ 时，该发电机对外输出最大的电能，约为 12mW［图 10.4（f）］。

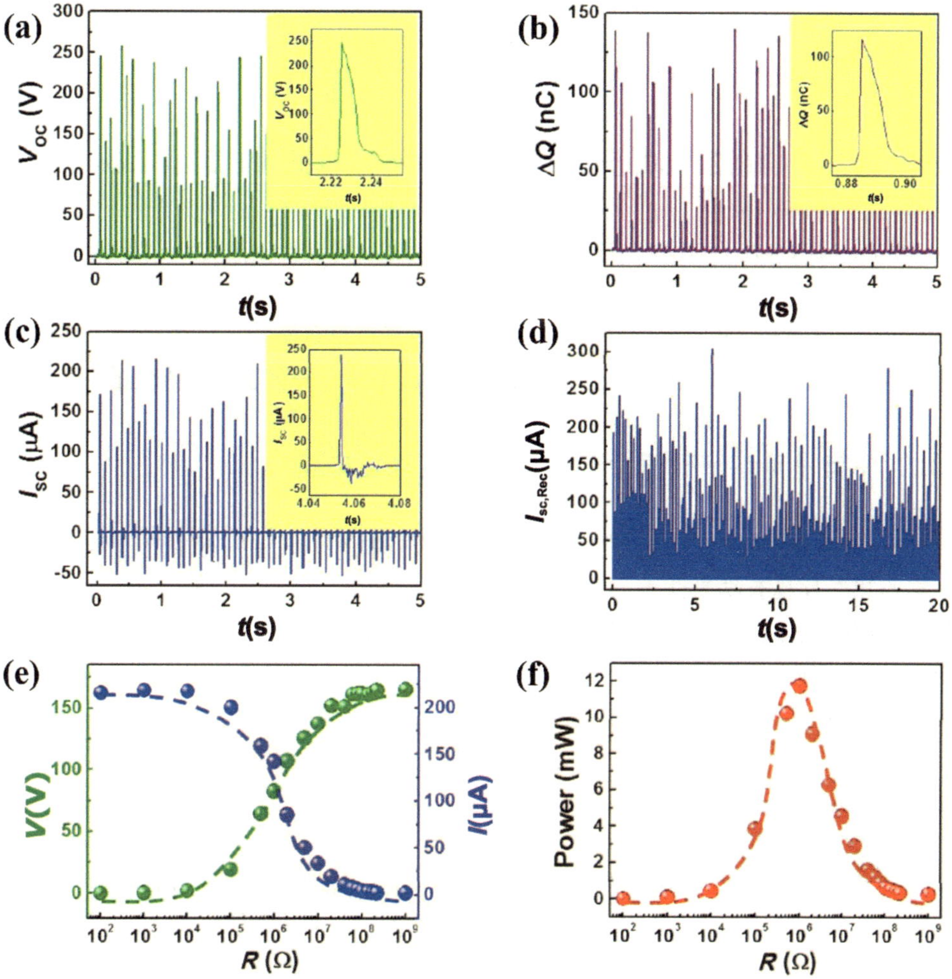

图 10.4　旋转式摩擦纳米发电机在风速约为 15m/s（7BF 风级）的条件下的电学输出信号；（a）测量的开路电压（V_{OC}）；（b）测量的转移电荷量（ΔQ）；（c）测量的短路电流（I_{SC}）；（d）测量的整流后的短路电流（$I_{SC,Rec}$）；（e）电压和电流随外电路电阻的变化情况；（f）电功率随外电路电阻的变化情况（本图已获得美国化学学会许可）[4]

本节展示了一种新型的旋转式摩擦纳米发电机。该发电机是基于传统垂直风杯结构，其可用来有效收集风能，尤其是室外环境中微小的风能。该器件首次将摩擦纳米发电机的两种基本工作模式结合起来，以有效收集环境中的机械能并转化成电能。在风速为 15m/s 的条件下，该发电机能够输出 250V 的开路电压和 0.25mA 的短路电流，最大电能输出为 62.5mW。该发电机产生的电能既能同时驱动数百个商用 LED 工作，也能高效地对能量存储单元进行充电。此外，基于电能输出与驱动风速的相关特性，该发电机能够被用作自驱动的风速传感系统。这是第一次实现传统的风力发电技术与新型的摩擦纳米发电机的高效结合，并显示了相比于传统电磁感应原理的风力发电机的诸多优点。

10.2 基于颤振摩擦起电的风能收集

Yang 等首先报道了基于颤振摩擦起电的非转动式摩擦纳米发电机结构[10]。这种结构被迅速发展为一种有效的风能收集器件[11-18]。这种结构基于颤振片和上下两侧电极之间的接触分离，并不依赖于风杯或风涡轮。这种结构还可以作为一个自驱动的风矢量传感系统，用来确定风的方向[10]。这些研究开创了风能收集的新方式。

10.2.1 第一种基于颤振片的风能摩擦纳米发电机

Yang 等首先提出了用于收集风能的此类发电机[10]。这种风能发电机是基于两片铝箔和一片具有纳米线表面的全氟乙烯丙烯（FEP）膜之间周期性的接触分离。利用摩擦起电效应和静电感应效应的耦合，两片铝箔和 FEP 膜之间的周期性间距变化可以引发两片铝箔对地的电荷转移，从而自由电子输出至外电路成为交流电。具有 2.5cm×2.5cm×22cm 尺寸的发电机可以使输出电压高达 100V 和输出电流 1.6μA，可以用来直接驱动数十个商业 LED。本工作被认为是风能收集和相关自驱动传感系统的重大进步。

这种发电机由在长方体亚克力管中的一个两片铝箔和一片 FEP 膜构成，如图 10.5（a）所示。铝箔既作为一种摩擦表面，也作为一个电极。FEP 膜的一面被固定在管底部开端的中间，另一面可以自由移动。在风驱动的振动下，两个铝箔和 FEP 膜之间的间距会有周期性的变化。这种变化导致外电路中的输出电压和电流。图 10.5（b）和（c）分别为所制作发电机的侧视图和前视图，显示了它的尺寸。器件电极 E1 和 E2 通过 100MΩ 的外电阻被接地。为了提高摩擦电荷密度，FEP 表面用电感耦合等离子体刻蚀的方法制备出纳米线，如图 10.5（d）所示。

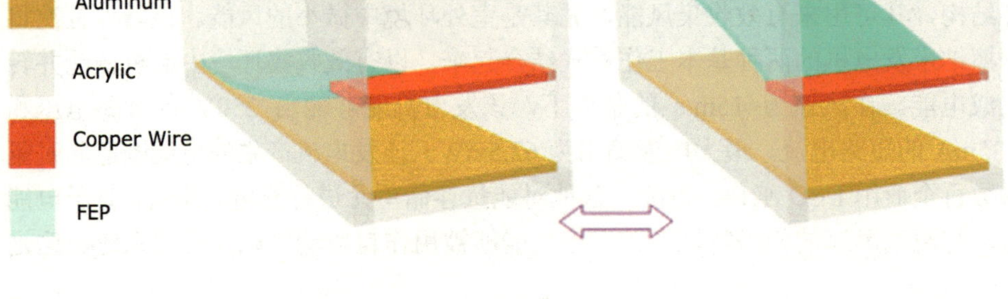

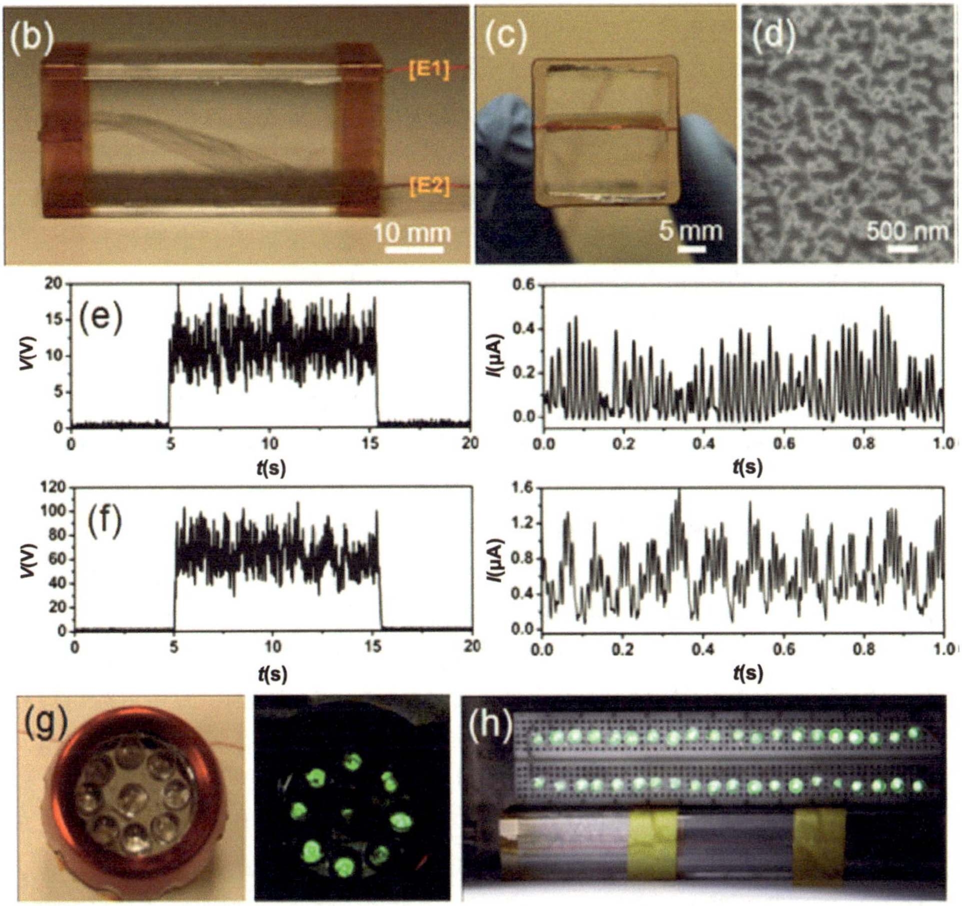

图 10.5 （a）摩擦纳米发电机的示意图；（b，c）摩擦纳米发电机的照片；（d）刻蚀后的 FEP 膜表面的扫描电镜图；（e）一个和（f）四个摩擦纳米发电机在 100MΩ 负载下整流后的输出电压和电流；（g）9 个 LED 被摩擦纳米发电机驱动前后的照片；（h）40 个绿色 LED 被摩擦纳米发电机驱动的照片（本图已获得美国化学学会许可）[10]

为了研究这种发电机的风能收集性能，一个压缩空气喷射机被用于模拟具有稳定可调风速的风源。风速为 10m/s 情况下，测得的 100MΩ 下发电机输出电压和电流分别为 5V 和 0.5μA。图 10.5（e）显示了发电机整流后的输出电压和电流，分别为 20V 和 0.5μA。较低的整流后电压可能是由于高频大电阻下整流桥电路带来的寄生电容。为了提高器件的输出功率，一个亚克力管中被制作了四个发电机，上下的铝电极分别接上两个整流桥电路，然后这两个整流桥电路并联。这时测得的输出电压和电流被分别提高到 100V 和 1.6mA，对应 0.16mW 的输出功率。这种总输出的提高是通过外电路电流的提高得到的，并且这种输出性能还可以通过组装更多的发电机来进一步提高。为了证明这种输出的能量可以作为一种有效的功率源，一个具有 2.5cm×2.5cm×5.5cm 尺寸的发电机被装在车上，器件被连接上整流桥和 9 个 LED。图 10.5（g）显示了发电机可以收集车运动时的风能，并点亮 LED。图 10.5（h）展示了四个发电机的能量可以直接点亮 40 个绿色 LED。

这种发电机工作循环如下所述。在开始状态，底部铝箔和 FEP 膜相互接触产生电荷转移。由于摩擦起电序列，电子由铝注入 FEP 膜，分别导致铝和 FEP 表面产生正负摩擦电荷。这时极性相反的摩擦电荷相互平衡，外电路并没有电流。当风使 FEP 膜从底部铝箔分离时，这些摩擦电荷的影响就不能被抵消，从而使自由电子流过外电路，并且上下两个电极流入流出的方向是相反的。这种静电感应过程导致输出电压和电流信号，直到 FEP 膜上的负电荷完全被感应/摩擦的正电荷所屏蔽。这时没有输出电压/电流信号。当 FEP 膜从上铝箔移向下铝箔，由于上铝箔和 FEP 膜之间相对距离的增加，FEP 膜上的负摩擦电荷可以感应电子从地面流向上铝箔。同时，由于 FEP 膜和下铝箔之间的距离降低，电子还可以从下铝箔流向地面。当 FEP 膜和下铝箔相接触，FEP 两面的负电荷可以被感应的正电荷完全屏蔽，这时外电路没有电流。当 FEP 膜从下铝箔再次移动到上铝箔，外电路中可以观察到相反的电压/电流信号。因此，当风使 FEP 膜上下振动时，发电机就可以作为一个电子泵来驱动电子在铝箔和地面之间反复运动，在外电路中得到交流电。不同发电机的输出信号被并联从而得到最大的电流输出。

同时由于接触起电的多样性，本工作还展示了一种双电极风能发电机。这种发电机的工作原理基于两种摩擦电材料层的接触分离来驱动静电感应的电流。图 10.6（a）是发电机的示意图，其中包括一个铜电极，一片聚四氟乙烯（PTFE）膜，一个收集风能上的在聚酰亚胺（Kapton）膜上的铝电极。如图 10.6（b）所示，发电机的照片显示了器件具有 2.5cm×0.6cm×5cm 的尺寸。铝、Kapton 和底部的亚克力板也构成了一个单电极的发电机。但是，Kapton 膜和底部的亚克力板的短距离（小于 5mm）会导致它相对于双电极发电机更小的输出。因此这个底部的单电极发电机的输出并没有被考虑。在 10m/s 的风速下，双电极发电机具有 110V 的开路电压。如图 10.6（c）所示，放大的电压-时间曲线显示 40～110V 的输出电压，这与器件工作的高频率有关。所测得的发电机最大短路电流达 80μA。仅用嘴吹的方式，所输出电能就可以直接点亮 10 个 LED，如图 10.6（d）所示。图 10.6（e）还展示了一个被点亮的出口（EXIT）标志。

本节展示了一种由 FEP 膜和两个接地铝箔构成的摩擦纳米发电机。这种发电机的原理是基于由在两个铝箔之间振动的 FEP 膜所引起的铝箔与地面之间的电荷转移。在 100MΩ 的外电路下，发电机输出电压高达 100V，输出电流 1.6μA，输出功率 0.6mW。一个双电极发电机也被用来收集嘴吹出的风能，并用来点亮一

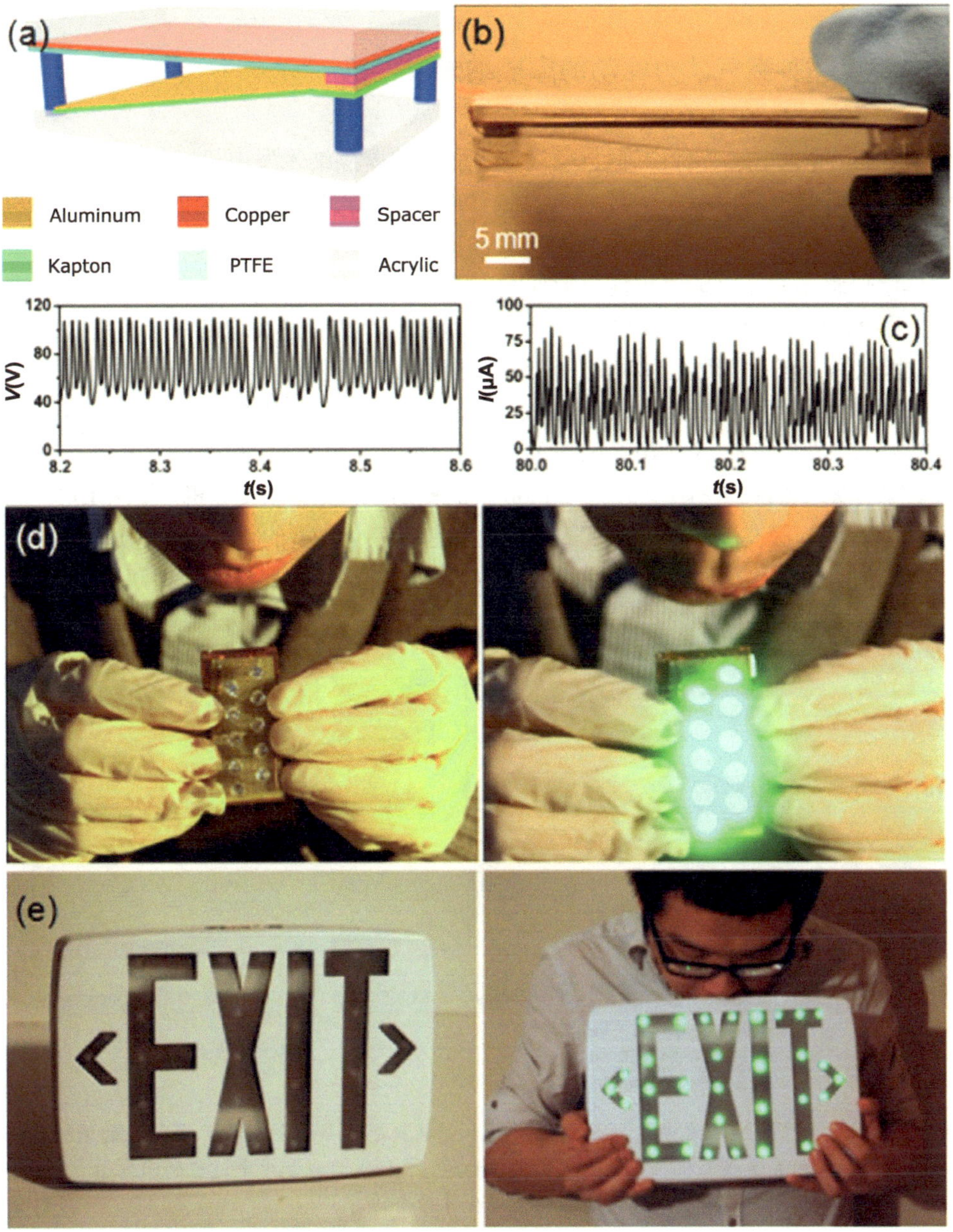

图 10.6　(a) 双电极摩擦纳米发电机的示意图；(b) 发电机的照片；(c) 风速 10m/s 下测得的开路电压和短路电流；(d, e) 发电机用来收集人嘴吹气的能量来点亮，(d) 10 个 LED，(e) 一个出口标志（本图已获得美国化学学会许可）[10]

个出口标志。这个发明将会推动风能收集和自驱动传感系统的重大进步。

10.2.2　弹性-空气动力驱动的摩擦纳米发电机

Wang 等报道了一种由弹性-空气动力驱动的摩擦纳米发电机，并研究了空气-弹性动力下的振动现象[12]。经过理性设计的发电机可以达到极高的 $9kW/m^3$ 的功率密度和输出能力。这种极高的发电机输出使得由所收集的呼吸气流能量来直接对体温传感器的充电成为可能。此研究向自驱动医疗监测系统迈向了重要一步。

图 10.7（a）展示了发电机的示意图，包括一个具有两面均是铜电极的 Kapton 膜，以及两片在上下亚克力板上的带有铜电极的 PTFE 膜。Kapton 膜被螺栓固定在器件的中间，而两片 PTFE 膜和 Kapton 膜之间分别留有气体通道。图 10.7（b）和（c）显示了发电机在不同角度下的照片。发电机具有 100mm×10mm×1.6mm 的尺寸。空气吹入器件的空隙中引起 Kapton 膜的振动，从而驱动发电机。如图 10.7（d）所示，Kapton 膜在 15m/s 风速下的动态过程包括三个典型的状态。在高速相机下，风驱动的 Kapton 膜上的铜电极和 PTFE 膜的周期性接触分离被清晰地观察到。

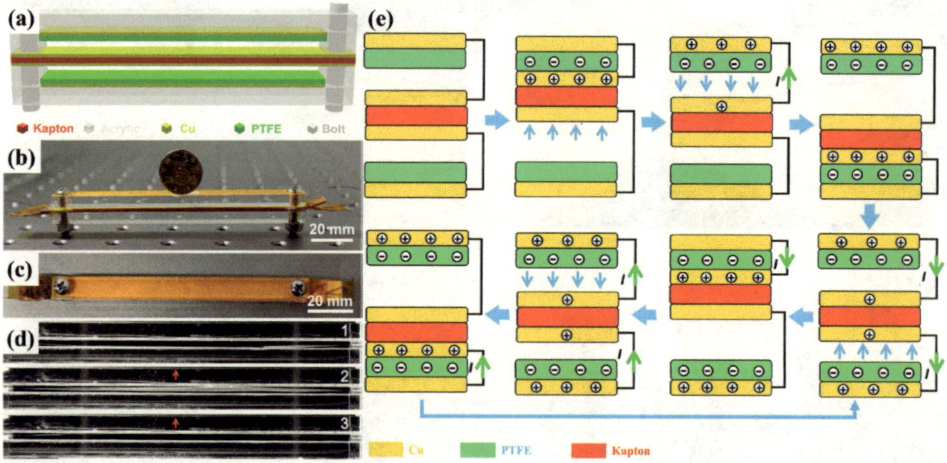

图 10.7　（a）摩擦纳米发电机的示意图；（b）发电机的横截面图；（c）发电机的俯视图；（d）用高速摄像机拍下的发电机工作的照片；（e）发电机发电过程的示意图（本图已获得美国化学学会许可）[12]

这种发电机的工作原理基于 Kapton 膜上的铜电极和 PTFE 膜的接触分离。摩擦起电和静电感应的耦合导致电极之间电子的流动。如图 10.7（e）所示，电流的产生包括几个不同的状态。刚开始，Kapton 膜上的铜电极和 PTFE 膜被空气间隙分开，所以发电机没有输出。当 Kapton 膜上的铜电极在空气流作用下向上振动去接触顶层时，PTFE 膜和铜电极上分别产生负的和正的电荷。当 Kapton 膜向下振动去靠近底部的 PTFE 膜时，摩擦电荷还保留在顶部 PTFE 膜表面，其静电感应的作用使两个铜电极上的电荷发生流动。在 Kapton 膜的振动过程中，上下 PTFE 膜接触铜电极后都会带有负电荷。气流驱动时，在较强的静电吸引下，上下两个发电机都可以输出较大的电流/电压信号。

图 10.8 中发电机的输出电压和电流是在风速约 15m/s 下测量的。如图 10.8（a）和（b）所示，上半部的发电机可以输出短路电流大约 80μA 和 10MΩ 电阻下输出电压大约 240V 的交流信号。如图 10.8（c）和（d）所示，下半部的发电机可以输出 60μA 的短路电流和 220V 的输出电压。图 10.8（e）显示了不同负载电阻下测得的输出电压，展示出随着负载电阻增加而增加的电压，其上半部发电机的最大输出功率在 2.3MΩ 负载下可达 $3kW/m^3$。图 10.8（f）显示了下半部发电机在不同负载

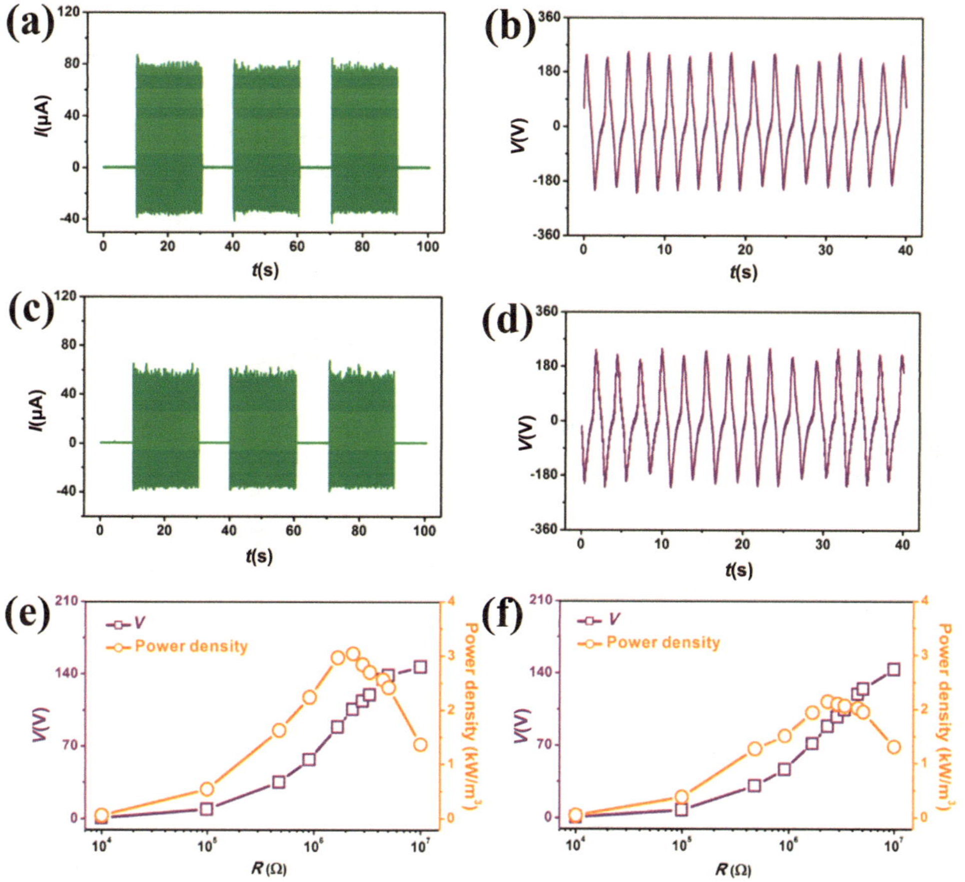

图 10.8　(a) 所测得第一个发电机的短路电流；(b) 在外接负载 10MΩ 下测得的输出电压；(c) 第二个发电机的短路电流；(d) 在外接负载 10MΩ 下测得的输出电压；(e) 第一个发电机在不同外接负载下的电压和输出功率；(f) 第二个发电机在不同外接负载下的电压和输出功率（本图已获得美国化学学会许可）[12]

下类似的变化，其最高输出功率为 2kW/m^3。两个发电机的不同与 Kapton 膜的微小不平整有关，这可以导致 Kapton 膜和上下 PTFE 膜在振动过程中的不同间距。

如图 10.9（a）～（e）所示，对 Kapton 膜在不同输入风速下的最大变形的模拟显示了其主要工作在弯曲的状态。并且，15m/s 下相对应的压强和风流速分布如图 10.9（d）和（e）所示。当风速超过 10m/s 以后，膜的变形值相似，显示了 Kapton 膜在一定风流速下上下弯曲振动的稳定性。另外，在低风速（5m/s）下有一个更有趣的现象：膜的前边缘区会比后边缘区有更大的变形，从而使膜扭曲而不是弯曲。在这种情况下的变形是大风下稳态变形的 1/5。正常情况下，如此小量的扭曲对电荷产生贡献更小，然而它可以产生颤振发生的条件：对风的冲角。当进风速达到 Kapton 膜的临界风速时，扭曲运动的阻尼比会降低到零，从而 Kapton 膜的颤振开始。这个颤振现象可以使振动膜得到更多风气流的能量，从而使膜结构瞬时空气动力和弹性变形之间有一个相位差。它并不发生在相对低的气流速中，当风速达到临界值时，较大的固定值的振动发生。这个临界风速可以由一级弯曲和扭曲的振动比以及相应的阻尼比来决定。因为颤振片的振动是周期性的，在临界风速及以上保持稳定，Kapton 膜和上下器件表面都有效接触，将会在一个较大风速下保持。这里的计算结果和由图 10.7（d）所示的实际变形相吻合。

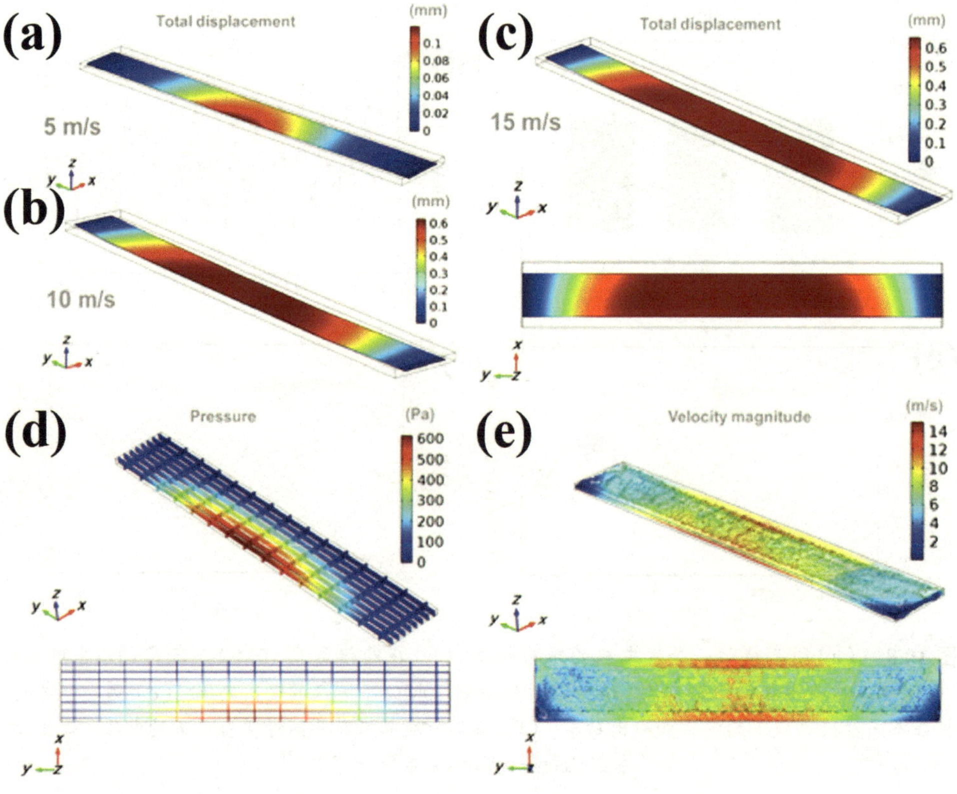

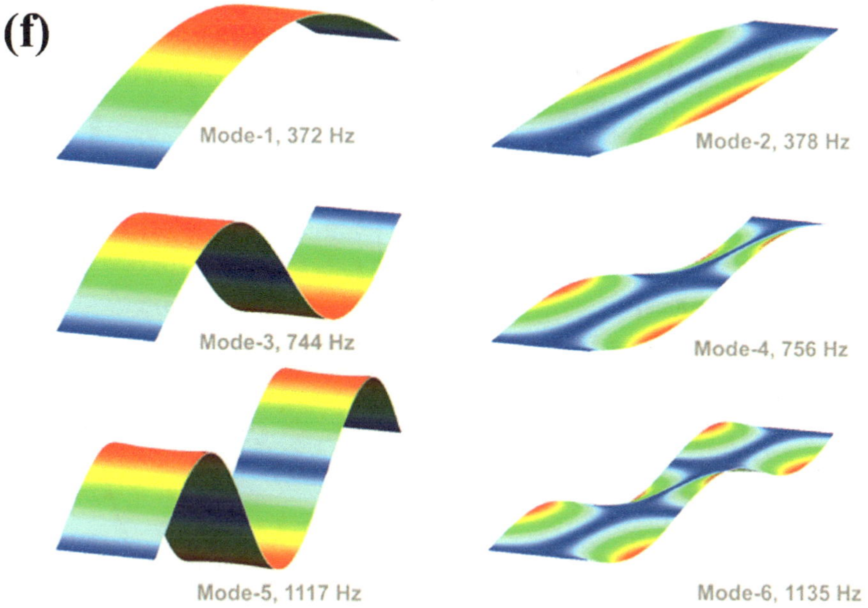

图 10.9　（a～c）在风速为 5m/s（a）、10m/s（b）和 15m/s（c）下 Kapton 膜的位移分布；（d）Kapton 膜的压强分布；（e）Kapton 膜的速度强度分布；（f）Kapton 膜的不同振动模式（本图已获得美国化学学会许可）[12]

颤振效应意味着空气流引起结构在它的自然频率下振动。这个自然频率以及前六级振动模式的形状由 Coventorware 所模拟。如图 10.9（f）所示，第一级和第二级的形状是分别在 372Hz 和 378Hz 下的弯曲和扭曲。这两种振动模式和用高速摄像机观察到的 Kapton 膜的真实振动相吻合。颤振发生的必需条件是同级的扭曲频率略高于其弯曲频率，并且风速等于或高于临界风速。可以清楚地看到前两个模式在 370～380Hz 的范围内，这与如图 10.8（c）和（d）所示的实验结果相吻合。

为了验证发电机作为能量来源的能力，数十个并联的发电机通过整流电路连着一个球泡灯，电路中没有使用锂电池。在 15m/s 的风速下，白色的球泡灯可以被这些发电机直接驱动［图 10.10（a）］。并且发电机所驱动的球泡灯可以提供 43 勒克斯的亮度，足以提供阅读所需的光照，如图 10.10（b）所示。

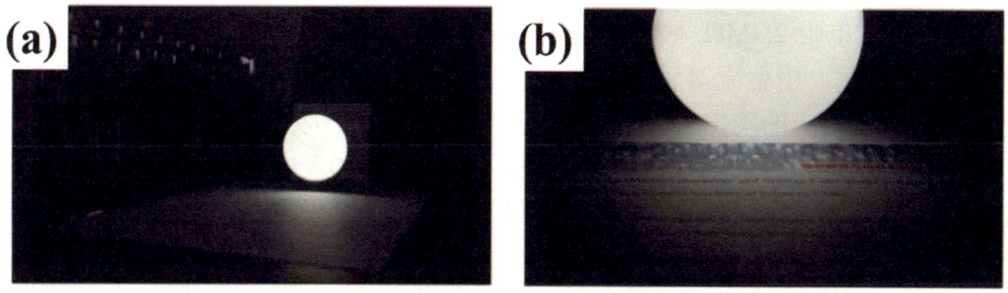

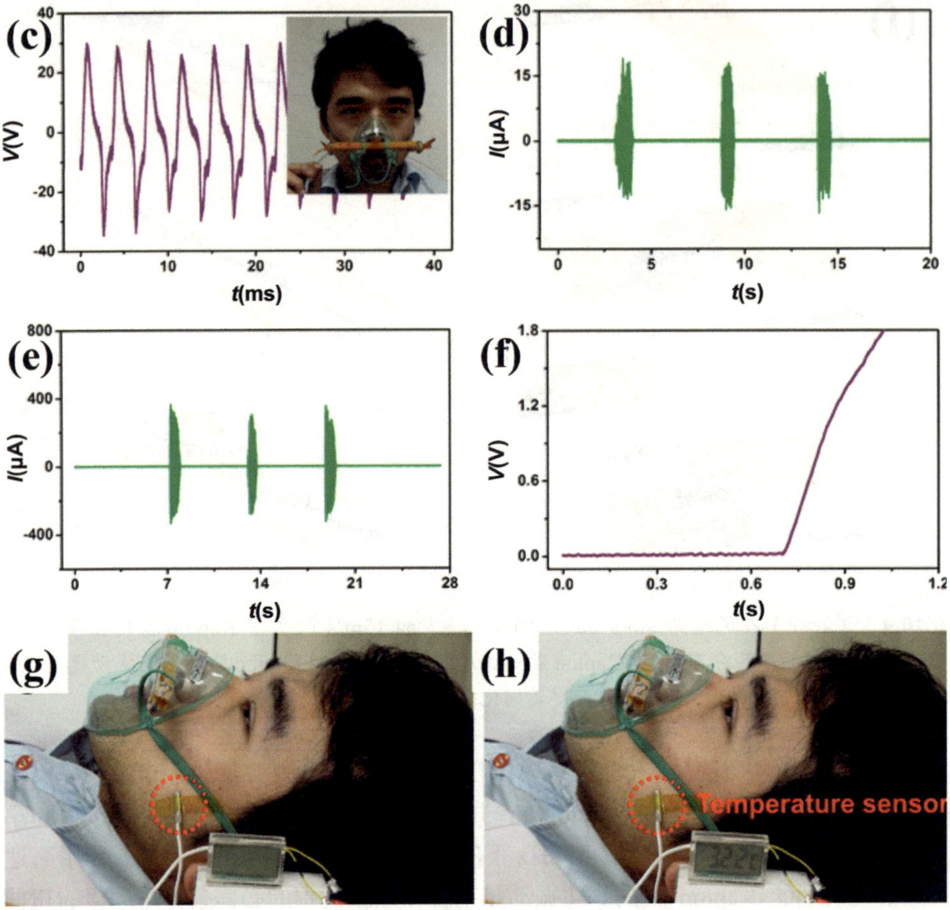

图 10.10　(a) 10 个发电机并联驱动的电灯的照片；(b) 10 个发电机并联驱动的电灯照亮纸张上文字的照片；(c，d) 收集人鼻子呼吸带动的发电机的输出电压和输出电流；(e) 整流后的发电机输出；(f) 收集鼻子呼吸气流带动的发电机对 10μF 电容充电的电压变化；(g，h) 收集鼻子呼吸气流带动的发电机持续驱动一个温度传感系统（本图已获得美国化学学会许可）[12]

该发电机还可以被用作自驱动医疗监测设备。人通过鼻子的呼吸气流就可以被用于驱动发电机的工作，如图 10.10（c）的插图所示。如图 10.10（c）和（d）所示，在负载电阻 2.3MΩ 下相应的输出电流和电压分别可达 30V 和 18μA。如图 10.10（e）所示，用整流器后在 4kΩ 的负载电阻下，发电机的输出电流可以提高到 350μA，相对应的输出功率是 0.49mW。用人鼻子呼吸驱动的发电机可以给一个 10μF 的电容在 0.33s 内从 0V 充到 1.8V，如图 10.10（f）所示。一个用来监测人体温度的自驱动的温度传感系统可以通过在鼻子附近安装发电机来实现。该系统可以在鼻子呼吸带动的发电机驱动下持续工作，如图 10.10（g）和（h）所示。

与传统的风能发电机相比，这种发电机有如下优点：①传统风能发电机使用电磁感应效应来获取风能，通常需要较大的器件材料和安装费用；摩擦纳米发电机利用便宜的有机薄膜材料和电极，具有较低的成本。②由于较大的体积，传统风能发电机必须远离城市，因此传输线是必需的；而摩擦纳米发电机具有较小的体积，因此适合在城市中如屋顶、窗户上安装，所发的电可以直接被利用。③传统发电机的体电荷密度小于 500W/m^3，而摩擦纳米发电机可以在 15m/s 风速下有高达 9kW/m^3 的输出。

本节展示了一个用于收集风能的弹性-空气动力摩擦纳米发电机。其中，颤振效应被用于引发两个摩擦材料的周期性接触分离，从而输出电能。对发电机的输出进行了优化，其具有 125mm×10mm×1.6mm 尺寸的发电机最大输出功率密度可达 9kW/m^3。串联在一起的发电机证实了大规模风能发电的可能性，并用来驱动一些电子器件如球泡灯。这种发电机具有在低成本大规模收集风能和自驱动传感系统中的潜在应用。

10.3　总　　结

风能是不同于化石能源的一种丰富、可再生、广泛分布、清洁的能源，它在工作时不会产生任何温室气体。摩擦纳米发电机具有低成本、易于制作和可规模化等优点，展示了通过转动结构或颤振结构来收集风能的潜能。与通过电磁发电的传统风能收集相比，摩擦纳米发电机具有轻质和柔性等特点，并可以有效地收集低频风能，这是传统发电机很难做到的。作为一个小型化、模块化和高效的风能收集解决方案，摩擦纳米发电机可以为电子器件供电以及实现自驱动系统。

参 考 文 献

[1] Joselin Herbert G M，Iniyan S，Sreevalsan E，Rajapandian S. A review of wind energy technologies. Renewable and Sustainable Energy Reviews，2007，11（6）：1117-1145 .

[2] Ackermann T，Söder L. Wind energy technology and current status：A review. Renewable and Sustainable Energy Reviews，2000，4（4）：315-374 .

[3] Priya S，Chen C T，Fye D，zahnd J. Piezoelectric windmill：A novel solution to remote sensing. Japanese Journal of Applied Physics，2005，44（3）：L104 .

[4] Xie Y，Wang S，Lin L，Jing Q，Lin Z H，Niu S，Wu Z，Wang Z L. Rotary triboelectric nanogenerator based on a hybridized mechanism for harvesting wind energy. ACS Nano，2013，7（8）：7119-7125 .

[5] Wu Y，Zhong X，Wang X，Yang Y，Wang Z.Hybrid energy cell for simultaneously harvesting wind，solar，and chemical energies. Nano Res，2014，7（11）：1631-1639 .

[6] Li S，Wang S，Zi Y，Wen Z，Lin L，Zhang G，Wang Z L. Largely improving the robustness and lifetime of triboelectric nanogenerators through automatic transition between contact and noncontact working states. ACS

Nano，2015，9（7）：7479-7487．

[7] Chen S，Gao C，Tang W，Zhu H，Han Y，Jiang Q，Li T，Cao X，Wang Z. Self-powered cleaning of air pollution by wind driven triboelectric nanogenerator. Nano Energy，2015，14：217-225．

[8] Wen Z，Chen J，Yeh M-H，Guo H，Li Z，Fan X，Zhang T，Zhu L，Wang Z L. Blow-driven triboelectric nanogenerator as an active alcohol breath analyzer. Nano Energy，2015，16：38-46．

[9] Zhu G，Chen J，Zhang T，Jing Q，Wang Z L. Radial-arrayed rotary electrification for high performance triboelectric generator. Nat Commun，2014，5：3426.

[10] Yang Y，Zhu G，Zhang H，Chen J，Zhong X，Lin Z H，Su Y，Bai P，Wen X，Wang Z．Triboelectric nanogenerator for harvesting wind energy and as self-powered wind vector sensor system. ACS Nano，2013，7（10）：9461-9468．

[11] Bae J，Lee J，Kim S，Ha J，Lee B S，Park Y，Choong C，Kim J B，Wang Z L，Kim H Y，Park J J，Chung U I. Flutter-driven triboelectrification for harvesting wind energy. Nat Commun，2014，5：4929.

[12] Wang Z L，Chen J，Lin L. Progress in triboelectric nanogenerators as a new energy technology and self-powered sensors. Energy　Environ Sci，2015，8：2250-2282．

[13] Zhang K，Wang X，Yang Y，Wang Z L. Hybridized electromagnetic-triboelectric nanogenerator for scavenging biomechanical energy for sustainably powering wearable electronics. ACS Nano，2015，9（4）：3521-3529．

[14] Chen J，Huang Y，Zhang N，Zou H，Liu R，Tao C，Fan X，Wang Z L. Micro-cable structured textile for simultaneously harvesting solar and mechanical energy. Nat. Energy，2016，1：16138．

[15] Chen J，Yang J，Guo H，Li Z，Zheng L，Su Y，Wen Z，Fan X，Wang Z L. Automatic mode transition enabled robust triboelectric nanogenerators. ACS Nano，2015，9（12）：12334–12343.

[16] Taghavi M，Sadeghi A，Mazzolai B，Beccai L，Mattoli V. Triboelectric-based harvesting of gas flow energy and powerless sensing applications. Applied Surface Science，2014，323：82-87．

[17] Guo H，He X，Zhong J，Zhong Q，Leng Q，Hu C，Chen J，Tian L，Xi Y，Zhou J. A nanogenerator for harvesting airflow energy and light energy. Journal of Materials Chemistry A，2014，2（7）：2079-2087．

[18] Pu X，Liu M，Li L，Zhang C，Pang Y，Jiang C，Shao L，Hu W，Wang Z L. Efficient charging of Li-ion batteries with pulsed output current of triboelectric nanogenerators. Advanced Science，2015，3：1500255．

第 11 章　摩擦纳米发电机网络收集大规模蓝色能源——海洋能

摘　要

采用传统的电磁感应发电机大规模收集海洋能存在诸多挑战，主要是因为水波的低频率、大面积的分布、波浪峰值的随机性及高成本。本章主要介绍一种用摩擦纳米发电机阵列来收集海洋能的新思路。由于摩擦纳米发电机的高电压输出，此种海洋能采集方式应该具有很好的效率和可行性。摩擦纳米发电机在低频范围的极佳能量采集能力使此种方法在海洋能采集中有着独一无二的优点。

水波在全球有着广泛的分布，所蕴含的能量是最为富有的能量源之一。目前，水波能的采集主要是依靠电磁感应发电机。但是，这种传统的方法在应用上受到了极大的限制。首先，电磁感应发电机主要依靠磁铁和金属线圈，这些构造使它不能很好地漂浮在水体的表面，除非需要一个额外的漂浮平台支撑。然而，在海洋能中，大部分的动能都是蕴含在水体表面上的。其次，电磁感应发电机能够有效地从水流体的某一个特定的方向进行动能采集，这样它就对振荡型的波动不能有效地进行采集。再次，电磁发电机不是很适合采集低频率的机械能，如低于 3Hz 的机械能。因此，它不是很有效的一种方式来采集海洋能。最后，电磁感应发电机的制作需要高质量的材料，在大规模应用时，成本就会变得很高。因此，它是一种质量轻便的、低成本的能量采集方式，并且既能从水流体中也能从水波中采集能量，是解决这个问题的关键。本章专门设计提出了一种网络结构的摩擦纳米发电机，作为一种有效的方式进行大规模的海洋能采集。

11.1　摩擦纳米发电机对水波能的采集

11.1.1　基于液体-固体接触起电的摩擦纳米发电机

简单、可靠、成本低廉的摩擦纳米发电机提供了一种全新的大规模海洋能采集的方式[1-5]，一系列的工作也在促进这个领域的发展[6-10]。由于全新的工作机制，水体本身就是一种优良的摩擦起电材料，当它与绝缘的高分子材料接触时，也可以将水的波动能转换成电能。

第一个基于水体的摩擦纳米发电机是采用PDMS与水体的接触分离来产生电能的。图11.1所展示的是一个典型的基于水体的摩擦纳米发电机的结构构造，以及其接触起电的过程。摩擦纳米发电机的制作过程从PDMS薄膜的金字塔阵列的制作开始，如图11.1（a）所示。硅基的模子首先由光刻产生，然后经过一个干刻蚀过程。液态的PDMS弹性体和一定量的交联体相互混合，搅拌，去掉气泡，然后均匀地旋转涂抹在硅模基底上。经过一定时间的热处理，一张带有表面微结构的PDMS薄膜就此形成。此外，通过磁控溅射系统，一层100nm厚的铜膜被镀在PMMA的基底上。之所以选择PMMA作为基底，主要是因为它表面平整、质量轻便和机械强度高[11-13]。将表面做有微结构的PDMS薄膜放置在表面镀有铜膜的PMMA基底上，中间用尚未完全凝固的PDMS作为两者的衔接。最后，通过一个热处理的过程，使整个器件凝固作为下一步的使用。为了研究水与PDMS薄膜之间的接触起电过程，另外一层镀有铜膜的PMMA基底放置在一个绝缘的水池中，作为另外一个电极与水体连接，如图11.1（b）所示。带有微结构PDMS的一侧连接在一个线性电机上，然后使它与水体进行周期性的接触和分离。由于水体的深度有2cm，PDMS只会与水体接触，而不会达到水池的底部。图11.1（c）所展示的是PDMS薄膜上的微结构的SEM照片。PDMS薄膜的厚度大约在140μm。这些微结构可以有效增加与水体的有效接触面积。高分辨率的SEM照片如图11.1（c）中的插图所示，表明单个金字塔的尺寸是10μm。

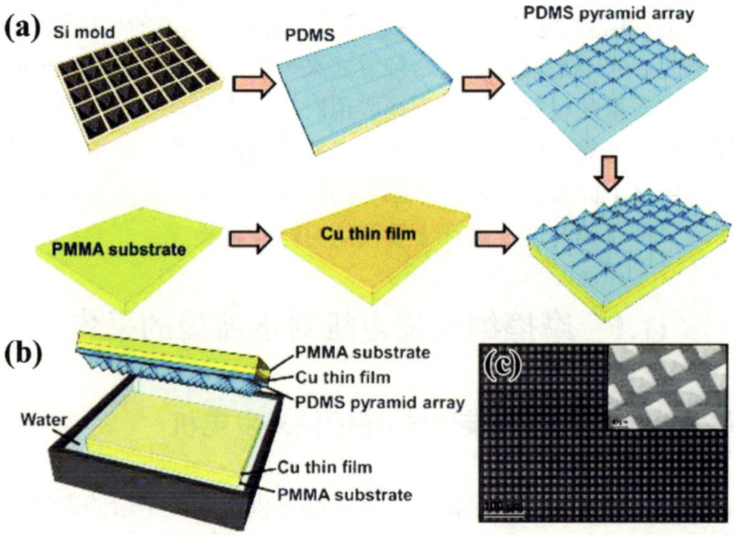

图11.1 （a）PDMS表面的纳米结构及其器件的制作过程；（b）水摩擦纳米发电机的结构示意图；（c）PDMS表面的纳米结构的SEM照片（本图已获得Wiley许可）[7]

为了表征器件的电学输出，去离子水被选作实验用水。在线性电机的控制下，PDMS 将会以一个恒定的 2Hz 频率与水体进行接触分离。如图 11.2（a）所示，开路电压随着 PDMS 与水体的分开距离增加到 1.5cm 的过程中，迅速从 0V 增加到 82V。如 11.2（a）的插图所示，在开路状态下，器件所产生的电压会出现一个平台区域，是因为在开路状态下，电子不能流通去中和 PDMS 与去离子水之间的电势差。在短路状态，在 PDMS 与水体周期性的接触分离过程中，电子将会在铜电极 1 和铜电极 2 之间来回运转，形成电流。如图 11.2（b）所示，电流密度的峰值为 1.05mA/m²。PDMS 表面的微结构修饰有效地提高器件的电学输出。此外，

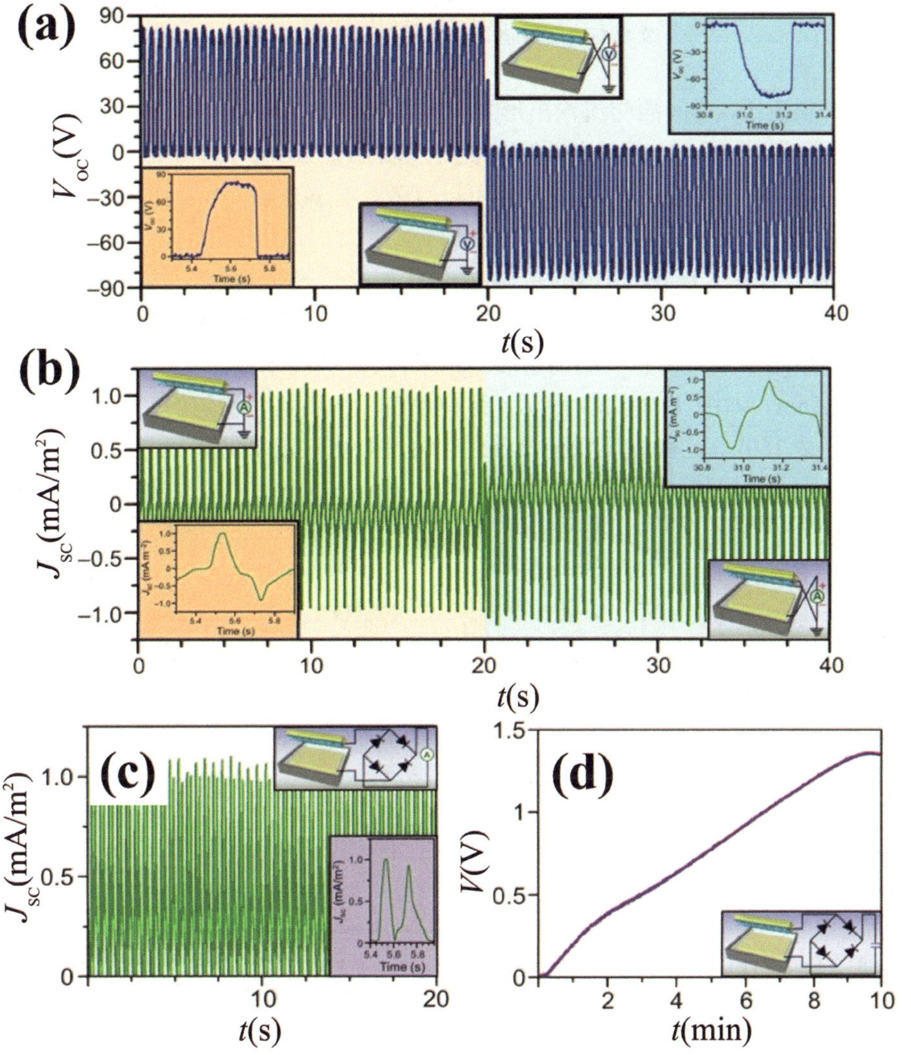

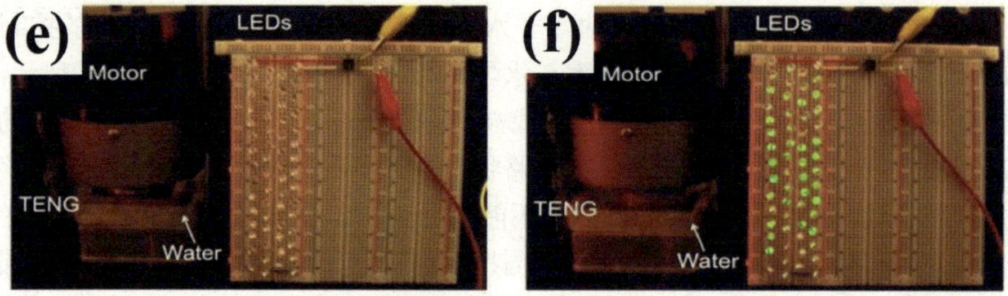

图 11.2　水摩擦纳米发电机的 V_{OC}（a）和 J_{SC}（b）在一个固定的 2Hz 的外力下；（c）通过一个桥式整流电路，交流的输出形式被转换成直流输出形式；（d）整流后的电流用来给一个商用电容器充电；（e）水摩擦纳米发电机作为一个直接的电源给供电；（f）60 个 LED 被水摩擦纳米发电机点亮（本图已获得 Wiley 许可）[7]

通过一个整流桥，期间的交流输出形式可以很有效地变成直流输出，如图 11.2（c）所示。并且可以给一个 33μF 的电容器充电［图 11.2（d）］。此外，通过此种 PDMS 与水体的周期性接触，所产生的电能可以有效点亮 60 个 LED，如图 11.2（e）和（f）所示。

另外一个基于液体-固体的接触起电将水能转换成电能的例子是使用一层 PTFE 与水体接触[6]。如图 11.3（a）所示，PTFE 表面的 SEM 照片展示其表面上有一些不规则的微结构和一层高密度的纳米棒。这些纳米棒的长度大约为 360nm，直径为 45nm。如图 11.3（b）所示，这些 PTFE 薄膜具有均匀的超憎水性质，水接触角高达 169°。这些性质将使该器件十分适合水波动能的采集与转换。

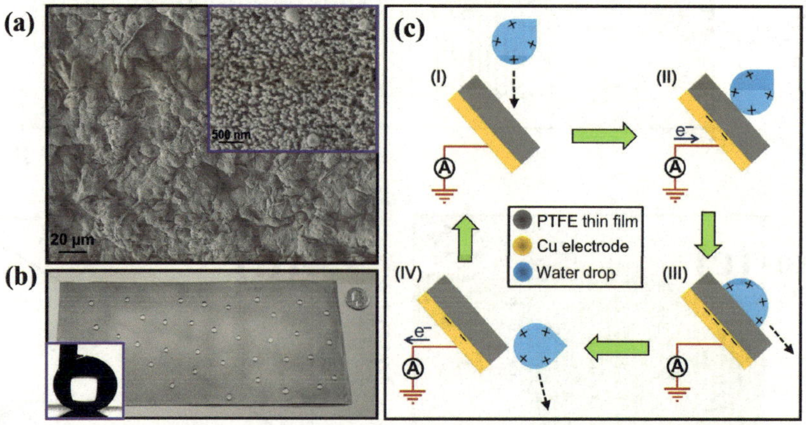

图 11.3　（a）PTFE 薄膜表面的纳米结构的 SEM 照片；（b）PTFE 薄膜表面的接触角测量；（c）水摩擦纳米发电机的工作原理示意图（本图已获得 Wiley 许可）[6]

此种水摩擦纳米发电机也是一种典型的单电极模式的摩擦纳米发电机。如

图 11.3（c）所示，水滴在与 PTFE 接触之前，已经与环境中的空气或者水管摩擦而带电荷[14]。例如，当它从一个镀有 PTFE 的滴管中排出时，每个水滴的带电密度可以达到 4.5μC/m^2。值得注意的是，这些水滴可能会带正电或者负电，这取决于水滴与何种材料接触。

为了展示此种构造，可以有效地从环境中采集水相关能量的能力，采用流水量为 30mL/s 家用水龙头作为实验展示。水龙头与水摩擦纳米发电机之间的距离是 20cm。这表明此种结构的摩擦纳米发电机将来可以应用于环境中的废水中以回收能量。如图 11.4（a）所示，此种摩擦纳米发电机的最大电流密度可以高达 1.5μA/cm^2。信号的不稳定性主要是由于水龙头中的水流量不稳定造成的。通过桥式整流电路，如图 11.4（b）所示，交流输出可以转变成直流输出。通过整流，该发电机可以直接点亮 20 个商用的 LED［图 11.4（c）］，也可给一个 33μF 的电容器充电［图 11.4（d）］。这些 LED 在水流到 PTFE 的瞬间就会被同时点亮。当水龙头关闭的那一瞬间，LED 也会同时熄灭。值得注意的是，虽然部分水会残留在器件的表面，但是这不会影响器件的正常工作，只要在 PTFE 表面的水量是变化的，器件就可以将水流转换成电能。

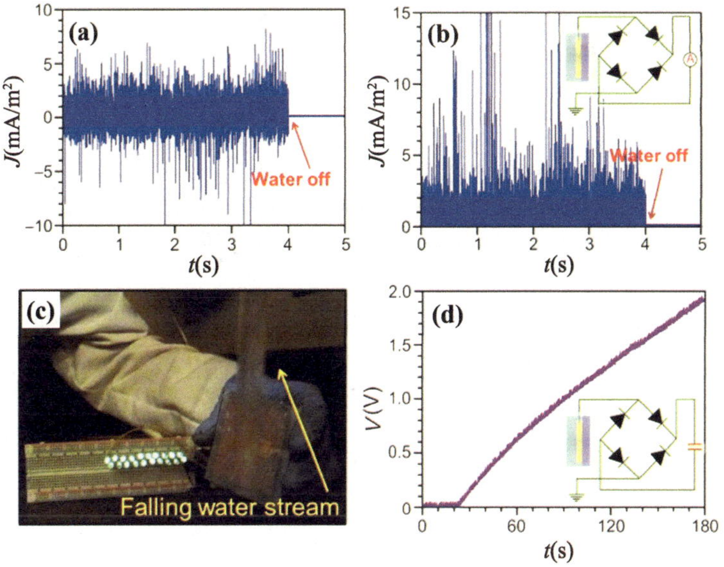

图 11.4　（a）水摩擦纳米发电机在家用水龙头冲刷下的输出电流密度；（b）通过桥式整流电路，交流电形式被转换成直流形式；（c）20 个 LED 在水流的冲刷下被点亮；（d）整流后的电学输出可以给一个 30μF 的电容器充电（本图已获得 Wiley 许可）[6]

第三个基于液体-固体接触起电而将水能转换成电能的例子，是基于高级的格栅设计，如图 11.5（a）所示[9]。在 FEP 薄膜的一侧，蒸镀有两条平行的条状电极。

电极之间有一个微小的间距。在 FEP 薄膜的另外一侧，修饰一层纳米结构，如图 11.5（b）所示。当水与 FEP 的表面微结构直接接触时，就会将水的流动能转换成电能。这层纳米结构是由垂直生长的纳米线构成的。纳米线的长度为 2μm，直径为 100nm，它们将会极大地增加与水的有效接触面积。这里之所以选择 FEP 作为其中的一种起电材料，主要是因为它是目前商用的获得电子能力最强的材料[15-17]。此外，FEP 还具有其他的优点，如很好的热阻抗、辐射稳定性、化学稳定性。这些性质都会使 FEP 成为一种很理想的材料来进行水能的采集。如图 11.5（c）所示，在实际的应用中，FEP 将会转移到基底上来进行进一步的测量。

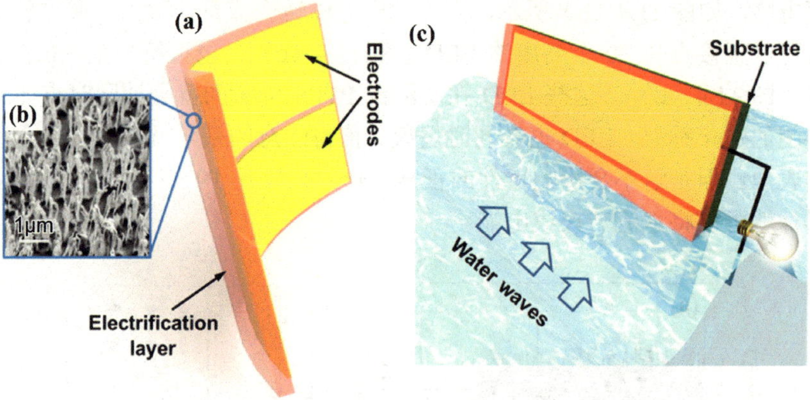

图 11.5　基于液体-固体接触起电的摩擦纳米电机。（a）器件的结构示意图；（b）PTFE 薄膜表面纳米结构的 SEM 照片；（c）基于液体-固体接触起电的摩擦纳米电机对水波动能的采集（本图已获得美国化学学会许可）[9]

为了有较大的信号输出，多个单元器件被整合起来，形成一个大的器件。测试环境也不是用之前常用的电机来驱使，这里直接采用环境中的水流。一个整合的摩擦纳米发电机由 6 个条状的电极构成，每个电极的长度为 20cm，宽为 6mm。每个单元的输出先经过一个桥式整流电路，然后将整流后的电学信号并联起来。

在第一个展示中，整合后的摩擦纳米发电机被固定在一个水槽中，器件的表面倾斜 30°角。当装有水的水槽被轻轻地晃动时，水槽中就会产生一个来回行走的水波。在水波的冲刷下，器件就会产生一个直流输出，如图 11.6（b）所示。从放大的电流信号可以看出，信号有多重的尖峰。五个器件单元与水波的接触有时间先后，因此会造成最后的信号输出的尖峰出现。如图 11.6（a）所示，所产生的电能可以直接点亮几十个 LED，证明了该摩擦纳米发电机可以有效地将水波能量转换成电能。这个展示证明了器件可以安装在海边或河边进行水波能量的采集。由于电流的产生只需要水流与器件的接触面积的改变，所以器件也可以从雨滴或其他落下的水滴中采集能量。整合的摩擦纳米发电机依然倾斜 30°角，如图 11.6（d）所示。一个淋浴的水龙头被用来向器件喷水。当水滴划过器件的 FEP 表面，流过电极的边界时，电流就会产生。当大量的水滴同时流过时，就会产生大量的电流。它们将会叠加在一起形成一个明显的直流输出，如图 11.6（e）和（f）所示。大的水滴将会造成大的电流输出波动，但是对器件的总体电学输出不会有大的影响，所产生的电能依然可以点亮 LED，如图 11.6（d）所示。这个展示极大地扩展了器件对水能的采集，如从雨水中回收能量。

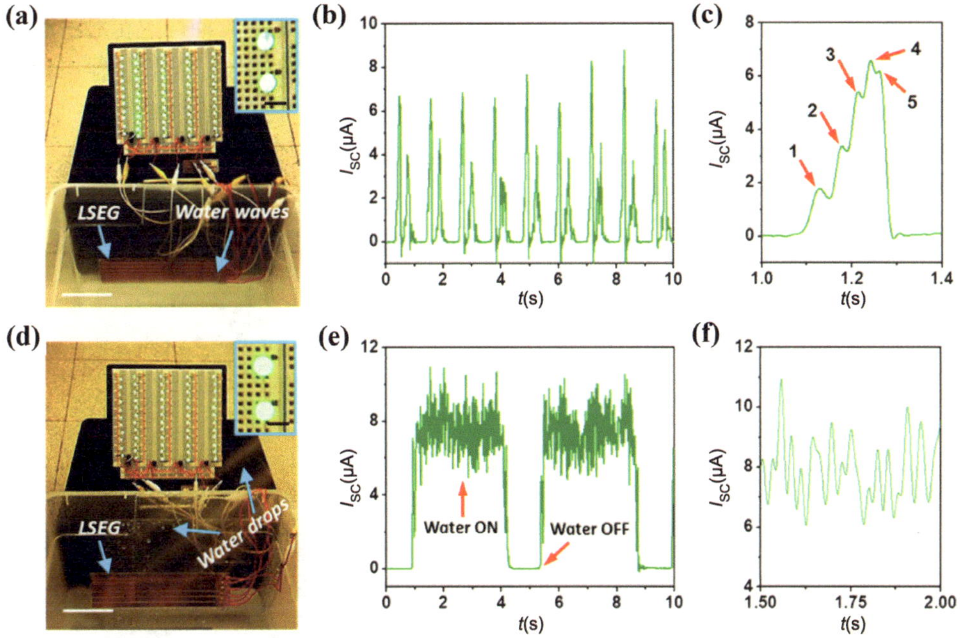

图 11.6 基于液体-固体接触起电的摩擦纳米电机对环境中水流动能的采集。(a) 器件从水波中回收动能，能点亮几十个 LED，比例尺是 8cm；(b) 在水波频率为 0.7Hz 时，器件的短路电流输出；(c) 大的电流峰值的局部放大图；(d) 器件从水滴中回收水滴的动能，数十个 LED 同时被点亮；(e) 在水滴落下时，所产生的短路电流；(f) 电流输出的局部放大图（本图已获得美国化学学会许可）[9]

11.1.2 基于摩擦纳米发电机的流体动力能的采集

首先，一个多层的圆盘状的摩擦纳米发电机被展示对环境中的水能进行回收[18]。多层圆盘状摩擦纳米发电机主要由两部分组成：转子上的铝膜作为一个接触起电面，定子上 50μm 厚度的 PTFE 薄膜作为另外一个接触起电面。转子和定子同心叠加在一起，如图 11.7（a）所示。亚克力板用一个激光切割器切成一个有八个等大小扇区的圆盘。圆盘的正中间也有一个圆孔，用一个圆柱状的轴将它们叠加在一起。对于转子上的圆盘，圆盘中心是一个D形状的开孔，然后与D形状的轴完全切合。这样当轴转动时，所有的转子也会随其转动，如图 11.7（b）所示。在转子平面的两侧均镀有铝膜。对于定子来说，所有的中心开孔均是圆形的。这样，当中心轴转动时，定子就不会随之转动。一个四层的集装的结构如图 11.7 所示。当将三个定子和两个转子交替通过中心轴叠加起来，就可以被有效地叠加起来。其中的四个定子均是通过四个螺钉连接在一起，形成一个整体。为了使两个摩擦面可以有效地贴合在一起，在四个螺钉的上面还有劲度系数很小的弹簧将其桥接在一起。因此，当外界的转动带动转子的转动时，就会使相邻的两种摩擦材料进行周期性的相对滑动，从而产生电流。当四层圆盘的输出并联时，输出的电流就会叠加，从而使输出功率成倍提升。同时，为了增加两个摩擦面的有效接触面积，铝膜的表面被镀上一层银的纳米颗粒，颗粒的平均直径为 50nm，并且均匀分布在整个铝膜的表面上。

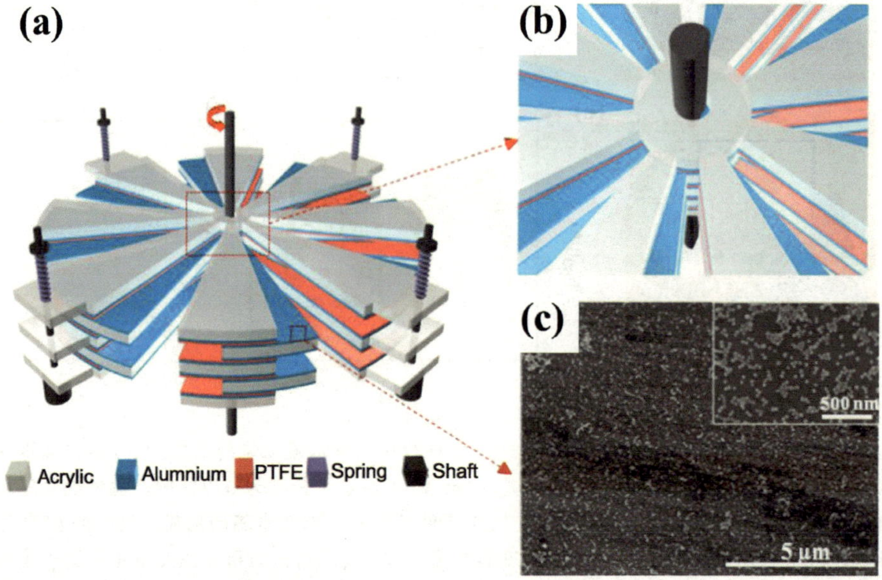

图 11.7　多层圆盘摩擦纳米发电机。（a）器件的三维结构示意图；（b）局部放大图展示D形状的圆心轴通过所有的圆盘的中心孔；（c）转子铝电极上的银纳米颗粒（本图已获得 Elsevier 许可）[18]

为了展示这种设计能够有效地将水动能转换成电能，一种投影总面积为 34.2cm^2 的器件被制造出来。通过将中心轴连接一个水轮机，当水流流过水轮机时，将会使圆盘摩擦纳米发电机开始旋转运作，如图 11.8（b）所示。实际展示中，当家用水龙头的水通过水管导向水轮机时，如图 11.8（a）所示，圆盘摩擦纳米发电机开始工作，将会把水流的动能转换成电能。所产生的电流密度可以高达 20mA/m^2，这些电能可以同时将 100 个商用 LED 点亮，如图 11.8（c）所示。圆盘摩擦纳米发电机的应用还可以进一步扩展来进行大规模的海洋波动能或风能的采集。

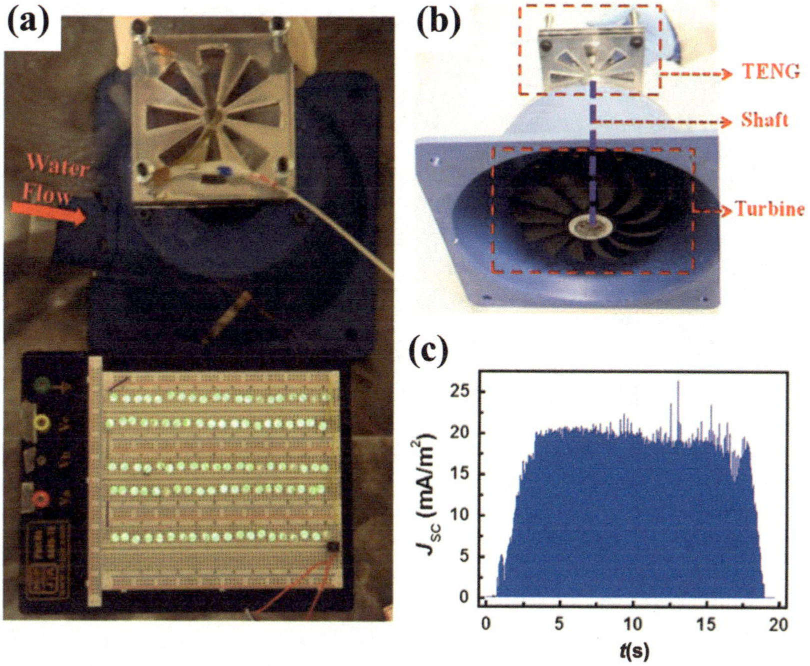

图 11.8　基于四层圆盘摩擦纳米发电机的水能采集。(a) 照片展示四层圆盘摩擦纳米发电机和一个商用的水轮机组成一个水能采集系统；(b) 局部细节照片展示整个基于圆盘摩擦纳米发电机的水能采集系统；(c) 实际测得的水流所产生的电流输出信号（本图已获得 Elsevier 许可）[18]

11.1.3　双工作模式的摩擦纳米发电机

水流中既含有机械动能，也含有静电能，后者主要是流体与周围环境如水与空气的接触起电而引起的。因此，一个水轮杂化的摩擦纳米发电机就被提出，它主要是由一个水摩擦纳米发电机和一个圆盘摩擦纳米发电机构成，能够同时对环境中的机械动能或静电能进行采集[19]。该器件的结构示意图如图 11.9（a）所示。杂化摩擦纳米发电机中的水摩擦纳米发电机主要由 8 个轮叶构成，每个轮叶其实是一个单电极摩擦纳米发电机。它可以将水流的静电能有效回收。圆盘摩擦纳米发电机主要由两个叠加的圆盘（前圆盘和后圆盘）组成，每个圆盘都被等分成 16 个扇形单元。两部分的发电机通过一个中心的圆形轴连接起来。后圆盘与水轮连接起来，叶轮在回收静电能的同时，也将水流的动能转换成圆盘摩擦纳米发电机的转动，这样圆盘摩擦纳米发电机同时也将水流的机械能转换成电能。

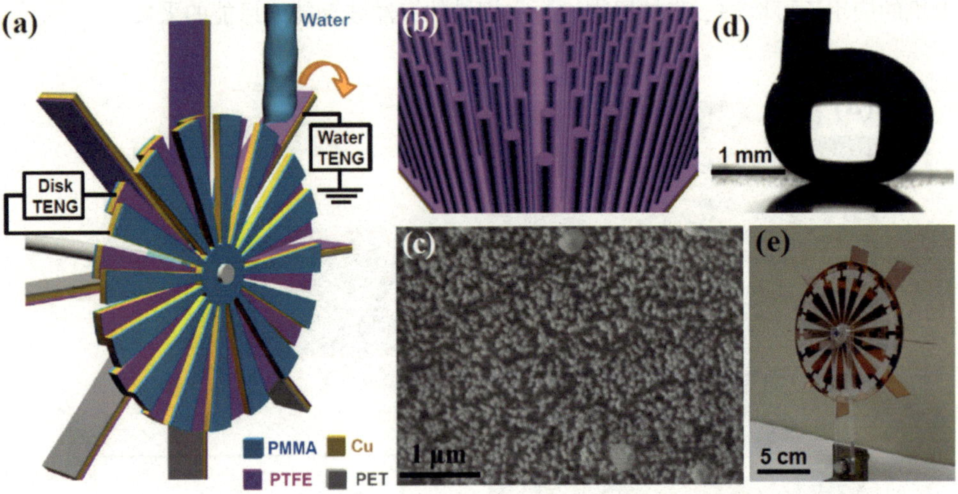

图 11.9　(a) 杂化摩擦纳米发电机的结构示意图；(b) 纳米线阵列局部放大示意图；(c) PTFE 表面的纳米线整列示意图；(d) PTFE 表面的接触角测量；(e) 杂化摩擦纳米发电机的器件照片（本图已获得美国化学学会许可）[19]

对于叶轮的制作过程，首先 100nm 的铜膜被镀在 PET 薄片上作为电极，然后带有纳米结构修饰的 PTFE 薄膜通过一层双面胶粘贴到铜电极上。8 个叶轮的铜电极均是连接在一起的。两张 PMMA 薄板通过激光切割形成一个 16 扇区的圆盘作为圆盘摩擦纳米发电机的基底。对于背圆盘，一层 100nm 的铜膜被镀在 PMMA 上，然后一层带有纳米结构的 PTFE 被粘在铜电极上。对于前圆盘，另外一层 100nm 的铜膜被镀在另外的 PMMA 基底上作为摩擦起电的材料。背圆盘上的 PTFE 和前圆盘上的铜膜面对面地紧密贴合在一起，形成一个水平滑动型的摩擦纳米发电机，将水流的动能转换成电能。

图 11.9（b）和（c）展示的是 PTFE 表面的高密度的 PTFE 纳米棒。它们的平均长度为 360nm，平均直径为 45nm。此外，薄膜表面的接触角为 162°，如图 11.9（d）所示，这表明 PTFE 的表面是超憎水表面，憎水性对水摩擦纳米发电机的电学输出有很关键的影响，具体的影响将会在后面描述。另外，PTFE 表面的纳米结构还可以有效地增加接触起电的有效接触面积，从而可以提高器件的电学输出。一个实验制作的杂化摩擦纳米发电机的光学照片如图 11.9（e）所示。

为了进一步研究杂化摩擦纳米发电机的电学输出，100～1000MΩ 的外接电阻用来测量器件的电压、电流、功率的输出。随着水流速度的变化，从水摩擦纳米发电机中所获得的开路电压和短路电流如图 11.10（a）所示。可以得出，开路电压基本恒定在 72V，而不随水流速度的变化而变化。但是当水流速度从 7mL/s 提高到 54mL/s 时，短路电流从 4.3μA 提高到 12.9μA。短路电流的增加主要是由于随着水流速度的增加，单位时间内更多的静电荷被采集了。而圆盘摩擦纳米发电机的输出随着水流速度的变化如图 11.10（b）所示，其发电机的电压依然恒定在 101V，然而短路电流的大小随着水流速度的增加而线性增加。

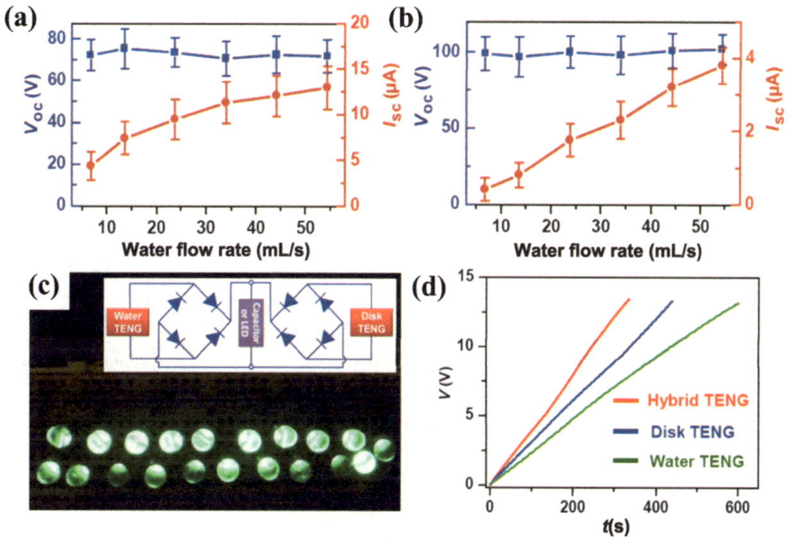

图 11.10　杂化摩擦纳米发电机对水能的采集。(a) 在不同的水流速度下的水摩擦纳米发电机的 V_{OC} 和 I_{SC} 输出；(b) 在不同的水流速度下，圆盘摩擦纳米发电机的 V_{OC} 和 I_{SC} 输出；(c) 在水流速度为 54mL/s，杂化摩擦纳米发电机可以将 20 个商用 LED 同时点亮；(d) 在水流速度为 54mL/s 的情况下，三种不同的器件对 4.7μF 电容器的充电曲线（本图已获得美国化学学会许可）[19]

圆盘摩擦纳米发电机和水摩擦纳米发电机的输出先是通过各自的整流桥，然后被并联在一起来提高总体的功率输出，如图 11.10（c）所示。当杂化摩擦纳米发电机被速度为 54mL/s 的水流冲刷时，20 个商用 LED 可以同时被点亮。同时，一个 4.7μF 的商用电容器也可以被充电，具体的充电曲线如图 11.10（d）所示。由图可见，在 326s 之内，电容器可以被充电达 13V。这些展示充分证明了杂化摩擦纳米发电机可以作为一个新型的器件来有效地将环境中的多种能量进行回收采集。

11.1.4　基于全封闭摩擦纳米发电机的水波动能采集

水的波动能很少依赖于季节气候、白天或黑夜、温度高低等变化。由于环境的湿度对摩擦纳米发电机的输出有很大的影响，因此摩擦纳米发电机必须要完全封闭才能在某些恶劣的环境中使用，尤其是在有水的环境下。因此，一个滚动的、基于独立层模式的摩擦纳米发电机被提出来进行环境中的低频波动能采集[20]。

实验室制作的基于独立层模式的摩擦纳米发电机，由于其完全封闭的结构设计，它可以自由漂浮在水体的表面，而不需要其他的物体支撑，如图 11.11（a）所示。图 11.11（a）是器件的三维结构设计图，表明器件主要由一个滚动的球和两个固定电极组成。当水波带动球体运动时，内层可以自由移动的小球就会前后在两个电极之间滚动，因此就会在外接负载上产生交流电。为了最大化接触电荷的产生，一个直径为 6cm 的尼龙小球和 Kapton 薄膜分别作为两个接触起电材料。如图 11.11（c）所示，在 Kapton 薄膜的表面上，纳米线阵列可以有效增加表面的粗糙度，从而可以有效增强器件的电学输出。内部单个电极的面积为 $15cm^2$。

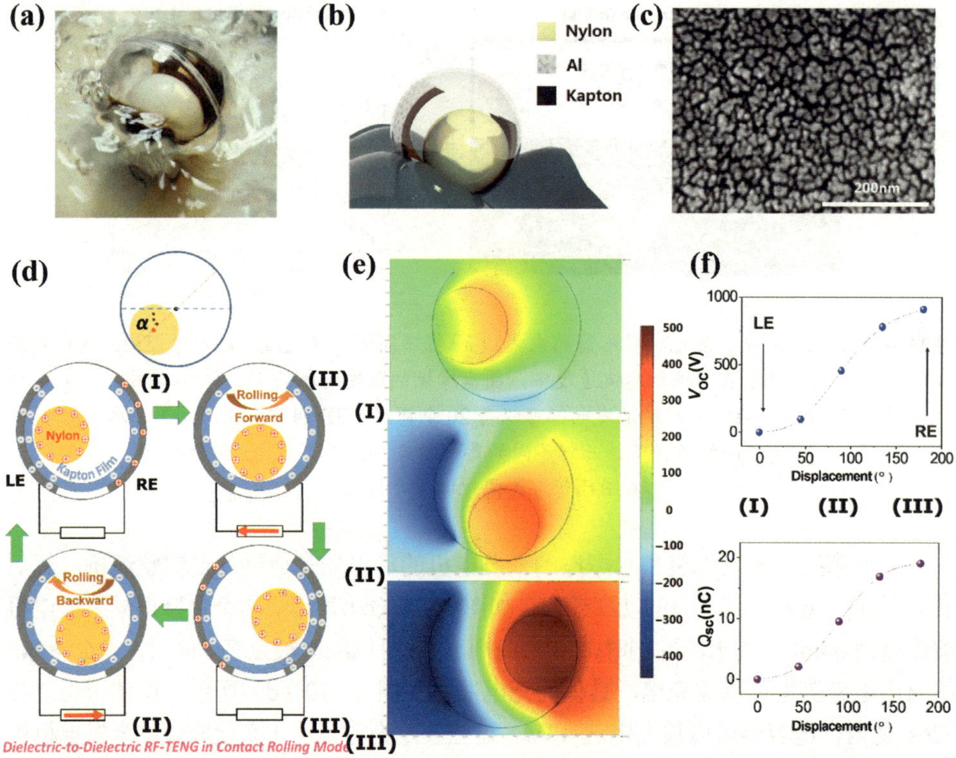

图 11.11 基于独立层模式的纳米发电机的器件结构基本的工作原理。(a)照片展示一个实验制作的发电机漂浮在水面上;(b)器件结构的三维示意图;(c)Kapton 薄膜表面纳米棒结构的 SEM 照片;（d）器件的工作原理示意图;（e）在三个不同的滚动距离下，器件的电势分布仿真图;（f）在不同的滚动距离下，仿真所得的开路电压（V_{OC}）和短路转移电荷（Q_{SC}）的大小（本图已获得 Wiley 许可）[20]

基于独立层模式的摩擦纳米发电机的工作原理主要是由接触起电和静电感应共同作用而引起的。当尼龙小球在 Kapton 表面上滚动时，两者对电子吸附能力不同，使两者会带同等异号的电量，如图 11.11（d-I）所示。当尼龙小球从左电极滚向右电极时，负电荷将会通过外接电路从左电极流向正电极［图 11.11（d-II)］。当小球到达与右电极重合的位置上时，如图 11.11（d-III）所示，所有的负电荷将会被驱使到右电极。然后，尼龙小球再次滚回时，就会在外接电路中产生一个反向的电流。此外，一个基于独立层模式的摩擦纳米发电机的理论模型也建立了模拟两个电极之间的开路电压随着位移角 α 的变化，如图 11.11（d）和（e）所示。位移角 α 是水平面和两个小球中心连线之间的线夹角。通过有限元分析，在初始状态下，尼龙小球在左电极上，对于位移角 α 为 0，此时仿真结果表明两个电极之间的电势差为 0。当尼龙小球滚到中间位置，位移角为 90°，两个电极之间的电势差仿真为 456V，如图 11.11（E-I）所示。最后，当尼龙小球到达右电极的重叠的位置，位移角为 180°，此时的两电极之间的电势差高达 903V，如图 11.11（e-III）所示。如果将两个电极之间通过导线连接，这些电势差就会驱使电子在电路中来回流动。此外，通过有限元分析，短路转移电荷 Q_{SC} 与开路电压有类似的变化趋势，如图 11.11（f）所示。

此种类型的摩擦纳米发电机，由于其结构的完全封闭性，将会有非常广泛的应用来对环境中水能的采集。如图 11.12（a）所示，70 个串联的 LED 被同时点亮。而在图 11.12（b）中，器件从环境中水波采集的电能可以同时点亮几十个 LED。每个 100mF 的双电层超级电容器（EDLC）被串联起来，通过一个整流电路与摩擦纳米发电机连接起来。如图 11.12（c）所示。当器件在水波中持续振荡几小时，这些串联的 EDLC 可以有效地从 0V 充电至 2.4V。一个商用的温度计可以有效地被这个电源供电，而形成一个自供电系统。该系统的工作原理如图 11.12(e)所示。当摩擦纳米发电机持续给四个串联的 EDLC 充电 60min，EDLC

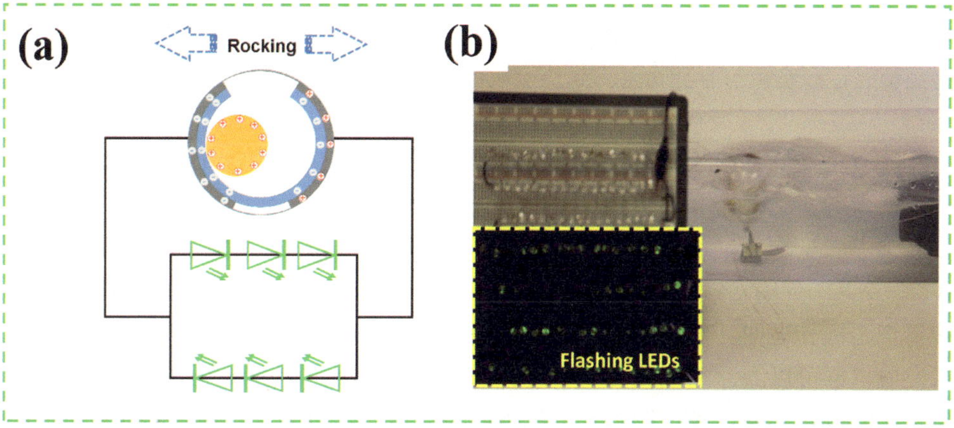

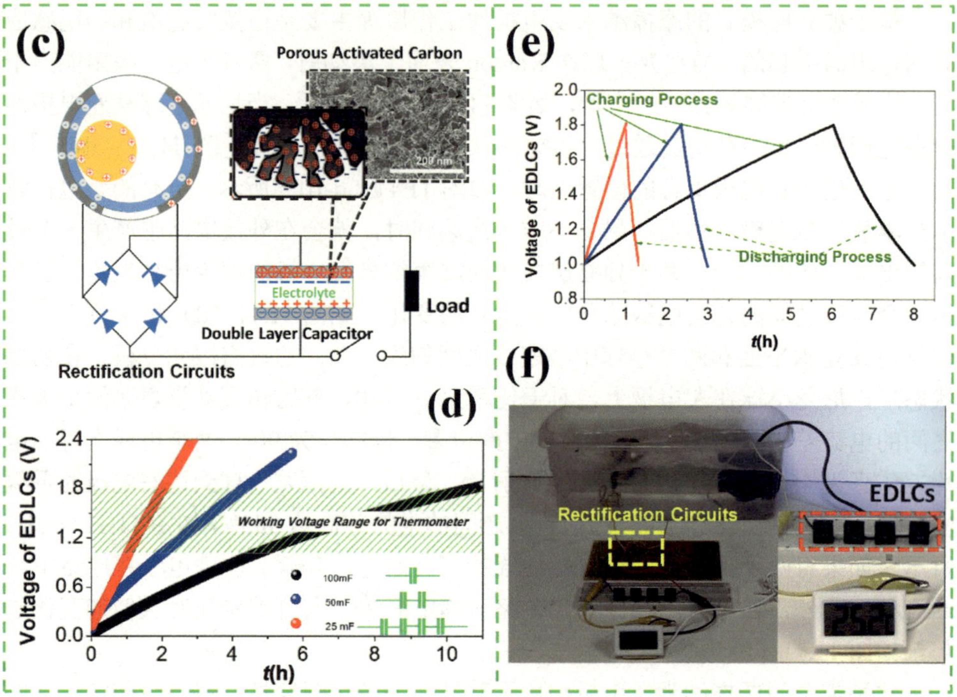

图 11.12　基于独立层模式的摩擦纳米发电机的海洋能采集。(a)器件结构示意图及作为电源点亮 LED 的示意图；(b)照片展示 70 个 LED 同时被发电机从水波中采集的水波动能点亮；(c)三维示意图展示基于发电机的自供电系统，包括整流电路、双层电容器和负载；(d)对双层电容器的不同充电情况：1 个、2 个和 4 个电容器串联；(e)基于独立层模式的摩擦纳米发电机对多个双层电容串联的充电情况，以及整个系统在温度计作为负载时的放电曲线；(f)照片展示含有整流电路、双层电容器、温度计的整个自供电系统（本图已获得 Wiley 许可）[20]

系统的电压可以达到 1.8V。此时，温度计开始工作，而 EDLC 系统的电压开始降低。当电压持续放电 20min 低至 1V 时，温度计将会实时监测水的温度直到自动关闭，如图 11.12（f）所示。这个展示可以提供一个实际可行的方案来长期、大面积、实时监控周围的水质参数，尤其是对一些封闭的环境中，如地下输油管道等。

11.2　基于网络状结构摩擦纳米发电机群的海洋能采集

基于常见高分子材料之间的表面接触起电效应，以及一层很薄的金属作为电极，一个基于网络状结构的摩擦纳米发电机群被提出来进行大规模的海洋能采集[10]。被标识为极其轻便、低成本、对海洋环境的超高抗腐蚀性、基于网络状的摩擦纳米发电机群可以漂浮在水体的表面进行海洋能的采集。通过一个滚动的小球的冲击带来的接触分离，摩擦纳米发电机可以将低速、随机的和高力度的任意方向的水波振动转换成电能。

对于水波能的采集，四个基本单元垂直地立在一个平面基底上形成一个围墙，中间圈着一个金属球，如图 11.13（a）所示。当水波驱使金属球运动，金属球将

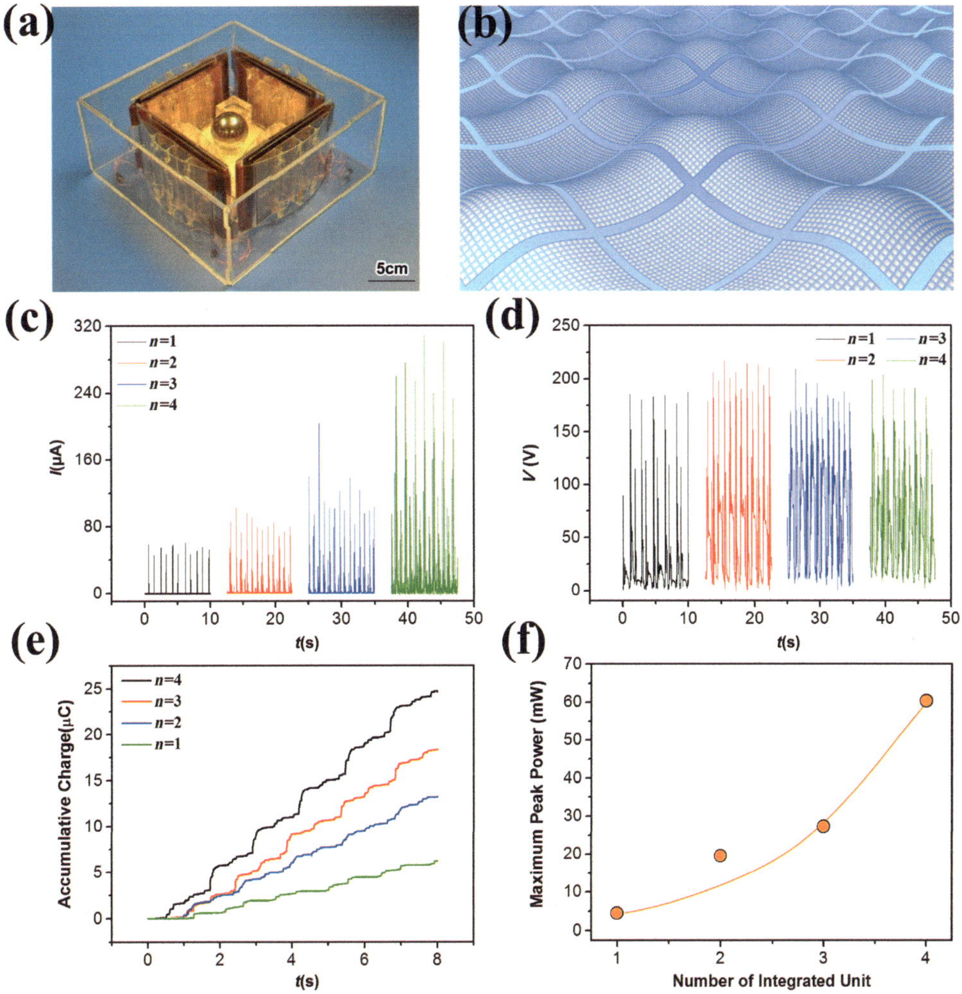

图 11.13　基于网络形状的摩擦纳米发电机系统对水波动能的采集。(a) 网络形状摩擦纳米发电机的一个单元的照片；(b) 三维结构示意图展示由成千上万个摩擦纳米发电机单元构成的网络结构；(c) 摩擦纳米发电机网络在单元数分别为 n=1，2，3，4 的整流后电流输出，此处所有单元的电学输出是并联连接；(d) 摩擦纳米发电机网络在单元数分别为 n=1，2，3，4 的整流后电压输出，此处所有单元的电学输出是并联连接；(e) 摩擦纳米发电机网络在单元数分别为 n=1，2，3，4 的整流后累计电荷量输出，此处所有单元的电学输出是并联连接；(f) 在不同的单元个数下，摩擦纳米发电机网络的峰值功率输出，此处所有单元的电学输出是并联连接（本图已获得美国化学学会许可）[10]

撞向四面的墙体，这些撞击将触发摩擦纳米发电机单元产生电能。为了织成一个大的摩擦纳米发电机网络，成千上万个器件可以被串联或并联形成一个大的供电网络，如图 11.13（b）所示。

为了研究网络结构摩擦纳米发电机电能输出规律，首先研究摩擦纳米发电机单元个数与器件信号输出的关系。因此，四个摩擦纳米发电机单元被织成一个小的网络。为了定量研究网络的输出规律，首先在一个池子中装水，然后通过池子的上下晃动来模拟自然界中的水波。图 11.13（c）～（f）展示的是网络的总体电学输出与网络中的器件个数的关系。网络中的单元个数 1、2、3、4 与输出的电流和电压关系分别如图 11.13（c）和（d）所示。对图中的电学信号进行分析，我们可以得出如下规律。首先，电流输出的峰值随着单元个数的增加而显著增加。当单元数为 1 时，器件的平均电流峰值为 50.44μA。但是当单元数为 4 时，器件的总体电流平均峰值达到 301.95μA，如图 11.13（c）所示。其次，电流的峰值密度也随着器件单元个数的增加而显著增加。再次，电压信号的峰值密度也随着器件单元个数的增加而显著增加。这里电压信号的峰值基本保持恒定，主要是由于这些器件单元是并联的。基于以上的观测，我们可以推测，如果成千上万个单元的输出被连接在一起，这样就可以获得一个准直流的输出信号。并且，整个网络的输出功率频率也可以通过网络结构的设计进行调节和控制。通过一个整流桥路，网络中总的累计电荷也是可以测量的，如图 11.13（e）所示。电荷累计率基本随着单元个数的增加而呈正比例增加。这主要是因为摩擦纳米发电机单元数的增加意味着单位时间内的冲击次数增加，产生的电荷总量会增加，因此电荷的累计率也会明显增加。此外，我们也进一步调查峰值输出功率与器件单元个数的关系，如图 11.13（f）所示，随着器件单元个数的增加，网络结构摩擦纳米发电机的峰值输出功率也会呈指数增加。

为了研究摩擦纳米发电机网络对大规模的海洋能的采集，第一步是对单个单元格的输出进行研究。单个的电流峰值所蕴含的平均能量 E_0 可以被估算为

$$E_0 = \alpha I_{SC} V_{OC} \Delta t \tag{11.1}$$

式中，I_{SC} 和 V_{OC} 分别为一个单元的平均短路电流和开路电压，分别为 50μA 和 180V；Δt 为短路电流的峰宽，大约为 0.0184s；α 为 0～1 的因数。作为一个粗略的估计，可以假设 α=0.5。将上述各值代入式（11.1），E_0 可以计算得 82.8μJ。

对于网络结构摩擦纳米发电机中的一个单元，一次冲撞将会产生两个电流峰，并且两者均为 $I_{SC}\Delta t$，因此，一次撞击所产生的平均能量 E_C 可以估算为

$$E_C=2E_0 \tag{11.2}$$

每秒单位体积所产生的能量 E_{CV} 可以表示为

$$E_{CV}=f\beta\frac{E_0}{V_0} \tag{11.3}$$

式中，β 为网络结构摩擦纳米发电机的占空比，由于所有的摩擦纳米发电机单元

之间不是无缝连接，所以这里 β 可以设计为 0.6；V_0 为一个单元的有效体积，根据具体的实验设计，V_0=6cm×12cm×12cm=864cm^3；f 为小球的撞击频率，假设网络中小球在海洋表面的平均撞击频率为 2Hz。因此 E_{CV} 可以被估算为 0.23J/m^3。

由于网络结构的摩擦纳米发电机质量轻便，对海洋能有很强的抗腐蚀能力，因此可以将网络建至水下深度 5m，也可以起到很好的能量采集作用。因此，在 1km^2 的范围内，网状摩擦纳米发电机能够产生的能量为

$$E=5\text{m}\times 1\text{km}^2\times E_{CV} \tag{11.4}$$

将式（11.3）代入式（11.4），E 可以被估算为 1.15MJ。

因此，在 1km^2 的海域范围内，可以产出平均 1.15MW 的能量。为了表明网络结构摩擦纳米发电机能够实际作为一个能量源，一个由四个单元并联的小型网络可以漂浮在游泳池中进行水波浪的能量采集，如图 11.14（a）所示。当清风吹过水面，所激起的微波就可以使器件开始工作，并且可以驱动一个自供电的 SOS 系统［图 11.14（b）］，可以为将来的海洋紧急事故报警与处理提供便利。图 11.14（c）展示的是一个网络结构摩擦纳米发电机具体工作的结构示意图。这里，一个多层结构的电气连接被提出。在底层，上千个单元被并联形成一个社区，这些并联可以有效地提高总体的电流输出。在上层连接中，成千上万个社区可以串联起来，这样电压就可以得到有效的提高。因此，电流和电压的峰值以及峰值密度都被极大地提高。与当前的海洋能采集方式相比，基于网络结构的摩擦纳米发电机设计有独特的优势。首先，网络结构摩擦纳米发电机结构适合于采集各式各样的水波动能，从微波到强浪，从横波到纵波，均可以被它采集。并且，与基于电磁感应发电机的海洋能采集方式不同，基于网络结构的摩擦纳米发电机设计不仅可以采集水面下的水流动能，还可以有效采集水面上的波动能。除此之外，绝大部分自然环境中的波动都是多方向的，基于网络结构的摩擦纳米发电机设计可以充分有效地利用各个方向的波动。因此，它不仅可以用在浅水区，实际上可以用在几乎所有的水域。

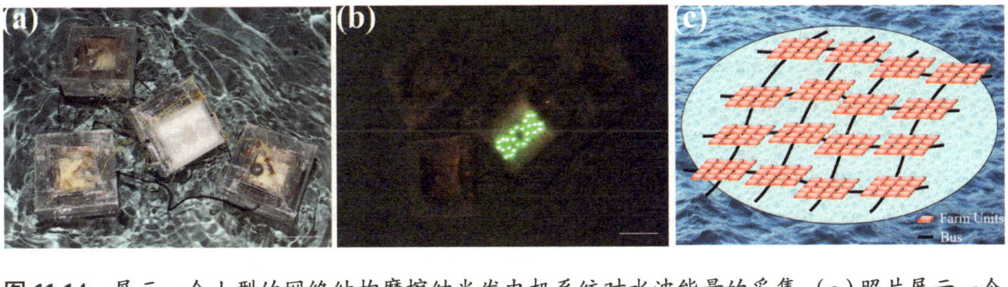

图 11.14　展示一个小型的网络结构摩擦纳米发电机系统对水波能量的采集。(a)照片展示一个小型的发电机网络在一个家用游泳池中漂浮，比例尺为 10cm；（b）照片展示随着微波的抖动，所产生的电能可以驱动一个 SOS 系统，比例尺为 10cm；（c）实际应用中的摩擦纳米发电机系统的网络结构构造示意图（本图已获得美国化学学会许可）[10]

其次，摩擦纳米发电机主要由高分子材料制作而成，而不需要磁铁和金属线圈等，因此它的整体质量很轻，需要的材料很少[21-23]。这样使基于网络结构的摩擦纳米发电机群可以对海洋有很好的抗腐蚀能力，并可漂浮在海洋的水体表面进行波动能的采集，而不需要额外建立一个漂浮的平台。

再次，由于网络中的各个单元都是单独封装，因此一个节点的损坏不会影响其他节点的正常输出，这种设计比当前的海洋能收集技术有很低的失败率。

总之，全新的工作原理和优良的结构设计使网络结构摩擦纳米发电机在海洋能采集方面有其独树一帜的一面，并且与目前的海洋能采集技术形成良好的互补。

11.3 总　结

基于摩擦纳米发电机进行海洋能采集，有着其独特的优势。摩擦纳米发电机作为一个全新的能量技术被引入海洋能和水流动能的采集领域，将会极大地促进整个领域的发展。对于绝大部分的水体，它所蕴含的能量都分布在水体的表面，这使传统的电磁感应发电机在回收此种能量时有一定的局限性。而基于网络结构的摩擦纳米发电机群能很好地解决这个问题，它不仅可以回收水体表面各种形式的波动能，而且可以不限方向，从而使能量的转换效率得到极大的提高。而且，这种方法不受水体的深浅限制，可以自由漂浮在水体表面而不需要额外的支撑。同时，制作材料主要是依赖于便宜轻便的高分子材料，从而使它的造价低廉。因此，摩擦纳米发电机，作为一种全新的并且充满潜力的新能源技术，在海洋能采集方面显示着它独特的优势，它将是海洋能采集领域内一个新的起点，实现我们的蓝色能源梦。

参考文献

[1] Wang Z L. Triboelectric nanogenerators as new energy technology and self-powered sensors-principles，problems and perspectives. Farad Discuss，2014，176：447-458 .

[2] Wang Z L. Triboelectric nanogenerators as new energy technology for self-powered systems and as active mechanical and chemical sensors. ACS Nano，2013，7（11）：9533-9557 .

[3] Wang Z L，Chen J，Lin L. Progress in triboelectric nanogenertors as new energy technology and self-powered sensors. Energy Environ Sci，2015，8：2250-2282 .

[4] Wang S，Lin L，Wang Z L. Triboelectric nanogenerators as self-powered active sensors. Nano Energy，2015，11：436-462 .

[5] Zhu G，Peng B，Chen J，Jing Q，Wang Z L. Triboelectric nanogenerators as a new energy technology：From fundamentals，devices，to applications. Nano Energy，2015，14：126-138 .

[6] Lin Z-H，Cheng G，Lee S，Pradel K C，Wang Z L.Harvesting water drop energy by a sequential contact-electrification and electrostatic-induction process. Adv Mater，2014，26（27）：4690-4696 .

[7] Lin Z H，Cheng G，Lin L，Lee S，Wang Z L. Water-solid surface contact electrification and its use for harvesting liquid-wave energy. Angew Chem Int Ed，2013，125（48）：12777-12781 .

[8] Lin Z H，Cheng G，Wu W，Pradel K C，Wang Z L. Dual-mode triboelectric nanogenerator for harvesting water energy and as a self-powered ethanol nanosensor. ACS Nano，2014，8（6）：6440-6448.

[9] Zhu G，Su Y，Bai P，Chen J，Jing Q，Yang W，Wang Z L. Harvesting water wave energy by asymmetric screening of electrostatic charges on a nanostructured hydrophobic thin-film surface. ACS Nano，2014，8（6）：6031-6037 .

[10] Chen J，Yang J，Li Z，Fan X，Zi Y，Jing Q，Guo H，Wen Z，Pradel K C，Niu S，Wang Z L. Networks of triboelectric nanogenerators for harvesting water wave energy：A potential approach toward blue energy. ACS Nano，2015，9（3）：3324-3331 .

[11] Yang W，Chen J，Zhu G，Yang J，Bai P，Su Y，Jing Q，Cao X，Wang Z L. Harvesting energy from the natural vibration of human walking. ACS Nano，2013，7（12）：11317-11324 .

[12] Yang W，Chen J，Jing Q，Yang J，Wen X，Su Y，Zhu G，Bai P，Wang Z L.3D stack integrated triboelectric nanogenerator for harvesting vibration energy. Adv Funct Mater，2014，24（26）：4090-4096 .

[13] Yang J，Chen J，Liu Y，Yang W，Su Y，Wang Z L. Triboelectrification-based organic film nanogenerator for acoustic energy harvesting and self-powered active acoustic sensing. ACS Nano，2014，8（3）：2649-2657 .

[14] Su Y，Zhu G，Yang W，Yang J，Chen J，Jing Q，Wu Z，Jiang Y，Wang Z L.Triboelectric sensor for self-powered tracking of object motion inside tubing. ACS Nano，2014，8（4）：3843-3850 .

[15] Chen J，Zhu G，Yang J，Jing Q，Bai P，Yang W，Qi X，Su Y，Wang Z L. Personalized keystroke dynamics for self-powered human-machine interfacing. ACS Nano，2015，9（1）：105-116 .

[16] Yang J，Chen J，Su Y，Jing Q，Li Z，Yi F，Wen X，Wang Z，Wang Z L. Eardrum-inspired active sensors for self-powered cardiovascular system characterization and throat-attached anti-interference voice recognition. Adv Mater，2015，27（8）：1316-1326 .

[17] Zhu G，Zhou Y S，Bai P，Meng X S，Jing Q，Chen J，Wang Z L. A shape-adaptive thin-film-based approach for 50% high-efficiency energy generation through micro-grating sliding electrification. Adv Mater，2014，26（23）：3788-3796 .

[18] Xie Y，Wang S，Niu S，Lin L，Jing Q，Su Y，Wu Z，Wang Z L. Multi-layered disk triboelectric nanogenerator for harvesting hydropower. Nano Energy，2014，6：129-136 .

[19] Cheng G，Lin Z H，Du Z L，Wang Z L. Simultaneously harvesting electrostatic and mechanical energies from flowing water by a hybridized triboelectric nanogenerator. ACS Nano，2014，8（2）：1932-1939 .

[20] Wang X，Niu S，Yin Y，Yi F，You Z，Wang Z L. Triboelectric nanogenerator based on fully enclosed rolling spherical structure for harvesting low-frequency water wave energy. Adv Energy Mater，2015，5：1501467 .

[21] Chen J，Huang Y，Zhang N，Zou H，Liu R，Tao C，Fan X，Wang Z L. Micro-cable structured textile for simultaneously harvesting solar and mechanical energy. Nat Energy，2016，1：16138 .

[22] Zhu G，Yang W，Zhang T，Jing Q，Chen J，Zhou Y S，Bai P，Wang Z L. Self-powered，ultrasensitive，flexible tactile sensors based on contact electrification. Nano Lett，2014，14（6）：3208-3213.

[23] Zhu G，Chen J，Zhang T，Jing Q，Wang Z L. Radial-arrayed rotary electrification for high performance triboelectric generator. Nat Commun，2014，5：3426 .

第12章 基于摩擦纳米发电机的复合式发电单元

摘　要

我们的环境中有丰富的多种形式的能量，包括机械能（振动、声音、风和水力的能量）、热能、太阳能和电化学能等，为了利用好这些身边的能源，经过设计后的复合式发电单元能同时收集多种不同的能量，可以有效满足各种电子器件的能量需求及适应多种工作环境。这里介绍不同的包括摩擦纳米发电机和其他发电器件的复合发电单元，具体包括交流电-交流电复合和交流电-直流电复合。在交流电-交流电复合发电单元中，电磁-摩擦复合纳米发电机被大量研究来高效收集能量，而摩擦纳米发电机、压电纳米发电机（PENG）和热释电纳米发电机复合可以同时收集机械能和热能。在交流电-直流电复合发电单元中，摩擦纳米发电机可以与太阳能电池、热电器件及电化学器件复合来同时收集多种随时随地可用的能量。

收集这些形式的能量对于满足长期的能量需求和世界的可持续发展非常重要。这些年，经过设计的材料和器件用于将能量转换为电能。机械能的收集可以从摩擦纳米发电机、压电纳米发电机和传统的电磁发电机得到。热能可以被热电器件和热释电纳米发电机所收集。太阳能和电化学能可以分别被太阳能电池和电化学电池所收集。根据环境的不同，通过整合的结构可以随时随地用于收集多种不同的能量，被用于可携带或可穿戴的器件。因此，复合能量单元可以被设计出来用两种或多种方法收集能量，这些收集器件可以并联或串联来分别增大输出电流或电压。本章展示了发展整合结构来收集环境中可用的不同能量的方法。

12.1 交流电-交流电复合能量单元

12.1.1 电磁-摩擦复合纳米发电机

自从 1831 年法拉第发明电磁感应效应以来，电磁发电机（EMG）就成为发电的最重要方法。而对于摩擦纳米发电机（TENG），它不仅提供了驱动微纳系统的微小能量，而且提供了驱动器件的能量，很可能会变得与 EMG 同等重要。同时 TENG 已经被证实在低频机械能能量（如人体运动能和海洋波动能）收集中不可取代[1]，使与其能够和 EMG 复合有效收集广泛频率范围的能量。

将 TENG 和 EMG 组装后，一个复合型机械能收集技术可以极大提高能量收集器件的总输出，而该技术的核心思路是在同一机械运动中提高电能输出。因此，不同的 TENG-EMG 复合发电器件被研制出来[2-8]。

12.1.1.1　电磁发电机和摩擦纳米发电机的理论比较和协同工作

在我们讨论 TENG-EMG 复合型发电单元器件结构之前，考虑到它们不同的工作原理，把两种发电器件进行理论比较非常重要。Zhang 等报道了 EMG 和 TENG 从理论机理和主要工作方面的理论分析和比较[2]。基于两种不同的发电原理，设计复合型纳米发电机，并表征其并联和串联的工作输出。这显示了 TENG 作为新的能量产生方式，有望成为与 EMG 在大规模发电上同等重要的技术。

EMG 是基于电磁感应原理，如图 12.1（a）所示。当带有外接电路的导体棒

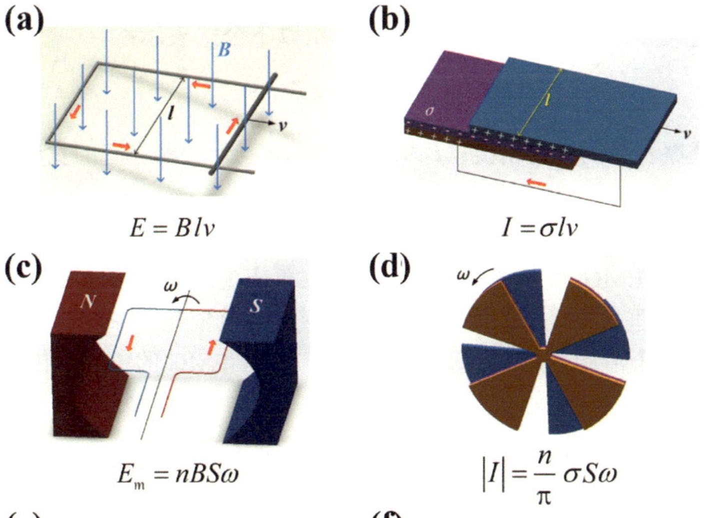

(e)

Symbol	Definition
E	induced electrodynamic potential
E_m	peak value of E
B	magnetic flux density
l	length of wire
v	velocity of movement
n	turns of coils
S	coil area
ω	angular velocity
$\frac{\Delta\Phi}{\Delta t}$	change rate of magnetic flux

(f)

Symbol	Definition
I	induced current
$\|I\|$	absolute value of I
σ	electric charge density
l	width of friction surface
v	velocity of movement
n	segments number
S	friction area
ω	angular velocity
$\frac{\Delta Q}{\Delta t}$	transfer rate of electric charge

图 12.1　摩擦纳米发电机和电磁发电机的理论比较。（a，c，e）电磁发电机的示意图、基本原理、主要公式和参数；（b，d，f）摩擦纳米发电机的示意图、基本原理、主要公式和参数（本图已获得 Wiley 许可）[2]

切割磁感应线时，导体棒两端的感应电动势为

$$E = Blv \tag{12.1}$$

式中，B 为磁通量密度；l 为导体棒的长度；v 为导体棒切割磁感线的速度。

不同于 EMG，TENG 是基于摩擦起电和静电感应现象将机械能转化为电能。摩擦起电现象是指当两种不同材料接触后的接触起电现象。材料所带电荷的极性和其相对另一材料的电吸引性相关。静电感应是一种电荷在周期性静电荷接触和分离产生的电场变化在电极之间的重新分布。如之前讨论所示，TENG 已有四种基本模式，包括垂直接触-分离模式、水平滑动模式、单电极模式和独立层模式。所有的模式都具有类似的电荷产生和分离过程。

为了便于与 EMG 比较，我们选择了水平滑动模式进行理论分析，如图 12.1（b）所示。水平滑动模式 TENG 的基础理论和工作原理已经在 3.2.1 节中介绍。在给定滑动速度下，TENG 的短路电流可以用以下公式表示：

$$I_{\mathrm{SC}} = \frac{\sigma \Delta S}{\Delta t} = \sigma l v \tag{12.2}$$

式中，σ 为摩擦表面的电荷密度；l 为摩擦表面垂直于滑动方向的宽度；v 为顶部金属的滑动速度。

两种公式具有相似的表达和相对应的参数，表明 TENG 可以像电流源一样产生感应电流，而 EMG 可以像电压源一样产生感应电压。而输出电流和电压都分别依赖于三个物理变量。一方面，TENG 的短路电流依赖于摩擦电荷密度，而摩擦面的宽度垂直于滑动方向和滑动速度。另一方面，EMG 的电动势依赖于磁通量密度、导体棒长度以及切割磁感应线速度。这些参数都与材料的本征性质、器件形状和机械运动有关，证实了两种发电机的相似性。

对两种发电机的转动模式也进行了研究。转动 EMG 的示意图如图 12.1（c）所示，包括一对磁铁和一组线圈的转动 EMG 处于磁场中。当线圈绕着中心轴转动时，磁通量在变化，沿着线圈可以产生感应电动势。转动 EMG 输出电压如正弦波变化，其峰值如下所示：

$$E_{\mathrm{m}} = nBS\omega \tag{12.3}$$

式中，n 为线圈匝数；S 为线圈的横截面积；ω 为线圈的转动角速度。

图 12.1（d）证实了分割的盘状转动 TENG 的示意图，其中周期性两组接触盘的重复和分离由相对转动达到。其理论分析、工作原理和输出性能已经在 3.3.3 节讨论。转动 TENG 的短路电流绝对值是

$$|I| = \frac{\sigma \Delta S}{\Delta t} = \sigma \frac{n r^2 \Delta \theta}{2\Delta t} = \frac{n}{\pi} \sigma S \omega \tag{12.4}$$

式中，n 为转盘的分割数；S 为转盘的摩擦面面积（全周期面积的一半）；ω 为金属的转动角速度。

转动 EMG 和 TENG 具有交流输出，式（12.3）和式（12.4）具有相似、对称的表达。除了理论上输出波形不同，其表达上还有系数 π 的区别。TENG 的短路输出电流和 EMG 的电动势分别都依赖于四个物理变量。类似地，这四个变量和材料的本征性质、器件结构、器件形状和外在机械运动有关。与水平滑动模式结构相比，器件结构多一个变量，因为转动发电机的器件复杂度更高。

总体上，EMG 的公式如下：

$$E = n\frac{\Delta\Phi}{\Delta t} \tag{12.5}$$

式中，n 为线圈数；$\Delta\Phi/\Delta t$ 为每个线圈中的磁通量变化率。对于 TENG，无论操作模式是直线滑动、转动滑动或其他模式，产生的感应电流是由于两个物体的电荷定向转移。因此，TENG 的输出电流可以表达为

$$I = n\frac{\Delta Q}{\Delta t} \tag{12.6}$$

式中，n 为分割数，代表两个物体在单位时间电荷转移的次数；$\Delta Q/\Delta t$ 为每个扇区的电荷转移率。比较式（12.5）和式（12.6）可以看到，TENG 由于电荷转移而产生感应电流，而 EMG 由于磁通量改变而产生感应电压。

EMG 和 TENG 的技术理论、转动结构、公式和重要性如图 12.1 所示。上述分析和比较的结果显示了 TENG 具有与 EMG 在理论上对称的关系，TENG 可以被当成电流源，而 EMG 可以被当成电压源。

除了理论比较，也比较了转动 EMG 和 TENG 的输出特征，如表 12.1 中两套参数。转动 TENG 被设计为四个分割结构，经验摩擦电荷密度为 70μC/m^2；转动 EMG 被设计为 12 转线圈以及 0.05T 的磁通量密度。TENG 的摩擦面面积为 12.4cm^2，而 EMG 的线圈面积为 25.3cm^2。EMG 的线圈面积大约是 TENG 的圆盘面积摩擦面两倍。它们都有相同的 20πrad/s 的角速度。根据式（12.3）和式（12.4），理论上 EMG 的峰值感应电压为 95.3mV，而 TENG 的峰值感应电流为 6.94μA。

表 12.1　电磁发电机和摩擦纳米发电机的参数（本表已获得 Wiley 许可）[2]

电磁发电机		摩擦纳米发电机	
参数	数据	参数	数据
线圈匝数	n_1=12	分割数目	n_2=4
磁通量密度	B=0.05T	摩擦电荷密度	σ=70μC/m^2
线圈面积	S_1=25.3cm^2	摩擦面积	S_2=12.4cm^2
角速度	ω=20π rad/s	角速度	ω=20π rad/s
感生电动势	E_m=95.3mV	感应电流	I=6.94μA

电刷被用在转动 EMG 上将交流输出转换为直流输出，并系统地表征了直流

EMG 输出特征在不同外接负载下的输出特征。随着电阻的增加，输出电流减少，输出电压增加，而电阻特别大时，电流和电压会达到饱和。测得开路电压是 67.6mV，与正弦感应电压的理论峰值很符合。当外接电阻较小，为 12.3Ω 时，最大输出功率为 102.6μW。实验验证 EMG 的最优阻抗为 12.3Ω。当外接电阻明显比外接阻抗大时，EMG 相当于一个电压源。

转动 TENG 的输出由电刷转成直流输出[9]。在不同外接电阻的测量下，对于 EMG，输出电流随着外接电阻增加而减少，而输出电压增加，当电阻小时，电压电流曲线相对平滑。测得短路电流输出为 6.96μA，与感应电流符合得很好。在低电阻下，最大输出功率增加，而在高电阻下较少。当外接电阻 13.8MΩ 时，最大输出功率为 140.4μW。因此，当外接电阻比输出阻抗小时，TENG 可以被等效为具有大输出阻抗的电流源。

转动直流 EMG 和直流 TENG 的输出功率的比较如图 12.2（a）所示。两种发电机最大输出功率的匹配阻抗相差很远，而直流 TENG 的最大输出功率比直

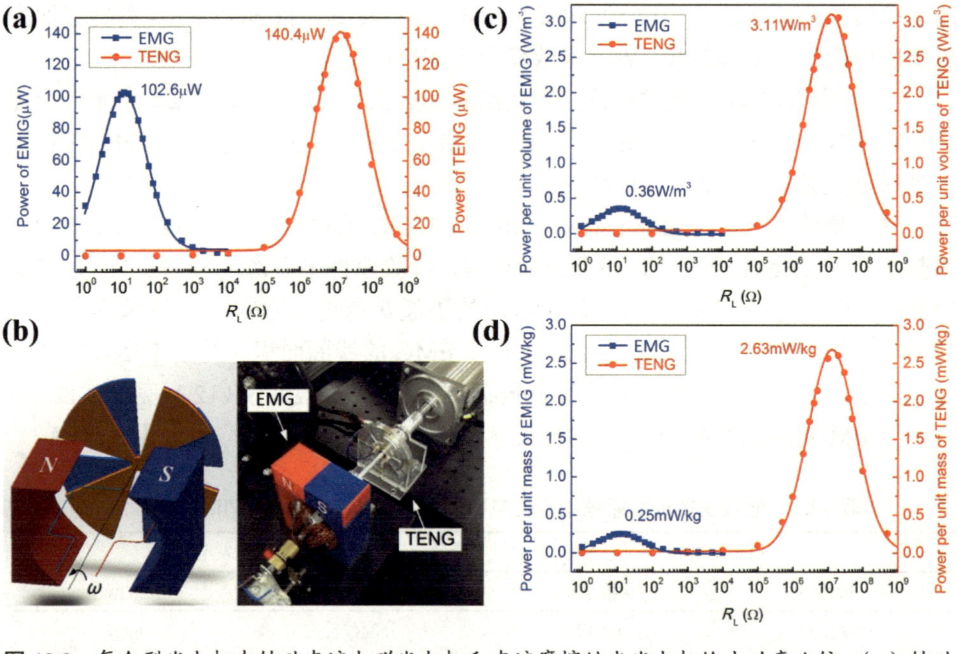

图 12.2　复合型发电机中转动直流电磁发电机和直流摩擦纳米发电机输出功率比较。(a) 转动直流电磁发电机和直流摩擦纳米发电机在不同外接负载时的输出功率；(b) 复合型发电机的示意图和照片；(c) 转动直流电磁发电机和直流摩擦纳米发电机在不同外接负载下的输出功率体积密度，直流电磁发电机和直流摩擦纳米发电机最大输出功率体积密度分别为 0.36W/m³ 和 3.11 W/m³；(d) 转动直流电磁发电机和直流摩擦纳米发电机在不同外接负载下的输出功率质量密度，直流电磁发电机和直流摩擦纳米发电机最大输出功率质量密度分别为 0.25mW/kg 和 2.63mW/kg（本图已获得 Wiley 许可）[2]

流 EMG 的略大。两种发电机的测得输出功率的体积和质量密度如图 12.2（c）和（d）所示。EMG 有两个重磁铁，而 TENG 只有带有较小体积和质量的有机玻璃板。EMG 的最大功率体积密度为 $0.36W/m^3$，而 TENG 的为 $3.11W/m^3$。EMG 的最大功率质量密度为 0.25mW/kg，而 TENG 的为 2.63mW/kg。显然，考虑到尺寸和质量，相比 EMG，TENG 具有更大的输出功率和优势。

所测得的电学输出、输出功率、最大功率和 EMG、TENG 的体积和质量如表 12.2 所示，可以定量化地支撑之前的理论，很好地确认 TENG 的独立特性，并且有望成为与 EMG 并列的重要发电手段。

表 12.2　电磁发电机和摩擦纳米发电机的特征比较（本表已获得 Wiley 许可）[2]

电磁发电机		摩擦纳米发电机	
参数	数据	参数	数据
开路电压	U_S=67.6mV	短路电流	I_S=6.96μA
内阻	R_{01}=12.3Ω	内阻	R_{02}=13.8MΩ
最大功率	P_{m1}=102.6μW	最大功率	P_{m2}=140.4μW
体积	V_1=288cm^3	体积	V_2=45.2cm^3
质量	M_1=412g	质量	M_2=53.3g
单位体积最大功率	P_{V1}=0.36W/m^3	单位体积最大功率	P_{V2}=3.11W/m^3
单位质量最大功率	P_{M1}=0.25mW/kg	单位质量最大功率	P_{M2}=2.63mW/kg

基于两种发电原理，转动直流 EMG 和 TENG 的复合型发电机的示意图如图 12.2（b）所示。这两种发电机具有相同的转动轴，在同样的角速度下可以由输入机械能同时将二者带动。对复合型发电机的输出性能在二者同时操作下进行了表征和分析。

对于带有零内阻的理想电压源，其输出电压和外接负载无关，而对于带有无穷内阻的理想电流源，其输出电流和外接负载无关。在这个电路中，如果理想电压源和理想电流源并联，外接负载的输出电压和电流主要由电压源决定。相反，如果理想电压源和理想电流源串联，外接负载的输出电压和电流主要由电流源决定。

对转动直流 EMG 和 TENG 并联和串联的输出特征进行表征和分析。图 12.3（a）显示了变化负载电阻从 1Ω 到 10kΩ 的输出电流和电压。输出功率随着外接电阻的变化如图 12.3（b）所示。有效输出电压的测得饱和值为 67.5mV，而外接电阻为 12.3Ω 时的最大功率为 103.1μW。这些曲线和数值都与转动直流 EMG 的相同，如图 12.2（a）所示，显示了 EMG 与 TENG 并联和 EMG 对于外界电阻是相当的。类似地，图 12.3（c）显示了当两者串联时的电压电流随着电阻的变化。而输出功率随着外接电阻的变化，如图 12.3（d）所示。测得短路输出电流为 6.94μA，而在 13.8MΩ 下最大功率为 140.7μW。这些曲线和数值都与转动直流 TENG 的相同，如图 12.2（a）所示，显示了 EMG 与 TENG 串联和 TENG 对于外界电阻是相当的。这些实验结果进一步验证了 TENG 作为电流源、EMG 作为电压源的特征。

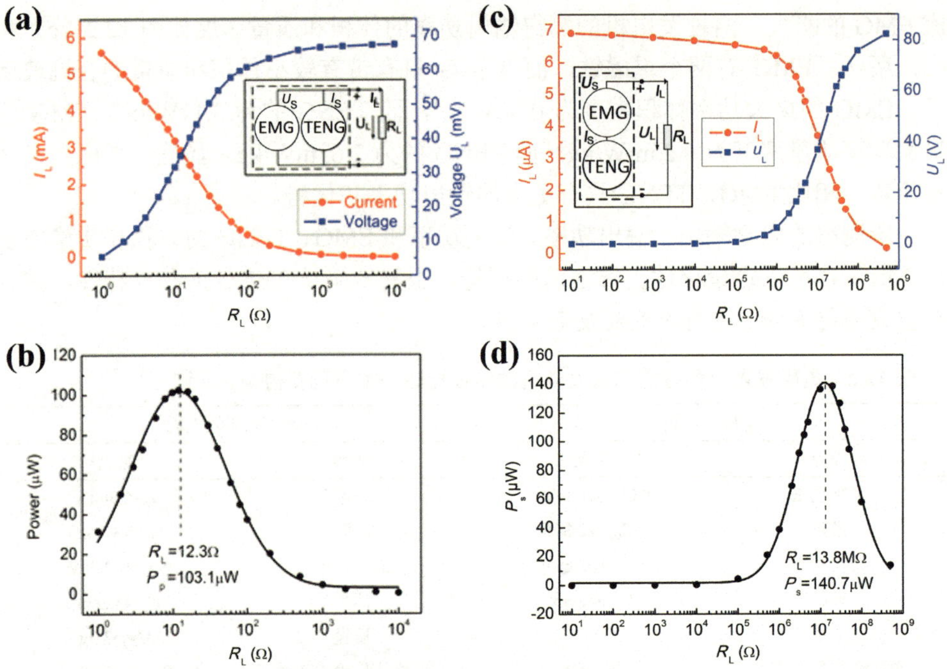

图 12.3　转动直流电磁发电机和直流摩擦纳米发电机并联（a，b）和串联（c，d）时，在不同外电阻下的输出特征。(a，c) 输出电压电流和外接电阻之间的关系。插图是相应的电路图。(b，d) 输出功率和外接电阻之间的关系。并联时，外接电阻为 12.3Ω 时最大功率输出为 103.1μW。而串联时，外接电阻为 13.8MΩ 时，最大功率输出为 140.7μW（本图已获得 Wiley 许可）[2]

本节从理论模型、工作机理和公式三个角度在能量收集方面分析、比较了 EMG 和 TENG，具有可比较和对称的关系。TENG 是一个带有大输出阻抗的电流源，而 EMG 等效于带有小输出阻抗的电压源。基于这两种发电机制得的复合型发电机在不同电路连接下的实验输出与理论分析相同。这种理论比较和实验验证是关于 TENG 和 EMG 在比较上和深度分析上的里程碑式的成果，将会成为利用 TENG 作为与 EMG 同等重要的发电技术的基础。

12.1.1.2　以转盘为基础的复合型电磁-摩擦纳米发电机

Zhong 等提出了一个以转盘为基础的复合型电磁-摩擦纳米发电机，EMG 和 TENG 组合，同时收集同一种转动的能量作为移动电源[5]。这种复合型纳米发电机具有平面结构，直径为 14cm，可以收集人体机械能。TENG 可以发出 17mV 输出功率，EMG 可以发出 50mW 输出功率，在充 6600μF 电容时具有比单个发电单元（TENG 或 EMG）更好的充电性能。一个商业球形灯泡可以由这种复合型纳米发电机在外界环境下给电容充电后点亮，亮度 1700 勒克斯。以这种复合型纳米发电机为基础的移动功率源具有驱动移动电子器件的潜能。

图 12.4（a）是复合型电磁-摩擦纳米发电机的示意图，包括一个含有顶层和底层（第 1 和 5 层）的 EMG 以及一个包括中间层（第 2～4 层）的平面结构 TENG。转动层为 1～2 层，静止层为 3～5 层。对于顶部的 EMG 转动层（第 1 层），六个磁铁均匀分布于一个亚克力板上，其磁极性方向交错。对于 EMG 的底部静止层（第 5 层），相应的六组线圈被组装在基底上串联起来，位于磁铁对应的相同位置上。TENG 的转动层被等角度地分割，每个分割都大约有 1°的中间角度（第 2 层）。TENG 的静止层包括一层摩擦电材料（聚酰胺膜，第 3 层）和一层被沟道分割的反向电极图案（第 4 层）。图 12.4（b）显示了每层的对应照片。

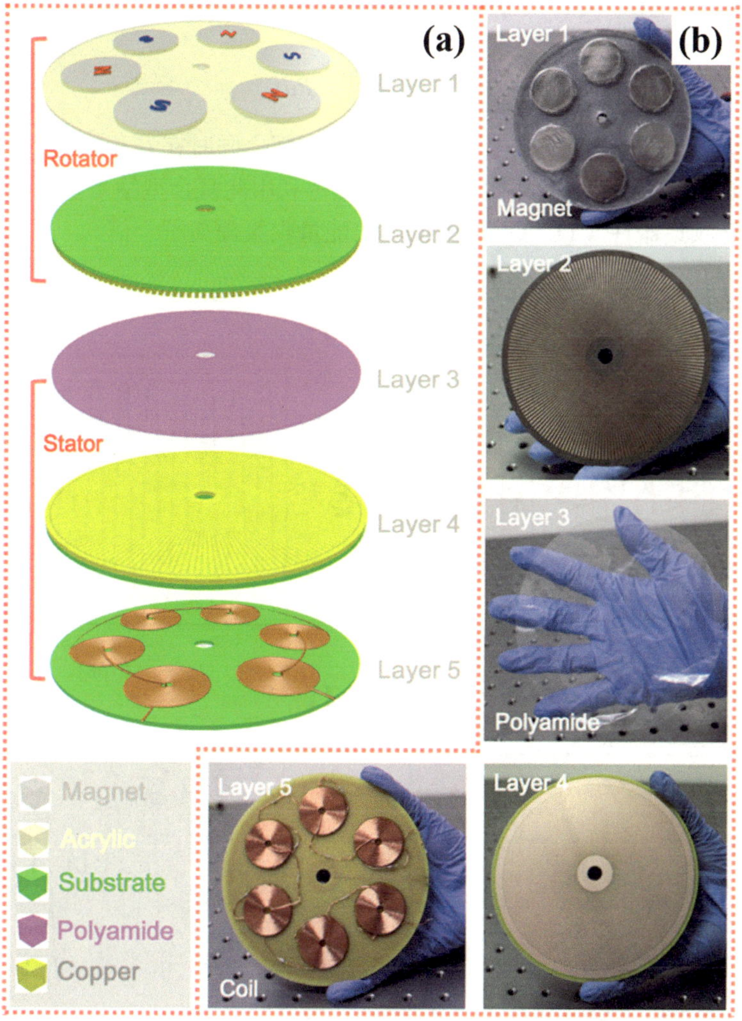

图 12.4　（a）复合型纳米发电机的示意图；（b）复合型纳米发电机的照片（本图已获得 Elsevier 许可）[5]

在转动速度 200r/min 下，TENG 的输出电压和电流分别达到 75V 和 0.33mA，如图 12.5（a）和（b）所示。在相同转动条件下，EMG 的输出电压和电流分别达到 0.62V 和 57.8mA，如图 12.5（c）和（d）所示。分析输出电压电流曲线，相应 TENG 和 EMG 的工作频率分别为 600Hz 和 10Hz。图 12.5（e）和（f）分别显示了不同电阻下 TENG 和 EMG 输出电流和相应输出功率。TENG 和 EMG 的输出电流随着电阻的增加而减少，而两个发电机的瞬时功率随着电阻的增加而先增后减。TENG 和 EMG 的最大输出瞬时功率分别为 0.2MΩ 下的 8.6mW（119μW/g 和 261W/m^3）和 12Ω 下的 8.4mW（24μW/g 和 56W/m^3）。图 12.5（g）和（h）显示了在 0.2mΩ 和 12Ω 下的 TENG 和 EMG 分别的输出电能和输出电流信号。这里输出电能 $E_{\text{electricity}}$ 可以表示为

$$E_{\text{electricity}} = \int_{t_1}^{t_2} I^2 R dt \tag{12.7}$$

式中，I 为纳米发电机的输出电流；R 为负载电阻。同时在 t_1 和 t_2 之间（100ms），TENG 和 EMG 的输出电能相同（0.4mJ），使得利用此复合型纳米发电机技术相比于单个能量收集器件（TENG 和 EMG）的能量收集提高了一倍。

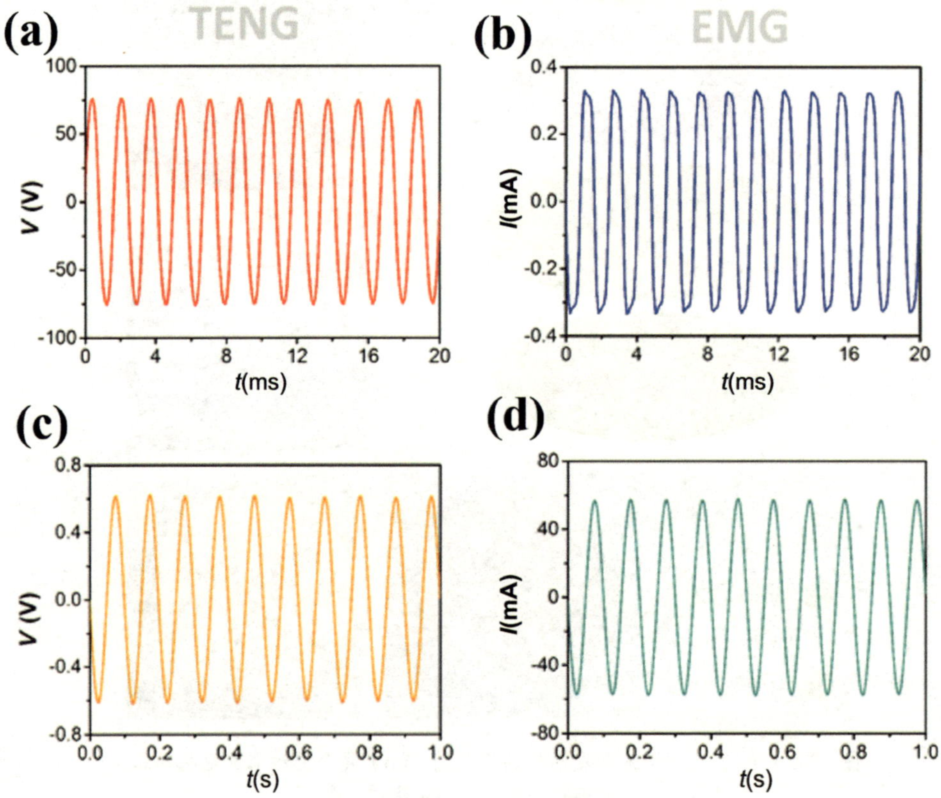

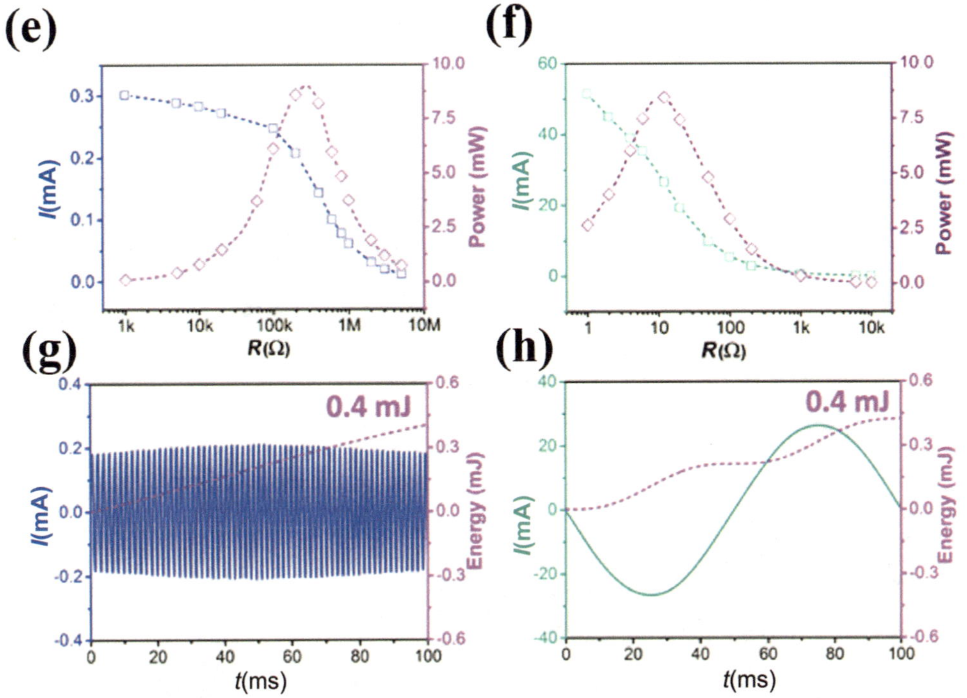

图 12.5　在 200r/min 下摩擦纳米发电机的开路电压（a）和短路电流（b）；在 200r/min 下电磁发电机的开路电压（c）和短路电流（d）；摩擦纳米发电机（e）和电磁发电机（f）输出电流和外接负载电阻的关系；摩擦纳米发电机（g）和电磁发电机（h）在 100ms 内发出的电能（本图已获得 Elsevier 许可）[5]

图 12.6（a）显示了不同发电机在人手操作下给一个 6600μF 电容器充电，清楚地显示了复合型纳米发电机相比单独能量收集单元（TENG 或 EMG）会有更好的充电性能。为了证实复合型纳米发电机作为移动电源的能力，将 TENG 和 EMG 分别连接两组发光二极管（LED）（TENG 连 20 个，EMG 连 20 个）。如图 12.6（b）所示，这些 LED 在人手操作下被同时点亮。图 12.6（c）显示了被复合型纳米发电机点亮的白色球形灯。相应的亮度为 1700 勒克斯，如图 12.6（d）所示。所得亮度足以提供阅读所需的亮度［图 12.6（e）］。复合型纳米发电机的移动输出特性也被在野外点亮的球形灯所证实，如图 12.6（f）所示。

本节总结了一个转盘式复合型纳米发电机，包括一个 EMG 和一个 TENG，通过手动驱动来同时收集机械能作为移动电源。在 200r/min 的转速下，EMG 和 TENG 可以分别在外接电阻 12Ω 下输出功率 8.4mW 和在外接电阻 0.2MΩ 下输出功率 8.6mW。在匹配阻抗下，EMG 和 TENG 可以分别获得输出电荷密度 24μW/g 和 56W/m^3，以及 119μW/g 和 261W/m^3。在给电容充电时，复合型纳米发电机显示

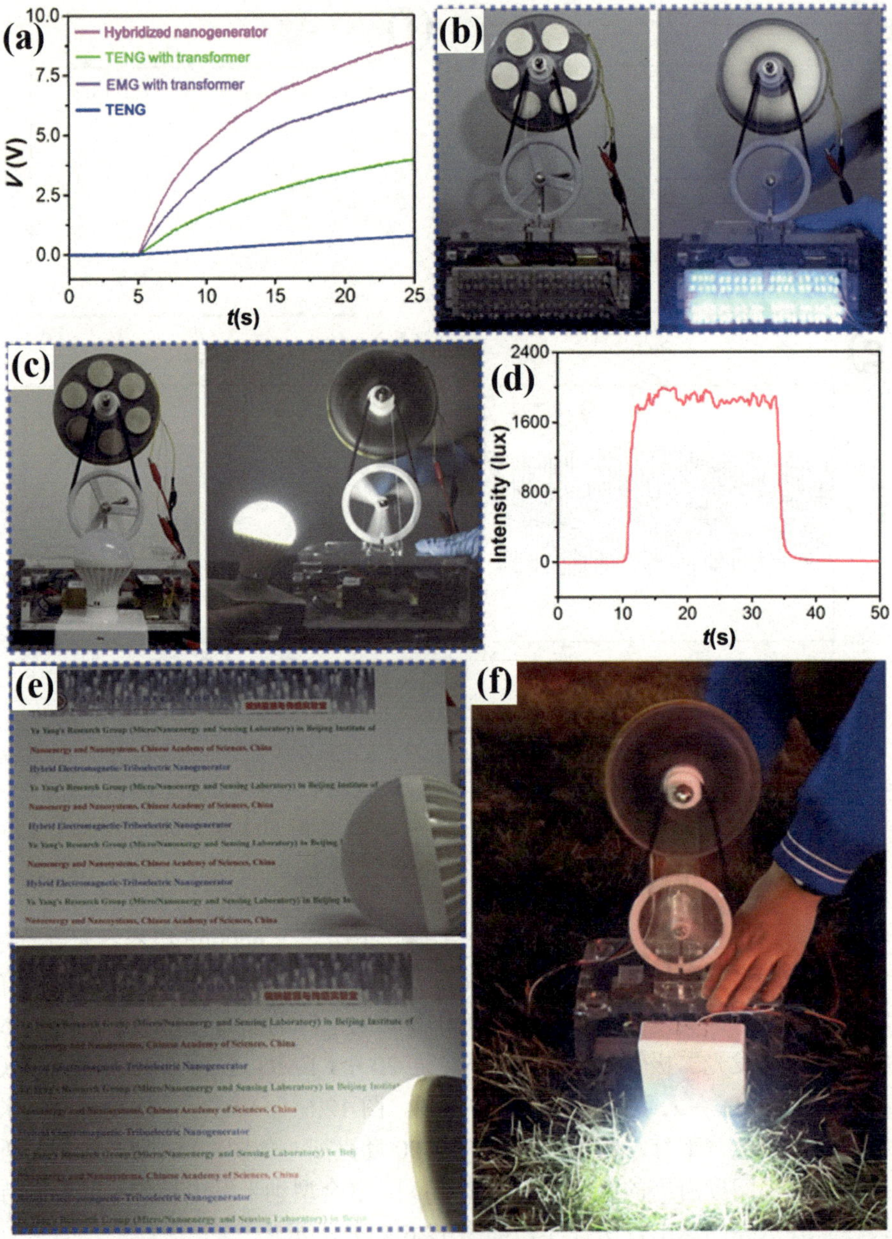

图 12.6　(a) 在人手驱动下，用带与不带变压器的摩擦纳米发电机、带变压器的电磁发电机以及摩擦纳米发电机和电磁发电机经变压器并联给 6600μF 电容器充电的电压；(b) 由复合型纳米发电机点亮的 40 个 LED 等，其中上部和下部 20 个分别为摩擦纳米发电机和电磁发电机电量；(c) 由复合型纳米发电机带 6600μF 电容器直接驱动球形灯的照片；(d) 该球形灯亮度的变化；(e) 摩擦纳米发电机驱动的球形灯可以用于提供阅读灯光；(f) 在野外用手驱动复合型纳米发电机直接点亮球形灯的照片（本图已获得 Elsevier 许可）[5]

了相对于单个能量收集器件更好的充电性能。一个商用球形灯被其持续驱动，亮度为 1700 勒克斯。该复合型纳米发电机的发明将会促进野外收集生物机械能驱动移动电子器件的应用。

12.1.2　复合型摩擦电-压电/热释电纳米发电机

在 TENG 和 EMG 之外，压电纳米发电机（PENG）也得到了很多的关注，因为它可以收集压电材料的应变机械能，这些材料包括氧化锌[10]、聚偏二氟乙烯（PVDF）[11]、锆钛酸铅（PZT）[12]、钛酸钡[13]、铌镁酸铅（PMN-PT）[14]。在 PENG 工作时，电极/压电材料和基底的接触和摩擦是不可避免的，由此产生的摩擦起电效应可以与静电感应效应耦合来驱动 TENG 工作。通过新型的设计，TENG 可以和 PENG 复合来提供能量驱动电子器件并实现自驱动传感。所以，复合型摩擦电-压电纳米发电机可以被用于有效收集机械能[15-18]。

热释电效应被用于从温度的时间变化中收集热能[19, 20]。由于机械能和热能在环境中并不总是同时存在的，有必要发展复合型能量单元来利用组合的器件同时分别收集两种能量。摩擦电-热释电复合型能量单元已经被用于通过自驱动电化学系统分解甲基橙，如 Yang 等所报道[21]。

同时，TENG 的能量转换效率可能会受限于能量产生过程中的能量损失。以滑动模式 TENG 为例，有很大一部分的能量输入会通过热量散失而浪费，特别是高频率的滑动。同时，不可避免地在接触面上的正向压力所做的功也会带来更多的能量损失。因此，高效率的 TENG 已经由非接触方法[3, 22]来最小化能量损失。从另一角度看，复合附加的能量收集器件可以很合理地收集这些能量损失。这里，热释电纳米发电机可以用于收集摩擦所引发的温度波动，而压电纳米发电机可以用于收集材料变形中的机械能。摩擦电-热释电-压电复合能量单元已经由 Zi 等报道来实现高效能量收集[23]。

12.1.2.1　r 形复合型摩擦电-压电纳米发电机

Han 等展示了一种 r 形复合型摩擦电-压电纳米发电机，用于通过机械输入产生电流[15]。压电和摩擦电的输出都通过这种复合型纳米发电机，而微纳尺度的表面可以提高它们的输出。该复合型纳米发电机的示意图和照片如图 12.7（a）所示。它由一个 PENG（上部弯曲部分）和一个 TENG（下部平直部分）组成。弯曲部分包括极化后的 100μm PVDF 膜、PVDF 膜两边的表面纳米结构化的铝电极、被弯成弧形的长度 4cm、直径 6.5cm 的聚对苯二甲酸乙二醇酯（PET）膜。平直部分包括微纳结构的聚二甲基硅氧烷（PDMS）、PET/ITO 电极以及纳米结构表面的底部铝电极。PENG 的一个铝电极和 TENG 是共用的。该 r 形结构由两个部分连接在一端。铝表面的纳米结构和 PDMS 的微纳结构分别如图 12.7（b）和（c）所示。PVDF 膜的 X 射线衍射谱显示为 β 相，这对 PENG 的工作很重要，如图 12.7（d）所示。

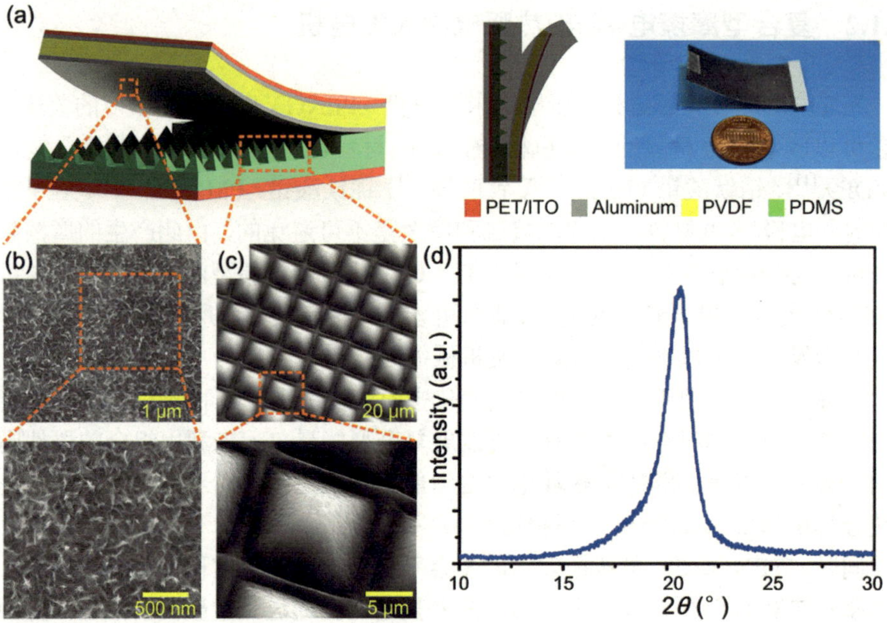

图 12.7 （a）r 形复合型纳米发电机的示意图和照片；（b，c）带有纳米结构的铝电极和具有微纳结构的 PDMS；（d）极化后 PVDF 的 XRD 谱（本图已获得美国化学学会许可）[15]

TENG 的工作机理已经在第 2 章的垂直接触-分离模式中阐述。PENG 的输出可以由 PVDF 中极化密度的强度变化解释。当一个力作用在 PVDF 膜上时，极化密度被相应的应变变化所改变，而在短路情况下电流从一个电极流向另一个电极来平衡这种额外的极化密度。当力和应变被释放时，电流会流回来恢复短路下的极化密度。TENG 和 PENG 可以同时工作来输出能量。

通过 5Hz 的振动系统，对复合型纳米发电机的输出性能进行表征。用一个 100MΩ 的探针，复合纳米发电机中 PENG 的输出电压被测量为 52.8V[图 12.8（a）]，TENG 的输出电压为 240V［图 12.8（b）］。然而，PENG 的半波宽比 TENG 的更大。在 10kΩ 外接电阻下，PENG 输出电流被测量为 166μA［图 12.8（c）］，TENG 的输出电流为 27.2μA［图 12.8（d）］。与 TENG 相比，PENG 具有更小的输出电压和更大的输出电流，这是由较低的输出阻抗造成的。为了再次确认这一点，对纳米发电机串联和并联的输出分别进行测量。当串联时，总输出电压为 328V，与 TENG 的输出电压更类似。而并联时，输出电压只有 58.6V，与 PENG 类似。因此，类似于 EMG 和 TENG 在 12.1.1.1 节中的比较，PENG 的输出阻抗比 TENG 的较小。

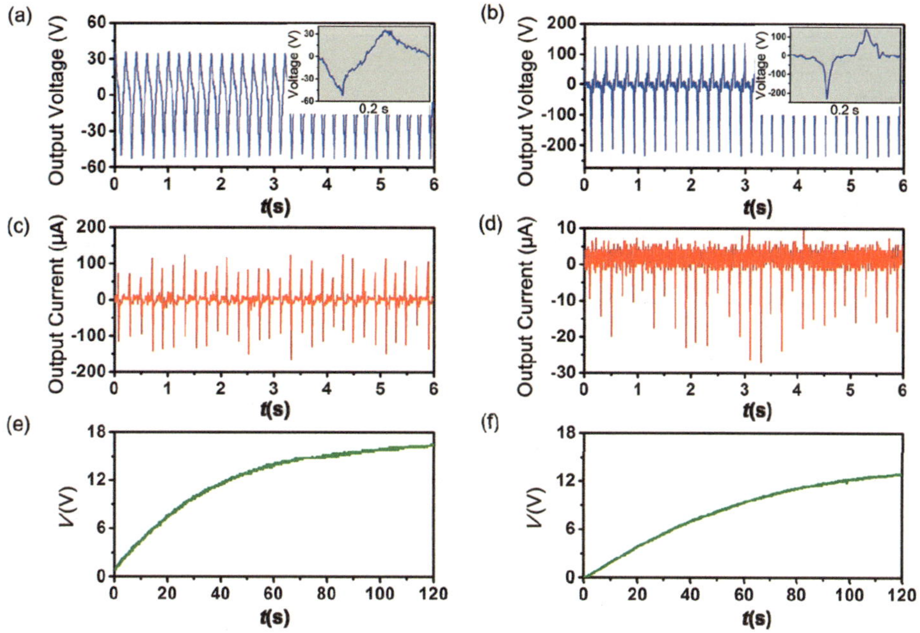

图 12.8　电学输出性能包括：(a) 压电纳米发电机和 (b) 摩擦纳米发电机的输出电压，(c) 压电纳米发电机和 (d) 摩擦纳米发电机的输出电流，以及由 (e) 压电纳米发电机和 (f) 摩擦纳米发电机给 1μF 电容器充电时的电压。(a) 和 (b) 的插图是一周期内放大的电压输出（本图已获得美国化学学会许可）[15]

PENG 和 TENG 瞬时功率密度分别可达 $1.10mW/cm^2$ 和 $0.82mW/cm^2$。产生的输出可以被用于通过一个全波整流桥给一个 1μF 电容器充电。对于 PENG 和 TENG，在 120s，电压分别达到 16.6V [图 12.8 (e)] 和 13.0V [图 12.8 (f)]。

为了证实复合型纳米发电机的实用性，一个 10Hz 的外力被施加在复合纳米发电机上持续工作 6000 个循环。PENG 和 TENG 的输出首先被整流，然后瞬时驱动商用 LED，其电路如图 12.9 (a) 所示。PENG 和 TENG 整流后的输出电压如图 12.9 (b) 所示。绿色和白色 LED 分别为 PENG 和 TENG 通过手指按压点亮，如图 12.9 (c) 所示。同时，一个四数字的液晶显示（LCD）可以被仅一个周期产生的能量持续点亮数十秒 [图 12.9 (d)]。在 15s 后，显示的数字依然可见。因此复合纳米发电机可以很容易安装在表面，并用手指按压来驱动能量输出和传感。

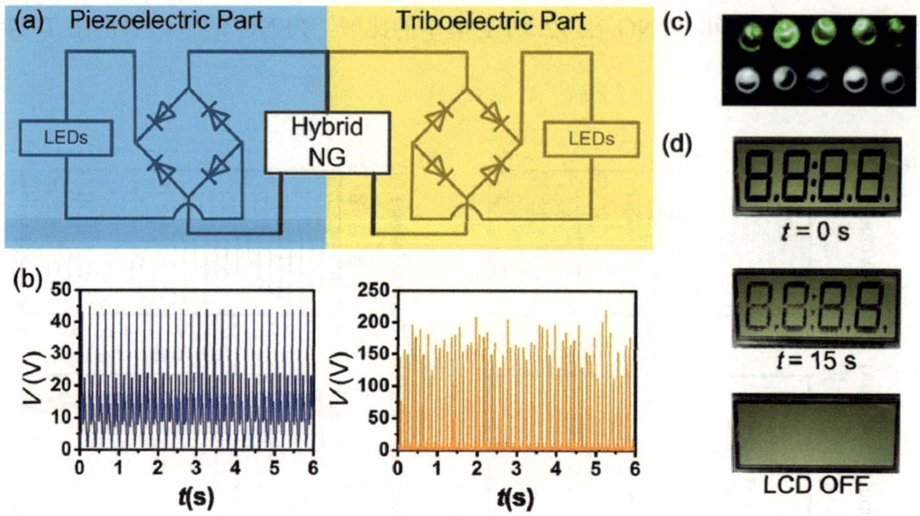

图 12.9 （a）复合型纳米发电机点亮 LED 等的示意图；（b）压电纳米发电机（左）和摩擦纳米发电机（右）的整流输出电压；（c）被压电纳米发电机（上绿色）和摩擦纳米发电机（下白色）点亮的 LED；（d）复合型纳米发电机一个循环 0s（上）和 15s（中）后点亮的 LCD 屏幕，底部是关着的 LCD 屏幕（本图已获得美国化学学会许可）[15]

本节总结了r形复合型摩擦电-压电纳米发电机，包括一个PENG和一个TENG来提高输出。在 5Hz 周期性振动力作用下，PENG 和 TENG 的输出电压、电流密度和体积功率密度分别为 52.8V 和 240V、20.75μA/cm^2 和 3.40μA/cm^2、10.95mW/cm^3 和 2.04mW/cm^3。复合型纳米发电机的输出被证实可以点亮 LED 和 LCD，给电容充电，显示了日常生活中广泛应用的潜力。

12.1.2.2 复合型摩擦电-热释电能量单元

Yang 等证实了一个复合型能量单元，可以同时分别收集机械能和热能用于自驱动甲基橙（MO）的电化学分解[21]。摩擦纳米发电机包括顶部柔性 200nm PDMS 纳米线阵列来收集机械能，而基于 PZT 薄膜的热释电纳米发电机安装在底部用于收集热能。这些纳米发电机的能量可以存储在锂离子电池中或直接用于自驱动电催化氧化系统来分解 MO。

图 12.10（a）显示了这种复合能量单元的示意图。在本研究中，自制的阳极氧化铝（AAO）模板被用于制作 PDMS 纳米线阵列。顶部 TENG 包括一个透明 ITO 膜电极、200μm PDMS 纳米线阵列层、127μm PET 薄膜。图 12.10（b）显示了制得 AAO 模板的扫描电镜照片，孔径 200nm，深度 500nm。图 12.10（c）显示了均匀分布的 PDMS 纳米线阵列扫描电镜照片。放大的电镜照片显示了 PDMS 纳米线的直径约 200nm，如图 12.10（d）所示。一些纳米线在基底上并不直立，

这是由于 PDMS 纳米线之间有吸引力。底部热释电纳米发电机包括两个镍电极和一个 1.5mm 厚度的 PZT 薄膜。

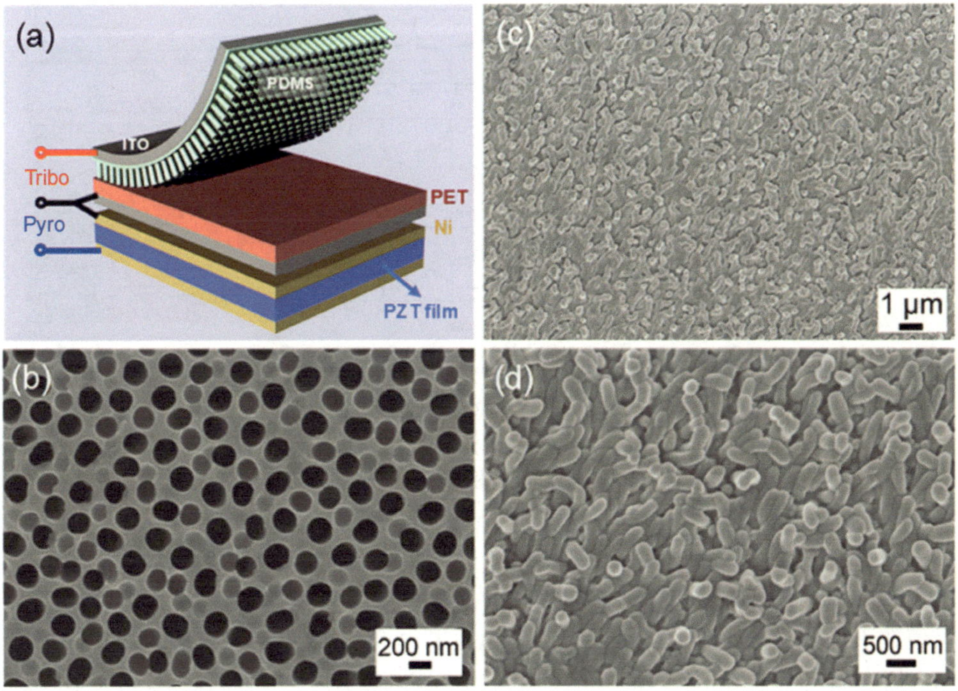

图 12.10　(a)复合型能量单元的示意图;(b)制得阳极氧化铝模板的扫描电镜照片;(c)PDMS 纳米线阵列的扫描电镜照片;(d)放大的 PDMS 纳米线阵列的扫描电镜照片(本图已获得美国化学学会许可)[21]

图 12.11(a)和(b)显示了 TENG 在正向和逆向连接的输出性能，其中输出电压高达 12V 而输出电流约 0.2μA(电流密度 0.17mA/m^2)。TENG 的机制如第 2 章讨论。TENG 的输出电压 $V_{OC(TENG)}$如下所示：

$$V_{OC(TENG)}=\frac{\sigma d}{\varepsilon_0} \tag{12.8}$$

式中，σ 为表面电荷密度；d 为层间距离；ε_0 为真空介电常数。根据式(12.8)，输出电压 $V_{OC(TENG)}$会随着层间距离 d 增大而增加。

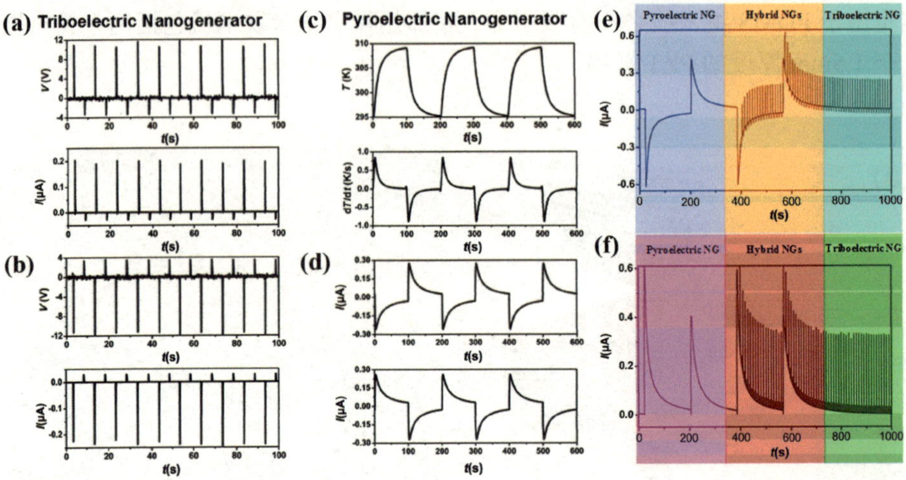

图 12.11　（a，b）摩擦纳米发电机在正向和反向连接时的输出电压；（c）热释电纳米发电机的周期性温度变化和相应的微分曲线；（d）热释电纳米发电机在正向和逆向连接时的输出电流；（e）复合型能量单元的输出电流，其中两种纳米发电机同时分别工作；（f）经过全波整流后的复合型能量单元输出电流（本图已获得美国化学学会许可）[21]

热释电纳米发电机的输出性能在环境温度从 295K 到 309K 变化下测量如图 12.11（c）所示。温度变化率的峰值为 0.8K/s。热释电纳米发电机的输出电流峰值在正向和反向连接下大约 0.3μA（电流密度 0.33mA/m^2），如图 12.11（d）所示。相应输出电压峰值约 16V。热释电纳米发电机的输出电压 $V_{\text{OC(Pyro)}}$可以表示为

$$V_{\text{OC(Pyro)}} = \frac{pD\Delta T}{(\varepsilon_r - 1)\varepsilon_0} \tag{12.9}$$

式中，p 为热释电系数；D 为热释电器件厚度；ΔT 为温度的变化；ε_r 为样品的相对介电常数。根据式（12.9），热释电纳米发电机的输出电压随温度的升高而增长。

图 12.11（e）显示了这种复合型能量单元的输出电流，其中两种纳米发电机并联。TENG 和热释电纳米发电机可以同时分别工作来收集机械能和热能。由于 TENG 和热释电纳米发电机具有交流输出信号，全部的输出电流有时会减弱而不是增强［如图 12.11（e）中 400～550s 所示］。为了解决这个问题，它们的输出信号需要被全波整流桥整流。图 12.11（f）显示了复合型能量单元的整流后输出电流，可以看到所有的输出电流都为正值，并且复合型能量单元输出比单个纳米发电机的输出更大。TENG 在自驱动系统分解 MO 的应用在 13.2.1 节中描述。

本节描述了一个复合型摩擦电-热释电能量单元，可以同时分别收集机械能和热能用于自驱动分解 MO。利用柔性 PDMS 纳米线阵列，顶部 TENG 被用于收集机械能，底部 PZT 膜基的热释电纳米发电机可用于收集热能。该复合型能量单元具有潜在的自驱动电沉积、污染去除、腐蚀保护和水分解的电化学应用。

12.1.2.3　摩擦电-热释电-压电复合能量单元

Zi 等报道了优良输出性能的摩擦电-热释电-压电复合型能量单元，包括一个滑动式 TENG 和一个热释电-压电纳米发电机（PPENG）[23]。以收集滑动摩擦的机械能为主要任务，TENG 尺寸为 63.5cm^2，在 4.41Hz 下产生了 0.15W/m^2 的功率密度。PPENG 可以收集摩擦产热的热能和正向压力产生的机械能。复合型能量单元可以延长 LED 的照明时间，给一个超级电容器充电速率约为用 TENG 充电速率的两倍。这些优良的性质证明了复合型发电单元作为一种可靠的能量收集器和未来自驱动传感器的能力。

如图 12.12（a）所示，这种复合性能量单元具有多层平面结构，包括一个顶部的滑动式 TENG 和一个底部的 PPENG。在 TENG 中，一层铝箔被用于滑动部分，一层镀铜的聚四氟乙烯（PTFE）膜被用于静止部分。对于 PPENG，一个 110μm 厚度的极化后 PVDF 膜被两面镀上铜电极，粘在 TENG 下面。聚酰亚胺夹在 TENG 底电极和 PPENG 顶电极中间作为一个电学上绝缘而热学上导电的层。器件滑动部分和静止部分的高度被仔细调节，使在滑动中铝箔和 PTFE 膜能够贴紧。铝箔的运动由一个线性电机控制，在 PTFE 表面在 0.2267s 内位移滑动 80mm。总的摩擦面积是 63.5cm^2。一个热电偶被插在 PPENG 的下面和摩擦区域中心，用于记录温度变化。

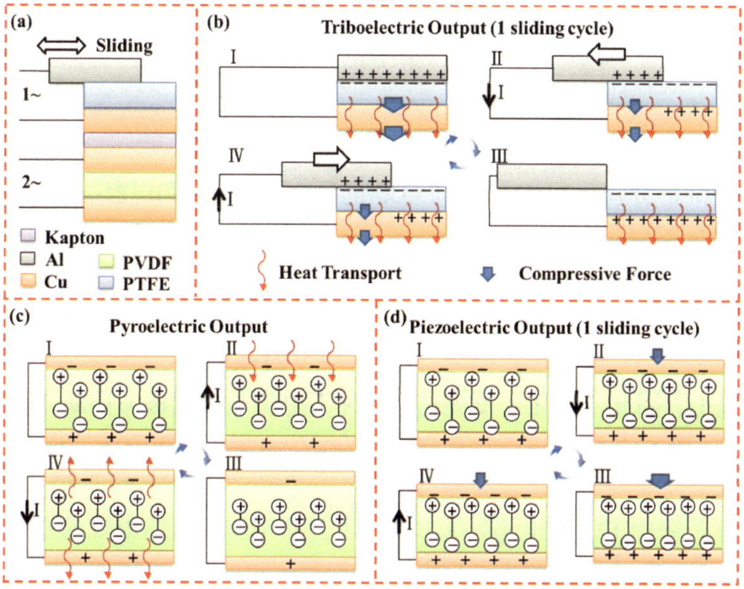

图 12.12　复合能量单元的结构和工作原理。(a) 复合能量单元的结构，其中 1 代表摩擦纳米发电机的输出，而 2 代表热释电-压电摩擦纳米发电机的输出；(b) 摩擦纳米发电机输出的工作原理；(c, d) 热释电和压电输出的工作原理（本图已获得 Wiley 许可）[23]

滑动模式 TENG 的操作和理论已经在之前报道了。如图 12.12(b)所示，TENG 的工作原理基于摩擦起电和静电感应的耦合。在 TENG 两部分的接触摩擦下，由于表面极性的不同，铝层带正电，而 PTFE 表面带上负电。作为一种驻极体高分子材料，PTFE 的净负电荷是不可移动的，倾向于保持较长时间。一旦铝箔从对齐的位置滑走，摩擦电荷在两个表面的分离使铝和铜电极产生电势差。该电势差就是开路情况下的电压，并作为短路情况下电荷流动的驱动力［图 12.12（b-Ⅱ)］，直到铝箔完全从 PTFE 膜的顶部滑走。当铝箔移动返回时，开路电势差下降，而电子在短路下流回从而达到平衡［图 12.12（b-Ⅳ)］。最终铝箔滑动回原位置来完成一个周期［图 12.12（b-Ⅰ)］。

PPENG 的工作高度依赖于极化 PVDF 膜的性能。图 12.12（c）和（d）分别解释了 PPENG 的热释电和压电输出。在器件结构上，PPENG 中的 PVDF 膜被放置为极性朝上［图 12.12（c-Ⅰ）和（d-Ⅰ)］。在周期性的滑动中，下面的 PVDF 膜承受了正压力和摩擦热。由于摩擦热的温度增加，偶极矩减小而体积膨胀，这都会减少极化密度。为了平衡由于极化密度较少的额外电荷，PVDF 上下电极的负向电势差产生，在短路情况下驱动电流从下电极流向上电极［图 12.12（c-Ⅱ)］。在滑动停止时［图 12.12（c-Ⅲ)］，PVDF 膜的热耗散使极化密度增加，从而减少开路下的电势差值，也在短路下驱动反向电流［图 12.12（c-Ⅳ)］。该热释电效应的开路电压和短路电流如下公式所示[24, 25]：

$$\Delta V=\frac{A\Delta\sigma}{C}=\frac{A}{A'}\frac{\Delta\sigma d}{\varepsilon_r\varepsilon_0}=\frac{A}{A'}\frac{d}{\varepsilon_r\varepsilon_0}p\Delta T \qquad (12.10)$$

$$I=\frac{\mathrm{d}(\sigma A)}{\mathrm{d}t}=pA\frac{\mathrm{d}T}{\mathrm{d}t}\ \text{或}\ \Delta Q=\int I\mathrm{d}t=pA\Delta T \qquad (12.11)$$

式中，d、A'和 C 分别是 PPENG 中 PVDF 的厚度、总面积和电容；A 是摩擦面积，也是 PVDF 中热量所影响的面积；P 和 ε_r 分别是 PVDF 的热释电系数和相对介电常数；ε_0 是真空介电常数；ΔV、ΔQ、ΔT 和 I 分别是电压的变化、转移电荷、温度变化和电流。由于极化方向和膜平面垂直，可以认为表面电荷密度变化是 $\Delta\sigma=\Delta P=p\Delta T$[26]。

当滑动部分移入时，正向压力被作用于 PVDF 膜上，导致负向应变和 PVDF 膜的体积减小。因此，极化密度提高，短路下电流从顶电极流向底电极来平衡额外极化密度［图 12.12（d-Ⅱ)］。在 TENG 的对齐位置，正向力达到最大［图 12.12（d-Ⅲ)］。当滑动部分移出时，所施加力减少，在短路下电流流回来平衡应变释放引起的电荷［图 12.12（d-Ⅳ)］。压电效应下开路电压和短路电流的变化和正向力成正比[27]。与热释电效应相比，材料的压电效应更为复杂，因为三维上的应变都可能影响极性密度。

TENG 的输出性能在铝箔周期性滑动时被测量。振荡的开路电压如图 12.13（a）所示，其峰值对峰值差达 1132.6V。在短路情况下，电流密度被测为交流输出，峰值为 1.45mA/m^2（9.2μA 峰值），如图 12.13（d）所示。这些电压与电流都有与滑动相同的周期。这些结果与之前的报道类似[28, 29]。为了决定优化负载电阻和最大功率密度输出，连接不同电阻的外接负载。负载电阻增加时，输出电流峰值减少而电压峰值增加。最大电荷密度在 140MΩ 匹配电阻下高达 146.2mW/m^2。

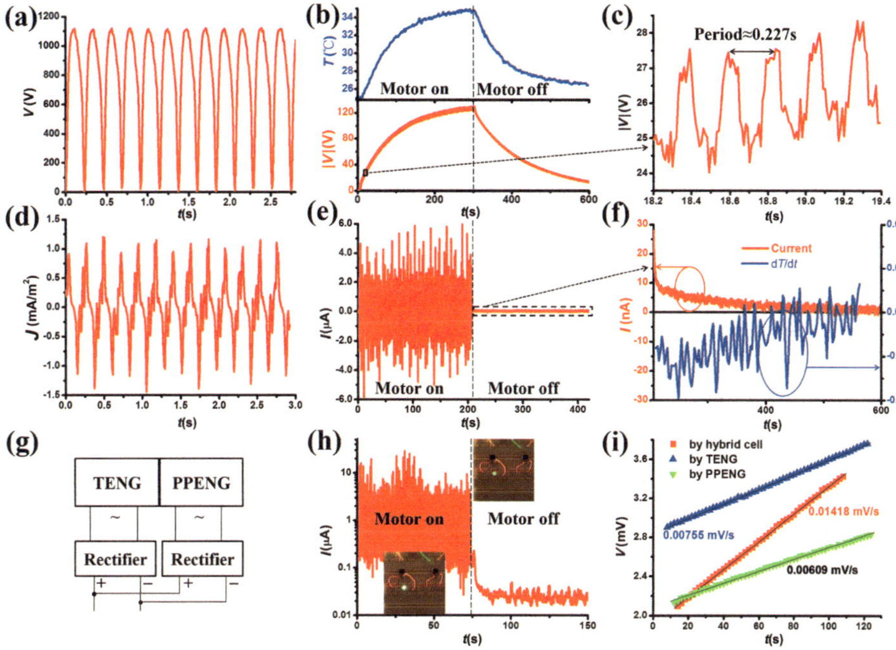

图 12.13　复合能量单元的电学输出。(a) 摩擦纳米发电机、(b，c) 热释电-压电纳米发电机的开路电压；(d) 摩擦纳米发电机、(e，f) 热释电-压电纳米发电机的短路电流；(g) 复合两种纳米发电机的电路示意图；(h) 复合输出电流，其中在电机开和刚关时点亮的 LED 如插图所示；(i) 当电机开时，复合输出、摩擦纳米发电机输出和热释电-压电纳米发电机输出信号分别给一个超级电容器充电时的电压变化（本图已获得 Wiley 许可）[23]

PPENG 的输出性能在线性电机开（moter on）和关（motor off）时被测量。上下电极之间开路电压的变化被第一次测量［图 12.13（b）］。当电机开时，电压变负，电压减少速率开始很大而逐渐接近 0。为了弄清这个输出的来源，PPENG 的温度变化被测量出来，如图 12.13（b）所示。我们注意到电压减少的主要部分和温度升高成正比，这与式（12.10）中所描述的 ΔV 和 ΔT 线性关系吻合，从而也证实了 PVDF 有负的热释电系数 p[30]。该结果证实，作为摩擦起电的结果，开路电压变化的主体部分是基于温度变化的热释电效应。当线性电机开时，电压会有周期性的振荡［图 12.13（c）］。相比之下，当线性电机关时，电压相对光滑而没有周期性振荡。因此，振荡来自周期性正向压力引起的压电效应。电压振荡的周期被测为约 0.227s，这与施加滑动周期吻合。

短路电流在电机开时被测量为交流输出［图 12.13（e）］，电机关时被测量为单向减少的输出［图 12.13（e）和（f）］。由式（12.11）得知，热释电短路电流和温度变化率 dT/dt 成正比。电机开时温度持续升高，而关了以后温度持续较少，作为其结果，电流的热释电部分在电机开时应该为负向单向输出，而关时应该为正向单向输出。同时正向压力在电机开时呈周期性变化，得到一个压电的交流输出。因此，测得交流部分的主体部分（微安以上）为压电电流，正向压力变化频繁（0.2267s 周期）导致一个较大的压力变化速率 dF/dt 和压电电流。在电机关时，单向电流从 30nA 时开始减小，为了确认它是热释电输出，测量温度变化并计算温度变化速率 dT/dt，如图 12.13（f）所示。尽管 dT/dt 曲线中有很大的浮动，它仍然趋向零，这与电流的变化趋势一致。因此，测得的电流被确定为热释电电流。

可以发现，上述测量结果中 PPENG 可以输出较高的压电短路电流和较高的热释电开路电压。因此，不同外接负载电阻下的 PPENG 输出是交流和单向输出的复合。在较大外接负载下（≥60MΩ），尽管电机开时压电效应下的振荡可以被观察到，PPENG 的输出类似于热释电的单向输出。在较小的负载电阻下（＜60MΩ），输出接近于压电的交流输出。TENG 和 PPENG 对于不同负载电阻的平均功率密度被计算出来，因此复合能量单元相对于 TENG 能量收集效率的提升可以用平均功率密度的提高比例来表示。该效率提升在较小负载电阻（≥100kΩ）下可以大于 10%，在外接负载电阻 1kΩ 下可达 26.2%。利用式（12.10）和式（12.11）的积分形式，热释电系数 p 可以被计算为（-1.80 ± 0.07）$nC/(m^2\cdot K)$。

利用整流桥，TENG 和 PPENG 的输出电流可以被调整成单向。通过将两个整流后输出并联，TENG 和 PPENG 的输出性能可以被复合［图 12.13（g）］。测量复合输出电流，如图 12.13（h）所示，在电机开时达到 10μA 量级。该复合输出可以被用于点亮 LED。当电机开时，LED 被点亮并具有很强的亮度［图 12.13（h）左插图］；当电机关时，LED 仍会亮一段时间，因为持续减弱的热释电输出电流能继续点亮 LED［图 12.13（h）右插图］。而 TENG 驱动的 LED 并没有这个现象。复合输出还可以给一个 41.9mF 的超级电容器充电。充电时的超级电容器电压如图 12.13（i）所示。作为比较，整流后的复合输出充电与 TENG 和 PPENG 分别单独充电的超级电容器电压被逐一测量，可见超级电容器被复合输出充电比被单独输出充电更快，其复合输出充电效率大约是 TENG 和 PPENG 单独充电速率之和。充电电流的平均值可以用如下公式计算：

$$\bar{I}=\frac{dQ}{dt}=C\frac{dV}{dt} \tag{12.12}$$

当电机开时，复合型能量单元、整流后 TENG 和整流后 PPENG 输出的平均充电电流可以分别计算为 0.59μA、0.32μA 和 0.26μA。

本节总结了包括一个 TENG 和 PPENG 的复合型能量单元，其高效地从滑动中收集能量。在 4.41Hz 运动下，TENG 具有高振荡电压和电流输出，最大功率密度为 146.2mW/m^2。对于 PPENG，在电机开时可以观察到增加的单向开路电压和交流振荡的短路电流；电机关时可以观察到减小的直流热释电输出。当 PPENG 组装在 TENG 上时，机械能转换效率可提高到 26.2%。复合输出被持续驱动 LED 并延长点亮时间所证实，并可以得到相比于只用 TENG 得到约两倍的充电速率。这些优异的性能使复合型能量单元具有作为一种能量发电机和自驱动传感器的潜能，成为纳米发电机的重大进步并将推动相关的应用。

12.2　交流电-直流电复合能量单元

12.2.1　复合太阳能电池和摩擦纳米发电机

目前太阳能电池是大规模收集太阳能的商业技术。在实际应用中，硅太阳能电池的表面常被一层透明材料覆盖用于保护器件不被腐蚀、污染和机械损坏。当太阳能电池暴露于外界，存在着雨滴和风机械能来源。一个有意思的问题是保护太阳能电池的表面层是否会被用于收集这些机械能。TENG 可以由柔性透明高分子材料制作，这些既可作为 TENG 的一部分，也可以被用于太阳能电池的保护层，因此复合型能量单元可以被用于同时分别收集多种可用的能量。为了同时收集太阳能和机械能，多种复合型能量单元被发展出来[31-34]。

12.2.1.1　复合型太阳能电池和摩擦纳米发电机收集太阳能和机械能

Yang 等证实了一种复合型能量单元，基于一个微金字塔表面硅太阳能电池用于同时收集太阳能和机械能[31]。柔性透明的 PDMS 纳米线阵列基的 TENG 被制造在顶部，不仅用于收集机械能，也作为硅太阳能电池的保护层。

所制得的复合型能量单元如图 12.14（a）所示。PDMS 纳米线阵列是使用 AAO 模板制得的，其孔径的直径和深度分别为 200nm 和 500nm。顶部 TENG 是基于透明 PDMS 纳米线阵列和 ITO 膜的接触分离。图 12.14（b）显示了所得 PDMS 纳米线阵列的扫描电镜照片，纳米线直径为 200nm。底部硅微金字塔太阳能电池包括铝电极、p$^+$背表面场层、p 型硅层、n$^+$发射层、氮化硅（SiN）膜、银格子和 ITO 薄膜电极。金字塔表面用于提高光吸收，也可以作为提高 TENG 摩擦起电过程的有效方式。在硅金字塔上面，TENG 和硅太阳能电池具有一个共同的 ITO 电极。图 12.14（c）显示了硅金字塔的扫描电镜照片，其尺寸为 1～10μm。

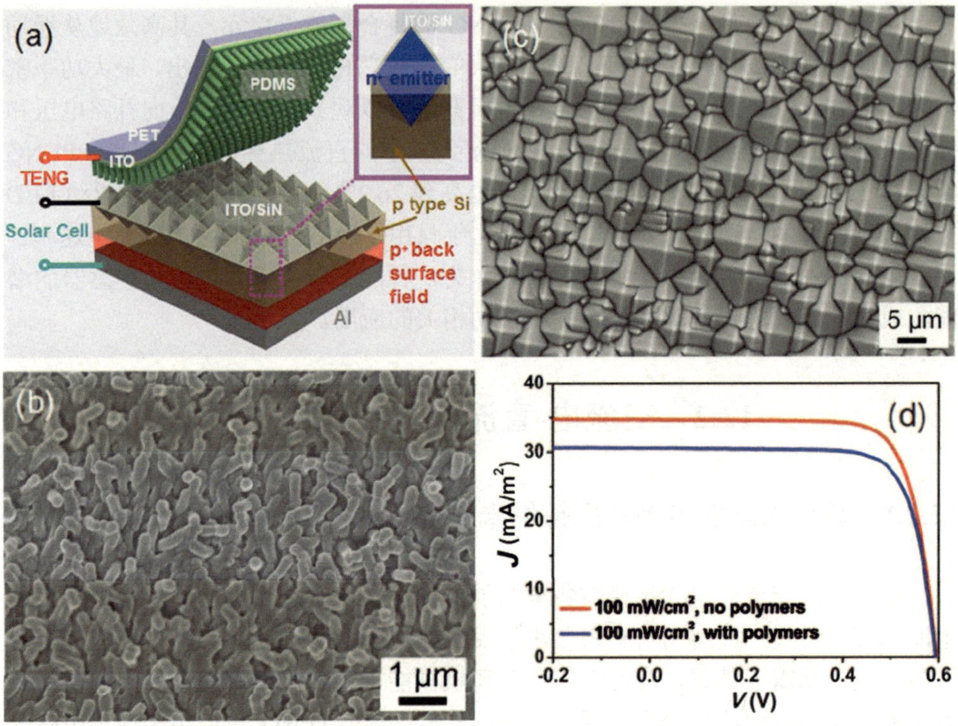

图 12.14　(a) 复合型能量单元的示意图; (b) PDMS 纳米线阵列的扫描电镜图; (c) 制得硅金字塔的扫描电镜图; (d) 有和没有覆盖 PET-PDMS 层的硅太阳能电池在光照强度 100mW/cm^2 下的电流密度-电压曲线（本图已获得美国化学学会许可）[31]

图 12.14(d)显示了硅金字塔太阳能电池的输出性能。在光照强度 100mW/cm^2 下，开路电压和短路电流密度分别为 0.6V 和 35mA/cm^2。相应的能量转换效率高达 16%，这比之前报道的硅纳米线异质结太阳能电池大得多。对 PDMS-PET 高分子材料覆盖的硅太阳能电池输出性能也进行表征，如图 12.14（d）所示。在相同的光照强度下，被高分子覆盖的太阳能电池的能量转换效率从 16%下降到 14%。

图 12.15（a）显示了硅太阳能电池的输出电压约为 0.6V，相应的输出电流高达 18mA。控制 PDMS 纳米线阵列和硅金字塔上 ITO 层接触分离的过程，TENG 输出的电压可达 3V，如图 12.15（b）所示。可以发现，与太阳能电池输出不同，TENG 给出交流输出信号。而整流桥电路可以把交流转为直流。所得输出电压约为 2.5V，如图 12.15（c）所示。图 12.15（d）显示了组装太阳能电池的示意图，其中二者串联，可以保证无论太阳能或机械能可用时都有电压电流输出。图 12.15（e）显示了复合型能量单元的输出电压，而 TENG 电压是被整流后的。可以看出，太阳能电池和 TENG 可以分别同时收集太阳能和机械能。

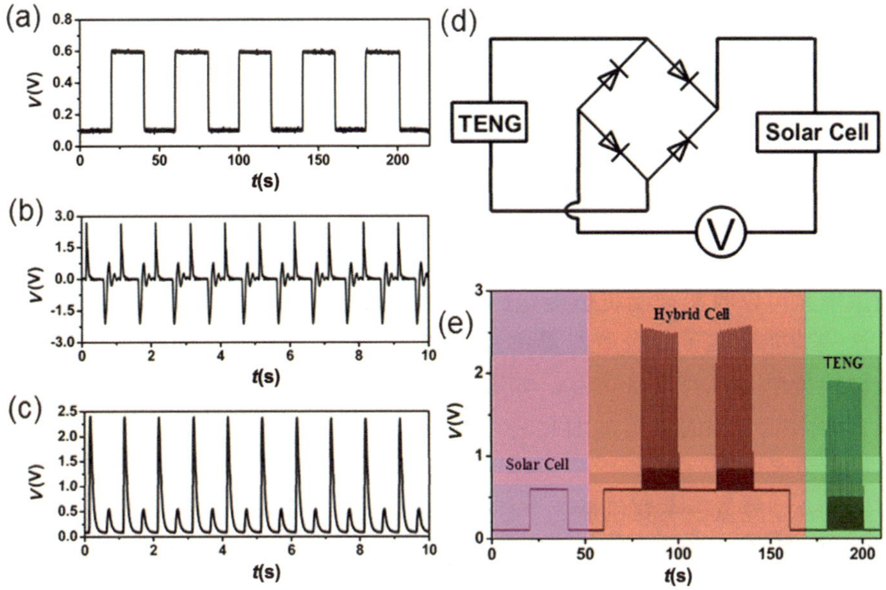

图 12.15　（a）硅基太阳能电池的输出电压；（b）摩擦纳米发电机的输出电压；（c）输出信号整流后的摩擦纳米发电机的输出电压；（d）硅太阳能电池和摩擦纳米发电机连接示意图；（e）复合太阳能电池和整流后的摩擦纳米发电机收集太阳能和机械能的输出电压（本图已获得美国化学学会许可）[31]

TENG 的机理是当带电层被分开一个小距离，利用摩擦起电电荷的静电效应来驱动电子从外电路流过。当 PDMS 和 ITO 膜接触时，ITO 的表面电荷会由于摩擦起电效应转移到 PDMS 上，随后的运动会引起输出电流和电压。电极的金字塔结构极大地增加了 PDMS 和硅表面上 ITO 膜之间的摩擦。TENG 的开路电压 V_{OC} 可以被表示为

$$V_{OC}=\frac{\sigma_0 d_S}{\varepsilon_0}-\frac{\Delta\sigma}{\varepsilon_0}\left(d_S+\frac{d_{PDMS}}{\varepsilon_{r(PDMS)}}\right) \tag{12.13}$$

式中，σ_0 是摩擦电荷密度；$\Delta\sigma$ 是两电极之间的电荷转移；d_S 是层间距离；d_{PDMS} 是 PDMS 的厚度；ε_0 是真空介电常数；$\varepsilon_{r(PDMS)}$是 PDMS 的相对介电常数。根据式（12.13），开路电压 V_{OC} 随着层间距离 d_S 增加而增加。增加层间距离并且把 5 个太阳能电池串联后，复合型能量单元的开路电压可达 12V，这比图 12.15（e）中显示的大得多，相应的输出电流可达 17.4mA。

本节报道了第一个包括太阳能电池和 TENG 的复合型能量单元，可以被用于同时分别收集太阳能和机械能。底部太阳能电池基于硅微金字塔 n^+-p-p^+结，可以在光照强度 100mW/cm^2 下给出输出电压 0.6V 和输出电流密度 35mA/cm^2。顶部 TENG 是基于 PDMS 纳米线阵列和硅金字塔上的 ITO 膜的接触分离。

12.2.1.2　复合型能量板同时收集太阳能、雨滴机械能和风能

Zheng 等报道了一个透明的双模式 TENG 复合的太阳能电池板[34]。因此，它不仅能从太阳光也能从风和雨滴中收集能量。由于太阳能并不总是存在，这种复合型能量单元可以延长工作时间，提供很好的输出补充。在大风的日子，复合型能量单元在收集 2.7m/s 风能时，平均输出量为 $8mW/m^2$。在雨天，复合型能量单元可以收集雨滴机械能，在降雨为 13.6mL/s 下达到 $86mW/m^2$ 的平均输出。这些功能证实了复合型能量单元可以在当前能量收集中起到重要作用。该复合型能量单元具有很多优点，如廉价、易于制造、极大延长工作时间而不牺牲原有太阳能电池的输出，因此它对于高效收集环境绿色能源而降低发电价格具有很大意义。

该复合型能量板主要包括三个部分：亚克力基底、硅基太阳能电池和双模式 TENG，如图 12.16（a）所示。作为底部材料，有强度大、轻质、可加工、廉价的亚克力板被选为整个器件的骨架。中间层是硅基太阳能电池，包括铝膜电极、p^+背场层、p 型硅块体层、n^+发射层、SiN 膜、银格子和 ITO 薄膜电极。在硅太阳能电池的表面制造微金字塔结构用于提升光吸收以提高光电转换效率。顶部是一个双模式的 TENG，由一个水 TENG 和一个带有 PET 分离层的接触式 TENG 组成，其结构和输出性能如图 12.16（b）所示。硅太阳能表面的扫描电镜如图 12.16（c）所示，显示了微金字塔尺寸为 1～10μm。PTFE 超疏水薄膜由自制的 AAO 模板制得。图 12.16（d）显示了制得 PTFE 膜的扫描电镜照片，其中 PTFE 膜表面包括高密度纳米棒，可以提高超疏水性并为接触角（155°）实验所证实，如图 12.16（e）所示。

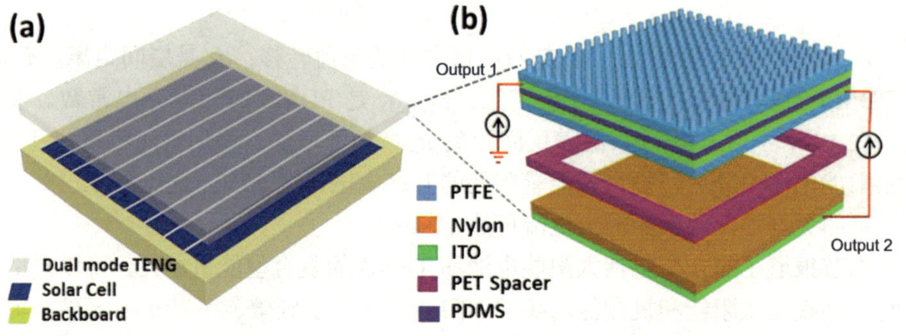

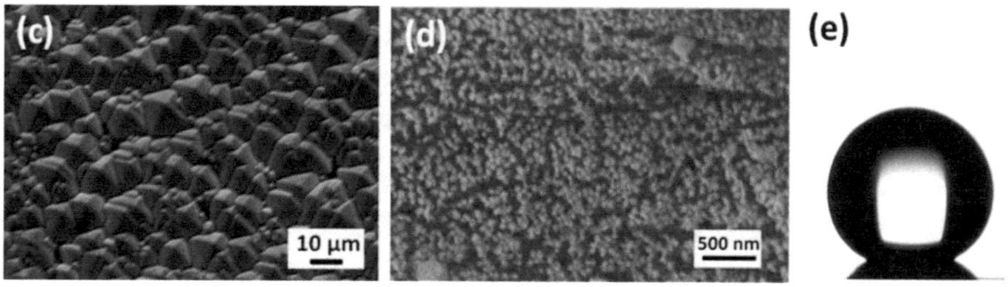

图 12.16　(a) 复合型能量板的示意图。(b) 双模式摩擦纳米发电机的放大图。其中一个 PET 垫片被用于维持 PTFE 膜和尼龙膜之间的一定厚度，并将各部件组装成双模式摩擦纳米发电机。水摩擦纳米发电机和接触式摩擦纳米发电机发的电可以分别通过 Output 1 和 Output 2 收集。(c) 制得硅基太阳能电池带有金字塔微纳结构的表面的扫描电镜照片，倾斜角为 20°。(d) 带有层级微纳结构的 PTFE 膜表面的扫描电镜照片。(e) PTFE 薄膜和水的接触角，显示该薄膜的超疏水性（本图已获得 Wiley 许可）[34]

双模式 TENG 比目前工业上使用的保护玻璃在可见光下略微更透明。硅太阳能电池分别组装在双模式 TENG 和传统玻璃上的 *J-V* 曲线被测量。在太阳光照射下（$100mW/cm^2$），复合能量单元的短路电流密度（J_{SC}）比传统太阳能电池板的略高，显示了双模式 TENG 相比于传统 TENG 并不会影响太阳能电池的功能。更重要的是，水 TENG 中 PTFE 的超疏水性具有自清洁效果，可以使复合型能量板保持一个良好的工作状态。

双模式 TENG 的工作机理是基于摩擦起电和静电感应，可以分别表示为水 TENG（Output 1）和接触 TENG（Output 2）。为了应用这种技术在日常生活中而达到高能量的输出效率，水 TENG 和接触 TENG 分别被设计为单电极模式和双电极模式。

收集自然雨滴机械能和风能的双模式 TENG 的输出性能很关键。这里家庭洗浴系统被用来模拟雨滴。雨滴出口和双模式 TENG 表面的距离为 40cm，而水流速度为 13.6mL/s。水入射角度和 TENG 表面呈 45°[33]。水 TENG 和接触 TENG 的 J_{SC} 和 V_{OC} 分别为 $3.5mA/m^2$ 和 $9.8mA/m^2$、17.5V 和 27.2V。基于雨滴是随机地落到 PTFE 膜表面的，并不是所有的雨滴都是同时达到和离开 PTFE 膜，因此输出电压电流一直在随机振荡。在相同的实验条件下，当疏水尼龙膜被用于替换纳米结构 PTFE 膜，水 TENG 的输出 J_{SC} 会快速减少，表明 PTFE 的超疏水薄膜对于加速水滴从 TENG 表面的离开和提高 TENG 输出有关键性的作用。

另外，当双模式 TENG 被自然风吹时，它也可以使 PTFE 膜与尼龙膜随机接触分离，也可以持续输出电能。为了表征风接触 TENG 和风速之间的关系，实验室的风出口被用于模拟自然风来吹双模式 TENG，其中风速可以调控，并用风速计测量。在日常风速 2.7m/s 下，风接触 TENG 的基本输出 J_{SC} 和 V_{OC} 值分别为

3.1mA/m^{2}和10.7V。在风速增加时，风接触TENG的输出也会增加。

连接不同负载电阻时，水TENG、水接触TENG和风接触TENG在5MΩ、0.2MΩ和1MΩ下的优化输出功率分别为6mW/m^2、86mW/m^{2}和8mW/m^2。

所报道的复合型能量板可以同时收集太阳能、雨滴机械能和风能，或者在只有一种能量存在时分别收集，该机理可以作为没有太阳时的一种补充。在晴天或阴天，复合型能量板可以同时收集太阳能和风能。硅太阳能电池在光强100mW/cm^{2}下输出电压为0.6V，而风速2.7m/s下复合型能量板输出电压为11V，其中太阳能电池和风接触TENG通过整流桥后被串联。风接触TENG的输出电流密度为3.1mA/m^2，其中太阳能电池的J_{SC}可达25.9mA/cm^2（二者并联时）。尽管接触TENG输出电流较小，考虑到其较大的电压和多变的天气，它仍然是太阳能电池必要的补充。

在雨天，太阳很少。然而，大量的雨滴从空中落下可以带来大量的机械能和静电能。在这个情况下，通过太阳能电池的输出非常小，复合型能量板可以通过双模式TENG收集机械能和静电能，这对自然能量的收集非常有意义。实验上，雨滴可以用家用洗浴系统来模拟，在水速13.6mL/s下，水TENG、水接触TENG和双模式TENG的输出电压电流被测量。水接触TENG的输出电压电流都相对水TENG大，这是由于两种干燥材料的接触起电相比水和固体的摩擦起电更大。将这两种输出组装在一起，复合型能量板相比单个TENG可以提供更高的输出电压和电流密度，得到更高的雨滴能量收集效率。

水TENG和水接触TENG通过整流桥后并联输出，来驱动LED和给电容充电。水滴水速为20mL/s，10个商用绿色LED被水TENG点亮而20个LED被水接触TENG点亮，如图12.17（a）所示。在室内亮度下，与太阳能电池结合，50个LED可以被水滴驱动下的复合型能量板点亮。双模式TENG可以在水速20mL/s下被用于给3.3mF电容器充电。如图12.17（b）所示，用水TENG和水接触TENG分别给电容充电需要59s和6.5s。接触TENG的输出功率相比单个水TENG更加高效。用双模式TENG，给电容充到7V需要4.5s。作为太阳能电池和双模式TENG输出的比较，在光强100mW/cm^{2}下太阳能电池首先被用于给电容充电，限于输出电压只能充到0.6V。然后整流后的双模式TENG被用于给相同的电容器充电，用39s充到19V，相应的充电曲线如图12.17（c）所示。比较结果显示，复合型能量板可以补充太阳能电池低电压的不足。

本节展示了一个复合型能量板从阳光、雨滴、风中产生电能。将透明双模式TENG和常规太阳能电池复合，复合型能量板可以在不同天气状况下同时分别收集阳光、雨滴和风的能量。在没有牺牲太阳能电池性能的情况下，复合型能量单元可以在水速13.6mL/s下输出86mW/m^2，在风速2.7m/s下平均输出8mW/m^2。该复合模式可以极大地延长器件的工作时间，在太阳能收集中非常重要。由于其

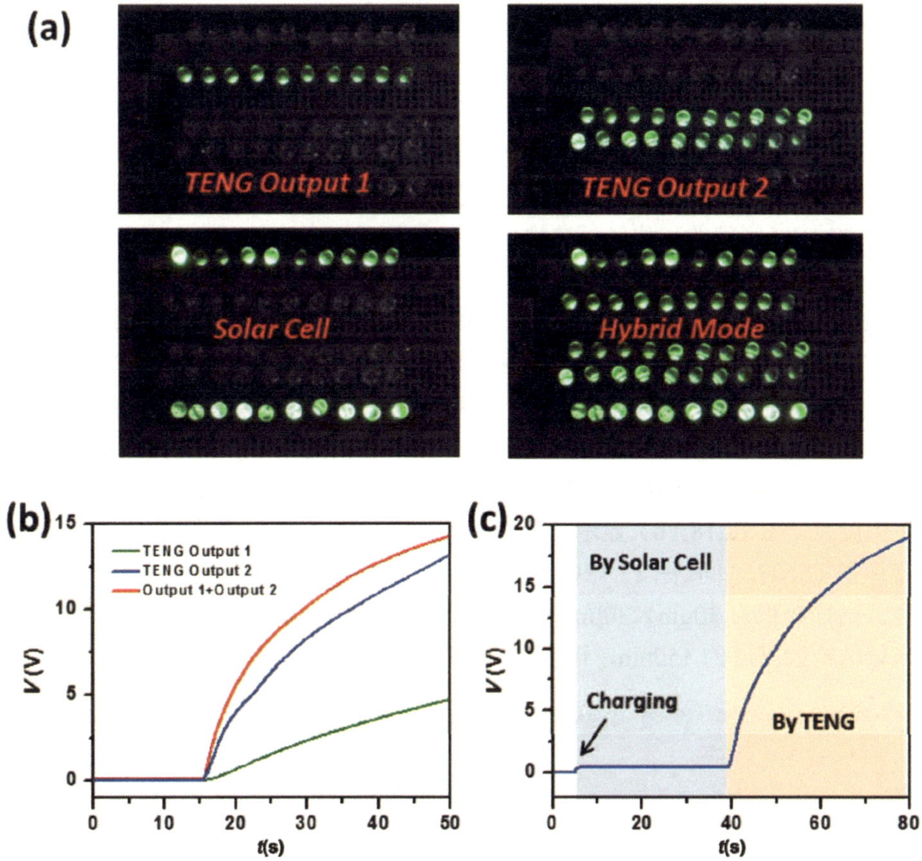

图 12.17　(a) 用复合型能量板驱动的 50 个商用 LED 的照片，其中 10 个是用水摩擦纳米发电机，20 个是用 20mL/s 下的水接触摩擦纳米发电机，20 个是用太阳能电池；(b) 由水摩擦纳米发电机、水接触摩擦纳米发电机分别给一个 3.3μF 电容器充电时的测得电压曲线；(c) 用太阳能电池和水滴驱动的双模式摩擦纳米发电机给一个 3.3μF 电容器充电时的测得电压（本图已获得 Wiley 许可）[34]

出色的低成本、易于制造、工作时间长等性质，复合型能量板是一种有更高能量收集效率的实用方法。本工作中的概念和展示可以立即应用在实际场合，而优化我们的生活方式。

12.2.2　复合热电器件和摩擦纳米发电机

基于 Seebeck 效应热能可以用热电器件收集[35]。但是热能等能量并不是同时存在的，这取决于天气、昼夜、物理位置等。由两种器件组成的复合型能量单元可以同时分别收集热能和机械能。Yang 等证实了一种复合型能量单元，包括一个聚酰胺（PA）-全氟烷氧基烷烃（PFA）高分子膜基的 TENG、一个碲化铋（Bi_2Te_3）基的热电器件、一个硅基太阳能电池来同时分别收集机械能、热能和/或太阳能[36]。这里我们只讨论热电器件和 TENG 之间的复合。

所制得的 TENG 包括一个 25μm 的 PA 膜、25μm PFA 膜和两个铜电极。自制的力加载系统被用于周期性地给 TENG 施加压力，使 PA 和 PFA 的接触分离可以得到器件输出。底部的碲化铋基热电器件在有温度差下被用于给出电压电流输出。一个温度传感器被用来检测器件的温度。

该复合型能量器件的示意图如图 12.18（a）所示。一个 TENG 被制造在顶部，用来收集机械能。在这个研究中，根据摩擦起电序列表，选取 PA 和 PFA 高分子膜在接触分离时有效产生电荷。在每个高分子膜中，一层铜电极被镀在外面。周期性加载力被施加于器件顶部来实现两种高分子膜的接触分离。如图 12.18（a）所示，碲化铋基的热电器件被设计在底部，用于收集热能。热源被用在器件底部产生温度差。图 12.18（b）显示了器件的照片，其中 1mm 的氧化铝层被放置在热电器件和 TENG 之间。图 12.18（c）显示了 PA 和 PFA 薄膜的原子力显微镜（AFM）照片，扫描面积为 30μm×30μm。PA 膜的表面比 PFA 膜更粗糙。PA 膜上对齐的纳米棒结构的高度约 150nm，可以提高表面摩擦电荷密度。

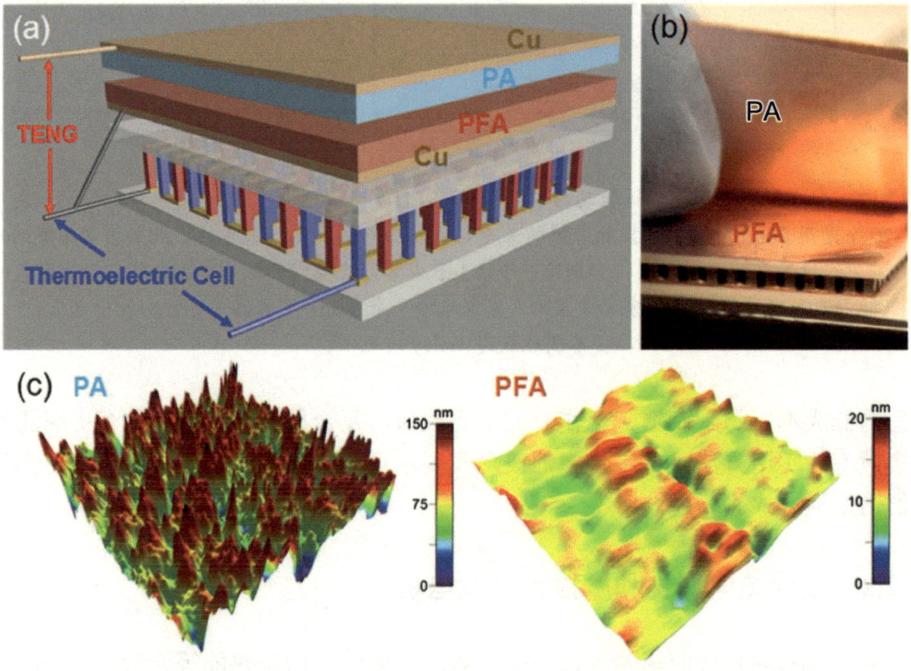

图 12.18　（a）包括一个摩擦纳米发电机和一个热电电池的复合型能量单元示意图；（b）复合型能量单元的照片；（c）PA 和 PFA 膜表面的原子力显微镜照片（本图已获得英国皇家化学学会许可）[36]

图 12.19（a）和（b）分别显示了制得 TENG 在正向和逆向连接下的输出性能。相应的输出电压和电流大约分别是 110V 和 60μA（电流密度 2.4μA/cm^2）。TENG 的开路电压 V_{OC} 由下公式给出：

$$V_{OC} = \frac{\sigma d}{\varepsilon_0} \tag{12.14}$$

式中，σ 是摩擦电荷密度；d 是层间距离；ε_0 是真空介电常数。根据式（12.14），开路电压 V_{OC} 可以随着层间距离 d 增加而增加。

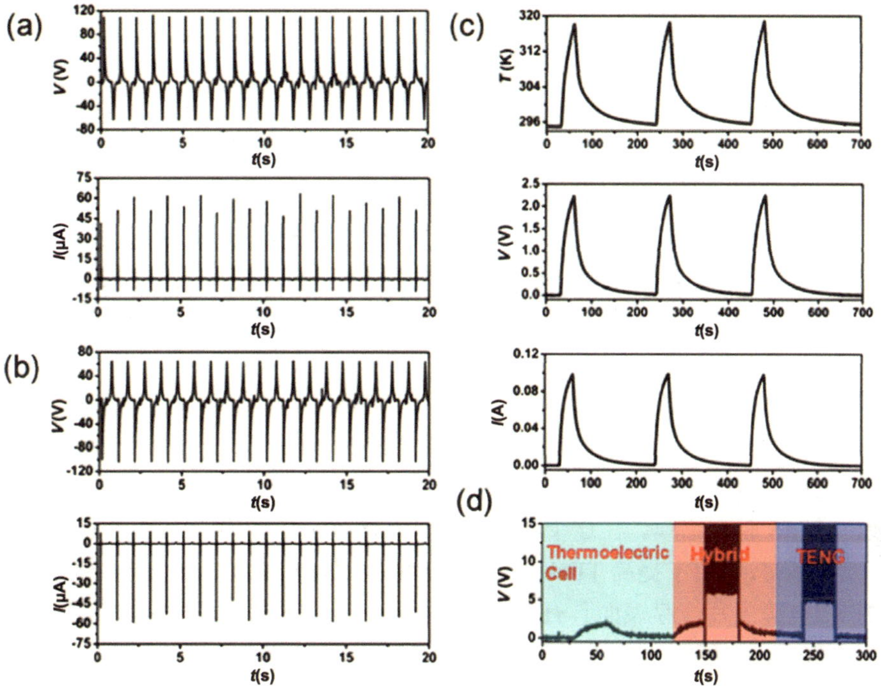

图 12.19　（a，b）摩擦纳米发电机在正向和逆向连接测量系统时的输出电压和电流；（c）热电电池背面的温度变化以及输出电压和电流；（d）复合热电电池和摩擦纳米发电机（整流后）用于收集热能和机械能的输出电压（本图已获得英国皇家化学学会许可）[36]

图 12.19（c）显示了热电器件的输出性能。器件底部的温度从 295K 升高到 318K 时，器件的最大输出电压电流分别是约 2.2V 和 0.1A。与 TENG 相比，制得的热电器件具有较小的输出电压和较大的输出电流。由于 TENG 有交流输出，与热电器件的直流不匹配，一个整流桥被用于将交流信号转成直流信号。图 12.19（d）显示了当太阳能电池和整流后 TENG 串联时，组装复合型能量单元的输出电压增大。复合型能量单元总输出电压明显比热电器件的大。也可以看出，复合型

能量器件可以同时分别收集机械能和热能。

12.2.3　复合电化学电池和摩擦纳米发电机

对于任何发电机的制造，两组材料都是不可避免的。第一组是具有光电、压电、热电、热释电等性能的活性材料，将各种形式的能量转换为电能。第二组是传输电能的电极材料。电化学电池（EC）转换化学能为电能的机理是基于两种不同金属材料的氧化还原反应，在电解液中驱动电子从外电路流动。TENG 已经被用于从无规则机械运动中收集能量。一般来说，能量转换器件有各自的电极。一个有意思的问题是两种不同器件的电极是否可以共用。进一步地，电化学电池用低成本的、简单的将不同金属材料在电解液浸没的方法制作。为了避免可能的腐蚀、污染和损坏，这些器件常被保护膜覆盖，可能被用于制造其他能量收集器件，如 TENG。

Yang 等证实了第一种 EC 和 TENG 复合型能量单元同时分别收集化学能和机械能[37]。利用自然的氧化还原反应，铜/氯化钠溶液/铝基的 EC 被设计为收集化学能，其中铜和铝膜被用于电极材料和能量收集材料。PDMS 膜被覆盖在 EC 的铝电极上用于制作 TENG 来收集机械能。该 PDMS 膜不仅可以用于 TENG 的摩擦电材料，也可以用于 EC 的保护层。TENG 的输出性能可以被掺杂在 PDMS 中的钛酸钡纳米颗粒增大。复合型能量单元被用于驱动生物传感器和 30 个绿色 LED 器件。

图 12.20（a）显示了制得复合型能量单元的示意图。铝膜被用于 TENG 和 EC 的共同电极。EC 被固定在位于氯化钠溶液上的木头结构上。顶部 TENG 包括铜电极、PDMS 膜、铝膜。在这个研究中，具有微金字塔结构的 PDMS 膜由硅微金字塔模板制得，被用于提高 TENG 的摩擦起电效应。图 12.20(b)显示了制得 PDMS 膜的扫描电镜照片，膜表面具有微金字塔结构，可以被横截面扫描电镜所确定，如图 12.20（c）所示。PDMS 膜的厚度约 350μm。底部 EC 包括铝膜、氯化钠溶液和铜膜［图 12.20（a）］。

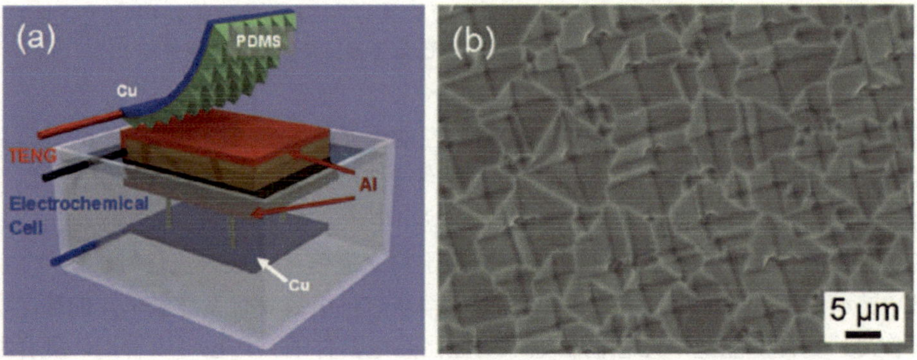

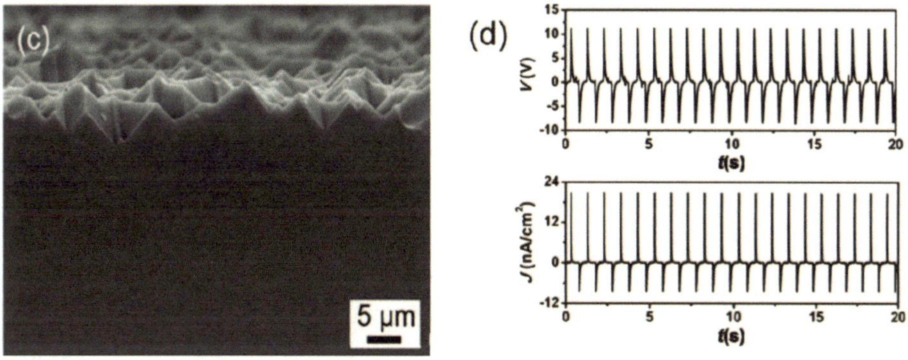

图 12.20　(a) 复合能量单元的示意图；(b) 带有微金字塔结构的 PDMS 膜表面的电镜照片；(c) PDMS 膜的横截面电镜图；(d) 制得摩擦纳米发电机的开路电压和短路电流（本图已获得英国皇家化学学会许可）[37]

应用于器件上的机械能被 TENG 收集。图 12.20（d）显示了 TENG 的输出性能，其中开路电压和短路电流密度分别为 11V 和 21.2nA/cm^2。在这个研究中，TENG 的机理是基于 PDMS 和铝膜接触分离中通过摩擦起电产生静电电荷。当 PDMS 和铝膜接触时，表面电荷可以从铝膜转移到 PDMS。铝膜从 PDMS 表面的分离建立开路电压，驱动电子从外电路流动来平衡电势差，导致产生可观的输出信号。TENG 开路电压 V_{OC} 可以被表达为

$$V_{\mathrm{OC}}=\frac{(-\sigma_0-\sigma_1)\cdot d_{\mathrm{S}}}{\varepsilon_0}-\frac{\sigma_1\cdot d_{\mathrm{PDMS}}}{\varepsilon_0\varepsilon_{\mathrm{r}}} \tag{12.15}$$

式中，σ_0 是摩擦电荷密度；σ_1 是 PDMS 膜上铜电极上的转移电荷密度；d_{S} 是两个电极之间的距离；d_{PDMS} 是 PDMS 膜的厚度；ε_0 是真空介电常数；ε_{r} 是 PDMS 的相对介电常数。可见 σ_0 和 σ_1 分别具有负和正的符号。

根据麦克斯韦模型，钛酸钡-PDMS 复合材料的相对介电常数 $\varepsilon_{\mathrm{r(composite)}}$ 可以用如下公式表达：

$$\varepsilon_{\mathrm{r(composite)}}=\varepsilon_{\mathrm{r(PDMS)}}\left[1+\frac{3\phi_{\mathrm{f}}}{\dfrac{\varepsilon_{\mathrm{r(BTO)}}/\varepsilon_{\mathrm{r(PDMS)}}+2}{\varepsilon_{\mathrm{r(BTO)}}/\varepsilon_{\mathrm{r(PDMS)}}-2}-\phi_{\mathrm{f}}}\right] \tag{12.16}$$

式中，$\varepsilon_{\mathrm{r(PDMS)}}$ 是 PDMS 的相对介电常数；$\varepsilon_{\mathrm{r(BTO)}}$ 是钛酸钡纳米颗粒的相对介电常数；ϕ_{f} 是钛酸钡纳米颗粒在复合材料中的体积比。根据式（12.16），可以得到钛酸钡-PDMS 复合膜的相对介电常数 $\varepsilon_{\mathrm{r(composite)}}$，可以看出，该常数随着钛酸钡纳米颗粒的体积从 0 增长到 33.3%而从 2.6 增长到 6.5。根据式（12.16），第一项独立于 $\varepsilon_{\mathrm{r(composite)}}$，而第二项与 $\varepsilon_{\mathrm{r(composite)}}$ 相关。该相对介电常数的增加可以有效增加 TENG 的开路电压。根据式（12.15）和式（12.16），$\sigma_1/(-\sigma_0)$ 可以被表示为

$$\frac{\sigma_1}{-\sigma_0}=\frac{d_{\mathrm{S}}}{d_{\mathrm{S}}+d_{\mathrm{PDMS}}/\varepsilon_{\mathrm{r(composite)}}} \tag{12.17}$$

根据式（12.17），所得比例随着 $\varepsilon_{\mathrm{r(composite)}}$增加而增加。在相同电荷密度下，总转移电荷密度 σ_1 的增加可以导致输出电流密度的增加，这与测量结果相符。

电解液中的化学能可以被 EC 收集。图 12.21（a）和（b）分别显示了制得铜/氯化钠溶液/铝基的 EC 在正向和反向连接时的输出电压、电流。输出电压约为 0.55V，而输出电流峰值约 3mA，由开关控制，稳定输出电流约 0.4mA，其电流密度为 13.3μA/cm^2。EC 的机理如下：

$$2\mathrm{Al}-6\mathrm{e}^- \longrightarrow 2\mathrm{Al}^{3+}(\mathrm{cathode}) \tag{12.18}$$

$$6\mathrm{H_2O}+6\mathrm{e}^- \longrightarrow 6\mathrm{OH}^- + 3\mathrm{H_2}(\mathrm{anode}) \tag{12.19}$$

其中氧化还原反应分别发生在阴极和阳极上。氯化钠溶液中的天然氧化还原反应可以驱动电子流向外电路，得到了图 12.21（a）和（b）中的输出电压和电流。图 12.21（c）显示了包括 TENG 和 EC 的复合能量单元的示意图，其中 TENG 通过一个整流桥将交流转为直流。可以看出，所有复合能量单元的输出信号都是正向的，都比单个能量收集器大。

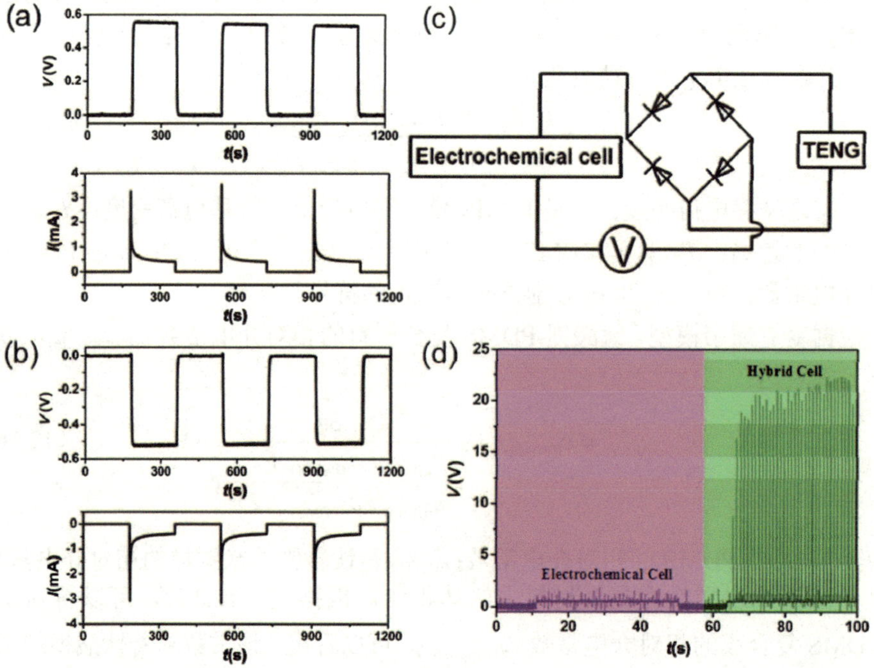

图 12.21　（a，b）制得化学电池在正向和反向连接下的开路电压和短路电流；（c）摩擦纳米发电机和化学电池的连接示意图；（d）复合后的开路电压，其中摩擦纳米发电机信号经过整流器（本图已获得英国皇家化学学会许可）[37]

本节报道了一个复合型能量单元，可以同时收集机械能和化学能用来驱动生物传感器和个人电子设备。一个基于 PDMS 膜和铝电极接触分离的 TENG 被用于收集机械能，其输出可以被添加钛酸钡纳米颗粒所提高。利用两种不同电极在电解液中的天然氧化还原反应，一个铜/氯化钠溶液/铝基的 EC 被用于收集化学能。TENG 和 EC 共用铝电极和 PDMS 膜。所制得复合型能量单元具有在自驱动电化学反应和驱动个人电子器件的潜在应用。

12.3　总　　结

我们身边环境中具有多种形式的能量，包括机械能、太阳能、热能和化学能等。收集这些能量来长期持续驱动可穿戴电子器件具有非常重大的意义。然而，这些能量在同一时刻并不总是存在，这往往要依赖于天气、工作环境和地点。因此，发展复合型能量单元的目的是用一个组装的器件同时分别收集不同种类的能量，从而使器件和传感器总是能够持续地被任意一种环境中可用的能量所驱动。复合型能量单元可完全利用多种环境能量，从而器件可以具有被持续稳定驱动。

与摩擦纳米发电机复合，多种同时收集机械能和其他能量的复合型能量单元被发明出来，具有在自驱动系统和驱动电化学反应等中应用潜能。不同部分的能量收集单元可以同时独立工作，可以串联或并联来分别提高输出电压和电流。本章总结了摩擦纳米发电机为基础的复合型能量单元。这些研究证实了发展组装技术来有效收集环境能量的新型方法。

参考文献

[1] Zi Y，Guo H，Wen Z，Yeh M H，Hu C，Wang Z L. Harvesting low-frequency（<5Hz）irregular mechanical energy-a possible killer application of triboelectric nanogenerator. ACS Nano，2016，10（4）：4797-4805.

[2] Zhang C，Tang W，Han C，Fan F，Wang Z L. Theoretical comparison，equivalent transformation，and conjunction operations of electromagnetic induction generator and triboelectric nanogenerator for harvesting mechanical energy. Adv Mater，2014，26（22）：3580-3591.

[3] Hu Y，Yang J，Niu S，Wu W，Wang Z L.Hybridizing triboelectrification and electromagnetic induction effects for high-efficient mechanical energy harvesting. ACS Nano，2014，8（7）：7442-7450.

[4] Fan F R，Tang W，Yao Y，Luo J，Zhang C，Wang Z L. Complementary power output characteristics of electromagnetic generators and triboelectric generators. Nanotechnology，2014，25（13）：135402.

[5] Niu S，Liu Y，Chen X，Wang S，Zhou Y S，Lin L，Xie Y，Wang Z L.Theory of freestanding triboelectric-layer-based nanogenerators. Nano Energy，2015，12：760-774.

[6] Zhang K，Wang X，Yang Y，Wang Z L. Hybridized electromagnetic-triboelectric nanogenerator for scavenging biomechanical energy for sustainably powering wearable electronics. ACS Nano，2015，9（4）：3521-3529.

[7] Guo H，Wen Z，Zi Y，Yeh M H，Wang J，Zhu L，Hu C，Wang Z L. A water-proof triboelectric-electromagnetic hybrid generator for energy harvesting in harsh environments. Adv Energy Mater，2016，6（6）.

[8] Quan T，Wu Y，Yang Y. Hybrid electromagnetic-triboelectric nanogenerator for harvesting vibration energy. Nano Res，2015，8（10）：3272-3280.

[9] Zhang C，Zhou T，Tang W，Han C，Zhang L，Wang Z L. Rotating-disk-based direct-current triboelectric nanogenerator. Advanced Energy Materials，2014，4（9）：6510.

[10] Wang Z L，Song J. Piezoelectric nanogenerators based on zinc oxide nanowire arrays. Science，2006，312（5771）：242-246.

[11] Chang C，Tran V H，Wang J，Fuh Y K，Lin L. Direct-write piezoelectric polymeric nanogenerator with high energy conversion efficiency. Nano Letters，2010，10（2）：726-731.

[12] Chen X，Xu S，Yao N，Shi Y. 1.6 V nanogenerator for mechanical energy harvesting using PZT nanofibers. Nano Letters，2010，10（6）：2133-2137.

[13] Park K I，Lee M，Liu Y，Moon S，Hwang G T，Zhu G，Kim J E，Kim S O，Kim D K，Wang Z L，Lee K J. Flexible nanocomposite generator made of batio3 nanoparticles and graphitic carbons. Advanced Materials，2012，24（22）：2999-3004.

[14] Xu S，Yeh Y W，Poirier G，McAlpine M C，Register R A，Yao N.Flexible piezoelectric PMN-PT nanowire-based nanocomposite and device. Nano Letters，2013，13（6）：2393-2398.

[15] Han M，Zhang X S，Meng B，Liu W，Tang W，Sun X，Wang W，Zhang H. r-shaped hybrid nanogenerator with enhanced piezoelectricity. ACS Nano，2013，7（10）：8554-8560.

[16] Jung W S，Kang M G，Moon H G，Baek S H，Yoon S J，Wang Z L，Kim S W，Kang C Y. High output piezo/triboelectric hybrid generator. Scientific Reports，2015，5：9309.

[17] Han M，Zhang X，Liu W，Sun X，Peng X，Zhang H. Low-frequency wide-band hybrid energy harvester based on piezoelectric and triboelectric mechanism. Sci China Technol Sci，2013，56（8）：1835-1841.

[18] Xue C，Li J，Zhang Q，Zhang Z，Hai Z，Gao L，Feng R，Tang J，Li Ju，Zhang W，Sun D. A novel arch-shape nanogenerator based on piezoelectric and triboelectric mechanism for mechanical energy harvesting. Nanomaterials，2014，5（1）：36.

[19] Yang Y，Guo W，Pradel K C，Zhu G，Zhou Y，Zhang Y，Hu Y，Lin L，Wang Z L. Pyroelectric nanogenerators for harvesting thermoelectric energy. Nano Letters，2012，12（6）：2833-2838.

[20] Yang Y，Jung J H，Yun B K，Zhang F，Pradel K C，Guo W，Wang Z L. Flexible pyroelectric nanogenerators using a composite structure of lead-free $KNbO_3$ nanowires. Advanced Materials，2012，24（39）：5357-5362.

[21] Yang Y，Zhang H，Lee S，Kim D，Hwang W，Wang Z L. Hybrid energy cell for degradation of methyl orange by self-powered electrocatalytic oxidation. Nano Letters，2013，13（2）：803-808.

[22] Bae J，Lee J，Kim S，Ha J，Lee B S，Park Y，Choong C，Kim J B，Wang Z L，Kim H Y，Park J J，Chung U I. Flutter-driven triboelectrification for harvesting wind energy. Nat Commun，2014，5：4929.

[23] Zi Y，Lin L，Wang J，Wang S，Chen C，Fan X，Yang P K，Yi F，Wang Z L. Triboelectric-pyroelectric-piezoelectric hybrid cell for high-efficiency energy-harvesting and self-powered sensing. Advanced Materials，2015，27（14）：2340-2347.

[24] Bing K L，Li T，Hng H H，Boey F，Zhang T，Li S. Waste Energy Harvesting：Mechanical and Thermal Energies. Springer，2014.

[25] Leng Q，Chen L，Guo H，Li Ju，Liu G，Hu C，Xi Y. Harvesting heat energy from hot/cold water with a pyroelectric generator. Journal of Materials Chemistry A，2014，2（30）：11940-11947.

[26] Yang Y，Wang S，Zhang Y，Wang Z L. Pyroelectric nanogenerators for driving wireless sensors. Nano Letters，2012，12（12）：6408-6413.

[27] Lefki K, Dormans G J M. Measurement of piezoelectric coefficients of ferroelectric thin films. Journal of Applied Physics, 1994, 76（3）: 1764-1767.

[28] Niu S, Liu Y, Wang S, Lin L, Zhou Y S, Hu Y, Wang Z L. Theory of sliding-mode triboelectric nanogenerators. Advanced Materials, 2013, 25（43）: 6184-6193.

[29] Zhu G, Chen C, Liu Y, Bai P, Zhou Y S, Jing Q, Pan C, Wang Z L. Linear-grating triboelectric generator based on sliding electrification. Nano Letters, 2013, 13（5）: 2282-2289.

[30] Kepler R G, Anderson R A. Piezoelectricity and pyroelectricity in polyvinylidene fluoride. Journal of Applied Physics, 1978, 49（8）: 4490-4494.

[31] Yang Y, Zhang H, Liu Y, Lin Z H, Lee S, Lin Z, Wong C P, Wang Z L. Silicon-based hybrid energy cell for self-powered electrodegradation and personal electronics. ACS Nano, 2013, 7（3）: 2808-2813.

[32] Chen C, Hu Yang, Zhang N, Zou H, Liu R, Tao C, Fan X, Wang Z L. Micro-cable structured textile for simultaneously harvesting solar and mechanical energy. Nat Energy, 2016, 1: 16138.

[33] Zheng L, Lin Z H, Cheng G, Wu W, Wen X, Lee S, Wang Z L. Silicon-based hybrid cell for harvesting solar energy and raindrop electrostatic energy. Nano Energy, 2014, 9: 291-300.

[34] Zheng L, Cheng G, Chen C, Lin L, Wang J, Liu Y, Li H, Wang Z L. A hybridized power panel to simultaneously generate electricity from sunlight, raindrops, and wind around the clock. Advanced Energy Materials n/a-n/a（2015）.

[35] Liu W, Yan X, Chen G, Ren Z.Recent advances in thermoelectric nanocomposites. Nano Energy, 2012, 1（1）: 42-56.

[36] Yang Y, Zhang H, Lin Z H, Liu Y, Chen C, Lin Z, Zhou Y S, Wong C P, Wang Z L. A hybrid energy cell for self-powered water splitting. Energy & Environmental Science, 2013, 6（8）: 2429-2434.

[37] Yang Y, Zhang H, Chen C, Lee S, Hou T C, Wang Z L. Simultaneously harvesting mechanical and chemical energies by a hybrid cell for self-powered biosensors and personal electronics. Energy & Environmental Science, 2013, 6（6）: 1744-1749.

第 13 章 摩擦纳米发电机在自驱动系统和电化学过程中的应用

摘 要

自驱动系统的概念是由王中林 2006 年首先提出的[1]，它的定义是一个由功能器件、能量收集器模块和能量储存模块组成的系统，能够在没有外部电池/电线提供能源的情况下自主运行。自驱动系统代表了传感网络中的一大方向。摩擦纳米发电机所收集的能量不仅可以驱动小型电子设备，还可以激励电化学过程。本章将回顾自驱动系统的基本概念及其在环境和医药科学中的应用，同时也给出自驱动电化学在各个领域的应用示范。

13.1 摩擦纳米发电机与储能模块集成用于持续驱动便携式电子设备

从第 6 章的理论分析看出，摩擦纳米发电机具有本征的电容特性，它的等效电路是一个电压源和固有电容的串联。因为电容不能导通直流电，摩擦纳米发电机本质上只能是一个交流电源。所以直接使用摩擦纳米发电机，只能驱动发光二极管和电灯泡等交流负载，而不能作为直流电源驱动商用电子设备。如果摩擦纳米发电机要被用于驱动商用电子设备，如电池和大电容等储能器件，必须被集成以组成自驱动系统，将产生的电荷储存并按规定的直流方式输出。此外，还需要一个能源管理电路将摩擦纳米发电机产生的交流电流转换为直流电流来给储能器件充电。

13.1.1 直接集成和变压集成

最简单的能源管理电路是一个桥式整流器，这种集成方式被称为直接集成。一个使用整流桥的能量管理电路典型的例子由 Wang 等提出[2]。通过将基于摩擦纳米发电机的能量收集器件与基于锂电池的储能器件集成，这个灵活的自充电单元能够同时收集和储存环境中的机械能。在这个自充电单元中，机械运动能够直接对在拱形摩擦纳米发电机结构上制造的柔性锂电池进行充电[3]。当环境中的机械能被应用到这个自充电单元上，摩擦纳米发电机产生交流电流响应。经过整流以后，该电能被储存在锂电池中，锂电池能够在 11h 内被全部充满。借助这个自充电单元，可以实现一个新工作模式——“可持续”模式，这种模式下，电池作为直流电源持续为外部负载供电的同时，环境中的机械能可以为电池充电。在这种模式下，演示的自充电单元可以收集持续的机械运动，在 1.55V 恒压下，持续地提供 2μA 的直流电流。它可以在一定时间内连续地驱动紫外传感器[4]。自充电单元中的锂电池不仅是一个储能器件，同时也是一个功率调节器，通过利用稳定的电势差来管理整个系统[5, 6]。由于机械运动，几乎随时随地都可以为电池补充能量，保证长时间运行并不一定需要高密度的大容量电池。

自充电单元中锂电池和摩擦纳米发电机的集成是通过构建柔性锂电池实现的，其构建在拱形摩擦纳米发电机上，如图 13.1（a）所示。为了制造这个柔性电池，聚合物外壳被用于包装和密封材料，取代了传统的硬币形状电池。聚合物外壳的支撑基底是弯曲的 Kapton 薄膜（3cm×4cm），并通过高温下的 SiO_2 薄膜沉积引入特定的热应力[3]。锂电池的三个核心组件：TiO_2 纳米线阳极、聚乙烯隔膜、铝集流体上的 $LiFePO_4$/活性炭混合阴极，被叠放在 Kapton 结构的凸面（SiO_2 沉积表面）上。这些有效面积为 1.5cm×1.5cm 的核心结构浸泡在电解液中。为了从阳极增强电池的柔性，锐钛矿晶体结构的 TiO_2 纳米线在热液中从一个柔软的碳布表面生长，碳布同时也作为集流体使用，扫描电镜图如图 13.1（b）所示。如图 13.1（b）下部插图的 TiO_2/碳布复合图像所示，阳极层表现出卓越的柔性。更高放大倍率的电镜图如图 13.1（b）上部插图（TiO_2 纳米线网生长后的碳布单纤维形态）以及图 13.1（c）所示，碳布的每个单纤维都被长度为 1μm 的 TiO_2 纳米线网所覆盖。电池被一层 Kapton 薄膜覆盖，边缘由 PDMS 和环氧树脂密封，与空气隔绝。为了与摩擦纳米发电机集成，锂电池的 Kapton 基底结构背面是一层铝膜，并与另一个同样大小的弯曲的 Kapton 薄膜以面对面的方式结合。这就组成了拱形的摩擦纳米发电机结构，基于上部铝层和底部 Kapton 的摩擦生电，在凸面上有相应的电极（铝膜）。基于这种集成的自充电单元结构，锂电池可以由所收集的环境能量充电，仅需通过一个全波整流电桥将摩擦纳米发电机产生的交流电流脉冲变为直流。典型的自充电单元如图 13.1（a）左侧插图所示，清楚地展示了它的柔性和拱形结构。

当外部机械振动周期性地作用到柔性自充电单元上，间隙的两个表面将会时而接触。摩擦起电效应和静电感应的耦合作用将在外部电路产生电流，储存在同一器件的锂电池中。因为在大范围的放电平台内，电极电势不受电荷状态的影响，环境机械运动下由摩擦纳米发电机产生的不规律的波动电流将不会引起锂电池电压的明显改变。这种对负载端的稳定恒压理论上可以保持无限长时间，只要摩擦

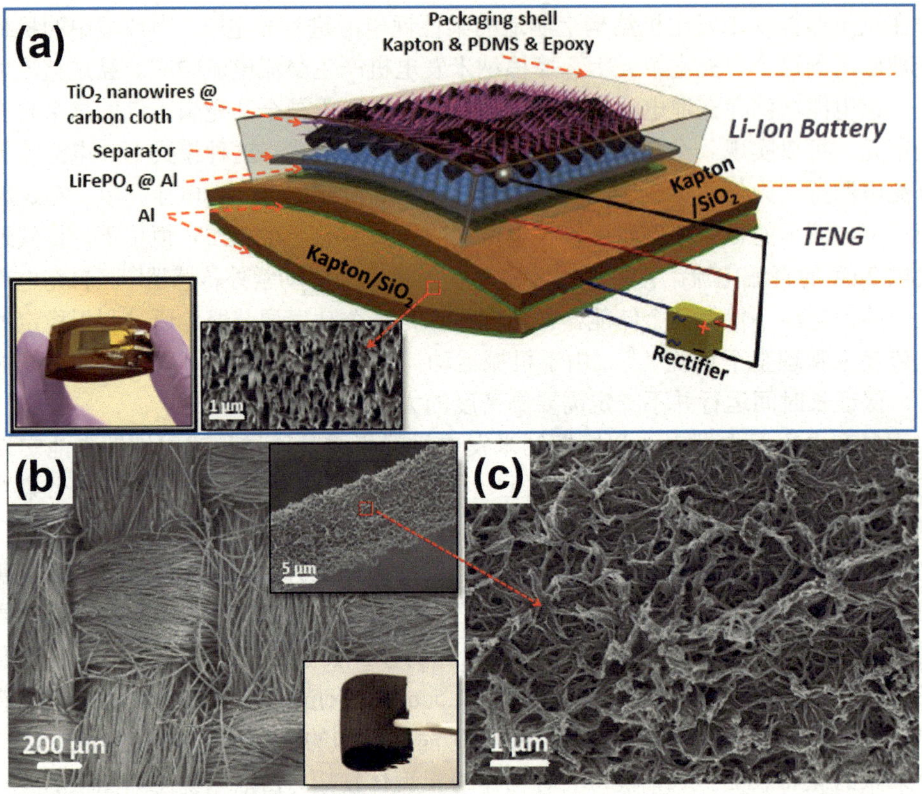

图 13.1　柔性自充电单元结构设计（SCPU)。(a) SCPU 具体结构原理图，左侧插图是典型 SCPU 器件图像，右侧插图是 30°倾斜视角下，Kapton 凹面上 Kapton 纳米棒结构的电镜图；(b) 碳布随 TiO_2 纳米线网络生长的电镜图，上部插图是单纤维组织的电镜放大图，下部插图是作为阳极的覆盖了 TiO_2 的碳布，显示出良好的柔性；(c) 碳布上 TiO_2 纳米线网络形态的高放大倍率电镜图[2]

纳米发电机在这段时间内提供的平均电流与负载消耗的电流相同，所以锂电池的电荷状态不会移出电压平台范围。在这种机械能收集和能量储存的集成方式下，消耗的能量来自环境的机械运动，因此尽管负载被持续驱动，锂电池中储存的能量将不会变化很多。所以，电池不仅作为能量储存单元工作，更重要的是作为功率调节器，将来自摩擦纳米发电机的不规律、不稳定的时变输入（由变化的环境条件引起）转换为恒定的直流输出。这就是自充电单元能够作为稳定直流电源的原因。

自充电单元的性能可以首先由摩擦纳米发电机和作为独立单元的锂电池的输出表征（图 13.2）。当拱形结构以 8Hz 以下的频率被击打，220V 的开路电压将在摩擦纳米发电机的两电极之间产生［图 13.2（a)］，即由铝膜和 Kapton 薄膜表面的摩擦电荷分离所引起的电势差。在短路条件下，该电压将在两电极之间产生每半个周期 110nC 的电荷（ΔQ）流动［图 13.2（b)］。因为锂电池的电压远小于摩擦纳米发电机的开路电压，ΔQ 的值理论上将等于每个摩擦表面（面积 $12cm^2$）的摩擦电荷数量，对应于 $91.6\mu C/m^2$ 的电荷密度。这样往复的电荷转移每个周期将产生一对交流短路电流（I_{SC}）峰。如图 13.2（c）所示，正电流峰有更大的 150μA 幅值的电流，来自压迫运动，相比于弹性释放过程有更大的形变度。但是由于电荷守恒，每个循环的两个非对称电流峰带有相同的电荷量［图 13.2（b）］。这种交流输出可以通过低损耗的全波整流电桥［图 13.2（d）］整流为直流输出，每个循环产生 220nC 的电量储存在锂电池中。

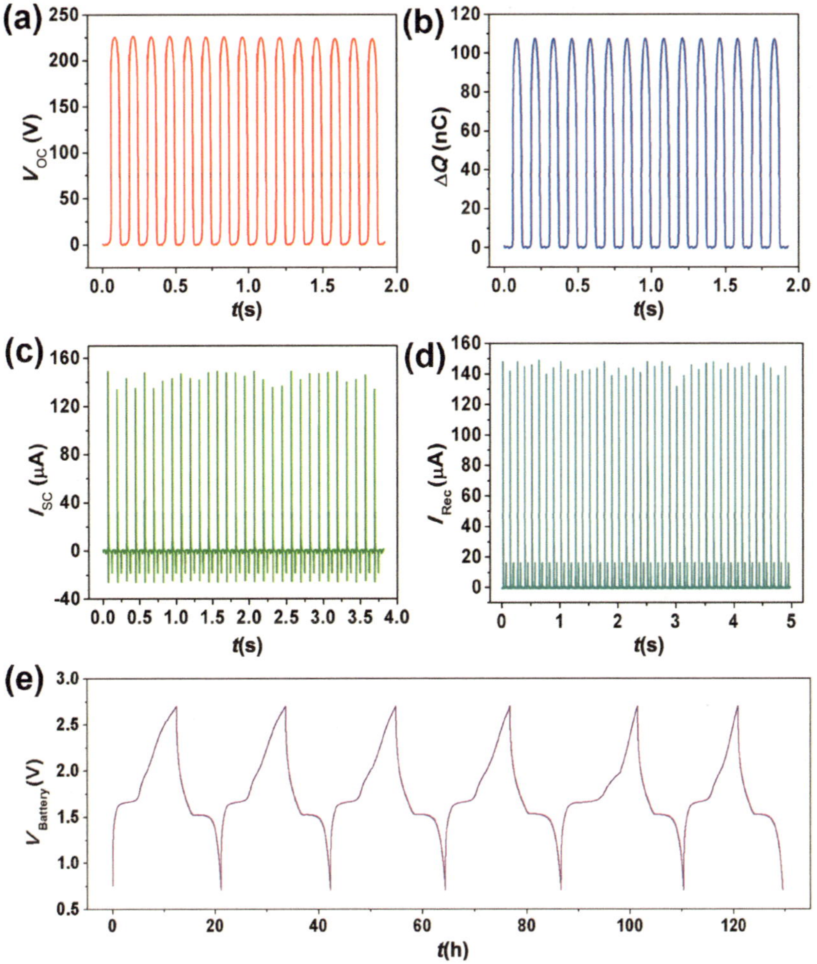

图 13.2　SCPU 的摩擦纳米发电机部分和锂电池部分的独立性能。（a）开路电压（V_{OC}）；（b）转移电荷量（ΔQ）；（c）短路电流（I_{SC}）；（d）SCPU 在 8Hz 频率周期性外部机械搅动下，摩擦纳米发电机产生的整流电流（I_{Rec}）；（e）2μA 恒流深度充放电下锂电池的电压[2]

自充电单元中柔性锂电池储存电荷的能力可以通过像传统电池一样，从 0.7V

到 2.7V 之间，2μA 的恒流深度充放电测试评价。图 13.2（e）展示了 6 个连续周期的电压特性。从图中可以观察到，锂电池在充放电过程中都给出了清楚的电压平台。放电电压平台是 1.53V，也是锂电池作为电源的真正工作电压。锂电池也有 17.5μA·h 左右的稳定容量，揭示了它作为能量储存单元的预期工作能力。

当摩擦纳米发电机部分和锂电池部分作为完整单元连续工作，自充电单元将作为一个自给电源工作。按照惯例，一个能量存储单元的充放电是两个分开和连续的步骤。自充电单元的这种工作模式被称为待机-启动模式，如图 13.2（a）的电路原理图所示。锂电池通过整流器连接到摩擦纳米发电机，但与负载断开（当 S1 闭合、S2 接通时），在这期间它只储存摩擦纳米发电机产生的电能。如图 13.3（b）所示，摩擦纳米发电机在 9Hz 的形变下，经过 11h 可将锂电池充满，锂电池电压（V_{Battery}）经过 1.62V 的电压平台，从最初始的 0.7V 上升到 2.5V。这就是待机模式，在这期间自充电单元被充电。随后，通过闭合 S1、断开 S2 转换连接方式，全充满的自充电单元将作为电池驱动设备。如图 13.3（b）所示，全充满的锂电池

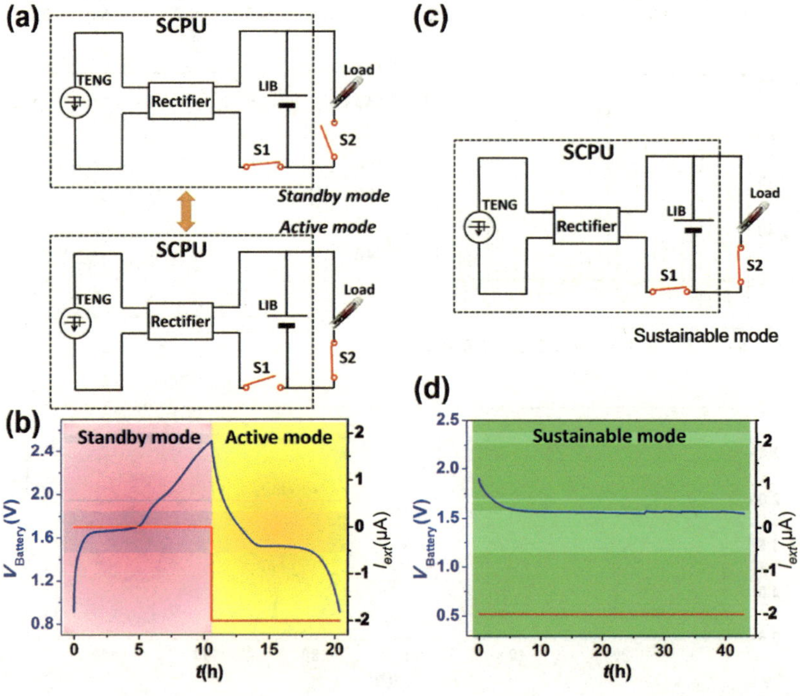

图 13.3　SCPU 作为集成直流电源的性能。（a）摩擦纳米发电机和锂电池集成的待机-启动模式电路图，虚线框包围的部分是 SCPU；（b）摩擦纳米发电机将锂电池完全充电（待机模式）后以 2μA 电流放电（启动模式）的电压曲线；（c）新提出的可持续模式电路图，即锂电池由摩擦纳米发电机充电，再驱动外部负载；（d）可持续模式下，当 SCPU 被 9Hz 频率的形变驱动，SCPU 提供 1.53V 恒压的 2μA 直流电流超过 40h[2]

能够为外部负载提供长达 10h（3h 位于放电平台，是锂电池作为恒压电源的真正工作时间）的 2μA 恒定电流。这就是自充电单元的启动模式。在这期间，它被用于驱动设备。在实际应用中，自充电单元在待机模式和启动模式之间转换，对应于锂电池的充电和放电。这种能量收集和能量储存的运行整合方法特别适用于电子设备所需电流远大于摩擦纳米发电机产生的平均电流（而不是峰值电流），且电子设备不需要连续工作的情况。这符合一些进行间歇检测的传感器的需求。

另外，在电子设备需要连续工作的情况下，自充电单元可以在持续模式下工作，如图 13.3（c）所示。在此模式下，当锂电池被摩擦纳米发电机充电的同时，它也向外部负载供电。只要环境机械能转换得到的平均电流与负载所需电流近似相等，锂电池的能量存储就可以保持在稳定水平，由于电化学反应的本质，电压可以永远保持在放电平台。如图 13.3（d）所示，当自充电单元被 9Hz 的按压运动触发（产生的平均电流大约为 1.98μA），该自驱动系统可以连续为负载提供 4h 的 2μA 恒定电流。所以，在持续模式下，自充电单元可以作为独立、自给和可持续的电源工作，提供恒定的电压。

在许多应用中，电子系统运行需要电源提供恒定电压。自充电单元的持续模式可以作为这些应用的不间断电源。基于 ZnO 纳米线的紫外传感器可以用来演示自充电单元的这一独特能力。在该传感器中，纳米线的两端通过银浆结合到基底上，组成金属-半导体-金属结构［图 13.4（a）左侧插图］，形成肖特基连接，所以 *I-V* 具有整流效应。在第一个例子中［图 13.4（a）］，自充电单元中充满电的锂电池被用于为紫外传感器供电［图 13.4（a）的右侧插图］，即图 13.3（a）中说明

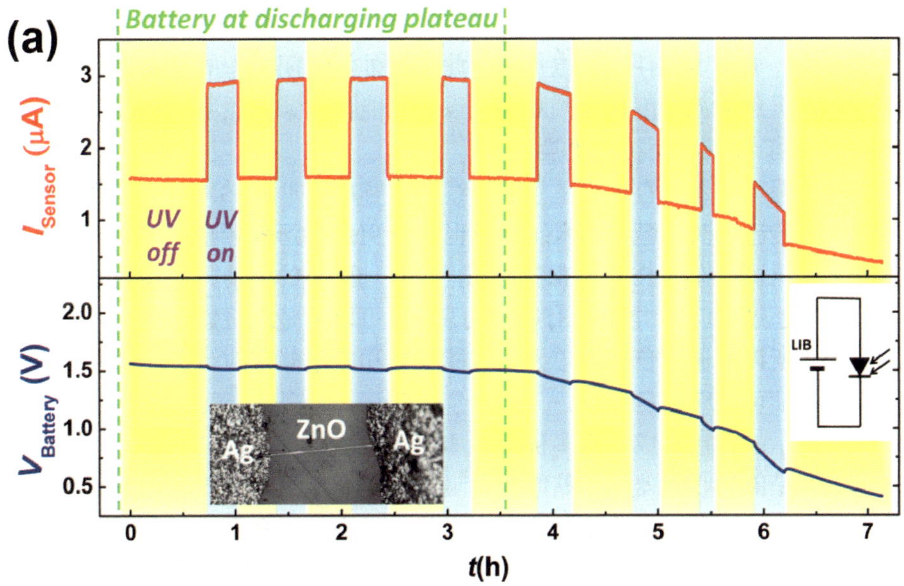

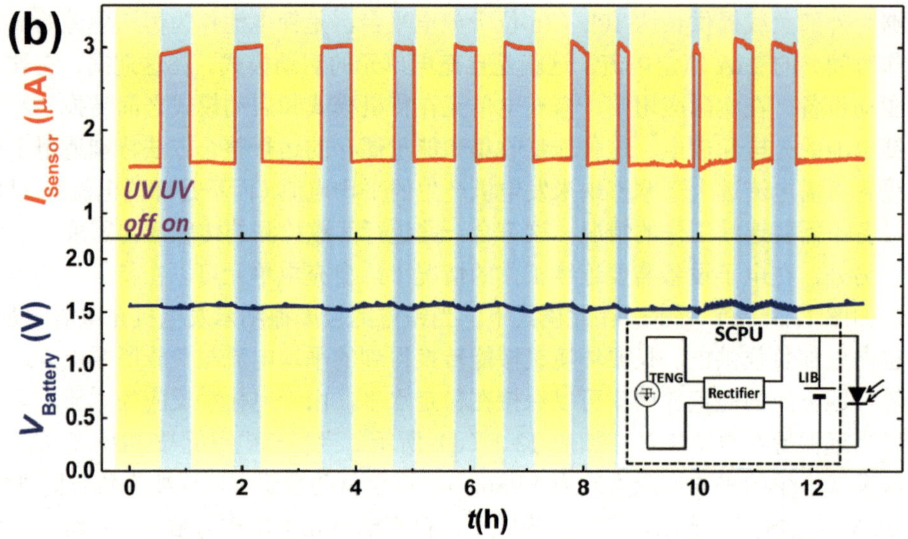

图 13.4　SCPU 作为可持续电源驱动紫外传感器。(a) 从锂电池开始进入放电平台开始，仅由 SCPU 锂电池驱动的紫外传感器运行，左侧插图是基于 ZnO 纳米线的紫外传感器的光学显微图像，右侧插图是电源的电路图；(b) 紫外传感器由 SCPU 可持续模式驱动运行 13h，插图是可持续模式 SCPU 驱动紫外传感器的电路图。在 (a) 和 (b) 中，上部的曲线（红色）是通过传感器的电流，反映它对紫外光的响应，下部的曲线（蓝色）是锂电池的实时电压[2]

的自充电单元启动模式。当紫外灯关闭，电池在放电平台输入 1.53V 的电压，传感器测量的电流大约为 1.55μA。当紫外灯打开，电流跃升到 2.95μA 的水平。紫外灯周期性地开闭，电池的电压在最初的几个循环保持稳定。但是，3.5h 后，电压开始下降，显示电池耗尽了电量。因此，紫外灯开闭状态的电流等下降到更低水平，不能再用电流刻度加以判断，所以不再能作为紫外照度的有效指示，这意味着电池使用 4h 后将不得不更换。

这个问题可以通过自充电单元的持续模式解决。如图 13.4 (b) 所示，当锂电池驱动紫外传感器时，摩擦纳米发电机也在以 9Hz 的形变频率对锂电池充电，电池的输出电压可以在 1.55V 下保持 12h，仅有一些小的波动。在此期间，紫外灯周期性开闭超过 10 次，电流没有明显的衰减，可以清楚地将紫外照度信息转换为刻度系统。所以，通过自充电单元机械能收集和能量储存的混合，电子系统可以真正实现连续可持续的自供电。

上面所示的直接集成有很多优点，如集成方法简单。但是，这种直接集成最严重的问题是能量收集器件和储能器件阻抗不匹配导致的极低的充电效率。我们已经在第 6 章中讨论过，摩擦纳米发电机具有很高的固有阻抗，但锂电池、超级电容等经典的储能元件的阻抗很小。所以，严重的阻抗失配导致直接集成的极低充电效率（低于 1%），很多能量都在充电过程中损失，这就是 10Hz 下电机触发的机械运动通过直接集成仅能提供 3μW 直流电能的原因。这种功率水平（3μW）仍然远小于任何的实际应用，如果将数据测量和处理系统、数据转换组件包含进来，整个系统将不能仅由能量收集器件驱动。

许多工作致力于解决摩擦纳米发电机和能量存储器件的阻抗匹配问题来提高充电效率。Zhu 等尝试利用变压器作为阻抗匹配网络并取得了一定进展[7]。但是，由于摩擦纳米发电机具有高内部阻抗和脉冲信号输出，所以实际的变压器在能量转换中都有很大的损失，主要是由实际变压器的品质因子过低、主级电感的阻抗过低、低频响应差和工作带宽过窄等因素造成的。变压器只在输出信号频率足够高时体现出对充电效率的提高。在其他情况下，使用变压器的充电效率甚至比直接充电更低。

13.1.2　通过能源管理电路板

从上面的章节讨论可以看出，摩擦纳米发电机与能量存储单元直接集成时的阻抗不匹配会造成巨大的能量损失，因此任何实际的摩擦纳米发电机应用都需要适当的能源管理。最后，该问题被 Niu 等解决，展现了首个真正的、能够满足个人电子设备毫瓦级需求的自驱动系统[8]。系统包含摩擦纳米发电机、能源管理电路和低渗漏储能器件。在这项工作中，Niu 等完成了系统升级优化以保证系统的所有部分协同工作。特别地，一个能源管理电路被设计用来解决阻抗不匹配问题，能够获得 90%的电路效率和 60%的总效率，比直接充电的方法提高了两个数量级。由手掌拍击驱动（而不是振动台驱动），该能源单元能够提供平均功率 1.044mW 的连续直流电，可以持续驱动温度计、心律监测计（心电图系统）、计步器、可穿戴电子表、科学计算器和无线射频通信系统等众多常用电子设备。这项工作首次实现了利用可广泛获取的生物能源持续驱动类型广泛的商用移动和可穿戴电子设备的能源单元。

这种集成的人体运动驱动的自驱动系统架构如图 13.5（a）所示，包括人体运动驱动的自充电单元和针对不同应用的功能电路。摩擦纳米发电机收集人体的生物能并将其转换为交流电，然后交流电通过能源管理电路转换为符合储能单元输入的直流电。最后，储能单元为包括传感器、数据处理器、显示器和无线传输器的整个功能电路提供直流电。来自传感器和数据处理器的信号可以显示在液晶显示屏上或通过无线传输器传到远方。

摩擦纳米发电机首次被设计和优化来提高收集的人体生物能量。一个多层的附加电极接触模式摩擦纳米发电机被用来有效地收集人体走路和跑步的能量。附着电极接触模式摩擦纳米发电机的基本工作原理如图 13.5（b）所示，对其工作原理，我们在第 2 章中进行了讨论。如图 13.5（c）所示，一个 Kapton 薄膜形成了 10～

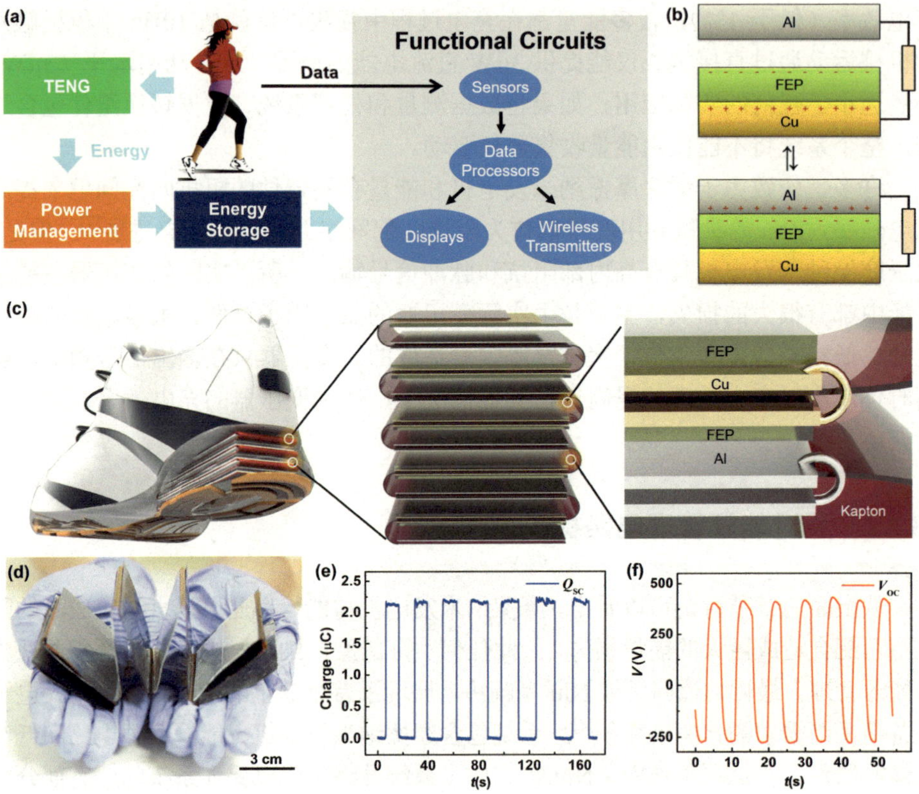

图 13.5　仅由人体生物机械能驱动的完全自驱动系统结构图。(a)基于摩擦纳米发电机的自驱动系统系统图；(b)附加电极的接触模式摩擦纳米发电机原理图；(c)所设计底层摩擦纳米发电机结构图；(d)所研制摩擦纳米发电机的照片；(e)所研制摩擦纳米发电机的短路电荷；(f)所研制摩擦纳米发电机的开路电压[8]

15 层的 Z 字形结构。对于每一层，薄铝箔和全氟乙烯丙烯（FEP）层被用作摩擦材料。铝箔也作为一个电极。铜被镀在 FEP 层的背面作为另一个电极。如图 13.5（d）所示，制造的摩擦纳米发电机体积小，质量轻（10 层摩擦纳米发电机：5.7cm×5.2cm×1.6cm/29.9g；15 层：5.7cm×5.2cm×2.4cm/43.6g）。嵌入鞋垫中，人体走路可以驱动摩擦纳米发电机产生 2.2μC 短路电荷和 700V 电压输出，如图 13.5（e）和（f）所示。

从第 6 章关于摩擦纳米发电机充电特性理论理解的讨论中，Niu 等设计了如下的充电策略以最大化能量存储效率。首先，较小的临时电容被摩擦纳米发电机从 0V 开始充电。一旦电压达到最优充电电压 V_{opt}（阻抗匹配条件达成），C_{temp} 中储存的能量开始以最大化理论总效率 η_{total} 转移到最终储能单元中（大电容或电池）。当能量转移结束，C_{temp} 的电压降到接近 0，然后 C_{temp} 再次被摩擦纳米发电

机充电到 V_{opt}。通过这样的最优化充电循环，η_{total} 理论上能够达到 75%。

这个理论充电循环可以通过两级能源管理电路实现，如图 13.6（a）所示。第一级，摩擦纳米发电机通过整流电桥给临时电容 C_{temp} 充电。第二级，能量从 C_{temp} 转移到最终储能单元。由于直接从小电容向大电容（电池）转移静电能会引起巨大的损失，我们使用两个自动电子开关和一对耦合电感构成能量转移级，其中这两个电子开关是由一个逻辑控制单元控制（开关和逻辑控制单元都由最终储能单元供电）[9]。以如下具体的运行过程实现此级的有效能量转移。首先，开关 J_1 和 J_2 断开以避免摩擦纳米发电机对 C_{temp} 充电过程的干扰。当 V_{temp} 达到最优充电电压 V_{opt}，电子开关 J_1 闭合。因此，能量开始从 C_{temp} 转移到电感 L_1，V_{temp} 开始下降。当能量彻底转移到 L_1 后，开关 J_1 断开，J_2 闭合。因此，L_1 的电流立即降到 0。另外，由于耦合电感的总磁通不能突变，L_2 的电流将突然上升，相应的能量从 L_1 转移到 L_2。最后，由于 J_2 的闭合，L_2 中储存的能量将自动转移到最终储能单元。当 L_2 中储存的能量完全传出，J_2 再次断开，另一个充电循环开始。

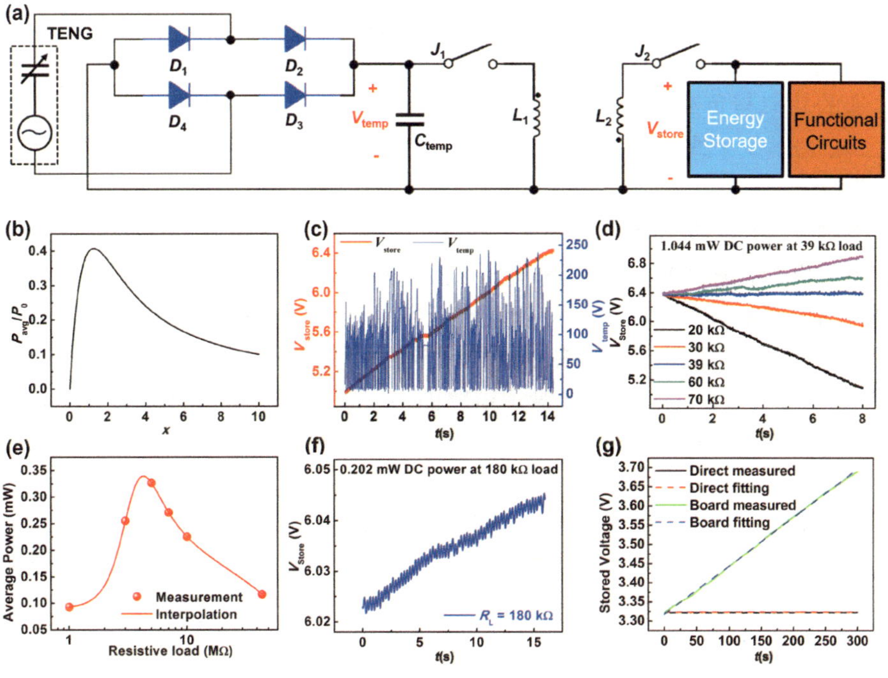

图 13.6　用于直接驱动电子器件的，将摩擦纳米发电机“随机”交流输出转换为规则可控电源的能源管理设计。（a）能源管理电路电路图；（b）能源管理电路设计的优化充电时间理论计算；（c）电路板效率测量结果；（d）人体生物机械能驱动的系统最大直流功率测量；（e）通过电阻收集的交流能量测量；（f）通过能源管理电路收集的直流能量测量；（g）直接充电和电路板充电的充电电流比较[8]

这样能源管理系统的运行如图 13.6（c～f）所示。图 13.6（c）展示了当 15 层摩擦纳米发电机和 1mF 铝电解电容被用作能量收集和能量储存时，临时电容（C_{temp}）和最终储能电容（C_{store}）相应的电压特性。当摩擦纳米发电机被手掌拍击驱动时，C_{temp} 被摩擦纳米发电机充电并通过能量传递网络放电，导致 V_{temp} 在 230V～0V 振荡。在 V_{temp} 降低的阶段，从 C_{temp} 转移的能量使 V_{store} 上升。如果没有机械能输入［图 13.6（c）中 5.4～5.7s］，由于系统漏电流和电子开关的功率消耗，V_{temp} 和 V_{store} 都将缓慢下降。能量传递网络的性能可以通过电路板效率（η_{board}）评价，定义为 C_{store} 中储存的总能量和从 C_{temp} 转移的总能量的比值。从图 13.6（c）中的数据可知，从 C_{temp} 转移的总能量为 9.160mJ，而 C_{store} 中储存的总能量为 8.243mJ。所以能量传递网络 η_{board} 为 90.0%，相比于直接从小电容向大电容的能量转移过程极大地提高了能量存储效率。

为了测量手掌拍击驱动下系统传递到负载的直流功率，负载电阻 R_L 与储能电容并联。储能电容 C_{store} 由两个 15 层摩擦纳米发电机充电，为 R_L 提供直流功率。如图 13.6（d）所示，当 R_L 较大，R_L 的功耗低于摩擦纳米发电机提供的功率，所以 V_{store} 关于时间有正斜率。当负载电阻 R_L 减小，负载功耗上升，V_{store} 充电斜率下降。当充电斜率降低到 0［图 13.6（d）中 39kΩ］，从手掌拍击传递的功率与负载消耗的功率相同，为 1.044mW（7.34W/m^3）。当 R_L 继续减小（20kΩ），从手掌拍击传递的功率不足以补偿负载消耗的能量，充电斜率变为负值。

能源管理电路最重要的参数是总效率 η_{total}，定义为储存到储能单元中的最大直流功率和传递到电阻负载的最大交流功率的比值。为了测量 η_{total}，首先通过摩擦纳米发电机阻抗匹配测量获取传递到电阻负载的最大交流功率。如图 13.6（e）所示，最佳负载电阻 4.26MΩ 下，摩擦纳米发电机产生的最大交流功率是 0.3384mW。其次，传递到能源管理电路的最大直流功率可以通过如上的方法测量，在相同的力学触发下（通过振动台）为 0.2023mW［图 13.6（f）］，所以 η_{total} 为 59.8%。

相比于直接充电，能源管理电路显示出对充电效率的巨大提升。在另一个超级电容器充电实验中，直接充电的超级电容净电流为 13.82nA，而通过所设计的能源管理电路充电的净电流为 15.14μA，提高了 1096 倍。注意到使用变压器作为阻抗匹配网络显示出甚至比直接充电更差的表现。在相同的实验条件下，当 10：1 的变压器用作阻抗匹配网络，超级电容器的充电电流甚至不足以补偿超级电容器的漏电流。

该人体运动供电的自驱动系统在实现自供电人体行为传感器方面有着广泛应用，使它们在没有外部电源的情况下实现自给。一些应用已经通过利用这种自充电单元持续驱动多种商用电子设备［图 13.7（a）］来实现。在第一个演示中，人体运动充电单元被连接到商用温度传感器上［图 13.7（b）］。这个温度传感器利用热电偶传感外部环境温度，然后传感的模拟信号通过数模转换器（ADC）进行数字化，最后数字信号显示在液晶显示屏上来实现可视化输出。即使在非常温和的 1.6Hz 手掌拍击下（手掌拍击主要用来便于实现拍摄目的，其他人体运动，如脚踏等也适用于该应用），这个人体运动充电单元可以提供足够的功率以保持温度传感器的连续运行。需要特殊说明的是，没有任何的外部电源/电池为整个功能系统的任何部分供电。

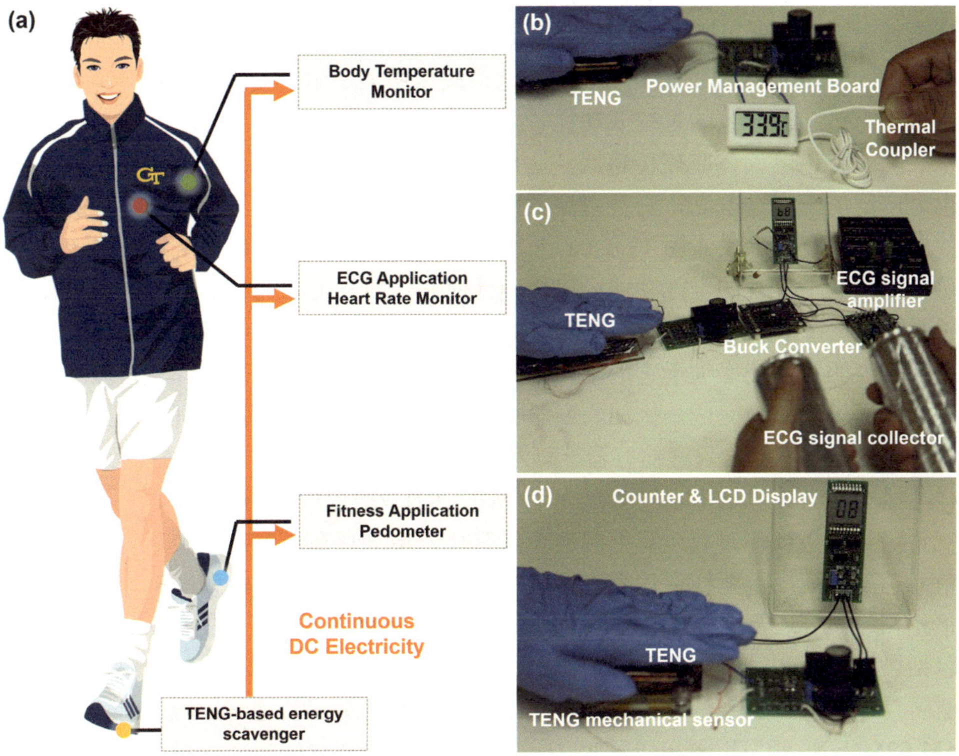

图 13.7　自充电单元在自供电可穿戴人体活动传感器中的应用。(a) 自供电人体活动传感器的系统配置；(b) 自供电温度传感器演示；(c) 自供电心电图（ECG）系统演示；(d) 自供电计步器演示[8]

这种能量单元也可以用作人体健康监测的电源。我们首次实现了自供电心电图系统［ECG 系统，图 13.7（c）］。左手和右手的生物电信号首先通过 ECG 信号收集器（两个导通铝棒）收集，然后通过 ECG 信号放大器放大和滤波。之后，模数转换器将模拟信号转换为数字信号，再由数字计数器捕捉。最后数字计数器的输出显示在液晶显示屏上，将信号可视化。此外，降压转换器被用来解决 ECG 信号放大器（2～3.3V）和液晶显示屏（>4.5V）之间的电压不匹配[9]。实现的功能是心脏跳动一次，液晶显示屏上的数字增加 1。同时，储能电容电压保持正斜率，这显示手掌拍击提供的功率足够给整个 ECG 系统供电。

这种机械动力电源也可以用于很多健康应用。例如，我们首次实现了自供电的计步器［图 13.7（d)］。这个系统中，压力传感部分通过另一个附加电极的摩擦纳米发电机实现。当压力作用时，这个附加电极摩擦纳米发电机产生电压峰，使压力传感器电能消耗为 0。与上面的心跳信号类似，这个电压峰信号也由模数转换器和数字计数器捕捉，然后在液晶显示屏上实现可视化。每次压力作用在压力传感器上，液晶显示屏上的数字就增加 1。此外，当计步器保持正常功能时，V_{store} 从初始的 5.02V 快速增加到 5.67V。这种快速增加是由于使用自供电摩擦纳米发电机压力传感器导致的系统低功耗。

除了自供电人体监控传感器，这样的机械动力电源在其他个人电子设备方面也有广泛的应用。首先，它在可穿戴电子设备上的应用已经通过有数字计算功能的自供电可穿戴手表［图 13.8（a)］加以演示。非常慢而温和的手掌拍击（1Hz）可以驱动这个手表的全部功能：以精确计时和计算平方根为例。甚至在不规律的手掌拍击下（拍击的时间间隔不规律），可穿戴手表仍然保持正常功能，只要人体运动提供的平均功率大于它的功耗。此外，更复杂的数据处理工作也可以通过手掌拍击提供的能力完成。例如，科学计算器是常用的复杂数据处理系统，包括时钟发生器、寄存器、只读储存器、算术逻辑单元和液晶显示屏［图 13.8（b)］。这样高级的科学计算器可以轻易地由手掌拍击的机械能供电。所有的高级计算，如三角函数、指数和对数运算都能够在没有任何电池存在下实现。最后，这个能量单元也可以应用于无线通信系统。一个典型的演示：遥控无钥锁（RKE）与能量单元相连，用来无线控制 50m 外的汽车。RKE 模块是一个复杂的射频系统，主要包括微控制器和射频发射器［图 13.8（c)］。一旦按下 RKE 模块的按钮，微控制器将信号处理和加密，转换成 64～128 比特的数据编码传递给射频发射器。然后 433.92MHz 射频发射器以 2～20kHz 的数据传输速率将编码远程发出。能量单元能够在 3～5s 内将储能电容从 5.9V 充电到 6.4V。一旦储能电容达到 6.4V，RKE 单元能够功能化并发出加密的信号，储能电容电压降低到 5.9～6.2V。收到射频信号后，汽车内的接收机进行处理和解码，对指令做出相应反应（解锁车门并打开近光灯），清楚地显示了远程无线通信的成功应用。然后，储能电容将再次被能量单元充电至 6.4V。

上面的这些演示覆盖了所有移动和可穿戴系统的基本组件，包括传感器、微控制器、存储器、算术逻辑单元、显示器和无线发射器，它们可以广泛应用于个人传感系统和物联网。除了人体生物能，这种设计和概念也可以通过应用多种可实现的摩擦纳米发电机设计，拓展到其他机械能源，如滚轮、移动的汽

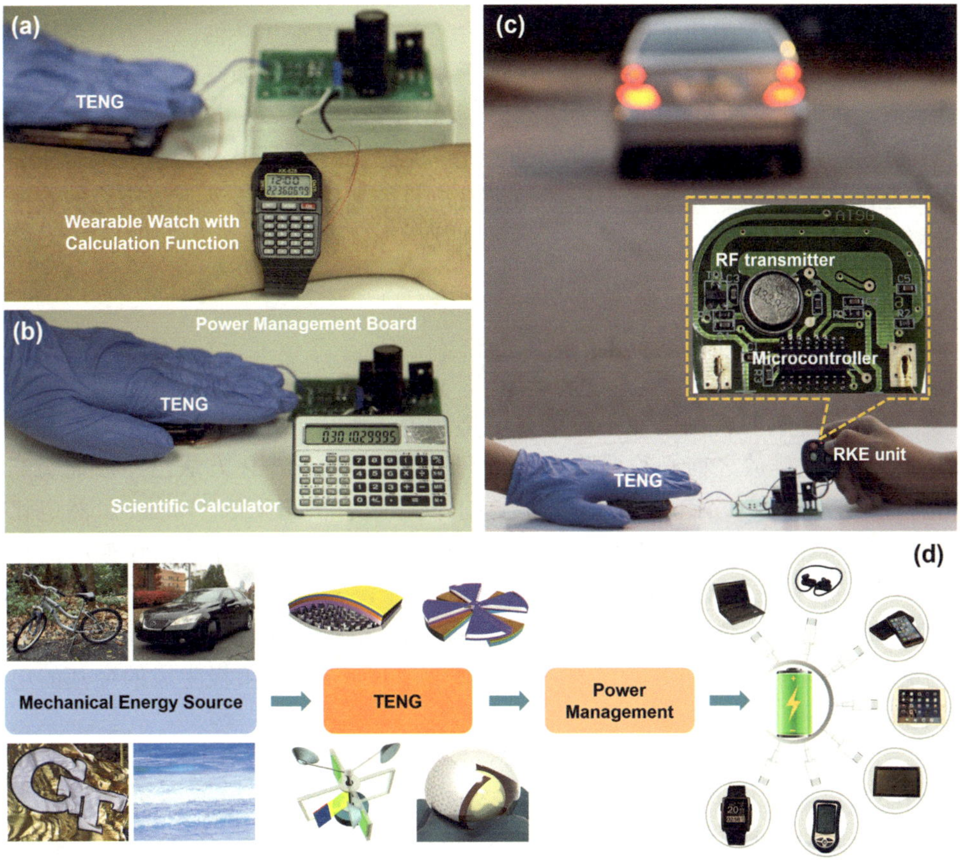

图 13.8　自充电单元在自供电数据处理和传输系统中的应用。(a) 自供电可穿戴手表和计算器演示;(b) 自供电科学计算器演示;(c) 自供电遥控无钥锁演示;(d) 基于摩擦纳米发电机的自充电单元作为通用电源的应用拓展[8]

车和火车、风力和水波。如果高频机械激励被用来大幅提高摩擦纳米发电机的输出功率，这样的系统将具有用作通用标准电源以持续驱动智能手表、手机、导航系统、平板电脑、个人电脑和物理网传感节点等更加复杂的电子系统的潜力 [图 13.8 (d)]。

13.2　基于摩擦纳米发电机的自驱动电化学

发展自驱动系统的目的是用纳米发电机（NG）为小型电子设备和其他应用供电[10-12]。现在，利用纳米发电机的随机脉冲交流输出能量有两种可能的方式：第一种是如前几节所述，通过能量管理电路，整流器或能量存储单元（电池/电容）将摩擦纳米发电机的输出转换为符合多数电子设备和其他应用所需电压的直流输出。第二种是直接将脉冲输出用于小型电子设备（如发光二极管、液晶显示屏）和电化学应用（如电化学沉积[13]、电化学降解[14-16]、电化学分解水[17, 18]及其他[19-25]）。以上电化学应用可以直接通过纳米发电机的脉冲输出经过整流后直接驱动。因此，一系列基于摩擦纳米发电机的自供电电化学系统已经被发展出来。

13.2.1 自驱动电化学降解

电化学降解的目的是除去染色等环境污染。通常，纺织制造业的污水含有染料，在它被排放之前必须要除去。染色污水的电化学净化方法已经被证明非常有效，设备简单、操作容易、温度要求低、没有淤渣生成[26, 27]。虽然电化学降解染料［如甲基橙（MO）、罗丹明 B］处理污水的可行性已经被广泛报道[28, 29]，所有这些电化学调查都需要外部电源，成为这项技术进步的一个重要限制。为了解决这一问题，可以用摩擦纳米发电机从环境中收集能量实现染料污水的电化学降解。通常，甲基橙的电降解机理是基于阳极生成的羟基的电催化氧化[30]。

这里，Yang 等演示了首个混合能量摩擦纳米发电机，用于同时/单独收集机械能和热能进行甲基橙的自供电电降解[14]。在顶部，使用直径 200nm 的柔性聚二甲基硅氧烷（PDMS）纳米线阵列制造摩擦纳米发电机来收集机械能，在底部使用锆钛酸铅薄膜制造热释电摩擦纳米发电机收集热能。摩擦纳米发电机产生的能量可以储存在锂电池中或者直接用于自供电电催化氧化降解甲基橙。

对于这个混合摩擦纳米发电机的输出表现，请参考 12.1.2.2 节。为了阐明混合摩擦纳米发电机的潜在应用，所制造的摩擦纳米发电机产生的能量被用于甲基橙的电降解。图 13.9（a）展示了自供电电催化氧化降解甲基橙的原理图。有两种方法被用于甲基橙的电化学降解。第一种方法是当点 1 与点 2 相连，能量首先被储存在锂电池中，然后存储的电能被用于甲基橙的电降解。第二种方法是当点 1 与点 3 相连，所制造的摩擦纳米发电机直接用于甲基橙的电降解。在这项研究中，铂电极被用作电催化的阳极，氯化钠（NaCl）作为电解液加入甲基橙溶液中以增强导电性。甲基橙的电降解机理如下所示：

$$2H_2O \longrightarrow 2OH^* + 2H^+ + 2e^- \quad (13.1)$$

$$Cl^- + H_2O \longrightarrow ClO^- + 2H^+ + 2e^- \quad (13.2)$$

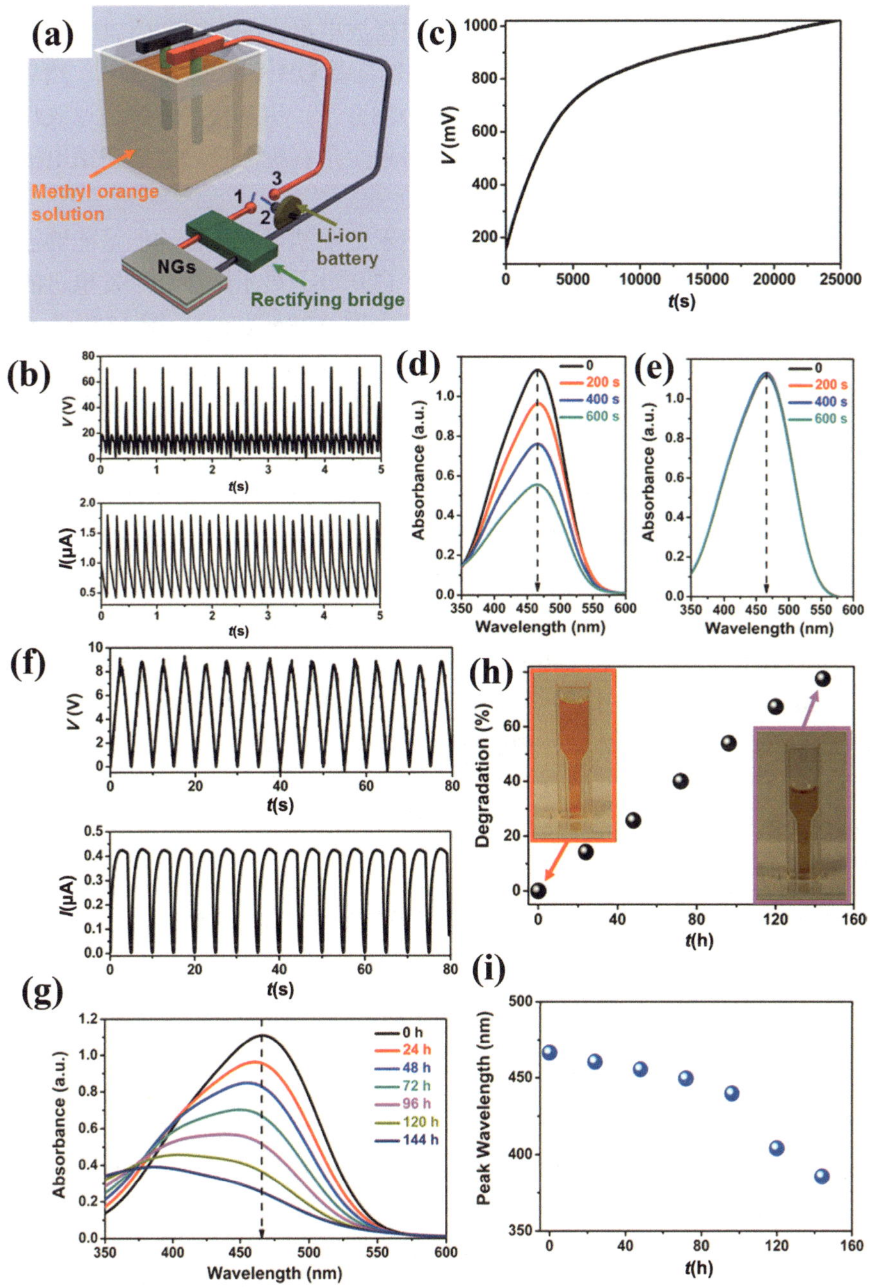

图 13.9　(a) MO 自供电电降解原理图；(b) 摩擦纳米发电机输出电压电流测量结果；(c) 通过部分能量对锂电池充电的充电曲线；(d) 相同时间间隔下，2V 锂电池作用下的 MO 溶液吸收光谱；(e) 相同时间间隔下，没有锂电池的情况下，MO 溶液的吸收光谱；(f) PENG 的输出电压和电流；(g) 相同时间间隔下 MO 溶液的吸收光谱；(h) 降解百分比-电降解时间关系图，插图是电降解前后 MO 溶液的光学图像；(i) 不同降解时间间隔下，甲基橙的吸收峰波长[14]

根据方程（13.1）和方程（13.2），通过阳极放电反应，H_2O 和 Cl^-被铂电极（阳极）吸收，铂的电催化作用导致氧化性很强的羟基 OH^*和 ClO^-形成[31]。然后氧化基团能够将甲基橙降解成 CO_2、H_2O 等更小的分子。甲基橙的降解通过氧化还原反应同时完成一系列并行和连锁的反应。另外少量有机污染物能够在铂电极表面直接氧化。

这里，摩擦纳米发电机被选作模型来演示证明纳米发电机的能量能够被储存在锂电池中，进而用于甲基橙的电降解。图 13.9（b）显示摩擦纳米发电机的输出电压和电流分别增大到 70V 和 1.8μA（电流密度 0.28mA/m^2）。图 13.9（b）中摩擦纳米发电机的结构与图 12.10（a）中相同，除了器件尺寸和方程（12.8）中的夹层增大，导致输出电压和电流的增大。如图 13.9（c）所示，摩擦纳米发电机将锂电池从 0.18V 充到 1V。图 13.9（d）是通过在相同时间间隔使用 2V 的已充电锂电池，进行电降解的甲基橙溶液的紫外-可见吸收光谱。甲基橙的吸收峰特性，以 461nm 为中心，被选择用于监测电降解过程。可以看出，甲基橙的吸收峰强度随电降解时间的增大而减小，反映了甲基橙浓度的降低。

为了进一步确定电降解导致甲基橙吸收峰强度的降低，我们完成了一组对比实验，其中没有使用任何电池和电源。在此条件下，甲基橙溶液的吸收光谱在与图 13.9（d）相同的时间间隔内没有任何变化，如图 13.9（e）所示。甲基橙溶液的动态电解过程也通过支撑文件中的视频文件进行展示。可以清楚地看出，电降解过程从阳极铂电极开始，该处甲基橙溶液的颜色从黄色变为红色再变为无色。甲基橙溶液颜色在红黄之间变化可以解释如下[32]：

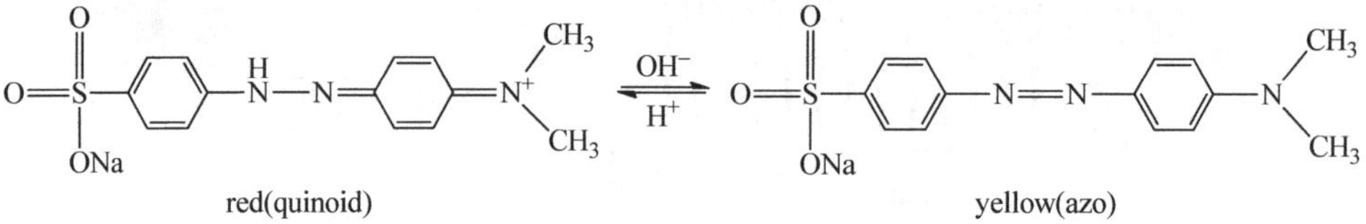

（13.3）

甲基橙的主要存在形式是黄色的 $ArSO_3^-$。根据方程（13.1）和方程（13.2），电解过程中有很多 H^+在阳极产生，根据方程（13.3），颜色由黄变红。甲基橙的颜色变化与方程（13.1）～方程（13.3）的甲基橙电解机理相符。甲基橙溶液在电解前和电解后的光镜图有显著差异，表示甲基橙的电解是有效的。

没有锂电池作为储能单元，热释电摩擦纳米发电机也可以直接电解甲基橙。图 13.9（f）显示了热释电摩擦纳米发电机的输出特性，输出电压和电流分别是 9V 和 0.4μA。图 13.9（g）显示了相同时间间隔下热释电摩擦纳米发电机电解甲基橙溶液的紫外-可见吸收光谱。可以看出甲基橙的吸收峰强度随电解时间的增大而减小。如图 13.9（h）所示，144h 后，甲基橙的降解比例达到 80%。降解前后的甲基橙溶液光学图像如图 13.9（h）的插图所示。144h 时的甲基橙溶液颜色相比降解之前明显变浅，表示甲基橙被热释电摩擦纳米发电机有效降解。图 13.9（i）展示了不同降解时间下甲基橙最大吸收峰的变化，峰值波长向短波长移动（移动大约 80nm）。相比锂电池（2V），热释电摩擦纳米发电机有着更高的电压（9V）。通常，特定的峰特征对应于特定的化学基团。在不同的电压下，电催化氧化过程可能引入不同的中间产物，导致吸收峰的移动[33]。

总而言之，能够同时/独立收集机械能和热能的混合能量电池被演示用于自供电降解甲基橙。摩擦纳米发电机产生的机械能储存在锂电池中，被用于电催化氧化降解甲基橙。更进一步，热释电摩擦纳米发电机被用于直接降解甲基橙，144h 后的降解比例达到 80%。所制造的混合能量电池有应用于自供电电降解、污染降解、防腐蚀保护和水解的潜力。

13.2.2　自驱动电解水

水电解可被用作再生生活支持系统，是自然界能量循环过程的一部分。它的操作通常通过外部电源供应的电势应用来完成[34, 35]。为了发展低成本的、环境友好的技术，许多研究者关注这一领域。通过催化剂和太阳能将水光催化分解成 H_2 和 O_2 是一种理想的方法[35, 36]。在这些技术中，用于水电解的能源包括太阳能、化学能和热能；然而，机械能很少涉及[17]，但是由于机械能有随处可获得的特性，发展机械能电解水是很有必要的。

最近，摩擦纳米发电机的发明提供了一种将环境机械能转换为电能的有效方法。Tang 等发展出一个基于摩擦纳米发电机和水电解单元耦合制造的水电解系统[18]。当摩擦纳米发电机的旋转速率为 600r/min，氢气的产生速率为 30%（质量分数），氢氧化钾（KOH）溶液浓度达到 6.25×10^{-3}mL/min。特别地，当氢氧化钾溶液被纯水代替，该系统产生氢气的效率比电化学工作站 10V 驱动下高 4 倍。此外，普通的自来水成功驱动摩擦纳米发电机进行有效水解供能，首次展现了完全自供电水解系统。

作者尝试从水自身收集电能来驱动水解系统，不再需要外部电源来进行水解。图 13.10（a）展示了实验步骤。摩擦纳米发电机连接一个小型的水轮机，然后用 3L/min 流量的普通自来水水流驱动。由于旋转速度和自来水的驱动力的衰减，摩擦纳米发电机的输出电流和电压有一定程度的减小。然后，水流产生的电能被用于电解水。为了可视化的展示分解过程，一个 1000μF 电容器被用作电量储存器。电路图如图 13.10（b）所示（实验中不使用变压器）。电能首先储存在电容器中，然后用于分解氢氧化钾溶液。电容器的电压被监测［图 13.10（c）］。60min 后，电容从 1.7V 充到 4.5V。当被连接到水解系统时，它迅速地从 4.5V 放电到 1.8V（注意：1.8V 是实验中氢氧化钾溶液的分解电压）。分解过程的图像如图 13.10（d）所示。两电极处有明显的气泡生成，阴极是氢气，阳极是氧气。一次放电过程所产生的氢气体积为 0.3×10^{-3}mL，意味着转移的电荷大约为 2.57mC，消耗的电能大约为 3.8mJ。电荷量与电容所释放的电量相符，相应的能量转换效率大约是 43.8%。

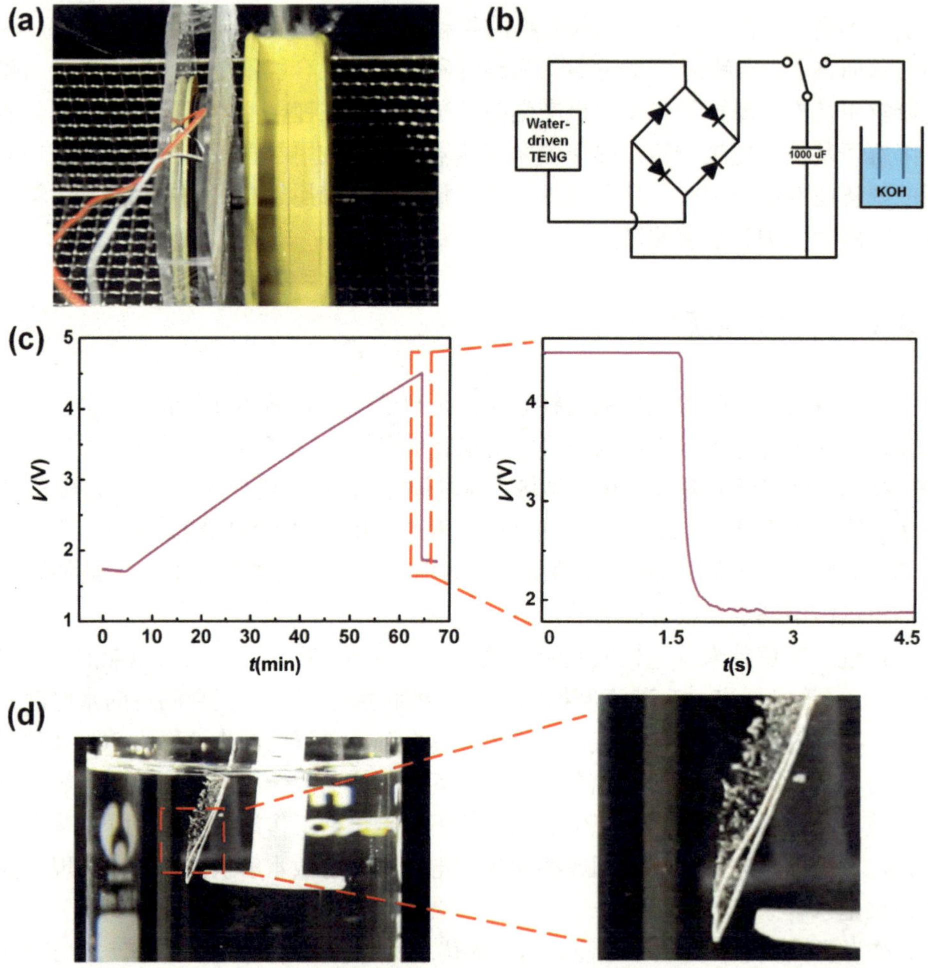

图 13.10　自供电水解。(a) 摩擦纳米发电机与微型水轮装配；(b) 自供电水解系统电路图；(c) 储能电容工作曲线；(d) 自供电水解过程图像，产生的 O_2 和 H_2 正在冒出。实验证明了完全自供电水解过程的可行性[18]

综上所述，摩擦纳米发电机能够由普通自来水流驱动，演示了完全自供电水电解系统。因此，在没有外部电源时，摩擦纳米发电机驱动的水电解是为了储能或化学反应产生氢气的有效方法。它将开创摩擦电领域新的研究方向，并可能对能源科学产生重要影响。

13.2.3　自驱动防腐蚀

全世界船只和历史遗迹表面的金属腐蚀每年造成数十亿美元的损失。金属表面的腐蚀机理是稀薄电解液中的电化学过程，在雨天会加速进行。阴极保护（CP）技术是一种广泛使用的防护方法[37]。一般而言，有两种典型的阴极保护系统：第一种是牺牲层阳极的阴极保护（SACP）系统，将金属和一个作为牺牲层的阳极进行电耦合；第二种是外加电流的阴极保护（ICCP）系统，在惰性阳极和金属之间连接外部电源，施加阴极电流进行保护。对于 SACP 系统，更活泼的金属被用作牺牲层以保护样品不被腐蚀，保护的面积受限于牺牲层金属的尺寸[38]。对于 ICCP 系统，需要外部电源提供足够高的输出，导致高成本和环境污染[39]。近年来，其他一些阴极保护系统被报道，如光生阴极保护，但是该系统需要一个紫外光源[40]。由于腐蚀是一个缓慢过程，防腐蚀也是一个缓慢过程，所以，一个理想的阴极保护系统应该是一个不需要附加电源，通过收集环境可用能量（水珠和风的机械能）驱动的自驱动系统。

Zhu 等设计了一个自供电阴极保护系统，利用柔性摩擦纳米发电机收集风和雨滴的能量来进行金属表面保护。在雨季，金属表面将受到加速腐蚀。在此期间，摩擦纳米发电机驱动的自供电阴极保护系统将保护金属表面不被腐蚀。这项研究显示了柔性摩擦纳米发电机可以针对所有金属结构产生高效的阴极保护系统。考虑到其极低的成本、无污染和独特的应用，这种自供电阴极保护系统也可以广泛应用于海洋工程和工业设备防护。

为了描述自供电阴极保护系统的可行性，对柔性摩擦纳米发电机的电特性进行了研究。这个摩擦纳米发电机基于聚二甲基硅氧烷（PDMS）和 ITO 的接触起电。在制造摩擦纳米发电机之前，PDMS 被预处理形成倒金字塔结构。输出电流超过 130μA，电压达到大约 500V。在有无摩擦纳米发电机阴极保护的情况下分别进行金属表面的阴极保护实验。对于摩擦纳米发电机驱动的阴极保护，需要保护的样品作为阴极浸泡在电解液中，阳极为碳棒［图 13.11（a）］。在 1Hz 的外部模拟下，摩擦纳米发电机经过整流后连接到整个系统。下面的章节对腐蚀数据进行了比较和讨论。更进一步，在雨天，摩擦纳米发电机可以收集风和雨滴的机械能，将它们转换为电能以驱动阴极保护。由于摩擦纳米发电机可以被人体运动、风和雨滴驱动，它可以收集环境机械能驱动并联的发光二极管。如图 13.11（a）所示，并联的发光二极管被点亮，表示自供电阴极保护可行。

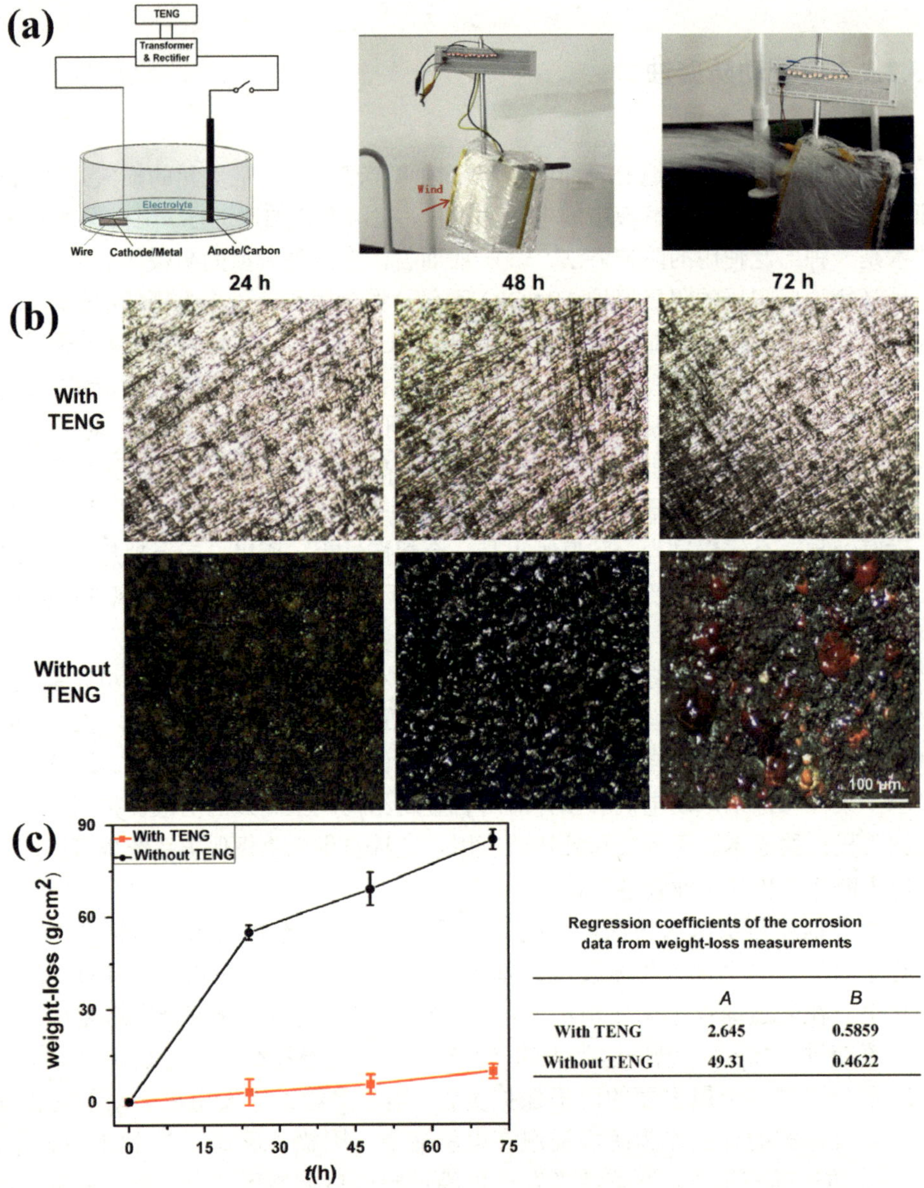

	A	B
With TENG	2.645	0.5859
Without TENG	49.31	0.4622

图 13.11　(a) 自供电防腐蚀的原理图和电路照片。(b) 加速腐蚀后，生锈样品的显微图。样品分成两组；一组（上部）是摩擦发电机驱动下的 CP，另一组（下部）则不是。(c) 加速腐蚀后，测试样品的质量损失曲线和质量损失测量腐蚀数据的回归系数[24]

一般而言，生锈可以从直观上反映金属表面的腐蚀程度。有无阴极保护系统的生锈样品分别被显微镜观察以比较它们在加速腐蚀实验后的微观形态。如图 13.11 (b) 所示，对于有阴极保护系统保护的样品，表面有一些灰色分布区域，随着腐蚀时间增大，灰色分布区域增大。但是，这些样品没有观察到明显的腐蚀。另外，没有摩擦纳米发电机驱动阴极保护的样品，从三张图片中可以观察到明显的点蚀，样品在模拟电解液中腐蚀 72h 后，观察到更大的凹点。样品的微观形态分析也显示出相同的腐蚀状态。微观和宏观形态分析显示，阴极保护系统可以有效地保护样品不被腐蚀。更进一步，没有摩擦纳米发电机驱动阴极保护的样品随着腐蚀时间延长而被深度腐蚀，但是有阴极保护系统的样品未被明显腐蚀。

为了对有无阴极保护系统的样品进行腐蚀程度的量化比较，通过质量损失测试测量了样品的腐蚀数据。这些数据仅在样品被一致对待的情况下记录。有无摩擦纳米发电机驱动的阴极保护的情况下，浸泡在模拟电解液中样品的质量损失数据如图 13.11（c）所示。可以看出，相同腐蚀时间下，相比于有摩擦纳米发电机的样品，没有阴极保护系统的样品腐蚀速率大 10 倍。更进一步，腐蚀数据通过著名的对数方程进行了近似拟合[41]：

$$C = At^{B} \tag{13.4}$$

式中，C 是质量损失（g）；t 是周期测试时间（h）；A 和 B 是常数。很明显，A 等于单位时间内的质量损失；B 反映了质量损失测试随时间的变化。图 13.11（c）中的表列出了质量损失测试腐蚀数据的回归系数。

从图 13.11（c）可以看出，在实验的腐蚀过程中，没有阴极保护的样品腐蚀速率更大，且随时间延长显著增大。但是，对于有摩擦纳米发电机驱动阴极保护的样品，腐蚀速率不随腐蚀进程增大。众所周知，对于理想扩散过程控制的腐蚀，常数 B 近似等于 0.5；如果 B 小于 0.5，则表示扩散系数降低，锈层更具有保护性。因此根据图 13.11（c）中 B 的值，相比摩擦纳米发电机驱动阴极保护的情况，在没有阴极保护的情况下，腐蚀产生的锈层的保护性更强。

综上所述，首个由柔性摩擦纳米发电机驱动的，可收集环境中风和雨滴的能量，有金属表面保护的自供电阴极保护系统已经被研制出来，并进行了系统的研究以比较有无阴极保护系统时金属表面的腐蚀速率大小。实验结果确认了摩擦纳米发电机驱动阴极保护的金属表面没有明显的腐蚀，而没有阴极保护的样品在相同的模拟电解液下严重腐蚀。这项工作展示了一种制造简单、性能强大、成本低廉的金属表面防腐蚀保护方法。这种自供电阴极保护系统新技术可以应用于金属文化遗迹、海洋工程和交通运输。

13.2.4　自驱动空气过滤

随着大气污染和能源危机越来越严重，寻找低成本、可再生、绿色环保的空气清洁方法的研究成为最紧迫的挑战。特别是正在快速发展的中国，人们长期被空气污染折磨，颗粒物（PM，又称尘）、二氧化硫和氮氧化物（NO_x）是主要的污染源。在北京，2000～2014 年，PM10 的年平均浓度从未低于 100μg/cm^3，呼吸道疾病等严重的健康问题被认为与长期接触污染空气有关[42]，死于心血管疾病和呼吸道疾病的老年人口在上升，肺癌和心肺疾病死亡数在上升[43]。为了提高人们的生活质量，寻找一种廉价有效的方法解决这一问题十分迫切和必要。

许多方法已经广泛地用于去除尘埃和 SO_2。对于除尘，简单过滤、固体吸附剂吸附[44]、脉冲电子束、负离子反应[45]和静电除尘[46]等方法已经被报道。在这些除尘方法中，静电除尘已经广泛应用于工业和室内[47]。但是，这种方法的一个主要缺点是它需要高电压的外部电源，成本较高，不足以应用于大范围的室外应用。此外，一些方法依赖于悬浮颗粒电离的电晕效应，可能产生臭氧和 NO_2 副产物[48]。过滤方法非常简单有效，但是容易被固体亚微粒气溶胶颗粒堵塞[49]。对于去除 SO_2，有电催化和金属催化氧化等方法[50]。但是，电催化氧化需要外部电源，金属催化氧化依赖于昂贵而有限的新金属材料。

Chen 等创新性地制造出一种非常简单实用的自驱动系统，通过飞尘颗粒的静电沉积和 SO_2 的氧化清除空气中的有毒污染物。该系统通过 R-TENG 从自然风力中产生电，以取代使用外部电源。R-TENG 的输出电压大约 300V，不足以产生传统高压静电除尘中可能产生的臭氧和 NO_x 等副产物[51]。此外，由于产生的电流足以将 SO_2 电催化氧化，所以并不需要新金属来实现 SO_2 的电化学氧化。非常重要的一点是，自供电 SO_2 和飞尘清除系统廉价而有效，对不同尺寸具有通用性且便于应用，能够用于环境清洁和室内空气净化。SO_2 的氧化对硫酸生产也有很大影响，这个原理也可以用于其他很多电化学氧化还原应用。

这种多层的 R-TENG 主要由转子和定子组成。定子和转子的关键组件是印刷电路板技术制造的上下栅格电极。电极都是直径 70mm、圆心角 1°的铜制径向阵列集群。区别在于上电极有 180 个间隔 1°的扇形单元；下电极由两个互补的图形电极网络组成，之间由精细的沟道分隔。每组图形电极网络分别在一端相连。转子由风力驱动旋转；定子固定在支架上。为了制造转子，上栅格只需要固定在上结构上（由 PMMA 制成）。对于定子，下栅格首先固定在下结构上，然后附加一层 Kapton 薄膜（厚度 30μm）。

为了展现优化的性能，制造的 R-TENG 由一个转速 600r/min 的旋转电机驱动。我们通过 Keithley 6514 系统静电计测量开路电压（V_{OC}），通过低噪声电流前置放大器（Stanford Research SR570）测量短路电流（I_{SC}）。测得的 I_{SC} 和 V_{OC} 分别是 3.4mA 和 320V。对于供应空气清洁系统，R-TENG 的交流（AC）输出应该被整流为直流（DC）输出。为展示 R-TENG 作为电源的能力，它经过整流后连接一个传统的电灯泡。在 8.5m/s（5 级风）的风力驱动下，面板上的点光源始终点亮。对于从风能中收集的电驱动系统，R-TENG 连接一个小型风杯结构，由风速 15.1m/s（7 级风）的鼓风机驱动。

SO_2 的氧化和飞尘的吸收都在一个 125L 的，有一个空气进口和两个针状铜线的，密闭透明的正方体腔室中，在室温下进行。腔室外的 R-TENG 通过铜线与内部的两个平行铜网连接。对于 SO_2 氧化实验，腔室预先充满 SO_2。然后通过饱和 $NaHSO_3$ 溶液的水槽连接铜网［图 13.12（a）］。在给定的时间间隔内，腔室内的

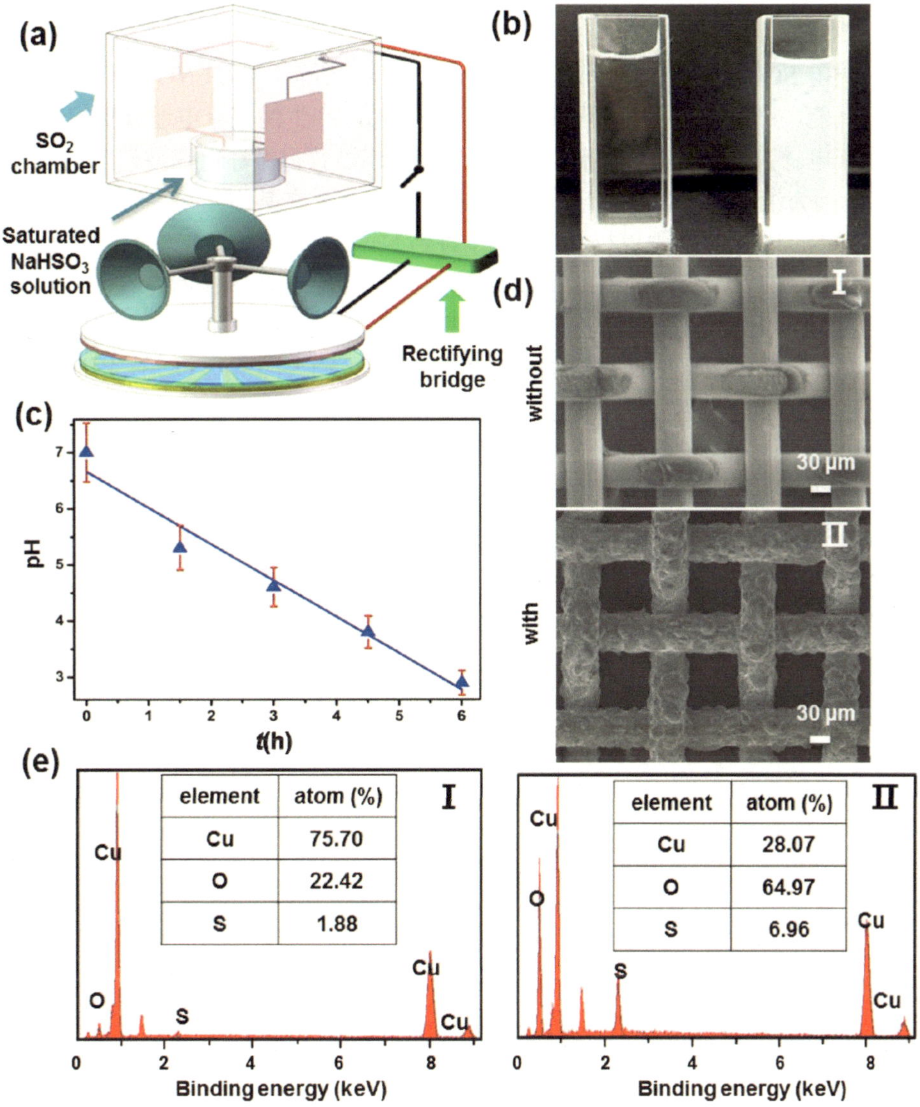

图 13.12　自供电 SO_2 氧化。(a) 系统的原理图；(b) 有无 R-TENG 的情况下，加入铜网洗涤液后，$BaCl_2$-HCl 溶液的光学图像；(c) 15.1m/s（7 级风）风速驱动下，阳极铜网洗涤液的 pH；(d) 有（Ⅱ）无（Ⅰ）R-TENG 的情况下，铜网的电镜图；(e) 有（Ⅱ）无（Ⅰ）R-TENG 的情况下，铜网的 EDS 光谱。风速 15.1m/s（7 级风）；工作时间 6h[19]

SO_2 被真空袋提取，通过气相色谱仪（GC）分析确定浓度的变化，然后比较（对于有无空气清洁系统的设置）与评价空气清洁系统的效率。为了证明 R-TENG 将腔室内的 SO_2 氧化为硫酸，通过扫描电镜（SEM）、能谱仪（EDS）观察阳极铜网。对于飞尘去除实验，固体气溶胶发生器 SAG410 通过进口使腔室内充满飞尘气溶胶颗粒。在有无 R-TENG 情况下，实时测量的被铜网吸收的飞尘质量决定吸收效率。

自供电 SO_2 氧化系统的原理图如图 13.12（a）所示。R-TENG 在风杯的帮助下捕捉风能，产生交流电。为了连续地氧化 SO_2，产生的交流电通过整流电桥转换为直流电。饱和的 $NaHSO_3$ 溶液与两个铜网相连以获得循环电流并消除溶解 SO_2 的干扰，因为饱和 $NaHSO_3$ 溶液有一定的导电性，SO_2 在其中几乎完全不溶。NaCl 加入饱和 $NaHSO_3$ 溶液中以提高导电性，直到 NaCl 不再溶解。当系统工作时，SO_2 在阳极氧化为硫酸，如图 13.12（b）所验证的，当有 R-TENG 时，在 $BaCl_2$-HCl 溶液中加入铜网的洗涤液后出现白色云状沉淀。由于硫酸的产生，相比于没有 R-TENG 的系统，阳极铜网电极的洗涤液的 pH 下降［图 13.12（c）］，铜网在 SO_2 气氛下的腐蚀加速［图 13.12（d）］，验证了假设。相比于没有 R-TENG 的系统，有 R-TENG 的系统中铜网能谱仪结果［图 13.12（e）］中增加的 S 元素和 O 元素从另一个角度更进一步证明了假设。

图 13.13（a）展示了自供电飞尘去除系统的原理图，它的电能供应和电极组成都与图 13.12（a）中的 SO_2 去除一样。图 13.13（b）表明，当风速上升时，电压保持在 300V 的稳定值。这个结果是由于摩擦起电表面的接触面积并没有改变。

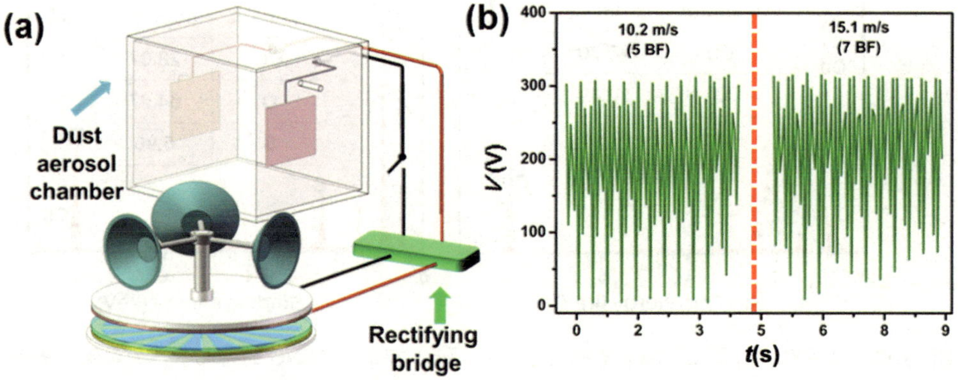

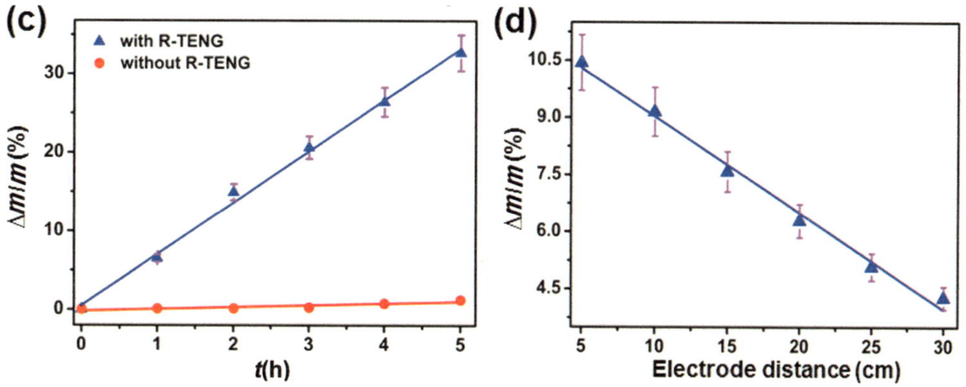

图 13.13　自供电粉尘颗粒沉淀。(a) 系统原理图；(b) 从 10.2m/s (5 级风) 到 15.1m/s (7 级风) 的不同风速下，与铜网连接的 R-TENG 整流电压；(c) 有无 R-TENG 的情况下，铜网的质量增加，收集板间距 15cm；(d) 粉尘吸收率作为收集板间距的函数，收集板间距 5cm、10cm、15cm、20cm、25cm 和 30cm。风速 15.1m/s (7 级风) [19]

为了确认飞尘吸附的增加是由于静电沉积进行了相应的对比实验。如图 13.13 (c) 所示，在没有 R-TENG 的情况下，相同时间间隔下飞尘质量的增加远低于有 R-TENG 的情况，在有 R-TENG 的情况下，飞尘质量随时间的延长而明显增大。5h 后，当风速为 15.1m/s (7 级风)，1g 铜网能够吸收 0.327g 灰尘，证明了这种除尘系统的可行性。

除了时间，两铜网之间的距离也是除尘的一个重要影响因素。如图 13.13 (d) 所示，洗尘质量随距离的减小而增大，这是由于电场与距离成反比。随着两个铜网之间的距离减小，两铜网之间的电场相应地增大，对飞尘施加的库仑力增大，导致铜网的质量增大效果增强，这将在以后被研究。

总而言之，一种新的能够有效去除空气中 SO_2 和飞尘的自供电空气清洁系统被提出。通过栅格电极进行电性能增强，所发展的 R-TENG 能够实现高达 320V 的电压和 3.4mA 的电流。通过制造 R-TENG，风能被收集用于氧化 SO_2 和吸收飞尘。空气清洁系统的工作原理通过原理图和实验结合的方式加以阐明。空气清洁系统不仅完全使用风能，而且展现出制造简单、低成本和有效的优势。因此，这个飞尘和 SO_2 去除系统在空气污染清洁和防治方面有巨大的潜力。由于大多数污染物分子都可以通过电化学方法氧化或减少，以及大多数污染物离子都可以通过静电反应吸收，这项工作启发了不远的将来 R-TENG 针对其他污染控制的发展，如污水处理和甲醛消除。这是自供电电化学的新方向。

13.2.5　自驱动电化学回收金属

工业废水是一种包含多种有毒化学物质（如酸氰化物、碱洗涤剂和脱脂溶剂等）和重金属（如 Cu、Ni 和 Cr）的副产物。如果未经处理直接排放，由于在水环境中的高溶解性和有机体中的高吸收性，废水中的绝大多数重金属都极其有害。一旦重金属进入人类的食物链，高浓度的重金属将积累在人体中并引发严重的疾病。因此，为了在排放前消除或收集此类重金属，提供一种有效的工业废水处理方法十分重要和必要。铜（Cu）是印刷电路板加工废水中最常见的重金属离子。一些消除或收集工业废水中铜的方法已经被提出，如化学沉积、吸收和离子交换[52]。电沉积过程是最有效的铜离子收集方法之一[53]。稀释工业废液中的铜离子通过与阳极电化学反应被高效地消除。此外，无需任何进一步的净化处理，非常高品质（>99%）的电沉积铜将被收集在电极表面。但是，实现上面的电化学过程需要附加的直流电源。

Yeh 等提出摩擦纳米发电机从水流中收集能量用于自供电电化学恢复系统，以回收废水中的铜离子[21]。根据上面的设计，在 1500r/min 转速下，摩擦纳米发电机传送了高达 650V 的开路电压（V_{OC}）和 280μA 的短路电流（I_{SC}）。通过引入滚动轴承，可以实现超稳固的特性。此外，许多旋转独立层摩擦纳米发电机单元可以通过机械传动而容易地集成，以实现此类发电机的集成束结构。通过与变压器和能源管理电路的集成，水流驱动的摩擦纳米发电机可以达到稳定的直流输出（5V、4mA）特性，以实现自供电电化学系统收集铜离子。此外，许多实际废水电化学处理中的电化学过程，如电凝聚、电浮选、电化学降解和电化学高级氧化，也能适用于所提出的自供电电化学处理器。这项工作显示了摩擦纳米发电机的显著进步，展现出摩擦纳米发电机作为实际应用的高效能量收集器的巨大潜力。

值得注意的是，相比于传统电磁发电机（EMG），摩擦纳米发电机表现出更大的输出功率和其他优点，意味着它可以作为潜在的电源替代许多自驱动系统中的传统电磁发电机。在实际应用中，例如，摩擦纳米发电机可以通过同轴设计容易与水轮机实现耦合。水轮机驱动的摩擦纳米发电机如图 13.14（a）所示。水流能量能够通过水轮有效地转化为杆的旋转运动来驱动摩擦纳米发电机器件。进而，通过水流驱动的摩擦纳米发电机从废水流中收集能量，自供电电化学铜收集系统可以实现。为了模拟这个系统，使用包含石墨棒阳极和铜板阴极的两电极电化学电池［图 13.14（b）］，以 $CuSO_4$ 水溶液（2.5g/L）作为电解液来模拟含有 Cu^{2+} 的废水。根据电镀作用，阴极表面发生如下方程所示的 Cu^{2+} 的还原反应：

$$Cu^{2+}+2e^{-} \longrightarrow Cu \quad E^{\ominus}=0.3402\text{V vs. NHE} \tag{13.5}$$

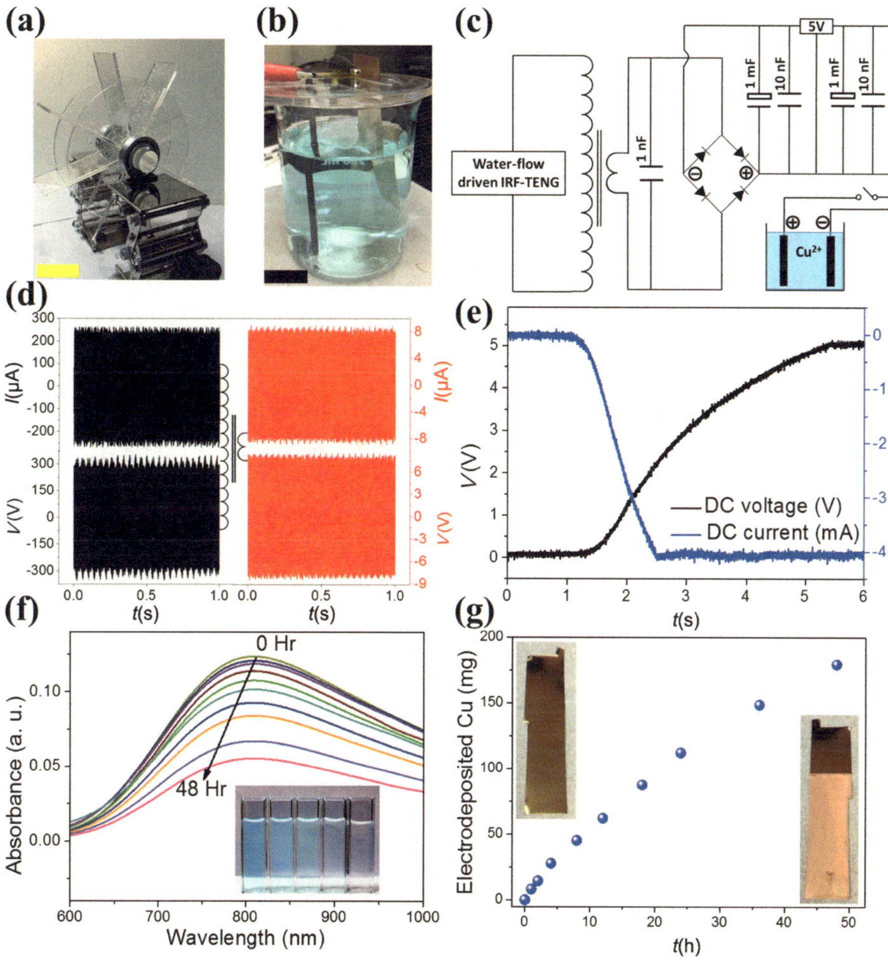

图 13.14 摩擦纳米发电机从水流中收集能量，实际应用于自供电电化学恢复系统以收集 Cu^{2+}。(a) 用于驱动摩擦纳米发电机收集水流能量的水轮图片。比例尺是 5cm。(b) 两电极电化学系统照片，包含作为阳极的石墨棒和作为阴极的铜板，浅绿色 $CuSO_4$ 溶液（2.5g/L）用作电解液。比例尺为 2cm。(c) 用于收集 Cu^{2+} 的自供电电化学恢复系统电路图，包括由水驱动摩擦纳米发电机和能源管理电路集成的稳定能源供应系统和一个两电极电化学电池。(d) 水驱动摩擦纳米发电机的 V_{OC} 和 I_{SC} 性能（左边）和相应的应用变压器的电性能（右边）。(e) 包含水驱动摩擦纳米发电机和能源管理电路的完全稳定的能源供应系统电压（5V）和电流（4mA）的稳定直流输出。(f) 不同持续时间下，废水中 Cu^{2+} 离子的紫外-可见吸收光谱。不同持续时间下 Cu^{2+} 溶液的照片也呈现在插图中以描绘不同时间 Cu^{2+} 溶液的颜色变化。(g) 电沉积 Cu 质量作为运行时间的函数。插图是闪光的铜电极（左）和收集后的铜（右）的照片[21]

稳定输出电压的直流供电对有效平稳地驱动这个反应是必需的。为了实现上面的要求，摩擦纳米发电机的输出与传统的变压器和如图 13.14（c）所示的包含全波整流电桥、稳压器和电容的能源管理电路进行耦合。在变压器的帮助下，摩擦纳米发电机的输出电流有效地从 250μA 增大到 8mA，电压从 650V 减小到 16V，这意味着传递效率大约为 80%［图 13.14（d）］。传递的输出仍然有足够的电势以引发反应，但是由于电流的大幅度增大，反应速率极大地提高。之后，如图 13.14（e）所示，通过与能源管理电路耦合，5V 和 4mA 的稳定直流输出得以传递。图 13.14（f）展示了不同持续时间获得的废水 Cu^{2+}紫外-可见吸收光谱的实时监控。随着电化学收集过程持续时间的延长，废水 Cu^{2+}的吸收峰强度显著降低，表征了自供电电化学收集路径的有效性。不同持续时间下废水 Cu^{2+}的图片也作为插图呈现来描绘 Cu^{2+}溶液的颜色变化。Cu^{2+}的恢复速率可以通过校正曲线更精确的估计，如图 13.14（g）所示。正如所预期的，铜的沉积量随时间缓慢增长，并于 48h 后达到饱和。原始铜板（左）和完全沉积后铜板（右）的图像被附在图 13.14（g）的插图中。通过所提出的自供电电化学收集系统，收集废水 Cu^{2+}可以达到高达 80%的能量转换效率（实际收集质量：～180mg；理论收集质量：～227.5mg）。作为电源，摩擦纳米发电机能够容易地安装在现有的废水处理系统中，以收集水流能量驱动电解沉积过程。此外，电凝聚、电浮选、电降解和电化学高级氧化等一些实际电化学废水处理中的电化学过程中也可以应用所提出的自供电电化学处理器。

综上所述，摩擦纳米发电机能够连续收集水流能量驱动电降解反应和通过能源管理系统收集废水中金属铜。通过所提出的自供电电化学收集系统，废水中 Cu^{2+}的收集效率可以达到 80%。这项研究展示了纳米发电机实际应用和自供电电化学系统的实质进步，将会在相关的领域大有前途。

13.2.6　应用于智能窗系统的自供电电致变色器件

电致变色器件（ECD）被用于响应外部电场，基于电化学氧化还原反应提供光学性质的可逆变化，广泛应用于显示器[55]、可切换镜面[56]和电子纸张[57]。特别地，由于能够在无外部电源情况下保持一定的颜色状态，一些有存储效应的电致变色器件是基础设施和汽车的节能智能窗的理想选择[58]。就此而言，摩擦纳米发电机取代电池作为电源与电致变色器件耦合[25]，向设备提供恒定的电压，成为自供电智能窗系统。自供电电致变色窗的概念也可以通过太阳能电池作为电源驱动电致变色器件加以实现[59]。但是，这样有许多无法避免的缺点，例如，电致变色器件表面的一部分被太阳能电池覆盖，由于绝大多数太阳能电池都不是全透明，集成器件的透明度降低，限制了它的实际应用。这里，一种新的自供电电致变色窗结构被提出，透明摩擦纳米发电机被用于收集自然界机械能以驱动电致变色器件，能够完全解决上面提到的问题。

Yeh 等建立了由双电极摩擦纳米发电机和电致变色器件组成的完全集成的自

供电智能窗[22]。整个器件具有透明的多层结构，与智能窗的结构一致。电致变色器件分别以普鲁士蓝（PB）纳米颗粒和锌化铁氰化物（ZnHCF）纳米立方体作为电致变色材料和离子存储层。用传统的电化学工作站运行，对于外部直流电压，透光率（ΔT）的最大可逆变化可以达到 32.6%。多层微图样聚二甲基硅氧烷（PDMS）结构和透明电极组成的摩擦纳米发电机用于收集风和水滴中的机械能，优化输出功率为 130mW/m^2。通过将这两个器件装配到同一基底上，自供电智能窗成功实现了高达 32.4%的透明度变化和视觉可见的色差，能够与电化学工作站的结果抗衡。这项工作给运动驱动电化学反应带来希望，为摩擦纳米发电机大有前途的应用铺平了道路，推动了自驱动系统的发展。

自供电智能窗多层结构的原理图如图 13.15（a）所示。上部是一个由 PDMS 薄膜附加在导电基底上构成的单电极摩擦纳米发电机，用于收集雨滴的机械能。PDMS 薄膜表面通过光刻和模板成型过程构造出微图样锥形阵列结构，对提高表面疏水性能和有效接触面积有重要作用，共同增强了单电极摩擦纳米发电机的输出性能。相似的材料系统下，通过弹簧装配的接触式摩擦纳米发电机位于单电极摩擦纳米发电机的正下方。由于低弹性模量的弹簧可以对风力冲击起缓冲作用并在风停止时将器件恢复原状，这个结构可以很好地收集风能，这两个摩擦纳米发电机都通过丙烯酸基底叠放在电致变色器件上，组成完整的集成自驱动系统。

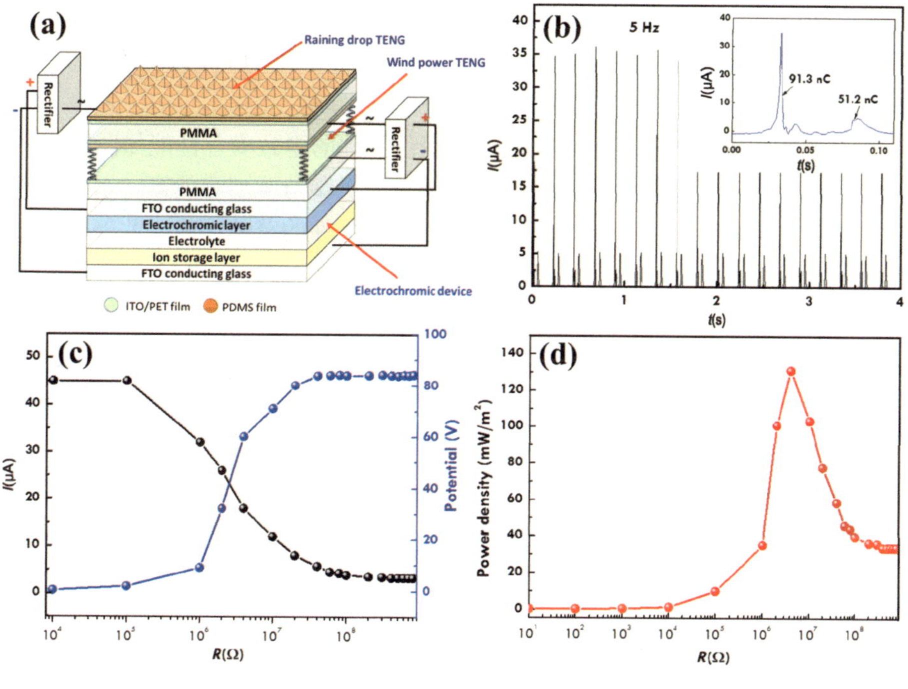

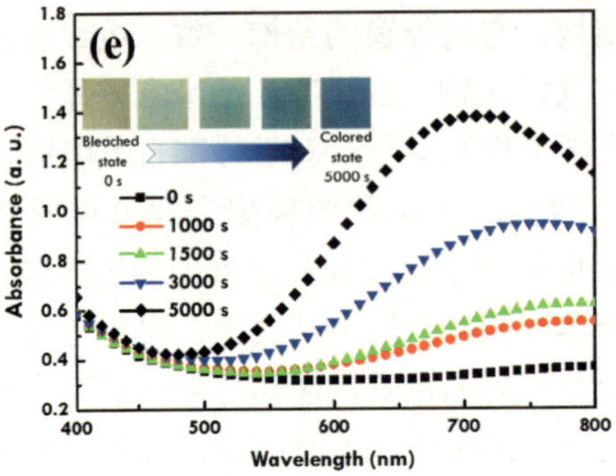

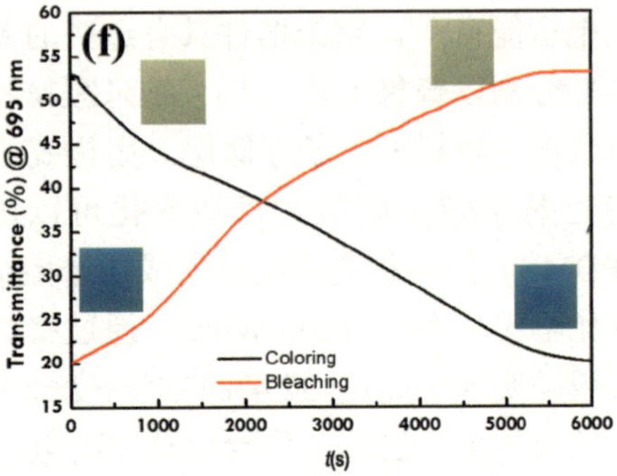

图 13.15　(a) 自供电智能窗与全部整流电桥集成的具体结构原理图；(b) 双模式摩擦纳米发电机的整流 I_{SC} 输出曲线，插图是单个电流峰和相关的电流；(c) 从 10Ω 到 1GΩ 不同负载电阻下双模式摩擦纳米发电机的 I_{load} 和 V_{load}；(d) 双模式摩擦纳米发电机对外部负载电阻的瞬时功率；(e) 不同持续时间下获得的自供电 ECD 紫外吸收光谱；插图为不同持续时间下的 ECD 图像，描绘不同时间 ECD 的颜色变化；(f) 不同持续时间自供电智能窗褪色和着色的透明度变化[22]

对于电致变色器件，水溶性 PB 纳米颗粒和 ZnHCF 纳米立方体分别合成电致变色和离子储存材料。非合成粉末的相成分通过 X 射线衍射确认，XRD 图谱的每个峰对应于 $Fe_4[Fe(CN)_6]_3 \cdot xH_2O$（JCPDS，PDF no.73-0687）和 $Zn_3[Fe(CN)_6]_2$（JCPDS，PDF no.38-0688），意味着两种化合物都成功地合成，残余的试剂被全部除去。通过在 FTO 导电玻璃上旋转涂布分散剂，均衡的 PB 和 ZnHCF 薄膜被成功制备。PB 涂覆和 ZnHCF 涂覆的 FTO 导电玻璃分别被用于工作电极和对电极。通过在 PB 和 ZnHCF 薄膜之间加入固态电解液（0.1mol/L $LiClO_4$/SN，7%SiO_2），实现了电致变色器件的装配。

双模式摩擦纳米发电机驱动集成电致变色器件的电致变色性能如图 13.15（a）所示。为简单起见，只有风力驱动摩擦纳米发电机参与驱动智能窗，水滴驱动摩擦纳米发电机的作用加入输出电流中，增强集成器件的总体性能。此外，机械振动台用于模拟恒定 5Hz 的风力作用。电机作用强度设置为 28.5kgf/m^2，等效于 16.1m/s 的风速。此外，全波整流电桥用于将交流脉冲转换为直流信号，如图 13.15（b）所示，整流后的直流信号每周期可产生 140nC 的电荷用于驱动电致变色器件。双模式摩擦纳米发电机的 I_{SC} 和 V_{OC} 测量为 45μA 和 140V。摩擦纳米发电机的有效输出功率通过监控负载电阻从 10Ω 变化到 1GΩ 时的电压电流来评价［图 13.15（c）］，负载电阻为 4MΩ 时的最优化功率密度可以达到 130mW/m^2［图 13.15（d）］。图 13.15（e）展示了持续时间从 0 到 5000s，振动台驱动自供电电致变色器件的紫外-可见吸收变化。从紫外-可见吸收光谱可以发现明显的吸收差异，不同持续时间电致变色器件的图像展示在图 13.15（e）的插图中，显示在环境机械运动的驱动下电致变色器件的颜色从无色变为深蓝色。图 13.15（f）显示双模式摩擦纳米发电机驱动的自供电电致变色器件在特定波长（695nm）下的透明度变化。这些结果提供了确凿证据来支持自供电智能窗成功实现了电致变色器件和摩擦纳米发电机的集成。

综上所述，电致变色器件和双模式摩擦纳米发电机的集成实现了运动驱动自供电智能窗系统的概念。摩擦纳米发电机可以利用吹风和水滴等环境力来传递高达 45μA 的电流，相应的有效功率密度为 $130mW/m^2$。摩擦纳米发电机直接驱动可逆的电致变色反应，获得了最大 32.4%的透明度变化和可见的颜色变化，可以与电化学工作站驱动的电致变色器件相比较。这项研究展示了纳米发电机实际应用和自驱动系统的实质进步，将加速这些应用在自供电柔性显示、可穿戴电子和节能建筑领域大有前途的发展。

13.3　应用于自供电生物刺激的摩擦纳米发电机

13.3.1　应用于自供电起搏器的体内植入摩擦纳米发电机

体内的摩擦纳米发电机的应用不同于体外环境，更加复杂和具有挑战性。一些决定性问题需要被解决。例如，体内环境充满了体液，如果泄漏到摩擦层的间隙中，将严重影响摩擦纳米发电机的输出性能[60]。所以，需要用生物兼容性好的柔软的材料进行仔细的封装。其次，由于里面的可用空间通常狭小而形状不规则，摩擦纳米发电机的尺寸和厚度需要严格地控制。另一个问题是，体内环境很温和，振幅非常小，摩擦纳米发电机必须足够敏感以捕获这样小尺度的运动。

用摩擦纳米发电机收集体内生物机械能由 Zheng 等首次提出[23]。一个摩擦纳米发电机植入活鼠体内收集其周期性呼吸的能量。然后，呼吸收集的能量直接用于驱动起搏器。这是制造以摩擦纳米发电机为电源的自供电植入式医疗设备的关键一步。

摩擦纳米发电机收集能量直接驱动医疗设备并形成自驱动系统是这项工作的主要目的。为了演示这个自驱动系统的功能，一个具有可调参数（刺激脉冲的频率、宽度和电压）的起搏器样品作为模型［图 13.16（a）和（b）]。这里，基于 555 定时器集成电路（IC）的样品被设计出来，它以指定频率输出矩形脉冲连续流，电阻（R_1，R_2，R_3）和电容 C_1 共同决定了样品的输出性能。电阻 R_1 连接在电源电压和放电引脚（pin 7）之间，另一个电阻（R_2）连接在放电引脚（pin 7）和共用节点的触发器（pin 2）和阈值引脚（pin 6）之间。为了达到小于 50%的占空比，两个二极管（D_1 和 D_2）用来确保电容（C_1）近似只通过 R_1 充电，只通过 R_2 放电。电容 C_2 连接在引脚 5（pin 5）和地面之间以提供干扰，电阻 R_3 用于调整输出脉冲的电压幅度［图 13.16（b）］。

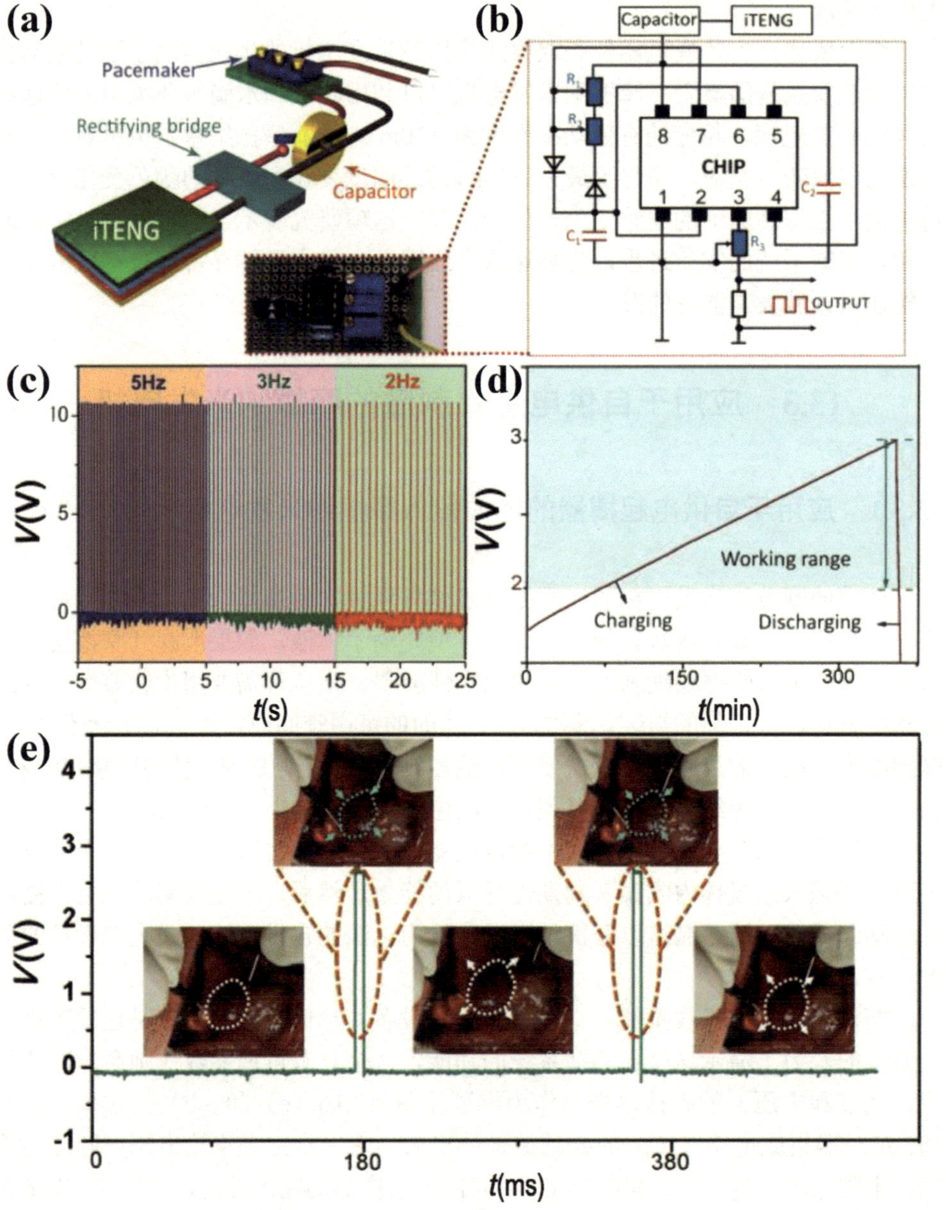

图 13.16　自供电起搏器样品原理图。（a）自供电起搏器的结构和照片；（b）起搏器样品的电路图（$R_1 \approx 0 \sim 50k\Omega$，$R_2 \approx 0 \sim 200k\Omega$，$R_3 \approx 0 \sim 100k\Omega$，$C_1=10\mu F$，$C_2=0.01\mu F$）；（c）自供电起搏器产生的不同频率的刺激脉冲；（d）植入式摩擦纳米发电机对电容器充电的充电曲线；（e）自供电起搏器刺激小鼠心跳（插图：自供电起搏器调节的小鼠心跳图片）[23]

对于该样品，每个脉冲的高压时刻如下

$$T_h = \ln(2) \cdot R_1 \cdot C_1 \tag{13.6}$$

每个脉冲的低压时刻如下

$$T_l = \ln(2) \cdot R_2 \cdot C_1 \tag{13.7}$$

所以脉冲流的频率（f）取决于 T_h 和 T_l 的值：

$$f = \frac{1}{T_h + T_l} = \frac{1}{\ln(2) \cdot C_1(R_1 + R_2)} \tag{13.8}$$

脉冲的占空比（q）可以达到

$$q = \frac{R_1}{R_1 + R_2} \tag{13.9}$$

在这个自驱动系统，摩擦纳米发电机的交流输出可以通过全波整流电桥转换为同方向的脉冲输出，并储存在电容中。据我们所知，商用起搏器工作在 1.8～2.8V 的电压范围，当电压下降到一定水平（选择更换指数，ERI），设备需要尽可能快地更换。在实验中，样品的工作范围是 2～3V［图 13.16（d）］，所以充放电测试在这个范围内进行。摩擦纳米发电机可以在 275min 内（总计 13750 个呼吸循环）将电容器从 2V 充电到 3V。总电容（C_T）可以计算如下

$$C_T = I_{TENG} \cdot W \cdot R_B \cdot T_C \tag{13.10}$$

式中，I_{TENG} 是摩擦纳米发电机的短路电流；W 是脉冲宽度；R_B 是呼吸频率；T_C 是总充电时间。

所制造起搏器样品的单个刺激脉冲的输出是大约 25μA（I_P），脉冲宽度大约设置为 2ms（t_P），与商用起搏器有可比性。基于这些参数，理论计算说明摩擦纳米发电机 5 次呼吸产生的能量可以刺激一次脉冲［式（13.11）］。然后，充电电容被成功演示用于驱动起搏器样品刺激产生不同频率的脉冲［图 13.16（c）］。此外，摩擦纳米发电机驱动的起搏器用于调节小鼠的心率［图 13.16（e）］。简而言之，起搏器产生的不同工作频率（2Hz、3Hz 和 5Hz）的刺激脉冲用于起搏，显然，心率被调节到与刺激脉冲频率同步。

$$r = I_T t_T / I_P t_P \tag{13.11}$$

综上所示，摩擦纳米发电机的一个体内应用被首次演示，用于收集活体动物体内的生物机械能。新设计的摩擦纳米发电机成功将小鼠正常呼吸的机械能转换为功率密度高达 8.44mW/m^2 的电能。此外，作为实际应用，体内收集的能量被演示用于驱动植入式医疗设备。来自摩擦纳米发电机的电能储存在电容中，成功驱动起搏器样品调节小鼠的心跳。这项研究显示了一种收集心跳、肌肉拉伸、血液流动甚至不规则振动等生物机械能的可行方法。这项工作展现了迈向终生植入式自供电医疗设备的重要一步。

13.3.2 用于细胞增殖和分化的植入式自供电激光治疗系统

骨重构和正畸治疗通常是长期的过程[61, 62]。现在，低水平激光治疗对该过程的速度和质量有正面作用已经被接受[63]，可能是因为激光能量与线粒体呼吸链的特征能量和吸收水平相一致，因此，它增强了细胞的活性，加速了受损组织的再生[62]。为了促进该技术的应用，需要可连接或可植入的激光治疗系统。但是，普通电池因为体积太大或易引起患者不适而不适用于此场景。

一个应用于骨生成的自供电低功率激光治疗（SPLC）系统由 Tang 等研制，可以显著加快鼠胚胎骨细胞的增殖和分化[20]。此外，这个系统也可以由生物运动驱动，如人的步行或老鼠的呼吸。这项工作对于摩擦纳米发电机在移动或可植入医疗设备中的应用，以及骨重构和正畸临床治疗都是巨大的进步。

SPLC 系统由柔性摩擦纳米发电机和红外激光发射单元组成。摩擦纳米发电机的制造参考拱形高柔性器件[64]。聚二甲基硅氧烷（PDMS）和铟锡氧化物（ITO）被用作摩擦材料。但是，最好用锥形阵列图样 PDMS 薄膜替代平面薄膜以增强摩擦纳米发电机的输出电流。它包含边长 5μm 的锥形阵列。摩擦纳米发电机的工作原理之前已经报道过，基于摩擦起电和静电感应的耦合，摩擦纳米发电机输出 30μA 的短路电流和 115V 的开路电压，一个周期内转移的电荷大约 70nC。

对于生物实验，选择小鼠颅骨前成骨细胞（MC3T3-E1）（ATCC CRL-2594）。这是一个小鼠颅骨派生细胞系，提供了一个有用的体外系统以研究成骨细胞分化的不同阶段[65]。细胞最初以 3000cells/100μL 种植在 96 孔板中，由 DMEM 在 5% CO_2、37℃下培养（Dulbecco 修正的 Eagle 媒介，10%牛血清和 1%青霉素-链霉素），并分为三组：参照组——没有激光治疗；摩擦纳米发电机驱动的激光辐照组（摩擦纳米发电机-激光组）——摩擦纳米发电机驱动的脉冲激光辐照（100 脉冲/d）；电池驱动的激光辐照组（电池-激光组）——电池驱动的连续激光辐照（1min/d），如图 13.17（a）所示。激光治疗开始前，所有细胞都已培养 24h。然后，进行激光治疗，再经历 24h 培养后对细胞进行测试。在培养过程中，整个板子被锡纸覆盖以避免任何的环境光照。

对于红外激光，它的波长和功率分别为 850nm 和 10mW，辐照直径为 6mm，意味着其功率密度为 35.4mW/cm^2。摩擦纳米发电机-激光辐照由摩擦纳米发电机驱动，以电容作为电能储存器［图 13.17（b）］。电机以±0.5mm 位移和 50Hz 频率驱动摩擦纳米发电机。两个激光组的红外信号如图 13.17（c）和（d）所示。

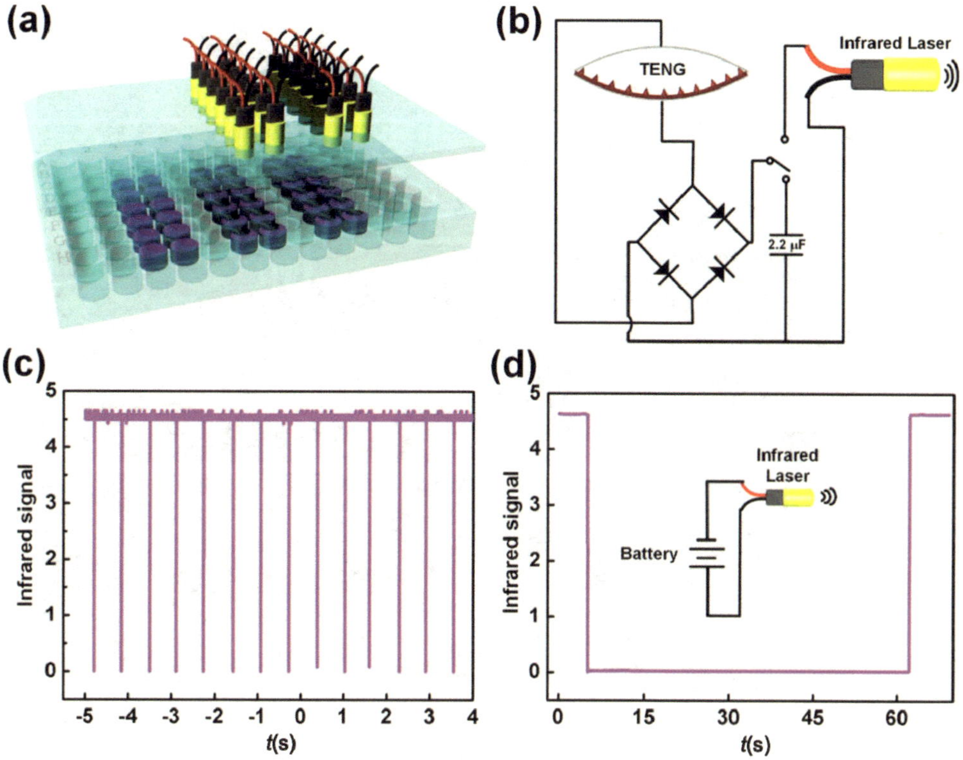

图 13.17　（a）生物实验设置；（b）SPLC 系统原理图；（c）SPLC 系统驱动的红外激光信号；（d）电池驱动的红外激光信号[20]

由于 MC3T3-E1 在增殖阶段、骨基质成型和矿化阶段的连续发育阶段都有功能，在下面的实验中，3, 4, 5-三羟基苯甲酸二聚体（MTT）测试被用于评估细胞增殖、碱性磷酸酶（ALP）水平，以发现早期骨基质成型，评估茜素红 S 染色以描述矿化特征。

为研究红外辐照对 MC3T3-E1 的作用，带有毒伞素和苯基吲哚（Sigma-Aldrich）的细胞骨架和细胞核被用来观察细胞的形态和数量，如图 13.18 所示。毒伞素（红）被特别绑定到细胞纤维状肌动蛋白，显示了细胞骨架的相对完整度。三组中均没有观察到细胞骨架结构的畸变，意味着摩擦纳米发电机-激光组［图 13.18（b）、（e）和（h），1～3 天］和电池-激光组［图 13.18（c）、（f）和（i），1～3 天］的细胞与参照组一样正常生长。此外，苯基吲哚（蓝）被特别绑定到细胞核的 DNA，相对于参照组，所有辐照组中的细胞核数量都增加了［图 13.18（a）、（d）和（g），1～3 天］，意味着红外辐照下细胞显著增殖。

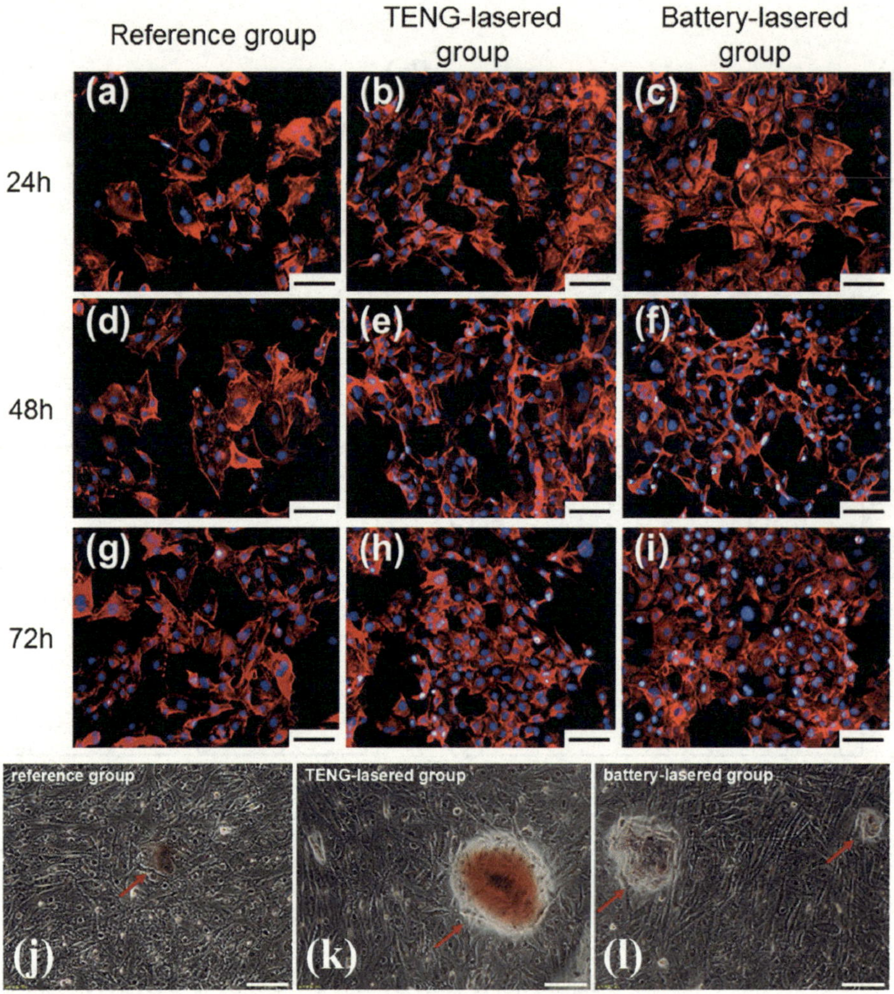

图 13.18 不同处理方法下，由毒伞素和苯基吲哚染色的 MC3T3-E1 细胞的数量和形态。(a，d，g）参照组分别培养 24h、48h、72h。(b，e，h）摩擦纳米发电机-激光组，辐照剂量 100 脉冲/d，分别培养 24h、48h、72h。(c，f，i）电池-激光组，辐照剂量 1min/d，分别培养 24h、48h、72h，比例尺为 100μm。(j）MTT 结果显示，不同激光辐照后，对 MC3T3-E1 的增殖有促进作用。辐照 2～3 天后，摩擦纳米发电机-激光组的细胞活性分别比参照组提高了 15%和 10%。电池-激光组提高了 66%和 32%。(k）碱性磷酸酶水平。(l）矿化沉积结果。(k）和（l）说明激光辐射能够诱导骨骼生成。摩擦纳米发电机-激光组进行激光辐照 1、3、5 天后，其碱性磷酸酶水平分别比对照组高出 9.2%、9.4%、16.9%；电池-激光组则分别高出 5.1%、15.0%、21.7%。摩擦纳米发电机-激光组和电池-激光组的富集区域都明显比对照组大。富集区域由茜素红 S 进行染色，如红色箭头所指出，比例尺为 100μm[20]

被处理以后，细胞进入增殖期。在激光辐照 24h 后，通过 MTT 比色法对增殖进行评估。每个孔加入 10μL MTT（最终浓度 0.5mg/mL）后，在 5% CO_2、37℃下，细胞继续在黑暗中培养 4h。加入 100μL 二甲亚砜以溶解上述的甲腊晶体。通过酶联免疫吸收剂分析仪（ELISA）读取 490nm 的吸收率以评估细胞增殖。在红外辐照 1 天后，对照组、摩擦纳米发电机-激光组和电池-激光组没有显著的不同。但是，红外激光辐照 2～3 天后，辐照组的细胞增殖在统计意义上显著增大。特别地，摩擦纳米发电机-激光组的细胞活性在 2 天和 3 天以后，分别比对照组高 15%和 10%；电池-激光组的细胞活性分别比对照组高 66%和 32%。结果表明，摩擦纳米发电机-激光辐照和电池-激光辐照促进了细胞的增殖。

碱性磷酸酶水平标志着骨基质合成的开始和 MC3T3-E1 细胞外基质的成熟。细胞外碱性磷酸酶水平通过 ALP ELISA 装备测量。该装备采用双层夹心方法。通过 ELISA 读取 450nm 的吸收率。细胞培养时间比增殖测试更长，辐照时间也增加。辐照 1 天、3 天、5 天后测量三个组的碱性磷酸酶水平。摩擦纳米发电机-激光组的结果是 9.2 和 9.4，比对照组高 16.9%；电池-激光组是 5.1 和 15.0，比对照组高 21.7%。碱性磷酸酶水平显示红外辐照激活了骨基质合成，激光治疗后 MC3T3-E1 细胞具有更成熟的细胞外基质。

矿化沉积是体内 MC3T3-E1 细胞骨生成的重要一步，将在诱导后几天内开始。这里，50μg/mL 抗坏血酸（AA）和 10mmol/L β-甘油磷酸盐被加入 DMEM 中以诱导 MC3T3-E1 的矿化沉积。茜素红 S 方法被用于评估第 28 天 MC3T3-E1 细胞的矿化沉积［图 13.18（j）～（l)］。染上茜素红 S 以后，红外辐照组的光学图像显示出明显的矿化沉积。摩擦纳米发电机-激光组和电池-激光组的钙化沉积数量和矿化面积都明显大于对照组［图 13.18（j）～（l)］。

总之，实验表明了摩擦纳米发电机-激光治疗对成骨细胞的增殖、分化和骨成型具有显著的正面作用。相比于电池驱动的连续辐照，SPLC 系统驱动的脉冲辐照具有相似的作用，与之前的工作一致。此外，它更便于移动或可植入临床治疗。

综上所述，基于摩擦纳米发电机和红外激光辐照单元的集成，研制了应用于骨生成的自供电低水平激光治疗系统。在 2 天的激光辐照后，系统使 MC3T3-E1 细胞增殖增强了 15%，5 天激光辐照后，细胞的分化增强了 16.9%。这不仅是摩擦纳米发电机应用于移动或可植入医疗设备的巨大进步，也是骨重建和正畸临床治疗的巨大进步。

13.4　总　　结

本章中，摩擦纳米发电机与储能单元和能源管理电路耦合组成自驱动系统。这些自驱动系统应用于电子设备、电化学反应和生物医学刺激。所提出的自驱动系统为持续驱动功能器件提供了除电池以外的选择。由于能量来自周围环境，系统的寿命将远高于基于电池的设备。自驱动电化学是通过摩擦纳米发电机收集水流等环境能量，用来驱动污染降解、水解、防腐蚀和空气污染过滤等电化学过程。自驱动系统的研究将为移动电子设备和电化学/生物反应的供电提供一种新的解决模式。

参考文献

[1] Wang Z H，Song J. Piezoelectric nanogenerators based on zinc oxide nanowire arrays. Science，2006，312（5771）：242-246.

[2] Wang S H，Lin Z H，Niu S M，Lin L，Xie Y N，Pradel K C，Wang Z H.Motion charged battery as sustainable flexible-power-unit. ACS Nano，2013，7（12）：11263-11271.

[3] Wang S H，Lin L，Wang Z H.Nanoscale triboelectric-effect-enabled energy conversion for sustainably powering portable electronics. Nano Lett，2012，12（12）：6339-6346.

[4] Zhou J，Gu Y D，Hu Y F，Mai W J，Yeh P H，Bao G，Sood A K，Polla D L，Wang Z H.Gigantic enhancement in response and reset time of ZnO UV nanosensor by utilizing Schottky contact and surface functionalization. Appl Phys Lett，2009，94（19）191103.

[5] Tarascon J M，Armand M. Issues and challenges facing rechargeable lithium batteries. Nature，2001，414（6861）：359-367.

[6] Bard A J，Faulkner L R.Electrochemical methods：fundamentals and applications. 2nd ed. U. S. A：Wiley，2002：833.

[7] Zhu G，Chen C，Zhang T G，Jing Q S，Wang Z H.Radial-arrayed rotary electrification for high performance triboelectric generator. Nat Commun，2014，5：3426.

[8] Niu S M，Wang X F，Yi F，Zhou Y S，Wang Z H.A universal self-charging system driven by random biomechanical energy for sustainable operation of mobile electronics. Nat Commun，2015，6：8975.

[9] Erickson R W，Maksimović D. Fundamentals of Power Electronics. 2nd ed. Kluwer Academic：Norwell，Mass.，2001：883.

[10] Xu S，Qin Y，Xu C，Wei Y，Yang R，Wang Z H. Self-powered nanowire devices. Nat Nano，2010，5（5）：366-373.

[11] Wang Z H. Toward self-powered sensor networks. Nano Today，2010，5（6）：512-514.

[12] Hu Y，Zhang Y，Xu C，Lin L，Snyder R L，Wang Z H. Self-powered system with wireless data transmission. Nano Lett，2011，11（6）：2572-2577.

[13] Zhu G，Pan C，Guo W，Chen C Y，Zhou Y，Yu R，Wang Z H. Triboelectric-generator-driven pulse electrodeposition for micropatterning. Nano Lett，2012，12（9）：4960-4965.

[14] Yang Y，Zhang H，Lee S，Kim D，Hwang W，Wang Z H. Hybrid energy cell for degradation of methyl orange by self-powered electrocatalytic oxidation. Nano Lett，2013，13（2）：803-808.

[15] Li Z L，Chen C，Yang J，Su Y J，Fan X，Wu Y，Yu C W，Wang Z H.Beta-cyclodextrin enhanced triboelectrification for self-powered phenol detection and electrochemical degradation. Energy Environ Sci，2015，8（3）：887-896.

[16] Li，Chen C，Guo H Y，Fan X，Wen Z，Yeh M H，Yu C W，Cao X，Wang Z H. Triboelectrification enabled self-powered detection and removal of heavy metal ions in wastewater. Adv Mater，2015，28（15）：2983-2991.

[17] Chen C，Hu Yang，Zhang N，Zou H，Liu R，Tao C，Fan X，Wang Z L. Micro-cable structured textile for simultaneously harvesting solar and mechanical energy. Nat Energy，2016，1：16138.

[18] Tang W，Han Y，Han C B，Gao C Z，Cao X，Wang Z H.Self-powered water splitting using flowing kinetic energy. Adv Mater，2015，27（2）：272-276.

[19] Chen S，Gao C，Tang W，Zhu H，Han Y，Jiang Q，Li T，Cao X，WangZ. Self-powered cleaning of air pollution by wind driven triboelectric nanogenerator. Nano Energy，2015，14：217-225.

[20] Tang W，Tian J，Zheng Q，Yan L，Wang J，Li Z，Wang Z H.Implantable self-powered low-level laser cure system for mouse embryonic osteoblasts' proliferation and differentiation. ACS Nano，2015，9（8）：7867-7873.

[21] Yeh M H，Guo H，Lin L，Wen Z，Li Z，Hu C，Wang Z H. Rolling Friction enhanced free-standing triboelectric nanogenerators and their applications in self-powered electrochemical recovery systems. Adv Funct Mater，2015 26（7）.

[22] Yeh M H，Lin L，Yang P K，Wang Z H. Motion-driven electrochromic reactions for self-powered smart window system. ACS Nano，2015，9（5）：4757-4765.

[23] Zheng Q，Shi B，Fan F，Wang X，Yan L，Yuan W，Wang S，Li Hu，Li Z，Wang Z H. *In vivo* powering of pacemaker by breathing-driven implanted triboelectric nanogenerator. Adv Mater，2014，26（33）：5851-5856.

[24] Zhu H R，Tang W，Gao C Z，Han Y，Li T，Cao X，Wang Z H.Self-powered metal surface anti-corrosion protection using energy harvested from rain drops and wind. Nano Energy，2015，14：193-200.

[25] Yan Xg，Zhu G，Wang S，Zhang R，Lin L，Wu W，Wang Z H. A self-powered electrochromic device driven by a nanogenerator. Energy & Environmental Science，2012，5（11）：9462-9466.

[26] Do J S，Chen L M. Decolourization of dye-containing solutions by electrocoagulation. Journal of Applied Electrochemistry，1994，24（8）：785-790.

[27] Ma H，Wang B，Luo X. Studies on degradation of methyl orange wastewater by combined electrochemical process. Journal of Hazardous Materials，2007，149（2）：492-498.

[28] Panizza M，Cerisola G. Electrochemical oxidation as a final treatment of synthetic tannery wastewater. Environmental Science & Technology，2004，38（20）：5470-5475.

[29] Mohan N，Balasubramanian N，Basha C A. Electrochemical oxidation of textile wastewater and its reuse. Journal of Hazardous Materials，2007，147（1-2）：644-651.

[30] Panizza M，Cerisola G. Electrocatalytic materials for the electrochemical oxidation of synthetic dyes. Applied Catalysis B：Environmental，2007，75（1-2）：95-101.

[31] Chiang L C，Chang J E，Wen T C. Indirect oxidation effect in electrochemical oxidation treatment of landfill leachate. Water Research，1995，29（2）：671-678.

[32] Niu P，Hao J. Fabrication of titanium dioxide and tungstophosphate nanocomposite films and their photocatalytic degradation for methyl orange. Langmuir，2011，27（22）：13590-13597.

[33] Xu S，Zhu Y，Jiang L，Dan Y. Visible light induced photocatalytic degradation of methyl orange by polythiophene/TiO_2 composite particles. Water，Air & Soil Pollution，2010，213（1-4）：151-159.

[34] Rasten E，Hagen G，Tunold R. Electrocatalysis in water electrolysis with solid polymer electrolyte. Electrochimica Acta，2003，48（25-26）：3945-3952.

[35] Stojić D L，Marčeta M P，Sovilj S P，Miljanić Š S. Hydrogen generation from water electrolysis—possibilities of energy saving. Journal of Power Sources，2003，118（1-2）：315-319.

[36] Zou Z，Ye J，Sayama K，Arakawa H. Direct splitting of water under visible light irradiation with an oxide semiconductor photocatalyst. Nature，2001，414（6864）：625-627.

[37] Cheung M M S，Cao C. Application of cathodic protection for contro Lin Lg macrocell corrosion in chloride

contaminated RC structures. Construction and Building Materials，2013，45：199-207.

[38] Kim J G，Joo J H，Koo S J. Development of high-driving potential and high-efficiency Mg-based sacrificial anodes for cathodic protection. Journal of Materials Science Letters，2000，19（6）：477-479.

[39] Xu J，Yao W. Current distribution in reinforced concrete cathodic protection system with conductive mortar overlay anode. Construction and Building Materials，2009，23（6）：2220-2226.

[40] Yuan J，Tsujikawa S. Characterization of sol-gel-derived TiO_2 coatings and their photoeffects on copper substrates. Journal of the Electrochemical Society，1995，142（10）：3444-3450.

[41] Veleva L，Castro P，Hernandez-Duque G，Schorr M. The corrosion performance of steel and reinforced concrete in a tropical humid climate. A review. 1998.

[42] Brunekreef B，Holgate S T. Air pollution and health. The Lancet，2002，360（9341）：1233-1242.

[43] Pope I C A，Burnett R T，Thun M J，Calle E E，Krewski D，Ito K，Thurston G D. Lung cancer，cardiopulmonary mortality，and long-term exposure to fine particulate air pollution. Journal of the American Medical Association，2002，287（9）：1132-1141.

[44] Gao S，Nakagawa N，Kato K，Inomata M，Tsuchiya F. Simultaneous SO_2/NO_x removal by a powder-particle fluidized bed. Catalysis Today，1996，29（1-4）：165-169.

[45] Wu C C，Lee M G W，Yang S，Yu K P，Lou C L. Influence of air humidity and the distance from the source on negative air ion concentration in indoor air. Science of The Total Environment，2006，370（1）：245-253.

[46] Hackam R，Aklyama H. Air pollution control by electrical discharges. Dielectrics and Electrical Insulation，IEEE Transactions on，2000，7（5）：654-683.

[47] Mizuno A. Electrostatic precipitation. Dielectrics and Electrical Insulation.IEEE Transactions on，2000，7（5）：615-624.

[48] Brandvold D K，Martinez P，Dogruel D. Polarity dependence of N_2O formation from corona discharge. Atmospheric Environment，198923（9）：1881-1883.

[49] Kirsh V A，Stechkina I B. Kinetics of the clogging and optimization of prefilters in a two-stage air cleaning system. Theoretical Foundations of Chemical Engineering，2010，44（1）：76-85.

[50] Zhang D，Wen M，Zhang S，Liu P，Zhu W，Li G，Li H.Au nanoparticles enhanced rutile TiO_2 nanorod bundles with high visible-light photocatalytic performance for NO oxidation. Applied Catalysis B：Environmental，2014，147：610-616.

[51] Dascalescu L，Morar R，Iuga A，Samuila A，Neamtu V，Suarasan I. Charging of particulates in the corona field of roll-type electroseparators. Journal of Physics D：Applied Physics，1994，27（6）：1242.

[52] Fu F，Wang Q. Removal of heavy metal ions from wastewaters：A review. Journal of Environmental Management，2011，92（3）：407-418.

[53] Chen G. Electrochemical technologies in wastewater treatment. Separation and Purification Technology，2004，38（1）：11-41.

[54] Rosseinsky D R，Mortimer R J. Electrochromic systems and the prospects for devices. Advanced Materials，2001，13（11）：783-793.

[55] Mortimer R J，Dyer A L，Reynolds J R. Electrochromic organic and polymeric materials for display applications. Displays，2006，27（1）：2-18.

[56] Richardson T J. New electrochromic mirror systems. Solid State Ionics，2003，165（1-4）：305-308.

[57] Andersson P，Nilsson D，Svensson P O，Chen M，Malmström A，Remonen T，Kugler T，Berggren M. Active matrix displays based on all-organic electrochemical smart pixels printed on paper. Advanced Materials，2002，

14（20）：1460-1464.

[58] Su L，Wang H，Lu Z.All-solid-state electrochromic window of prussian blue and electrodeposited WO_3 film with poly（ethylene oxide）gel electrolyte. Materials Chemistry and Physics，1998，56（3）：266-270.

[59] Dyer A L，Bulloch R H，Zhou Y，Kippelen B，Reynolds J R，Zhang F.A vertically integrated solar-powered electrochromic window for energy efficient buildings. Advanced Materials，2014，26（28）：4895-4900.

[60] Zhang H L，Yang Y，Su Y J，Chen C，Hu C G，Wu Z K，Liu Y，Wong C P，Bando Y，Wang Z H. Triboelectric nanogenerator as self-powered active sensors for detecting liquid/gaseous water/ethanol. Nano Energy，2013，2（5）：693-701.

[61] Pretel H，Lizarelli R F Z，Ramalho L T O. Effect of low-level laser therapy on bone repair：Histological study in rats. Lasers in Surgery and Medicine，2007，39（10）：788-796.

[62] Jawad M，Husein A，Alam M，Hassan R，Shaari R. Overview of non-invasive factors（low level laser and low intensity pulsed ultrasound）accelerating tooth movement during orthodontic treatment. Lasers in Medical Science，2014，29（1）：367-372.

[63] Luger E J，Rochkind S，Wollman Y，Kogan G，Dekel S.Effect of low-power laser irradiation on the mechanical properties of bone fracture healing in rats. Lasers in Surgery and Medicine，1998，22（2）：97-102.

[64] Fan F R，Luo J，Tang W，Li C，Zhang C，Tian Z，Wang Z H.Highly transparent and flexible triboelectric nanogenerators：performance improvements and fundamental mechanisms. Journal of Materials Chemistry A，2014，2（33）：13219-13225.

[65] Choi J Y，Lee B H，Song K B，Park R W，Kim I S，Sohn K Y，Jo J S，Ryoo H M. Expression patterns of bone-related proteins during osteoblastic differentiation in MC3T3-E1 cells. Journal of Cellular Biochemistry，1996，61（4）：609-618.

第 14 章　基于摩擦纳米发电机的自驱动压力传感器和人机交互系统

摘　要

在本章中，我们将要讨论摩擦纳米发电机作为自驱动传感器的第一种应用，即自驱动压力/触摸传感器。这种传感器在低压力时灵敏度较高，而在高压力时灵敏度较低。可能的解释是在高压力下，两个摩擦层之间的空气间隙会闭合。我们发现 TENG 的开路电压可以用来对施加压强的大小进行静态测量，而短路电流可以用来对压强的加载速率或加速度进行动态测量。为了实现自驱动的触摸成像，我们可以将多个传感器单元集成为一个阵列结构进行多通道测量。我们还将这种传感器集成到键盘结构中，实现了自驱动人机交互。这种有高分子涂层的智能键盘可以识别不同用户的敲击习惯，并以此为基础来实现个人电子设备的身份验证。这种新型的自驱动人机交互系统在下一代的智能电子设备和可穿戴设备中有非常多的潜在应用。

在本书的第 1～7 章讲述了 TENG 的工作原理和基本工作模式[1-3]。在第 8～13 章讲述了 TENG 和多种功能电子器件集成自驱动系统的应用。通过摩擦起电和静电感应作用，TENG 可以将外力的机械驱动转化为电信号，而产生的电信号的幅度和频率都与外力的信息相关。这样，我们就可以通过分析 TENG 的输出信号来获得关于外力的信息（包括压强、运动、振动等）。另外，摩擦层的表面电荷密度也是影响发电机输出性能的一个重要因素，它受到很多环境因素的影响，所以 TENG 也可以作为自驱动环境/化学传感器来探测某些化学成分的浓度、紫外光强度以及湿度等因素。本章的重点是 TENG 作为自驱动压强/触摸传感器的应用。

14.1　自驱动压强/触摸传感器

TENG 作为自驱动传感器的第一个和最直接的应用就是压强或触摸探测。在这方面，我们完成了一系列基于接触-分离模式或单电极模式的传感器的工作[4-8]。我们还将基于 TENG 的传感器和基于传统的电阻变化的传感器相结合，研发了超高灵敏度的压强传感器[9]。为了实现触摸成像的功能，我们将多个压强传感器单元集成到一个阵列，来定量检测某个特定区域的压强在空间上的分布[5, 10]。最后，作为这种技术的应用实例，我们把单电极模式的自驱动传感器安装到键盘结构中，开发出一种智能键盘，可以实现自驱动的触摸传感甚至电子设备的身份验证，这在人机交互领域有很多潜在应用[11]。

14.1.1　接触-分离模式的自驱动压强传感器

我们首先介绍一个 TENG 作为自驱动压强传感器的例子[5]。这种传感器是基于接触-分离模式的 TENG，可以用于同时进行静态和动态的压强测量。具体地，开路电压和转移电荷密度可以用来测量静态压强大小的变化，而短路电流可以用来表征压强加载的动态信息，如加载速率或加速度等。这种压强传感器性能优异，其灵敏度为 0.31/kPa，反应和弛豫时间均在 5ms 以内，具有超过 30000 个周期的稳定性，同时检测限度低达 2.1Pa。这个工作是摩擦纳米发电机的一个里程碑式的应用实例，对自驱动系统和传感器的发展具有重要意义。

自驱动传感器的器件结构示意图如图 14.1（a）所示，具体的加工流程可以分为两个部分。第一部分是通过微加工方法制备 PDMS 薄膜，其表面具有微米级别的金字塔结构，具体流程详见第 2 章。图 14.1（b）是这种结构的扫描电镜照片，可见 PDMS 表面的金字塔结构尺寸为 10μm 左右，并且均匀分布。加工后的 PDMS 薄膜的背表面镀上金电极。第二部分是表面覆盖银纳米线和纳米颗粒的铝箔，其中银纳米结构是通过溶液方法合成的[12]，如图 14.1（c）所示。两个内表面上的微纳米结构对提高摩擦纳米发电机的输出性能有重要帮助。然后，将两部分薄膜连接在一起形成拱形结构，并通过导线引出电极。由于材料自身的弹性，可以看到两个摩擦层之间有空气间隙促使其分离［图 14.1（a）插图］。整个器件的尺寸是 2cm×2cm，也可以将尺寸调得更小。

图 14.1（d）～（f）表示通过机械振动源施加外力测得的传感器的电学输出。外力的频率为 2Hz，测得的开路电压为 75V，转移电荷密度为 45μC/m^2，短路电流密度为 3mA/m^2。如第 2 章所描述的，发电机的工作原理是基于摩擦起电和静电感应的耦合作用。对于接触-分离模式的 TENG，我们已经推导出其开路电压与两个摩擦层分离距离的关系：

$$V_{\mathrm{OC}} = \frac{\sigma \cdot d}{\varepsilon_0} \tag{14.1}$$

式中，ε_0 是真空介电常数；σ 是表面电荷密度（在本工作中假设为常量）。可以

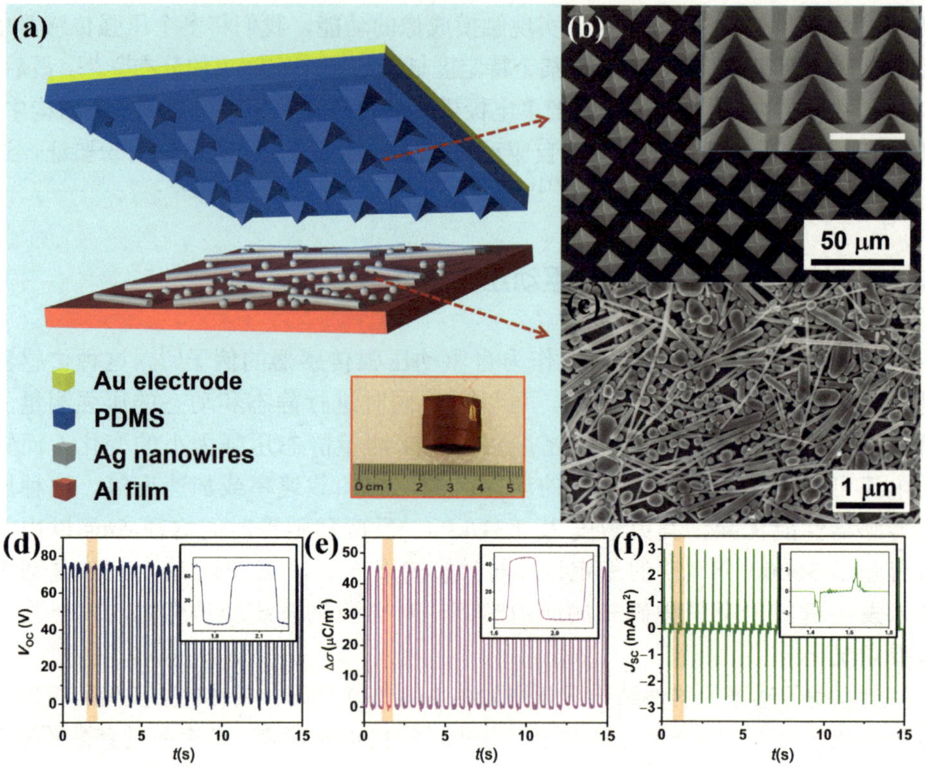

图 14.1　自驱动压强传感器在周期性压力下工作的基本原来和典型电学响应。(a)摩擦传感器的基本结构示意图，其中插图为实物照片；(b) PDMS 表面加工的金字塔微结构的扫描电镜照片，其中插图为较大倍数的扫描电镜照片，插图的比例尺是 10μm；(c)铝箔上加工的银纳米线和纳米颗粒的扫描电镜照片；(d)器件的开路电压；(e)器件的转移电荷密度；(f)器件的短路电流（本图已获得美国化学学会许可）[5]

发现在外力开始施加时，开路电压开始下降，而当外力完全撤销时，开路电压达到最大。对于短路状态，我们发现转移电荷密度（$\Delta\sigma$）随压强的变化也可以表达为距离 d 的函数：

$$\Delta\sigma = \frac{Q_0 - Q}{S} = \frac{\sigma \cdot d_0}{\dfrac{d_{\mathrm{PDMS}}}{\varepsilon_{\mathrm{r,PDMS}}} + d_0} - \frac{\sigma \cdot d}{\dfrac{d_{\mathrm{PDMS}}}{\varepsilon_{\mathrm{r,PDMS}}} + d} \tag{14.2}$$

式中，Q 和 Q_0 分别是加载压力和无压力时在一个电极上的感应电荷；S 是电极的有效面积；d_{PDMS} 和 $\varepsilon_{\mathrm{r,PDMS}}$ 分别是 PDMS 薄膜的厚度和相对介电常数；d_0 是无外界压力情况下的最大分离距离。很明显，随着距离降低，转移电荷密度增加，但并非线性关系。所以，短路电流密度（J_{SC}）可以表示为

$$J_{\mathrm{SC}}=\frac{\mathrm{d}(\Delta\sigma)}{\mathrm{d}t}=-\frac{\mathrm{d}Q}{S\cdot\mathrm{d}t}=-\frac{\sigma\cdot\dfrac{d_{\mathrm{PDMS}}}{\varepsilon_{\mathrm{r,PDMS}}}}{\left(\dfrac{d_{\mathrm{PDMS}}}{\varepsilon_{\mathrm{r,PDMS}}}+d\right)^{2}}\cdot\frac{\delta d}{\delta t} \tag{14.3}$$

可以看出，短路电流密度的大小不仅与分离距离有关，还受到外力加载速率（$\delta d/\delta t$）的影响。为了确认这一点，我们在较高的频率（6Hz）下测量发电机的输出性能，发现短路电流密度增加到 40mA/m^2。因此，短路电流可以用来对外力的加载速率进行动态测量。

我们用弹簧模型中的胡克定律将压强与分离距离之间的关系表达出来：

$$p=\frac{k\cdot x}{S}=\frac{k\cdot(d_0-d)}{S} \tag{14.4}$$

式中，p 是压强；k 是材料的劲度系数。结合式（14.1）和式（14.4）可以得到：

$$\frac{V_{\mathrm{OC,0}}-V_{\mathrm{OC}}}{V_{\mathrm{OC,0}}}=\frac{d_0-d}{d_0}=\frac{S}{k\cdot d_0}\cdot p \tag{14.5}$$

开路电压的相对变化应与压强呈线性关系，所以它可以用来对压强的大小进行静态监测。结合开路电压的静态监测和短路电流的动态监测，这种传感器可以给出关于外力的详细信息。在此基础上，我们设计了实验来表征传感器的性能。

在实验测量中，用线性电机来模拟外加压力，并将器件贴在一个测力仪的探头上，用测力仪和电表同时检测压力和发电机的输出信号。图 14.2（a）表示在不同压强下的开路电压测量结果。可见，开路电压的相对变化随着压强的增大而提高，这个关系描绘在图 14.2（b）中，可以根据灵敏度的不同分为两个区域。在低压部分（区域Ⅰ），传感器的灵敏度为 0.31kPa^{-1}，比高压部分（区域Ⅱ）的灵敏度大得多。两部分各自的拟合结果说明线性关系很好，也说明了此期间是合格的压强传感器。根据之前的理论推导，得出两个区域灵敏度不同的可能原因：在低压区域，压强的增加会引起两个摩擦层之间分离距离的明显变化，所以相应的开路电压也会变化很大；而当加载的压强增大到一定程度时，两个摩擦层已经闭合，继续增大压强并不会引起分离距离的较大变化，而只会引起有效接触面积的略微增加，所以此时开路电压的变化缓慢，灵敏度也会减小很多。

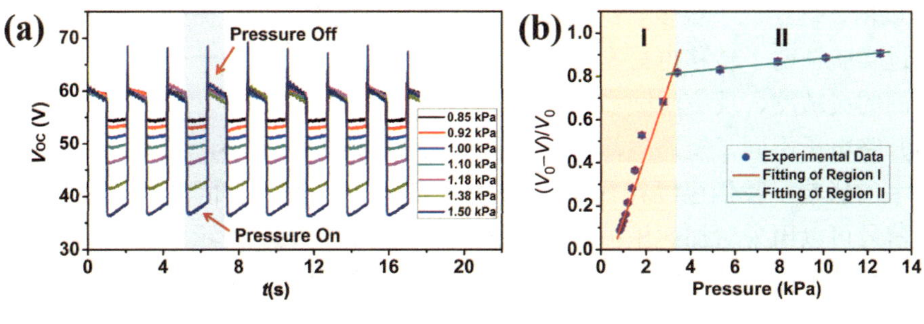

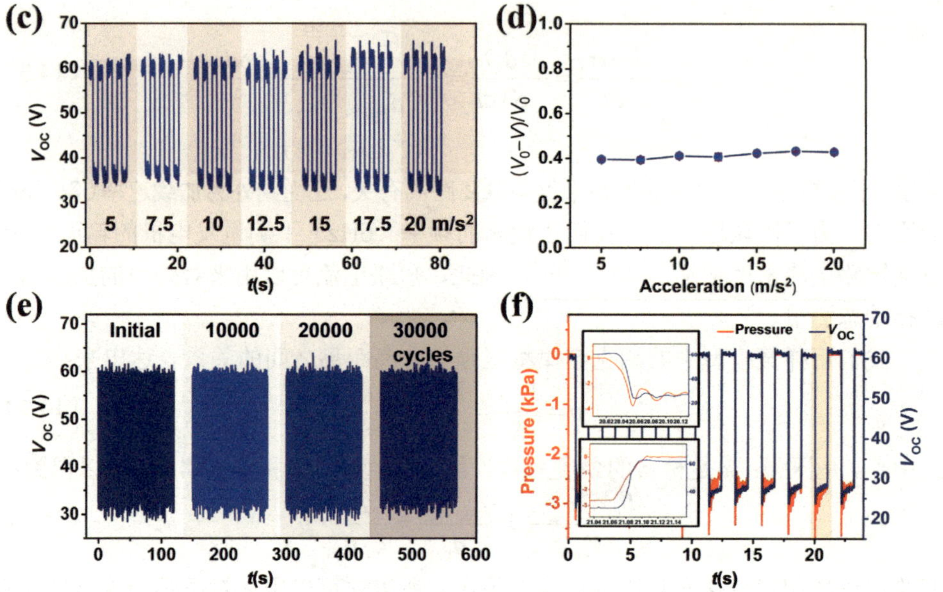

图 14.2　用开路电压对压强进行的静态测量结果。(a) 在周期性压强下实时测得的开路电压结果，其中高亮部分代表一个周期内的测量信号；(b) 开路电压的相对变化随压强的变化关系及其拟合曲线；(c) 在恒定压强下（2kPa）测得的开路电压与加载压力的加速度的关系；(d) 开路电压与加速度的关系；(e) 在恒定压强下（2.5kPa）持续加载和卸载压力得到的 30000 个周期内器件的稳定性测试；(f) 实时测量的压强（红线）和开路电压曲线（蓝线）的比较，其中插图是高亮循环的加载和卸载压力过程的放大图（本图已获得美国化学学会许可）[5]

如图 14.2（c）和（d）所示，通过固定加载压强为 2kPa，而控制线性电机使加载压力的加速度在 2.5～30m/s^2 之间变化，结果发现开路电压变化不大，进一步确认了开路电压是测量压力大小的静态信号。图 14.2（e）是稳定性测试的结果，在 30000 个周期内，固定加载压强为 2.5kPa，结果测得的开路电压在工作 30000 个周期之后仅下降 6.7%，说明这个器件作为发电机和压强传感器的稳定性很高。在图 14.2（f）中，我们比较了实时测量的压强变化和电压对时间的曲线，发现二者吻合得很好。通过二者的对比，我们可以确定传感器的反应时间和弛豫时间都在 5ms 以内，这相比于很多传统的压强传感器具有很大优势。另外，除了开路电压，通过实验证明了转移电荷密度也可以作为静态测量压强的一个参数，同样也具有很高的灵敏度、反应时间和稳定性。

与开路电压不同，短路电流不仅取决于加载的压力的大小，同时还受到外力加载速率的影响，我们已经在式（14.3）中讨论了这个问题。因此，这种脉冲式的输出信号可以用来对加载压力进行动态测量。图 14.3（a）表示了在恒定的加载速率下测得的整流后的短路电流信号，它随着压强的增大有明显的上升趋势。而在图 14.3（b）中，我们可以发现电流峰值和压强的变化关系具有很好的回复性。当控制压强恒定，而改变运动的加速度时，如图 14.3（c）和（d）所示，我们发现电流峰值与加速度呈现正相关的关系。这两种实验结果都可以用式（14.3）来解释。

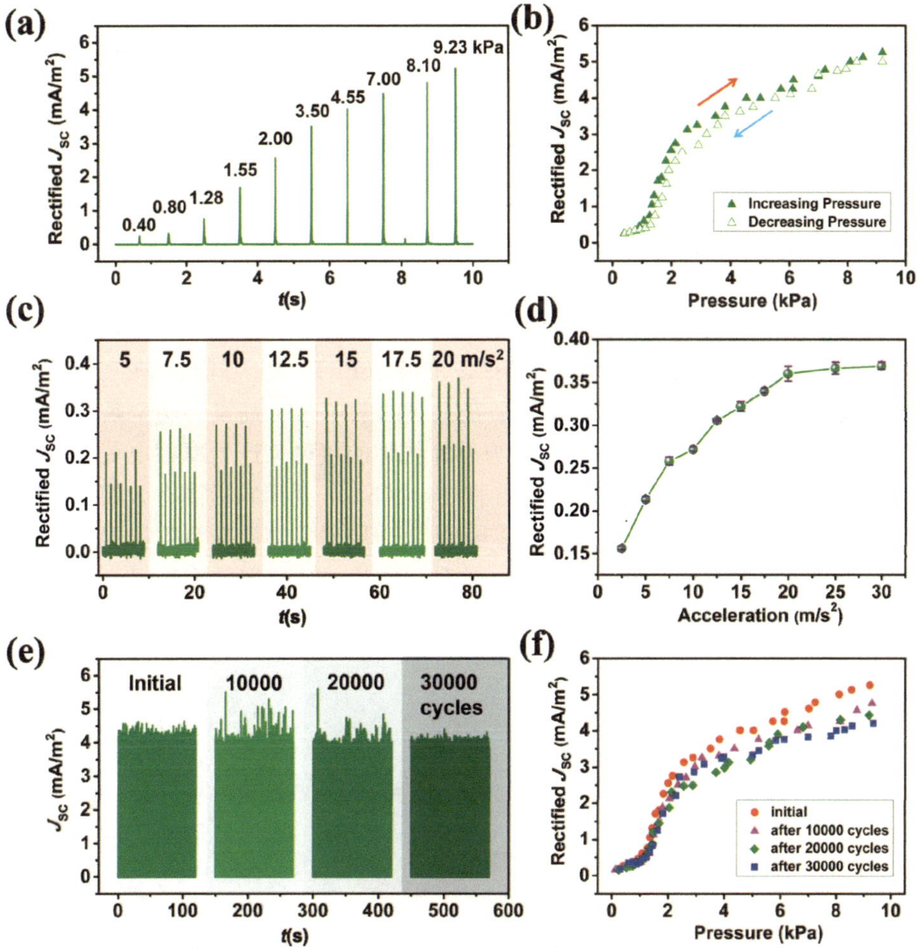

图 14.3　通过短路电流密度进行的动态测量。（a）实时测量的不同压强下短路电流密度的脉冲式的数据；（b）短路电流密度的峰值与压强大小的关系及其周期可重复性；（c）在固定压强下（0.75kPa），测得的整流后的短路电流密度随加速度的变化；（d）短路电流密度的峰值随着加速度的变化关系；（e）在 30000 个周期内的短路电流密度测量的稳定性测试；（f）短路电流密度的可靠性测试（本图已获得美国化学学会许可）[5]

另外，我们同样也测得了这种测量方式的循环稳定性。与开路电压相似，当外力持续加载30000个周期之后，我们发现传感器的输出几乎未降低[图14.3(e)]。

而且，通过图 14.3（f）看出，短路电流密度的峰值和压强的关系曲线在经过多个周期的持续工作后几乎没有变化。更加令人惊叹的是，我们通过在低压强（0.125kPa）下测得传感器的响应与相应的噪声信号对比，可以根据以下公式得出传感器动态测量的最低检测限度（p_0）：

$$p_0 = \frac{p}{J_{SC} / J_{SC,noise}} = \frac{0.125}{0.15 / 0.0025} \text{kPa} = 2.1\text{Pa} \tag{14.6}$$

可以发现传感器的最低检测限度达到 2.1Pa。另外，通过把器件安装到一个弹簧固定的装置中，我们还可以把传感器的检测范围扩展到 40kPa，大大提高了其应用范围。

14.1.2　单电极模式的自驱动触摸传感器

在这个工作中，我们采用单电极 TENG 来进行触摸传感，其基本结构如图 14.4（a）所示[6]。它是由一层聚对苯二甲酸乙二醇酯（PET）作为基材，在它的两个表面分别镀氧化铟锡（ITO）电极，然后在上表面的电极上铺设一层全氟乙烯丙烯（FEP）薄膜作为摩擦层，通过 FEP 与外界物体的接触来产生摩擦电荷。我们在 FEP 的表面进行处理得到纳米线阵列［图 14.4（b）］，并用它提高有效的接触面积和摩擦电荷密度。在底部电极上，我们封装了一层尼龙薄膜作为保护层，因为这种材料具有很好的机械强度和稳定性。这种单电极式传感器的实物照片见图 14.4（c）。整个器件成本很低，有利于实用化和大规模生产。

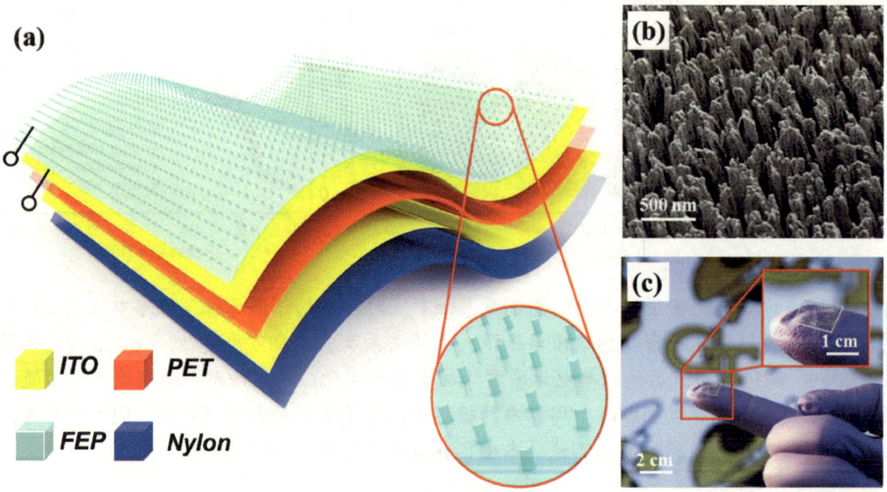

图 14.4　触摸传感器的基本结构。(a)传感器的结构示意图，其中插图是表面纳米线结构的放大图；(b)高分子纳米线的扫描电镜照片；(c)传感器的实物照片（本图已获得美国化学学会许可）[6]

我们通过测量器件的输出电压（定义为发生触摸后的开路电压和原始状态的差值）来表征传感器的性能。结果发现，在电压零点基线设置为分离状态时，触摸引发的输出电压均为正值。在这里，用一个边长为 5cm 的方形器件进行测试，并用边长为 2.5cm 的方形金属作为触发源，用线性电机驱动周期性的接触过程。如图 14.5（a）所示，在压力为 20mN（对应的压强为 0.03kPa）时，传感器可以输出最高达 35V 的电压。

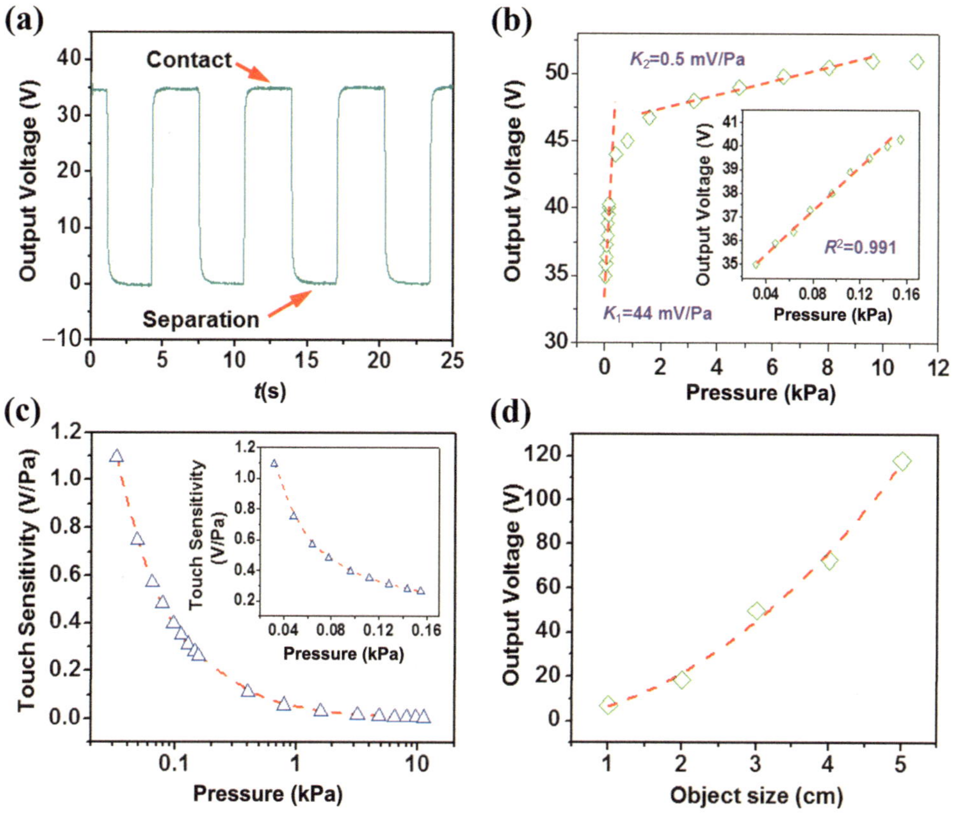

图 14.5　触摸传感器的性能表征。(a) 接触压强为 0.03kPa 时，用边长为 5cm 传感器监测一个边长为 2.5cm 的物体的输出电压；(b) 随着压强增大，输出电压的变化，插图是在低压强时的放大图；(c) 随压力增加触摸灵敏度的变化，插图是小压强区域的放大图；(d) 随着金属物体尺寸增加，输出电压的变化（本图已获得美国化学学会许可）[6]

当接触力开始增加后（压强逐渐增加到 10kPa），输出电压开始增加并在 50V 左右达到饱和值 [图 14.5（b）]。这种电压的增加可以归因于接触面积的增大，以及相应的摩擦电荷密度的增加。可以注意到，图 14.5（b）中的曲线也有两个不同的灵敏度区域。在压强极低（小于 0.15kPa）的区域，压强灵敏度非常高（44mV/Pa，R^2=0.991），相应的灵敏度因子是 0.09%/Pa。而在压强较高（大于 2kPa）的区域，灵敏度则下降到 0.5mV/Pa（R^2=0.974）。我们认为这种现象主要是由高分子纳米线对摩擦层表面的修饰以及相应的对发电机输出性能的提高作用引起的。在极低压强下，合适尺寸的纳米线可以有效增大两个摩擦层之间的接触面积，使器件的电学输出明显提高。在实验中，我们观察到器件在低压下的输出相比于无纳米线修饰的器件提高了 7 倍，这也确认了我们预设的两个灵敏度区域的可能原因。另外，值得注意的是，纳米线的长径比必须合适，如果纳米线过长，就会导致在接触时倒掉而无法有效提高输出性能。

为了进一步全面表征传感器对触摸事件的反应能力，我们在图 14.5（c）中计算并描绘了它对于触摸的灵敏度。可见灵敏度达到极高，为 1.1V/Pa，对应的灵敏度因子为 2.3%/Pa。这表示即使在接触力特别小时，这种触摸事件也可以很灵敏地被器件监测到。我们还发现高分子纳米线可以有效提高器件的响应，相比于无纳米线修饰的器件，其触摸灵敏度提高了 150%。相比于最近提出的薄膜式压强传感器，我们的器件在极低压强下（小于 0.15kPa）有很大的优势，而这个压强比手指触摸的力度至少小两个数量级。

尺寸对于发电机的输出电压乃至传感器的灵敏度都是一个重要因素。对于一个固定的器件尺寸（边长 5cm），我们发现随着接触物体的尺寸从 1cm 增加到 5cm，器件的输出电压呈现二次方的增加关系［图 14.5（d）］。这意味着器件的输出电压与物体面积呈线性增加关系。这是因为更大的接触物体会带来更多的摩擦电荷，所以在器件尺寸固定的情况下输出电压更高。我们还发现在接触物体尺寸固定的情况下，输出电压与器件尺寸成反比，这进一步支持了我们的结论。而当器件与接触物体的尺寸同步增加时，输出电压保持稳定。因此，这个结论的一个重要指导意义是，为了使传感器具有更大的灵敏度，器件尺寸要尽可能比探测物体的尺寸小。

由于输出电压较大，我们可以通过外接的电路很容易地显示接触事件。在实际应用中，我们将传感器与信号处理电路集成，制备了一种无线传感系统。传感器的输出电压可以触发集成电路计时器，进而通过无线信号传输装置来遥控报警器在报警状态和静默状态之间切换。在图 14.6（a）的实例展示中，我们采用这种方式，用一个边长为 1cm 的传感器，用接触行为产生的电信号去触发报警器的报警声音，并伴有闪灯［图 14.6（b）］。在第二个应用实例中，我们把边长 10cm 的器件铺在一个地毯下方［图 14.6（c）］，通过脚踏地毯可以产生 15V 的输出电压［图 14.6（d）］，用这个电压也可以触发报警器工作。另外，我们还可以将它附着在门把手上，用来触发报警器工作，作为一个安全预警的实际应用。这种通过信号处理电路来实现无线传输的功能也可以应用在很多其他场合。例如，在图 14.6

（f）中，我们也可以用触摸来实现开关应用，并触发电灯的开启和关闭。因此，这种触摸传感器及其整合的无线传感系统将有很多重要应用，包括人机交互、自动控制、监控、遥感和安全系统等。

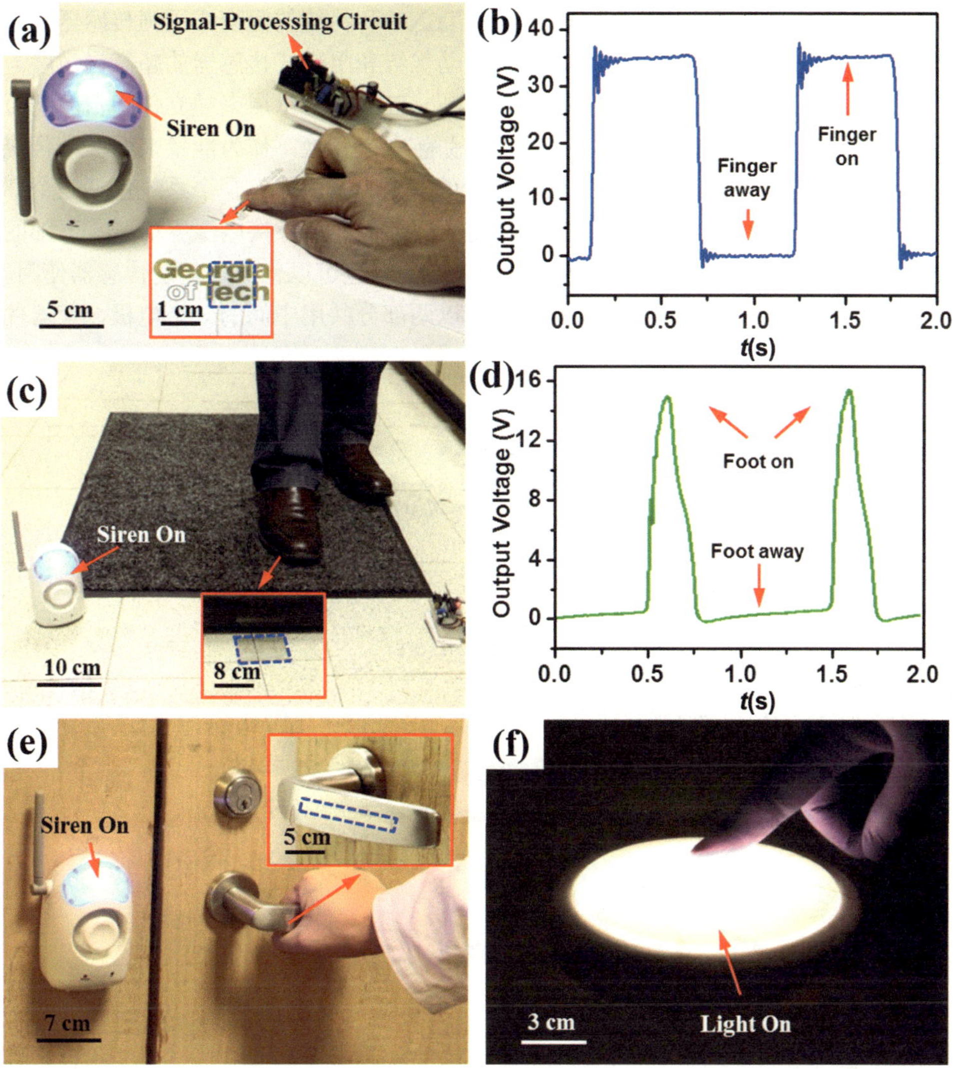

图 14.6　触摸传感器系统的实际应用。(a) 触摸传感器通过信号处理电路来触发报警器；(b) 通过手指接触时传感器的输出电压；(c) 将传感器置于地毯下方，通过脚踏过程触发无线报警系统；(d) 脚踏地毯下方的传感器引发的输出电压；(e) 将传感器置于门把手上，并通过手握把手触发无线报警器；(f) 通过手指触摸，用传感器触发点灯的开启和关闭

（本图已获得美国化学学会许可）[6]

14.1.3　双模式的超灵敏自驱动压强传感器

前面描述了 TENG 作为自驱动压强传感器的几个例子。而在这个章节中，我们简述一种新型的复合传感器，它是基于 TENG 和传统的阻变式压强传感器的集成[9]，这种集成同时获得了 TENG 的自驱动优势和阻变式传感器的超高灵敏度。图 14.7（a）表示了这种设计的基本概念，即 TENG 可以用来独立作为自驱动压强传感器；同时，TENG 也可直接通过机械能-电能转换，作为能量来源驱动传统的阻变式传感器。图 14.7（b）是这种概念的一个具体例子，整个系统包括三个部分：①上部的阻变式传感器，它的灵敏度很高，但需要外接电源驱动；②下部的高性能 TENG，可以用来提供电源；③TENG 同时也可以作为自驱动传感器使用。其中银纳米线与中间的 ITO 电极相连，所以两部分共用中间的一个电极，使器件的操作更为简便。

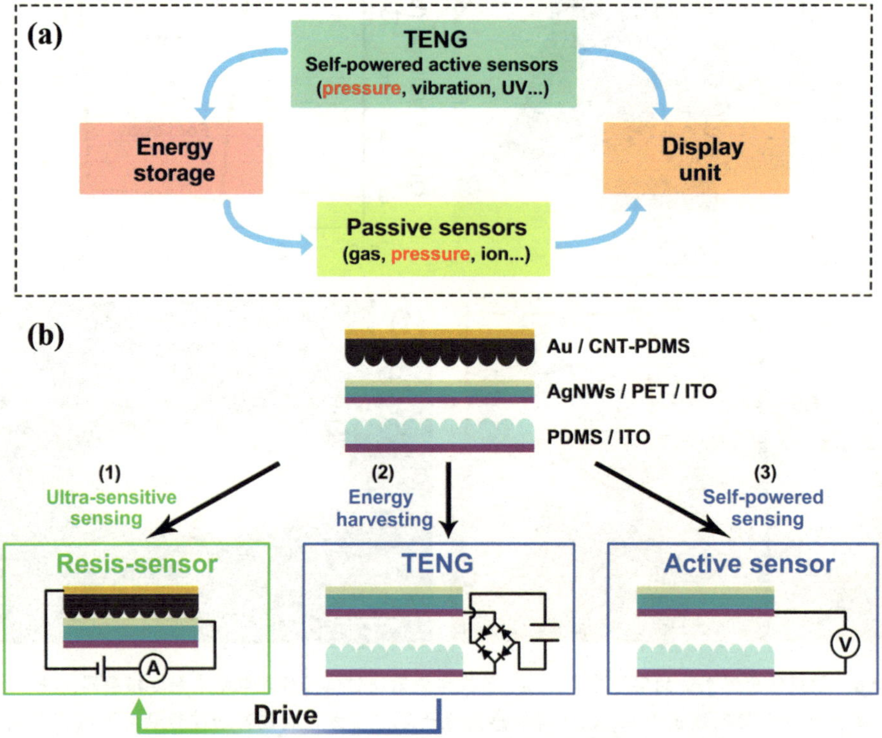

图 14.7　集成自驱动传感器系统的结构示意图。(a) 集成自驱动传感器系统由四部分组成：TENG、能源存储、传感器和显示器；(b) 将 TENG 和传统的阻变式传感器结合的一个典型实例（本图已获得 Elsevier 许可）[9]

阻变式传感器的工作原理是基于压强引起的器件的电阻变化。具体地，器件由褶皱状的碳纳米管-PDMS 和三维银纳米线薄膜组成。相比于平面结构，三维银纳米线薄膜具有更大的有效面积和导电性。当外力施加时，二者的接触更为紧密，所以器件的电阻降低，在恒定电压下电流升高。而当外力撤销时，器件形状复原，电阻和测得的电流会返回原始值。值得注意的是，这个器件的操作电压很低（0.1V），完全可以通过 TENG 提供外界电源。

在测量中，我们用步进电机和测力计分别提供和监测外力的大小。图 14.8（a）和（b）表示了电流的相对变化（$\Delta I/I_{off}$）随着压强的变化关系。当器件上的压强从 107Pa 提高到 4500Pa 时，器件中的电流急剧增加，我们可以通过如下公式计算灵敏度 S：

$$S=\frac{\delta\left(\frac{\Delta I}{I_{off}}\right)}{\delta p} \tag{14.7}$$

$$\Delta I=I-I_{off} \tag{14.8}$$

式中，I 是器件上加载压力后的电流；I_{off} 是无加载压力的电流；p 是压强大小。这个传感器的灵敏度也分为两个区域：当压强低于 800Pa 时，灵敏度高达 204.4kPa^{-1}。相比于以前的报道，这个数值是在这个压强范围内达到的最高结果。图 14.8（c）表示了在加载-卸载一片树叶（20mg）和花瓣（50mg）过程中的传感器响应，可见其对于微小压强十分灵敏。这个传感器的检测限为 0.2Pa。

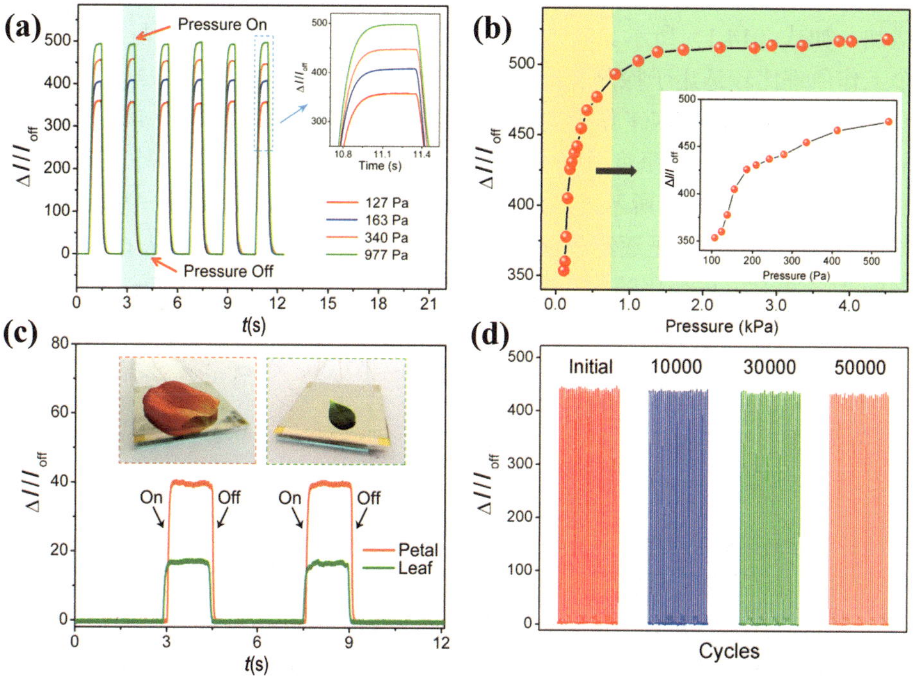

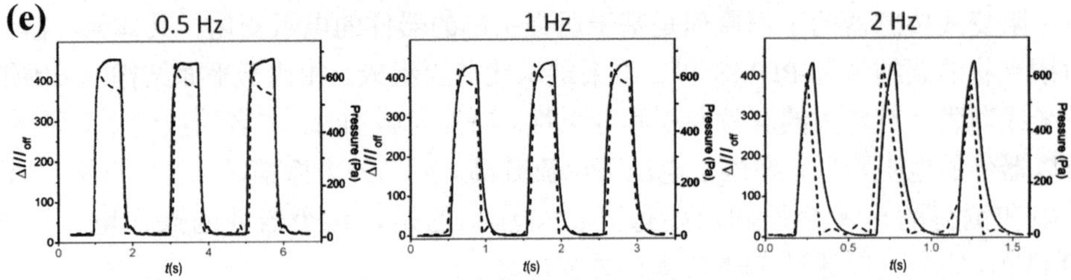

图 14.8　阻变式传感器的性能测试。(a) 相对电流变化与不同加载压强的关系的实时测量，高亮部分代表一个周期内的测量结果；(b) 电流相对变化与压强的关系；(c) 当器件上加载很小的压力，如一片树叶（20mg）或一片花瓣（50mg）引起的电流变化测量；(d) 传感器的稳定性测试，即在恒定压强 250Pa 的条件下连续加载和卸载 50000 个周期的测量结果，频率为 1Hz；(e) 250Pa 条件下的频率响应，不同频率分别为 0.5Hz、1Hz 和 2Hz
（本图已获得 Elsevier 许可）[9]

为了进一步表征传感器的稳定性，在 1Hz 的频率下连续周期性地加载 250Pa 的压强，如图 14.8（d）所示。在 50000 个循环周期内，可以发现信噪比很稳定，而且电流的大小几乎没有变化。这个阻变式传感器的反应时间低于 0.07s。在实时监测的信号对比之下［图 14.8（e）］，我们发现电流信号与压强输入信号吻合得很好。而当频率上升到 2Hz 时，会有轻微的滞回现象，这可能是由于 PDMS 薄膜的黏弹性能所致。

如前面所述，TENG 可以用来作为主动式压强传感器，其开路电压随压强线性增加，如式（14.1）所示。反过来，当外力卸载时，开路电压回复到最高值，这个工作原理比较适用于探测脉冲式的压强信号。

图 14.9（a）是 TENG 作为主动式压强传感器的测量装置，与 14.1.1 节中给出的装置类似。相比于阻变式传感器，这种装置的优势是不需要外界电源。如图 14.9（b）的测量结果所示，当没有压强时，开路电压达到最高，为 150V；而当外力加载时，开路电压逐渐降低。如图 14.9（c）所示，当压强从 67Pa 增加到 2556Pa 时，相对电压变化随压强变化的关系。其中插图表示在 400Pa 以下的线性关系，说明这种压强传感是可靠的。其中，监测的灵敏度定义为

$$S = \frac{\delta\left(\dfrac{\Delta V}{V_{\text{off}}}\right)}{\delta p} \tag{14.9}$$

$$\Delta V = V_{\text{off}} - V \tag{14.10}$$

式中，V_{off} 是无加载压力时的开路电压；V 是加载压力后的开路电压；p 是压强的大小。可以看出，在低压区域灵敏度较高，达到 1.52kPa^{-1}，而高压区域只有 0.11kPa^{-1}。值得注意的是，这个灵敏度比之前报道的基于 TENG 的传感器的灵敏度高[13-16]，主要是因为 TENG 的输出性能由于柔性的褶皱状 PDMS 的作用而提高了。

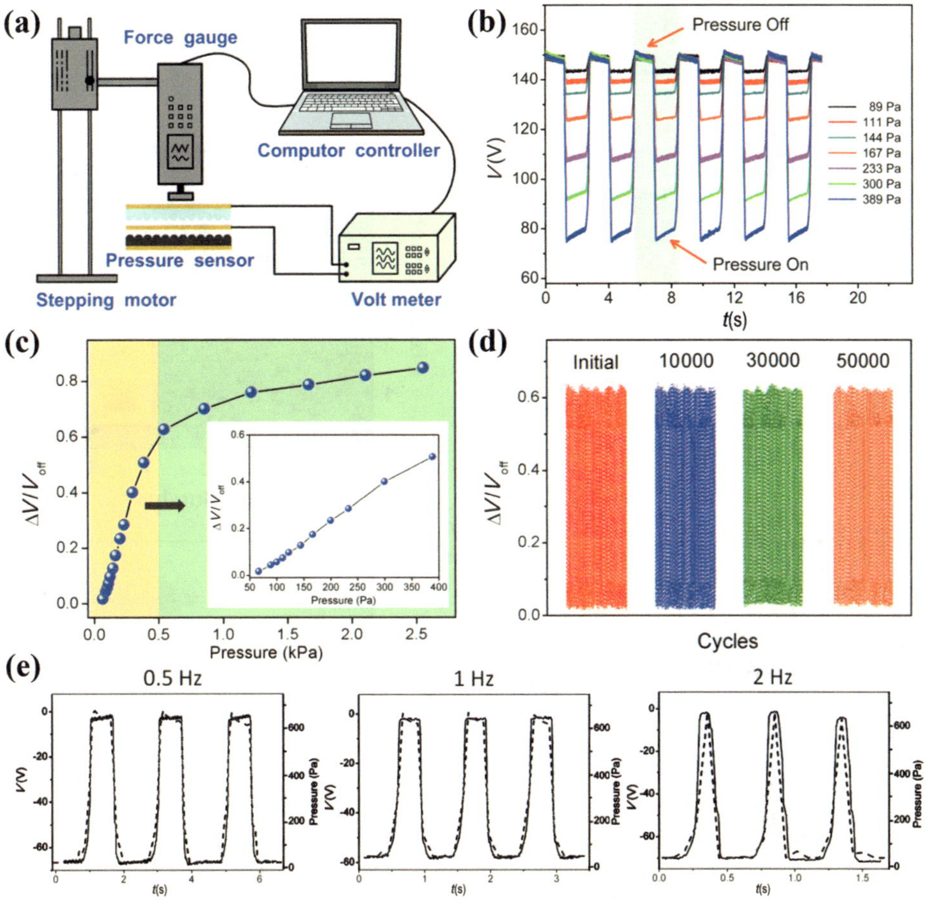

图 14.9　TENG 作为主动式压强传感器的性能表征。(a) 测量设备的示意图；(b) 电压随压强变化的实时测量，高亮部分代表一个周期内的测量结果；(c) 电压相对变化随压强的变化关系；(d) 在恒定压强（300Pa）下加载和卸载 50000 个周期的稳定性测试，频率为 1Hz；(e) 传感器在 300Pa 下的频率响应，不同频率分别为 0.5Hz、1Hz 和 2Hz（本图已获得 Elsevier 许可）[9]

另外，如图 14.9（d）所示，这种传感器同样在 50000 个周期内，在 300Pa 的压强和 1Hz 的频率下具有很好的稳定性和较高的信噪比，其反应时间在 0.09s 以内。为了表征传感器对于压力信号的延迟时间，在频率为 0.5～2Hz 的条件下，对比了实时监测的输出电压和输入力的曲线，发现二者吻合程度很高。

14.2　自驱动触摸成像

为了使我们研发的压强传感器能够实现触摸成像或者测量压强的空间分布的功能，把多个传感器集成为一个阵列器件，来测量实时的、局域的压强分布。在上面描述的接触-分离模式的传感器的工作中，用一张平面状铝膜作为公用电极，将所有器件的铝电极一侧通过导电方式固定在铝膜上[5]。图 14.10（a）是整

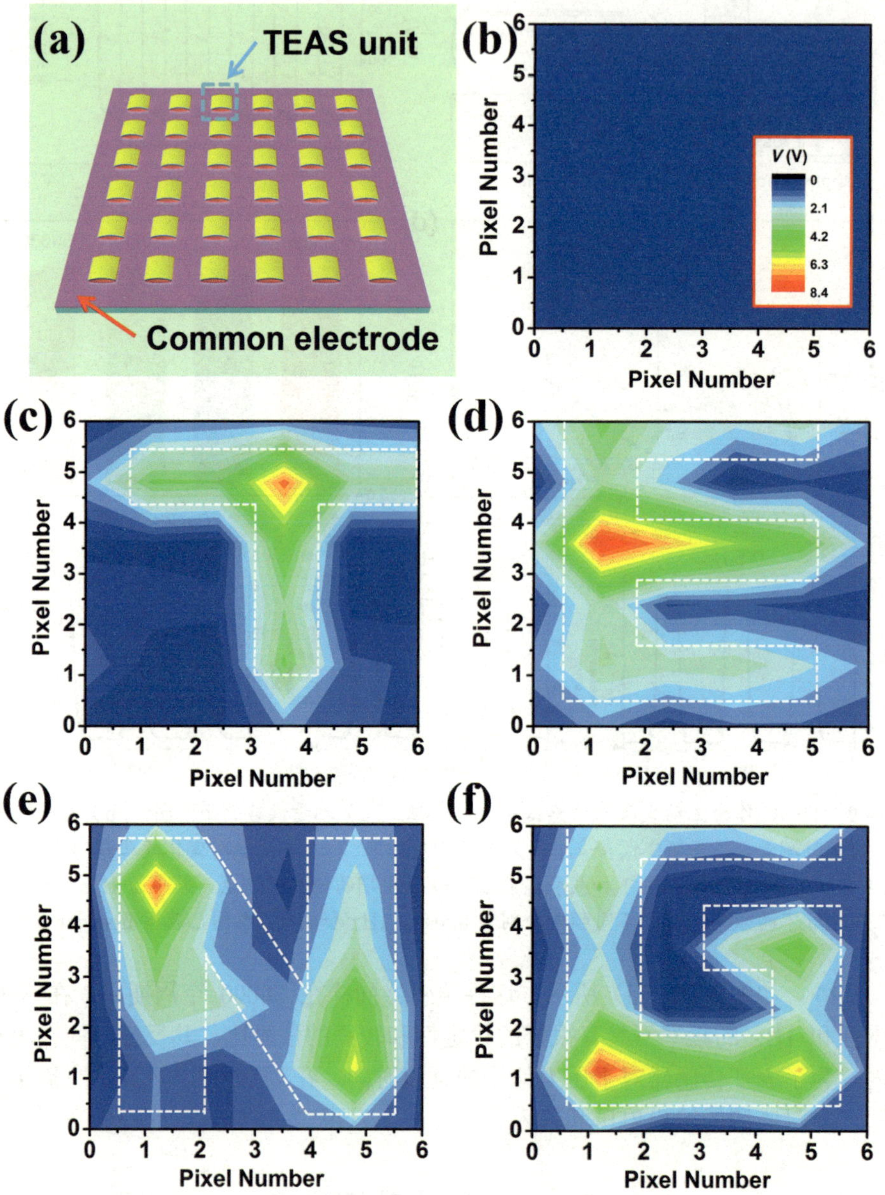

图 14.10　摩擦传感器阵列用来实现压强分布测试。(a) 摩擦传感器阵列的结构示意图；(b) 没有任何压力加载时的背景信号，其中插图是压强的尺度图例；(c～f) 当通过四个不同字母的模板（TENG）分别对器件施加压力时，用多通道测量系统测得的所有器件的电压输出的二维测绘图（本图已获得美国化学学会许可）[5]

个阵列式器件的结构示意图，其中每个器件单元的结构与 14.1.1 节中的描述相同。我们把每个器件在测量中作为一个像素点来研究，这些点根据其具体位置用坐标方式命名为 A1～F6。我们可以通过一个多通道测量系统同时测量所有器件单元的输出电压，而公用的铝电极接在测量仪器的公用端。由于测量仪表的内阻较小（约为 10MΩ），所以测得的电压信号都是脉冲式的。

根据这个原理，我们设计实验通过不同形状的有机玻璃模板来加载压强。具体地，我们将有机玻璃加工成分别是字母“TENG”形状的模板，然后将模板放在整个阵列式器件上方，通过字母的形状来加载压力。在加载压力之前，先测量器件的空白输出，如图 14.10（b）所示，可见所有的像素点输出均接近于零。加载压力时，分别测量对于每个字母的多通道输出信号，并测绘一个二维电压分布图，如图 14.10（c）～（f）所示。其中颜色高亮部分的区域代表电压值较高的区域，说明该区域有较大的压力加载，而白色虚线包围的区域就是用不同字母的形状表示的加载压力的区域。从这四张图可以看出，传感器阵列可以精确地表达加载压强的分布，这也可以用来作为个人签名识别的系统应用。另外，为了得到关于这种自驱动传感网络的直观认识，我们还将传感器阵列与多个发光二极管连接在一起，用不同形状的加载压力来直接驱动不同字母排列的发光二极管工作，这也证明了这种传感器阵列可以完全不通过外接电源，作为一个独立系统去测量压强分布。

在 Yang 等研究的另外一个工作中，我们用单电极模式 TENG 作为触摸传感器去检测人类手指或手掌的接触行为[8]。在此基础上，我们把高分子摩擦层背面的 ITO 电极镀成一个 4×4 的阵列，每个电极的尺寸为 1cm×1cm，并通过一个 10MΩ 的电阻与大地相连。加工后的电极上旋涂一层 PDMS 薄膜，通过手指与 PDMS 的接触和分离来产生电信号，这是基于单电极模式 TENG 的基本原理，如第 4 章所述。通过手指施加的压强大多在 10Pa 以下，我们可以测量相应的输出电压，发现它与加载压强的大小成正比。

类似地，可以用这个阵列式器件来测量实时的压强分布。我们通过多通道测量系统分别采集每个电极上对应的 TENG 的输出信号，其中有手指接触的部分压强较高，相应的输出电压也会较高，这可以通过分析我们测量的二维分布图来确认。图 14.11（a）是器件中的第 6 个和第 11 个单元被同时接触的照片。如图 14.11（b）的测量结果所示，这两个器件单元的输出电压基本相同，说明它们上面加载了几乎相同的压强（4.9kPa）。当整个阵列式器件旋转 90°之后，在同样位置测得的局域压强产生的器件响应如图 14.11（c）所示。测得的多通道数据表明第 7 个和第 10 个器件被触摸了，它们产生了更大的压强，约为 7kPa。如图 14.11（d）所示，当用手掌边缘在器件上方加力时，可以在阵列的对角线方向测得相应的响应，表明压强为 3.2～6.0kPa。当通过手掌向整个阵列式器件施加压力时，我们发现所有的 16 个器件单元都可以工作［图 14.11（e）］，而第 1 个～第 8 个器件单元明显比第 9 个～第 16 个单元的压强高。图 14.11（f）表示了柔性器件粘贴在一个圆柱形的透明有机玻璃上，当压强为 7.3kPa 的手掌压力通过加载时，所产生的器件响应与实际情况相符合，如图 14.11（g）所示。

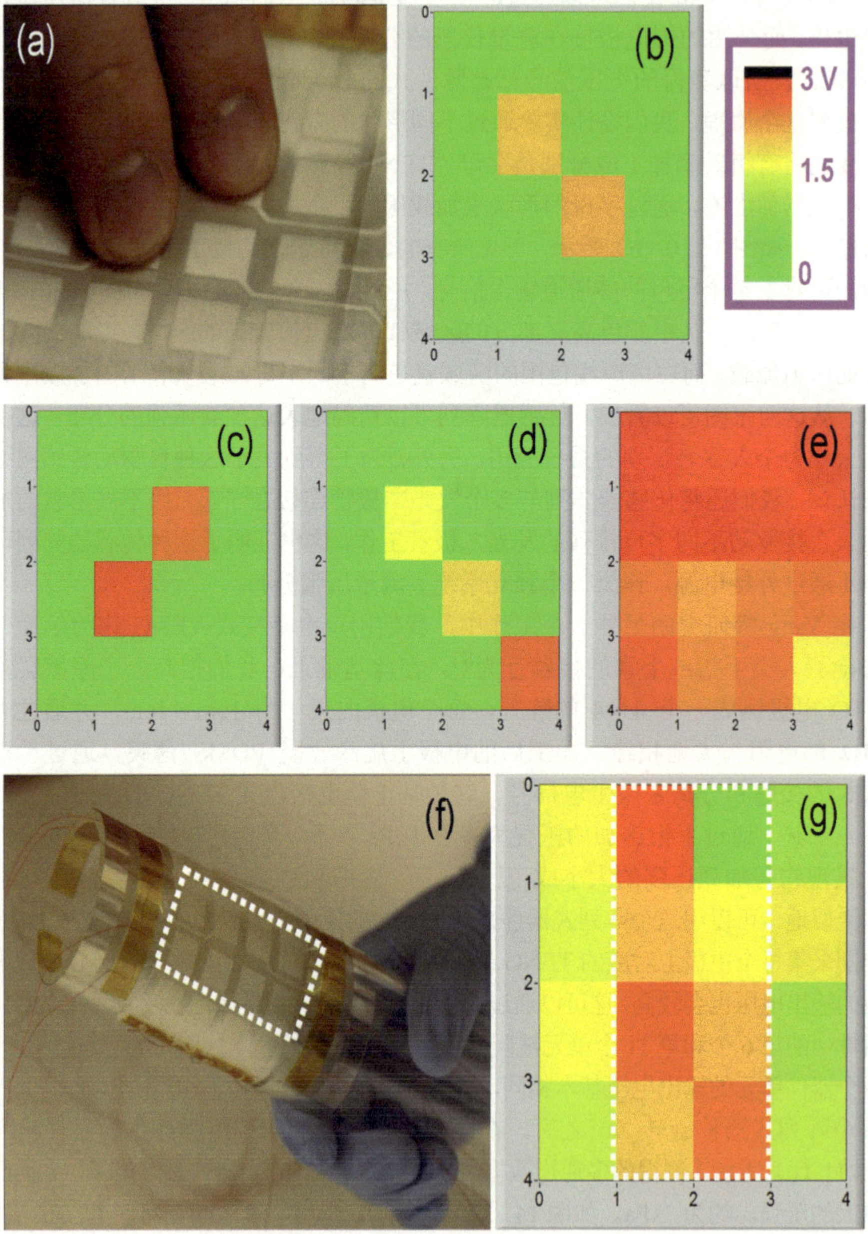

图 14.11　TENG 作为自驱动触屏设备或者电子皮肤的应用。(a) 两个手指触摸器件的实物照片；(b～e) 不同压强下测得的压强分布；(f) 传感器阵列器贴在一个圆柱形的有机玻璃上的照片；(g) 用手掌触摸在圆柱形有机玻璃上的器件时测得的压强分布（本图已获得美国化学学会许可）[8]

我们在本章节中讨论的基于 TENG 的自驱动压强传感器和相应的用于压力成像的阵列式器件相比于传统的被动式压强传感器有很多优势。首先，这种自驱动传感器既可以实现压强大小的静态测量，又可以实现压强加载速率的动态测量，而传统器件不能实现动态监测。其次，动态输出的反应时间很短，其输出信号可以反映压强变化的细微信息。再次，自驱动传感器的检测限低，达 2.1Pa。最后，这个工作中描述的压强传感器阵列不仅不需要外界能源输入，其本身也可以作为自供电能源，可以结合它的发电特性来作为自驱动压强测绘的器件。在以后的工作中，我们会致力于传感器单元或者像素点的小型化，以获得更高的空间分辨率，以及传感器和柔性基底的集成，这样可以实现各种形状兼容的压强测绘。

14.3　自驱动智能键盘

虽然在人类进步的过程中，已经使用键盘很长时间，但用智能键盘来研究人类的敲击动力学过程仍然是一个挑战。我们在这方面的工作上发展了一种智能键盘，可以通过手指和按键之间的接触起电来产生局域的电信号，整个过程不需外接电源[11]。智能键盘的功能按键单元是由几层透明薄膜材料堆叠而成。首先，在 PET 的正反两面都镀上 ITO 电极，并在上层 ITO 的表面铺设 FEP 薄膜，通过手指和 FEP 的接触起电作用来发电，如图 14.12（a）所示。在 FEP 表面加工纳米线结构来提高发电机的输出性能，纳米线的扫描电镜照片如图 14.12（b）所示。通过 2mL 体积的水滴测试 FEP 表面的接触角［图 14.12（b）插图］，通过杨-拉普拉斯换算得出其接触角为 160°。同时，还用倾斜方法测得整个智能键盘的表面滑动角度为 7.2°±0.5°。这种超强的表面疏水性能保证了智能键盘的自清洁性能，所以它的表面可以免于污染。图 14.12（c）和（d）是加工好的智能键盘的实物照片，可以看出它是一整块结构，柔性很好，透明且没有机械冲孔。图 14.12（e）是把智能键盘和一个商用键盘集成在一起的照片。

我们把键盘的输出信号通过信号处理电路，实现了完全无线的报警系统。这种基于智能键盘的电路有两个优点。①我们预设了 5V 的开启电压，使智能键盘可以在较高的噪声信号下也可以稳定工作；②通过信号处理电路，报警的时间是可控且可调的。当用手指轻轻敲击键盘时，发电机产生的输出信号可以触发集成电路计时器工作，然后通过控制一个无线信号发射装置，来遥控报警器在开启和关闭状态之间切换。为了比较键盘不同部分的输出电压大小，我们把整个键盘分为 7 个区域，并得到如图 14.13（a）所示的结果。输出电压随着按键尺寸的增大而增大。图 14.13（b）是当最小的按键被敲击时，输出电压的放大图。即使这个按键对应的电压较小，但也足以用来触发报警器工作，伴有尖锐的报警声音和闪光效果［图 14.13（c）］。

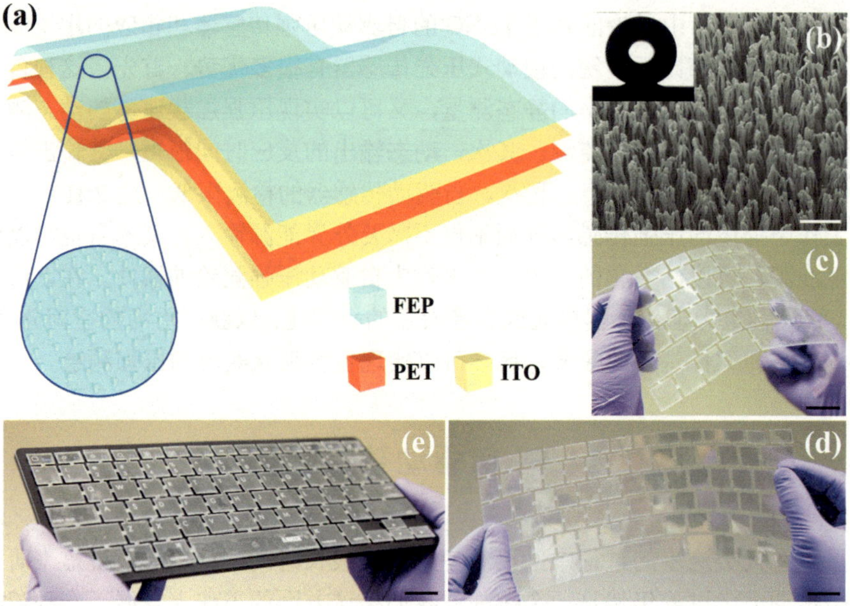

图 14.12　智能键盘的按键单元的结构设计。(a) 按键单元的示意图，其中插图是表面的高分子纳米线的示意图；(b) FEP 纳米线的扫描电镜照片，其中插图是用来测量接触角的水滴照片，比例尺是 500nm；(c，d) 柔性透明的智能键盘的照片，比例尺是 3cm；(e) 附着在商用键盘上的智能键盘结构的照片，比例尺是 3cm（本图已获得美国化学学会许可）[11]

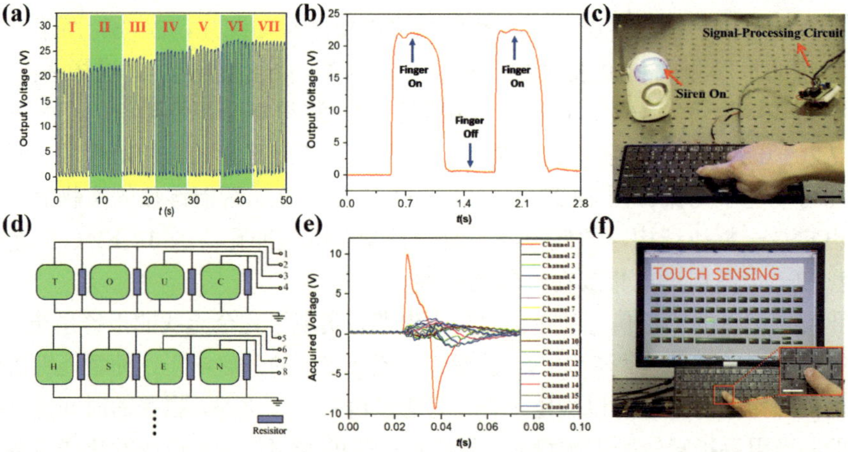

图 14.13　智能键盘在安全和报警系统中的应用。(a) 随着按键尺寸增加，测得的输出电压的变化；(b) 键盘中最小的按键被敲击时，输出电压的放大图；(c) 通过对智能键盘的轻柔敲击而出发的无线报警系统，比例尺为 5cm；(d) 基于键盘的用来监测敲击位置的多通道数据采集系统的结构示意图；(e) 当按键 “T” 被敲击时，系统采集到的输出电压信号；(f) 键盘敲击位置追踪的具体实例，当我们在键盘上连续敲击 “TOUCH SENSING” 这个词组时，通过数据采集和处理系统可以在显示器上实时显示被敲击到的按键的位置，比例尺是 5cm（本图已获得美国化学学会许可）[11]

在此基础上，设置了一个多通道的数据采集系统，用来同时检测每个按键上独立的敲击产生的输出信号［图 14.13（d）］。结果是，可以用这种方法识别追踪具体哪一个按键被敲击了。测量系统的每个通路都是独立地与一个按键单元发生电学连接，并且与每个单元的电极之间通过 1MΩ 的电阻相连。例如，当敲击到“T”按键时，在相对应的通道会监测到一个大小为 10V 的电压，而其他按键对应的通道的输出电压均小于 2.5V［图 14.13（e）］。理论上，其他通道的输出应该为零。在实验中，由于系统噪声的存在，还是会监测到一定的输出信号。

为了识别被敲击按键的输出信号，需要设定一个临界电压。在这里，把第 i 个通道的峰值电压 V_{pi} 取出，然后可以通过如下公式用 Pauta 判据方法分析得到相应的临界电压 V_{th}：

$$V_{th}=\frac{1}{n}\sum_{i=1}^{n}V_{pi}+\frac{3}{\sqrt{n}} \tag{14.11}$$

式中，n 是所有通道的数目，i 是从 1 到 n 的整数。当通道的输出电压比临界电压大时，我们认为相应的按键时被敲击到。图 14.13（f）表示这种实时追踪的测量结果，其中连续敲击“TOUCH SENSING”这几个按键，我们发现这个敲击过程被系统准确无误地记录下来，且没有延迟。

现有的基于键盘敲击的用户识别技术缺乏独特性和持久性，这会限制它的具体实用性。我们设计的智能键盘在这方面具有更准确、独特和持久的优势。我们采集了三位不同实验者（Tom、Mike 和 Alex）各自分别连续敲击一个单词“touch”四次后，通过智能键盘采集到输出信号（红线）。每一组敲击信号对应着两种输出信号，即电压和电流，这种输出信号是随时间变化的。这些电学信号包含很多信息，如按键速率、敲击习惯、手指大小、每个人身上的生物电量大小及敲击力度等。因此，这些输出信号不仅可以用来表征键盘被敲击的时间，还可以记录整个动态过程中的定量信息。图 14.14（a）和（b）表示 Tom 在敲击之后收集到的输出信号。在数据处理中，采用离散傅里叶变换取得输出信号的频谱信息。利用小波变换，同时得到关于这次敲击行为的时间域和频率域的特征。通过 DB4，以电学信号形式出现的敲击特征谱图可以用多解析度分析来表达为如下公式：

$$f(t)=S_4(t)+D_4(t)+D_3(t)+D_2(t)+D_1(t) \tag{14.12}$$

$$S_4=\sum_{k}s_{4,k}\varphi_{4,k}(t) \tag{14.13}$$

$$D_j=\sum_{k}d_{j,k}\psi_{j,k}(t) \tag{14.14}$$

式中，$s_{4,k}$ 和 $d_{j,k}$ 是小波系数，j=1, 2, 3, 4, ⋯, k，是在给定尺度下的变化数量；$\varphi_{4,k}(t)$ 和 $\psi_{j,k}(t)$ 分别是父波函数和母波函数；$f(t)$是敲击过程对应的电压或者电流信号；S_4 是平滑度；波函数中的具体参数 D_4、D_3、D_2 和 D_1 代表在不同解析度下用来代表原始信号的电压或电流分量。

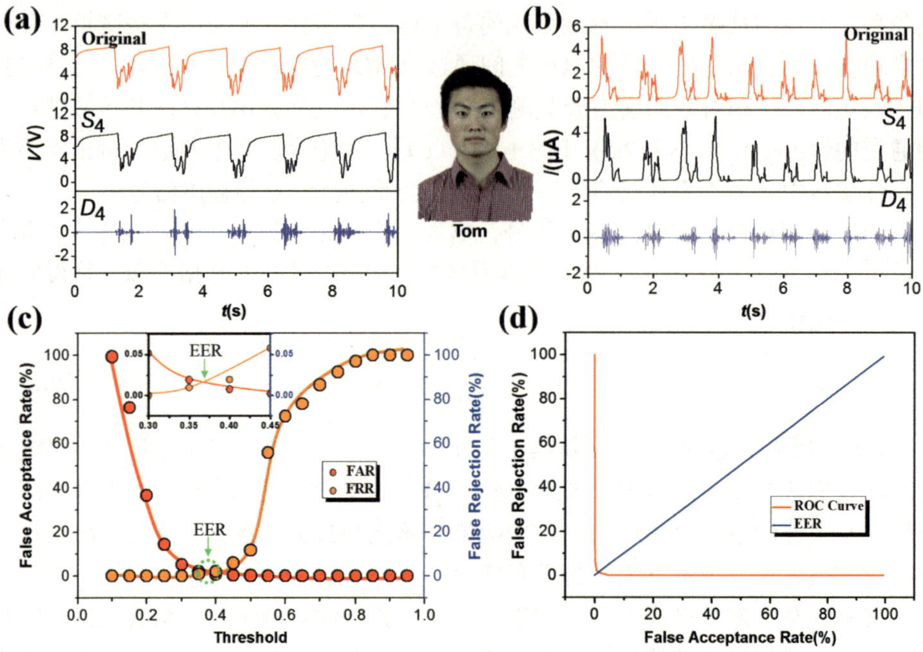

图 14.14 用智能键盘做的用户识别系统。(a) 实验者连续敲击 "touch" 这个单词时采集到的电压信号,其中 S_4 和 D_4 是通过 DB4 转换后得到的相应的小波分量;(b)实验者连续敲击"touch"这个单词时采集到的电流信号,其中 S_4 和 D_4 是通过 DB4 转换后得到的相应的小波分量;(c)FAR 和 FRR 随着阈值的变化,这个数据是表征智能键盘用来做用户识别的准确率,插图是等同错误率点附近的数据,说明这个器件的 EER 值很低,只有 1.34%,相应的阈值为 0.39;(d)智能键盘用来作为用户识别的接收者工作特性曲线,这里我们把错误拒绝率描绘成错误接受率的函数(本图已获得美国化学学会许可)[11]

基于 DB4 的结果,相应的三种输出信号的高解析度的小波分量有着明显不同。我们通过如下方程用皮尔逊(Pearson)相关系数来表征小波参量的联系:

$$\gamma = \frac{\sum_{i=1}^{n}(t_i - \bar{t})(x_i - \bar{x})}{\sqrt{\sum_{i=1}^{n}(t_i - \bar{t})^2}\sqrt{\sum_{i=1}^{n}(x_i - \bar{x})^2}} \tag{14.15}$$

式中,n 是用来比较的数据序列的长度;x 是 DB4 之后的电压或电流序列。每个输出信号的电压或电流对应的 Pearson 相关系数都大于 0.85,说明敲击的信号具有恒定性,而不同输出信号之间的皮尔逊相关系数均小于 0.45,则说明输出信号的独特性。因此,皮尔逊相关系数可以用来表示每个人敲击习惯的独特性和恒定性。同时,这个系数也可以作为一个临界值,将用户和非用户的敲击习惯区别开,这样就实现了利用键盘敲击动力学来进行身份验证的功能。

为了验证这种技术的有效性，我们邀请了 104 位实验者独立在键盘上输入“touch”这个单词超过 4 次。所有的实验参与者都是从 14 岁到 69 岁的年龄段中，以及不同性别和国家中随机挑选的。然后，我们把这 104 个实验参与者分为 52 个用户组和 52 个非用户组，通过 52 个用户组提供的敲击输出信号作为模板。所有人输出信号的验证信息通过两种出错率来表征：错误拒绝率（FRR）和错误接受率（FAR）。这里 FRR 和 FAR 是受分类阈值影响的参数。通过调整阈值，我们可以在 FRR 和 FAR 之间权衡，得到合适的分类结果。这里我们用 Pearson 系数作为阈值去评价这个用户识别系统。图 14.14（c）表示 FAR 和 FRR 与阈值相关的变化情况。其中 FRR 随阈值的增加而增大，而 FAR 则呈现相反的趋势。但是，在某个确定的阈值点上，FRR 与 FAR 的曲线相交，意味着这个点是错误率等同点（EER）。图 14.14（c）插图是 EER 点附近的放大图。与传统技术相比，这种技术的 EER 很低，在相应的阈值 0.37 下，只有 1.34%。同时，图 14.14（d）是受试者工作特性（ROC）曲线。另外，为了证明智能键盘的具体应用，我们演示了一个应用实例。通过让 4 个不同实验者分别在键盘上敲击“touch”到计算机内，只有与预设的敲击习惯吻合的用户才能进入计算机系统。由于这个用户识别系统能力很高，我们设计的智能键盘可以识别敲击习惯中的个人特征，使它在高度安全化的用户识别系统中具有十分重要应用。

14.4　总　　结

在本章中，我们讨论了 TENG 作为自驱动传感器的第一种应用，即自驱动压强/触摸传感器。其中，接触-分离模式和单电极模式的 TENG 均作为压强传感器的应用实例，我们制备的传感器具有很高的灵敏度（2.3%/Pa），低的检测限（约 0.2Pa），快速的反应时间（5ms 以内）。一般地，这几种压强传感器都在低压区域灵敏度较高，而在高压区域灵敏度较低。可能的解释是在压强较高时，两个摩擦层之间发生闭合或接触面积的提高趋于饱和。我们证明开路电压可以用来进行压强大小的静态测量，而短路电流可以用来对压强的加载速率进行动态测量。我们还可以把 TENG 和传统的阻变式传感器结合，使加工的复合器件同时具备高灵敏度和自驱动功能。为了实现触摸成像功能，我们把多个传感器单元在公共电极上集成为一个 6×6 的阵列式器件。在实验中，这种器件的多通道测量结果以及相应的二维测绘可以反映我们通过字母形状的模板进行的压力分布。

我们把自驱动压强传感的基本原理延伸到键盘结构中，并将之用于自驱动人机交互功能。我们加工的智能键盘可以有效地识别不同测试者的敲击习惯，这可以在用户识别中有重要应用。我们在实验中采集了大量数据，证明了这种方法的有效性。这种新型人机交互概念在新一代的智能电子设备和可穿戴设备将会有重要的潜在应用。

参考文献

[1] Wang Z H. Triboelectric nanogenerators as new energy technology for self-powered systems and as active mechanical and chemical sensors. ACS Nano，2013，7（11）：9533-9557.

[2] Wang Z H. Triboelectric nanogenerators as new energy technology and self-powered sensors-principles，problems and perspectives. Faraday Discuss，2014，176：447-458.

[3] Wang Z H，Chen C，Lin L. Progress in triboelectric nanogenerators as a new energy technology and self-powered sensors. Energy Environ Sci，2015，8（8）：2250-2282.

[4] Fan F R，Lin L，Zhu G，Wu W Z，Zhang R，Wang Z H. Transparent triboelectric nanogenerators and self-powered pressure sensors based on micropatterned plastic films. Nano Lett，2012，12（6）：3109-3114.

[5] Lin L，Xie Y N，Wang S H，Wu W Z，Niu S M，Wen X N，Wang Z H.Triboelectric active sensor array for self-powered static and dynamic pressure detection and tactile imaging. ACS Nano，2013，7（9）：8266-8274.

[6] Zhu G，Yang W Q，Zhang T J，Jing Q S，Chen C，Zhou Y S，Bai P，Wang Z H.Self-powered，ultrasensitive，flexible tactile sensors based on contact electrification. Nano Lett，2014，14（6）：3208-3213.

[7] Bai P，Zhu G，Jing Q S，Yang J，Chen C，Su Y J，Ma J S，Zhang G，Wang Z H. Membrane-based self-powered triboelectric sensors for pressure change detection and its uses in security surveillance and healthcare monitoring. Adv Funct Mater，2014，24（37）：5807-5813.

[8] Yang Y，Zhang H L，Z. Li Hn，Zhou Y S，Jing Q S，Su Y J，Yang J，Chen C，Hu C G，Wang Z H. Human skin based triboelectric nanogenerators for harvesting biomechanical energy and as self-powered active tactile sensor system. ACS Nano，2013，7（10）：9213-9222.

[9] Luo J J，Fan F R，Zhou T，Tang W，Xue F，Wang Z H. Ultrasensitive self-powered pressure sensing system. Extreme Mechanics Letters，2015，2：28-36.

[10] Yang Y，Zhang H L，Zhong X D，Yi F，Yu R M，Zhang Y，Wang Z H. Electret film-enhanced triboelectric nanogenerator matrix for self-powered instantaneous tactile imaging. ACS Appl Mater Interfaces，2014，6（5）：3680-3688.

[11] Chen C，Zhu G，Yang J，Jing Q S，Bai P，Yang W Q，Qi X W，Su Y J，Wang Z H.Personalized keystroke dynamics for self-powered human-machine interfacing. ACS Nano，2015，9（1）：105-116.

[12] Sun Y G，Gates B，Mayers B，Xia Y N.Crysta Lin Le silver nanowires by soft solution processing. Nano Lett，2002，2（2）：165-168.

[13] Choong C L，Shim M B，Lee B S，Jeon S，Ko D S，Kang T H，Bae J，Lee S H，Byun K E，Im J，Jeong Y J，Park C E，Park J J，Chung U I.Highly stretchable resistive pressure sensors using a conductive elastomeric composite on a micropyramid array. Adv Mater，2014，26（21）：3451-3458.

[14] Gong S，Schwalb W，Wang Y W，Chen Y，Tang Y，Si J，Shirinzadeh B，Cheng W. A wearable and highly sensitive pressure sensor with ultrathin gold nanowires. Nat Commun，2014，5：3132.

[15] Pang C，Lee C Y，Kim T I，Kim S M，Kim H N，Ahn S H，Suh K Y.A flexible and highly sensitive strain-gauge sensor using reversible interlocking of nanofibres. Nat Mater，2012，11（9）：795-801.

[16] Wu W Z，Wen X N，Wang Z H. Taxel-addressable matrix of vertical-nanowire piezotronic transistors for active and adaptive tactile imaging. Science，2013，340（6135）：952-957.

第 15 章　基于摩擦纳米发电机的振动和生物医学传感

摘　要

自驱动的传感器可以通过分析环境中的激励所产生的相应的电学信号来实现。由于它对低频激励的灵敏性，摩擦纳米发电机是一个可以进行与人体健康相关的振动和生物信号监测的有效方式。传感器所产生的电压和电流信号所蕴含的幅度、频率及周期信息都直接与器件的机械输入行为有关。具体来说，电压信号与外界机械振动的振幅有关；电流信号直接体现的是机械振动的动态过程。本章将系统展示摩擦纳米发电机在探测声波、心脏跳动和心血管监测方面的实际应用。

15.1　自供电的振动传感器

如第 2 章所介绍，垂直接触-分离式的摩擦纳米发电机主要是通过上下两个摩擦面的周期性的接触分离来实现。因此，这些结构的摩擦纳米发电机不仅可以进行环境中的振动能采集[1-7]，还可以用作自供电的振动传感器[8-10]。

15.1.1　振源的位置追踪

在这些振动能采集的器件中，三维的螺旋型结构是一个典型的设计。它是一个直径逐渐减小的三维绕轴曲线，可以简单视作一个圆锥形的弹簧结构[10]，在顶端连接一个质量块，整个设计可以对外界的微小振动有很高的灵敏度。一个典型的螺旋型的摩擦纳米发电机的结构如图 15.1（a）所示。整个器件都是以亚克力板作为构建材料。器件的核心发电单元主要是由两个圆的、面对面的平面构成，如图 15.1（a）中的红色虚线所示。一个是附在三维螺旋结构的底面，另外一个是被固定在立方体底面的中心。立方体的高度被精心调制，使两个平面在螺旋被拉伸的情况下刚好接触在一起。图 15.1（b）展示了铝膜表面的 SEM 照片。这些铝的纳米孔平均直径为 30nm，它们将在很大程度上提高有效接触面积。同样的目的，在 Kapton 的表面也做了一些纳米结构修饰，如图 15.1（c）的 SEM 照片所示。当三维螺旋型摩擦纳米发电机受到外界振动激励的干扰时，铝膜与 Kapton 之间就会发生相对的位移。在这个过程中，基于摩擦纳米发电机的工作原理，外界的机械激励就会变成电学信号。

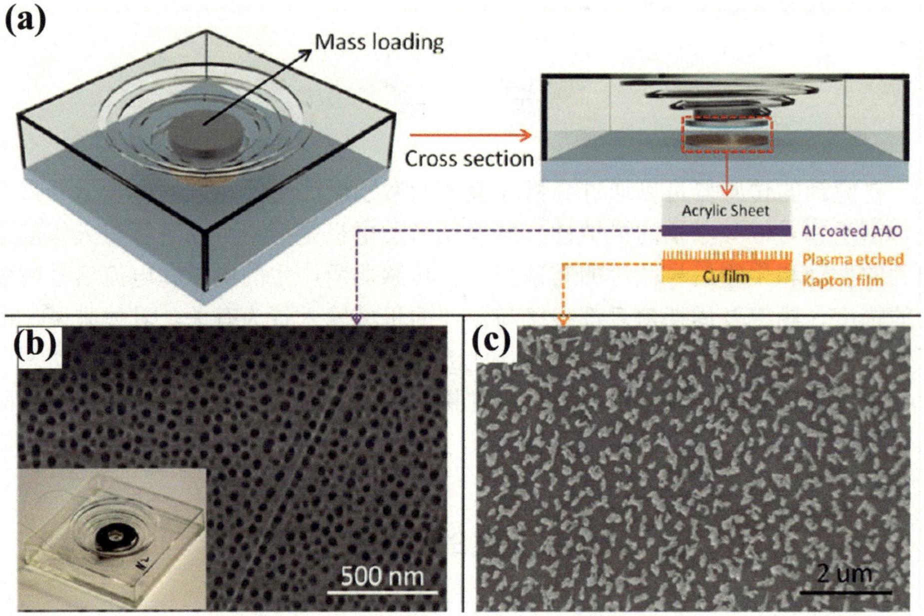

图 15.1 基于三维螺旋结构的摩擦纳米发电机。(a) 器件的结构示意图；(b) 铝膜表面的纳米孔的 SEM 照片，插图是一个实际制作的器件的光学照片；(c) Kapton 薄膜表面的 SEM 照片（本图已获得美国化学学会许可）[10]

三维螺旋型摩擦纳米发电机可以作为一个自供电的灵敏传感器来对环境中的振动进行探测和监控。在实际生活中，很多情况下，振动都是不需要的和有害的，除了振动的探测以外，振动源的定位也有很多的实际应用价值。这里，三维螺旋型摩擦纳米发电机被设计成一个多通道的灵敏的传感器系统，并且也可以作为一个水平的振动源定位。实验上，振源的定位是在一个长 48 英寸、宽 24 英寸、高 1 英寸的木板上进行的。三个三维螺旋型摩擦纳米发电机被放在木板的三个角上，如图 15.2 (a) 所示。一个三通道的测量系统用来实时采集器件所产生的电学信号。一个代表性的采集的信号如图 15.2（b）所示，它是在小锤敲击位置 7 时所产生的电学信号。因为发电机 2 是离振源最近的，产生的电学信号最强。发电机 1 和发电机 3 信号稍弱，但是大小近似，是因为它们离振源的距离相同。图 15.2（c）所展示的是图 15.2（b）中的一个电学信号局部放大图。振动会首先到达发电机 2，然后同时达到发电机 1 和发电机 3。振源定位的原理如图 15.2（d）所示。通过计算信号的到达时间差，外加振动的传播速度，就可以计算出振源到发电机 1 和发电机 2 之间的距离差（D_1），以及振源到发电机 1 和发电机 3 之间的距离差（D_2）。如图 15.2（d）所示，振源就是在两条双曲线的交点处，如图中的蓝线和紫线所示。所测得的实验结果如图 15.2（e）所示。木板中心的定位可以无误差，其他位置的定位误差在 5.8%之内。并且，这个定位效果可以通过提高数据采集系统中的采样率来进一步改进。

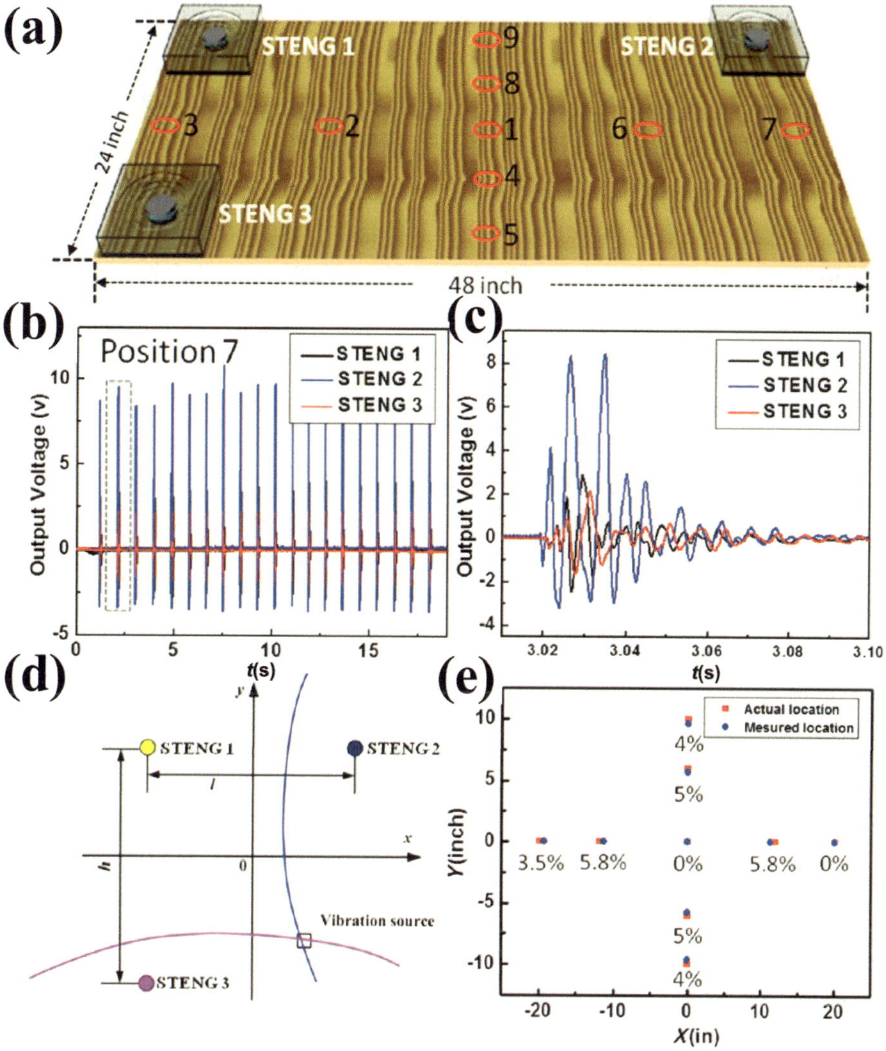

图 15.2　自供电振源定位。（a）实验测试装置的结构示意图，其中三个发电机分别放置在木板的三个角；（b）当振源在位置 7 时所测得的电学信号；（c）信号的放大图；（d）振源定位的原理示意图；（e）振源定位误差展示，以及测得的各个位置的定位误差（本图已获得美国化学学会许可）[10]

除了三维螺旋型摩擦纳米发电机之外，其他的几个基于垂直接触-分离模式的摩擦纳米发电机也被应用于振动能的采集，如基于谐振腔的摩擦纳米发电机、宽频带三维摩擦纳米发电机、三维多层摩擦纳米发电机、三悬臂摩擦纳米发电机及基于集成菱形网格的摩擦纳米发电机。它们都既可以采集外界的机械振动能，也可以作为自供电的灵敏传感器来探测外界的机械振动。

15.1.2　振动幅度的测量

一般来说，机械振动可以被两个参数所表达：频率和振幅。频率信息可以很容易从大多数的振动传感器中获取。但是定量测量振动的幅度是一个难题，因为它需要一个电学信号与振幅之间的线性关系。基于垂直接触-分离式的摩擦纳米发电机只能很好地用来测量振动的频率，而不能很好地测量振动的振幅。主要是因为，此种模式的摩擦纳米发电机所产生的电学信号的大小与两摩擦层之间的物理分离不是呈线性关系。在摩擦纳米发电机的四种工作模式中，基于垂直接触-分离式的独立层工作模式有物理固定的电极，因此有固定的电极电容。基于此种模式，一个基于垂直接触-分离式的独立层摩擦纳米发电机可以有效地进行外界振动的振幅的自供电测量[9]。

在 5.2 节，我们已经详细介绍了基于垂直接触-分离式的独立层摩擦纳米发电机的结构构造。当器件被固定在一个振源上时，外界振动将会使共振器平面在两个平行电极之间来回振动。此时所获得的电学信号大小刚好与外界振动的幅值呈正比关系。如图 15.3（a）所示，当基于垂直接触-分离式的独立层摩擦纳米发电机在其共振频率附近振动时，在振幅低于 1.5mm，器件的开路电压和短路电流的输出峰值都与振动幅度的大小成正比（如图中区域 I 所示）。这种输出主要是由于共振器平面的振幅与整个器件的振幅之间的线性关系所致。但是，值得注意的是，当振幅超过 1.5mm 时，共振器平面开始与两个平行电极有物理接触，这个结果将会使电学信号饱和，如图 15.3（a）的区域Ⅱ所示。但是如图 15.3（b）所示，当振幅在低于 0.3mm 的范围内时，所获得的开路电压和短路电流与外界的振幅有着很好的线性关系。当共振器平面的振幅低至 3.5μm 时，器件的开路电压和短路电流依然分别有 0.54V 和 10nA 的输出。因此，当外界振源在器件的共振频率点或者附近时，该器件对外界的微小振动有极高的灵敏度。如图 15.3（c）所示，当器件工作在共振频率点外，如 21Hz 时，当外界振幅增至 15mm 时，器件的开路电压和短路电流均与外界振幅有着很好的线性关系。因此，即使器件不是工作在它的共振频率点附近，基于垂直接触-分离式的独立层摩擦纳米发电机依然可以对外界振幅在很宽的振动范围内进行很好的测量。

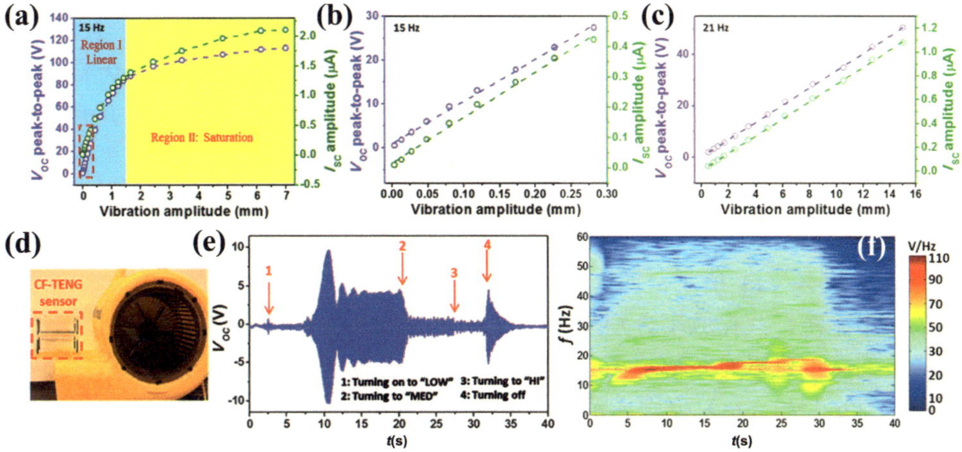

图 15.3　基于垂直接触-分离式的独立层摩擦纳米发电机的自供电振幅测量。(a) 在不同的外接振源的振幅下，在器件共振频率 15Hz 时测得的 V_{OC} 和 I_{SC}；(b) 在振动幅度低于 0.3mm 时的电学输出信号；(c) 当外界振源不在共振频率 15Hz 时，器件的在不同振幅的振源激励下的 V_{OC} 和 I_{SC} 输出；(d) 在实时监测一个吹风机工作时的振动情况；(e) 当吹风机在不同的工作状态下连续切换时的 V_{OC} 输出信号值；(f) 开路电压信号的短时傅里叶变换（本图已获得美国化学学会许可）[9]

为了展示器件对外界机械振动的良好的感应能力，它被固定在一个小的吹风机上，如图 15.3 (d) 所示。当吹风机的速率状态依照顺序从“OFF”到“LOW”再到“MED”，继而到“HIGH”，最后关掉，器件所输出的电压信号如图 15.3 (e) 所示。通过开路电压的短时傅里叶变换，在整个操作过程中所获得的电压信号的瞬时频率分布信息如图 15.3 (f) 所示。在每一个状态相同的频率下，开路电压信号的幅值直接反映了吹风机在整个运转过程中的振动幅度。因此，这个展示充分地展示了基于垂直接触-分离式的独立层摩擦纳米发电机对外界的振动振幅定量测量的能力。

15.2　声音传感器的自供电录音

15.2.1　基于亥姆霍兹共振腔的声音传感器

声波以一种特殊的振动形式无处不在地出现周围环境中。它有着广泛分布的频率和强度。对声波的探测不仅对信息技术十分重要，而且对仪器设备系统和环境的监测有着重大的意义[11]。基于良好的将声波转换成电学信号的能力，摩擦纳米发电机可以被有效应用于周围环境中声音的自供电探测。

基于亥姆霍兹共振腔的摩擦纳米发电机在 9.3.1 节有着详细的介绍。基于该器件的良好的将声波转换成电学信号的能力，它也可以有效地作为自供电的声音传感器，有着各种不同的应用[12]，如作为自供电的麦克风，并且该器件的共振频率可以通过调节器件的结构的大小来实现。因此，我们可以通过设计一系列不同大小的器件，从而通过系统中器件频带的重叠来获得拓宽频带的目的。

如图 15.4（a）所示，四个不同尺寸大小的发电机 NG_1、NG_2、NG_3 和 NG_4 组成一个系统，共振频率分别为 350Hz、650Hz、1100Hz 和 1400Hz，从而器件的频带的宽度可以有效地被拓宽至 10～1700Hz，可以实现有效的自供电录音。图 15.4（b_1）和（b_3）分别表示器件 NG_1 和 NG_4 所获得的信号的时域波形。尽管 NG_1 和 NG_4 都是被同一声源所触发，但是两者的信号波形不同，这主要是由两者共振频率的不同造成的。NG_1 的共振频率为 350Hz，所以所获得的信号会更加平滑，主要是因为它的主要工作频段分布为 10～600Hz，如图 15.4（b_2）信号的短时傅里叶变换所示。但是器件 NG_4 的共振频率在 1400Hz，所以所获得的信号就不是很平滑，工作频段主要是 1100～1700Hz，如图 15.4（b_4）信号的短时傅里叶变换所示。为了重建所播出的声音，将依据各自从声源所获得的信息量，来权重每个器件所获得的信号。经过重建后的声音信号及其短时傅里叶变换如图 15.4（c_1）和（c_2）所示。重建信号有着从 10～1700Hz 的广泛分布，如图 15.4（c_2）所示。图 15.4（d）所展示的是基于亥姆霍兹共振腔的摩擦纳米发电机进行自供电的录音。在另外一个展示中，基于亥姆霍兹共振腔的摩擦纳米发电机还可以用来进行声源的定位。实验上，三个相同的发电机被放置在一个长 2m、宽 1.8m 的二维平面上形成一个 L 形状。多次实验测试结果表明，该系统可以在误差范围 7cm 内有效地进行声源的自供电定位。

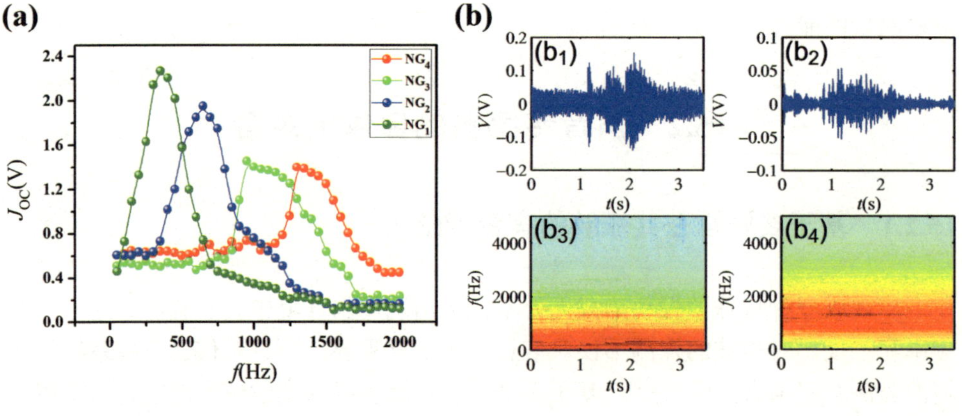

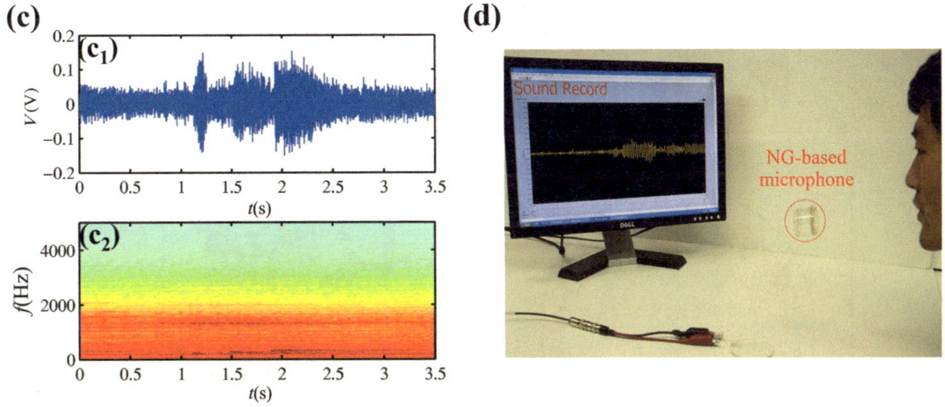

图 15.4　基于亥姆霍兹共振腔的摩擦纳米发电机作为自供电的麦克风。(a) 四个发电机组成的阵列的频率响应曲线；(b_1, b_2) 从发电机 NG_1 和 NG_2 取得的声波信号；(b_3, b_4) 从 NG_1 和 NG_2 中获得的声波信号的短时傅里叶变换；(c) 从整个发电机阵列中取得的综合声波信号以及信号的短时傅里叶变换；(d) 基于亥姆霍兹共振腔的摩擦纳米发电机作为自供电的麦克风（本图已获得美国化学学会许可）[12]

15.2.2　超薄纸基声音传感器

基于亥姆霍兹共振腔的摩擦纳米发电机有一个很大的共振腔，从而极大地限制了器件的实际应用范围，不仅作为声音能源采集器，还作为自供电的声音传感器。因此，一个很好的改进就是通过微孔作为声音响应，发明了一个超薄、可卷曲的纸基摩擦纳米发电机[13]。该器件的具体结构已经在 9.3.2 节中详细介绍过。

由于结构新颖，纸基超薄摩擦纳米发电机具有很宽的工作频带，所以它可以有效地进行灵敏的自供电的声音录取。如图 15.5 (a) 所示，一个造价低廉的超薄自供电麦克风，可以有效地将人的语音实时转换成电学信号。与当前的声音能采集及声音探测技术相比，纸基摩擦纳米发电机具有一系列鲜明的优点，如超薄、可卷曲、成本低廉、环境友好，并且体功率密度很高。从结构设计来看，传统的声音能采集器由于都需要一个很大的共振腔体，而具有很大的块状结构。而纸基超薄摩擦纳米发电机摆脱了共振腔体的束缚。厚度为 125μm 的器件，在声压为 117dB_{SPL} 下，可以输出的体积能量密度高达～1kW/m^3。

从性能表现来看，由于结构上超薄和可弯曲，纸基摩擦纳米发电机还可以被卷曲。图 15.5 (b) 和 (c) 分别展示的是平面和卷曲后纸基摩擦纳米发电机的方向性图谱的测量示意图。图 15.5 (d) 展示的是两种形态下纸基摩擦纳米发电机的

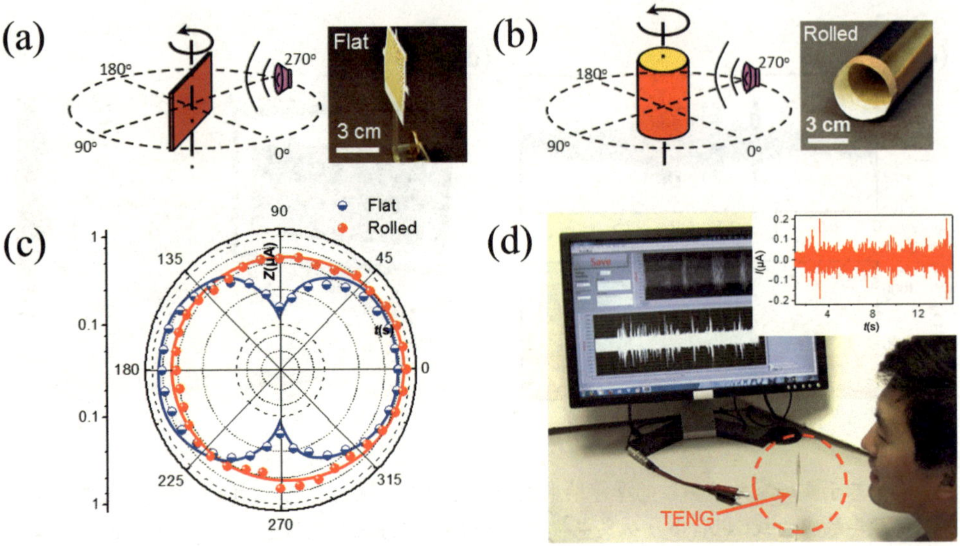

图 15.5　纸基摩擦纳米发电机作为自供电的麦克风。(a) 对于平面状态的纸基摩擦纳米发电机的方向性图谱的测量示意图；(b) 对于卷曲状态的纸基摩擦纳米发电机的方向性图谱的测量示意图；(c) 纸基摩擦纳米发电机的方向性图谱；(d) 纸基摩擦纳米发电机作为自供电的麦克风（本图已获得美国化学学会许可）[13]

方向性图谱。结果显示，平面形态的纸基摩擦纳米发电机的方向性图是一个对称的蝴蝶形状。而卷曲形态的纸基摩擦纳米发电机的方向性图是一个严格对称的圆面，表明该器件在此种形态下的电学输出与入射声波的方向无关。由于电学输出与入射声波的方向无关，卷曲形态的纸基摩擦纳米发电机可以有很广泛的应用，如在能量采集方面，自供电的传感方面（如剧台现场录音、军事监测、多方向声音能采集等）。

从成本造价的角度来说，超薄摩擦纳米发电机主要是依靠低成本、质量轻便和可生物降解的纸为架构材料制作而成的。同时，基于表面电荷效应，器件的制作只需要很少量的高分子及金属电极材料。此外，制作工艺也是十分简单直接，并且可以适合大规模的制造。因此，相对于其他技术，纸基摩擦纳米发电机的成本非常低廉。

15.3　自供电的生物医学监测

15.3.1　基于耳膜的仿生薄膜传感器

测量人体的生理或者行为信号是当前可穿戴或者交互电子的主要功能。一个自供电的质量轻便并且可以同时采集多种信号的技术是非常需要的。在本节中，我们将着重介绍一种基于耳膜的仿生薄膜传感器，它可以通过测量人体局部的压力来自供电地测量人体的生理和行为信号[14]。

基于耳膜的仿生薄膜传感器具有多层的结构，其中一层薄的椭圆形的 PET 作为底面的支撑材料，如图 15.6（a）所示。然后一层背面镀有 ITO 的尼龙薄膜铺在 PET 基底上，其中 ITO 作为背电极，而尼龙作为其中的一个起电材料，仿生人体的耳膜结构，另外一层 PTFE 薄膜作为另外一个摩擦起电面，像帐篷一样支撑在椭圆形 PET 基底的上方。中间点的作为支撑的微小的盾心是一个底面直径 0.6mm、高度 0.4mm 的圆锥体。这样 PTFE 薄膜与尼龙薄膜之间形成一个圆锥体的空气间隙。而在底层的 PET 薄膜上，还有两个圆形的、直径为 0.5mm 的通孔，作为圆锥体中空气与外界的连接通道。图 15.6（b）展示了一个柔性的透明的仿生薄膜传感器的光学照片。为了提高两个摩擦面之间的接触起电，PTFE 薄膜的表面有一层高分子纳米线阵列，这样可以有效增加 PTFE 与尼龙的有效接触面积。其中，PTFE 纳米线的 SEM 照片如图 15.6（c）所示。基于耳膜的仿生薄膜传感器的制作工艺简单，并且可以适合于大规模的生产。

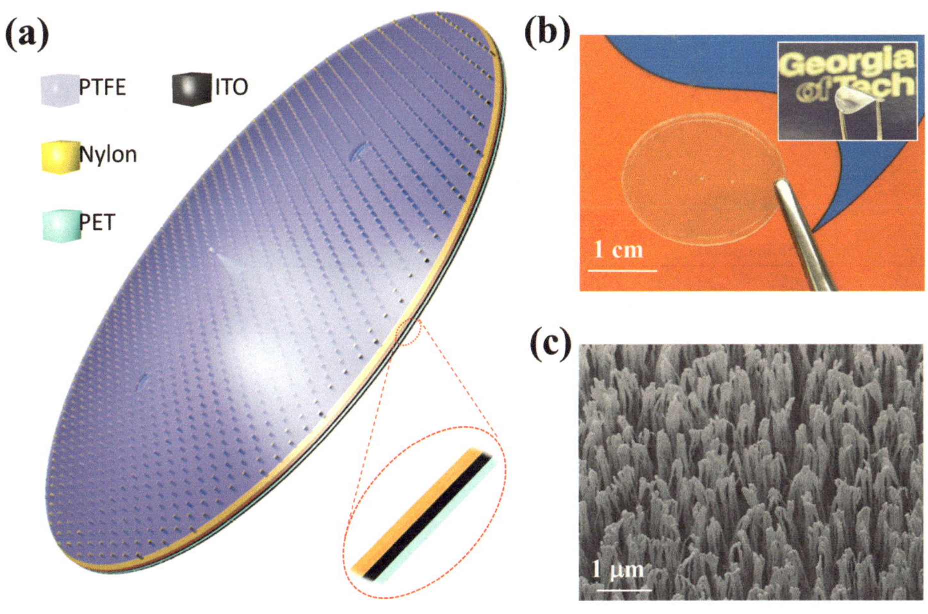

图 15.6　仿生薄膜传感器。(a) 器件的三维结构示意图；(b) 实际制作的器件的光学照片；(c) 表面刻蚀的 PTFE 纳米线的 SEM 照片（本图已获得 Wiley 许可）[14]

15.3.1.1　自供电的动脉脉搏波测量

心血管疾病是当前世界的主要死因之一。目前大量的研究都聚焦在如何早期探测和预防此种疾病。穿过血管的动脉脉搏信号可以有效地提供人体血管的物理状态信息。动脉血管的柔韧度是心血管疾病的一个重要的衡量指标。基于耳膜的仿生薄膜传感器可以一种非侵害、自供电的方式测量人体的动脉脉搏信息。当实时测量人体的动脉脉搏时，仿生薄膜传感器可以穿戴在人体的颈动脉、手腕和胸腔上，这与当前的张力测量法一样。通过器件输出的电学信号，可以读出人体内部的动态血压变化。图 15.7（a）和（b）分别表示当器件放置在一个 30 岁的年轻人的颈动脉上时，仿生薄膜传感器实时测得的电压和电流信号。插图是一个周期信号的放大图。这里同时获得的电压或电流信号可以独立但是互补地给出一个全面的人体血脉的物理状态。同样的测量也在一个 70 岁的老年人身上进行了。

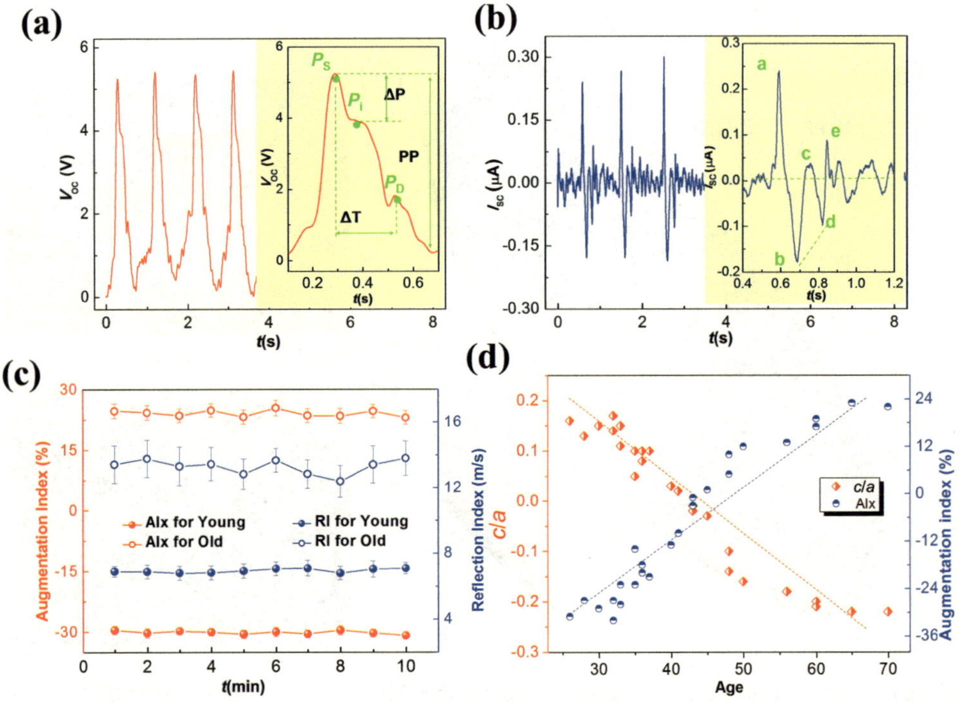

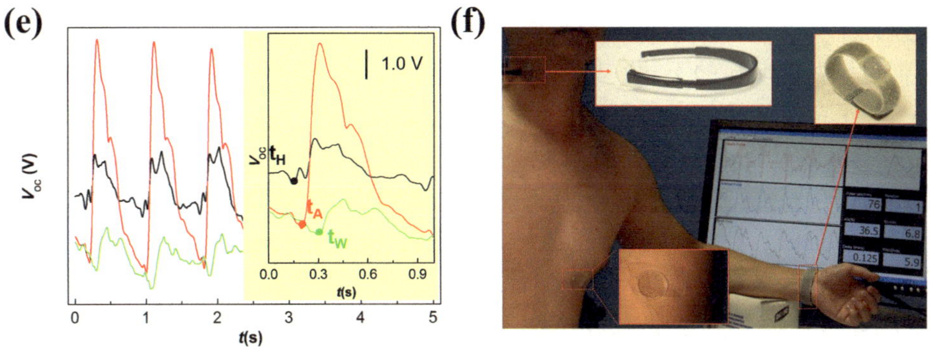

图 15.7　仿生薄膜传感器进行人体脉冲波的非侵入式自供电测量。(a) 当器件放置在一个 30 岁年轻人的颈动脉时测得的电压输出；(b) 相应的实时电流信号输出；(c) 定量比较 30 岁年轻人和 70 岁老年人的两个参数值 AIx 和 RI；(d) 随机抽查的 25 个从 26 岁到 70 岁的样本，在颈动脉处测得的 c/a 比率和 AIx 值的关系；(e) 从个体三个不同位置测得的脉冲波信号：颈动脉、左手腕和胸腔，小黑点表示的是每个周期信号的开始点；(f) 当三个相同的器件分别戴在测试者中的颈动脉、左手腕、胸腔中进行脉冲信号的测量（本图已获得 Wiley 许可）[14]

一方面，对于电压信号，每个周期波形上都有三个典型的可以区分的小峰：收缩峰（P_S）、屈服点（P_i）和二重脉搏波（P_D），这些特征峰都分别代表血液从左心室、反射脉冲波和回左心室的血液所带来的压力。通过比较从年轻人和年长人采集的电学信号，可以看出两者存在明显的不同，尤其是对年轻人来说，特征峰 P_i 出现在 P_S 的后面，但是对于年长人来说，P_i 出现在 P_S 之前。不同之处主要是由于两者心血管的生理状态不同造成的。这种不同可以通过两个参数量化表达：反射波增强指数 $\mathrm{AIx}(\%)=\pm(P_S-P_i)/\mathrm{PP}$ 和反射指数 $\mathrm{RI}=h/\Delta t$，其中 h 表示人体身高，Δt 表示 P_S 和 P_D 之间的时延，PP 表示脉冲波的绝对大小。为了更精确地评估两者心血管之间的生理状态，一个连续的 10min 的测量可以更准确地反映样本的动脉脉搏波状态。基于所获得的波形，对于年轻和年长的两人，他们各自的 AIx 和 RI 测量参数一个统计的测量结果，如图 15.7（c）所示。对于年轻人来说，AIx 和 RI 的平均值分别为–30%和 6.8m/s，但是对于年长者，这两个数值分别为 24.8% 和 13.3m/s。这个差值的主要是由于年轻人有更好的血管柔韧度，当脉冲波流过动脉血管时，有一个更低的速度，并且反射脉搏回到主动脉是在心脏收缩的后期，这样就会造成一个负的 AIx 值和一个较小的 RI 值。相对而言，年长者的血管较硬，因此血流的速度要高，并且反射脉搏会在心脏收缩的早期回到主动脉，这样就会形成一个正的 AIx 值和大的 RI 值。

另一方面，对于采集到的电流信号，波形主要由五部分组成，标识为 A-波到 E-波：开始为正值（A-波），早期为负值（B-波），之后增加（C-波），后期再减少（D-波）和舒张正值（E-波）。每个波的高度都是共享一个共同的基线，在基线以上为正值，基线以下为负值。通过比较年轻和年长者的电压信号波形，我们可以发现明显的不同。具体来说，年轻者的 C-波为正，而年老者的 C-波为负。为了定量比较两者的不同，我们计算了两者的一个参数，即 C-波与 A-波的高度值的比值 *c*/*a*。为了表明测量结果的正确性，我们选择了 25 个样本，他们的年龄跨度从 26 岁到 70 岁，所测得的 *c*/*a* 和 AIx 值如图 15.7（d）所示。通过数值分析可以看到，参数 *c*/*a* 的值与 AIx 值的变化趋势刚好相反。这两个参数独立而互补地反映血管硬度。一般来说，AIx 值随着血管硬度的增加而增加，而 *c*/*a* 刚好随着血管硬度的增加而减少。这些统计的数值结果有效表明了基于耳膜的仿生薄膜传感器可以有效地对人体的血管进行良好的监测，预防且降低人体心血管疾病的风险。

同时，为了获得更多的人体心血管疾病的风险评估，一个进一步的方案是通过多点测量来获得人体的脉冲波速度。脉冲波速度也与人体的血管的柔韧度关系密切。一个更硬的血管将会有更快的脉冲波速度。三个同样的仿生薄膜传感器分别戴在颈动脉、左手腕和胸腔上，同时所测得的电压信号如图 15.7（e）所示。插图展示的一个周期信号的放大图，黑色的点表示每种信号的周期的起始点。值得注意的是，从胸腔上获得的电压信号开始得最早，它比颈动脉和左手腕上的信号要分别早 53ms 和 163ms。这里，脉冲波速度的计算是通过脉冲波的传播距离除以两个测试点的时间延时获得的。通过计算，这里的脉冲波速度 1 为 5.66m/s（从胸腔到颈动脉），脉冲速度 2 为 5.9m/s（从胸腔到左手腕），分别为实验测得。这些数据与一个健康的成年人的数据相吻合。

为了证明仿生薄膜传感器可以进行非侵入的自供电的人体动脉测量，一系列的实际展示如图 15.7（f）所示。三个相同的仿生薄膜传感器同时测量人体的颈动脉、左手腕和胸腔上的血压信号，所有测得的关于人体动脉生理信息，包括脉率、动脉传播速度，AIx 值和 RI 值都可以通过一个 Labview 编辑的实验平台实时展示出来，为进一步的医学诊断提供有效的数据信息。

15.3.1.2 自供电的喉咙麦克风

喉咙麦克风最近越来越流行，主要是因为它可以从一个嘈杂或有风的背景中有效地提取到人的语言，而不受环境的干扰。而传统的麦克风在这样的环境中总是不能很好地工作。这里基于耳膜的仿生薄膜传感器刚好可以当作一种性能优良的喉咙麦克风，并且它质量轻便、体积小、可以随身携带且成本低廉，更重要的是它可以不依赖任何外界电源而正常工作[14]。当仿生薄膜传感器穿戴在人的脖子上时，在静音状态下，一系列的低频 1.1Hz 脉冲波被探测到，如图 15.8（a）所示。但是当测试者讲出“This is a self-powered throat microphone”时，所测得的电压信号就蕴含足够的高频成分，如图 15.8（a）中讲话态的信号所示。通过获得的信号的短时傅里叶变换可以清楚地看到，当测试者讲话时，测得信号有着宽广的频率分布，为 45～1500Hz，如图 15.8（b）所示。然后，一个截止点为 10Hz 的低通滤波器将所得信号的低频成分滤出，如图 15.8（c）所示。接着另外一个 45～1500Hz 的带通滤波器也将信号的此部分成分给滤出来，如图 15.8（d）所示。其中低频成分主要是由于说话时喉咙的运动以及皮肤的形变而造成的，它包括足够的高频详细信息，因此可以被用来重建讲话时的语音信息。

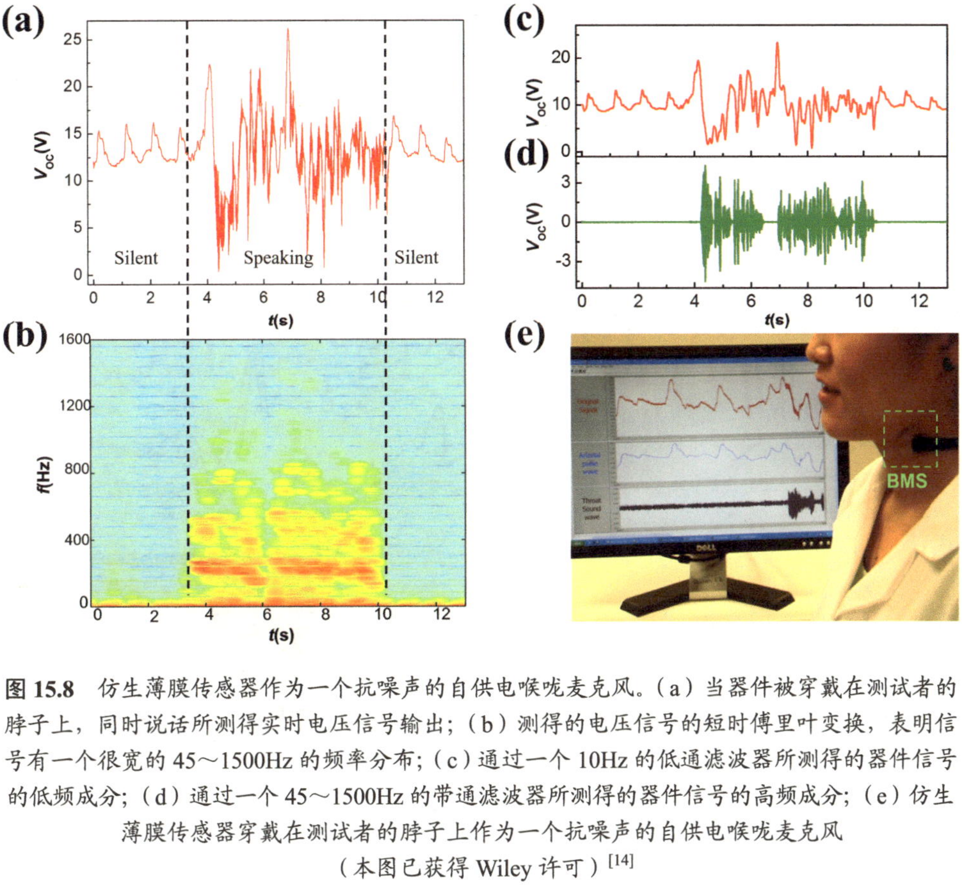

图 15.8　仿生薄膜传感器作为一个抗噪声的自供电喉咙麦克风。(a) 当器件被穿戴在测试者的脖子上，同时说话所测得实时电压信号输出；(b) 测得的电压信号的短时傅里叶变换，表明信号有一个很宽的 45～1500Hz 的频率分布；(c) 通过一个 10Hz 的低通滤波器所测得的器件信号的低频成分；(d) 通过一个 45～1500Hz 的带通滤波器所测得的器件信号的高频成分；(e) 仿生薄膜传感器穿戴在测试者的脖子上作为一个抗噪声的自供电喉咙麦克风

（本图已获得 Wiley 许可）[14]

为了证明仿生薄膜传感器可以作为一种性能优良的喉咙麦克风，一个实际的具体应用如图 15.8（e）所示。当测试者带着仿生薄膜传感器在脖子上，在一个非常嘈杂的环境中讲话时，测试者的讲话内容可以很好地被重建。这是首次发明的一种仿生薄膜传感器，可以同时作为一个喉咙麦克风和对人体的动脉脉冲波进行非侵入式的测量。它将会引起广泛的关注，尤其是对航天工作人员、战士、摩托车骑者或其他军事方面的应用。

15.3.1.3　基于动脉波的生物特征识别

生物特征识别是基于人体的生理或行为特征作为识别的一种方式，在当代科技的发展过程中越来越受到关注。有别于传统识别方式，生物特征识别通过个体的一些本征特征，从而可以有效地避免欺骗攻击。这里，我们将会创新性地依靠个体的动脉脉冲波提供一个全新的医疗生物识别。

由于仿生薄膜传感器对外界的微小振动有着极高的灵敏度，所以它可以采集到丰富的人体血管动态信息，从而可以作为一个识别和辨识信息[14]。图 15.9（a）展示的是归一化后的从四个测试者的颈动脉测得的电压信号。通过对比这四组信号，可以看到不仅测试者的心率不同，而且测得的脉冲波的波形也各不相同。这主要是因为测试者的年龄、性别、胸腔的形貌以及位置、尺寸和心脏的不同。

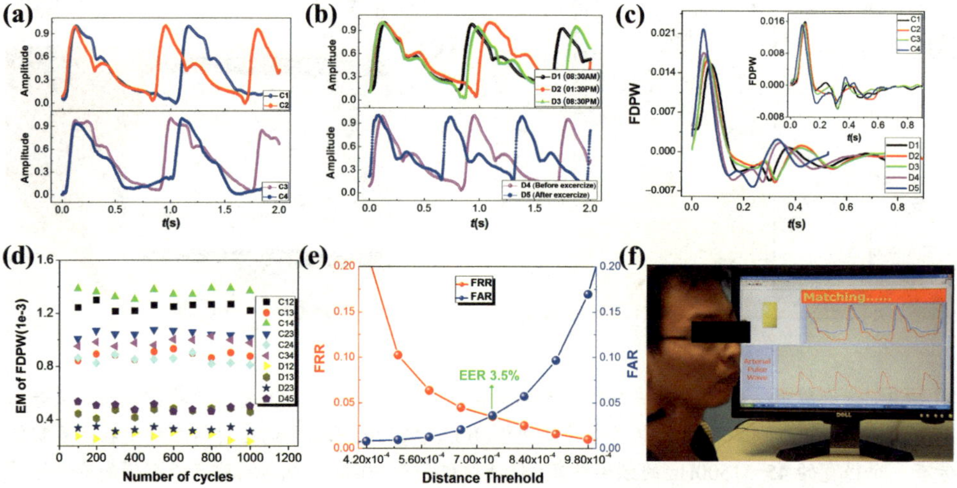

图 15.9　仿生薄膜传感器测得的脉冲信号作为生物特征识别。（a）从四个测试者颈动脉上测得的电压输出的归一化值；（b）一个个体在不同时段和运动前后的心跳信号对比；（c）个体在不同情况下脉冲波信号的一阶导值，插图表示的是四个测试者的脉冲波信号的一阶导值；（d）计算得来的欧几里得度量；（e）对于心跳作为生物特征识别系统的性能评估；（f）仿生薄膜传感器戴在测试者的脖子上时，测得的脉冲信号作为生物特征识别（本图已获得 Wiley 许可）[14]

为了定量地研究这些不同之处，脉冲波信号之间的欧几里得度量被分别计算得出。两个脉冲波信号 **X** 和 **Y** 代表两个不同的个体。$\mathbf{X}_i=[x_{i1}, x_{i2}, \cdots, x_{iN}]$ 和 $\mathbf{Y}_i=[y_{i1}, y_{i2}, \cdots, y_{iM}]$（$N<M$）分别表示第 i 个周期的脉冲波 **X** 和 **Y**。因此在 K 个周期内 **X** 和 **Y** 之间的欧几里得度量可以表示为

$$d_{\mathbf{XY}}=\frac{1}{K}\sum_{i=1}^{K}\frac{1}{N}\sum_{j=1}^{N}\left|x_{ij}-y_{ij}\right| \tag{15.1}$$

同时一个单独个体的平均欧几里得度量在一段时间内的值可以计算为

$$d_{\mathbf{XX}}=\frac{1}{K}\sum_{i=1}^{K}\frac{1}{N}\sum_{j=1}^{N}\left|x_{ij}-x_{(i+1)j}\right| \tag{15.2}$$

此外，人体的脉冲波信号与人的活动有关，如情绪波动、锻炼等。因此，如图 15.9（b）所示，个体在一天不同时间以及锻炼前后的不同脉冲波形都被系统地监测到。通过计算得知，人体在不同时间不同状态下的脉冲波信号的欧几里得度量与不同个体的脉冲波信号之间的欧几里得度量大小近似。因此，直接用欧几里得度量并不能很好地区分不同个体的脉冲波信号。脉冲波信号的一阶导（FDPWs）可以很好地代表脉冲波信号的波形。图 15.9（c）表示同一个体在不同状态下的 FDPWs。插图表示四个不同个体的 FDPWs。然后，通过测量个体 FDPWs 之间的欧几里得度量，个体之间的脉冲波信号就可以得到很好的区分，如图 15.9（d）所示。因此，个体 FDPWs 之间的欧几里得度量可以作为区分个体脉冲波信号的尺度，并且作为一个阈值把真正用户的脉冲波与冒名者的脉冲波信号区分开来。

为了评估此种生物特征识别系统的性能，分别对 120 个随机选取的个体进行动脉脉冲波的测量，然后将测得的 120 组个体信号平分成 60 客户模式和 60 个冒充者模式。于是，这个基于人体脉冲信号的生物特征识别系统通过两个参数来评估：错误拒绝率（FRR）和错误接受率（FAR）。FAR 和 FRR 随着设置的阈值的变化趋势如图 15.9（e）所示。其中 FAR 随着 FDPWs 的欧几里得度量增加而增加。但是 FRR 具有相反的趋势，而 FRR 和 FAR 相交于一个阈值（7.3×10^{-4}），这表明此生物特征识别系统具有很低的 EER 值（3.5%）。

此外，为了展示通过获得的脉冲波信号作为生物特征识别的实际应用，如图 15.9（f）所示，当四个不同的测试者穿戴仿生薄膜传感器于脖子上时，每个人都可以基于先前存于数据库的信息而被识别出来。总之，作为一个全新的生物特征识别技术，通过仿生薄膜传感器测得的脉冲波信号可以作为一个有效的、可靠的生物特征识别方法。

15.3.1.4　多模式生物特征识别

一个生物特征识别系统，如果仅依赖单一的行为或生理特征信号作为识别的依据，很多时候不能满足高性能识别系统的要求。因此，多模式的识别系统是目前发展的一个趋势。这里，依靠仿生薄膜传感器优良的传感性能，通过同时使用个体的脉冲波信号以及语音信号，一个多模式的生物特征识别系统就此建立[14]。

为了展示仿生薄膜传感器具有很好的多模式生物特征识别能力，第一步是展示它作为语音识别的能力，因为脉冲波识别在前面的一节中已经详细介绍过。图 15.10（a）和（b）是当两个测试者分别按照自己最熟悉的状态说“one world”连续的三次测试获得的电压信号。图 15.10（c）和（d）是这些电压信号通过带通滤波器 45～1500Hz 后的高频信号分量。图 15.10（e）和（f）是放大一个周期的两个测试者的语音信号。由此可以看到，这些喉咙测试的语音信号彼此之间有明显的不同，这些主要是由于人体喉咙的尺寸、形状及行为模式的不同。

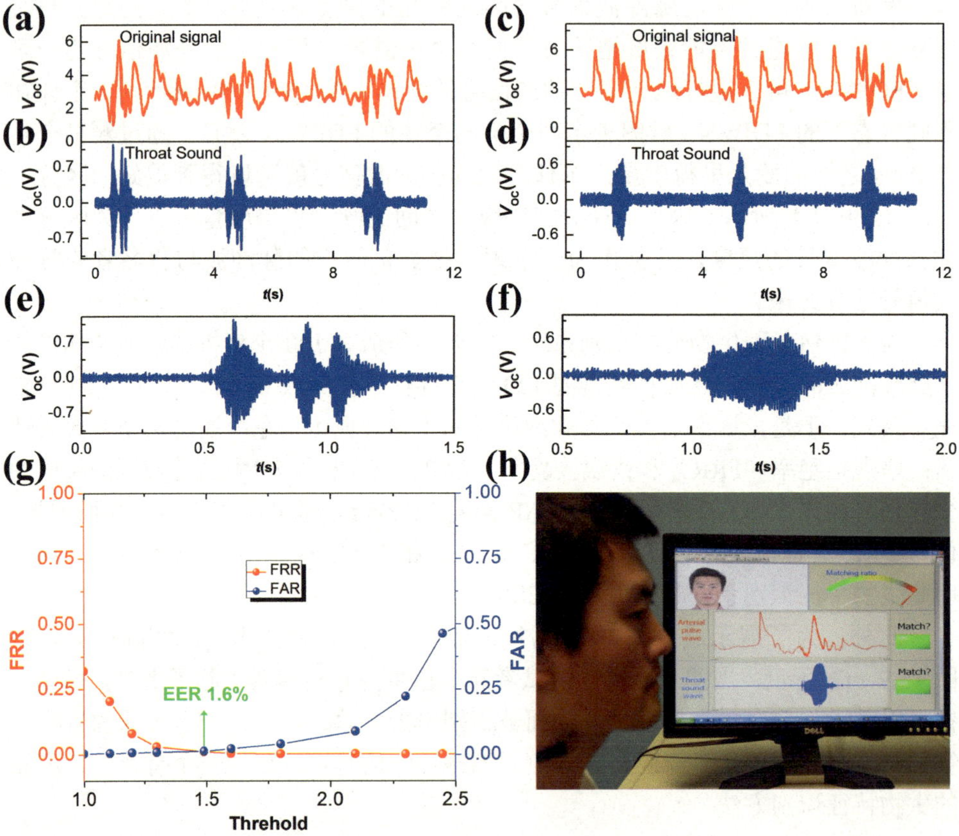

图 15.10　仿生薄膜传感器通过同时测得的脉冲信号和喉音信号作为多模式的生物特征识别。（a）测得电压信号，当 Alex 连续以他最熟悉的方式说“one world”多于三次。（b）测得电压信号，当 Tom 连续以他最熟悉的方式说“one world”多于三次。（c，d）通过一个带通滤波器所获取；Alex 和 Tom 的电压信号的高频分量。（e，f）Alex 和 Tom 电压信号高频分量一个周期的放大图。（g）多模式的生物特征识别系统的性能评估。（h）当仿生薄膜传感器穿戴在脖子上时，通过同时测得的脉冲信号和喉音信号作为多模式的生物特征识别

（本图已获得 Wiley 许可）[14]

皮尔逊相关系数可以用来定量地表达这些声音信号的不同。$\mathbf{X}=[x_1, x_2, \cdots, x_N]$ 和 $\mathbf{Y}=[y_1, y_2, \cdots, y_N]$分别表示两个不同个体的喉咙声音信号。那么信号 **X** 和 **Y** 之间的皮尔逊相关系数可以表达为

$$r=\frac{\sum_{i=1}^{N}(x_i-\overline{x})(y_i-\overline{y})}{\sqrt{\sum_{i=1}^{N}(x_i-\overline{x})^2}\sqrt{\sum_{i=1}^{N}(y_i-\overline{y})^2}} \tag{15.3}$$

为了评估仿生薄膜传感器作为语音识别的能力，120 个测试者穿戴着器件在自己的脖子上，分别以自己最熟悉的方式说短语“one world”连续四次。然后计算两两之间语音信号的皮尔逊相关系数。值得注意的是，当个体的语音信号相互比较时，皮尔逊相关系数高于 0.7。但是不同个体之间的皮尔逊相关系数都小于 0.7。因此，我们可以用皮尔逊相关系数来区分真正的语音和假冒的语音信号。经过测试，依靠仿生薄膜传感器测得的语音信号作为识别，所建立的生物特征识别系统在阈值 0.55 时可以获得相当大的 EER 值（2.7%）。

为了提高识别系统的性能，同时以个体的语音信息和脉冲波信息作为识别元素，建立了一个多模式的生物特征识别系统。该系统同时采用脉冲波信号的 FDPWs 的欧几里德度量和语音信号的皮尔逊相关系数。新的系统中新的特征矢量 $\boldsymbol{T}=[d_{\mathbf{XY}i},\ r_i]$，其中 $i=1, 2, 3, \cdots, u$，表示序号。因此，通过特征矢量，新的阈值可以表示为

$$\mathrm{TSM}_i=w_1\times 0.0018/d_{\mathbf{XY}i}+w_2r_i \tag{15.4}$$

权重系数 w_1 和 w_2 正比于两个单一模式的识别系统的识别性能，并且 $w_1+w_2=1$。TSM_i 值较大表明用户模式和客户模式的相似性较大。如图 15.10（g）所示，在阈值为 1.5 时，该多模式生物特征识别系统具有很低的 EER 值，为 1.6%。如图 15.10（h）所示，当测试者使用仿生薄膜传感器来做多模式的生物特征识别时，当且仅当用户的动脉脉冲信号和语音信号同时与真正用户的信号一致时，该用户才可进入计算机系统。因此，仿生薄膜传感器可以同时以个体的生理和行为特征信号作为模式识别，并且比单一的模式识别有更高的准确性，从而使它在高安全的生物特征识别系统中有着独特的优势和广泛的应用。

15.3.2 基于薄膜的摩擦纳米传感器

本节将介绍基于薄膜的摩擦纳米传感器（M-TES）作为自供电的设备来进行压力探测。该器件将会在空气压力的促使下产生一个电压信号[15]。通过整合 M-TES 和一个信号处理电路，M-TES 可以有效地对外界压力的变化，甚至是心跳产生反应，因此可以被用来进行自供电的生物医学识别。

如图 15.11（a）所示，M-TES 具有一个多层结构。一张厚度为 1.6mm 的亚克力板被激光切割机规划成基底。一层 100nm 厚的铜膜镀在亚克力基底上作为一个直径为 2cm 的上层电极。一层同样厚度的铜镀在基底的背面作为背电极。然后，一张 125μm 厚度的 FEP 薄膜铺在上层电机的上面。一个通透的 2mm 直径的通道开口于基底的正中心。一张 50μm 厚的 Latex 薄膜紧密地铺在 FEP 的上方，通过环氧树脂将 FEP 和 Latex 之间的边缘部分密封起来，防止空气的泄漏。为了改进 M-TES 对压力感应的灵敏度，垂直的 FEP 纳米线阵列通过干刻蚀的方法修饰在 FEP 薄膜的表面上，如图 15.11（a）插图所示。图 15.11（b）所展示的是 FEP 纳米线阵列的 SEM 照片，这些高分子纳米线阵列均匀地分布在 FEP 薄膜的表面。它们的平均直径为 130nm，长度为 500nm。图 15.11（c）展示的是一个圆形面积为 3.2cm^2 的 M-TES 器件的照片。在外界压力的变化下通过空气传通孔道，Latex 薄膜将会膨胀，从而造成与 FEP 薄膜接触后的分离，如图 15.11（d）所示，从而产生一个电学信号。

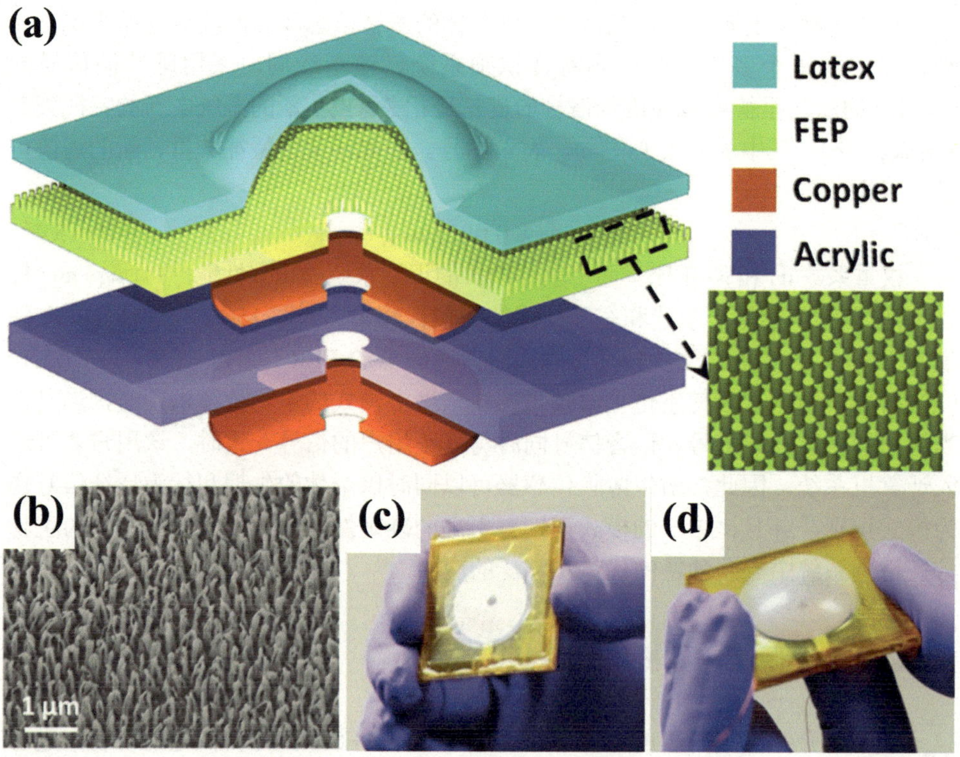

图 15.11 （a）基于薄膜的摩擦纳米传感器的结构示意图；（b）FEP 纳米线阵列的 SEM 照片；（c）实验室制作的薄膜的摩擦纳米传感器的照片；（d）当 Latex 薄膜膨胀起来时的器件照片（本图已获得 Wiley 许可）[15]

为了展示 M-TES 作为一个灵敏的传感器来进行自供电的生物监测，两组实际的应用被展示。首先，利用 M-TES 发展了一个简单的低成本的呼吸探测装置，如图 15.12（a）所示，一个空气包（18cm×22cm×1cm）通过空气管道连接到 M-TES。一个可以调节的带子将这个系统绑在测试者的腹部。人体的呼吸将引发腹部有规律的伸张和收缩，引起空气包中气压的变化，从而会触发 M-TES，产生与气压变化成正比的电学信号。输出的电压通过一个 LabView 程序的可视化界面显示出来。同时，也会从电压信号中读取测试者的呼吸频率，显示在可视化界面上，如图 15.12（a）所示。如图 15.12（b）所示，当测试者穿戴好 M-TES 系统后，可以测得的正常的呼吸率为 32 次/min。此外，由于高的压力灵敏度，M-TES 还被发展为一个心跳监测器。由胸腔处心跳引起的空气压的变化将会通过空气管道来调节 M-TES 中的气压变化，如图 15.12（c）插图所示。因此，一次心跳将会对应一个脉冲电压信号。如图 15.12（c）所示，心跳所产生的电压能有 0.06V。通过计算单位时间产生的峰值个数，可以得知测试者的心率为 72 次/min，这个结构与实际计算的数值完全一致。因此，M-TES 可以通过自供电的方式测试人体的呼吸率和心跳率，因此可以作为简单的医学装置或作为个人的健康监测系统。

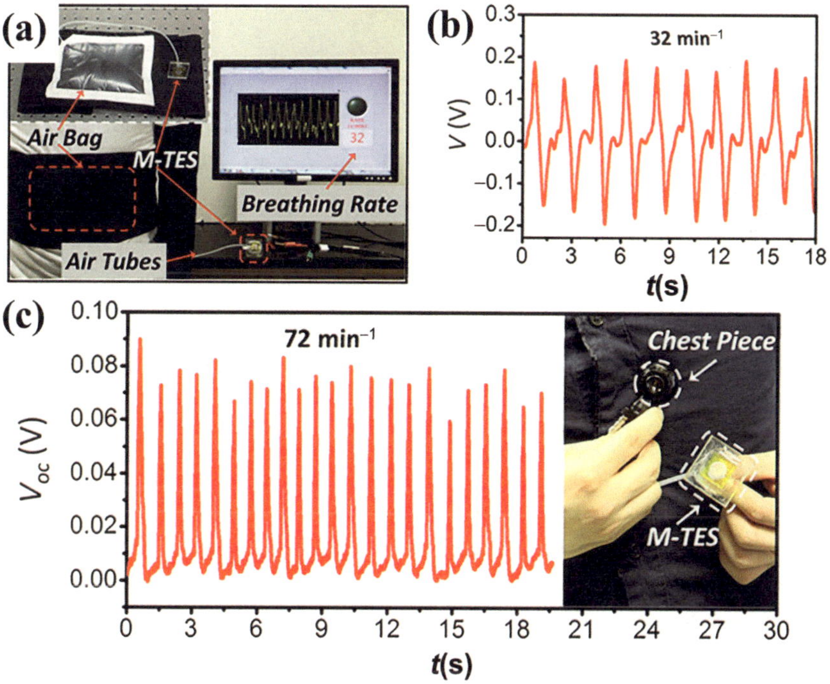

图 15.12　（a）基于薄膜的摩擦纳米传感器对呼吸率的测量；（b）当测试者的呼吸率为 32 次/min 时测得的输出电压信号；（c）当基于薄膜的摩擦纳米传感器测量心跳时获得的电压信号，插图是器件作为心跳测量仪时的具体实验设置（本图已获得 Wiley 许可）[15]

15.4 总　结

在外界机械触发下，摩擦纳米发电机可以自供电的方式产生电学信号。此信号不仅可以用作外界机械激励的探测和传感，还可以用作生物医学监测。本章系统地描述了各种基于摩擦纳米发电机的自供电灵敏振动传感器。

首先，悬挂式的三维螺旋型结构的摩擦纳米发电机可以很高的灵敏度对外界的机械振动进行探测。然后，基于接触分离独立层摩擦纳米发电机可以用来定量地测量外界机械振动的幅度。此外，对声波进行自供电的探测也是摩擦纳米发电机的另外一个独特的应用。基于亥姆霍兹共振腔的摩擦纳米发电机不仅可以作为自供电的麦克风，还可以进行声源定位。同时，低成本的、超薄的纸基摩擦纳米发电机也可以进行自供电的录音。并且，卷曲状态的该纸基摩擦纳米发电机还可以有严整对称的方向性图谱，这说明它的电学输出信号与声波的入射方向无关。此外，基于人体耳膜的仿生薄膜传感器可以自供电地测量人体的生理和行为信息：动脉脉冲信号，自供电的喉咙麦克风还有高性能的生物特征识别等。最后，基于薄膜的摩擦传感器也可以简单地进行人体呼吸率和心跳率的自供电测量。

总之，本章系统地总结了一系列的基于摩擦纳米发电机的自供电振动传感器。它们的电压信号可以反映机械激励的幅值，而它们的电流信号可以反映机械激励的速度和加速度。这种技术可以广泛地应用于环境监控、基础设施监控及生物医学监测等。

参考文献

[1] Chen C，Zhu G，Yang W，Jing Q，Bai P，Yang Y，Hou T C，Wang Z H. Harmonic-resonator-based triboelectric nanogenerator as a sustainable power source and a self-powered active vibration sensor. Adv Mater，2013，25（42）：6094-6099.

[2] Wang Z H，Chen C，Lin L. Progress in triboelectric nanogenertors as new energy technology and self-powered sensors. Energy Environ Sci，2015，8：2250-2282.

[3] Yang J，Chen C，Yang Y，Zhang H，Yang W，Bai P，Su Y，Wang Z H. Broadband vibrational energy harvesting based on a triboelectric nanogenerator. Adv Energy Mater，2014，4（6）：1301322.

[4] Yang W，Chen C，Jing Q，Yang J，Wen X，Su Y，Zhu G，Bai P，Wang Z H.3D stack integrated triboelectric nanogenerator for harvesting vibration energy. Adv Funct Mater，2014，24（26）：4090-4096.

[5] Chen C，Hu Yang，Zhang N，Zou H，Liu R，Tao C，Fan X，Wang Z L. Micro-cable structured textile for simultaneously harvesting solar and mechanical energy. Nat Energy，2016，1：16138.

[6] Yang W，Chen C，Zhu G，Yang J，Bai P，Su Y，Jing Q，Cao X，Wang Z H. Harvesting energy from the natural vibration of human walking. ACS Nano，2013，7（12）：11317-11324.

[7] Zhu G，Peng B，Chen C，Jing Q，Wang Z L.Triboelectric nanogenerators as a new energy technology: From

fundamentals, devices, to applications. Nano Energy, 2015, 14: 126-138.

[8] Zhang H, Yang Y, Su Y, Chen C, Adams K, Lee S, Hu C, Wang Z H.Triboelectric nanogenerator for harvesting vibration energy in full space and as self-powered acceleration sensor. Adv Funct Mater, 2014, 24 (10): 1401-1407.

[9] Wang S, Niu S, Yang J, Lin L, Wang Z H.Quantitative measurements of vibration amplitude using a contact-mode freestanding triboelectric nanogenerator. ACS Nano, 2014, 8 (12): 12004-12013.

[10] Hu Y, Yang J, Jing Q, Niu S, Wu W, Wang Z H.Triboelectric nanogenerator built on suspended 3d spiral structure as vibration and positioning sensor and wave energy harvester. ACS Nano, 2013, 7 (11): 10424-10432.

[11] Wang X, Song J, Li Ju, Wang Z H. Direct-current nanogenerator driven by ultrasonic waves. Science, 2007, 316 (5821): 102-105.

[12] Yang J, Chen C, Liu Y, Yang W, Su Y, Wang Z H.Triboelectrification-based organic film nanogenerator for acoustic energy harvesting and self-powered active acoustic sensing. ACS Nano, 2014, 8 (3): 2649-2657.

[13] Fan X, Chen C, Yang J, Bai P, Li Z, Wang Z H. Ultrathin, rollable, paper-based triboelectric nanogenerator for acoustic energy harvesting and self-powered sound recording. ACS Nano, 2015, 9 (4): 4236-4243.

[14] Yang J, Chen C, Su Y, Jing Q, Li Z, Yi F, Wen X, Wang Z, Wang Z H. Eardrum-inspired active sensors for self-powered cardiovascular system characterization and throat-attached anti-interference voice recognition. Adv Mater, 2015, 27 (8): 1316-1326.

[15] Bai P, Zhu G, Jing Q, Yang J, Chen C, Su Y, Ma J, Zhang G, Wang Z H. Membrane-based self-powered triboelectric sensors for pressure change detection and its uses in security surveillance and healthcare monitoring. Adv Funct Mater, 2014, 24 (37): 5807-5813.

第 16 章 基于摩擦纳米发电机的移动物体自驱动传感器

摘 要

在机械触发下，摩擦纳米发电机可以无需外加电源而产生电信号，基于这个原理，它可以用作监测移动物体的传感器。在本章中，我们介绍这方面的相关研究工作，包括基于 TENG 的位移、旋转、速度和加速度传感器。我们会详细描述它们的工作原理、设计、性能和具体应用。这种对移动物体的传感既可以是定性的，也可以是定量的。其中，开路电压和短路电流的输出曲线的峰位和零点位置可以提供关于运动物体的位置和速度等信息。另外，开路电压和短路电流的大小也与机械运动的强度呈线性关系。这种技术在环境监测、基础设施监测和生物医学中将有重要的潜在应用。

一种机械运动可以用一系列参数来表征，包括运动距离、速度、加速度和角度等。对于一个机械系统，对这些运动参数的监测是极为重要的。不同结构设计的 TENG 可以用来从不同形式的机械运动中采集能量，如线性滑动和转动[1]。由于发电机的输出信号频率、幅度以及总周期数都与机械运动的参数直接相关，因此 TENG 可以作为自驱动运动传感器来应用。即使运动物体的所在位置很隐蔽，也可以用 TENG 来追踪物体的实时运动轨迹，并检测相关的参数。其中，开路电压可以用来进行静态测量，而短路电流可以用来进行动态测量。

16.1 自驱动线性位移传感器

微纳米尺度的位移测量在科研和工业领域应用广泛，如制造、自动化、机器人和纳米操作。大部分现有的位移探测技术都需要预先加载电学或者光学信号，这就不可避免地需要能源驱动。然而，现今的可移动电子器件和传感器网络的数量和密度都在增加，就急切地需要低功耗甚至是自驱动的传感器。我们基于摩擦纳米发电机的技术，实现了一种自驱动的一维位移和速度传感技术，并且具有高分辨率、大的动态区间和很长的探测距离[1]。

如图 16.1（a）所示，这种运动传感器由两种特定图案的微栅格构成。底部栅格的基底是刻蚀后的硅片，背面镀金属铝作为底电极，正面镀二氧化硅作为容易带正电的摩擦材料；顶部的栅格是以玻璃为基底的图案化的 SU-8 薄膜，在正面分别依次镀氧化铟锡（ITO）作为顶电极，聚对二甲苯（Parylene）作为容易带负电的摩擦材料［图 16.1（a）插图］。图 16.1（b）和（c）分别展示了这两部分器件的具体的显微结构。在这两种栅格结构相对滑动时，两种摩擦材料通过摩擦起电带上符号相反的电荷；然后，两种带电的介电材料的栅格会发生周期性的分离和重合。这样，由于静电感应的作用，两个电极之间会产生交流的电学输出。

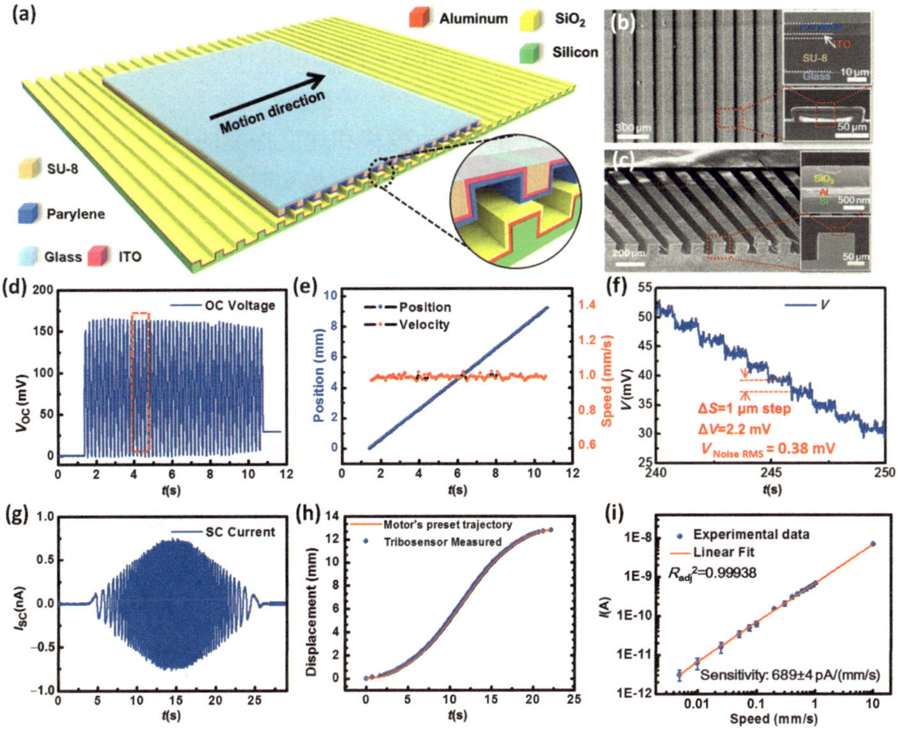

图 16.1　微栅格结构的摩擦纳米发电机作为纳米级分辨率的自驱动线性位移传感器的应用。（a）基于 TENG 的自驱动位移传感器的结构示意图，器件是由一对微栅格构成。插图表示几层结构的具体细节。（b）上部以玻璃片为基底的微栅格结构的扫描电镜照片。（c）底部微栅格结构的扫描电镜照片。（d）在位移为 9.2mm，速度预设为 1mm/s 的条件下得到的开路电压的信号。（e）根据测得的电压信号推导出的实时位移和速度信息。（f）可以从开路电压的信号清楚的获得在灵敏区域（10～190μm）的 1μm 步长的步进位移的信息。在噪声的均方根为 0.38mV 的情况下，对应的 1μm 步进位移的输出电压为 2.2mV，由此可计算得到测量的分辨率为 173nm。（g）在非匀速运动（加速-匀速-减速）的情况下获得的短路电流的信号。（h）通过电机预设的运动轨迹和由传感器测得的运动轨迹。（i）短路电流与运动速度的关系图。其中速度范围在 5～10μm/s 之间变化。测得的灵敏度为（689±4）pA/（mm/s）[1]

在运动过程中，两个电极之间的开路电压［图 16.1（d）］在 0 到约 160mV 之间周期性变化。如前面所述，每个电压变化周期对应着一个 200μm 宽的栅格周期，所以每监测到一个电压周期，就意味着实时位移增加了 200μm。如图 16.1（e）中的蓝线所示，检测到的位移随时间而线性增加。在记录的时间范围内，实时的移动速度可以通过用每个栅格的宽度（200μm）除以相应的两个电压峰的时间间隔得到。通过研究一个周期内的电压变化，我们发现位移探测的分辨率可以显著提高。我们从两组栅格完全重合的位置开始，以 5μm 的步进位移进行测试。如图 16.1（f）所示，在位移为 10～190μm 的范围内，检测非常灵敏，以至于每微米的位移变化都可以通过电压相应分辨出来。每个步进位移对应的电压变化是 2.2mV，而在 1Hz 频率下噪声信号的均方根（V_{noise}）是 0.38mV。因此可以计算出，在 1Hz 的带宽下的位移探测分辨率可达 173nm。

测量得到的短路电流同样可以用来作为位移和速度探测的信号。如图 16.1（g）所示，短路电流是在正值和负值之间周期性振荡，故实时位移可以通过计算电流曲线零点位置的个数，乘以每个步进位移的大小（100μm）来计算［图 16.1（h）中的蓝点］。通过测量得出的物体运动轨迹与预设的轨迹（图中红色曲线）吻合得很好。另外，由于绝缘层的长径比较小，短路电流的大小同样可以用来表征实时速度的大小。图 16.1（i）表示了测得的电流大小随运动速度的变化关系，其中速度从 5μm/s 逐渐提高到 10μm/s，通过线性拟合发现，它的灵敏度为（679±4）pA/（mm/s），并且线性程度很高（调整后的 R^2=0.99938）。在噪声均方根为 0.8pA 的情况下，其动态速度检测的分辨率可达到 1.2μm/s。

通过减小栅格的周期宽度，位移传感和速度传感的分辨率可以进一步提高。这种新型的位移/速度传感器相比于传统技术具有自驱动、纳米级分辨率、长检测范围和非光学紧密结构等优点，因此，它在自动化、制造、过程控制和移动设备中都会有广泛的潜在应用。

除此之外，这个工作的基本原理也可以推广到二维的位移传感上。Jing 等在这个想法的基础上用两套栅格结构来做位移传感器[2]。他们报道了一种稳定的自驱动运动矢量传感器，这种传感器是由可以在曲面上弯曲的高度柔韧的有机薄膜构成。这个器件通过两种贴得很近的材料之间的摩擦起电来收集能量，其中运动部分是背面镀两组铜电极的聚四氟乙烯薄膜，而固定部分是上下两个表面都镀两组铜电极的聚酰亚胺薄膜。在相互滑动过程中，在运动速度为 0.3m/s 的情况下，运动部分的两个电极之间产生±5V 的电压输出、65mW/m^2 的瞬时峰值功率密度。

16.2　自驱动转动传感器

基于两种材料都镀电极的滑动模式的摩擦纳米发电机，我们开发了一种用来收集转动机械能的圆盘式分段结构的 TENG[3]。在旋转运动的驱动下，两个圆盘的不同分段会发生周期性的分离和重合，结合两种材料截然不同的摩擦极性，可以用这种结构来发电。由于这种发电机的电学输出性能（频率和幅度）与转动速度的关系，这种圆盘式的 TENG 同样可以当作旋转运动中的自驱动角速度传感器。

如图 16.2（a）～（c）所示，我们又通过独立层模式发明了一种其中一层材料可以（不镀电极）自由旋转的圆盘式摩擦纳米发电机，可以用来同时检测旋转中转动速度和转盘之间的垂直方向的位移[4]。在 5.3.2 节，我们已经具体介绍了这种 TENG 的结构、材料和基本操作。旋转速度（r）和垂直距离（d）都会影响 TENG 的输出性能，所以这种 TENG 可以当作自驱动传感器去检测这两个参数。

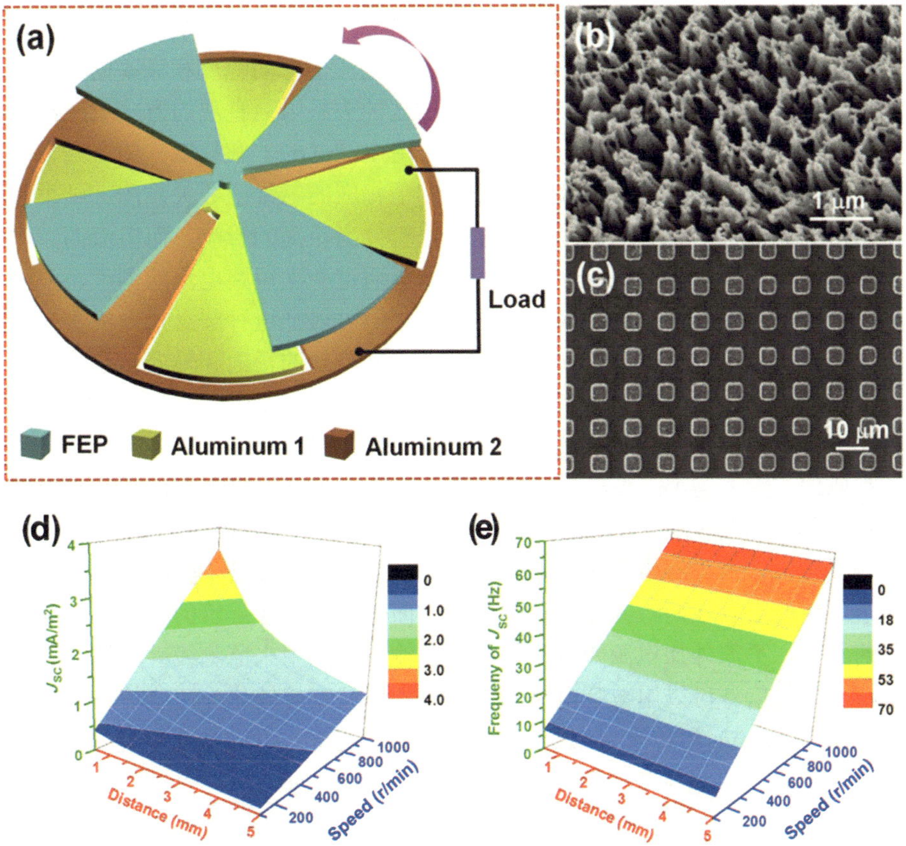

图 16.2　基于自由旋转的摩擦纳米发电机的自驱动垂直位移和转速传感器。(a) 自由旋转的摩擦纳米发电机的结构示意图。这种发电机是由独立的全氟乙烯丙烯（FEP）摩擦层和静态的铝电极构成。(b) FEP 薄膜表面加工的纳米棒结构的 30°倾斜的扫描电镜照片。(c) 铝箔上加工的立方体微图案结构的俯视扫描电镜照片。(d) 短路电流大小随垂直位移和转速变化的三维曲线图。(e) 短路电流的频率随垂直位移和转速变化的三维曲线图[4]

为了研究垂直方向分离距离的影响，我们将旋转速度固定在 500r/min，分别测量了分离距离 0～5mm 时的电学输出。随着距离增加，发电机的短路电流密度从 2mA/m^2 逐渐降到 0.5mA/m^2，而这个变化主要是由于带负电的聚四氟乙烯薄膜的静电感应作用随着距离的增加而减弱。利用这个关系，我们可以将这种圆盘式 TENG 当作自驱动位移传感器使用，不仅可以通过数据分析，也可以通过驱动发光二极管灯泡的亮度变化来使位移变化的监测可视化。这种位移传感器可能有一种独特的应用，即用来监测汽车中刹车片的厚度。另外，我们在分离距离固定为 0.5mm 的情况下，测量了短路电流密度在转速从 100r/min 增加到 1000r/min 的变化情况。结果显而易见，短路电流密度随着转速而线性增加，因为短路电流是外电路的总电荷转移量对时间的微分。同时也发现，短路电流信号的频率也与速度呈线性增加的关系。因此，我们通过分析输出电流的大小和频率都可以实现这种 TENG 作为自驱动转速传感器的应用，即通过电流信号的幅度和频率同时表征转速和垂直分离距离这两个重要参数。为了把这种关系以更直观的方式表达出来，我们设计了两组实验，测量了电流的幅度［图 16.2（d）］和频率［图 16.2（e）］与这两个参数之间的二重对应关系，并绘制了相应的三维函数关系图。结果和预期相同，电流信号的幅度同时受到转速和垂直分离距离的影响，而电流的频率只受到转速的影响。根据这些结果，我们可以只通过一次短路电流的测量，就可以得到关于转动过程的两个重要参数。这样，我们可以把这种圆盘式发电机应用到汽车中作为自驱动机械传感器，可以同时检测刹车片的径向和轴向运动情况。这种“双参数”的监测技术为纳米发电机的传感器应用提供了一个全新的思路，并且相比于传统的单参数传感器具有不可比拟的优势。

类似地，除了这个工作之外，我们还分别研究了滚筒式 TENG 作为自驱动转动传感器[5]，以及包裹式 TENG 作为自驱动线性滑动传感器的应用[6]。我们还报道了一种双模式的 TENG，可以同时进行线性和旋转运动的自驱动速度传感器[7]。在这里，我们通过在两组同心圆柱的内外表面分别加工螺旋状的交替的聚酰亚胺和铜的条带，不需外加电源即可测得其电压输出，并用来监测线性和旋转运动。发电机的输出信号可以用数字电路和微处理器单元直接转化为速度信息。在测量范围为 0.1～0.6m/s 和转速为 125～700r/min 的情况下，可以得到稳定性很高的测量数据。

16.3　摩擦纳米发电机用来追踪移动物体

当把多个单电极的基于摩擦纳米发电机的自驱动传感器集成为阵列器件，可以实现对任意物体的运动追踪，并获取物体运动的位置、速度、加速度等信息。根据这个原理，我们首次开发了基于 TENG 阵列的自驱动物体运动传感器。

Yi 等报道了一种基于接地电极阵列的用来监测二维运动的自驱动传感器[8]。通过实时测量 TENG 的开路电压和短路电流，这种器件可以测得运动物体的移动轨迹和速度。对于匀速运动的物体，其速度同样也可以通过短路电流的大小来表征，具有约为 887pA/（cm/s）的灵敏度。

如图 16.3（a）所示，这种传感器由两部分构成：一部分是 50μm 厚的全氟乙烯丙烯（FEP）薄膜，另一部分是这层薄膜背面镀的 200nm 厚的铝电极阵列。为了提高有效接触面积和摩擦起电效应，在 FEP 薄膜的上表面通过干法刻蚀加工了纳米棒阵列的结构［图 16.3（b）和（c）］。图 16.3（d）是加工好的自驱动传感器的实物照片，器件面积为 10cm×10cm。整个器件有 4×4 的铝电极阵列，其中正方形铝电极的边长是 1.5cm，相邻铝电极间距为 1cm。

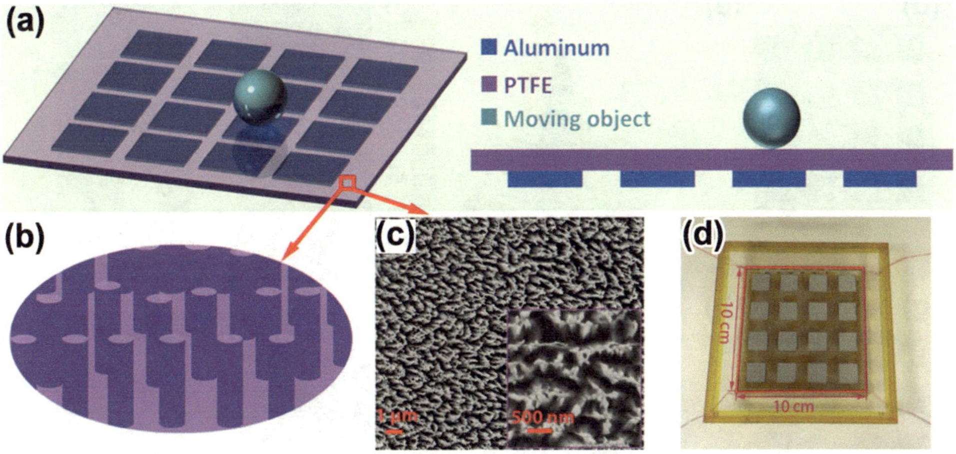

图 16.3　摩擦传感器的基本结构。（a）摩擦传感器的整体结构和截面的示意图；（b）刻蚀过的 FEP 表面的放大结构；（c）FEP 表面的纳米棒结构的扫描电镜照片，其中插图是放大倍数的扫描电镜照片；（d）摩擦传感器的实物照片，其中每个电极的尺寸为 1.5cm×1.5cm[8]

为了定量测试这个传感器对于物体运动的响应，我们在线性电机上固定了一个铝球，然后把传感器固定在铝球下方，用来监测铝球的运动。我们用一个多通道测量系统来记录每个电极的输出信号。如图 16.4 所示，当铝球沿着如下路径运动时，E11→E12→E13→E14［图 16.4（a）］，路径上的这些电极对应的输出信号会先增加到峰值然后降低［图 16.4（b）］。如我们前面所讨论的，当运动的球到达某个电极的正中间位置时，这个电极的输出电压达到峰值。所以，我们把所有电极的输出电压的数据绘制成一个二维的轮廓图，可以清楚地表明球的运动路线［图 16.4（c）］。类似地，当球沿着另外的轨迹如 E42→E32→E22→E12［图 16.4（d）］或 E11→E22→E33→E44［图 16.4（g）］运动时，我们采集到的传感器的输出电压［图 16.4（e）和（h）］可以很清楚地表征球的运动路线。当球到达某个电极的中间位置时，相应的二维轮廓图可以对球的运动路线给出更加直观的数据。

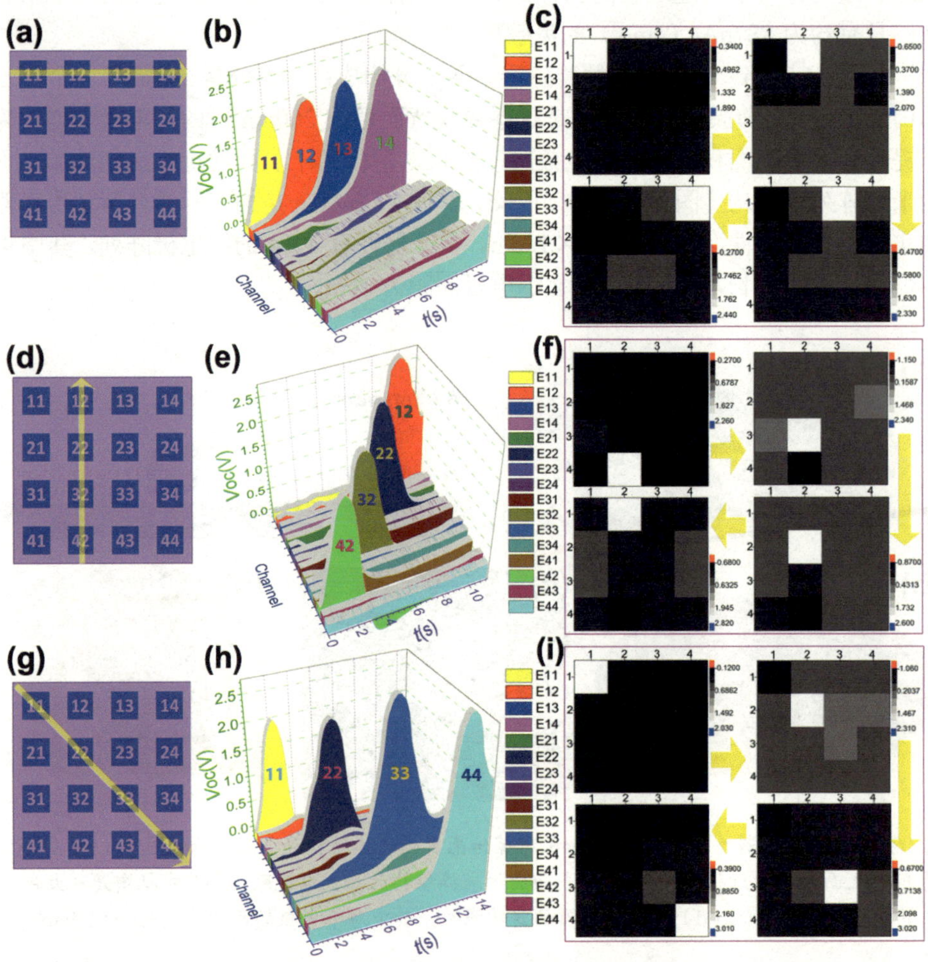

图 16.4 利用摩擦传感器来图像化铝球的运动路径。（a，d，g）铝球移动路径的示意图：（a）从 E11 到 E14，（d）从 E42 到 E12，（g）从 E11 到 E44。（b，e，h）在不同路径下测得的摩擦传感器的开路电压：（b）E11 到 E14，（e）E42 到 E12，（h）E11 到 E44。（c，f，i）不同运动路径下，当铝球移动到每个电极中心位置时，开路电压的多通道测绘结果：（c）E11→E12→E13→E14，（f）E42→E32→E22→E12，（i）E11→E12→E13→E14。注意：铝球设定的移动速度是 20cm/s[8]

两个相邻电极之间的间隔距离是固定的，是由传感器的制备决定的，我们不但可以得知运动物体到达哪一个电极的位置，还可以得到其他运动信息，包括物体的位移、速度和加速度等。图 16.5（a）～（e）表示了当铝球以不同速率在传感器上移动时测得的开路电压。因为在球的移动路径之外的电极几乎没有输出信号，所以为了简化起见，没有把那些电极对应的输出信号画出来。接下来要讨论的图片都做了同样的简化处理。通过这个结果，可以很容易用两个电极之间的距离除以对应的时间间隔来求得铝球从一个电极到另一个电极的移动速度。如图 16.5(f)所示，通过传感器测得的运动速度与预设速度非常吻合，只有约 0.265%的误差。如图 16.5（g）所示，在已知每个电极在传感器上的位置的情况下，铝球的移动位移可以很容易获得。注意：我们设定的运动起点是整个器件的边上。由于短路电流的零点位置对应铝球移动到电极中央的位置，因此可以通过短路电流的测量，用类似于开路电压的方法测得运动铝球的位移和速度。另外，铝球的移动速度也可以用短路电流的大小来表征。这个传感器的短路电流可以用如下公式来表示：

$$I_{SC}=dQ_{SC}/dt=(dQ_{SC}/dx)\times(dx/dt)=(dQ_{SC}/dx)\times v \tag{16.1}$$

式中，Q_{SC} 为短路转移电荷量；x 为物体和电极之间的距离；v 为物体的移动速度。对于匀速运动，短路电流的大小可以表示为

$$I_{SC\text{-}peak}=(dQ_{SC}/dx)_{peak}\times v \tag{16.2}$$

这意味着短路电流的大小与速度线性相关。图 16.5（h）是测得的短路电流的大小与铝球的移动速度之间的关系，监测灵敏度有约 887pA/（cm/s），并且具有很好的线性度（$R^2\approx0.99$）。这样，在空间电荷分布相同的情况下，我们可以依据这个原理不需记录信号的时间即可监测物体的移动速度。其中，图 16.5（h）中在某个特定速度下的短路电流值是铝球通过的所有电极对应的电流峰值的平均值。

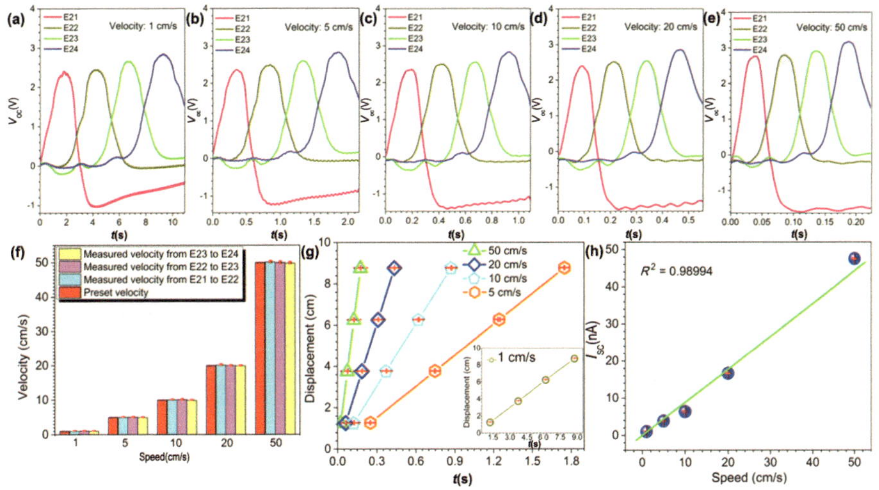

图 16.5　利用摩擦传感器对速度和位移的测量。（a～e）当铝球沿着某一路径下（E21→E22→E23→E24）以不同设定速度运动的开路电压：（a）1cm/s，（b）5cm/s，（c）10cm/s，（d）20cm/s，（e）50cm/s。（f）利用摩擦传感器测得的移动速度，并与预设速度值对比。（g）利用摩擦传感器测得的不同速度下位移随时间的变化曲线。（h）短路电流的峰值大小随速度的变化曲线[8]

除了这个工作，我们还将多个单电极摩擦纳米发电机传感器[9]集成为管状结构内的一维阵列。这个阵列器件是由 FEP 薄膜和栅格状的铜电极组成，用来追踪管中的球的移动状况（如位置、速度等），见图 16.6（a）。当钢球通过铜电极时，可以在铜电极和大地之间测出脉冲式的 60V 开路电压和 0.4μA 短路电流。为了追踪钢球在 FEP 管道内部的移动速度，我们把五个铜电极均匀地分布在 FEP 管道外部，并以并联的方式接在电表的正极上。在实验中，我们将 FEP 管道相对水平面倾斜 15°，图 16.6（b）表示通过器件的五个栅格电极测得的电流信号。而图 16.6（c）中的分析提供了关于钢球运动的两重信息：①钢球在管中的位置可以与相应的脉冲电流信号的位置相对应；②钢球的平均移动速度是由相邻两个电流脉冲的时间间隔决定的。从图中可以看出，实验结果与分析结果非常吻合，这验证了这种方法的有效性。我们还通过不同的倾斜角来验证了传感器的灵敏度和可靠性。另外，如图 16.6（d）所示，为了研究这个传感器在移动追踪中的具体实际应用，我们把器件拓展成一共八个电极的结构，然后用来实时描绘管道中球的具体位置，同时用 Labview 软件中的发光二极管指示灯将测量可视化。通过实时的电流测量结果［图 16.6（e）］和发光二极管指示灯的开启，这个自驱动移动追踪系统可以清楚地确认钢球在管道中的移动。这个工作表明自驱动传感器在输运管道堵塞的监测中具有潜在的应用。

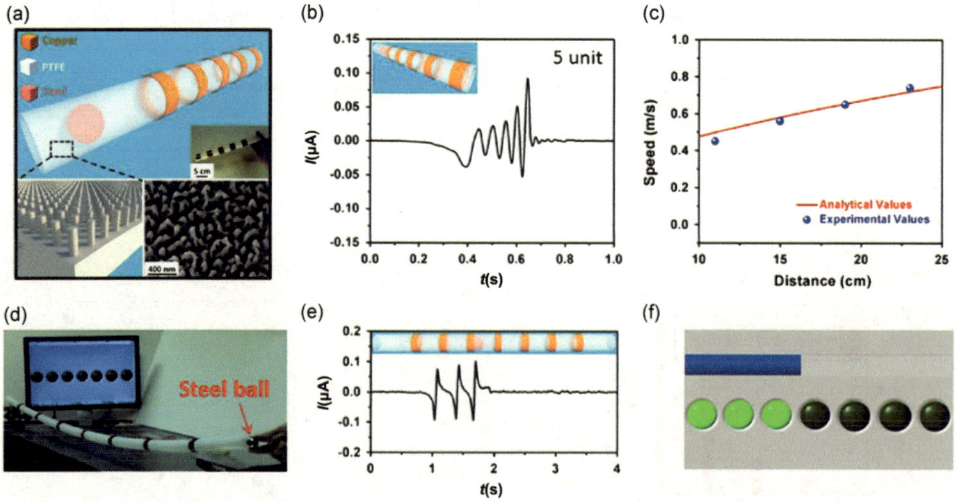

图 16.6　摩擦传感器用来追踪管状结构中物体的移动。（a）用来监测管状结构中物体运动的摩擦传感器的结构示意图；（b）具有五个栅格电极的单电极摩擦传感器的输出电流测量结果；（c）通过理论分析和实验测量计算出的钢球在不同距离下的运动速度；（d）关于实时测量管道中钢球运动情况的实物照片；（e）当钢球穿过前三个栅格电极时的输出电流测量结果；（f）钢球在管道中运动时的可视化位置探测[9]

16.4　自驱动加速度传感器

加速度是用来表征物体运动的重要参数之一。通常的加速度传感器是基于力传感的原理，包括压阻效应或者电容变化。这种传感器在工业工程、生物和导航中具有各种广泛应用。为了驱动这些传感器，一个外加电源是必不可少的。为了实现传感器的自驱动操作，我们设计了一种新型的三维 TENG，用来作为自驱动加速度传感器[10]。如图 16.7（a）所示，这种球形 TENG 由两个球组成。我们在一个常见的橡胶球表面镀一层刻蚀过的全氟烷氧基烷烃（PFA）薄膜，这样形成了一个以 PFA 膜为摩擦高分子的 PFA 球。内部的 PFA 球可以在透明的壳里自由地滑行和振荡。外部球的内表面上粘贴一层铝的薄膜，它同时起到摩擦层和电极的作用。图 16.7（b）展示了这个 TENG 的实物照片。为了提高 TENG 的输出性能，我们通过电感耦合等离子体（ICP）干法刻蚀的方法在材料表面加工一层纳米颗粒状的结构。加工好的 TENG 可以通过垂直接触-分离模式和滑动模式的混合工作原理在全空间收集振动机械能。

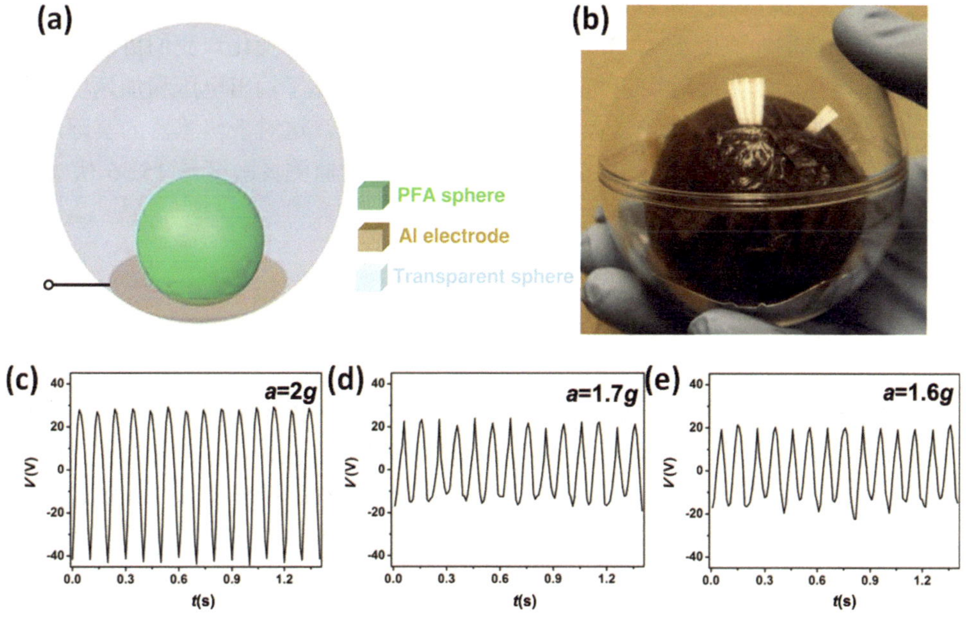

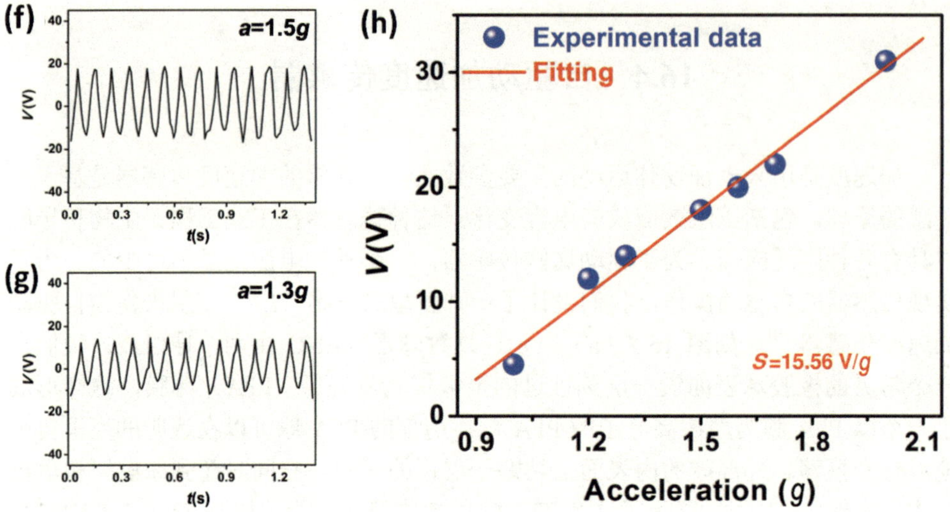

图 16.7　TENG 作为自驱动加速度传感器的应用。(a) 球形 TENG 的结构示意图；(b) 加工后的 TENG 实物照片；(c～g) 传感器在不同加速度下测得的输出电压；(h) 传感器的输出电压的大小随加速度的变化曲线[10]

当这个球形 TENG 作为自驱动加速度传感器使用时，从图 16.7（c）～（g）中看出，在特定加速度下（1.3～2*g*）传感器的输出电压的变化。我们可以清楚地发现输出电压的信号比较均匀和稳定。图 16.7（h）描述了输出电压和加速度的关系，从数据拟合中可以发现二者之间明显的线性关系，这对于传感器的实际应用是十分有利的。通过计算得知，这个加速度传感器的监测灵敏度是 15.56 伏/重力加速度。

16.5　总　　结

在机械触发的条件下，摩擦纳米发电机可以在没有外加电源的情况下产生电学信号，我们可以利用这个特性来追踪移动物体的信息。我们在本章综述了 TENG 在运动传感器中的应用的代表性工作，包括对物体位移、旋转、速度和加速度的监测。本章介绍了这种自驱动传感器的工作原理、设计、性能和应用等内容。这种自驱动运动监测可以是定性或定量的。其中，开路电压和短路电流的峰值和零点位置都可以用来提供关于物体位置和速度的定性信息。我们还发现开路电压和短路电流的幅度与机械触发的幅度呈线性关系。这个技术在环境监测、基础设施监测和生物等领域都有重要的潜在应用。

参 考 文 献

[1] Zhou Y S，Zhu G，Niu S M，Liu Y，Bai P，Jing Q S，Wang Z H. Nanometer resolution self-powered static and dynamic motion sensor based on micro-grated triboelectrification. Adv Mater，2014，26（11）：1719-1724.

[2] Jing Q S，Xie Y N，Zhu G，Han R P S，Wang Z H. Self-powered thin-film motion vector sensor. Nat Commun，2015，6：8031.

[3] Lin L，Wang S H，Xie Y N，Jing Q S，Niu S M，Hu Y F，Wang Z H. Segmentally structured disk triboelectric nanogenerator for harvesting rotational mechanical energy. Nano Lett，2013，13（6）：2916-2923.

[4] Lin L，Wang S H，Niu S M，Liu C，Xie Y N，Wang Z H. Noncontact free-rotating disk triboelectric nanogenerator as a sustainable energy harvester and self-powered mechanical sensor. ACS Appl Mater Inter，2014，6（4）：3031-3038.

[5] Bai P，Zhu G，Liu Y，Chen C，Jing Q S，Yang Y Q，Ma J S，Zhang G，Wang Z H.Cylindrical rotating triboelectric nanogenerator. ACS Nano，2013，7（7）：6361-6366.

[6] Jing Q S，Zhu G，Bai P，Xie Y N，Chen C，Han R P S，Wang Z H.Case-encapsulated triboelectric nanogenerator for harvesting energy from reciprocating sliding motion. ACS Nano，2014，8（4）：3836-3842.

[7] Jing Q S，Zhu G，Wu W Z，Bai P，Xie Y N，Han R P S，Wang Z H.Self-powered triboelectric velocity sensor for dual-mode sensing of rectified linear and rotary motions. Nano Energy，2014，10：305-312.

[8] Yi F，Lin L，Niu S M，Yang J，Wu W Z，Wang S H，Liao Q L，Zhang Y，Wang Z H.Self-powered trajectory，velocity，and acceleration tracking of a moving object/body using a triboelectric sensor. Adv Funct Mater，2014，24（47）：7488-7494.

[9] Su Y J，Zhu G，Yang Y Q，Yang J，Chen C，Jing Q S，Wu Z M，Jiang Y D，Wang Z H. Triboelectric sensor for self-powered tracking of object motion inside tubing. Acs Nano，2014，8（4）：3843-3850.

[10] Zhang H L，Yang Y，Su Y J，Chen C，Adams K，Lee S，Hu C G，Wang Z H. Triboelectric nanogenerator for harvesting vibration energy in full space and as self-powered acceleration sensor. Adv Funct Mater，2014，24（10）：1401-1407.

第 17 章　基于摩擦纳米发电机的自驱动化学/环境传感器

摘　　要

在本章中，我们介绍一种基于摩擦纳米发电机的自驱动传感器，即化学/环境传感器。这种器件的工作原理是，外界环境或化学成分的变化会改变摩擦表面的化学势，进而使其在与另一种摩擦材料接触时产生的表面电荷密度发生变化，在实验中会影响发电机的电学输出性能。这样，我们就可以通过检测发电机的输出信号来探测某种化学成分的浓度变化，如重金属离子、苯酚、儿茶酸和紫外线强度等。通过这种方式制备的传感器具有很高的灵敏度和选择性，在环境和化学检测中具有重要的应用价值。

在第 14～16 章中，我们介绍了用 TENG 来作为自驱动传感器监测机械输入的具体应用，包括对压强、位移、速度、加速度和振动的监测。这些自驱动传感器的基本原理就是利用机械触发引起的两个摩擦层之间的相对位置变化来引发具体的 TENG 的输出电压或电流的变化。而本章要介绍的化学和环境传感器则是利用 TENG 的另一特性，即表面电荷密度对化学物质或周围环境的响应，并通过它影响 TENG 的输出性能。利用这个概念，我们发展了多种基于 TENG 的自驱动传感器，用来监测重金属离子、有机物或紫外光强度等环境化学因素。

17.1　自驱动化学传感器

汞离子有毒，对环境和人体都有危害，因此对汞离子浓度的监测很重要。现有若干技术可以实现对汞离子的监测，如原子吸收/发射光谱[1]和电感耦合等离子体质谱（ICP-MS）[2]。其中 ICP-MS 具有最高的灵敏度和最宽的线性范围，但是测量前的样品准备过程比较复杂且费时间，而且需要昂贵的仪器和气体。为了替代这种方法，研究者还发展了一些光学方法，如比色法[3, 4]、荧光测定[5-7]、表面等离子共振[8]、表面增强拉曼散射[9]以及电化学方法[10, 11]等。这些光学方法的灵敏度和选择性也很高，而且在域内分析有实用性，但是它们需要引入复杂的有机探针，如卟啉类化合物、蛋白质、核糖核酸、高分子等，这就限制了它们的实际应用范围。

为了克服以上方法的缺陷，我们研发了自驱动纳米传感器用来解决有毒物质的探测问题[12]。这种自驱动传感器的工作原理是把纳米发电机和传感器集成在一起，利用发电机来收集环境中的能量[13-16]以驱动传感器的运行。整个过程不需要电池这样的外加电源。在这个工作中，我们又继续拓展了这种自驱动传感器的概念，并把它用来进行汞离子探测[17]。首先，在 TENG 的制备过程中，我们将金纳米颗粒聚集到金属膜上，这种纳米颗粒有助于提高发电机的输出性能。然后，在纳米颗粒的表面修饰 3-巯基丙酸（3-MPA）分子，这样基于金纳米颗粒和汞离子的表面摩擦极性的不同，TENG 同时可以作为一个高灵敏的汞离子传感器，面积为 1cm×1cm TENG 的输出可以达到 105V 和 63μA/cm^2，传感器的检测限为 30nmol，线性范围是 100nmol～5μmol。我们可以用发光二极管作为汞离子浓度的指示灯。这个工作证明了这种方法对汞离子监测的有效性和独特性。

图 17.1（a）是 TENG 的结构示意图，与在第 2 章描述的垂直接触-分离模式的基本结构相似。特别的地方是在金电极表面聚集金纳米颗粒，用 1, 3-丙二硫醇作为交联分子，在金薄膜的表面分别聚集平整均匀的分别为 13nm、32nm 和 56nm 的金纳米颗粒［图 17.1（b）～（d)］。金纳米颗粒是通过用柠檬酸钠还原溶液中的金离子得到的，我们通过精确控制柠檬酸钠的含量得到不同尺寸的金纳米颗粒。与其他纳米颗粒相比，金纳米颗粒的稳定性更好，而且表面容易被化学修饰。为

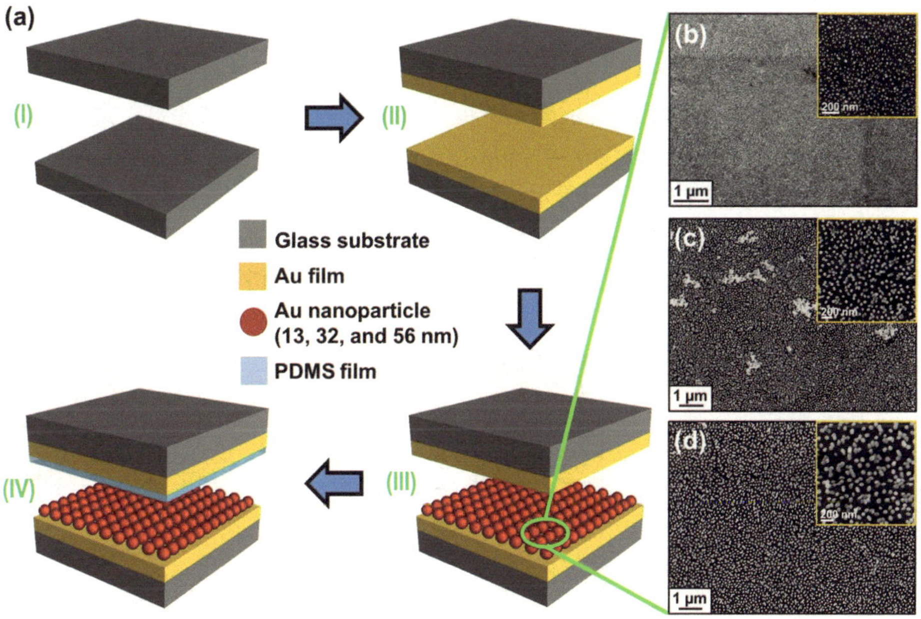

图 17.1　（a）摩擦纳米发电机的制备过程；（b～d）不同尺寸的金纳米颗粒的扫描电镜照片：（b）13nm，（c）32nm，（d）56nm（本图已获得 Wiley 许可）[17]

了选择性地探测汞离子，在纳米颗粒的表面通过硅-硫作用自组装 3-MPA 分子，这种分子可以识别汞离子，并使其附着在金纳米颗粒的表面。另一个摩擦层则是镀金电极的聚二甲基硅氧烷（PDMS）薄膜，可以使发电机具有较好的输出性能。

TENG 的工作原理是基于垂直接触-分离模式，已在第 2 章中详细讨论了。我们同样用一个机械振动源来驱动 TENG 工作，并测量其输出性能。在实验中，测得其开路电压为 105V，短路电流密度为 63μA/cm^2。TENG 的输出性能也受金纳米颗粒的尺寸影响，其开路电压和短路电流在都会随着纳米颗粒的尺寸增加而增大。

我们用这种 TENG 对汞离子进行自驱动监测。图 17.2（a）表示经过整流后的 TENG 的输出。用硼酸缓冲溶液作为测量汞离子浓度的介质，将金板浸泡在含有不同浓度的缓冲溶液中，其中温度为室温，反应时间是 60min。然后把金板在室温下用水冲洗并干燥，然后用它进行电学测试。对于汞离子浓度为 5μmol/L 的溶液，它可以使 TENG 的输出的短路电流密度从 63μA/cm^2 降低到 8μA/cm^2［图 17.2（b)］。这是因为金板表面吸附的分子会修饰表面的摩擦极性，所以可以通过测量输出电流密度的变化来探测溶液中的汞离子浓度。当把 TENG 和发光二极管集成在一起，可以把发光二极管作为一个自驱动的指示灯，这样可以发展出一个独立系统用于汞离子探测。如图 17.2（b）插图所示，当汞离子浓度为 5μmol/L 时，由于电流密度降低，发光二极管完全不亮。图 17.2（c）表示 TENG 的输出信号随着汞离子浓度的增加而持续降低，而短路电流的相对变化量［$(I_0-I)/I_0$］与汞离子浓度呈线性关系（R^2=0.98），其中汞离子浓度在 100nmol/L 到 5μmol/L 之间变化。这种测量方式的最低检测限是汞离子浓度为 30nmol/L，信噪比为 3。我们通过其他金属离子的对照试验来验证这种测量方式的选择性，其中所有离子的浓度都设定为 5μmol/L。如图 17.2（d）所示，我们发现这个传感器系统只对汞离子反应明显，主要是因为其他离子对 3-MPA 没有很强的成键能力，所以汞离子可以被大量吸附在金纳米颗粒的表面，从而改变表面的摩擦极性，而其他离子不能。

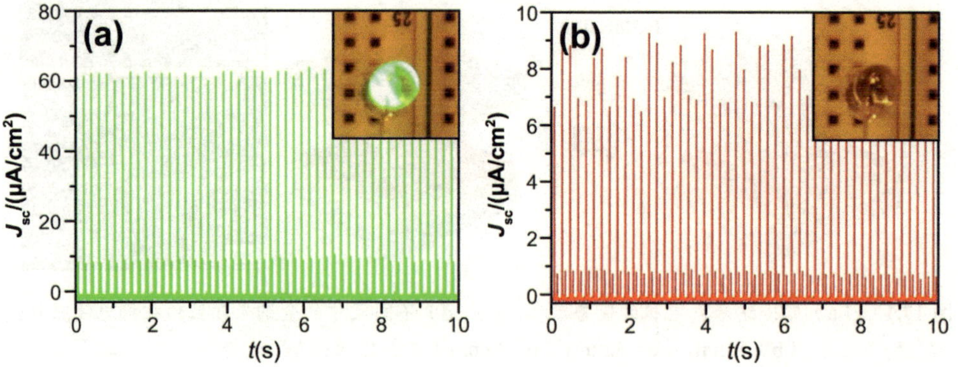

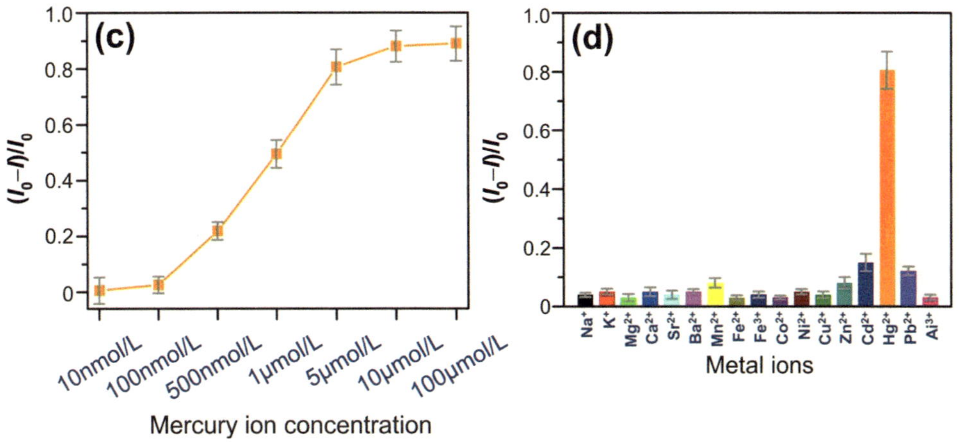

图 17.2　(a)反应之前的 TENG 的整流后的短路电流密度。(b)与汞离子溶液反应之后的 TENG 的整流后的短路电流密度。其中插图为与 TENG 连接的发光二极管开启和关闭状态的照片。(c) 用 TENG 检测汞离子浓度的灵敏度测试。(c) 用 TENG 检测汞离子浓度的选择性测试 (本图已获得 Wiley 许可) [17]

在以上内容中，我们描述了用摩擦起电效应来探测汞离子的工作。其基本原理是利用化学成分来调整摩擦层表面的极性，从而引起 TENG 输出性能的变化。根据这个原理，我们还用来监测其他各种化学物质的浓度，如儿茶酸[18]。其中，TENG 的结构如图 17.3 (a) 所示，主要的摩擦层材料是二氧化钛和聚四氟乙烯 (PTFE)，而它们的背电极分别是金属钛和铜。为了提高材料的有效面积，在二氧化钛的表面加工纳米线和纳米板结构。这个纳米结构的加工是通过两步化学合成方法在钛箔的表面合成的。具体地，首先在碱性溶液中用水热法通过离子置换生长 $H_2Ti_2O_4(OH)_2$ 的纳米线和纳米板，然后通过热处理方法使其脱水得到二氧化钛的纳米结构。两种纳米结构的扫描电镜照片如图 17.3 (b) 和 (c) 所示，其直径分别为 67.2nm 和 9.4nm。

我们通过实验验证了这种 TENG 可以有效地探测儿茶酸的浓度。使用磷酸缓冲溶液作为介质，反应时间为 20min。反应之后，用水冲洗二氧化钛板，并室温干燥，然后进行电学测试。对于浓度为 0.5mmol/L 的儿茶酸溶液，它可以使 TENG 的开路电压和短路电流密度分别增加 4 倍和 2.9 倍。图 17.4 (a) 和 (b) 分别表示了两种纳米结构的 TENG 的开路电压的相对变化与溶液浓度的关系。可以发现，在溶液浓度为 10μmol/L～0.5mmol/L (对于纳米板结构是 0.25mmol/L) 之间变化时，二者呈现很好的线性关系，而短路电流密度的相对变化也呈现类似的变化趋势。而两种纳米结构的不同线性范围可能是由二者的表面积不同引起的。表面积较大的纳米结构可以吸附更多的儿茶酸分子，所以相应的监测范围会更宽。图 17.4（c）和（d）分别表示纳米线结构和纳米板结构对于氮气的吸附-脱附等温曲线，由此得到其相应的比表面积分别是 $3.3m^2/g$ 和 $2.5m^2/g$，说明纳米线结构表面积较大。我们还用这两种纳米结构对儿茶酸进行饱和吸附测试，即将二者在 10μmol/L 的儿茶酸溶液中浸泡 1h，相应的吸附曲线说明二者的吸附浓度分别为 6μmol/L 和 3μmol/L。根据这些结果，我们可以确定二氧化钛纳米线的表面积相对较大，这也是为什么这种结构的 TENG 可以得到较宽的测量范围。

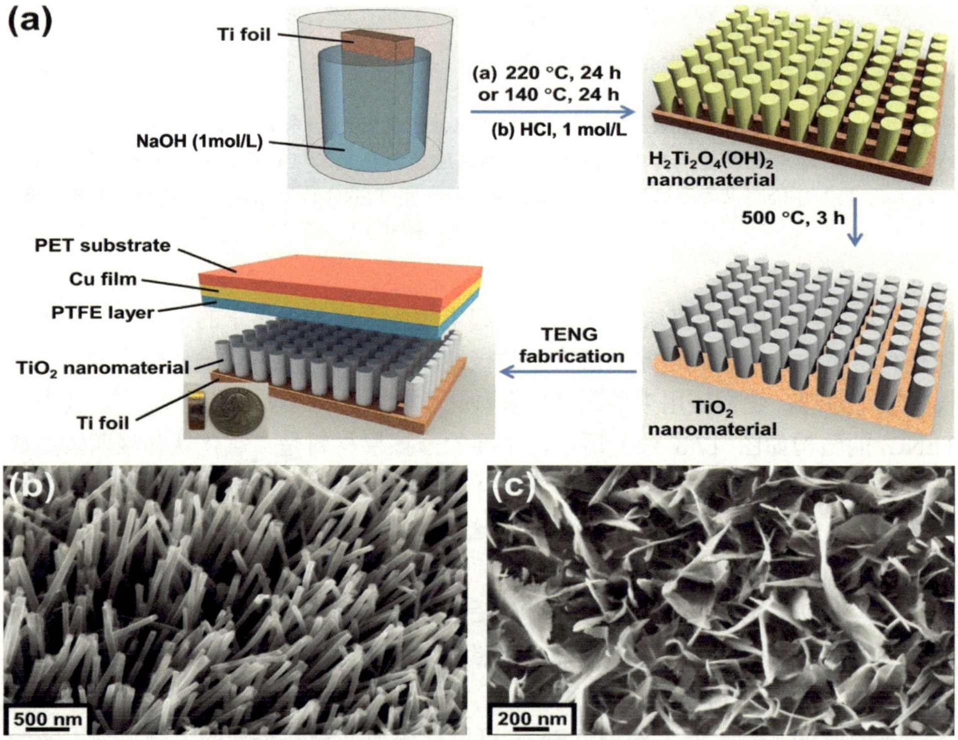

图 17.3　(a) TENG 的加工过程；(b) 钛箔表面加工的二氧化钛纳米线的扫描电镜照片；(c) 钛箔表面加工的二氧化钛纳米板的扫描电镜照片（本图已获得美国化学学会许可）[18]

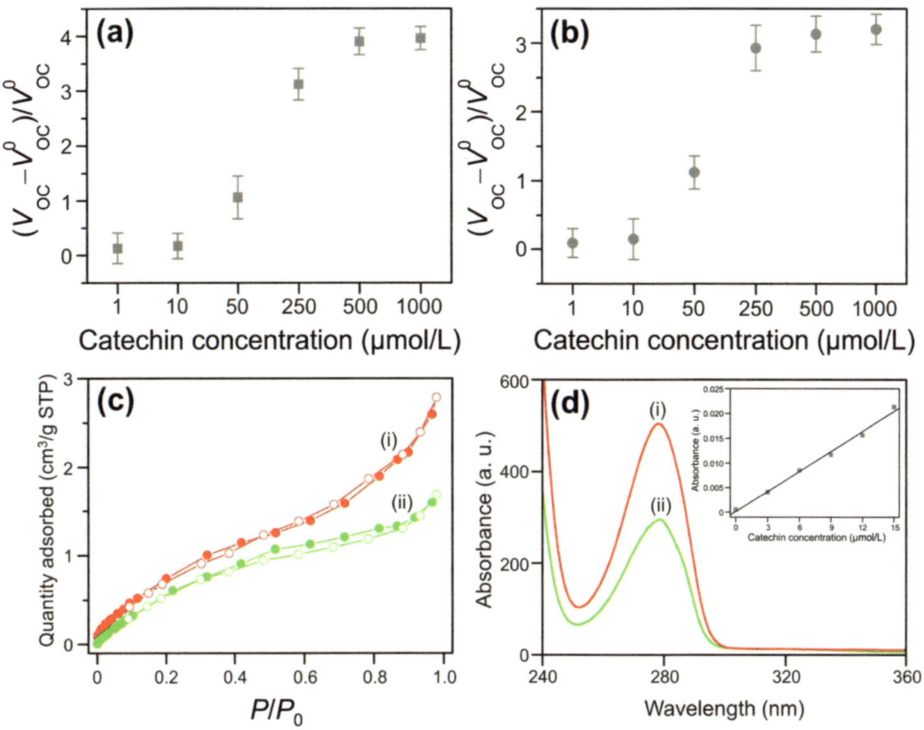

图 17.4　（a）基于二氧化钛纳米线的 TENG 的开路电压相对变化量随着儿茶酸浓度的变化。（b）基于二氧化钛纳米板的 TENG 的开路电压相对变化量随着儿茶酸浓度的变化。（c）两种二氧化钛纳米结构：（i）纳米线、（ii）纳米板的氮气吸附和脱附的等温曲线。其中实心点代表吸附数据，空心点代表脱附数据。（d）两种二氧化钛纳米结构：（i）纳米线、（ii）纳米板在儿茶酸溶液中的上清液的吸收光谱。插图是儿茶酸浓度与吸收光谱的标定曲线（本图已获得美国化学学会许可）[18]

17.2　自驱动紫外线传感器

紫外光（UV）探测器在各个方面都有用处，包括通信、生物和化学传感、环境监测、遥控、信息存储和光电路等[19-21]。以前的自驱动紫外光探测器主要是基于光电化学电池[22]和 p-n 结[23]。根据文献，基于光电化学电池的紫外光探测器性能很高，但它们需要碘的氧化还原对作为电解质，不利于长期操作，而且这种氧化还原对会对其他材料有腐蚀性。而基于 p-n 结的探测器的优势是低电场和快速反应时间，但灵敏度较低（6mW/cm^2）。

为了克服这些缺陷，我们利用 TENG 发展了一种完全集成的光探测器，用于紫外光传感[24]。我们用化学浴沉积方法合成了三维枝晶状的二氧化钛纳米结构，它可以同时作为内置的光探测器和 TENG 的摩擦材料。而 TENG 是典型的垂直接触-分离工作模式，并可通过线性电机加载压力。根据这种集成结构，可以得到18ms的反应时间和31ms的消退时间，以及280A/W的反应率，监测的线性范围是20μW/cm^2～7mW/cm^2。

图17.5（a）描绘了这种主动式紫外光传感器的加工做成。其中，三维枝晶状的二氧化钛纳米结构直接生长在玻璃基底上。其生长过程包含了三价钛的前驱体氧化到四价钛的过程，这个氧化过程是区别于以前描述的合成过程的重要因素。纳米结构的扫描电镜照片如图 17.5（b）所示，而图 17.5（c）中的放大倍数的扫描电镜照片进一步表明纳米结构由尺寸为2μm的枝晶状颗粒，还由平均宽度为28nm和平均长度为160nm的纳米板组成。我们通过拉曼光谱［图17.5（d）］确认了纳米材料的结晶形态。拉曼光谱的结果是材料在131cm^{-1}、243cm^{-1}、440cm^{-1}、606cm^{-1}处均有较强吸收，这可以归因于B_{1g}、双光子散射、E_g及A_{1g}模式吸收，对应于二氧化钛的金红石相。这种纳米结构对于材料的电学、化学和光学特性都有重要影响。在二氧化钛生长的玻璃基底背面镀透明的氧化铟锡（ITO）电极，TENG 的另一个摩擦层则是镀 ITO 电极的聚二甲基硅氧烷（PDMS）薄膜。最后，在二氧化钛的两侧镀镍电极，形成肖特基接触，构成内置的光探测器。形成肖特基接触的光探测器具有低暗电流、高反应率以及与现代化的高速集成电路兼容等优点。我们把内置光探测器和 TENG 连接，形成了自驱动的光探测系统。内置的光探测器相当于一个光变电阻，即在不同的紫外光强度下，其电阻值会发生变化，这会进而影响二氧化钛表面与 PDMS 表面发生的摩擦起电效应，从而可以通过监测 TENG 的输出性能来探测紫外光强度的变化。

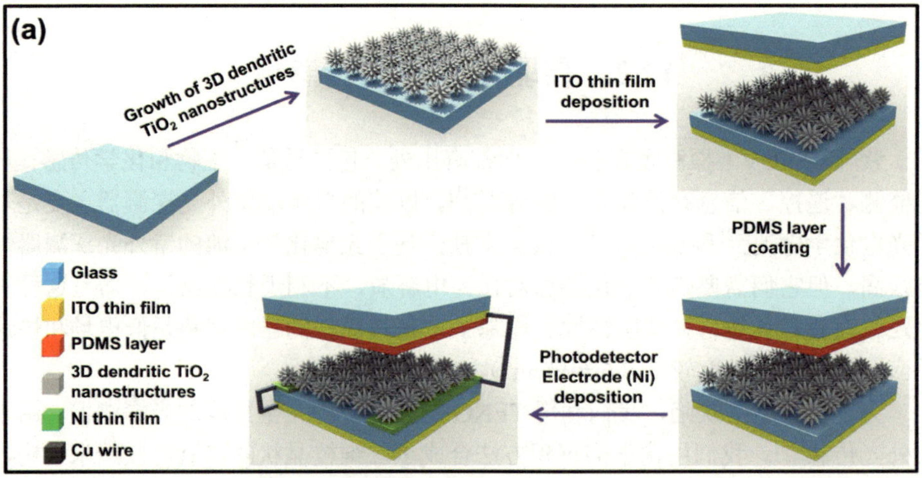

图 17.5　（a）自驱动紫外光探测器的加工过程；（b，c）三维枝晶状二氧化钛纳米结构的扫描电镜照片；（d）三维枝晶状二氧化钛纳米结构的拉曼光谱（本图已获得 Wiley 许可）[24]

我们首先测量了内置光探测器的光响应开关特性，来验证主动式紫外光探测器的稳定性。在黑暗中，内置光探测器的电阻更大，所以 TENG 的输出电流更小，而输出电压更大，甚至接近于开路电压。当有紫外光照射时，内置光探测器的电阻降低，所以 TENG 的输出电流升高，如图 17.6（a）所示。当紫外光的强度达到 7mW/cm^2 时，输出电流从 2nA 提高到 0.7μA。图 17.6（b）更加清楚地表示了输出电流随着入射光强度的变化。在光强度从 20μW/cm^2 到 7mW/cm^2 变化时，输出电流与入射光强度呈线性关系。

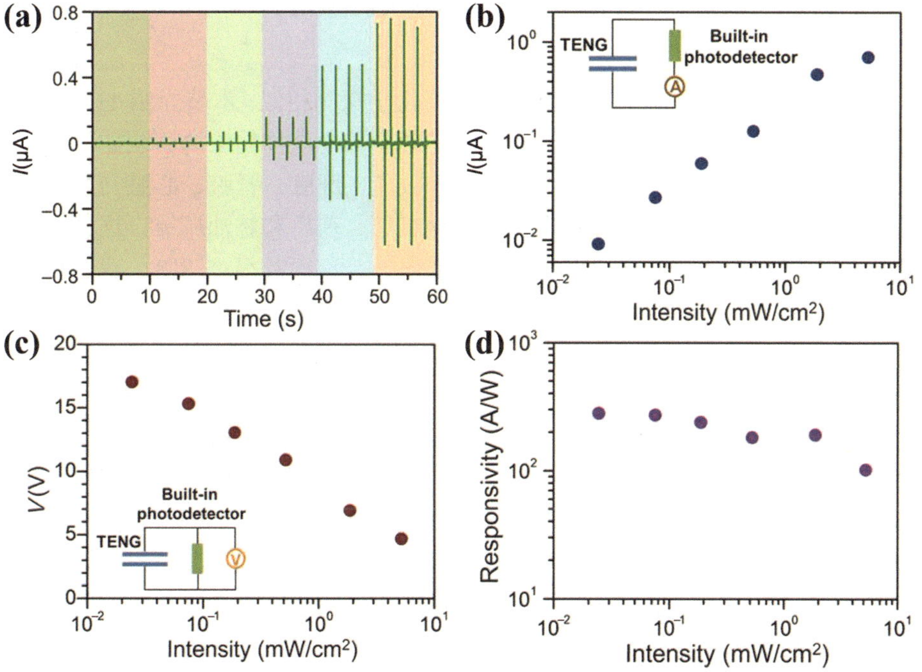

图 17.6　（a）不同光强度下自驱动紫外光探测器的输出电流；（b）自驱动紫外光探测器的输出电流随着光强度的变化关系；（c）自驱动紫外光探测器的输出电压随着光强度的变化关系；（d）自驱动紫外光探测器的反应率随着光强度的变化关系（本图已获得 Wiley 许可）[24]

与之相对的，在光强度达到 7mW/cm^2 时，TENG 的输出电压则降低到 4.8V，我们同样也可以观察到电压和光强度的线性关系［图 17.6（c)］。由于电流的变化可达到两个数量级，因此用电流变化来检测紫外光强度变化更加方便。这个主动式紫外光传感器的反应率如图 17.6（d）所示，其灵敏度比基于 p-n 结的自驱动紫外光传感器更高。最后，通过有机玻璃和弹簧将传感器和 TENG 集成为一个完整的可移动的自驱动紫外光传感器系统。通过周期性的施加机械变形（如用手机敲击可以提供 23N 的外力)，可以得到如图 17.6（b）所示的输出电压和紫外光强度的线性关系。这些结果表明基于 TENG 的紫外光传感器有很大的应用潜力。

在这个工作中，我们讨论了一种集成化的基于 TENG 的主动式的紫外光探测器。我们合成了枝晶状的二氧化钛纳米结构，它可以同时作为内置光探测器和 TENG 的接触材料使用。这种自驱动紫外光传感器具有加工简单、成本低、反应时间快等优点，并且反应率高达 280A/W，在 20μW/cm^2～7mW/cm^2 的强度范围内有很好的线性关系。

17.3　自驱动环境监测

利用 TENG 进行环境监测的基本原理与化学探测相似。本节介绍 TENG 在自驱动环境监测中的两个例子。第一个例子是对于苯酚这种物质的监测。苯酚对于人体器官有很大危害，包括眼睛、皮肤、呼吸道、肝脏、肾脏、心脏乃至神经系统等[25]。而且，由于排放来源众多，包括化工厂、药厂和炼油厂等，这种物质在我们的周边环境中普遍存在，主要在表层水体中[26]，而且很难清除。我们有很多技术可以用来探测和降解环境中的苯酚，包括色谱法[27]、光谱测量法、光催化方法[28]、吸收法[29]及电化学分析[30]等。但是，这些方法普遍存在仪器复杂昂贵、耗时费电等成本问题。

在这个工作中，我们研究了一种新的方法，可以用 β-环糊精（β-CD）修饰的 TENG 进行关于苯酚的自驱动探测和降解[32]。通过用 β-CD 作为识别试剂，我们研发的苯酚传感器在浓度为 10～100μmol/L 范围内具有 0.01L/μmol 的灵敏度。这种纳米传感器在用乙醇清洗之后可重复使用。同时，这种 TENG 可以有效收集废水中的动能，为用电化学方法降解苯酚提供能源。由于这种方法具有高灵敏度、高降解效率、低成本、简单可重复等优点，这个工作不仅为环境中的化学污染的处理提供了一种新途径，也在污水处理、生态保持、环境降解和可持续发展等诸多领域中发展了一种“绿色”工艺。

整个苯酚处理工艺包括两个部分，即苯酚的探测和降解。关于苯酚的探测过程，我们制备的纳米传感器是一个多层结构，如图 17.7（a）所示。这种结构本质上还是垂直接触-分离模式的 TENG 的经典结构，主要摩擦材料是聚四氟乙烯和二氧化钛。我们在二氧化钛表面合成了纳米线结构，其扫描电镜照片如图 17.7（d）所示，纳米线直径和长度分别为 73.4nm 和 1.92μm。二氧化钛纳米线的 X 射线衍射分析如图 17.7（e）所示。在此基础上，我们在二氧化钛的表面组装了一层 β-CD 分子。图 17.7（b）示意了 β-CD 分子和二氧化钛之间通过羟基发生电荷转移。这里 β-CD 分子同时起到了苯酚识别和对 TENG 的输出性能提高的作用。整个器件的照片见图 17.7（c），其尺寸为 4cm×4cm。

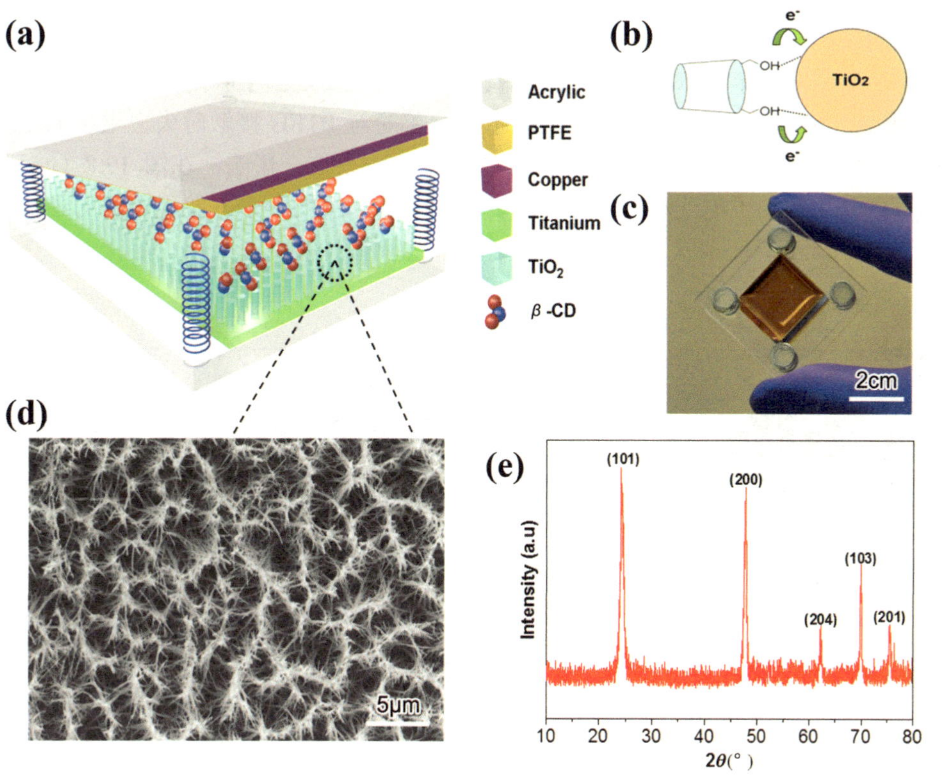

图 17.7　（a）通过 β-CD 提高的用来监测苯酚浓度的 TENG 的结构示意图；（b）β-CD 和二氧化钛之间电荷转移机制的示意图；（c）苯酚传感器的器件照片；（d）二氧化钛纳米线的扫描电镜照片；（e）二氧化钛纳米线的 X 射线衍射图谱（本图已获得英国皇家化学学会许可）[32]

整个器件的基本工作原理包括两个方面。首先，β-CD 是一种低聚糖，它是由七个 α-D-葡萄糖单元通过化学键连接在一起的，所以分子内部是输水的空腔，外部具有亲水的表面。这种特殊的分子结构使它可以装在其他分子，只要其尺寸和极性合适。而且，β-CD 的空腔尺寸对于苯酚分子是最合适的，所以用 β-CD 修饰的表面可以有效地识别和吸收苯酚。另外，我们已经讨论过，TENG 的基本原理是摩擦起电和静电感应作用的耦合。对于固定浓度的 β-CD 修饰的 TENG，其输出性能取决于 β-CD 表面吸附的苯酚分子的浓度，这就是为什么 β-CD 修饰的 TENG 可以用来监测苯酚的浓度。另外，通过 β-CD 提高的 TENG 的输出信号可以作为能量来源，用来驱动降解苯酚的电化学过程。这样就实现了自驱动的苯酚探测和降解。

我们先通过实验验证这个器件对于苯酚探测的性能。固定 β-CD 的浓度，然后将不同浓度而相同体积的苯酚溶液滴在 β-CD 修饰的二氧化钛表面，待其干燥后进行 TENG 的电学测试。图 17.8（a）和（b）分别表示 TENG 的电流和电压的峰值随着苯酚浓度的变化。苯酚浓度的变化范围是 10～100μmol/L，我们发现电流和电压都随着苯酚浓度的增加而单调递减，这主要是由于吸附的苯酚分子对表面摩擦极性的影响。相比于二氧化钛本身，苯酚与 PTFE 接触时失去电子的难度更高，所以 TENG 的输出减弱。为了更直观地观察这一影响，在图 17.8（c）和（d）中分别描绘了电流和电压的相对变化与苯酚浓度的关系，发现监测的灵敏度是 0.01L/μmol。

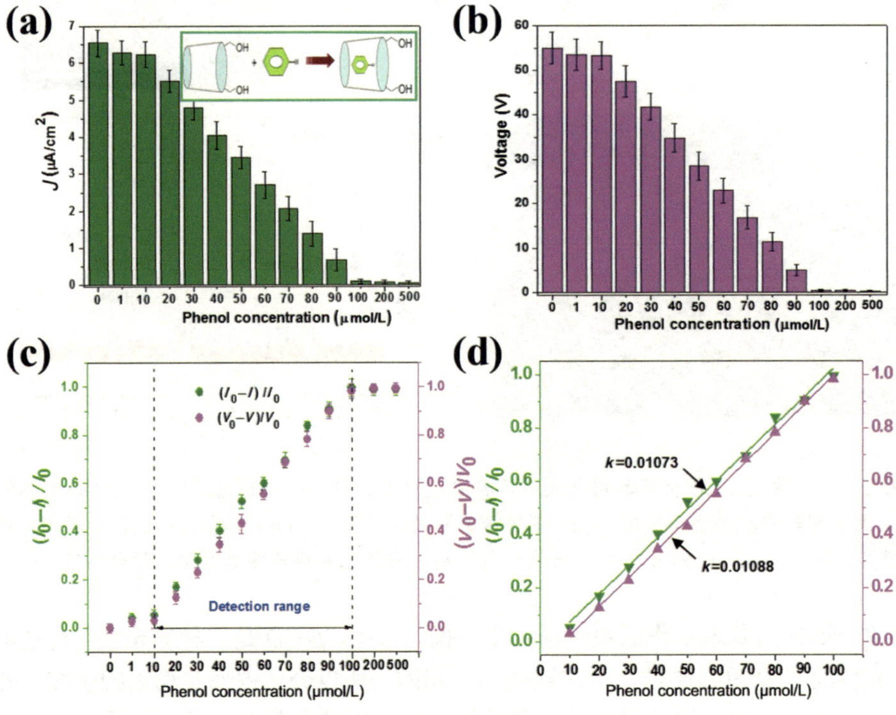

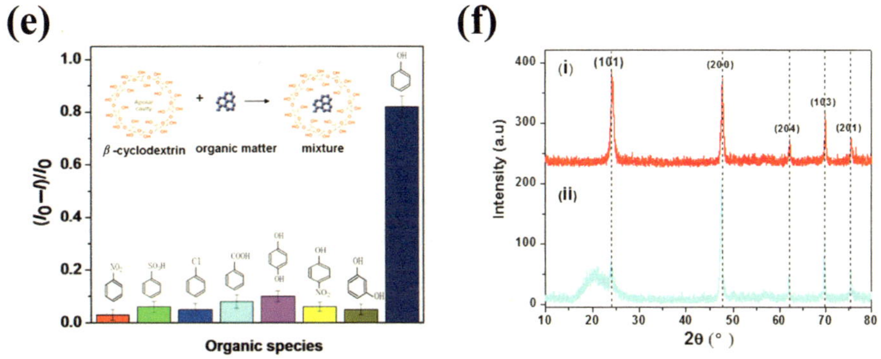

图 17.8　（a）对于固定的 β-CD 浓度的表面修饰，器件的输出电流密度随着苯酚浓度的变化。（b）对于固定的 β-CD 浓度的表面修饰，器件的输出电压随着苯酚浓度的变化。（c）对于用电压和电路测试苯酚浓度的灵敏度和探测范围的表征。（d）当测量范围为 10～100μmol/L 时，电压和电流测试的灵敏度均为 0.01L/μmol。（e）苯酚传感器的选择性测试，说明 β-CD 与苯酚反应对传感过程的重要影响。（f）二氧化钛表面的 X 射线衍射图案的对比：（i）刚生长的，（ii）在监测过苯酚之后并用 20mL 乙醇润洗过的（本图已获得英国皇家化学学会许可）[32]

值得注意的是，材料的表面电荷量同样会受到两个接触材料的表面特性（如粗糙度）的影响。为了确认 TENG 的输出变化是由于 β-CD 和苯酚之间的键合引起的，我们设计了如下的对照实验。将不同浓度的苯酚溶液直接滴在二氧化钛表面，但表面没有修饰 β-CD 分子。在实验测量中，我们发现随着苯酚浓度的提高，电学输出反而提高，这是由表面粗糙度的变化引起的。但这与由 β-CD 修饰的表面相比依然变化很小，尤其是当苯酚浓度较低时。这个测量结果验证了 β-CD 对表面的修饰在苯酚测量中的重要作用。

另外，我们还设计了另一组对照实验来验证器件对苯酚的选择性。控制各种有机物溶液的浓度固定为 50μmol/L，然后进行电学测量，发现苯酚引起的电流变化远远高于其他各种有机物引起的电流变化 [图 17.8（e）]，说明这种器件对苯酚的选择性很好。除了高灵敏度和高选择性这些优点之外，我们制备的器件还可以在乙醇润洗之后重复使用，其重复使用中的电流没有明显变化。如图 17.8（f）所示，其表面经过润洗之后的材料的 X 射线衍射图案和表面形貌都没有变化，说明这种器件的可重复性也很好。

环境中的水分或湿度可能对摩擦电荷的保存产生影响，这有可能给这种器件作为能源收集或传感器的应用带来挑战。我们在实验中确实也发现，水分的存在对发电机的输出性能是不利的。但是，从基础理论层面，水分或湿度对摩擦起电这一现象的影响如何尚没有定论。根据以前的研究结果，空气水分的存在对摩擦起电可能有益也可能有害，现在难以给出结论。

在我们的另一个工作中，研究了一种全新的原理用摩擦起电现象来对重金属离子以自供电的方式进行处理[33]。在器件加工过程中，我们制备了阳极氧化铝（AAO）的纳米孔洞，并在表面修饰合适的配体分子作为识别因素，这样加工出的摩擦纳米传感器可以选择性地俘获并探测溶液中的重金属离子，如铜离子、铅离子、铬离子等，这些都是废水中常见的重金属离子，监测范围在 0～200μmol/L，监测灵敏度分别为 0.005L/μmol、0.003L/μmol 和 0.004L/μmol。这种摩擦纳米传感器在连续工作 50000 个周期内仍有很好的稳定性。另外，我们还利用摩擦起电效应加工了一种水驱动的摩擦纳米发电机，可以作为污水处理中的可再生能源。具体地，通过发电机提供一个外加电场，可以有效提高水中离子的迁移、结合及电解效应。其中电解效应会在废水的阴极处产生大量的氢氧根离子，可以通过调节溶液的 pH 促使重金属离子的沉降。对于固定的 3L/min 的流速和初始重金属浓度为 100μmol/L 的溶液，自驱动清洁系统可以在 100min 内清除废水中 97.4%的重金属离子。另外，我们还可以通过过滤、酸化和化学还原过程，从沉降的重金属化合物中提取回收纯金属，这样实现了整个清洁过程的经济效应。

重金属离子的处理过程包括两个步骤，即重金属的探测和清除。如图 17.9（a）所示，摩擦纳米传感器的有效部分是背面镀铜的 PTFE 薄膜和在铝箔上生长的 AAO 薄膜。其中，我们在 PTFE 表面刻蚀了纳米线结构，其扫描电镜照片如图 17.9（b）所示。纳米线的直径和长度分别是 34nm 和 1.1μm。AAO 薄膜的纳米孔洞结构如图 17.9（c）的扫描电镜照片所示，纳米孔洞的分布均匀，平均直径为 80nm，孔深度为 40nm 左右，分布密度为 $210\mu m^{-2}$。

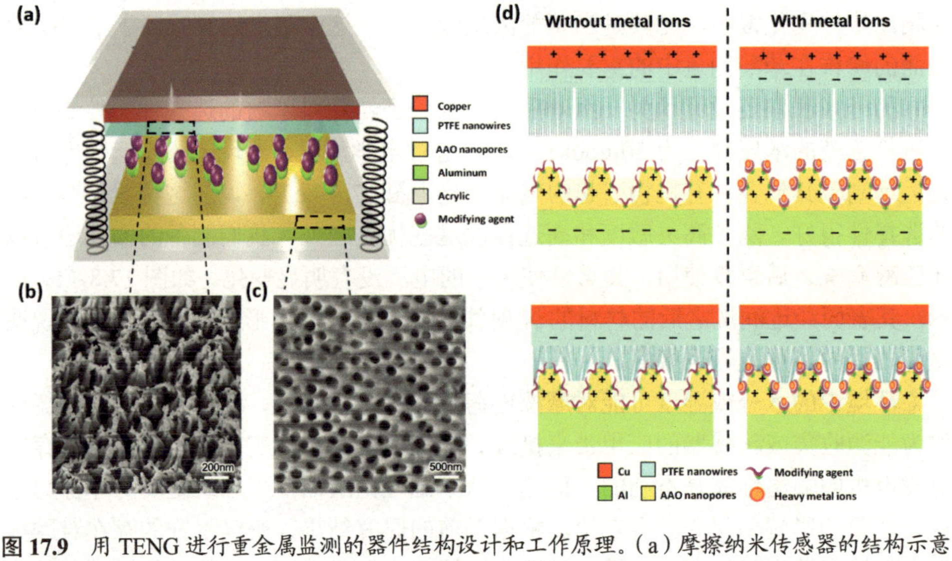

图 17.9　用 TENG 进行重金属监测的器件结构设计和工作原理。(a) 摩擦纳米传感器的结构示意图；(b) PTFE 纳米线的扫描电镜照片；(c) 阳极氧化铝纳米孔洞的扫描电镜照片；(d) 摩擦纳米传感器的工作原理示意图，包括摩擦起电和复杂的化学反应过程（本图已获得 Wiley 许可）[33]

摩擦纳米传感器监测重金属离子的工作原理如图 17.9（d）所示，可以从两个方面分析，即配体分子的表面化学修饰和重金属离子通过摩擦起电的监测过程。我们通过物理吸附在 AAO 纳米孔洞的表面修饰了合适的配位分子，使其表面对不同的金属离子具有螯合作用。这些配体分子可以选择性地识别和吸附重金属离子。而配体分子和重金属离子的表面极性不同，会导致发电机输出性能发生变化。随着重金属离子浓度的增加，PTFE 和 AAO 之间的摩擦起电作用会降低，所以发电机的输出性能会下降。所以，我们通过分析 TENG 的输出信号，即可得到关于重金属离子浓度的信息。

为了证明这个摩擦纳米传感器对重金属探测的能力，我们分别用工业废水中常见的铅离子、铬离子和铜离子来测试；分别把双硫腙、二苯卡巴肼和二乙基二硫代氨基甲酸钠组装在 AAO 纳米孔洞的表面，作为三种离子的识别试剂。在实验中，分别把三种试剂的浓度为 100μmol/L 的溶液滴在 AAO 的表面，体积为 20μL。在室温下干燥之后进行电学测量。图 17.10（a）表示了开路电压随着铅离子浓度的变化。当铅离子浓度在 0～200μmol/L 之间变化时，开路电压随着浓度的升高而单调降低，短路电流的变化也是相同的趋势。这种变化趋势是因为铅离子吸附在 AAO 的表面，其他 PTFE 的摩擦起电过程发生变化。由于铅离子相对于 AAO 更不容易失去电子，因此相应的输出性能会随着铅离子浓度的升高而降低。铜离子和铬离子的情况也与此类似。如图 17.10（b）所示，我们总结了开路电压的相对变化［$(V_0-V)/V_0$］与铅离子浓度的关系，结果表明摩擦纳米传感器可以有效地监测溶液中各种重金属离子的浓度，监测范围为 0～200μmol/L。更值得注意的是，监测过程是自供电的，铜离子检测的灵敏度是 0.005L/μmol，铅离子检测的灵敏度是 0.003L/μmol，铬离子检测的灵敏度是 0.004L/μmol。

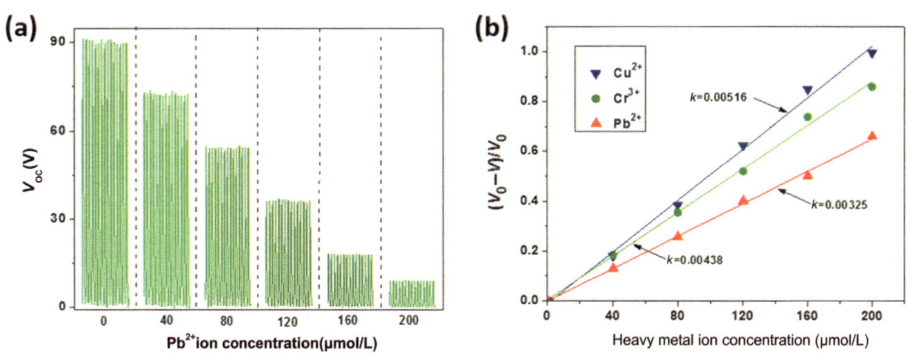

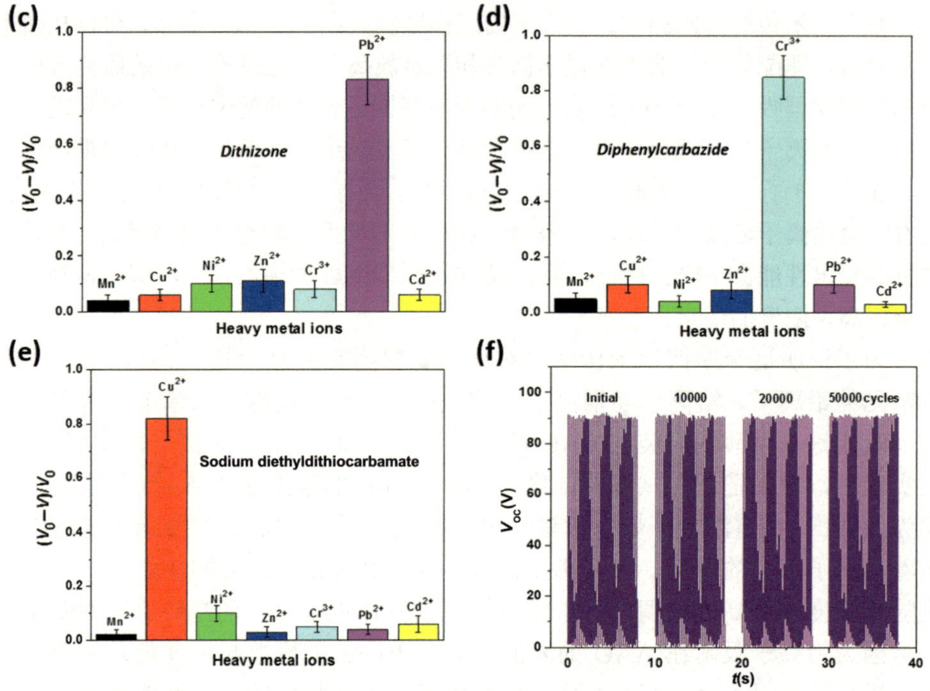

图 17.10　用摩擦纳米传感器进行重金属离子检测的性能表征。(a) 对于固定量的双硫腙作为表面修饰试剂时，器件的开路电压随着铅离子浓度的变化。(b) 重金属离子检测中，器件分别对铅离子、铜离子和铬离子的灵敏度测试。(c) 用双硫腙作为表面修饰试剂时，器件对铅离子的检测选择性测试。(d) 用二苯卡巴肼作为表面修饰试剂时，器件对铬离子的检测选择性测试。(e) 用二乙基二硫代氨基甲酸钠作为表面修饰试剂时，器件对铜离子的检测选择性测试。(f) 摩擦纳米传感器的稳定性测试（本图已获得 Wiley 许可）[33]

传感器的另一个重要参数是选择性。我们对于铅离子设计了一系列对照试验来测试其选择性。首先把传感器用双硫腙处理，作为铅离子检测的识别试剂。如图 17.10（c）所示，在同样的测试条件下，我们发现铅离子对开路电压的影响远远大于其他重金属离子，说明经过处理后的传感器对铅离子选择性很好。类似地，如图 17.10（d）和（e）所示，我们发现用二苯卡巴肼和二乙基二硫代氨基甲酸钠处理过的传感器对铬离子和铜离子都有很好的选择性。

为了系统的表征器件的性能，我们更进一步测试了传感器的稳定性。这里，我们用一个机械振动源提供外加压力。如图 17.10（f）所示，在 50000 个周期的连续工作之后，我们发现器件的输出性能没有明显变化，说明器件的稳定性很好。由于器件具有高灵敏度、高选择性、高稳定性，这种摩擦纳米传感器同样可以在其他各种重金属离子的监测和处理中具有广泛应用。

17.4 总　　结

在本章中，我们介绍了最后一种基于 TENG 的自驱动传感器，其工作原理与前几章介绍的其他传感器有明显不同。我们可以将金属离子或其他有机物组装在摩擦层表面，从而调制器件表面的摩擦极性。因此，TENG 的性能会受到这些化学成分的浓度影响。这样，我们可以通过在摩擦层表面组装相应的配体分子，用这种间接方法来精确地检测环境中某一种化学成分的浓度。这种自驱动化学/环境传感器具有高灵敏度和选择性，还有极低的能量消耗。更重要的是，就像在第 13 章中讨论的，我们还可以利用 TENG 收集废水中的能量，用来降解废水中的有害成分。通过把 TENG 和内置的光探测器整合，还可以用它作为自驱动的紫外光探测器，用来监测紫外光的强度。

参 考 文 献

[1] Hanna C P，Tyson J F，Mcintosh S. Determination of total mercury in waters and urine by flow-injection atomic-absorption spectrometry procedures involving online and off-line oxidation of organomercury species. Anal Chem，1993，65（5）：653-656.

[2] Leermakers M，Baeyens W，Quevauviller P，Horvat M. Mercury in environmental samples：Speciation，artifacts and validation. Trac-Trend Anal Chem，2005，24（5）：383-393.

[3] Lee J S，Han M S，Mirkin C A.Colorimetric detection of mercuric ion（Hg^{2+}）in aqueous media using DNA-functionalized gold nanoparticles. Angew Chem Int Ed，2007，46（22）：4093-4096.

[4] Leng B，Zou L，Jiang J B，Tian H. Colorimetric detection of mercuric ion（Hg（2+））in aqueous media using chemodosimeter-functionalized gold nanoparticles. Sensor Actuat B-Chem，2009，140（1）：162-169.

[5] Yoon S，Miller E W，He Q，Do P H，Chang C J.A bright and specific fluorescent sensor for mercury in water，cells，and tissue. Angew Chem Int Ed，2007，46（35）：6658-6661.

[6] Huang H H，Yang Z，Lee K H，Chang H T.Synthesis of highly fluorescent gold nanoparticles for sensing mercury（II）. Angew Chem Int Ed，2007，46（36）：6824-6828.

[7] Gu Z，Zhao M X，Sheng Y W，Bentolila L A，Tang Y. Detection of mercury ion by infrared fluorescent protein and its hydrogel-based paper assay. Anal Chem，2011，83（6）：2324-2329.

[8] Li D，Wieckowska A，Willner I. Optical analysis of Hg（2+）ions by oligonucleotide-gold-nanoparticle hybrids and DNA-based machines. Angew Chem Int Ed，2008，47（21）：3927-3931.

[9] Senapati T，Senapati D，Singh A K，Fan Z，Kanchanapally R，Ray P C. Highly selective SERS probe for Hg（II）detection using tryptophan-protected popcorn shaped gold nanoparticles. Chem Commun，2011，47（37）：10326-10328.

[10] Zhu Z Q，Su Y Y，Li J，Li D，Zhang J，Song S P，Zhao Y，Li G X，Fan C H. Highly sensitive electrochemical sensor for mercury（II）ions by using a mercury-specific oligonucleotide probe and gold nanoparticle-based amplification. Anal Chem，2009，81（18）：7660-7666.

[11] Wen D，Deng L，Guo S J，Dong S J. Self-powered sensor for trace Hg^{2+} detection. Anal Chem，2011，83（10）：

3968-3972.

[12] Lee M，Bae J，Lee J，Lee C S，Hong S，Wang Z H. Self-powered environmental sensor system driven by nanogenerators. Energy Environ Sci，2011，4（9）：3359-3363.

[13] Wang Z H. Triboelectric nanogenerators as new energy technology for self-powered systems and as active mechanical and chemical sensors. ACS Nano，2013，7（11）：9533-9557.

[14] Wang Z H.Triboelectric nanogenerators as new energy technology and self-powered sensors-principles，problems and perspectives. Faraday Discuss，2014，176：447-458.

[15] Wang Z H，Chen C，Lin L. Progress in triboelectric nanogenerators as a new energy technology and self-powered sensors. Energy Environ Sci，2015，8（8）：2250-2282.

[16] Chen C，Hu Yang，Zhang N，Zou H，Liu R，Tao C，Fan X，Wang Z L. Micro-cable structured textile for simultaneously harvesting solar and mechanical energy. Nat Energy，2016，1：16138.

[17] Lin Z H，Zhu G，Zhou Y S，Yang Y，Bai P，Chen C，Wang Z H. A self-powered triboelectric nanosensor for mercury ion detection. Angew Chem Int Ed，2013，52（19）：5065-5069.

[18] Lin Z H，Xie Y N，Yang Y，Wang S H，Zhu G，Wang Z H. Enhanced triboelectric nanogenerators and triboelectric nanosensor using chemically modified TiO_2 nanomaterials. ACS Nano，2013，7（5）：4554-4560.

[19] Walker D，Razeghi M. The development of nitride-based UV photodetectors. Opto-Electron Rev，2000，8（1）：25-42.

[20] Monroy E，Omnes F，Calle F. Wide-bandgap semiconductor ultraviolet photodetectors. Semicond. Sci Tech，2003，18（4）：R33-R51.

[21] Tian B Z，Lieber C M. Design，synthesis，and characterization of novel nanowire structures for photovoltaics and intracellular probes. Pure Appl Chem，2011，83（12）：2153-2169.

[22] Li X D，Gao C T，Duan H G，Lu B G，Pan X J，Xie E Q. Nanocrystalline TiO_2 film based photoelectrochemical cell as self-powered UV-photodetector. Nano Energy，2012，1（4）：640-645.

[23] Hatch S M，Briscoe J，Dunn S. A self-powered ZnO-Nanorod/CuSCN UV photodetector exhibiting rapid response. Adv Mater，2013，25（6）：867-871.

[24] Lin Z H，Cheng G，Yang Y，Zhou Y S，Lee S，Wang Z H.Triboelectric nanogenerator as an active UV photodetector. Adv Funct Mater，2014，24（19）：2810-2816.

[25] Wang J，Lu J M，Ly S Y，Vuki M，Tian B M，Adeniyi W K，Armendariz R A. Lab-on-a-Cable for electrochemical monitoring of phenolic contaminants. Anal Chem，2000，72（11）：2659-2663.

[26] Zhao T，He J，Wang X X，Ma B Z，Wang X X，Zhang L，Li P，Liu N，Lu J，Zhang X L. Rapid detection and characterization of major phenolic compounds in Radix Actinidia Chinensis Planch by ultra-performance liquid chromatography tandem mass spectrometry. J Pharmaceut Biomed，2014，98：311-320.

[27] Han X X，Chen L，Kuhlmann U，Schulz C，Weidinger I M，Hildebrandt P. Magnetic titanium dioxide nanocomposites for surface-enhanced resonance raman spectroscopic determination and degradation of toxic anilines and phenols. Angew Chem Int Ed，2014，53（9）：2481-2484.

[28] Ali M M，Sandhya K Y.Visible light responsive titanium dioxide-cyclodextrin-fullerene composite with reduced charge recombination and enhanced photocatalytic activity. Carbon，2014，70：249-257.

[29] Ma W H，Li J，Tao X，He J，Xu Y M，Yu J C，Zhao J C. Efficient degradation of organic pollutants by using dioxygen activated by resin-exchanged Iron（II）bipyridine under visible irradiation. Angew Chem Int Ed，2003，42（9）：1029-1032.

[30] Li H Y，Chen Y，Zhang Y H，Han W Q，Sun X Y，Li J S，Wang L J.Preparation of Ti/PbO_2-Sn anodes for

electrochemical degradation of phenol. J Electro Anal Chem，2013，689：193-200.

[31] Chen G H. Electrochemical technologies in wastewater treatment. Sep Purif Technol，2004，38（1）：11-41.

[32] Li Z L，Chen C，Yang J，Su Y J，Fan X，Wu Y，Yu C W，Wang Z H.Beta-cyclodextrin enhanced triboelectrification for self-powered phenol detection and electrochemical degradation. Energy Environ Sci，2015，8（3）：887-896.

[33] Li Z L，Chen C，Guo H Y，Fan X，Wen Z，Yeh M H，Yu C W，Cao X，Wang Z H. Triboelectrification enabled self-powered detection and removal of heavy metal ions in wastewater. Adv Mater，2015，28（15）：2983-2991.

附录 A　各章符号定义

第 1 章

z	临界隧穿距离
σ	表面电荷密度
σ_1	上金属电极感应的电荷密度
σ_2	下金属电极感应的电荷密度
σ_1/ε_0	内生电场
$\Delta E_{\rm vcc}$	金属层和介电层表面之间的真空能级的变化
e	单位电荷量
$N_{\rm s}(E)$	表面态密度
$\Delta E_{\rm s}$	填充的能级范围
$\boldsymbol{E}$	电场
$\boldsymbol{B}$	磁场
$\boldsymbol{H}$	磁化场
$\rho_{\rm f}$	自由电荷密度
$\boldsymbol{J}_{\rm f}$	自由电流密度
$\boldsymbol{D}$	位移场
$\boldsymbol{P}$	极化场密度
ε_0	真空介电常数
ε	介电常数
$\boldsymbol{J}_D$	麦克斯韦位移电流
$\boldsymbol{s}$	机械应变
$(\boldsymbol{e})_{ijk}$	三阶压电张量
$\boldsymbol{T}$	应力张量
$\boldsymbol{c}_E$	弹性张量
$\boldsymbol{k}$	介电张量
R	外部负载电阻
A	电极面积
$\sigma_c(\rm t)$	电极上自由电荷面密度
$\sigma_{\rm I}(\rm z,t)$	介质表面摩擦电荷面密度

V	两个电极之间的相对电压差
d	介质厚度

第 2 章

V_{OC}	开路电压
I_{SC}	短路电流
d_1	介电层 1 的厚度
d_2	介电层 2 的厚度
ε_0	真空介电常数
ε_{r1}	介电层 1 的相对介电常数
ε_{r2}	介电层 2 的相对介电常数
x	两个摩擦带电层之间的距离
σ	表面电荷密度
V	感应电势差
Q	电荷转移量
η_{CT}	短路电荷转移效率
S	面积
E_1	介电层 1 内的电场强度
E_2	介电层 2 内的电场强度
E_{air}	两个摩擦面之间的空气间隙内的电场强度
d_0	有效厚度常数
Q_{SC}	短路电荷转移量
C	电容
C_1	节点 1 和节点 2 之间的电容
C_2	节点 2 和节点 3 之间的电容
v	平均分离速度

第 3 章

V_{OC}	开路电压
I_{SC}	短路电流
d_1	介电层 1 的厚度
d_2	介电层 2 的厚度
ε_0	真空介电常数
ε_{r1}	介电层 1 的相对介电常数

ε_{r2}	介电层 2 的相对介电常数
x	横向分离距离
σ	表面电荷密度
V	感应电势差
Q	电荷转移量
η_{CT}	短路电荷转移效率
$\eta_{CT, rectified}$	整流后的短路电荷转移效率
S	面积
d_0	有效厚度常数
Q_{SC}	短路电荷转移量
w	电介质的宽度
v	平均分离速度
n	栅状单元数
L	顶部平板的总长
l	半节距
J_{SC}	短路电流密度

第 4 章

V_{OC}	开路电压
I_{SC}	短路电流
J_{SC}	短路电流密度
ε_0	真空介电常数
x	两个摩擦面的间隙
σ	表面电荷密度
V	感应电势差
Q	电荷转移量
S	面积
Q_{SC}	短路电荷转移量
η_{CT}	短路电荷转移效率
C	电容
C_1	直接连接节点 1 和节点 2 之间的电容
C_2	直接连接节点 1 和节点 3 之间的电容
C_3	直接连接节点 2 和节点 3 之间的电容
C_a	节点 1 和节点 2 之间的实际电容
C_b	节点 1 和节点 3 之间的实际电容

C_0	节点 2 和节点 3 之间的实际电容
v	平均速度
S	摩擦面的面积尺寸
l	摩擦面的长度
w	摩擦面的宽度
d_m	主电极的厚度
g	参考电极与主电极之间的间隙

第5章

V_{OC}	开路电压
I_{SC}	短路电流
J_{SC}	短路电流密度
L	摩擦面的长度
ε_0	真空介电常数
x	相对于初始位置的独立层移动距离
σ	表面电荷密度
V	感应电势差
Q	电荷转移量
S	一个摩擦纳米发电机的面积
Q_{SC}	短路电荷转移量
η_{CT}	短路电荷转移效率
C	电容
C_i	直接连接两个节点之间的电容
v	平均分离速度
w	摩擦面的宽度
d_0	有效介电质厚度
d_i	第 i 层介电层的厚度
d，g	两个电极之间的间隔距离
h	独立层的高度
H	两界面的垂直分离距离
T	周期
$Q_{SC, max}$	最大短路电荷转移量
R	外接负载电阻
ε_{ri}	第 i 层介电层的介电常数
$\Delta\sigma_{SC}$	短路电荷转移密度

k	弹簧的劲度系数
η	能量转换效率
E_{output}	电能输出
E_{input}	机械能输入
F	相应负载下的阻力
F_0	开路情况下的阻力

第 6 章

σ	表面电荷密度
V	感应电势差
Q	电荷转移量
x	摩擦对之间的距离
$x_{\max}$	最大分离距离
$V_{\mathrm{OC}}(x)$	开路电压
$Q_{\mathrm{SC}}(x)$	短路电荷转移量
$V_{\mathrm{OC,\,max}}$	最大开路电压
$Q_{\mathrm{SC,\,max}}$	最大短路电荷转移量
T	运动过程的周期
Q_0	在参考态下的电极上的初始电荷
Q_1	短路状态下的金属 1 上的电荷量
Q_2	短路状态下的金属 2 上的电荷量
I	电流输出
$I_{\max}$	输出电流的峰值
Q_{C}	负载电容上的初始电量
R	外界负载电阻
R_{opt}	最优负载电阻
$P_{\max}$	瞬时峰值输出功率
$C(x)$，$C_{\mathrm{T}}(x)$	两个电极之间的电容
C_{L}	负载电容
v	平均分离速度
S	介电层面积
g	电极之间的间隔
ε_0	真空介电常数
l	摩擦面的长度
w	摩擦面的宽度

d_0	介电层的有效厚度
d_i	第 i 层介电层的厚度
d_k	Kapton 层的厚度
ε_{ri}	第 i 层介电层的介电常量
E_C	负载电容中存储的能量
Q_k^M	在第 k 个循环开始时节点 M 上的总电荷
$\mathrm{C}_{\mathrm{L,\,opt}}$	最优负载电容

第 7 章

σ	表面电荷密度
V	感应电势差
Q	电荷转移量
x	两个摩擦层之间的相对移动距离
x_max	两个摩擦层之间的最大相对位移
$V_\mathrm{OC}(x)$	开路电压
$Q_\mathrm{SC}(x)$	短路电荷转移量
$V'(x)$	在位移 x 下和 $Q=Q_{\mathrm{SC,\,max}}$ 时的绝对电压值
$V_{\mathrm{OC,max}}$	最大开路电压
$Q_{\mathrm{SC,max}}$	最大短路电荷转移量
V'_max	在 $Q=Q_{\mathrm{SC,max}}$ 情况下的最大电压值
$\overline{P}$	平均输出功率
T	周期
E	每周期的输出能量
I	输出电流
Q_C	总的周期电荷
R	外界负载电阻
$C(x)$，$C_\mathrm{Total}(x)$	两个电极之间的电容
E_m	每周期的最大可能输出能量
η	能量转换效率
$\bar{v}$	平均速度
$\overline{F}$	平均耗散力
A	摩擦面积
ε_0	真空介电常数
l	摩擦面的长度
w	摩擦面的宽度

d_0	介电层的有效厚度
d_i	第 i 层介电层的厚度
ε_i	第 i 层介电层的介电常量
d	间隔距离
σ_N	归一化表面电荷密度

第 8 章

V_{OC}	开路电压
I_{SC}	短路电流
J_{SC}	短路电流密度
N_{total}	总的单元数目
n	在边长长度上的单元数目
θ	张开角
θ_{max}	最大张开角
V_A，V_B	接触电极和背电极的电势
σ	表面电荷密度
$\Delta\sigma$	感应电荷密度
$\Delta\sigma_{SC}$	短路表面转移电荷密度
$\Delta\sigma_{SC, Rec}$	累积的短路表面转移电荷密度
ε_0	真空介电常数
ε_r	介电层（PTFE）的相对介电常数
l	菱形单元的边长
d_1	PTFE 的厚度
d	两个电极之间的距离
R	外界负载电阻
ΔQ	电荷转移量

第 9 章

V_{OC}	开路电压
I_{SC}	短路电流
f_0	共振频率
m_0	质量
k	劲度系数
R	外接阻抗
P_d	最大的瞬时功率密度

n	固定分指的个数
d_0	PTFE 薄膜的厚度
ε_r	PTFE 薄膜的相对介电常数
s	有效接触面积
v	分指在接触瞬间的运动速度
S	横截面的面积
L'	腔体上颈部的有效长度
V	腔体的体积
c	声音在空气中的速度

第 10 章

Δx_0	初始拉伸形变
Δx_{max}	最大的垂直分离距离
k	弹簧的劲度系数
$F(X_0)$，$F(Y_0)$	在切向和轴向上的倾斜的方形风扇片上的力
n，a，b	方形风扇片的数量、长度和宽度
ρ_{air}	周围空气的密度
θ	风扇片的弯曲角度
Δx	垂直分离引起的额外拉伸形变
v_1，v_2，v_3	临界风速
v_{wind}	风速
ΔQ_{SC}，ΔQ	短路和总的电荷转移量
V_{OC}	开路电压
C	两个电极之间的电容
I_{SC}	短路电流

第 11 章

V_{OC}	开路电压
I_{SC}	短路电流
J_{SC}	短路电流密度
Q_{SC}	短路转移电荷
Δt	峰宽
E_0	平均能量
E_C	一次撞击所产生的平均能量
E_{CV}	每秒单位体积所产生的能量

β	占空比
f	撞击频率

第 12 章

E	电动势能
$E_{\rm m}$	最大电动势能
B	磁通量密度
l	导体棒的长度
v	导体棒切割磁感线的速度
σ	摩擦面的摩擦电荷密度
n	线圈匝数；转盘的分割数
S	线圈的横截面积；转盘的摩擦面面积
ω	线圈/金属的转动角速度
$\Delta\Phi/\Delta t$	每个线圈中的磁通量变化率
$\Delta Q/\Delta t$	每个扇区的电荷转移率
$E_{\rm electricity}$	所产生的电能
I	输出电流
R	负载电阻
$V_{\rm OC}$	开路电压
$V_{\rm OC(TENG)}$	TENG 的输出电压
ε_0	真空介电常数
$d_{\rm S}$	层间距离
d	PVDF 或 PDMS 薄膜的厚度
$V_{\rm OC(Pyro)}$	热释电纳米发电机的输出电压
p	热释电系数
D	热释电器件的厚度
ΔT	温度的变化
$\varepsilon_{\rm r}$	相对介电常数
A'	在 PPENG 中 PVDF 的总面积
C	在 PPENG 中 PVDF 的电容
A	摩擦面积
ΔQ	转移电荷
ΔV	电压的变化
$\Delta\sigma$	表面电荷密度变化
ΔP	极化密度变化

$\mathrm{d}T/\mathrm{d}t$	温度变化率
σ，σ_0	表面电荷密度
J	电流密度
J_{SC}	短路电流密度
ϕ_{f}	钛酸钡纳米颗粒在复合材料中的体积比

第 13 章

V_{OC}	开路电压
I_{SC}	短路电流
J_{SC}	短路电流密度
η_{total}	最大化理论总效率
V_{temp}	暂时电容上的电压
V_{store}	最终存储电容上的电压
V_{Battery}	电池上的电压
C_{temp}	暂时电容
C_{store}	最终储能电容
C	质量损失
t	周期测试时间
ΔT	透光率
$C_{1,2}$	电容
C_{T}	总电容
R	电阻
D	二极管
$T_{\mathrm{h,l}}$	高/低的时间
q	脉冲的占空比
I_{P}	单一脉冲的电流输出
W	脉冲宽度

第 14 章

V_{OC}	开路电压
$\Delta\sigma$	转移电荷密度
J_{SC}	短路转移电流密度
d	两个摩擦面之间的垂直间隔距离
d_0	无外界压力下的最大分离距离
ε_0	真空介电常数

σ	表面电荷密度
Q	加载压力时在一个电极上的感应电荷
Q_0	无压力时在一个电极上的感应电荷
S	电极的有效面积
d_{PDMS}	PDMS 薄膜的厚度
$\varepsilon_{\mathrm{r,\,PMDS}}$	PDMS 薄膜的相对介电常数
p	压强
k	劲度系数
p_0	低端检测极限
$V_{\mathrm{p}i}$	第 i 个通道的峰值电压
V_{th}	临界电压
n	所有通道的数目
i	从 1 到 n 的整数
$S_{4,k}$，$d_{j,k}$	小波系数
$\varphi_{4,k}(t)$	父波函数
$\psi_{j,k}(t)$	母波函数
$f(t)$	敲击过程对应的电压或电流信号
S_4	平滑度
S	灵敏度
I	加载压力后的电流
I_{off}	无加载压力的电流
V	加载压力后的开路电压
V_{off}	无加载压力的开路电压

第 15 章

V_{OC}	开路电压
I_{SC}	短路电流
P_{S}	收缩峰值
P_{i}	屈服点
P_{D}	二重脉搏波
Δt	时延

第 16 章

V_{OC}	开路电压
I_{SC}	短路电流

第 17 章

$(I_0-I)/I_0$	短路电流比率
$(V_{OC}-V_{OC}^0)/V_{OC}^0$	开路电压比率
V_{OC}	开路电压

附录 B 各章缩写定义

高频术语

NG	纳米发电机
TENG	摩擦纳米发电机
PNWs	高分子纳米线
SEM	扫描电子显微镜
PDMS	聚二甲基硅氧烷
PMMA	聚甲基丙烯酸甲酯
PTFE	聚四氟乙烯
DC	直流
AC	交流
OC	开路
SC	短路
FEP	全氟乙烯丙烯
Kapton	聚酰亚胺
PET	聚对苯二甲酸乙二醇酯
PVDF	聚偏二氟乙烯
PE	聚乙烯
LED	发光二极管
LIB	锂离子电池
ITO	氧化铟锡

第 1 章

MOSFET	金属氧化物半导体场效应晶体管
CMOS	互补金属氧化物半导体
AFM	原子力显微镜
SKPM	扫描开尔文探针显微镜

第 2 章

PECVD	等离子增强化学气相沉积
MACRS	最小可达到电荷参考状态

NPs	纳米颗粒

第 3 章

MACRS	最小可达到电荷参考状态

第 4 章

MACRS	最小可达到电荷参考状态
SETENG	单电极摩擦纳米发电机

第 5 章

F-TENG	独立层模式摩擦纳米发电机
SF-TENG	滑动独立层模式摩擦纳米发电机
CF-TENG	接触独立层模式摩擦纳米发电机
GF-TENG	栅状电极独立层摩擦纳米发电机
FRD-TENG	非接触独立旋转轮盘状摩擦纳米发电机
R-TENG	滚动摩擦纳米发电机
ICP	电感耦合等离子体
LE	左侧电极
RE	右侧电极
RIE	反应离子刻蚀

第 6 章

MACRS	最小可达到电荷参考状态
SETENG	单电极摩擦纳米发电机
FEM	有限元分析法
SPICE	集成电路仿真程序

第 7 章

FOM	品质因数
FOM_P	性能品质因数
FOM_S	结构品质因数
$FOM_{S, max}$	最大结构品质因数
FOM_M	材料的品质因数
FOM_{DM}	无量纲的材料品质因数
ZT	热电材料的品质因数

CS	垂直接触-分离
LS	平面滑动
SE	单电极
SEC	接触式单电极
FT	独立层
SFT	滑动式独立层
CFT	接触式独立层
MACRS	最小可达到电荷参考状态
FEM	有限元分析法
CEO	能量输出循环
CMEO	最大化能量输出循环
1S	1-边边界效应
2S	2-边边界效应
wt	重量
LM-TENG	基于液体金属的摩擦纳米发电机
RH	相对湿度

第 8 章

CS	垂直接触-分离
CCT	涂有碳纳米管的棉线
PCCT	涂有聚四氟乙烯和碳纳米管的棉线
PENG	压电纳米发电机
pNG	纸基摩擦纳米发电机
EDX	能量弥散 X 射线谱
LCD	液晶显示
GF-TENG	栅状电极独立层摩擦纳米发电机

第 9 章（无）

第 10 章

ICP	电感耦合等离子体

第 11 章

EDLC	双电层超级电容器

第12章

PENG	压电纳米发电机
PPENG	热释电-压电纳米发电机
EMG	电磁发电机
PVDF	聚偏二氟乙烯
PZT	锆酸钛酸铅
PMN-PT	铅镁铌酸-钛酸铅
LCD	液晶显示
MO	甲基橙
AAO	阳极氧化铝
SiN	氮化硅
PA	聚酰胺
PFA	全氟烷氧基烷烃
Bi_2Te_3	碲化铋
EC	电化学电池

第13章

ADC	数模转换器
RKE	遥控无钥锁
ECG	心电图
MO	甲基橙
NaCl	氯化钠
H_2O	水
Pt	铂
CO_2	二氧化碳
KOH	氢氧化钾
CP	阴极保护
SACP	牺牲层阳极的阴极保护
ICCP	外加电流的阴极保护
PM	颗粒物
NO_x	氮氧化物
NO_2	二氧化氮
SO_2	二氧化硫

R-TENG	旋转摩擦纳米发电机
$NaHSO_3$	焦亚硫酸钠
GC	气相色谱仪
EDS	能谱仪
$BaCl_2$	氯化钡
HCl	盐酸
Cu	铜
Ni	镍
Cr	铬
EMG	电磁发电机
$CuSO_4$	硫酸铜
ECD	电致变色器件
PB	普鲁士蓝
ZnHCF	锌化铁氰化物
XRD	X 射线衍射图谱
IC	集成电路
SPLC	自供电低功率激光治疗
ALP	碱性磷酸酶
DNA	脱氧核糖核酸
ELISA	酶联免疫吸收剂分析仪
AA	抗坏血酸

第 14 章

FRR	错误拒绝率
FAR	错误接受率
ROC	受试者工作特性

第 15 章

RI	反射指数
AIx	增强指数
FRR	错误拒绝率
FAR	错误接受率
FDPW	脉冲波信号的一阶导

第16章

LED	发光二极管
PFA	全氟烷氧基烷烃
ICP	电感耦合等离子体

第17章

ICP-MS	电感耦合等离子体质谱
3-MPA	3-巯基丙酸
UV	紫外
β-CD	*β*-环糊精
AAO	阳极氧化铝

附录C　王中林小组在摩擦纳米发电机领域内发表的期刊文章（2012～2016）

2016

[1] Wang J †, Li S M †, Yi F †, Zi Y L, Lin J, Wang X F, Xu Y L, Wang Z L*. Sustainably powering wearable electronics solely by biomechanical energy. Nature Communication，2016，7：12744.

[2] Chen J ⊥，Guo H Y ⊥，Zheng J G，Huang Y Z，Liu G L，Hu C G*，Wang Z L*. Self-powered triboelectric micro liquid/gas flow sensor for microfluidics. ACS Nano，2016，10：8104-8112.

[3] Song W X，Gan B H，Jiang T，Zhang Y，Yu A F，Yuan H G，Chen N，Sun C W*，Wang Z L*. A nanopillar arrayed triboelectric nanogenerator as a self-powered sensitive sensor for sleep monitoring system. ACS Nano，2016，10：8097-8103.

[4] Jin L，Chen J，Zhang B B，Deng W L，Zhang L，Zhang H T，Huang X，Zhu M H，Yang W Q，Wang Z L.Self-powered safety helmet based on hybridized nanogenerator for emergency. ACS Nano，2016，10：7874-7881.

[5] Luo J J，Tang W，Fan F R，Liu C F，Pang Y K，Cao G Z，Wang Z L.A transparent and flexible self-charging power film and its application in sliding unlock system in touchpad technology. ACS Nano，2016，10：8078-8086.

[6] Li S M，Peng W B，Wang J，Lin L，Zi Y L，Zhang G，Wang Z L*.All-elastomer-based flexible triboelectric nanogenerator as keyboard cover for energy harvesting from typing. ACS Nano，2016，10：7973-7981.

[7] Cao X，Jie Y，Wang N，Wang Z L. Triboelectric nanogenerators driven self-powered electrochemical processes for energy and environmental sciences. Adv Energy Mater，2016，6（23），DOI：10.1002/aenm.201600665.

[8] Wen Z †，Yeh M H †，Guo H Y †，Wang J，Zi Y L，Hu C G，Zhu L P，Wang Z L*.All-fibers based self-powered system by hybridizing triboelectric nanogenerator-dye-sensitized solar cell-supercapacitor for wearable electronics. Science Advances，2016，2：e1600097.

[9] Zhao X J，Tian J J，Kuang S Y，Ouyang H，Yan L，Wang Z L*，Li Z*，Zhu G*.Biocide-free antifouling on insulating surface by wave-driven triboelectrification-induced potential oscillation. Adv Mater Interfaces，2016：1600187.

[10] Chen J，Huang Y，Zhang N N，Zou H Y，Liu R Y，Tao C Y，Fan X，Wang Z L.Micro-cable structured textile for simultaneously harvesting solar and body motion energy as self-powered fabrics for wearable electronics. Nature Energy，2016，1：16138，DOI：10.1038/NENER

GY.2016.138.

[11] Li T，Xu Y，Willander M，Xing F，Cao X，Wang Z L.Lightweight triboelectric nanogenerator for energy harvesting and sensing tiny mechanical motion. Adv Func Mater，2016，26：4370-4376.

[12] Wen Z，Guo H Y，Zi Y L，Yeh M H，Wang X，Deng J N，Wang J，Li S M，Hu C G，Zhu L P，Wang Z L*. Harvesting broad frequency-band blue energy by a triboelectric-electromagnetic hybrid nanogenerator. ACS Nano，2016，10：6526-6534.

[13] Yi F，Wang J，Wang X F，Niu S M，Li S M，Liao Q L，Xu Y L，You Z，Zhang Y，Wang Z L.A soft，super stretchable and fully-enclosed self-charging power system for harvesting energy from diverse forms of deformation and as a power source for wearable electronics. ACS Nano，2016，10：6519-6525.

[14] Zheng Q，Zhang H，Shi B J，Xue X，Liu Z，Jin Y M，Ma Y，Zou Y，Wang X X，An Z，Zhang W，Yang F，Liu Y，Lang X，Xu Z Y，Li Z，Wang Z L. *In vivo* self-powered wireless cardiac monitoring via implantable triboelectric nanogenerator. ACS Nano，2016，10：6510-6518.

[15] Wang S H，Wang Z L，Yang Y. One-structure based hybridized nanogenerator for scavenging mechanical and thermal energies by triboelectric-piezoelectric-pyroelectric effects. Adv Mater，2016，28：2881-2887.

[16] Zhang B B，Chen J，Jin L，Deng W L，Zhang L，Zhang H T，Zhu M H，Yang W Q，Wang Z L.Rotating-disk-based hybridized electromagnetic-triboelectric nanogenerator for sustainably powering wireless traffic volume sensors. ACS Nano，2016，10：6241-6247.

[17] Chen X Y，Jiang T，Yao Y Y，Xu L，Zhao Z F，Wang Z L.Stimulating acrylic elastomer by triboelectric nanogenerator-toward self-powered electronic skin and artificial muscle. Adv Func Mater，2016，26：4805-4997.

[18] Cui N Y，Gu L，Lei Y M，Liu J M，Qin Y，Ma X H' Hao Y' Wang Z L.Dynamic behavior of the triboelectric charges and structural optimization of the friction layer for triboelectric nanogenerator. ACS Nano，2016，10：6131-6138.

[19] Wang S H，Wang X，Wang Z L，Yang Y. Efficient scavenging of solar and wind energies for smart city. ACS Nano，2016，10：5696-5700.

[20] Zheng X，Su J Z，Wei X J，Jiang T，Gao S Y，Wang Z L.Self-powered electrochemistry on oxidation of organic molecules by a cross-linked triboelectric nanogenerator. Adv Mater，2016，28：5188-5194.

[21] Lee K Y，Yoon H Y，Jiang T，Wen X Y，Seung W，Kim S W，Wang Z L. Fully packaged self-powered triboelectric pressure sensor using hemispheres-array. Adv Energy Mater，2016，6：1502566，DOI：10.1002/aenm.201502566.

[22] Fan F R，Tang W，Wang Z L.Flexible and stretchable nanogenerators for energy harvesting and self-powered electronics. Adv Mater，2016，28：4283-4305.

[23] Zhu G，Wei X Y，Wang Z L.A transparent flexible thin-film triboelectric nanogenerator for scalable electricity generation. International Journal of Nanomanufacturing，2016，12（3-4）.

[24] Yi F，Wang X F，Niu S M，Li S M，Zhang G J，Lin L，Wen Z，Guo H Y，Wang J，Yeh M H，Zi Y L，Liao Q L，You Z，Zhang Y，Wang Z L. A highly shape-adaptive，stretchable design based on conductive liquid for energy harvesting and self-powered biomechanical monitoring. Science Advances，2016，2：e1501624.

[25] Jiang T，Tang W，Chen X Y，Han C B，Lin L，Zi Y L，Wang Z L. Figure-of-merits for rolling-friction-based triboelectric nanogenerators. Adv Mater Tech，2016，1：1600017.

[26] Zhang K W，Wang Z L，Yang Y.Conductive fabric based hybridized stretchable nanogenerator for scavenging biomechanical energy. ACS Nano，2016，10：4728-4734.

[27] Wang J，Wen Z，Zi Y L，Lin L，Wu C S，Guo H Y，Xi Y，Xu Y L，Wang Z L.Self-powered electrochemical synthesis of polypyrrole from pulsed output of triboelectric nanogenerator as a sustainable energy system. Adv Func Mater，2016，26：3542-3548.

[28] Zhou T，Zhang L M，Xue F，Tang W，Zhang C*，Wang Z L*. Multilayered electret films based triboelectric nanogenerator. Nano Research，2016，9：1442-1451.

[29] Chen S W，Ma L，Willander M，Zhu H R，Cao X*，Wang Z L*. Triboelectric nanogenerator for sustainable wastewater treatment via a self-powered electrochemical process. Adv Energy Mater，2016，6：1501778.

[30] Hu K S，Xiong R，Guo H Y，Ma R L，Zhang S D，Wang Z L，Tsukruk V V. Self-powered electronic skin with biotactile selectivity. Adv Mater，2016，28：3549-3556.

[31] Wu C S，Wang X，Lin L，Guo H Y，Wang Z L.Paper-based triboelectric nanogenerators made of stretchable interlocking kirigami patterns. ACS Nano，2016，10：4652-4659.

[32] Li X Q，Liu M M，Huang B S，Liu H，Hu W G，Shao L H，Wang Z L. Nanoporous-gold-based hybrid cantilevered actuator dealloyed and driven by a modified rotary triboelectric nanogenerator. Scientific Reports，2016，6：24092.

[33] Zi Y L，Guo H Y，Wen Z，Yeh M H，Hu C G，Wang Z L*. Harvesting low-frequency（＜5 Hz）irregular mechanical energy：A possible killer-application of triboelectric nanogenerator. ACS Nano，2016，10：4797-4805.

[34] Zhang K W，Wang Z L，Yang Y.Conductive fabric based hybridized stretchable nanogenerator for scavenging biomechanical energy. ACS Nano，2016，10：4728-4734.

[35] Li X H†，Han C B†，Jiang T，Zhang C，Wang Z L*. A ball-bearing structured triboelectric nanogenerator for nondestructive damage and rotating speed measurement. Nanotechnology，2016，27：085401.

[36] Meng X S，Zhu G*，Liu H，Wang Z L.Triboelectric-potential-regulated charge transport through rectifying diodes for area-scalable energy harvesting. Adv Mater，2016，28：668-676.

[37] Yu A F，Chen X Y，Wang R，Liu J Y，Luo J J，Chen L B，Zhang Y，Wu W，Liu C H，

Peng M Z，Hu W G*，Zhai J Y*，Wang Z L*. Triboelectric nanogenerator as a self-powered communication unit for processing and transmitting information. ACS Nano，2016，10：3944-3950.

[38] Jiang T，Chen X Y，Yang K D，Han C B，Tang W，Wang Z L*. Theoretical study on rotary-sliding disk triboelectric nanogenerators in contact and non-contact modes. Nano Research，2016，4：1057-1070.

[39] Li Z L，Chen J，Guo H Y，Fan X，Wen Z，Yeh M H，Yu C W，Cao X Wang Z L. Triboelectrification enabled self-powered detection and removal of heavy metal ions in wastewater. Adv Mater，2016，28：2983-2991.

[40] Wang S H，Zi Y L，Zhou Y S，Li S M，Fan F R，Lin L，Wang Z L. Molecular surface functionalization to enhance power output of triboelectric nanogenerators. J Mater Chem，2016，4：3728-3734.

[41] Zi Y L，Wang J，Wang S H，Li S M，Wen Z，Guo H Y，Wang Z L*.Effective energy storage from triboelectric nanogenerator. Nature Communication，2016，7：10987.

[42] Li X H，Han C B，Jiang T，Zhang C，Wang Z L. A ball-bearing structured triboelectric nanogenerator for nondestructive damage and rotating speed measurement. Nanotechnology，2016，27（8）：085401.

[43] Zheng Q，Zou Y，Zhang Y L，Liu Z，Shi B J，Wang X X，Jin Y M，Li Z，Wang Z L.Biodegradable triboelectric nanogenerator as a life-time designed power source for implantable medical devices. Science Advances，2016，2：e1501478.

[44] Li Z L，Chen J，Zhou J J，Zheng L，Pradel K C，Fan X，Guo H Y，Wen Z，Yeh M H，Yu C W，Wang Z L.High-efficiency Ramie Fiber degumming and self-powered degumming wastewater treatment using triboelectric nanogenerator. Nano Energy，2016，22：548-557.

[45] Zhao Z F，Pu X，Du C H，Li L X，Jiang C Y，Hu W G，Wang Z L.Freestanding flag-type triboelectric nanogenerator for harvesting high-altitude wind energy from arbitrary directions.，ACS Nano，2016，10：1780-1787.

[46] Zhang L M，Han C B，Jiang T，Zhou T，Li X H，Zhang C*，Wang Z L*.Multilayer wavy-structured robust triboelectric nanogenerator for harvesting water wave energy. Nano Energy，2016，22：87-94.

[47] Li S M，Zhou Y S，Zi Y L，Zhang G，Wang Z L.Excluding contact electrification in surface potential measurement using scanning Kelvin probe microscopy. ACS Nano，2016，10：2528-2535.

[48] Yeh M H，Guo H Y，Lin L，Wen Z，Li Z L，Hu C G，Wang Z L*.Rolling friction enhanced free-standing triboelectric nanogenerators and its applications in self-powered electrochemical recovery system. Adv Func Mater，2016，26：1054-1062.

[49] Wang J，Wen Z，Zi Y L，Zhou P F，Lin J，Guo H Y，Xu Y L，Wang Z L.All-plastic-materials based self-charging power system composed of triboelectric nanogenerators and supercapacitors.

Adv Func Mater，2016，26：1070-1076.

[50] Zhang L，Zhang B B，Chen J，Jin L，Deng W L，Tang J F，Zhang H T，Pan H，Zhu M H，Yang W Q*，Wang Z L*. Lawn structured triboelectric nanogenerators for scavenging sweeping wind energy on rooftop. Adv Mater，2016，28：1650-1656.

[51] Shi B J，Zheng Q，Jiang W，Yan L，Wang X X，Liu H，Yao Y，Li Z，Wang Z L.Packaged self-powered system with universal connectors based on hybridized nanogenerators. Adv Mater，2016，28：846-852.

[52] Pu X，Li L X，Liu M M，Jiang C Y，Du C H，Zhao Z F，Hu W G，Wang Z L. Wearable self-charging power textile based on flexible yarn supercapacitors and fabric nanogenerators. Adv Mater，2016，28：98-105.

[53] Zhang Y，Liu C H，Liu J B，Xiong J，Liu J Y，Zhang K，Liu Y D，Peng M Z，Yu A F，Zhang A H，Zhang Z M，Wang Z W，Zhai J Y，Wang Z L.Lattice strain induced remarkable enhancement in piezoelectric performance of ZnO based flexible nanogenerators. ACS Applied Materials and Interfaces，2016，8（2）：1381-1387.

2015

[54] Luo J J，Fan F R，Jiang T，Wang Z W，Tang W，Zhang C P，Liu M M，Wang Z L.Integration of micro-supercapacitors with triboelectric nanogenerators for a flexible self-charging power unit. Nano Res，2015，8：3934-3943.

[55] Han C B，Jiang T，Zhang C，Li X H，Zhang C Y，Cao X，Wang Z L. Self-powered particulate filtering from automobile exhaustion for clean air by triboelectrification effect. ACS Nano，2015，9：12552-12561.

[56] Su L，Zhao Z X，Li H Y，Yuan J，Wang Z L，Cao G Z，Zhu G.High-performance organolead halide perovskite-based self-powered triboelectric photodetector. ACS Nano，2015，9：11310-11316.

[57] Quan T，Wang X，Wang Z L，Yang Y.Hybridized electromagnetic-triboelectric nanogenerator for self-powered electronic watch. ACS Nano，2015，9：12301-12310.

[58] Jiang T，Zhang L M，Chen X Y，Han C B，Tang W，Zhang C，Xu L，Wang Z L.Structural optimization of triboelectric nanogenerator for harvesting water wave energy. ACS Nano，2015，9：12562-12572.

[59] Chen J，Yang J，Fan X，Guo H Y，Li Z L，Zheng L，Su Y J，Wen Z，Wu C S，Wang Z L.Automatic mode transition enabled robust triboelectric nanogenerators. ACS Nano，2015，9：12334-12343.

[60] Wang X F，Niu S M，Yin Y J，Yi F，You Z，Wang Z L.Triboelectric nanogenerator based on fully-enclosed rolling spherical structure for harvesting low-frequency water wave energy. Adv Energy Mater，2015，5：1501467.

[61] Li X H，Yeh M H，Lin Z H，Guo H Y，Yang P K，Wang J，Wang S H，Yu R M，Zhang T

J，Wang Z L.Self-powered triboelectric nanosensor for microfluidics and cavity-confined solution chemistry. ACS Nano，2015，9：11056-11063.

[62] Zhu H R，Xu Y，Han Y，Chen S W，Zhou T，Willander M，Cao X，Wang Z L.Self-powered electrochemical anodic oxidation：A new method for preparation of mesoporous Al_2O_3 without applying electricity. Nano Res，2015，8：3604-3611.

[63] Zheng L，Cheng G，Chen J，Lin L，Wang J，Liu Y S，Wang Z L.Hybridized power panel to simultaneously generate electricity from sunlight，rain drops and wind around the clock. Adv Energy Mater，2015，5：1501152.

[64] Niu S M，Wang X F，Yi F，Zhou Y S，Wang Z L.A universal self-charging power system driven by random-body-motion for regulated and sustainable operation of mobile and wearable electronics. Nat Commun，2015，6：8975.

[65] Wang S H，Mu X J，Wang X，Gu A Y，Wang Z L，Yang Y.Elasto-aerodynamics- driven triboelectric nanogenerator for scavenging air-flow energy. ACS Nano，2015，9：9554-9563.

[66] Zhang L，Bai S，Su C，Zheng Y B，Qin Y，Xu C，Wang Z L.High-reliability Kevlar fiber-ZnO nanowires hybrid nanogenerator and its application on self-powered UV detection. Adv Func Mater，2015，25：5794-5798.

[67] Chun J S，Kim J W，Jung W，Kang C Y，Kim S W，Wang Z L，Baik J M.Mesoporous pores impregnated with au nanoparticles as effective dielectrics for enahncing triboelectric nanogenerator performance under hash environment. Energy Environ Sci，2015，8：3006-3012.

[68] Wei X Y，Kuang S Y，Li H Y，Pan C F，Zhu G，Wang Z L.Interface-free area-scalable self-powered electroluminescent system driven by triboelectric nanogenerator. Sci Rep，2015，5：13658.

[69] Wang X，Wang S H，Yang Y，Wang Z L.Hybridized electromagnetic-triboelectric nanogenerator for scavenging air-flow energy to sustainably power temperature sensors. ACS Nano，2015，9：4553-4562.

[70] Pang Y K，Li X H，Chen M X，Han C B，Zhang C，Wang Z L.Triboelectric nanogenerators as a self-powered 3d acceleration sensor. ACS Appl Mater Interfaces，2015，7：19076-19082.

[71] Tang W，Tian J J，Zheng Q，Yan L，Wang J X，Li Z，Wang Z L.Implantable self-powered low-level laser cure system for mouse embryonic Osteoblasts’ proliferation and differentiation. ACS Nano，2015，9：7867-7873.

[72] Zi Y L，Niu S M，Wang J，Wen Z，Tang W，Wang Z L.Standards and figure of merits for quantifying the performance of triboelectric nanogenerators. Nat Commun，2015，6：8376.

[73] Wang J，Li X H，Zi Y L，Wang S H，Li Z L，Zheng L，Yi F，Li S M，Wang Z L.Flexible fiber-based supercapacitor-triboelectric nanogenerator power system for wearable electronics. Adv Mater，2015，25：4830-4836.

[74] Li H Y，Su L，Kuang S Y，Pan C F，Zhu G，Wang Z L.Significant enhancement of triboelectric

charge density by fluorinated surface modification in nanoscale for converting mechanical energy. Adv Funct Mater，2015，25：5691-5697.

[75] Jie Y，Wang N，Cao X，Xu Y，Li T，Zhang X J，Wang Z L.Self-powered triboelectric nanosensor with poly（tetrafluoroethylene）nanoparticle arrays for dopamine detection. ACS Nano，2015，9：8376-8383.

[76] Li X H，Han C B，Zhang L M，Wang Z L.Cylindrical spiral triboelectric nanogenerator. Nano Res，2015，8：3197-3204.

[77] Chen X Y，Taguchi D，Takaaki Manaka，Iwamoto M，Wang Z L.Direct probing of contact electrification by using optical second harmonics generation technique. Sci Rep，2015，5：13019.

[78] Fang Y，Tong J H，Zhong Q Z，Chen Q，Zhou J，Zhou Y H，Wang Z L，Hu B.Solution processed flexible hybrid cell for scavenging solar and mechanical energies. Nano Energy，2015，16：301-309.

[79] Jing Q S，Xie Y N，Zhu G，Han R P S，Wang Z L.Self-powered thin-film motion vector sensor. Nat Commun，2015，6：8031.

[80] Li S M，Wang S H，Zi Y L，Wen Z，Lin L，Zhang G，Wang Z L.Largely improving the robustness and lifetime of triboelectric nanogenerators through automatic transition between contact and non-contact working states. ACS Nano，2015，9：7479-7487.

[81] Kim K N，Chun J S，Kim J W，Lee K Y，Park J U，Kim S W，Wang Z L，Baik J M.Highly stretchable 2D fabrics for wearable triboelectric nanogenerator under harsh environments. ACS Nano，2015，9：6394-6400.

[82] Zhong X D，Yang Y，Wang X，Wang Z L.Rotating-disk-based hybridized electromagnetic-triboelectric nanogenerator for scavenging biomechanical energy as a mobile power source. Nano Energy，2015，13：771-780.

[83] Wang Z L，Chen J，Lin L.Progress in triboelectric nanogenertors as new energy technology and self-powered sensors. Energy Environ Sci，2015，8：2250-2282.

[84] Jung W，Kang M G，Moon H G，Yoon S J，Wang Z L，Kim S W，Kang C Y.High-output hybrided piezo/triboelectric generator. Sci Rep，2015，5：9309.

[85] Yi F，Lin L，Niu S M，Yang P K，Wang Z N，Chen J，Zhou Y S，Zi Y L，Wang J，Liao Q L，Zhang Y，Wang Z L.Stretchable-rubber-based triboelectric nanogenerator and its application as self-powered body motion sensors. Adv Funt Mater，2015，25：3688-3696.

[86] Zhao X J，Zhu G，Wang Z L.Coplanar induction enabled by asymmetric permittivity of dielectric materials for mechanical energy conversion. ACS Appl Mater Interfaces，2015 7：6025-6029.

[87] Tang W，Jiang T，Fan F R，Yu A F，Zhang C，Xia C，Wang Z L.Liquid metal as an effective contact electrode for high performance triboelectric nanogenerator at an instantaneous energy conversion efficiency of 70.6% and its application in harvesting vibration energy. Adv Func

Mater，2015，25：3718-3725.

[88] Yang P K，Lin L，Yi F，Li X H，Pradel K C，Zi Y L，Wu C，He J，Zhang Y，Wang Z L.A flexible，stretchable and shape-adaptive approach for versatile energy conversion and self-powered biomedical monitoring. Adv Mater，2015，27：3817-3824.

[89] Wen Z，Chen J，Yeh M H，Guo H Y，Li Z L，Fan X，Zhang T J，Zhu L P，Wang Z L.Blow-driven triboelectric nanogenerator as an active alcohol breath analyzer. Nano Energy，2015，16：38-46.

[90] Guo H Y，Chen J，Yeh M H，Fan X，Wen Z，Li Z L，Hu C G，Wang Z L.An Ultra-Robust high-performance triboelectric nanogenerator based on charge replenishment. ACS Nano，2015，9：5577-5584.

[91] Yeh M H，Lin L，Yang P K，Wang Z L.Motion-driven electrochromic reactions for self-powered smart window system. ACS Nano，2015，9：4757-4765.

[92] Ramadoss A，Saravanakumar B，Kim S J，Lee S W，Kim Y S，Wang Z L.Self-charging supercapacitor power cell. ACS Nano，2015，9：4337-4345.

[93] Jiang T，Chen X Y，Han C B，Tang W，Wang Z L.Theoretical Study of Rotary Freestanding Triboelectric Nanogenerators. Adv Func Mater，25，2015：2928-2938.

[94] Pu X，Li L X，Song H Q，Du C H，Zhao Z F，Jiang C Y，Hu W G，Cao G Z，Wang Z L.Self-charging power unit by integrating textile triboelectric nanogenerator and flexible lithium-ion battery for wearable electronics. Adv Mater，2015，27：2472-2478.

[95] Fan X，Chen J，Yang J，Bai P，Li Z L，Wang Z L.Ultrathin，rollable，paper-based triboelectric nanogenerator for acoustic energy harvesting and self-powered sound recording. ACS Nano，2015，9：4236-4243.

[96] Zi Y L，Lin L，Wang J，Wang S H，Chen J，Fan X，Yang P K，Yi F，Wang Z L. Triboelectric-pyroelectric-piezoelectric hybrid cell for high-efficient energy-harvesting and self-powered sensing. Adv Mater，2015，27：2340-2347.

[97] Yu A F，Chen L B，Chen X Y，Zhang A H，Fan F R，Zhang Y，Wang Z L.Triboelectric sensor as self-powered signal reader for scanning probe surface topography imaging. Nanotechnology，2015，26：165501.

[98] Zhang K W，Wang X，Yang Y，Wang Z L.Hybridized electromagnetic-triboelectric nanogenerator for scavenging biomechanical energy for sustainably powering wearable electronics. ACS Nano，2015，9：3521-3529.

[99] Cheng G，Zheng L，Lin Z H，Yang J，Du Z L，Wang Z L.Multilayered-electrodes based triboelectric nanogenerator with managed output voltage and multi-fold enhanced charge transport. Adv Energy Mater，2015，5：1401452.

[100] Wu Y，Jing Q S，Chen J，Bai P，Bai J J，Zhu G，Su Y J，Wang Z L.A Self-powered angle measurement sensor based on triboelectric nanogenerator. Adv Funct Mater，2015，25：2166-2174.

[101] Cui N Y，Gu L，Liu J M，Bai S，Qiu J W，Fu J C，Kou X L，Liu H，Qin Y，Wang Z L.

High performance sound driven triboelectric nanogenerator for harvesting noise energy. Nano Energy，15，2015：321-328.

[102] Jiang Q W，Han Y，Tang W，Zhu H R，Gao C Z，Chen S W，Willander M，Cao X，Wang Z L.Self-powered seawater desalination and electrolysis using flowing kinetic energy. Nano Energy，2015，15：266-274.

[103] Lin Z H，Cheng G，Li X H，Yang P K，Wen X Y，Wang Z L.A multi-layered interdigitative-electrodes-based triboelectric nanogenerator for harvesting hydropower. Nano Energy，2015，15：256-265.

[104] Zhu H R，Tang W，Gao C Z，Han Y，Li T，Cao X，Wang Z L.Self-powered metal surface anti-corrosion protection using energy harvested from rain drops and wind. Nano Energy，2015，14：193-200.

[105] Niu S M，Wang Z L.Theoretical systems of triboelectric nanogenerators. Nano Energy，2015，14：161-192.

[106] Wang Z L，Wang X D.Nanogenerators and piezotronics-preface. Nano Energy，2015，14：1-2.

[107] Chen S W，Gao C Z，Tang W，Zhu H R，Han Y，Jiang Q W，Li T，Cao X，Wang Z L.Self-powered cleaning of air pollution by wind driven triboelectric nanogenerator. Nano Energy，2015，14：217-225.

[108] Yu X，Han X，Zhao Z H，Zhang J，Guo W B，Pan C F，Li A X，Liu H，Wang Z L.Hierarchical TiO_2 nanowire/graphite fiber photoelectrocatalysis setup powered by a wind-driven nanogenerator：A highly efficient photoelectrocatalytic device entirely based on renewable energy. Nano Energy，2015，11：19-27.

[109] Yang Y，Wang Z L.Hybrid energy cells for simultaneously harvesting multi-types of energies. Nano Energy，2015，14：245-256.

[110] Zhu G，Bai P，Chen J，Jing Q S，Wang Z L.Triboelectric nanogenerators as a new energy technology：From fundamentals，devices，to applications. Nano Energy，2015，14：126-138.

[111] Weiss P S，Wang Z L.A conversation with Prof. Wang Z L，Energy Harvester. ACS Nano，2015，9：2221-2226.

[112] Luo J J，Fan F R，Zhou T，Tang W，Xue F，Wang Z L.Ultrasensitive self-powered pressure sensing system. Extreme Mech Lett，2015，2：28-36.

[113] Han C B，Zhang C，Tian J J，Li X H，Zhang L M，Li Z，Wang Z L.Triboelectrification induced UV emssion from gas plasmon. Nano Res，2015，8：219-226.

[114] Chen J，Yang J，Li Z L，Fan X，Zi Y L，Jing Q S，Guo H Y，Wen Z，Pradel K C，Niu S M，Wang Z L.Networks of triboelectric nanogenerators for harvesting water wave energy-a potential approch towad blue energy. ACS Nano，2015，9：3324-3331.

[115] Yang J，Chen J，Su Y J，Jing Q S，Li Z L，Yi F，Wen X Y，Wang Z N，Wang Z L.Eardrum-inspired active sensors for self-powered cardiovascular system characterization and throat-attached anti-interference voice recognition. Adv Mater，2015，27：1316.

[116] Li Z L，Chen J，Yang J，Su Y J，Fan X，Wu Y，Yu C W，Wang Z L.β-cyclodextrin enhanced triboelectricfication for self-powered phenol detection and electrochemical degradation. Energy Environ Sci，2015，8：887-896.

[117] Niu S M，Liu Y，Zhou Y S，Wang S H，Lin L，Wang Z L.Optimization of charging performance in triboelectric nanogenerators for efficient energy harvesting. IEEE Trans Electron Dev，2015，64：641-647.

[118] Yu A F，Song M，Zhang Y，Zhang Y，Chen L B，Zhai J Y，Wang Z L.Self-powered acoustic source locator in underwater environment based on organic film triboelectrific nanogenerator. Nano Res，2015，8：765-773.

[119] Meng X S，Li H Y，Zhu G，Wang Z L.Fully enclosed bearing-structured self-powered rotation sensor based on electrification at rolling interfaces for multi-tasking motion measurement. Nano Energy，2015，12：606-611.

[120] Niu S M，Liu Y，Chen X Y，Wang S H，Zhou Y S，Lin L，Xie Y N，Wang Z L.Theory of freestanding triboelectric-layer-based nanogenerators. Nano Energy，2015，12：760-774.

[121] Han C B，Zhang C，Tang W，Li X H，Wang Z L.High power triboelectric nanogenerator based on printed circuit board（PCB）technology. Nano Res，2015，8：722-730.

[122] Wu Y C，Wang X，Yang Y，Wang Z L.Hybrid energy cell for harvesting mechanical energy from one motion using two approaches. Nano Energy，2015，11：162-170.

[123] Chen J，Zhu G，Yang J，Jing Q S，Bai P，Yang W Q，Qi X W，Su Y J，Wang Z L.Personalized keystroke dynamics for self-powered human-machine interfacing. ACS Nano，2015，9：105-116.

[124] Lin L，Xie Y N，Niu S M，Wang S H，Yang P K，Wang Z L.Robust triboelectric nanogenerator based on rolling electrification and electrostatic induction at an instantaneous energy conversion efficiency of～55%. ACS Nano，2015，9：922-930.

[125] Yang P K，Lin Z H，Pradel K C，Lin L，Li X H，Wen X Y，He H，Wang Z L.Paper-based origami triboelectric nanogenerators and self-powered pressure sensors. ACS Nano，2015，9：901-907.

[126] Chen X Y，Iwamoto M，Shi Z M，Zhang L M，Wang Z L.Self-powered trace memorization by conjunction of contact-electrification and ferroelectricity. Adv Funct Mater，2015，25：739-747.

[127] Zhang C，Tang W，Pang Y K，Han C B，Wang Z L.Active micro-actuators for optical modulation based on planar sliding triboelectric nanogenerator. Adv Mater，2015，27：719-726.

[128] Tang W，Han Y，Han C B，Gao C Z，Cao X，Wang Z L.Self-powered water splitting using flowing kinetic energy. Adv Mater，2015，27：272-276.

[129] Wang S H，Mu X J，Yang Y，Gu A Y，Wang Z L.Flow-driven triboelectric nanogenerator for directly powering a wireless sensor node. Adv Mater，2015，27：240-248.

[130] Bai P，Zhu G，Jing Q S，Wu Y，Yang J，Chen J，Ma J S，Zhang G，Wang Z L.Transparent and flexible barcode based on sliding electrification for self-powered identification systems. Nano Energy，2015，12：278-286.

[131] Wang S H，Lin L，Wang Z L.Triboelectric nanogenerators as self-powered active sensors. Nano Energy，2015，11：436-462.

[132] Li Y F，Cheng G，Lin Z H，Yang J，Lin L，Wang Z L.Single-electrode-based rotatinary triboelectric nanogenerator and its applications as self-powered contact area and eccentric angle sensors. Nano Energy，2015，11：323-332.

2014

[133] Zhang B，Xiang Z M，Zhu S W，Hu Q Y，Cao Y Z，Zhong J W，Zhong Q Z，Wang B，Fang Y S，Zhou J，Hu B，Wang Z L.Dual functional transparent film for proximity and pressure sending. Nano Res，2014，7：1488-1496.

[134] Tang W，Zhou T，Zhang C，Fan F R，Han C B，Wang Z L.A power-transformed-and-managed triboelectric nanogenerator and its applications in a self-powered wireless sensing node. Nanotechnology，2014，25：225402.

[135] Wang Z L.Triboelectric nanogenerators as new energy technology and self-powered sensors-principles，problems and perspectives. Faraday Discuss，2014，176：447-451.

[136] Wang S H，Niu S M，Yang J，Lin L，Wang Z L.Quantitative measurements of vibration amplitude using a contact-mode freestanding triboelectric nanogenerator. ACS Nano，2014，8：12004-12013.

[137] Wang Z，L Cheng，Zheng Y B，Qin Y，Wang Z L.Enhancing the performance of triboelectric nanogenerator through prior-charge injection and its application on self-powered anticorrosion. Nano Energy，2014，10：37-43.

[138] Guo W X，Li X Y，Chen M X，Xu L，Cao X，Tang W，Dong L，Lin C J，Pan C F，Wang Z L.Electrochemical cathodic protection powered by triboelectric nanogenerator. Adv Func Mater，2014，24：6691-6699.

[139] Lee T，Jang W S，Lee E，Kim Y S，Wang Z L，Baik H K，Myoung J M.Ultrathin self-powered artificial skin. Energy Environ Sci，2014，7：3994-3999.

[140] Jeong C K，Baek K M，Niu S M，Nam T W，Hur Y H，Park D Y，Hwang G，Byun M，Wang Z L，Jung Y S，Lee K J.Topographically-designed triboelectric nanogenerator via block copolymer self-assembly. Nano Lett，2014，14：7031-7038.

[141] Yi F，Lin L，Niu S M，Yang J，Wu W Z，Wang S H，Liao Q L，Zhang Y，Wang Z L.Self-powered，trajectory，velocity and acceleration tracking of a moving object/body using a triboelectric sensor. Adv Funct Mater，2014，24：7488-7494.

[142] Xie Y N，Wang S H，Niu S M，Lin L，Jing Q S，Yang J，Wu Z Y，Wang Z L.Grating-structured freestanding triboelectric-layer nanogenerator for harvesting mechanical energy at 85% total conversion efficiency. Adv Mater，2014，26：6599-6607.

[143] Tang W，Zhang C，Han C B，Wang Z L.Enhancing output power of cylindrical triboelectric nanogenerator by segmentation design and multi-layer integration. Adv Funct Mater，2014，24：

6684-6690.

[144] Wu Y C，Zhong X D，Wang X，Yang Y，Wang Z L.Hybrid energy cell for simultaneously harvesting wind，solar，and chemical energies. Nano Res，2014，7：1631-1639.

[145] Yang Y，Zhang H L，Wang Z L.Direct-current triboelectric nanogenerator. Adv Funct Mater，2014，24：3745-3750.

[146] Zhang C，Zhou T，Tang W，Han C B，Zhang L M，Wang Z L.Rotating disk based direct-current triboelectric nanogenerator. Adv Energy Mater，2014，4：1301798.

[147] Li X H，Lin Z H，Cheng G，Wen X Y，Liu Y，Niu S M，Wang Z L.3D fiber-based hybrid nanogenerator for energy harvesting and as a self-powered pressure sensor. ACS Nano，2014，8：10674-10681.

[148] Wang S H，Xie Y N，Niu S M，Lin L，Liu C，Zhou Y S，Wang Z L.Maximum surface charge density for triboelectric nanogenerators achieved by ionized-air injection：Methodology and theoretical understanding. Adv Mater，2014，26：6720-6728.

[149] Bai P，Zhu G，Jing Q S，Yang J，Chen J，Su Y J，Ma J S，Zhang G，Wang Z L.Membrane-based self-powered triboelectric sensors for air pressure detection and its uses in security surveillance and healthcare monitoring. Adv Funct Mater，2014，24：5807-5813.

[150] Jing Q S，Zhu G，Wu W Z，Bai P，Xie Y N，Han R P S，Wang Z L.Self-powered triboelectric velocity sensor for dual-mode sensing of rectified linear and rotary motions. Nano Energy，2014，10：305-312.

[151] Zheng Q，Shi B J，Fan F R，Wang X X，Yan L，Yuan W W，Wang S H，Li Z，Wang Z L.*In-vivo* powering of pacemaker by breathing-driven implanted-triboelectric-nanogenerator. Adv Mater，2014，26：5851-5856.

[152] Chen M X，Li X Y，Lin L，Du W M，Han X，Zhu J，Pan C F，Wang Z L.Triboelectric nanogeneraters as a self-powered motion tracking system. Adv Funct Mater，2014，24：5059-5066.

[153] Bae J，Lee J，Kim S M，Ha J，Lee B，Park Y，ChoongC，Kim J，Wang Z L，Kim H，Park J，Chung U.Flutter-driven triboelectrification for harvesting wind energy. Nat Commun，2014，5：4929.

[154] Wei X Y，Zhu G，Wang Z L.Contact electrification between identical materials enabled by surface-charge engineering：Application in energy conversion and fundamental mechanism. Nano Energy，2014，10：83-89.

[155] Zhou T，Zhang C，Han C B，Fan F R，Tang W，Wang Z L. Woven structured triboelectric nanogenerator for wearable devices. ACS Appl Mater Interfaces，2014，6：14695-14701.

[156] Su Y J，Wen X Y，Zhu G，Yang J，Chen J，Bai P，Wu Z M，Jiang Y D，Wang Z L.Hybrid triboelectric nanogenerator for harvesting water wave energy and as a self-powered distress signal emitter. Nano Energy，2014，9：186-195.

[157] Fan F R，Luo J J，Tang W，Li C Y，Zhang C P，Tian Z Q，Wang Z L.Highly transparent and

flexible triboelectric nanogenerators: Performance improvements and fundamental mechanisms. J Mater Chem A，2014，2：13219-13225.

[158] Tang W，Han C B，Zhang C，Wang Z L.Cover-sheet-based nanogenerator for charging mobile electronics using low-frequency body motion/vibration. Nano Energy，2014，9：121-127.

[159] Niu S M，Zhou Y S，Wang S H，Liu Y，Lin L，Bando Y，Wang Z L.Simulation method for optimizing the integrated performance of a triboelectric nanogenerator power source. Nano Energy，2014，8：150-156.

[160] Han C B，Zhang C，Li X H，Zhang L M，Zhou T，Hu W G，Wang Z L.Self-powered velocity and trajectory tracking sensor array made of planar triboelectric nanogenerator pixels. Nano Energy，9，2014：325-333.

[161] Zheng L，Lin Z H，Cheng G，Wu W Z，Wen X Y，Lee S，Wang Z L.Silicon-based hybrid cell for harvesting both solar energy and raindrop electrostatic energy. Nano Energy，2014，9：291-300.

[162] Zhang L M，Xue F，Du W M，Han C B，Zhang C，Wang Z L.Transparent paper-based triboelectric nanogenerator as page mark and anti-theft sensor. Nano Res，2014，7：1215-1223.

[163] Wen X Y，Yang W Q，Jing Q S，Wang Z L.Harvesting broadband kinetic impact energy from mechanical triggering/vibration and water waves. ACS Nano，2014，8：7405-7412.

[164] Hu Y F，Yang J，Niu S M，Wu W Z，Wang Z L.Hybridizing triboelectrification and electromagnetic-induction effects for high efficient mechanical energy harvesting. ACS Nano，2014，8：7442-7450.

[165] Lin Z H，Cheng G，Wu W Z，Pradel K C，Wang Z L.Dual-mode triboelectric nanogenerator for harvesting water energy and as a self-powered ethanol nanosensor. ACS Nano，2014，8：6440-6448.

[166] Yang W Q，Chen J，Wen X Y，Jing Q S，Yang J，Su Y J，Zhu G，Wu W Z，Wang Z L. Triboelectrification based motion sensor for human-machine interfacing. ACS Appl Mater Interfaces，2014，6：7479-7484.

[167] Meng X S，Zhu G，Wang Z L.A robust thin-film generator based on segmented contact-electrification for harvesting wind energy. ACS Appl Mater Interfaces，2014，6：8011-8016.

[168] Zhong J W，Zhang Y，Zhong Q Z，Hu Q Y，Hu B，Wang Z L，Zhou J.Fiber-based generator for wearable electronics and mobile medication. ACS Nano，2014，8：6273-6280.

[169] Tang W，Zhou T，Zhang C，Fan F R，Han C B，Wang Z L.Power transform and management for triboelectric nanogenerators by a self-triggering process. Nanotechnology，2014，25：225402.

[170] Zhu G，Su Y J，Bai P，Chen J，Jing Q S，Yang W Q，Wang Z L.Harvesting water wave energy by asymmetric screening of electrostatic charges on nanostructured hydrophobic thin-film surfaces. ACS Nano，2014，8：6031-6037.

[171] Zhu G，Yang W Q，Zhang T J，Jing Q S，Chen J，Zhou Y S，Bai P，Wang Z L.Self-powered,

ultra-sensitive，flexible tactile sensors based on contact electrification. Nano Lett，2014，14：3208-3213.

[172] Lin Z H，Cheng G，Lee S，Wang Z L.Harvesting water drop energy by a sequential contact-electrification and electrostatic-induction process. Adv Mater，2014，26：4690-4696.

[173] Bai P，Zhu G，Zhou Y S，Wang S H，Ma J S，Zhang G，Wang Z L.Dipole-moment-induced effect on contact electrification for triboelectric nanogenerator. Nano Res，2014，7：990-997.

[174] Zhang C，Tang W，Han C B，Fan F R，Wang Z L.Theoretical comparison，equivalent transformation and conjunction operations of electromagnetic induction generator and triboelectric nanogenerator for harvesting mechanical energ. Adv Mater，2014，26：3580-3591.

[175] Du W M，Han X，Lin L，Chen M X，Li X Y，Pan C F，Wang Z L.Three dimensional multi-layered sliding triboelectric nanogenerator. Adv Energy Mater，2014，4：1301592.

[176] Zhu G，Zhou Y S，Bai P，Meng X S，Jing Q S，Chen J，Wang Z L.A shape-adaptive thin-film-based approach for a 50% high-efficiency energy generation through micro-grating sliding electrification. Adv Mater，2014，26：3788-3796.

[177] Yang W Q，Chen J，Jing Q S，Yang J，Wen X Y，Su Y J，Zhu G，Bai P，Wang Z L.3D stack integrated triboelectric nanogenerator for harvesting vibration energy. Adv Funct Mater，2014，24：4090-4096.

[178] Niu S M，Liu Y，Wang S H，Lin L，Zhou Y S，Hu Y F，Wang Z L.Theoretical investigation and structure optimization of single-electrode triboelectric nanogenerators. Adv Funct Mater，2014，24：3332-3340.

[179] Niu S M，Wang S H，Liu Y，Zhou Y S，Lin L，Hu Y F，Wang Z L.Theoretical study of grating structured triboelectric nanogenerators. Energy Environ Sci，2014，7：2339-2349.

[180] Han C B，Du W M，Zhang C，Tang W，Fan F R，Yu A F，Zhang L M，Wang Z L.Harvesting energy from automobile brake in contact and non-contact mode by conjunction of triboelectrication and electrostatic-induction processes. Nano Energy，2014，6：59-65.

[181] Lin Z H，Cheng G，Yang Y，Zhou Y S，Lee S，Wang Z L.Triboelectric nanogenerator as a self-powered active UV photodetector. Adv Funct Mater，2014，24：2810-2816.

[182] Cheng G，Lin Z H，Du Z L，Wang Z L.Increase output energy and operation frequency of a triboelectric nanogenerator by two grounded electrodes approach. Adv Funct Mater，2014，24：2892-2898.

[183] Wang S H，Xie Y N，Niu S M，Lin L，Wang Z L.Freestanding-triboelectric-layer based nanogenerators for harvesting energy from a moving object or human motion in contact and non-contact modes. Adv Mater，2014，26：2818-2824.

[184] Yang J，Yang Y，Chen J，Zhang H L，Yang W Q，Bai P，Su Y J，Wang Z L.Broadband vibration energy harvesting based on triboelectric nanogenerator. Adv Energy Mater，2014，4：1301322.

[185] Xue X Y，He B，Deng P，Nie Y X，Xing L L，Zhang Y，Wang Z L.Flexible self-charging power cell for one-step energy conversion and storage. Adv Energy Mater，2014，4：1301329.

[186] Su Y J，Zhu G，Yang W Q，Yang J，Chen J，Jing Q S，Wu Z M，Jiang Y D，Wang Z L.triboelectric sensor for self-powered tracking of object motion inside tubing. ACS Nano，2014，8：3843-3850.

[187] Xie Y N，Wang S H，Niu S M，Lin L，Jing Q S，Su Y J，Wu Z Y，Wang Z L.Multi-layered disk triboelectric nanogenerator for harvesting hydropower. Nano Energy，2014，6：129-136.

[188] Jing Q S，Zhu G，Bai P，Xie Y N，Chen J，Han R P S，Wang Z L.Case-encapsulated triboelectric nanogenerator for harvesting energy from reciprocating sliding motion. ACS Nano，2014，7，2013：10424-10432.

[189] Zhou Y S，Zhu G，Niu S M，Liu Y，Bai P，Jing Q S，Wang Z L.Nanometer resolution self-powered static and dynamic motion sensor based on micro-grated triboelectrification. Adv Mater，2014，26：1719-1724.

[190] Zhang H L，Yang Y，Su Y J，Chen J，Adams K，Lee S，Hu C G，Wang Z L.Triboelectric nanogenerator for harvesting vibration energy in full space and as self-powered acceleration sensor. Adv Funct Mater，2014，24：1401-1407.

[191] Yang Y，Zhang H L，Zhong X D，Yi F，Yu R M，Zhang Y，Wang Z L.Electret film enhanced triboelectric nanogenerator matrix for self-powered instantaneous tactile imaging. ACS Appl Mater Interfaces，2014，6：3680-3688.

[192] Zhou Y S，Wang S H，Yang Y，Zhu G，Niu S M，Lin Z H，Liu Y，Wang Z L.Manipulating nano-scale contact electrification by applied electric field. Nano Lett，2014，14：1567-1572.

[193] Fan F R，Tang W，Yao Y，Luo J J，Zhang C，Wang Z L.Complementary power output characteristics of electromagnetic generator and triboelectric generator. Nanotechnology，2014，25：135402.

[194] Yang J，Chen J，Liu Y，Yang W Q，Su Y J，Wang Z L.Triboelectrification based organic film nanogenerator for acoustic energy harvesting and self-powered active acoustic sensing. ACS Nano，2014，8：2649-2657.

[195] Zhu G，Chen J，Zhang T J，Jing Q S，Wang Z L.Radial-arrayed rotary electrification for high-performance triboelectric generator. Nat Commun，2014，5：3456.

[196] Cheng G，Lin Z H，Du Z L，Wang Z L.Simultaneously harvesting electrostatic and mechanical energies from flowing water by a hybridized triboelectric nanogenerator. ACS Nano，2014，8：1932-1939.

[197] Lin L，Wang S H，Niu S M，Liu C，Xie Y N，Wang Z L.Non-contact free-rotating disk triboelectric nanogenerator as a sustainable energy harvester and self-powered mechanical sensor. ACS Appl Mater Interfaces，2014，6：3031-3038.

[198] Wen X Y，Su Y J，Yang Y，Zhang H L，Wang Z L.Applicability of triboelectric generator over a wide range of temperature. Nano Energy，2014，4：150-156.

[199] Zhang H L，Yang Y，Zhong X D，Su Y J，Zhou Y S，Hu C G，Wang Z L.Single-electrode-based rotating triboelectric nanogenerator for harvesting energy from tires. ACS Nano，2014，8：

680-689.

[200] Su Y J，Yang Y，Zhong X D，Zhang H L，Wu Z M，Jiang Y D，Wang Z L.Fully enclosed cylindrical single-electrode-based triboelectric nanogenerator. ACS Appl Mater Interfaces，2014，6：553-559.

2013

[201] Wang S H，Lin Z H，Niu S M，Lin L，Xie Y N，Wang Z L.Motion charged battery as sustainable flexible-power-unit. ACS Nano，2013，7：11263-11271.

[202] Yang W Q，Chen J，Zhu G，Wen X Y，Bai P，Su Y J，Lin Y，Wang Z L.Harvesting vibration energy by a triple-cantilever based triboelectric nanogenerator. Nano Res，2013，6：880-886.

[203] Yang W Q，Chen J，Zhu G，Yang J，Bai P，Su Y J，Jing Q S，Wang Z L.Harvesting energy from natural vibration of a human walking. ACS Nano，2013，7：11317-11374.

[204] Hu Y F，Yang J，Jing Q S，Niu S M，Wu W Z，Wang Z L.Triboelectric nanogenerator built on suspended 3d spiral structure as vibration and positioning sensor and wave energy harvester. ACS Nano，2013，7：10424-10432.

[205] Yang Y，Zhou Y S，Zhang H L，Liu Y，Lee S，Wang Z L.Single-electrode based triboelectric nanogenerator as self-powered tracking system. Adv Mater，2013，25：6594-6601.

[206] Yang Y，Zhang H L，Liu R Y，Wen X Y，Hou T，Wang Z L.Fully enclosed triboelectric nanogenerators for applications in water and hash environment. Adv Energy Mater，2013，3：1563-1568.

[207] Lin Z H，Cheng G，Lin L，Lee S，Wang Z L.Water-solid surface contact electrification and its use for harvesting liquid wavy energy. Angew Chem Int Ed，2013，52：12545-12549.

[208] Yang Y，Zhu G，Zhang H L，Chen J，Zhong X D，Lin Z H，Su Y J，Bai P，Wen X Y，Wang Z L.Triboelectric nanogenerator for harvesting wind energy and as self-powered wind vector sensor system. ACS Nano，2013，7：9461-9468.

[209] Wang Z L.Triboelectric nanogenerators as new energy technology for self-powered systems and as active mechanical and chemical sensors. ACS Nano，2013，7：9533-9557.

[210] Lin L，Xie Y N，Wang S H，Wu W Z，Niu S M，Wen X Y，Wang Z L.Triboelectric active sensor array for self-powered static and dynamic pressure detection and tactile imaging. ACS Nano，2013，7：8266-8274.

[211] Yang Y，Zhang H L，Lin Z H，Zhou Y S，Jing Q S，Su Y J，Yang J，Chen J，Hu C G，Wang Z L.Human skin based triboelectric nanogenerators for harvesting biomechanical energy and as self-powered active tactile sensor system. ACS Nano，2013，7：9213-9222.

[212] Lee S，Lee Y，Kim D，Yang Y，Lin L，Hwang W，Wang Z L.Triboelectric nanogenerator for harvesting pendulum oscillation energy. Nano Energy，2013，2：1113-1120.

[213] Hou T，Yang Y，Zhang H L，Chen J，Chen L，Wang Z L. Triboelectric nanogenerator built inside shoe insole for harvesting walking energy. Nano Energy，2013，2：856-862.

[214] Chen J，Zhu G，Yang W Q，Jin Q S，Bai P，Yang Y，Hou T，Wang Z L.Harmonic resonator based triboelectric nanogenerator as sustainable power source and self-powered active vibration sensor. Adv Mater，2013，25：6094-6099.

[215] Niu S M，Liu Y，Wang S H，Lin L，Zhou Y S，Hu Y F，Wang Z L.Theory of sliding-mode triboelectric nanogenerators. Adv Mater，2013，25：6184-6193.

[216] Niu S M，Wang S H，Lin L，Liu Y，Zhou Y S，Hu Y F，Wang Z L.Theoretical study of the contact-mode triboelectric nanogenerators as effective power source. Energy Environ Sci，2013，6：3576-3583.

[217] Zhang H L，Yang Y，Su Y J，Chen J，Hu C G，Wu Z K，Liu Y，Wong C P，Bando Y，Wang Z L.Triboelectric nanogenerator as self-powered active sensors for detecting liquid/gaseous water/ethanol. Nano Energy，2013，2：693-701.

[218] Zhu G，Bai P，Chen J，Wang Z L.Power-generating shoe insole based on triboelectric nanogenerators for self-powered consumer electronics. Nano Energy，2013，2：688-692.

[219] Zhang H L，Yang Y，Hou T，Su Y J，Hu C G，Wang Z L.Triboelectric nanogenerator built inside clothes for self-powered glucose biosensors. Nano Energy，2013，2：1019-1024.

[220] Cheng G，Lin Z H，Lin L，Du Z L，Wang Z L.Pulsed nanogenerator with huge instantaneous output power density. ACS Nano，2013，7：7383-7391.

[221] Yang Y，Zhang H L，Chen J，Jing Q S，Zhou Y S，Wen X Y，Wang Z L.Single-electrode based sliding triboelectric nanogenerator for self-powered displacement vector sensor system. ACS Nano，2013，7：7342-7351.

[222] Su Y J，Yang Y，Zhang H L，Xie Y N，Wu Z M，Jiang Y D，Fukata N，Bando Y，Wang Z L.Enhanced photodegradation of methyl orange using TiO_2 nanoparticles by triboelectric nanogenerator. Nanotechnology，2013，24：295401.

[223] Xie Y N，Wang S H，Lin L，Jing Q S，Lin Z H，Niu S M，Wu Z Y，Wang Z L.Rotary triboelectric nanogenerator based on a hybridized mechanism for harvesting wind energy. ACS Nano，2013，7：7119-7125.

[224] Yang Y，Zhang H L，Lee S，Hou T，Wang Z L.Simultaneously harvesting mechanical and chemical energies by a hybrid cell for self-powered biosensors and personal electronics. Energy Environ Sci，2013，6：1744-1749.

[225] Bai P，Zhu G，Liu Y，Chen J，Jing Q S，Yang W Q，Ma J S，Zhang G，Wang Z L.Cylindrical rotating triboelectric nanogenerator. ACS Nano，2013，7：6361-6366.

[226] Yang Y，Zhang H L，Lin Z H，Liu Y，Chen J，Lin Z Y，Zhou Y S，Wong C P，Wang Z L.Hybrid energy cell for self-powered water splitting. Energy Environ Sci，2013，6：2429-2434.

[227] Zhong J W，Zhong Q Z，Fan F R，Zhang Y，Wang S H，Hu B，Zhou J，Wang Z L.Finger typing driven triboelectric nanoenerator and its use for instantaneously lighting up LEDs. Nano Energy，2013，2：491-497.

[228] Zhou Y S，Liu Y，Zhu G，Lin Z H，Pan C F，Jing Q S，Wang Z L. *In-situ* quantitative study

of nanoscale triboelectrification and patterning. Nano Lett，2013，13：2771-2776.

[229] Lin L，Wang S H，Xie Y N，Jing Q S，Niu S M，Hu Y F，Wang Z L.Segmentally structured disk triboelectric nanogenerator for harvesting rotational mechanical energy. Nano Lett，2013，13：2916-2923.

[230] Lin Z H，Xie Y N，Yang Y，Wang S H，Zhu G，Wang Z L.Enhanced triboelectric nanogenerators and triboelectric nanosensor using chemically modified TiO_2 nanomaterials. ACS Nano，2013，7：4554-4560.

[231] Zhong Q Z，Zhong J W，Hu B，Hu Q Y，Zhou J，Wang Z L.A Paper-based nanogenerator as power source and active sensor. Energy Environ Sci，2013，6：1779-1784.

[232] Zhu G，Chen J，Liu Y，Bai P，Zhou Y S，Jing Q S，Pan C F，Wang Z L. Linear-grating triboelectric generator based on sliding electrification. Nano Lett，2013，13：2282-2289.

[233] Wang S H，Lin L，Xie Y N，Jing Q S，Niu S M，Wang Z L.Sliding-triboelectric nanogenerators based on in-plane charge-separation mechanism. Nano Lett，2013，13：2226-2233.

[234] Lin Z H，Zhu G，Zhou Y S，Yang Y，Bai P，Chen J，Wang Z L.Self-powered triboelectric nanosensor for mercury ion detection. Angew Chem Int Ed，2013，52：5065-5069.

[235] Bai P，Zhu G，Lin Z H，Jing Q S，Chen J，Zhang G，Ma J S，Wang Z L.Integrated multilayered triboelectric nanogenerator for harvesting biomechanical energy from human motions. ACS Nano，2013，7：3713-3719.

[236] Yang Y，Zhang H L，Liu Y，Lin Z H，Lee S，Lin Z Y，Wong C P，Wang Z L.Silicon-based hybrid energy cell for self-powered electrodegradation and personal electronics. ACS Nano，2013，7：785-790.

[237] Yang Y，Zhang H L，Lee S，Kim D，Hwang W，Wang Z L.Hybrid energy cell for degradation of methyl orange by self-powered electrocatalytic oxidation. Nano Lett，2013，13：803-808.

[238] Zhu G，Lin Z H，Jing Q S，Bai P，Pan C F，Yang Y，Zhou Y S，Wang Z L.Toward large-scale energy harvesting by nanoparticle-enhanced triboelectric nanogenerator. Nano Lett，2013，13：847-853.

2012

[239] Wang Z L，Zhu G，Yang Y，Wang S H，Pan C F.Progress in nanogenerators for self-powered mobile/portable electronics. Mater Today，2012，15：532-543.

[240] Yang Y，Lin L，Zhang Y，Jing Q S，Hou T，Wang Z L.Self-powered magnetic sensor based on triboelectric nanogenerator. ACS Nano，2012，6：10378-10383.

[241] Wang S H，Lin L，Wang Z L.Nanoscale-triboelectric-effect enabled energy conversion for sustainably powering of portable electronics. Nano Lett，2012，12：6339-6346.

[242] Yang X H，Zhu G，Wang S H，Zhang R，Lin L，Wu W Z，Wang Z L.Self-powered electrochromic device driven by nanogenerator. Energy Environ Sci，2012，5：9462-9466.

[243] Zhu G，Pan C F，Guo W X，Chen C，Zhou Y S，Yu R M，Wang Z L.Triboelectric-

generator-driven pulse electrodeposition for micro-patterning. Nano Lett，2012，12：4960-4965.
[244] Fan F R，Lin L，Zhu G，Wu W Z，Zhang R，Wang Z L.Transparent triboelectric nanogenerators and self-powered pressure sensors based on micro-patterned plastic films. Nano Lett，2012，12：3109-3114.
[245] Fan F R，Tian Z Q，Wang Z L.Flexible triboelectric generator. Nano Energy，2012，1：328-334.